JN441385

증보개정판

영양과 건강

김대진 · 김현숙 · 도명술 · 박정로
번부형 · 임윤숙 · 정동관 · 정차권 공역

유한문화사

NUTRITION and YOU with READINGS

by

William A. Forsythe

Fifth Edition

머 리 말

"You are what you eat"이라는 말이 있다. "내가 먹는 것이 곧 나를 좌우한다"는 뜻이다. 엄밀히 말하면 이 말은 사실이 아닐 수도 있으나(예를 들면 단백질을 많이 먹는다고 해서 내가 곧 근육질의 몸매가 되는 것은 아니기 때문에) 어떤 의미에서는 사실임에 틀림이 없다. 즉, 내가 매일 무엇을 먹느냐에 따라 나의 건강이 지대한 영향을 받으며, 영양적으로 올바른 선택을 함으로써 만성 질환을 개선 혹은 예방할 수가 있는 것이다. 따라서 오늘 내가 무엇을 먹는가 하는 선택이 바로 훗날 내 삶의 질을 결정하는 중요한 요소 중의 하나가 된다. 이 책에서는 살아가면서 올바른 선택을 할 수 있도록 기초적이면서도 심도 있는 영양지식을 소개하고 있다.

본 교재는 거의 2년마다 개정판을 내어 빠르게 변화하는 영양학 정보를 신속히 반영하고 있다. 이번 개정판의 가장 큰 특징은 기능성 식품(제12장), 파이토케미칼(제12장), 건강보조식품(제12장)에 관한 새로운 내용들이 대폭 추가되었다는 점이다. 지난 수년 간 건강보조식품 시장은 상상을 초월할 만큼의 성장을 보였으나, 그 효능이나 안정성에 대해서는 잘못된 정보들도 범람한 것이 사실이다. 제12장에서는 건강보조식품의 정의와 규제, 종류 등에 대하여 설명하고 있다.

지난번 개정판과 마찬가지로 이번에도 영양과 건강에 대한 지식을 넓히는 데 유용한 인터넷 웹사이트를 다양하게 소개하고 있다. 그 중에는 본 교재 내용에 대한 보충 자료, 자신의 영양평가나 건강평가가 가능한 프로그램들, 암이나 심장질환에 걸릴 확률을 스스로 알아 볼 수 있는 곳 등 다양한 정보가 가능하다. 수많은 웹사이트 중에는 유용하고 정확한 영양자료를 제공하는 사이트가 있는가 하면, 때로는 매우 신빙성이 떨어져서 오히려 해로운 정보를 주고 있는 곳도 있으므로 각별한 주의가 필요하다. 본 교재에서는 그러한 옳고 그름을 판별할 수 있도록 정확한 정보를 주고자 하는 데 역점을 두었다.

본 교재에 소개된 인터넷 사이트는 현재 사용 가능한 것인지 확인하기 위하여 최대한 노력을 하였으나 우리의 인생이 그렇듯 인터넷은 끊임없이 변하고 있으므로 가끔 바뀌어지기도 함을 이해하여 주기 바란다. 본 교재의 웹페이지는 www.fooddoc.com 접속 후 'Nutrition and You'를 선택하면 다양한 정보가 수록되어 있으며, 이메일로 직접 의견을 남길 수도 있으므로 많은 활용을 기대한다.

William Forsythe

감사의 글

비록 저자는 저 혼자의 이름으로 되어 있지만, 이 책의 개정판이 나오기까지 많은 분들이 수고해 주셨습니다. 우선 Southern Mississippi 대학의 Nutrition and Dietetics 학과 교수님들께서 소중한 조언과 제안을 해주셨기에 감사드립니다. 또한 이 책이 나올 수 있도록 격려해 주시고 출판을 맡아주신 Contemporary 출판사의 편집인들, 특히 Chuck Grantham께 깊은 감사를 드립니다. 아울러 저의 강의를 재미있게 만들어 준 모든 학생들과도 기쁨을 나누고 싶습니다. 마지막으로 사랑하는 나의 가족인 아내 Susan과 Amanda, Lara, 그리고 Will에게 깊은 애정을 전하고 싶습니다.

William Forsythe, Ph. D.
Professor of Nutrition
The University of Southern Mississippi

역자 서문

오늘날 영양지식은 눈부시게 발전하고 있으며, 식품과 영양에 관한 지식이 이제는 전공자들 뿐만 아니라 현대인들에게도 꼭 알아야 하는 필수적인 생활상식이 되어 가고 있다. 음식이란 결국 수천 가지 화학물질의 복합체이며, 모든 영양소는 화학물질이다. 흥미로운 사실은 음식 속에 들어있던 화학물질, 즉 '식품 영양소'는 우리 몸 속에 들어오면 엄격한 질서 속에서 조화와 균형을 이루며, 영양소 대사라는 신비로운 몸바꿈을 함으로써 몸 안의 화학물질, 즉 '인체 영양소'로 다시 태어난다는 것이다. 따라서 오늘 내가 무엇을 먹는가 하는 선택이 바로 훗날 내 삶의 질을 결정하는 중요한 요소 중의 하나가 된다.

본 교재는 최신의 영양정보를 제공하고 있으며, 대학에서 영양관련 분야의 전공교재뿐만 아니라 교양서적으로 사용하기에 적합한 실질적이고도 유용한 정보를 다양하게 수록하고 있다. 본 교재를 활용하여 토론식 수업으로도 연결이 가능하며, 각 장마다 첨부되어 있는 'Additional reading'에서는 시사성을 띄고 있는 유용한 자료들이 많이 있다. 영양과 건강에 대한 지식을 넓히는 데 유용한 웹사이트들도 다양하게 소개되고 있다. 또한 이번 개정판의 가장 큰 변화는 새롭게 제정된 영양섭취기준(제1장), 기능성 식품(제12장), 파이토케미칼(제12장), 건강보조식품(제12장) 등에 관한 최신의 정보들을 다양하게 첨가하였다는 점이다.

오늘날처럼 서구의 식생활이 우리 생활 속에 자리잡고 있는 시점에서 이 역서의 내용이 생소하다는 느낌이나 거부감은 그리 크지 않을 것이다. 그러나 우리가 분명히 알아야 할 것은 우리가 전통적으로 유지해 왔던 식생활과 서구의 식생활에는 분명 차이가 있다는 것이다. 우리와는 다른 체격과 상이한 환경에서 생활하는 그들의 식생활 전체가 전적으로 우리의 것과 동일하다고는 할 수 없기 때문이다.

그러므로 서구식의 식생활 정보를 제대로 알면서 우리의 것과 비교한다는 것은 올바른 식생활을 위한 의미 있는 방법이라 생각된다. 따라서 '영양과 건강'이라는 역서를 통하여 독자들에게 유익한 정보를 제공할 수 있을 것으로 믿어 의심치 않는다.

끝으로 본 역서의 출판을 위하여 수고하신 유한문화사의 사장님과 직원들에게 진심으로 감사드립니다.

2007년 2월

역자 씀

차 례

제 1 장 영양과 나 / 13 (김현숙 교수)

제 2 장 식품법규, 식품안전성 그리고 식품라벨 / 49 (정동관 교수)

제 3 장 영양평가, 신체구성 및 에너지대사 / 79 (김현숙 교수)

제 4 장 비만, 체중조절, 섭취장애 / 107 (김현숙 교수)

제 5 장 탄수화물 / 143 (김대진 교수)

제 6 장 식이지방 / 167 (김대진 교수)

제 7 장 식이단백질 / 201 (김대진 교수)

제 8 장 수용성 비타민 / 219 (변부형 교수)

제 9 장 지용성 비타민 / 251 (변부형 교수)

제 10 장 다량무기질 / 281 (변부형 교수)

제 11 장 미량원소 / 309 (임윤숙 교수)

제 12 장 기능성 식품, 파이토케미칼, 건강보조식품 / 339 (김대진 교수)

제 13 장 생활주기와 영양 / 381 (임윤숙 교수)

제 14 장 영양과 운동 / 409 (임윤숙 교수)

제 1 장

영양과 나

'영양'에 관해 관심을 가져야 하는 이유는 무엇일까? 그 답변은 간단하다. 사람은 먹는 행위를 통해서만이 생존에 필요한 영양소를 공급받을 수 있기 때문이다. 수십 년 동안 과학자와 연구자들은 생명에 필수적인 특정 영양소들을 밝혀 왔다. 모든 음식이란 결국 수천 가지 화학물질의 복합체이며, 모든 영양소는 사실 화학물질이다. **영양소**(nutrient)를 정의해 보면 체내에서 특정한 기능 즉, 에너지를 공급하고, 신체 구성에 필요한 구조 요소를 제공하거나, 혹은 신체 기능을 감독하기 위한 조절인자를 제공하는 기능을 가지고 있는 화학물질이라 할 수 있다. 우리 몸에 반드시 필요한 것임에도 불구하고 체내에서 충분한 양을 만들어 낼 수 없는 영양소를 필수영양소라 하며, 이들은 반드시 식품섭취를 통해서 공급받아야 한다.

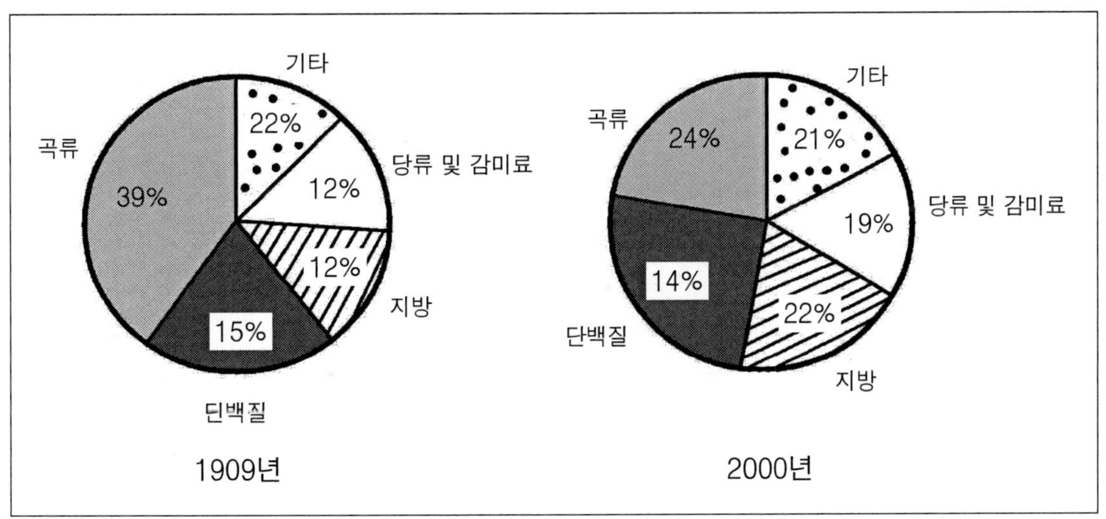

그림 1-1. 식품 에너지 공급 비율(미국)

과거에 비해 우리가 섭취할 수 있는 식품은 더욱 풍부해졌음에도 불구하고 영양적 선택에 있어서는 필요한 만큼 이루어지지 않고 있는 것이 사실이다. 그림 1-1은 1909년과 2000년의 섭취에너지의 공급원을 비교한 것으로 이를 잘 설명해 주는 좋은 예이다. 당류 및 감미료의 섭취는 12%에서 19%로, 지방의 섭취는 12%에서 22%로 급격히 증가한 반면, 곡류의 섭취는 39%에서 24%로 감소하였다. 또한 1인당 지방의 소비량을 비교해 보면 1904년에는 41파운드였으나, 2000년에는 79 파운드로 나타났다. 이러한 결과를 통해, 대표적인 빈 열량원인 설탕과 지방의 섭취가 영양소가 많은 곡류가 차지했던 부분을 대신하고 있는 것으로 보인다. 영양학의 기본 원리를 잘 이해한다면 우리는 훨씬 더 영양가 있는 식품을 현명하게 선택할 수 있을 것이다.

올바른 식품 선택을 해야 하는 이유는 무엇일까? 그것은 '부적절한 영양'과 '만성질환 발병' 사이에 매우 깊은 연관성이 있다는 것이 과학적으로 뒷받침되고 있기 때문이다. 예를 들면, 장기간 칼슘을 적게 섭취할 경우에는 골다공증에 걸릴 위험이 커지며, 또한 어떤 종류의 식이지방과 식이섬유소를 섭취하느냐에 따라 혈중 콜레스테롤 수치가 달라질 수 있다. 혈중 콜레스테롤 수치가 높은 사람들은 식이섬유소를 많이 섭취함으로써 그 수치를 낮출 수 있다. 당뇨 환자의 경우에는 탄수화물 섭취에 주의하고 수용성 식이섬유소 섭취를 늘리는 등 지속적인 관리를 해야 한다. 따라서 올바른 식품 선택을 함으로써 현재 자신이 가지고 있는 특정 질환을 잘 관리하고, 추후 다른 질병이 생기지 않도록 예방할 수 있는 것이다.

방송과 다양한 매체, 주변 사람들, 광고주들로부터 어떤 것은 좋으니 많이 먹어야 하고, 어떤 것은 해로우니 좀더 적게 먹어야 한다는 등의 정보를 수없이 접하고 있다. 때로는 '전문가'들로부터 우리의 식생활을 어떤 식으로 바꾸지 않으면 안 된다는 주장을 듣기도 한다. 또한 지나치게 가공이 많이 된 식품들은 자연식품에 비해 첨가물이나 살충제 등으로 인해 해로울 수 있다는 말을 듣곤 한다. 과거에는 유해하다고 알려졌던 특정 식품이나 성분이 이제는 그 반대의 효과가 있다고 주장되기도 한다.

이와 같이 과학은 안타깝게도 종종 상반된 결과를 내놓기도 한다. 그 이유는 어떤 식품이나 성분을 연구할 때 사용했던 실험 조건이 경우에 따라 다르기 때문에 나타나는 결과이며, 모든 실험결과가 항상 같을 수는 없다. 또한 전문가들은 어떤 연구결과를 해석할 때 모든 실험 조건을 면밀히 분석하여 결론을 내리는 반면, 일반 대중들은 언뜻 눈에 띠는 두드러진 결과와 그 연구의 극히 일부 사실만을 보고 나름대로 성급한 결론을 내리기 십상이다. 그러므로 우리는 영양에 관해 더 많이 이해해야만 도처에서 접하는 갖가지 영양정보를 올바로 해석할 수 있는 것이다.

자신의 건강은 나 스스로 책임을 져야 한다. 따라서 이 책의 제목이 '영양과 나'(Nutrition and You)라고 붙여진 이유가 바로 이 때문이다. 이 책에서는 건강에 대한 기본 원리를 강조하고 있다. 지금까지 올바른 식품 선택의 중요성을 다루어 왔는데, 중요한 것은 다양한 식품을 적절한 양만큼 섭취하는 것이다. 이밖에도 건강을 위해 금연이나 규칙적인 운동은 매우 중요하며, 생활방식을 조금만 변화시켜도 우리는 훨씬 더 나은 삶을 살 수 있다.

1. 우리가 먹는 영양소

모든 식품에는 여러 가지 영양소가 들어 있으며, 한 가지 식품 안에 우리가 필요로 하는 모든 영양소가 골고루 들어 있는 것은 아니나. 이 책의 각 장에서 다량영양소와 미량영양소에 대해 자세히 다루겠지만, 먼저 각 영양소에 대해 간단히 소개하고자 한다.

일반적으로 영양소는 **다량영양소**(macronutrient)와 **미량영양소**(micronutrient)로 구분할 수 있다. 보편적으로 많은 양으로 섭취하는 영양소들을 다량영양소라 하는데, 3대 다량영양소에는 탄수화물, 지질, 그리고 단백질이 이에 속한다. 탄수화물의 주요 기능은 체내 에너지원으로 이용되는 것이다. 지질은 다른 영양소에 비해 많은 에너지를 공급하며, 세포 구조에 있어서도 중요한 역할을 한다. 단백질은 세포를 구성하고 몸 안의 다양한 조절단백질(예를 들면 호르몬이나 효소)을 만드는 데 필요한 재료 물질로 쓰인다. 그러나 탄수화물이나 지질이 충분히 공급되지 못 하면 단백질이 대신 에너지원으로 사용된다.

미량영양소에는 비타민과 무기질이 있다. **비타민**이란 탄소를 포함하고 있는 유기화합물로서 생리작용을 조절하는 역할을 한다. 영양학자들에 의해 지금까지 밝혀진 비타민은 총 13가지이며, 4종류의 지용성 비타민과 9종류의 수용성 비타민이 이에 속한다. 지용성 비타민은 식이를 통해 지질과 함께 흡수되며, 수용성 비타민은 식품 중에서 물 층에 존재한다.

예를 들어, 전유에는 상당량의 지용성 비타민 A가 들어 있는 반면, 탈지우유는 지방을 제거하는 과정에서 비타민 A도 함께 제거되었으므로 존재하지 않는다. 따라서 미국에서는 모든 탈지우유에 제거된 만큼의 비타민 A를 첨가하는 것을 의무화하고 있다.

한편, **무기질**은 탄소를 포함하지 않는 무기화합물로서 비타민과 마찬가지로 생리 작용을 조절한다. 뼈와 치아를 구성하는 칼슘과 같이 몸을 구성하는 데 쓰이는 무기질도 있다. 무기질은 다량무기질과 미량무기질의 두 가지 그룹으로 분류되는데, 우리 몸에 비교적 많은 양이 존재하는 7가지의 다량무기질과 15가지의 미량무기질이 있다.

지금까지 내용을 간략히 정리하면, 식품 안에는 38가지 종류의 영양소라고 할 수 있는 화학물질이 있다. 즉, 3가지의 다량영양소와 35가지의 미량영양소가 있으며, 미량영양소에는 13가지의 비타민과 22가지의 무기질이 이에 포함된다. 이들은 각각 '다양한' 양으로 '규칙적'으로 섭취되어야 하기 때문에 소위 '필수영양소'라고 불린다. 그렇다면 이렇게 다양한 영양소를 어떻게 적절히 섭취해야만 하는 것일까? 이에 대한 해답으로 '영양섭취기준(DRI : Dietary Reference Intakes)'을 설정하여 필요한 만큼의 영양소를 섭취할 수 있도록 하였다. 그러나 현실적으로 우리가 먹는 식품 안에 어떤 영양소들이 얼마나 들어 있으며, 동시에 우리가 필요로 하는 모든 요구량을 기억하기는 쉽지 않으므로 보다 쉬운 방법으로서 '일일 식품구성군'을 기본으로 하여 다양한 식품을 섭취하는 것이다.

2. 영양섭취기준(DRIs : Dietary Reference Intakes)

지금까지 각종 영양소의 요구량은 영양권장량(RI : Recommended Daily Allowance)이라는 개념을 이용하여 알려져 왔다. 이는 성별이나 연령별로 그룹을 나누어 그 그룹에 속하는 건강한 사람들의 97.5%에 해당하는 인구집단이 특정 영양소 결핍으로 인한 질환을 예방하는 데 필요로 하는 영양소의 섭취량을 근거로 하고 있다. 예를 들어, 철분의 경우 서로 필요량이 다르므로 남성과 여성의 철분 영양권장량은 다르다. 그러나 지금까지 사용되어온 영양권장량의 문제점 중 하나는 그것이 특정 개인의 필요량이 아니라 소위 인구집단의 필요량을 의미한다는 것이다. 그럼에도 불구하고 사람들은 종종 영양권장량의 개념을 평균의 개념으로 잘못 이해하고, 자신들은 평균보다 더 많은 양의 영양소를 필요로 할 것이라는 가정 하에 실제의 영양권장량보다 많은 양을 섭취해 온 것이 사실이다.

따라서, 미국 식품영양국(Food and Nutrition Board of the Nutrition Academy of Science)은 과거의 영양권장량 개념을 새로 바꾸어 영양섭취기준(DRI)이란 것을 만들었으며, 이에는 다음의 표와 같이 4가지 개념이 포함된다.

Dietary Reference Intakes	DRI
•Estimated Average Requirement(평균필요량)	EAR
•Recommended Intake(권장섭취량)	RI
•Adequate Intake(충분섭취량)	AI
•Tolerable Upper Intake Level(상한섭취량)	UL

첫째, **평균필요량**(EAR : Estimated Average Requirement)은 다른 수치들을 정하는 데 기본이 되는 개념이다. 평균필요량은 연령 및 성별에 따라 다르며, 그 집단의 50%에 해당하는 사람들의 체내에서 해당 영양소가 특정한 대사적 기능을 수행하기 위해 필요한 양을 기준으로 하기 때문에 이를 설정하기 위한 충분한 연구결과가 있는 경우에 한한다. 이는 복잡해 보일 수도 있지만 간단하게 설명하면 다음과 같다. 즉, 종전의 아스코르브산(비타민 C)의 권장량은 괴혈병을 예방하기 위한 수준에 맞추어 설정되었지만, 오늘날 아스코르브산의 평균필요량은 특정 연령 및 성별 집단에 있어 절반에 해당하는 사람들의 혈중 백혈구 아스코르브산의 농도를 최대화하기 위해 필요로 하는 섭취량을 말한다. 백혈구의 아스코르브산 농도를 최대화하기 위해서는 괴혈병을 예방하기 위한 양보다 많이 섭취해야 하는데, 이는 아스코르브산이 체내에서 단순히 괴혈병을 예방하는 기능 이외에도 다른 기능들, 예를 들면 항산화제와 같은 역할을 수행하고 있음을 반영한다. 평균필요량은 인구집단에 필요한 영양지침을 설정하는 데 주로 이용된다. 예를 들면, 학교 점심 급식에 비타민 A를 얼마나 제공해야 하는가를 결정해야 하는 정책 입안 시에 평균필요량은 이러한 특정 집단의 섭취 필요량을 결정하는 데 이용될 수 있다.

둘째는 **권장섭취량**(RI : Recommended Intake) 개념이다. 권장섭취량은 평균필요량보다 높은 수치이며, 이는 종전의 영양권장량(RI)에 해당하는 개념이다. 권장섭취량은 특정 연령 및 성별에 해당하는 집단의 97.5%에 해당하는 대다수 사람들의 요구량을 충족시킬 수 있는 양에 해당된다.

셋째, 영양소의 기능이나 요구량에 대한 자료가 평균필요량을 결정하기에 만족할 만한 수준이 아닌 경우에는 단순히 **충분섭취량**(AI : Adequate Intakes)으로 나타낸다. 예를 들어, 제 10장의 표 10-3에 나타난 칼슘 요구량은 칼슘의 충분섭취량을 지칭하는 것이다. 즉, 지금까지 나온 모든 자료들을 근거로 할 때 대부분의 성인에 있어서는 하루 1,000mg의 칼슘을 섭취하면 체내 칼슘 균형을 유지할 수 있다고 보

표 1-1. Dietary Reference Intakes: Tolerable Upper Intake Levels(UL[a])

Food and Nutrition Board, Institute of Medicine, National Academies

Life Stage Group	Calcium (g/d)	Phosphorus (g/d)	Magnesium (mg/d)[b]	Vitamin D (μg/d)	Fluoride (mg/d)	Niacin (mg/d)[c]	Vitamin B_6 (mg/d)	Folate (μg/d)[c]	Choline (g/d)	Vitamin C (mg/d)	Vitamin E (mg/d)[d]	Selenium (μg/d)
Infants												
0–6 mo	ND[e]	ND	ND	25	0.7	ND	ND	ND	ND	ND	ND	45
7–12 mo	ND	ND	ND	25	0.9	ND	ND	ND	ND	ND	ND	60
Children												
1–3 y	2.5	3	65	50	1.3	10	30	300	1.0	400	200	90
4–8 y	2.5	3	110	50	2.2	15	40	400	1.0	650	300	150
Males, Females												
9–13 y	2.5	4	350	50	10	20	60	600	2.0	1,200	600	280
14–18 y	2.5	4	350	50	10	30	80	800	3.0	1,800	800	400
19–70 y	2.5	4	350	50	10	35	100	1,000	3.5	2,000	1,000	400
> 70 y	2.5	3	350	50	10	35	100	1,000	3.5	2,000	1,000	400
Pregnancy												
≤ 18 y	2.5	3.5	350	50	10	30	80	800	3.0	1,800	800	400
19–50 y	2.5	3.5	350	50	10	35	100	1,000	3.5	2,000	1,000	400
Lactation												
≤ 18 y	2.5	4	350	50	10	30	80	800	3.0	1,800	800	400
19–50 y	2.5	4	350	50	10	35	100	1,000	3.5	2,000	1,000	400

[a] UL = The maximum level of daily nutrient intake that is likely to pose no risk of adverse effects. Unless otherwise specified, the UL represents total intake from food, water, and supplements. Due to lack of suitable data, ULs could not be established for thiamin, riboflavin, vitamin B_{12}, pantothenic acid, or biotin. In the absence of ULs, extra caution may be warranted in consuming levels above recommended intakes.

[b] The ULs for magnesium represent intake from a pharmacological agent only and do not include intake from food and water.

[c] The ULs for niacin and folate apply to synthetic forms obtained from supplements, fortified foods, or a combination of the two.

[d] As α-tocopherol; applies to any form of supplemental α-tocopherol.

[e] ND = Not determinable due to lack of data of adverse effects in this age group and concern with regard to lack of ability to handle excess amounts. Source of intake should be from food only to prevent high levels of intake.

는 것이다. 이는 아스코르브산의 경우에는 자료가 충분하기 때문에 평균필요량과 권장섭취량이 둘 다 설정되어 있으나, 칼슘의 경우엔 아직 자료가 그만큼 많지 않기에 단지 충분섭취량으로 설정한 것이다.

마지막 기준으로서, 이번 새 개정의 가장 뚜렷한 점 중의 하나가 많은 영양소에 대해 독성 수준을 정해 놓은 것이다. 즉, **상한섭취량**(UL : Tolerable Upper Intake Level)이란 부작용을 일으키지 않는 범위 내에서 섭취 가능한 최대의 양을 말한다. 다시 말해, 어떤 영양소를 상한섭취량 이상으로 장기간 지속적으로 섭취할 경우에는 독성효과가 나타날 확률이 매우 높다는 의미이다. 표 1-1은 상한섭취량이 설정되어 있는 영양소의 종류와 수치를 나타낸 것이다.

식품영양국(Food and Nutrition Board)은 다양한 영양소군의 영양섭취기준을 설정하여 배포하고 있다. 지금까지 영양섭취기준이 설정된 영양소에는 다음과 같은 것들이 있다.

- 칼슘, 비타민 D, 인, 마그네슘, 불소
- 엽산 및 기타 비타민 B군
- 항산화제(비타민 C 및 비타민 E, 셀레늄)
- 다량영양소(단백질, 지질, 탄수화물)
- 미량무기질(철분, 아연)
- 전해질 및 물
- 기타 식품성분(섬유소, 파이토에스트로겐)

그렇다면 영양섭취기준을 어떻게 활용하는 것이 바람직할까? 먼저, 관심 있는 영양소의 요구량이 '권장섭취량'인지 '충분섭취량'인지를 알아야 한다. 만일 권장섭취량으로 나타나 있다면 이는 그 영양소에 대해 많은 정보가 축적되어 있다는 의미이며, 이는 실제로 내 개인에게 필요한 양보다 많을 수도 있음을 알아야 한다. 반면에 과학적 정보가 아직 만족할 만한 수준이 아닐 경우에는 충분섭취량으로 명시되며, 이는 사실상 내게 필요한 양에 대한 최상의 추측치일 뿐이다. 또한 관심 있는 영양소의 상한섭취량(UL : Tolerable Upper Limit)이 설정되어 있는지 확인해야 하는데, 만일 그렇다면 상한섭취량보다 훨씬 적은 양을 섭취하는 것이 안전하다.

3. 식품군

신체가 필요로 하는 것은 '영양소'이나 실질적으로 우리가 섭취하는 것은 '식품'의 형태이다. 따라서 실생활에 적용할 때는 영양소가 아닌 식품의 개념으로 모든 것이 설명되어져야 한다. 그런 면에서 지금까지 사용되어온 '4대 식품군'이란 접근법은 일반인들이 식품과 영양소를 연결지어 생각하는 데 일조를 하였다. 이러한 개념은 좀더 알기 쉽게 일일식품피라미드(Daily Food Guide Pyramid)의 형태로 만들어졌다.

일일식품피라미드를 활용하면 섭취하는 식품의 양과 종류를 토대로 하여 영양소 섭취량을 평가할 수 있다(그림 1-2). 일일식품피라미드의 중요한 개념은 4가지 식품군에 포함된 식품을 적당한 양으로 다양하게 섭취한다면 신체가 필요로 하는 모든 필수영양소를 적절히 제공받을 수 있다는 것이다. 단 한 가지 전제 조건은 모든 식품을 골고루 먹으면서 적어도 하루 1,500 kcal의 열량은 섭취를 한다는 가정 하에서만 유효하다. 아무리 다양한 식품을 섭취하더라도 총 일일섭취열량이 1,200 kcal에 미치지 못 한다면 필요한 영양소를 모두 공급받는다는 것은 불가능한 일이기 때문이다.

1군은 육류와 육류대체 식품군이다. 이 식품군은 에너지, 비타민 및 무기질 뿐만 아니라 단백질의 공급원이다. 육류는 2~3온스(1온스=28.3495g)가 1단위라고 한다면 하루에 2~3단위의 육류를 섭취해야 한다. 동물성 식품 대신 식물성 식품을 섭취할 수도 있는데, 두 컵 정도의 콩이나 땅콩을 섭취해도 단백질 요구량을 만족시킬 수 있다.

2군은 우유와 유제품군이다. 2군의 요구량을 충족시키려면 8온스(1온스=29.57ml 미국)의 우유를 2~3컵 마셔야 한다. 또는 1~2온스의 치즈(Cottage 치즈)와 두 컵의 아이스크림을 먹어도 된다. 2군은 칼슘의 주요 공급원이다. 칼슘은 골격 형성에 매우 중요하기 때문에 전문가들은 적당한 칼슘 섭취를 위해서는 3~4단위의 우유 및 유제품을 섭취하도록 권장하고 있다.

임산부나 수유부의 경우에는 칼슘 필요량이 증가하는 시기이므로 하루에 4단위의 우유 및 유제품군을 섭취해야 한다. 성장기 어린이들도 역시 하루 4단위의 우유 및 유제품군을 섭취해야 한다.

3군과 4군은 각각 과일군과 채소군이며, 주로 비타민과 무기질을 공급한다. 하루에 2~4단위의 여러 가지 과일과 3~5단위의 채소를 섭취해야 한다. 앞에서 영양소 필요량을 생각할 때 특정 영양소가 아닌 식품으로 생각해야 한다고 강조한 바

Grains[1]	7 ounces
Vegetables[2]	3 cups
Fruits	2 cups
Milk	3 cups
Meat & Beans	6 ounces

그림 1-2-1. 20대 여성 식품 피라미드(미국)

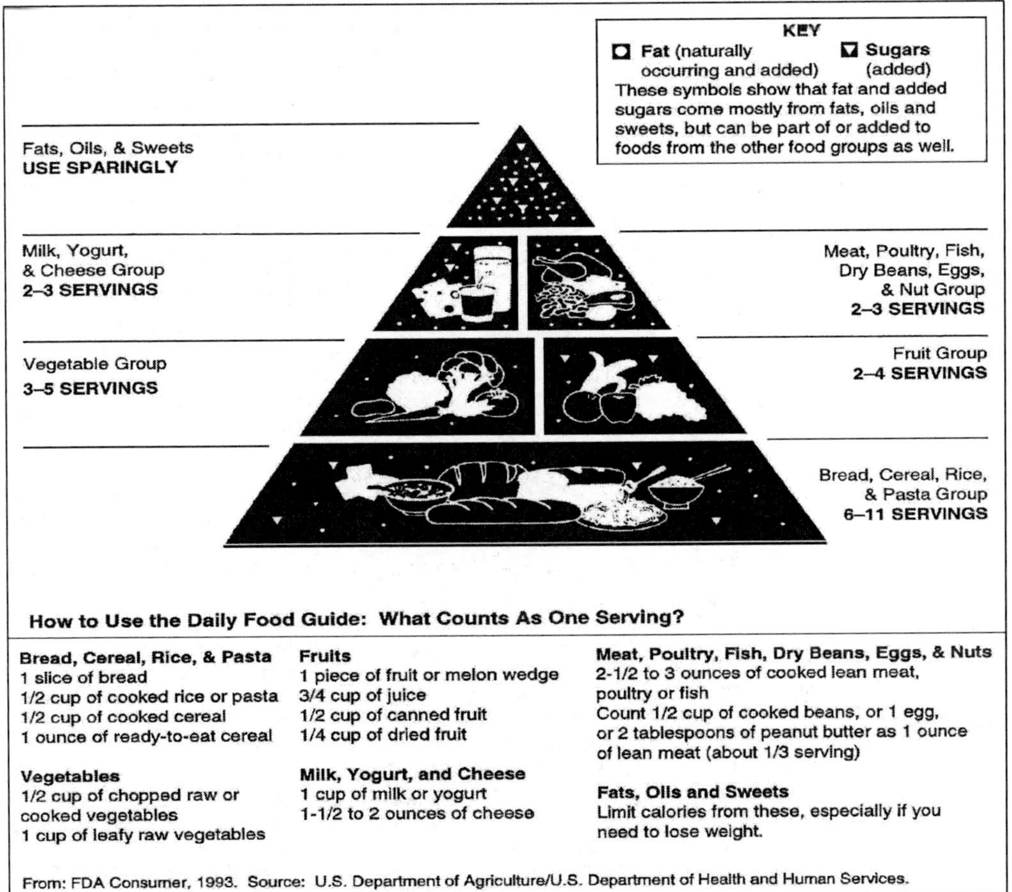

그림 1-2-2. 식품 피라미드(미국)

있다. 그러나 과일과 채소군에서는 두 가지 예외가 있는데, 하루에 비타민 C가 풍부한 과일 1단위와 비타민 A가 풍부한 채소 1단위를 섭취해야 한다는 것이다. 이 두 가지 비타민은 특히 편식하는 미국인 식이에서 부족하기 쉬운 영양소이다. 비타민 C의 좋은 급원은 신맛이 나는 감귤류의 과일, 브로콜리, 감자 및 딸기이다. 비타민 A의 우수한 공급원은 녹황색 엽채류와 오렌지색 채소이다.

마지막 식품군은 곡류 및 전분군으로서, 식이의 가장 기초가 되는 식품군이다. 매일 6~11단위의 곡류를 섭취해야 한다. 곡류의 1단위는 한 조각의 빵이나 한 컵의 시리얼 정도이다. 쌀, 파스타 같은 곡류는 복합 탄수화물과 인체가 필요로 하는 비타민과 무기질을 공급한다. 식이섬유소 섭취를 늘리려면 4단위 중에서 2단위는 흰빵 대신에 통밀빵 같은 전곡류여야 한다.

매일 충분한 열량을 소모하지 않는다면 위와 같은 분류가 반드시 절대적인 것은 아니지만, 식품 섭취에 있어서 영양적 측면에서 올바른 선택을 할 수 있도록 쉽고 완벽한 틀을 제공할 수는 있다. 예를 들어, 패스트푸드점에서 식사를 할 때 만일 과일이나 채소군의 섭취가 필요하다면 햄버거를 샐러드로 대체할 수 있다. 그러나 안

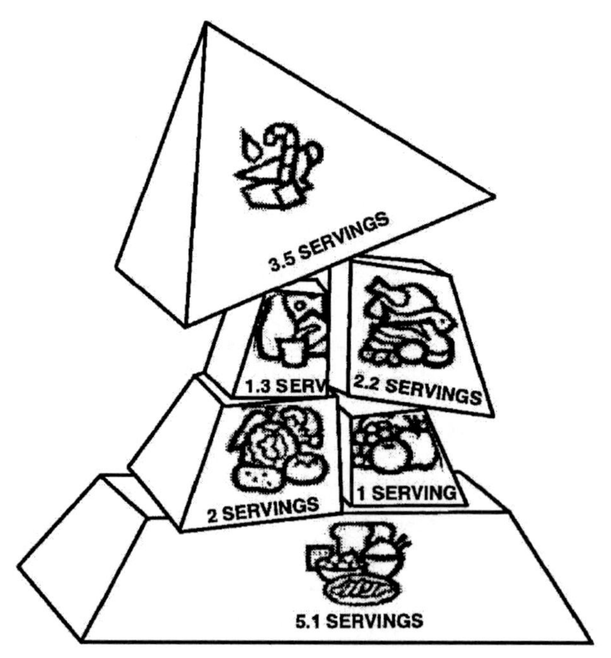

그림 1-3. '일그러진' 피라미드 : 미국인의 실제 소비형태

출처 : *Eating in AmeRDAca Today : A Dietary Pattern and Intake Report/Edition II(EAT II)*. National Livestock and Meat Board, 1995.

타깝게도 그림 1-3에서 보는 바와 같이 실질적인 미국인들의 섭취 실태는 과히 바람직하지 못한 실정이다. 전형적인 미국인들은 지방과 당분은 과잉 섭취하고 있는 반면 과일과 채소는 너무 적게 섭취하고 있는 것이다. 다양한 집단에 필요한 식품 피라미드가 제시되어 있으며, 어린이와 노인, 채식주의자 뿐만 아니라 지중해 연안 사람들을 위한 식품 피라미드도 있다. 식품 피라미드에 관한 목록은 다음 웹사이트를 참조하기 바란다(http://www.kde.state.ky.us/odss/pyramid/pyramid.htm).

4. 영양밀도

영양소는 없이 열량만 있는 소위 '빈열량(empty calories)' 식품을 일컬어 영양밀도가 매우 낮다고 한다. 청량음료, 감자칩, 초콜릿바, 쿠키 등은 매우 영양가가 낮으며, 종종 정크푸드(junk food)라고 불린다. 그러나 정크푸드라 불리는 식품 중에는 비록 전형적 의미의 영양소라고는 할 수 없지만 열량 이상의 가치를 가진 것도 있다. 예를 들면, 보통 강화 밀가루로 만들어진 쿠키는 약간의 영양소들을 공급한다. 또한, 경우에 따라서는 열량 섭취를 제한해야 하는 사람이 있듯이, 반대로 열량이 필요한 경우도 있다. 따라서 열량만을 공급하는 식품이 반드시 나쁜 것만은 아니다. 다만 이런 식품들을 많이 섭취하게 되면 보다 영양가 있는 식품의 섭취를 가로막거나 제한하게 되어 이것이 곧 여러 가지 문제를 초래하게 된다. 올바른 식품 섭취의 틀에서 본다면 정크푸드란 반드시 제한되어야만 하는 식품을 일컫는다. 그러므로 정크푸드라는 용어는 사실상 부적합한 측면이 있다. 왜냐하면 모든 식품은 양이 제한적이기는 하지만 나름대로의 일부 영양소를 제공하고 있기 때문이다.

식품 선택 시 반드시 고려되어야 할 점은 그 식품의 **영양밀도**(nutrient density)이다. 영양밀도란 단위 열량당 포함되어 있는 영양소를 기준으로 하여 식품을 평가하는 개념이다. 안타깝게도 현대를 살아가는 많은 사람들이 인체가 필요로 하는 비타민과 무기질의 양은 아주 적으면서 열량이 높은 가공식품들을 많이 섭취하므로 영양밀도가 낮은 식품을 주로 섭취하고 있다고 할 수 있다. 사실 초콜릿바, 콜라, 감자칩 등을 먹는다고 해서 그 자체만으로 죄책감을 느낄 필요는 없다. 그러나 이들 식품은 단지 지방과 당분만을 공급한다는 사실을 명심해야만 한다. 식품을 선택할 경우 항상 영양밀도와 기초식품군을 충분히 고려한다면 우리에게 필요한 모든 영양소를 적절히 섭취할 수 있을 것이다.

유제품군은 영양밀도가 높은 좋은 예이다. 우유와 유제품에는 칼슘이 많이 들어 있어 식이칼슘의 주요한 공급원이 된다. 전유 한 컵에는 250mg의 칼슘이 포함되어 있으면서 150 kcal의 열량을 공급한다. 반면, 무지방우유 한 잔은 같은 양의 칼슘을 함유하지만 열량은 80 kcal에 지나지 않는다. 양쪽 모두 같은 양의 칼슘을 공급하는 반면 무지방우유의 열량이 훨씬 적다. 그러므로 영양밀도 측면에서는 무지방우유가 전유보다 더 바람직하다고 할 수 있다. 만일 전유 한 잔에 있는 칼슘 양을 아이스크림을 통해 얻으려 한다면 아이스크림을 320 kcal나 섭취해야 한다. 또한 동일한 양의 칼슘을 얻기 위해 치즈의 경우에는 250 kcal가 섭취되어야 하는 것이다. 또 다른 예로, 통밀빵이 흰밀가루빵 보다 영양밀도가 훨씬 높다는 것이다. 따라서 영양밀도의 개념을 잘 이해한다면 저영양밀도의 식품 대신 쉽게 고영양밀도의 식품을 대체할 수 있는 것이다.

5. 식이지침

다양한 식품을 섭취하는 것 이외에도 아주 작은 식이 변화를 통해서 평생토록 유익한 결과를 낳을 수 있다. 미국 농무부(the U.S. Department of Agriculture, USDA)와 보건복지부(the U.S. Department of Health and Human Services)에서는 미국인을 위한 식사지침(dietary guidelines)을 팜플렛으로 만들어 제공하고 있다(표 1-2).

표 1-2. 미국인을 위한 식사지침

- 건강한 체중을 목표로 한다.
- 매일 육체적 활동을 한다.
- 식품 선택에 있어서 식품 피라미드를 활용한다.
- 매일 여러 가지 곡류, 특히 전곡(全穀)을 섭취하도록 한다.
- 안전한 식품을 섭취하도록 한다.
- 총 지방섭취량 중에서 포화지방과 콜레스테롤을 낮추어서 조절하도록 한다.
- 당분의 섭취를 조절하기 위해 올바른 음료와 식품 선택을 해야 한다.
- 염분이 적은 식품을 선택해야 한다.
- 알콜음료는 적당량만 마시도록 한다.

출처: Dietary Guidelines for *AmeRDAcans*, 4th edition, 1998. U.S. Department of AgRDAculture and Health and Human Services, U.S. Government PRDAnting Office #273-930, Washington, DC 1990.

1장

1. 나의 영양상식 수준은?

식사와 건강 사이의 관계에 대한 나의 지식수준을 13가지 질문을 통해 판정해 보기

건강문제에 있어서 영양보다 더 중요한 것은 없으며, 또한 우리를 혼란스럽게 하는 것도 없다. 정말 그렇다. 영양은 공부하기 매우 어려운 주제이며, 연구결과도 서로 모순된 결과를 보이는가 하면 식사지침들 마저도 때로는 서로 일치하지 않는 것처럼 보일 때가 있다. 최근에 개정된 식품표시제도는 과거의 규정을 바꾸어 새로운 항목을 추가하였다.

다음에는 영양에 대해 우리가 얼마나 알고 있는지 평가해 보는 것을 돕기 위해 건강에 관해 관심이 있는 모든 사람들이 반드시 알아야 할 주요 사항에 관해 13가지 질문 문항을 만들어 소개하였으며, 그 뒤에는 간단한 해설과 함께 이들 질문에 대한 답을 제시하였다. 또한 약 650명의 독자들을 대상으로 동일한 질문을 물어 조사한 결과도 함께 제시하여 얼마나 많은 사람들이 그 질문에 대해 옳게 대답을 하였는지 알 수 있도록 하였다. 그런데 여기서 우선 짚고 넘어가야 할 점은 13개 문제를 모두 맞힌 사람은 한 사람도 없었으며, 사실상 약 절반의 응답자가 절반 이하의 정답을 맞혔다는 것이다. 따라서 문제의 정답을 잘 모르더라도 너무 실망하고 자책할 필요는 없는 것이다. 마지막 부분에는 성적 계산표를 제시하여 본인의 실력이 어느 정도인지 가늠해 볼 수 있도록 하였다.

질문 문항

1. **'좋은' HDL 콜레스테롤을 많이 함유한 식품은 동맥의 건강에 좋은 영향을 미친다.**

   옳다______ 그르다______

2. **대부분의 사람들에 있어 하루 한두 개의 계란 섭취는 안전하다.**

   옳다______ 그르다______

3. **만일 어떤 식품에 "무콜레스테롤(cholesterol free)"이라고 표시되어 있는 경우 이 식품의 포화지방산 함량은 어떠하다고 생각되는가?**

   a. 낮음
   b. 높음
   c. 높을 수도 있고 낮을 수도 있음

4. **견과류나 식물성 오일과 같이 지방함량이 높은 식품은 혈액의 콜레스테롤 함량을 높이는 경향이 있다.**

   옳다 ___ 그르다______

5. 다음 식물성 오일 중 어느 것이 지방 함량과 에너지 함량이 가장 낮은가?

a. 올리브 오일
b. 옥수수 오일
c. 코코넛 오일
d. 모두 같음

6. 대부분 저지방(low-fat) 식품은 열량(calorie)도 낮다.

옳다______ 그르다______

7. 우리는 식품표시에 제시되어 있는 영양소 Daily Value(DV)의 100% 이상을 섭취하도록 노력해야 한다.

옳다______ 그르다______

8. 다음 중 식이섬유소의 좋은 급원은? (옳은 것을 모두 고르시오)

a. 사과
b. 쇠고기
c. 여과하지 않은 사과주스
d. 분쇄한 밀
e. 두류
f. 콘플레이크

9. 베타카로틴을 많이 함유하는 식이는 암과 심혈관질환을 예방하는 데 도움이 된다.

옳다______ 그르다______

10. 미국인들은 그들의 일상적 식사로 비타민을 충분히 섭취하므로 비타민 섭취에 대해 그다지 관심을 기울일 필요가 없다.

옳다______ 그르다______

11. 다음 중 칼슘의 급원으로 좋은 식품은? (옳은 것을 모두 고르시오)

a. 우유
b. 정어리통조림
c. 요구르트
d. 케일
e. 두부

12. 다음 중 어느 것이 칼슘 함량이 더 높은가?

a. 우유(whole milk)
b. 탈지유(skim milk)
c. 둘 다 같음

13. 적당하게 마셨을 때 다음 중 어느 술이 가장 심장에 좋은 영향을 미치는가?

a. 적포도주
b. 양주
c. 백포도주
d. 맥주
e. 모두 같음

– 다음은 위 13가지 질문에 대한 정답과 해설임 –

(얼마나 많은 사람들이 정답을 맞혔는지도 아울러 살펴보기 바람)

1. '좋은' HDL 콜레스테롤을 많이 함유한 식품은 동맥의 건강에 좋은 영향을 미친다.

정답: 그르다

(일반인들이 정답을 맞힌 비율 31%)

HDL 콜레스테롤 함량이 높을수록 동맥의 건강에 도움이 된다는 사실 때문에 많은 사람들이 이 '좋은' 콜레스테롤 함량이 식품을 섭취할 수 있다고 생각한다. 그러나 식품에 함유되어 있는 콜레스테롤은 좋지도 나쁘지도 않다. 대신에 좋다 나쁘다는 이들 형용사는 우리의 간에서 대부분 생성되는 혈액 속에 함유된 콜레스테롤에 대한 말이다. 그리고 우리 혈액내 콜레스테롤의 좋고 나쁨은 혈액을 통해 심혈관으로 또는 심혈관으로부터 콜레스테롤을 운반하는 지방단백질(lipoprotein)의 종류에 의해 결정된다. 이들 콜레스롤 운반체는 저밀도(LDL)와 고밀도지방단백질(HDL)로 분류되며, 이들의 혈액내 농도는 유전적 소인이나 생활양식 등에 따라 영향을 받는다. HDL 농도를 높이는 요인으로는 유산소운동, 체중 감량, 금연, 적당량의 음주 등이 있다.

2. 대부분의 사람들에 있어 하루 한두 개의 계란 섭취는 안전하다.

정답: 옳다 (정답률 58%)

계란은 분명 콜레스테롤 함량이 높은 식품이다. 그러나 식품 중의 콜레스테롤이 자동적으로 우리의 혈액 콜레스테롤이 되는 것은 아니다. 사실상 대부분의 사람들은 식품으로부터 콜레스테롤 흡수를 감소시키고 체내 콜레스테롤 합성을 줄임으로써 고콜레스테롤 식이에 대항하는 보상기전을 가지고 있다. 따라서 혈중 콜레스테롤 농도가 정상인 사람은 체내에서 콜레스테롤 농도 조절기전이 잘 작용하고 있으므로 적당량의 계란 섭취는 체내 콜레스테롤 균형을 깨뜨리지 않을 것이다. 식이 중 콜레스테롤 함량보다 훨씬 더 중요한 것은 식이 중 포화지방산 함량이다. 포화지방산 함량이 높은 식이는 우리 신체의 콜레스테롤 조절기전을 방해하여 혈중 '나쁜' LDL 콜레스테롤 농도를 현저히 증가시키는 결과를 초래한다.

3. 만일 어떤 식품에 "무콜레스테롤(cholesterol free)"이라고 표시되어 있는 경우 이 식품의 포화지방산 함량은 어떠하다고 생각되는가?

정답: 낮음 (정답률 27%)

"높을 수도 있고 낮을 수도 있음"이라고 답한 전체 응답자의 71%에 해당하는 사람들은 아마 과거 콜레스테롤이 관심을 끌기 시작한 초기에 많은 식품들이 심장에 해로운 포화지방산을 많이 함유하고 있음에도 불구하고 "심장 건강에 유익하다"는 것을 암시하는 '무콜레스테롤' 표기를 달고 유통됨으로써 소비자들이 고스란히 속아 넘어갔던 것을 기억하는 것 같다. 그러나 1993년 개정된 법률에 의해 이러한 일종의 속임수는 더 이상 할 수 없게 되었다. 이제는 어떤 식품에 '저' 또는 '무' 콜레스테롤 표기를 하기 위해서는 1회 분량당 포화지방산 함유량이 2g을 넘을 수 없도록 되어 있다.

4. 견과류나 식물성 오일과 같이 지방함량이 높은 식품은 혈액의 콜레스테롤 함량을 높이는 경향이 있다.

정답: 그르다 (정답률 44%)

식품에 함유된 모든 지방이 비난을 받고 있으나, 동맥혈관에 나쁜 영향을 미치는 것은 포화지방이며, 포화지방은 대부분 육류나 유제품과 같은 동물성 식품으로부터 섭취된다. 견과류나 식물성 오일은 포화지방 함량이 낮기 때문에 포화지방 함량이 높은 동물성 지방에 비해 혈액 콜레스테롤 농도에 미치는 영향이 매우 적으며, 심지어는 동물성 지방을 식물성 지방으로 대체하여 섭취할 경우에 혈장 콜레스테롤 농도를 개선시키기도 한다. 그러나 식물성 지방도 함정은 있다. 다른 모든 지방과 마찬가지로 식물성 지방도 에너지 밀도가 높다. 따라서 건강한 체중을 유지하기 위해서는 과다한 섭취를 경계해야 할 대상인 것이다. 보건당국에서는 국민의 건강을 위해서 총 에너지 섭취량 중 지방은 30% 이하로, 포화지방은 10% 이하로 섭취하도록 권장하고 있다.

5. 다음 식물성 오일 중 어느 것이 지방함량과 에너지 함량이 가장 낮은가?

정답: 모두 같음 (정답률 39%)

조사 응답자 중 약 44%는 올리브 오일을 정답으로 선택하였으나, 사실은 모든 오일이 똑같이 한 스푼에 약 13.5g의 지방과 120 칼로리의 에너지를 함유하고 있고, 단지 다른 점은 그들이 갖고 있는 포화지방과 불포화지방의 비율이다.

올리브 오일의 좋은 이미지는 아마도 올리브 오일을 많이 사용하는 소위 지중해성 식사(Mediterranean diet)의 광범위한 인지도 때문인 것으로 여겨진다. 그 동안의 여러 연구들에 의하면 올리브 오일의 높은 단일불포화지방 비율이 심장에 가장 좋은 것이라고 알려져 있다. 올리브 오일 다음으로 단일불포화지방 함량이 높은 것은 카놀라 오일을 들 수 있다. 조사 응답자 중 15%가 옥수수 오일을 정답으로 선택하였는데, 옥수수 오일은 다가불포화지방 함량이 높은 오일에 속한다.

현명하게도 응답자 중 코코넛 오일을 정답으로 선택한 사람은 거의 없다. 열대과일인 코코넛과 야자의 경우는 식물성 오일은 불포화지방 함량이 높다는 일반적 사실에서 예외이다. 이들은 거의 대부분 포화지방으로 이루어져 있다.

6. 대부분 저지방(low-fat) 식품은 열량(calorie)도 낮다.

정답: 그르다 (정답률 79%)

과일·야채·두류·곡류 등 저지방 천연식품들은 대체로 에너지 함량도 낮은 경향이 있다. 그러나 저지방 스낵, 디저트 등 지방함량이 낮도록 가공된 식품들의 경우에는 이야기가 다르다. 지방을 제거할 때 동시에 맛과 질감도 일부 함께 제거되기 때문에 탄수화물이나 단백질을 첨가하여 관능적인 특성을 보완하려 하면서 결국 칼로리가 높아진다. 심지어 어떤 경우에는 저지방 제품이 원래 보다 더 칼로리가 높은 경우도 있다.

칼로리가 높음에도 불구하고 이러한 저지방 식품들은 아직도 동맥에는 좋은 영향을 미칠 수 있다. 왜냐하면 포화지방 함량이 낮기 때문이다. 그러나 저지방 제품이라고 하여 마음 놓고 과식하는 것은 삼가야 할 것이다. 칼로리 섭취도 고려해야 하기 때문이다.

7. 우리는 식품표시에 제시되어 있는 영양소 Daily Value (DV)의 100% 이상을 섭취하도록 노력해야 한다.

정답 : 그르다 (정답률 36%)

이 까다로운 문제에 "옳다"고 대답했더라도 완전히 틀린 것은 아닌데, 그것은 일부 영양소의 하루 권장량(Daily Value)이 최소 섭취권장량을 나타내기 때문이다. 그러나 지방, 콜레스테롤, 나트륨 등과 같은 영양소의 Daily Value는 최소 섭취권장량이 아닌 하루 섭취 최대한도를 나타내며, 대부분의 미국인들은 이들 한도를 넘어 섭취하고 있다.

최소 하루 섭취량을 나타내는 영양소로는 각종 비타민과 무기질 및 식이섬유질이 있다. 대부분의 사람들은 식이섬유질 섭취에 매우 소홀하다. 하루 2,000 kcal 섭취하는 사람의 식이섬유질 Daily Value는 25g인데 비하여 실제로 섭취하는 것을 보면 평균적으로 남자는 19g, 여자는 14g을 섭취하고 있다. 이렇게 식이섬유질의 섭취가 적은 것은 아직도 많은 사람들이 식이섬유질을 과거 변비약의 원료 정도로만 생각하는 데에 일부 원인이 있는 것 같다. 그러나 섬유질은 건강을 유지하고 심혈관계 질환, 당뇨병, 게실증, 결장암 등의 질병을 방지하는 데 있어 가장 중요한 위치를 차지하는 영양소이다.

8. 다음 중 식이섬유소의 좋은 급원은?

정답 : a. 사과, d. 분쇄한 밀, e. 두류 (정답률 54%)

이 문제를 채점하는 데 있어서 정답 세 가지를 모두 골랐으면 1점을 주고, 세 가지 외에 아무것도 고르지 않았으면 1점을 추가로 더 준다(조사 응답자 중 16%가 추가

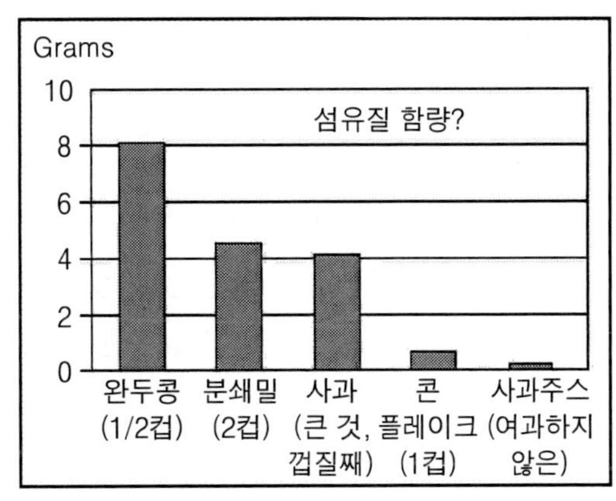

점수 1점을 획득함).

식이섬유소의 급원을 말할 때 우리는 대부분 밀과 밀겨를 구별할 줄 안다. 일반적으로 식이섬유질의 가장 좋은 급원은 곡류, 견과류, 과일과 야채이다. 곡류의 겨로 만든 시리얼은 매우 좋은 섬유질 급원으로서 반컵에 13g의 섬유질이 함유되어 하루 섭취권장량의 절반을 공급할 수 있는 양이다. 밀겨 성분이 좀 덜 함유된 분쇄한 밀은 1회 분량당 식이섬유질 양이 4.6g으로 떨어지지만 이는 아직 그리 낮은 것은 아니다. 조사 응답자 중 20%가 잘못 선택했던 콘플레이크는 겨우 1g도 안 되는 식이섬유질을 함유하고 있다. 두류는 보리(6.8g/반컵), 통밀 스파게티(3.2g)와 함께 식이섬유질의 좋은 급원이다. 껍질을 벗기지 않은 사과는 식이섬유질 함량이 높은 과일이지만 사과주스(여과하지 않은 주스 포함)는 가공과정에서 과육과 함께 식이섬유질을 모두 잃는다. 그리고 쇠고기에는 식이섬유질이 함유되어 있지 않다.

9. 베타카로틴을 많이 함유하는 식이는 암과 심혈관질환을 예방하는 데 도움이 된다.

정답 : 옳다 (정답률 68%)

최근의 연구결과에 의해 베타카로틴 정

제의 효능에 대한 장밋빛 환상은 깨졌지만 베타카로틴을 많이 함유한 식이의 건강 향상 기능성에 대한 증거는 날이 갈수록 증가되고 있다. 베타카로틴의 건강 기능성은 베타카로틴 단독으로서가 아니고 약 600여 천연 카로틴류와 천연식품에 함유된 많은 영양소들의 복합기능인 것이다. 다른 영양소들과 함께 베타카로틴의 좋은 급원식품으로는 당근, 고구마, 겨울 스쿼시, 살구, 캔탈로프, 핑크 또는 빨강 그레이프프루트 등이 있다.

10. 미국인들은 그들의 일상적 식사로 비타민을 충분히 섭취하므로 비타민 섭취에 대해 그다지 관심을 기울일 필요가 없다.

정답 : 그르다 (정답률 81%)

기형아 출산의 방지로부터 기억력 향상과 면역증강에 이르기까지 비타민 B군의 다양한 기능이 많은 연구들에 의해 밝혀져 왔다. 아직 명확히 증명되지는 않았지만 심지어 암과 심혈관 질환까지도 비타민 B군에 의해 감소된다는 예비 근거도 제시된 바 있다. 그러나 일반적인 미국인 식사에는 엽산과 비타민 B_6 등 적어도 두 가지 비타민 B가 부족하다. 이는 대부분의 국민들이 과일, 야채, 곡류를 충분히 섭취하지 않고, 특히 비타민 B군의 주요 급원인 두류의 경우는 권장량의 절반도 섭취하지 못하고 있기 때문이다. 치아에 문제가 있거나 외부 출입에 제한을 받기 때문에 적합한 식사를 할 수 없는 노인들은 저농도의 복합비타민과 복합무기질을 복용하도록 하는 것이 좋다. 비타민 B_{12}도 또한 중요한데, 철저한 채식주의자들은 권장량만큼 섭취하도록 특별히 주의를 기울여야 한다.

11. 다음 중 칼슘의 급원으로 좋은 식품은? (옳은 것을 모두 고르시오)

정답 : a. 우유, b. 정어리통조림, c. 요구르트, d. 케일, e. 두부 모두 (정답률 51%)

이 문제 채점에 있어서 만일 a. 우유, b. 정어리통조림, c. 요구르트 3가지를 모두 골랐으면 1점을 주고(응답자 중 이 세 가지를 모두 고른 사람은 79%), 거기에 d. 케일과 e. 두부 두 가지를 더 고른 사람은 1점을 추가로 더 준다.

우리는 이 문제의 정답으로 다섯 가지 식품 모두를 정답으로 삼았는데, 그 이유는 그들이 모두 상당량의 칼슘을 함유하고 있기 때문이다. 그러나 그들의 칼슘 함유량은 각각 다르다. 요구르트는 한 컵에 거의 500mg의 칼슘을 함유하여 나머지 다른 식품들에 비해 칼슘 함량이 월등히 높다. 우유 한 컵과 정어리통조림 75g 한 캔에는 각각 약 300mg의 칼슘이 함유되어 있다. 케일과 두부도 1회 분량당 약 100mg의 칼슘을 함유하여 하루 칼슘 권장량을 만족시키는 데 도움을 준다(주의 : 그러나 어떤 두부는 제조과정에서 칼슘 대신에 마그네슘을 사용한 것이 있어 식품표시 내용을 확인할 필요가 있다). 그러면 하루에 얼마의 칼슘을 섭취해야 할까? 25세에서 64세까지의 성인은 하루에 적어도 1,000mg의 칼슘을 섭취해야 하고, 65세 이상과 에스트로겐을 투여받지 않는 폐경기 이후의 여성은 하루에 적어도 1,500mg을 섭취해야 한다.

칼슘은 되도록 식사로부터 공급하는 것이 좋다. 왜냐하면 식이로 섭취할 때가 보충제 형태로 복용할 때보다 흡수율이 높고, 또한 식품에는 비타민 D와 같이 칼슘의 효능을 강화하는 성분이 함께 함유되어 있기 때문이다. 칼슘 보충제를 복용하는 경우에는 씹어 먹는 탄산칼슘 제품으로 하고, 얼마나 많은 양의 칼슘이 함유되어 있는지 알아보기 위해서는 제품에 표시되어 있는 칼슘 원소의 양을 살펴본다.

12. 다음 중 어느 것이 더 칼슘 함량이 높은가?

정답 : c. 우유와 탈지유 둘 다 같음
(정답률 75%)

유제품은 단연 가장 농축된 칼슘의 급원이지만 지방과 에너지 또한 높은 것이 문제이다. 그러나 다행한 것은 저지방 또는 무지방 유제품에도 원래의 고지방 유제품과 동일한 양의(심지어는 더 많은 양의) 칼슘이 함유되어 있다는 것이다. 치즈는 지방을 제거하는 공정에서 맛과 질감을 많이 잃지만, 우유와 요구르트는 지방을 제거하여도 맛과 질감에 큰 차이를 나타내지 않는다.

13. 적당하게 마셨을 때 다음 중 어느 술이 가장 심장에 좋은 영향을 미치는가?

정답 : e. 적포도주, 백포도주, 양주, 맥주 모두 같음 (정답률 21%)

조사 응답자의 3분의 2 가량이 적포도주를 정답으로 선택하였는데, 이는 적포도주를 많이 마시는 프랑스인들이 고지방식사에도 불과하고 심혈관계 질환의 발병이 상대적으로 낮다는 소위 'French paradox'의 넓은 인지도 때문으로 생각된다. 그러나 적포도주가 더 대중에게 잘 알려져 있기는 하지만 사실은 모든 종류의 술이 같은 정도로 건강에 유익하게 또는 해롭게 작용하는 것 같다. 문제는 어떤 술을 마시는가가 아니고 어떻게 마시는가이며, 가장 좋은 방법은 식사와 함께 '적당히' 마시는 것이다. 여기서 적당히라 함은 하루에 남자는 2drink, 여자는 1drink를 넘지 않는 정도를 의미하며, 1drink는 맥주 12온스(약 360cc), 와인 5온스(약 150cc), 80도 양주 1.5온스(약 45cc)를 말한다.

그러나 폐경 전 여성이나 40세 이하 남성에게 있어서는 적당량의 술이 별로 이롭지 않으며 오히려 해로울 수 있다. 그리고 전부터 술을 마시지 않던 더 나이든 사람들도 음주의 득실을 의사와 함께 면밀히 검토하지 않고 새롭게 음주를 시작하지는 말 것이다. 과도한 음주는 우리 몸 전체를 파괴시킬 수 있으며, 심장마비의 위험성도 증가시킬 수 있다.

채점하기

본 퀴즈의 최대 획득 가능한 점수는 문제 8번과 11번의 추가점수 각각 1점씩을 합하여 총 15점이다. 조사 응답자 총 650명 가운데 14점 이상을 획득한 사람은 한 사람도 없었으며, 대부분은 8점 이하의 점수를 보였다.

0~5점 : 좀더 많은 영양상식이 요구됨 (조사 응답자의 18%)
6~8점 : B학점에 해당함 (47%)
9~10점: 매우 인상적임 (27%)
11~13점: 영양사들이 꿈꾸는 점수 (8%)
14~15점: 문제를 미리 살그머니...? (0%)

2. 예방 가능한 질병들

심장질환

심장질환은 미국인들의 사망원인 1위인 질병으로 매년 100만 명 이상이 심장마비로 고통을 겪는다. 그 중 약 절반은 65세 이하이며, 심장마비 환자의 2/3는 완전히 회복되지 못하고, 약 50만 명은 사망한다. 심장마비로 인한 사망률은 지난 수십 년간 현저히 감소하였는데, 이는 심혈관 관련 전문기관의 운영, 혈전 용해제의 개발 등 수많은 노력의 결과임에 틀림없으나 이론적으로는 더 많이 감소되어야 했다.

심장질환에 관한 연구의 선구자인 시카고 노스웨스턴대학교 의과대학 명예교수인 Stamler 박사는 심장질환의 원인과 예방에 관해 다음과 같이 말했다. "심장질환 예방을 위한 필수사항들은 이미 1950년대부터

심장질환과 뇌졸중에 의한 사망률※

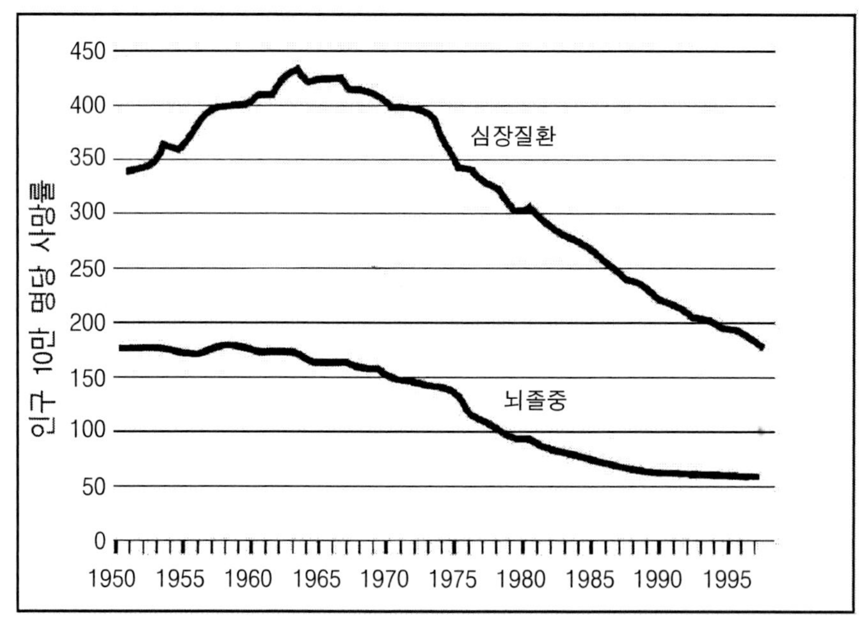

심장 관상혈관질환과 뇌졸중에 의한 사망률이 1960년대 중반부터 급격히 감소되어 왔다.

※2000년 미국 인구 기준

출처 : National Heart, Lung and Blood Institute

알려져 왔으며, 심장질환의 근본 원인이 되는 동맥경화는 20세기 서구적 생활양식의 산물이다."

식이의 역할은 지난 40여 년간 더욱더 명확해졌다.[1]

■ 육류, 유제품, 과자, 계란 등에 주로 많이 함유되어 있는 포화지방과 트랜스 지방의 과도한 섭취는 혈액의 콜레스테롤 농도를 상승시킨다.

■ 에너지의 과다섭취는 비만을 초래한다.

■ 식이섬유질, 엽산, 생선에 많이 함유되어 있는 n-3 지방산, 비타민 E와 같은 항산화제 등의 섭취 부족은 우리의 심장을 완전히 무방비상태로 놓아두는 것이다.

■ 나트륨의 과량 섭취와 칼륨, 마그네슘, 단백질의 섭취부족은 혈압을 상승시키며, 비만, 운동부족, 과도한 음주 또한 고혈압을 초래한다.

Stamler 박사는 "신체활동이 부족한 생활은 영양적 문제를 더욱 악화시키고, 흡연은 심혈관질환의 위험성을 높인다고 하고, 부적절한 식생활, 신체활동 부족, 흡연 등 건강에 해로운 3대 생활양식은 인간 발달 역사상 전례 없던 것들이다"고 하였다.

수십 년에 걸쳐 과학자들은 심장질환의 예방이 단지 고콜레스테롤 혈증이나 고혈압의 방지 정도에 그치는 것이 아니라는 것을 인식하게 되었다. 심장질환의 예방을 위해서는 인구 대부분이 혈중 콜레스테롤과 혈압을 소위 말하는 '정상치' 이하의 '적정치' 즉 혈중 콜레스테롤 200 이하, 수축기 혈압 120, 확장기 혈압 80 이하로 끌어내려야 한다.[2] 그러나 현재의 상황은 '적정치'에 속하는 사람이 겨우 인구의 10%에도 미치지 못하는 실정이다.

Stamler 교수는 "심장질환의 발생을 획기적으로 줄이고자 한다면 우리는 대다수의 사람들이 콜레스테롤과 혈압이 '적정치' 이하가 되도록 해야 한다"고 말하였다. 그렇게만 된다면 심장질환을 완전히 퇴치하지는 못하더라도 적어도 만연되지는 않을 것이다.

---

1. *Circulation 94*: 1795, 1996.
2. *Cardiology 82*: 191, 1993.

뇌졸중

뇌졸중으로 인한 사망률은 1970년 이래 55% 감소하였지만 아직도 연간 15만 명이 이 병으로 사망하고 있어 심장질환과 암에 이어 미국인 사망원인의 세 번째를 차지하는 질병이며, 뇌졸중으로 인한 사망은 나이가 많을수록 늘어난다. 지난 30여 년간 뇌졸중으로 인한 사망률의 감소는 매우 놀란 만한 성과이다.

중요한 열쇠: 정상혈압을 유지할 것. 고혈압은 심장마비의 위험성을 증가시키기도 하지만, Dallas에 있는 University of Texas Southwestern Medical Center의 Norman Kaplan 교수는 "뇌졸중에 대한 영향은 더욱더 크다"고 말하였다. 그리고 이는 환자의 나이와는 상관이 없다. 또한 그는 "과거에는 나이가 들수록 혈액을 혈관을 통해 흐르게 하기 위해서는 더 큰 압력이 필요하다고 생각했었다"고 하였다.

그러나 80세 이상 환자 1,600명 이상을 대상으로 한 많은 임상실험 자료를 모아 발표한 최근의 한 논문에 의하면 혈압의 감하로 80세 이상의 환자에게서도 뇌졸중을 감소시켰다.[1]

Kaplan 교수는 "나이를 불문하고 고혈압

혈압과 심장마비 또는 뇌졸중

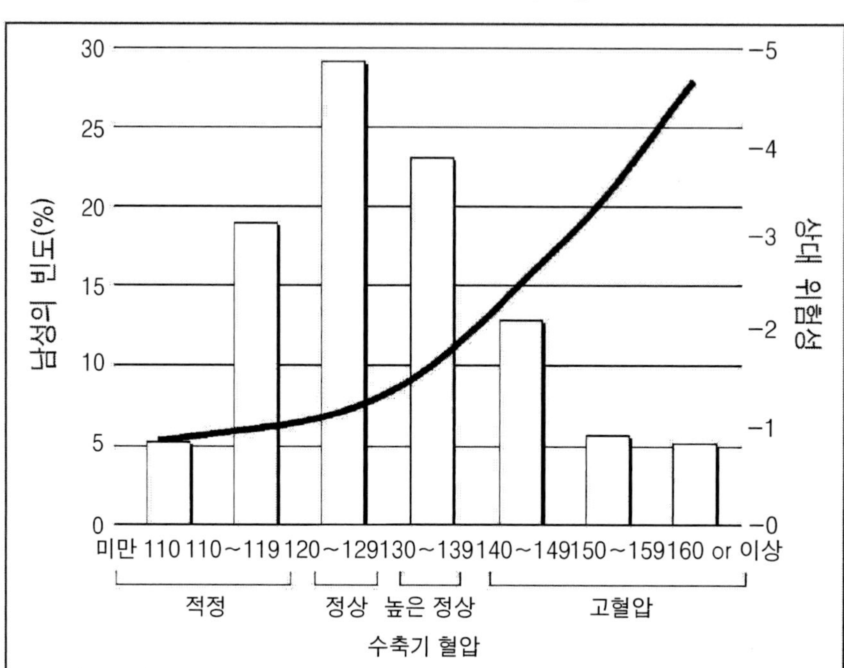

혈압이 증가함에 따라 심장마비와 뇌졸중으로 인한 사망 위험이 증가한다. 심지어 혈압이 '정상(normal)' 범위(120~129)라도 많은 사람들이 높은 위험도를 나타낸다. 막대는 남성들의 수축기 혈압의 분포를 적정, 정상, 높은 정상, 고혈압으로 나타낸 것이다. 여성들에 있어서도 그 분포는 유사하다.

출처 : *Archieves of Internal Medicine 153*: 186, 1993

은 예방되어야 한다는 것을 우리는 알아야 한다"고 하였다. 이는 매우 중요한 사안이다, 왜냐하면 70대 노인들의 60%가 고혈압을 가지고 있기 때문이다.

이것이 Kaplan 교수를 비롯한 많은 학자들이 우리들 각자의 생활양식을 바꾸어야 한다고 권장하는 이유의 하나이다.[2] 이들 바꾸어야 할 생활양식은:

■ **나트륨 섭취를 줄여라.** Kaplan 교수는 말하기를 "우리들 중 60~70%는 결국 고혈압에 걸릴 것이다"고 하였다. 그리고 나이가 많을수록 나트륨 감량에 대한 효과가 더 크다.

■ **체중을 줄여라.** 체중을 10파운드만 줄여도 달라질 것이다.

■ **움직여라.** "하루 20분 걷기만으로 또는 그와 유사한 운동이 고혈압을 예방하는 데 도움을 준다"고 Kaplan 교수는 말하였다. 장거리 마라톤을 말하는 것이 아니다. 약간의 운동이라도 정말로 보상을 받을 것이다.

■ **음주를 제한하라.** 하루에 남자는 2 drink, 여자는 1drink 이하의 음주는 심혈관계 질환의 전반적 위험을 감소시킨다. 그러나 그 이상의 음주는 혈압을 상승시킨다. [1drink는 맥주 12온스(약 360cc), 와인 5온스(약 150cc), 80도 양주 1.5온스(약

미국인의 과체중과 비만율※

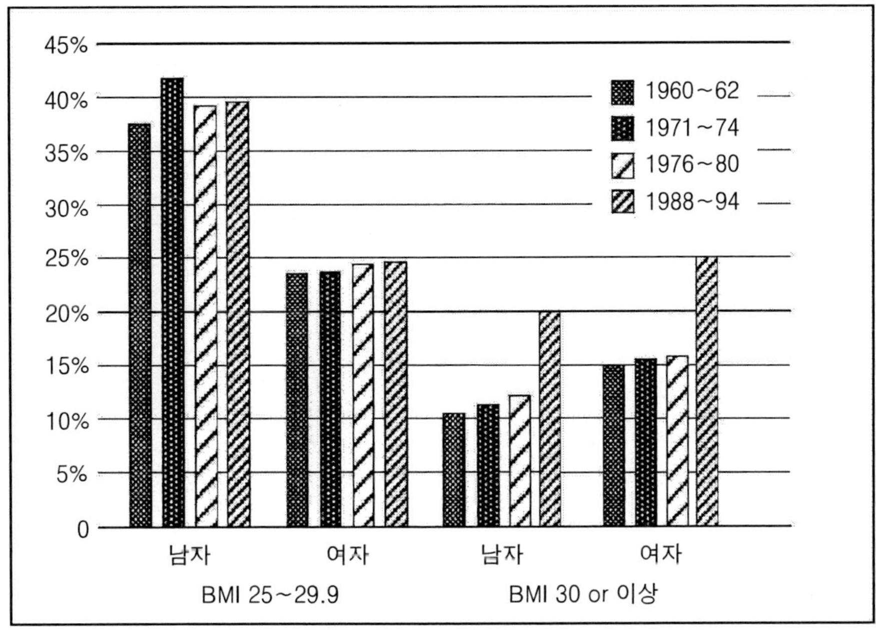

미국인의 비만율은 1970년대 후반부터 급격히 증가되었다. 과체중은 체질량지수(BMI, Body Mass Index) 25~29.9를 나타내며, 비만은 BMI 30 이상을 나타낸다. (BMI = body weight × 703/height^2(in inches)

※1980년 미국 인구에 대해 연령 조정됨.
출처 : Centers for Disease Control and Prevention.

45cc)를 말함]

■ **DASH를 실행하라.** DASH(Dietary Approaches to Stop Hypertension, 고혈압 방지 식이요법)에 관한 연구결과에 의하면 하루 8~10회 분량의 과일과 야채를 포함하는 저열량식과 2~3회 분량의 저지방 유제품 섭취는 '정상범위의 고수준' 혈압을 가진 사람들의 혈압을 낮춘다.[3]

그 식이는 미국인의 전형적인 식이에 비해 칼륨, 칼슘, 식이섬유질, 마그네슘, 단백질 함량이 높다. 칼륨이 혈압을 낮춘다는 것은 다른 연구에서 알려져 있지만, 다른 영양소 또는 과일이나 야채의 어떤 다른 성분들이 혈압을 낮추는 작용을 하는지는 아직 명확하지 않다. Kaplan 교수는 "이 두 가지 연구에서 우리는 과일과 야채를 많이 섭취한 사람들에게 있어서 뇌졸중의 위험이 현저히 감소한 결과를 확인하였다"고 하였다.

물론 혈압을 낮추는 요인들은 또한 암이나 심장질환, 당뇨병의 위험성도 함께 낮추어준다. Kaplan 교수는 "모든 사람들이 예방적 차원에서 이러한 생활양식의 변화를 실현해야 한다"고 하였다.

---

1. *Lancet 353*: 793, 1999.
2. *Arch. Intern. Med. 153*: 186, 1993.
3. *New Eng. J. Med. 336*: 1117, 1997.

당뇨병

폭발! 앞으로 10년간 두 배로 늘어날 것이라고 예측되는 세계 당뇨병 발생률에 대해 전문가들이 표현하는 말이다.

그리고 성인에게서 발생한다고 알려져 왔던 제2형 당뇨가 이제는 청소년에게서도 발병하고 있다. 그런데 왜 당뇨병을 예방 가능한 질병으로 분류하였는가?

당뇨의 가장 중요한 원인이 비만이라는 것을 우리는 잘 알고 있다. 하버드 의과대학 JoAnn Manson 교수는 "연구결과에 의하면 당뇨의 80% 이상이 과체중과 비만 때문이다"라고 하였다. 비만은 당뇨병 발생에 있어서 대단히 큰 영향을 미친다.

전 세계적으로 비만율이 빠른 속도로 증가하고 있는 것을 근거로 전문가들은 가까운 미래에 당뇨병이 상당히 증가할 것이라고 예측하고 있다. Manson 교수는 "미국에서는 지난 10～15년간 30% 정도 비만이 증가되었다"고 하였다. 그리고 비만과 더불어 당뇨병의 발생도 함께 증가되었다.

'특대형' 감자튀김과 마음껏 먹을 수 있는 뷔페식에 대해 우리는 국가적으로 비용을 부담한다. Manson 교수는 "비만은 다른 어떤 건강문제보다 당뇨와 밀접한 관계를 갖고 있다"고 하였다. 미국의 평균 체중 여성은 당뇨 발생 위험성이 매우 높으며, 적정체중 여성에 비해 두 배로 위험성이 높다.[1]

정적인 생활양식 역시 과체중이든 아니든 체중과는 무관하게 당뇨 위험성을 높인다.[2] Manson 교수는 "육체적 활동은 당뇨 위험성을 감소시키고, 심지어 걷기와 같이 매우 가벼운 활동도 효과가 있다"고 하였다.

Manson 교수는 그녀의 한 연구에서 식이섬유소 함량이 높은 식품과 혈당을 그다지 높이지 않는 식품은 당뇨를 예방하는 데 도움이 될 수 있을 것이라고 시사했다.[3] 그녀는 "전곡류 식품들은 당뇨 발생 위험성을 감소시킨다"고 하였다. 칼슘, 마그네슘, 칼륨, 그리고 항산화제도 당뇨 발생 위험성을 감소시키지만 놀랍게도 그들이 당뇨에 미치는 영향은 잘 알려져 있지 않다.

---

1. *Ann. Intern. Med. 122*: 481, 1995.
2. *Lancet 338*: 774, 1991.
3. *J. Am. Med. Assoc. 277*: 472, 1997.

결장과 직장암

흡연자가 아닌 경우 유방암과 전립선암을 제외하고 암으로 사망할 확률이 가장 높은 것은 결장암과 직장암이다. 1999년 결장암과 직장암을 진단받은 미국인은 각각 94,700명과 34,700명에 이르며, 10년 내에 그들 중 10%는 사망할 것이지만 전문가들은 매우 긍정적인 전망을 내놓고 있다.

Denver에 있는 University of Colorado Health Sciences Center의 Tim Byers 교수는 "결장암과 직장암에 대해서는 다른 어떤 암에 비해서 더 많은 증거와 영양과 행동습성적 위험요인에 관한 자료들이 축적되어 있다"고 하였다.

또한 그는 "허리 주위의 살을 줄이고, 육체활동을 늘리며, 더 많은 과일과 야채를 섭취하게 되면 결장암과 직장암의 발생 위험률이 현저히 감소된다"고 그는 덧붙인다. 충분한 칼슘을 섭취하고 적육과 포화지방의 섭취를 제한하는 것 등은 비교적 작은 요인이다. 그리고 미량원소 셀레늄은 결장암과 직장암의 발생 위험을 감소시킬 수 있으리라 기대된다.

또한 50세부터 10년에 한 번씩(처음의

결과에 미심쩍은 부분이 있으면 좀더 자주) 대장내시경 관찰을 통해 결장암 위험을 줄일 수 있다. Byers 교수는 "가장 중요한 것은 폴립(단순종양조직)을 조기에 발견하여 이들이 암으로 발전하기 이전에 제거하는 것이다"고 하였다.

식이에 의해 대장암이 예방될 수 있다는 것은 일반인들에게는 매우 고무적인 뉴스이지만 연구자들은 이를 증명하는 데 많은 노력이 필요하였다.

곧 그 결과가 발표될 두 개의 대단위 연구과제에서 전곡류, 과일, 야채와 같이 식이섬유질이 풍부한 식품들이 적어도 하나 이상의 폴립을 이미 제거한 경험이 있는 사람들에 있어서 장차 암으로 진행될 가능성이 높은 새로운 폴립생성을 예방할 수 있는지에 관한 시험이 진행되고 있다.

Byers 박사는 "식이가 폴립생성에 미치는 영향에 관한 시험은 비교적 수월하지만 매우 중요한 한계가 있다"고 하였다. 가장 큰 한계는 시험에 참여하는 사람들이 대장내시경 관찰을 자주 함으로써 새 폴립들이 관찰되는 대로 즉시 제거한다는 것이다.

그는 "대부분의 새 폴립들은 크기가 작고 암으로 발전되지 않는다"고 주장한다. 그러나 어떤 것이 큰 폴립으로 발전할지 두고 보는 것은 윤리적으로 그럴 수 없다. 왜냐하면 그들이 쉽사리 암으로 진행될 수도 있기 때문이다.

그러므로 만일 이들 연구에서 식이가 폴립생성에 영향을 미치지 않는다는 결과를 얻더라도 이것이 식이가 암에 영향을 미치지 않는다는 것을 의미하지는 않는다. Byers 박사는 "우리는 실험적인 시험만이 아닌 더 광범위한 연구를 실행해야 한다"고 하였다.

이번 연구에서 과일과 야채가 대장암 발생 위험성을 감소시킨다는 강력한 증거를 제시할 것이라고 그는 덧붙인다. 곡류의 식이섬유질의 효능에 대한 증거는 다소 부족할 수 있으나 곡류 식이섬유소는 심장질환을 예방하고 장 기능에 유익하다. 그러나 Byers 박사는 "결장암과 직장암의 예방에는 별 효과가 없을지도 모른다"고 말하였다.

---

1. *Ann. Intern. Med. 122*: 327, 1995.
2. *J. Nat. Cancer Inst. 84*: 91, 1992.
3. *New Eng. J. Med. 340*: 101, 1999.

골다공증

국립 골다공증협회 발표에 의하면, 여성 2명 중 1명과 남성 8명 중 1명은 골다공증으로 인해 뼈가 부러지는 경우가 발생할 수 있다. 미국인 1,000만 명은 이미 골다공증에 걸려 있고, 다른 1,800명은 골밀도가 낮아 골다공증 위험성에 노출되어 있다.

골다공증으로 인해 매년 30만 명이 엉덩이, 70만 명이 척추, 25만 명이 손목, 그리고 30만 명이 기타 다른 부위 뼈의 골절을 당하고 있다. 엉덩이뼈의 골절은 곧 독립적으로 생활할 능력을 잃는 것을 의미할 수도 있다. 엉덩이뼈 골절을 당하기 전에 걸을 수 있던 사람의 1/4 정도는 골절 후 장기간의 보호를 요하게 되며, 그로 인한 국가적 비용 손실도 1995년 한 해에 138억 달러에 달하는 것으로 추산되었다.

그리고 우리는 뼈가 약해진 것을 느낄 수가 없다. 골다공증은 척추뼈가 부러져 통증을 느끼고 구부리거나 펴지 못하지 않는 한 아무런 자각증상이 없다. 골밀도 측정만이 뼈의 손실을 알 수 있는 유일한 방법이다.

여성은 남성에 비해 더 골다공증 위험성이 높다. 여성들은 폐경 이후 5~7년간 약 20%의 뼈 질량을 잃는다.

그러나 골다공증은 예방이 가능하다. 보스턴 Tufts University에 있는 Jean Mayer 미국농무성 노인영양센터의 Bess Dawson-Hughes 교수는 "칼슘과 비타민 D를 충분히 섭취함으로써 노인들의 골절률을 낮출 수 있다"고 말하였다.

또한 그녀는 "칼슘은 운동과 에스트로겐의 뼈에 대한 긍정적인 효과를 촉진시키는 작용을 한다"고 덧붙인다. 폐경 이후 여성들이 에스트로겐과 함께 칼슘을 추가로 섭취하게 되면 칼슘 추가 없이 에스트로겐만 투여받은 여성들에 비해 골밀도 증가가 더 높다.[1]

Dawson-Hughes 박사는 "칼슘 섭취량이 낮을 경우는 골밀도에 대한 운동의 효과도 별로 나타나지 않는다"고 하였다. 식품의 형태이든 보충제의 형태이든 하루 1,000mg 이상의 칼슘을 섭취할 때 운동은 골밀도 향상에 매우 큰 효과를 발휘한다.[2]

체중 전체를 받치는 자세, 즉 직립자세에서 하는 운동이면 어떤 것이든지 뼈의 강화에 도움이 된다. 서서 하는 운동은 수영이나 자전거 타기 또는 노 젓기를 제외하면 다른 어떤 운동보다 뼈 건강에 효과적이다.

또한 그녀는 비타민 D와 마찬가지로 "운동은 칼슘의 흡수를 촉진시키므로 뼈의 건강에 큰 도움을 준다"고 말하였다. 국립과학학술원에서는 최근 비타민 D의 권장섭취량을 증가시켰으며, 최근에는 노인들에게 있어서 Medicare가 비타민 D와 칼슘 섭취량을 증가시켜 국가적 의료비 절감에 기여할 수 있는지에 대해 평가하고 있다.

Dawson-Hughes 박사는 "노인들에게 무료로 칼슘과 비타민 D 보충제를 공급하는 것은 비용절감 효과가 있을 것이다"고 말하였다. 골절 치료비용에 비하면 보충제 공급비용은 매우 작은 부분에 불과하다.

---

1. *Am. J. Clin. Nutr. 67*: 18, 1998.
2. *J. Bone Min. Res. 11*: 1539, 1996.

좀처럼 줄어들지 않고 있는 질병들

유방암

미국 여성 중 약 17만 5천명이 올해 한 해 동안 유방암 진단을 받을 것이라고 예상되며, 만일 유방암 생존율이 현재 수준에 머무른다면 10년 후에는 그들 중 69%가, 15년 후에는 57%가 생존할 수 있을 것이다. 유방암으로 인한 여성의 사망률은 현재 심장질환과 폐암에 이어 세 번째로 높은 비율을 보이고 있다.

유방암의 발생률은 세계적으로 지역에 따라 매우 차이가 많다. 그래서 과학자들은 유방암의 발생이 식이와 어떤 관계가 있지

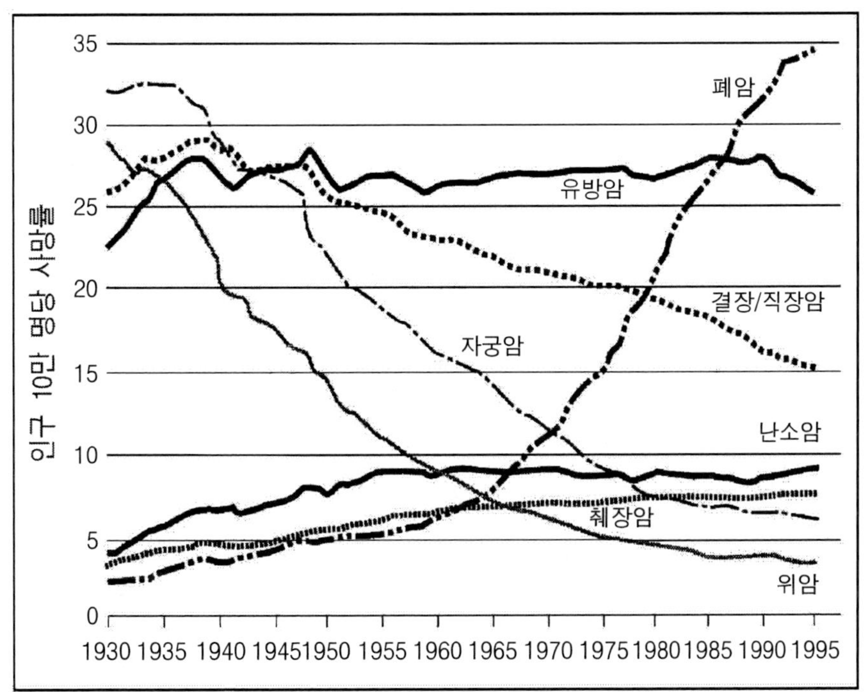

결장/직장암, 위암, 자궁암 사망률은 점차 감소하고 있는 반면, 폐암으로 인한 사망률은 급격히 증가하고 있다.

※1970년 미국 인구에 대해 연령 조정됨.

출처 : American Cancer Society

않은가 의구심을 가져왔다. 국립암연구소의 역학자로 근무하는 Regina Ziegler 박사는 "수년간의 연구에도 우리는 전혀 어떤 결론을 얻지 못하고 오리무중이다"라고 하였다.

그녀는 "우리는 아직 육체적 활동부족, 지방질이나 살충제의 섭취 증가, 또는 과일과 야채, 콩 또는 식물성 여성호르몬을 풍부하게 함유하는 다른 식품들의 섭취부족 등과 유방암의 발생과 서로 관련이 있다는 확실한 근거를 갖고 있지 않다"고 하였다.

몇 가지 예외로는 폐경기 이후의 여성에게 있어서 과체중이 유방암 발생 위험성을 증가시키며,[1] 하루 1drink라도 술을 마시는 여성에게 있어서 유방암 발생 위험성이 약간 증가된다는 것이다.[2]

다른 위험요인으로는 연령, 가족력, 생체조직의 현미경 검사로 확인된 유방 내 부정형 세포의 이상증식, 아이를 낳은 경험이 없거나 첫 아이를 늦게 출산한 경우, 초경 연령이 이른 경우, 폐경이 늦은 경우, 최근에 피임약을 사용하거나 폐경 후 에스트로겐을 투여받은 경우, 교육수준과 사회·경제적 수준이 높은 경우 등이다.

Ziegler 박사는 "그러나 미국 여성들의 대부분은 이러한 위험요인들 중 적어도 한 가지 이상을 가지고 있지만 아시아 여성들에 비해 미국 여성들이 유방암 발생률이 월등히 높은 이유를 설명해줄 만한 현저한 위험요인은 없다"고 하였다.

---

1. *J. Am. Med. Assoc. 278*: 1407, 1997.
2. *J. Am. Med. Assoc. 279*: 535, 1998.

전립선암

전립선암과 관련하여 반가운 소식은 환자의 60%는 종양이 퍼지기 전에 발견되고, 이들 환자들의 5년 생존율이 100%에 달한다는 것이다.

반면 좋지 않은 소식은 1999년 한 해에 17만 9천 명의 미국인이 새로이 전립선암 진단을 받을 것이며, 이 중 3만 7천명이 목숨을 잃을 것이라는 것이다. 그리고 식이(또는 다른 예방 전략)와의 확고한 연관성을 찾으려는 많은 시도가 아직 큰 성과가 없다는 것 또한 좋지 않은 소식이다. 다음은 전립선암의 발생 또는 예방과 밀접한 관계가 있을 것으로 그 동안 관심을 모아 왔던 식이인자들이다:

■ **셀레늄.** 1996년 미국 남동부 셀레늄 함량이 낮은 지역에서 셀레늄의 피부암 예방 효과를 알아보기 위한 시험 중 기대치 못한 결과를 얻었다: 셀레늄을 투여받은 군이 위약 투여군에 비해 전립선암, 폐암, 대장암 발생률이 절반밖에 되지 않았다(셀레늄은 피부암 발생률에는 영향을 미치지 않았다).[1]

Denver에 있는 University of Colorado Health Sciences Center의 Tim Byers 교수는 "실제 효과는 시험연구에서 보였던 것의 절반밖에 되지 않지만, 셀레늄은 아직도 국민 건강에 지대한 영향력을 미치고 있다. 우리는 여기서 한 단계 더 진전해야 한다."고 하였다.

새로운 시험연구가 진행되고 있지만, 대부분의 연구원들은 1996년의 시험을 신뢰하지 못하는 쪽으로 약간 기울어진 놀라운 회의론으로 바라보고 있다. "만일 이번 시험에서 셀레늄이 효과가 있다고 판명이 나게 되면 처음 시험에 대해 우리가 얼마나 늦게 반응했는가에 대한 당혹과 부끄러움으로 뒤돌아보게 될 것이다"고 지난 시험에서 안전성 평가위원으로 일했던 Byers 박사는 말하였다.

Byers 박사는 사람들이 셀레늄을 섭취할 것을 권장하지는 않지만 "시험에서 사용했던 맥주효모의 형태로 하루 200 마이크로그램 정도로 낮게 섭취하면 안전성 면에서 위험성은 거의 없다. 안전성은 이미 증명이 되었고 유효하다"고 말하였다(시험에서 사용되었던 셀레늄 보충제는 특허를 받은 셀레늄 제품을 함유한 것이었으며, 상표에는 Selenomax라고 적혀 있었다).

■ **비타민 E.** 핀란드인 흡연자 2만 9천명을 대상으로 한 시험에서 하루 50I.U의 비타민 E를 섭취한 사람들은 위약군에 비해 전립선암 발생 위험률이 32% 낮았다.[2] (50I.U는 핀란드 국민들이 평균적으로 식이로 섭취하는 비타민 E의 약 5배 가량 되는 양임)

Byers 박사는 "이는 매우 흥미로운 단서로서 시험해볼 만한 충분한 가치가 있다. 그러나 이 핀란드인 시험에서 제반 원인으로 인한 사망률이 비타민 E 섭취군이 위약군에 비해 더 높았으며, 주로 출혈성 뇌졸중이 더 높은 때문이었다"고 하였다.

또한 Byers 박사는 "비타민 E는 출혈 위험성을 가지고 있다"고 하였다. 그러나 그 위험성이 얼마나 큰 것인가? 특히 비흡연자에게서는 어떠한가? 이에 관해 대규모 시험 연구가 현재 진행중이며, 좋은 결과가 얻어지기를 기대한다.

■ **포화지방.** 많은 연구에서 동물성 지방 섭취가 많은 남성은 전립선암 발생 위험률이 높다고 밝혀졌다. 그러나 여기서 문제시 되는 것이 지방인지 아니면 그들이 섭취하고 있는 붉은색 실코기(red meat)인지 분명치 않다.[3]

Byers 교수는 "고지방 식사를 하는 남성들이 그렇지 않은 남성들에 비해 테스토스테론 농도가 높은 것으로 보아 포화지방이나 적육과 전립선암 발생 사이에 어떤 밀접한 관계가 있으리라는 것은 생물학적으로 상당히 가능한 일이다"고 하였다(테스토스테론은 전립선암 발생을 촉진시킴). 그러나 적육을 많이 함유하는 식이는 포화지방도 동시에 많이 함유하므로 이 둘의 영향을 서로 구별하기에는 많은 어려움이 따른다.

■ **라이코펜.** 케첩을 야채로 볼 것인가? 하인즈 케첩 회사의 낙관적인(일부에선 기회주의적이라고 말함) 광고 덕택에 일부 힘입어 전립선암과 라이코펜(토마토와 다른 과일과 야채에 함유되어 있는 카로티노이드의 일종)의 관련성이 뉴스거리가 되고 있다.

그러나 현재까지 두 연구에서는 라이코펜을 섭취한 사람이 전립선 발생 위험성이 낮아졌고, 다른 두 연구에서는 아무런 효과가 나타나지 않았다.[4,5]

Byers 박사는 "범위를 좀더 넓혀서 다른 연구결과들을 살펴보면 대부분의 연구들에서 과일, 야채 또는 토마토 제품들이 전립선암의 발생과 어떤 연관성이 있다는 것을 보여주지 못하였다. 여기에 대한 후속 연구는 충분히 선도적 가치는 있으나, 여기에 내 돈을 쏟아 붓고 싶지는 않다"고 하였다.

---

1. *J. Am. Med. Assoc. 276*: 1957, 1996.
2. *J. Nat. Cancer Inst. 90*: 440, 1998.
3. *J. Nat. Cancer Inst. 85*: 1571, 1993.
4. *Cancer Epidem. Bio. Prev. 6*: 487, 1997.
5. *Cancer Res. 59*: 1225, 1999.

식도암

식도암은 가장 흔한 암에 속하지는 않지만 중년의 백인 남성에게 있어서는 가장 위

주요 암에 의한 남성의 사망률※

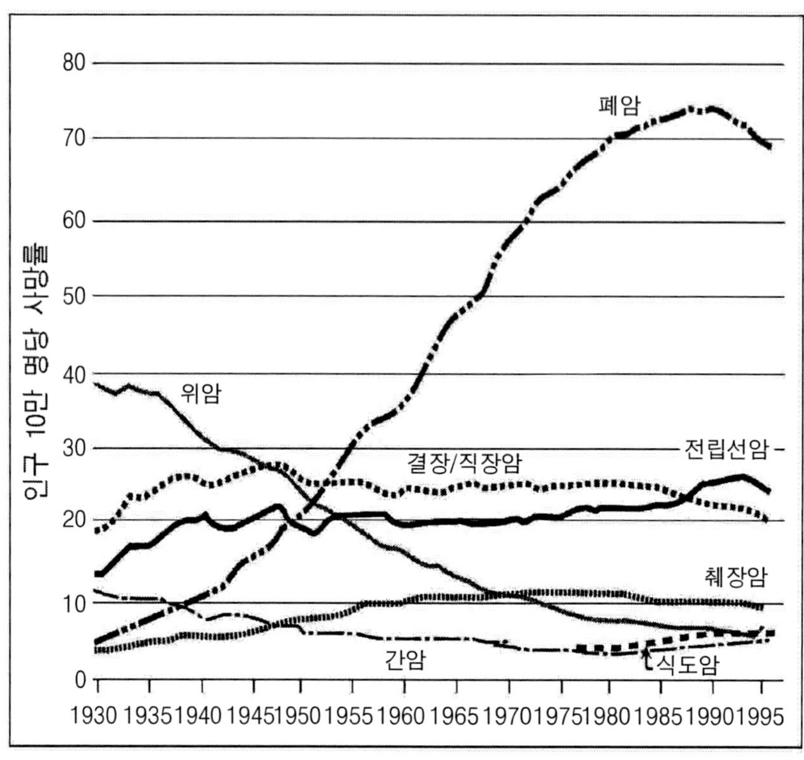

식도 선암종의 급격한 증가는 총 식도암 발생률에서 아직 눈에 뜨일 정도는 아니다.

※1970년 미국 인구에 대해 연령 조정됨.

출처 : American Cancer Society

협적인 질병 중의 하나이다. 식도암의 한 종류인 식도 선암종은 지난 1970년대 이후에 7~8배 증가하여 미국에서 다른 어떤 암보다 빠른 속도로 증가하였다.

그리고 식도암은 사망률이 매우 높아 5년 생존율이 겨우 12%(주로 과음, 흡연, 저체중, 저학력 남성에게서 잘 걸리는 비늘모양세포 식도암 포함) 밖에 되지 않는다.

과학자들이 선암종 발생률이 증가하는 이유를 찾기 위한 연구를 이제 막 시작하고 있는데, 한 가지 분명한 위험요소는 가슴이 타는 듯한 증상으로 인하여 heartburm으로 불리우는 '식도역류'이다. 최근의 한 스웨덴에서의 연구결과에 의하면 위산의 역류로 발생하는 가슴앓이 증상이 있는 남성들은 식도암에 걸릴 확률이 8배나 높아진다고 한다.[1] 가슴앓이가 장기간 지속되고, 그리고 심한 경우에는 그렇지 않은 정상인에 비해 식도암 발생률이 44배나 높다고 한다.

그러면 무엇이 가슴앓이 발생의 요인으로 작용하는가? 예일대학교 의과대학 역학자인 Susan Taylor Mayne 교수는 "가슴앓이 환자의 일반적인 처방은 우선 카페인, 초콜릿, 술, 그리고 고지방 식사를 피하는 것이다"라고 하였다.

그녀는 또한 이러한 식품들은 식도와 위

사이의 괄약근을 이완시키는 작용을 하는 것으로 추측된다고 하였다. 그러나 식품과 잠자리에 들기 전 음식을 먹는 것과 같은 습관이 식도암 발생을 촉진시키는지에 관한 연구는 이제 막 시작단계에 있다.

그 동안 과학자들은 식도암 발생의 위험요인으로 또 다른 것들을 지명해오고 있다.

Mayne 교수는 "비만은 아마도 가장 가능성이 높은 후보다"라고 하였다. 체중이 많이 나가면 나갈수록 위험성은 더 커진다. 비만의 증가는 분명히 식도암의 증가를 그대로 비추고 있다.[2]

Mayne 교수의 최근 연구결과에 의하면 음주와 흡연은 식도암 발생 위험성을 높이는 반면 식물성 위주의 식사는 위험성을 낮춘다.[3] 그녀는 "과일과 야채, 그리고 전곡류에 함유되어 있는 영양소들이 암 발생으로부터 보호역할을 하며, 가장 강력한 보호영양소는 식이섬유질이고, 그 다음으로 비타민 C, 엽산, 베타카로틴이 그 뒤를 따른다"고 하였다.

비타민 C 보충제를 복용한 사람이 그렇지 않은 사람보다 식도암 위험성이 낮았으나, 식도 보호하는 것이 비타민 C인지 아니면 식물성 식품에 함유되어 있는 다른 물질인지는 명확하지 않다고 그녀는 덧붙였다.

반대로 동물성 식품을 많이 섭취하는 사람은 식도암에 걸릴 위험성이 더 높다. Maynes 교수는 "지방, 콜레스테롤, 동물성 단백질 등 육류에 함유된 모든 영양소들이 식도암 발생과 밀접한 관련이 있다"고 하였다.

칼슘이 식도암 발생의 위험요인이 아닌 것으로 밝혀짐에 따라 유제품은 식도암 발생을 촉진하지 않는 것으로 추정된다. 그러나 식도암 발생을 촉진하는 것이 육류 자체의 작용인지 아니면 육류 위주 식사에서 나타나기 쉬운 과일과 야채 섭취의 부족으로 인한 것인지는 분명치 않다.

결론적으로, 현재까지 알려진 바로 분명히 권장할 수 있는 것은 "식도암 발생 위험성을 낮추기 위해서는 다른 질병에서와 마찬가지로 흡연과 음주를 피하고, 적절한 체중을 유지하고, 과일과 야채 및 전곡류를 충분히 섭취해야 한다" Mayne 교수는 주장한다.

---

1. *New Eng. J. Med. 340*: 825, 1999.
2. *J. Natl. Cancer Inst. 90*: 150, 1998.
3. *FASEB 13*: A1021, 1999.

알츠하이머병

미국인 중 알츠하이머병 환자는 2000년 현재 400만 명에 이르는 것으로 추정되며, 65세 이상의 환자는 5년마다 두 배로 증가되고 있다. 비용면으로 보면 병원비와 환자 자신과 보호자의 직장 상실로 인한 월급을 못 받는 것을 합산하여 연간 800～1,000억 달러의 비용이 들어가는 질병이다.

그러나 식이와 이 질병의 발생과의 관련성은 아직 잘 밝혀지지 않고 있으며, 뉴욕대학의 Steven Ferris 교수는 "퇴행성 신경질환을 예방하기 위해서는 우리 몸 속에 나이와 함께 증가한다고 알려진 산소 라디칼의 축적을 막아야 한다고 많은 연구들이 시사하고 있다. 그렇지만 항산화제가 알츠하이머병의 진전을 느리게 하거나 병의 발병 위험성을 낮추는지에 대해서는 아직 풀어야 할 의문점이 많이 남아 있다"고 하였다.

사람에 있어서 대단위 그룹으로 실험된 것은 은행과 비타민 E 뿐인데, 은행의 경우는 결과에 의문점이 많이 있다.[1]

알츠하이머와 나이※

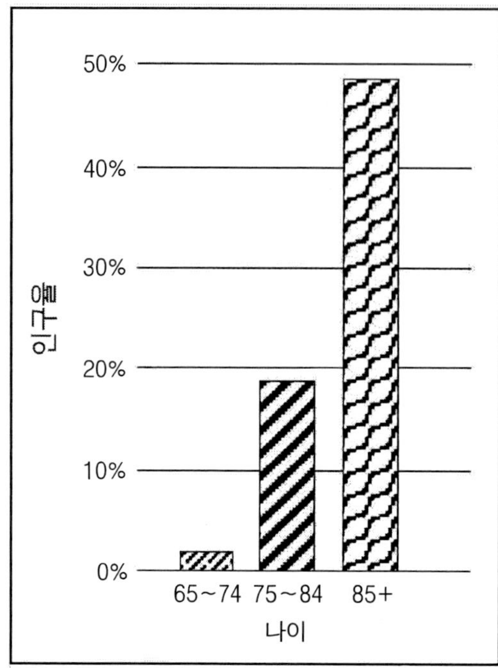

As people age, their risk of Alzheimer's sky-rockets.

※ based on a Boston working-class community of approximetely 32,000 people.

출처: *J. Amer. Med. Assoc. 262:* 2551, 1989.

Ferris 교수는 "은행의 효과는 그동안 알츠하이머병의 치료약으로 허가된 약들에 비해 절반밖에 되지 않았으며, 기존의 약도 사실상 효과 면에 있어서는 상당히 약한 것을 감안하면 은행의 효과는 더욱 미약한 것이었다"고 하였다.

더욱이 실험에 참여한 절반은 중도에 포기해 버렸고, 위약 그룹의 환자들도 1년 동안 병세가 그다지 악화되지 않았다. "위약 그룹은 매우 약한 알츠하이머 환자이거나 알츠하이머병으로 잘못 진단된 경우였다." 고 그는 말한다.

Ferris 교수는 "결론적으로 이번 연구를 바탕으로는 은행이 알츠하이머병에 효과가 있다고 결론지을 수 없으며, 알츠하이머 환자의 은행 효과에 관한 새로운 연구가 진행 중이다"고 하였다.

이 연구에서는 또한 2,000명의 건강한 노인들에게 날마다 은행 240mg 또는 위약을 복용토록 하고 6년 간에 걸쳐 어느 그룹이 알츠하이머병을 비롯한 다른 치매 증상이 더 많이 발병되는지 관찰할 것이다.

비타민 E에 대해서는 잘 설계된 한 연구 시험에서 이미 알츠하이머병을 앓고 있는 환자에게 하루 2,000I.U라는 고용량의 비타민 E를 복용하게 한 결과 환자의 임상적 진행을 더디게 하는 것을 발견하였다. 시험에 참여한 환자들은 종국에 가서는 사망하거나, 시설에 보내지거나, 일상생활의 기본 활동능력을 상실하거나, 또는 심한 치매에 걸리게 되었는데, 비타민 E 투여군은 위약군에 비해 이러한 진행을 평균 7개월 지연시켰다.[2]

Ferris를 비롯한 다른 연구자들은 현재 비타민 E의 효과에 대한 새로운 시험을 수행하고 있다. 그는 "우리는 가벼운 기억장애 환자들에게 있어서 비타민 E가 알츠하이머병의 발병을 늦출 수 있는지에 관해 알아보고자 한다"고 하였다.

---

1. *J. Am. Med. Assoc. 278*: 1327, 1997.
2. *New Eng. J. Med. 336*: 1216, 1997.

관절염

2,000만 명의 미국인이 현재 골관절염을 앓고 있으며, 그 중 4/5는 그들의 활동과 행동이 자유롭지 못할 정도로 문제가 심각하다. 또한 관절염 환자 수는 연령이 많을수록 증가하지만, 관절염은 노화의 자연현상은 아니다.

관절염은 팔꿈치, 무릎, 그리고 다른 관절들의 연골이 손상되어 발생한다. 뼈와 뼈가 서로 마찰이 일어나게 되면 팔이나 다리 또는 척추 뼈가 움직이기 어렵게 되며 통증을 일으키게 된다.

관절염의 원인으로는 우선 유전적 요인을 들 수 있으며, 비만은 무릎 관절염을 촉진시키며, 스포츠, 일 또는 사고로 인한 관절부상은 수년 후에 관절염을 유발시킬 수 있다. 그러면 식이는 어떤 영향을 미치는가? 아직까지는 겨우 실마리만 가지고 있는 정도이다.

보스턴대학 관절염센터의 David Felson 박사는 "혈중 비타민 D 함량이 낮은 사람은 관절염에 걸릴 위험성과 관절염의 진행속도가 높다는 것을 두 개의 다른 연구에서 각각 보여준 바 있는데, 두 연구 결과가 서로 일치한다는 점에서 일부 확신을 가질 수는 있지만 우리는 여전히 더 많은 정보를 필요로 한다"고 하였다(또 다른 연구에서도 비타민 C를 많이 섭취하는 사람이 적게 섭취하는 사람에 비하여 관절염이 더 천천히 진행된다는 것이 발견되었지만,[3] 이것 역시 검증이 필요하다고 그는 덧붙인다).

Felson 박사는 "그렇지만 낮은 비타민 D 수치는 골밀도를 낮추는 것과 같은 또 다른 결과를 초래할 수 있기 때문에 특히 북부지방에 사는 노인들에 있어서는 비타민 D의 섭취에 주의를 기울여야 할 필요가 있다. 나이든 사람들은 비타민 D 결핍의 위험성이 더 높은데, 그 이유는 충분한 양의 우유를 마시지 않고, 바깥출입이 적어 햇볕을 쬐는 시간이 적으며, 피부에서 비타민 D의 합성 능력이 젊은이들에 비해 떨어지기 때문이다"라고 설명한다.

비타민 D보다 더 가능성이 있어 보이는 것은 연골에서 발견되는 두 가지 천연물질 글루코사민과 콘드로이친인데, 이들의 복용에 의해 관절염 증세가 억제되는 것으로 보인다. 최근의 연구에 의하면 매일 1,500mg의 글루코사민과 1,200mg의 콘드로이친을 복용한 34명의 해군 다이버들은 위약군에 비해 무릎 통증이 덜하였다고 한다.[4] 국립보건원에서는 오는 2월부터 1,000명 이상의 무릎 관절염 환자들을 대상으로 글루코사민과 콘드로이친 또는 두 가지의 혼합물의 효능에 관한 실험에 착수할 것이다.

---

1. *Arth. Rheum. 42*: 854, 1999.
2. *Ann. Intern. Med. 125*: 353, 1996.
3. *Arth. Rheum. 39*: 648, 1996.
4. *Mil. Med. 164*: 85, 1999.

1장 Questions for Review

이 름 ________________

학 과 ________________

날 짜 ________________

학 번 ________________

1. 영양소의 3가지 기능에 대해 답하시오.

   ①

   ②

   ③

2. 다음 용어의 정의에 대해 답하시오.

   ① 영양섭취기준

   ② 권장섭취량

   ③ 충분섭취량

   ④ 상한섭취량

3. 본인의 나이와 성별을 쓰고, 두 종류의 비타민과 한 가지의 무기질을 골라 알맞은 상한섭취량(UL : the Tolerable Upper Limit)을 쓰시오.

   나이 ____________ 비타민 ____________ UL ____________

   성별 : 남성 여성 비타민 ____________ UL ____________

   무기질 ____________ UL ____________

4. 매일 섭취해야 하는 식품군의 이름과 단위 수를 쓰시오.

	식품군(Group)	하루당 단위 수(Servings per day)
①		
②		
③		
④		
⑤		

5. 우유 한 단위는 치즈와 요구르트의 경우 각각 몇 단위에 해당하는가?

① 치즈 - 단위 수 : ______________________________

② 요구르트 - 단위 수 : ______________________________

6. 단위 열량당 영양소가 많이 들어 있는 식품은 __________________ 가 높다고 할 수 있다.

7. 한국인을 위한 10가지 식사지침을 열거하시오.

①

②

③

④

⑤

⑥

⑦

⑧

⑨

⑩

제 2 장

식품법규, 식품안전성 그리고 식품라벨

당신이 섭취하는 식품은 얼마나 안전한가? 당신이 섭취하는 식품의 안전성을 누가 규제하는가? 식품을 더 안전하게 하기 위해 당신이 할 수 있는 것은 무엇인가? 이러한 것은 많은 소비자들에게 중요한 질문들이다. 본 장에서는 이러한 질문들에 대하여 해답을 줄 것이며, 또한 식품라벨에 관한 개략적인 내용들을 제시할 것이다.

1. 식품법규

소금과 같은 식품첨가제는 수세기 동안 식품을 보존하기 위해 사용되어져 온 반면에 수천년 동안 오용되어져 오기도 했다. 불행하게도 부도덕한 식품제조업자들은 식품의 결함을 감추기 위해 종종 인체에 유해한 영향이 있는 독성화학 물질들을 오용해왔다. 그럼에도 불구하고 식품첨가제들은 식품들을 처리하고 가공하고 보존하기 위해 필요하다. 오늘날 사용하고 있는 식품첨가제는 대략 1,800개 정도이다.

표 2-1에는 식품첨가제를 사용하는 기준이 나타나 있다. 식품첨가제는 가공과 저장기간을 늘리는 데 도움이 되기 때문에 식품첨가제는 식품을 안전하고 이용하기 적합하게 할 뿐 아니라 저렴하게 하기도 한다. 미국은 세계의 다른 어느 곳의 식품보다 기장 안전하고, 가장 풍부하고, 가장 다양하여 가장 저렴한 식품을 갖고 있다.

20세기에 제정된 많은 식품법규들은 식품첨가제의 안전성을 확고히 하려는 의도를 가지고 있다. 1904년 이전에 미국은 국가 식품법규가 없었다. 첫 번째 포괄적인 식품법규는 1904년에 채택되었다. 이 식품법규는 식품이라는 용어에 대해서 정의하

표 2-1. 식품첨가제를 사용하기 위한 기준

1. 식품첨가제는 식품에 유익한 목적에 기여해야 한다.
   a. 식품첨가제는 기능적인 목적을 가지고 있어야 한다.
   b. 식품첨가제는 영양적인 목적을 가지고 있어야 한다.
2. 식품첨가제는 의도하는 작업에 효율적이어야 한다.
3. 식품첨가제는 식품의 부패나 단점들을 은폐하지 않아야 한다.
4. 식품첨가제는 인체에 안전해야 한다.
5. 식품첨가제는 성분표시 라벨에 기록되어야 한다.

고, 식품에서 황산구리(식물의 녹색을 유지하기 위해 사용)와 붕사(표백제로 이용)의 사용을 금지시키는 것 외에는 한 일이 거의 없다. 미국 연방정부의 식품, 의약품, 화장품법(Federal Food, Drug and Cosmetic Act, FDCA)이 1938년 통과되었을 때 이러한 취약법의 의미 있는 수정이 이루어졌다.

사실 여러 차례 수정되었으나, 1938년 12월 이러한 식품, 의약품, 화장품법(Federal Food, Drug and Cosmetic Act, FDCA)은 여전히 오늘날까지 미국의 식품법규의 근간을 이루고 있다. FDCA는 여러 가지 식품에 대한 표준을 설립하였고, 식품공급원으로부터 어떤 화학물질의 유입을 금했고, 식품에 유해한 화학물질의 첨가를 금했다. 그러나 불행하게도 법에 쓰여 있는 대로 화학물질이 해롭다는 것을 입증하는 것은 식품회사가 아니라 정부의 책임이라는 것이었다.

식품첨가제의 안전성을 증명하는 부담을 정부에서 식품제조업자에게로 바꾸기 위해 많은 법개정이 이루어졌다. 이러한 수정안에는 식품 색소제안, 살충제안 등이 포함된다. 1958년에 국회는 FDCA의 식품첨가제 조항을 통과시켰다. 이 식품첨가제 조항은 식품에서 식품첨가제를 사용하기 전에 식품가공업자가 안전하다는 것을 검증해야만 한다는 것을 요구하고 있다. 승인을 받는 데는 200~400만 달러의 돈과 2~3년의 기간이 걸릴 수 있다.

1958년 수정안이 소개되었을 때 부작용이 없어 보이는 수백 가지 식품첨가제들이 이미 사용되어져 왔다. 이러한 식품첨가제들 대부분은 GRAS(Generally Recognized as Safe)란 원조격인 물질로 사용되어지고 있었다. 1958년 이후 많은 GRAS 식품첨가제는 식품공급으로부터 제외되어져 왔는데, 왜냐하면 처음 생각한 만큼 안전한 것을 증명하지 못했던 이유였고, 또 다른 이유는 이전의 식품첨가제를 대체한 식품첨가제들이 작업을 더 능률적으로 할 수 있거나 또는 더 비싸지 않게 이용할 수 있도록 개발되어져 왔기 때문이었다. 오늘날 대략 600개의 GRAS 식품첨가제가 사용중에 있다.

특히 1958년 식품첨가제 개정안은 발암성 식품첨가제에 대해 강경한 내용이었다. 개정안의 조항은 어떠한 식품첨가제라도 어떠한 양이 주어졌을 때 어느 쪽에서든지 암을 유발한다고 보여지면 어떠한 수단을(예를 들어, 식품으로 섭취되거나 주사되어진 것 등) 통해서도 식품 공급에서 제거되어져야만 한다고 언급하고 있다. 하원의 법안 후원자 이름을 따라 Delandy 수정안으로 이름 지어진 이 수정안은 일부 발암유발 가능 물질들은 식품 공급에서 제거토록 하는 결과를 낳았다.

Delaney 수정안은 논쟁이 되어 왔다. 그 논리적 근거는 미국 인구 3억 명에서 소량의 화학물질의 영향을 보기 위해서는 대량의 화학물질을 소그룹 실험동물에게 섭취시켜야만 한다는 것이다. 종(種)의 차이를 무시한 것 이외에도 수많은 과학자들은 인체에 소량섭취 영향을 모방하기 위해서 대량의 물질을 소수의 동물에게 주어져야 하는 것에 동의하지 않고 있다. 예를 들어, 쥐에서 방광암을 일으키는 사카린 양을 섭취하기 위해서는 인체는 매일 800개 이상의 다이어트 소다수를 섭취해야 한다.

최근 새로운 식품첨가제의 승인을 받기 위해서는 첨가제에 대한 집중적인 검사가 수행되어야만 한다. 이 검사는 생물체 내에서 화학물질이 어떻게 대사되며 축적되고, 몸 밖으로 배설되는지 분석하는 것을 포함한다. 화학물질이 발암성 물질인지를 확인하려면 적어도 5개의 다른 미생물화학적 조사 및 DNA 조사를 하게 된다. 만약 이 검사에서 통과한다면 이 식품첨가제는 수세대에 걸쳐 2개의 다른 종의 동물에 식품첨가제를 섭취시켜야 한다.

식품첨가제가 성장, 번식 그리고 전생에 미치는 영향을 조사하며, 많은 다른 조직학적·생화학적 검사를 하게 된다. 전체적으로 식품첨가제가 사용되기 전 안전성을 증명하는 데 기간은 3～4년이 걸리고, 100만 달러 이상의 비용이 든다. 식품첨가제가 거치는 검사와 면밀한 검증을 고려해 보면 식품첨가제는 특히 자연적으로 발생하는 독소와 식중독균과 비교했을 때 지극히 안전한 것으로 간주되어진다.

2. 정부기관들

대부분의 우리 식품들은 식품의약품 안전청(Food and Drug Administrating : FDA)에 의하여 규제된다. FDA는 육고기, 닭고기 그리고 유제품 등을 제외한 모든 식품의 안전성에 책임을 가지고 있다. 육고기와 닭고기 그리고 유제품의 조사와 안전성은 미국 농무성(U.S. Department of Agriculture : USDA)에 의해 규제된다. FDA와 USDA는 미국 의회에 의하여 통과된 법을 집행하는 책임을 가지고 있다.

FDA에는 식품가공공장을 방문하여 청결도와 완전성을 조사하는 검사관이 있다. 이 검사관들은 제품들이 위생적이며 완전한 방법으로 제조되었는지를 확인한다. 검사관들은 식품들이 위생적으로 생산되고 포장되는지를 확인하기 위해서 정규적으로 불시에 식품공장을 방문한다. FDA는 선적 식품을 압류할 수 있고, 만약 불순물 함유 식품이거나 오기 상표식품이면 식품생산업자에게 리콜을 요구할 수 있다. 불순물이 섞인 식품이란 의도적이거나 비의도적으로 안 좋은 성분이 첨가된 식품이라고 정의된다. 식품으로부터 금지된 이러한 안 좋은 것들은 세균, 쥐 분변물 또는 곤충 일부, 그리고 과량이거나 부적합한 식품첨가제이다. 또한 불순물함유 식품은 부패한 성분이 발견되거나 비위생적이거나 불결한 환경에서 생산되어진 것이다.

오기 상표식품은 식품라벨에 열거된 성분을 포함하지 않는 식품을 말한다. 또한 식품포장은 최소한 용량의 90%까지 채워져야 한다. 이러한 법규는 소비자들이 크고 대용량의 용기에 소량의 식품이 들어 있는 것으로 잘못 인도되지 않도록 확인하는 것이다. 이 규칙의 예외는 시리얼이나 감자칩 같은 식품들이다. 이러한 식품포장은 무게에 따라 채워진다. 그 식품들은 라벨에 "이 용기는 부피가 아니라 무게에 따라 채워진다"라고 기록해야만 한다. 약간의 침전들은 이송하는 동안 발생할 수도 있다. 엉터리 상표의 세 번째 예는 비공인된 건강관련 주장을 하거나 적절치 않은 영양라벨이 있는 식품이다. FDA와 USDA의 수고 때문에 우리가 구매하는 식품들은 일반적으로 매우 안전하다.

3. 식품의 강화와 보강

FDA의 다른 의무는 식품의 강화와 보강을 규제하는 것이다. 식품에 본래 없었던 영양소를 첨가시키는 것을 강화라고 한다. 예를 들면, 칼슘이 첨가된 오렌지주스, 또는 비타민 D가 첨가된 우유 강화식품의 예이다. 강화식품의 특별한 분류에 시리얼과 곡류가 포함된다. 보강(enrichment)이란 시리얼과 곡류의 가공중에 손실된 영양소들의 전부는 아니나 일부 성분을 대체하는 것이다. 밀(밀로 만든 밀가루나 시리얼)과 쌀들은 미국에서 보강된 주요 곡류들이다. 보강된 시리얼이나 곡류란 철분 같은 무기질과 티아민, 니아신, 리보플라빈과 엽산 같은 비타민이 가공한 뒤에 첨가되어 온 것을 의미이다. 최근 임신 전의 여성 식이에 더 많은 엽산이 필요하다는 것이 인식하게 됨으로써(제8장에서 더 자세히 설명됨) FDA는 1998년부터에 시작된 보강의 일부분으로 엽산이 포함되어야 한다고 의무화하였다.

4. 식품의 안전성

많은 사람들은 식품의 가장 유해한 측면이 우리 식품에 잔류되어 있는 식품첨가제와 살충제라고 믿고 있다. 그러나 인체에 미생물, 득히 세균에 의해 생기는 식중독을 다른 어떠한 것과 관련된 것보다 더 심한 질병과 죽음을 초래한다. 미생물에 의한 질병은 연간 천만 명 이상의 질병과 연간 만 명 이상의 사망자를 초래하는 원인이라고 추정된다. 대부분의 식중독은 식품이 조리된 후에 부적절한 위생, 불완전한 조리 또는 부적절한 저장온도 등에 의하여 초래된다. 대부분 식중독은 적절한 식품준비와 저장기술에 의하여 방지될 수 있다.

식중독을 최소화시키기 위해서는 식품을 다룰 때 다음과 같은 중요한 규칙을 지켜야 한다.

(1) **적절한 위생기술을 지켜라** : 손을 철저히 씻어라. 모든 노출한 상처와 베인 부분은 장갑으로 감싸라. 모든 장비나 도구는 세척하라. 세척 전에 칼, 용기, 도마는 재사용하지 말라. 모든 생과일과 야채는 세척하라.

(2) **철저한 식품조리** : 육류는 병원성 세균을 옮기는 매체이므로 세균을 사멸시키기 위해 철저히 조리해야 한다. 스테이크 또는 로스트 조리는 중간 익히기(medium)일 경우 내부 온도가 145°F(63℃)까지 되게 조리해야 한다. 갈은 고기는 더 높은 온도에서 조리해야 하는데, 그 이유는 고기의 통째로 절단한 것은 미생물이 표면에만 존재하지만, 갈은 고기는 가는 과정에서 미생물이 육류 전제로 퍼시기 때문이다. 갈은 쇠고기, 돼지고기 또는 송아지고기는 내부 온도를 160°F(71℃)까지 조리해야 한다. 갈은 닭고기는 165°F(74℃)까지 조리해야 한다. 닭고기 가슴살은 내부 온도를 170°F(77℃)까지 조리해야 하는 반면에 통째로 조리할 닭고기나 터키는 180°F(82℃)까지 조리해야 한다. 전

자레인지에 육류를 조리할 때는 최종 요리온도에 25°F(4℃)를 더해야 하는데, 이는 전자레인지의 가열이 부분적이기 때문이다. 고기 덩어리에서 갈은 쇠고기 전부를 최소한 160°F(71℃)까지 조리하도록 확실하게 하기 위해서는 최종 내부의 온도가 185°F(85℃)가 되는 것이 필요하다.

(3) **맞는 온도에서 식품보관** : 간단히 말해서 찬 음식은 차게(40°F 이하), 그리고 뜨거운 식품은 뜨겁게(140°F 이상) 보관하라. 절대 식품을 2시간 이상 실온에 방치하지 말아라.

주요 식중독균 질병인 *E. coil, Salmonella, Staphylococcus* 식중독과 botulism은 상세히 기술될 것이다. 이들 4가지 식중독은 가장 잘 정의된 식중독 질병임을 명심하라. 더 나은 감시를 통해 다른 식중독 질병에 대한 경각심이 커지게 될 것이다. 이런 식중독 질병에 해산물에서 발생하는 식중독인 *Vibrio parahaemolyticus*, 가금류와 육류제품의 *Clostridium perfringens*와 *Campylobacter*와 *Listeria*가 포함된다. 사람이 먹는 식품의 미생물 조성을 아는 것이 불가능하기 때문에 위에 제시된 좋은 위생지침들을 지키는 것이 필수적이다.

1) *E. coli* 식중독

최근에 병원성 *E. coli*는 미국에서 심각한 식중독을 초래하였다. 1993년도에는 많은 어린이들이 입원하였고, 최소한 4명이 사망하였는데 이는 *E. coli*에 오염된 햄버거를 제대로 조리하지 않은 채로 섭취했기 때문이다. 1997년에는 Hudson고기 납품회사는 2,500만 파운드에 달하는 햄버거를 압류당하거나 리콜을 했는데, 이는 *E. coli*에 오염되었기 때문이었다. *E. coli*는 어떤 식품에서도 발견되어질 수 있다. 그러나 미국에 발생한 대부분의 사건들은 제대로 조리되지 않은 햄버거, 생우유, 비살균 사과주스 또는 소 거름으로 제배된 채소가 불충분하게 조리되었을 때 발생된다.

E. coli 식중독의 초기 증상은 가벼운 설사부터 메스꺼움과 구토이다. *E. coli* 식중독 건수 중 2~7%의 작은 퍼센트에서 *E. coli*에 의해 생산된 독소가 장에 남아서 신장에 영향을 줄 수 있는데, 특히 어린아이에게 위험하다. 이러한 질병을 용혈성 요독증(HUS : Hemolytic Uremia Syndrome)이라고 하며, 신장을 파괴하는 결과를 초래한다. 어린이들은 성인보다 *E. coli* 식중독에 훨씬 잘 더 감염되기 쉬운데, 이는 어린이들의 면역체제가 잘 발달되어 있지 않기 때문이다. 사실 성인은 *E. coli*에 오염된 식품을 섭취하더라도 증상이 거의 없는 반면에 나이 어린 어린이에서는 심각한 영향을 줄 수 있으며, HUS 발생 중의 약 3~5%는 사망한다.

"나는 148개의 안전수칙 카드가 필요하다."

E. coli 식중독을 방지하는 것에는 모든 과일과 야채를 세척하는 것이 포함되며, 가장 중요한 것은 특별히 갈은 쇠고기와 닭고기 같은 육류의 조리를 철저히 하는 것이다. 갈은 쇠고기는 내부 온도가 160°F(71℃)까지 조리해야 한다. 갈은 고기는 최소한 중간정도 익히기도(medium well done) 익혀야 하고, 고기 중간에 분홍색이 없을 때까지 조리해야 한다.

2) *Salmonella* 식중독

*Salmonella*는 식중독 세균이다. 이 세균은 질병을 발생시키기 위해 장내에서 증식해야만 한다. *Salmonella*는 생고기, 가금류, 계란, 생선, 우유와 유제품에서 발견된다. *Salmonella*는 식품조리 과정에 파괴될 수 있다. 조리 후 또는 조리되지 않은 식품을 저장할 때 저장동안 냉장시키는 것이 대단히 중요하다. 만약에 식품이 완전히 조리되지 않았거나 잘못된 보존온도에 저장되었다면 일부의 살아남아 있는 식중독 세균이 사람의 장관까지 도달해서 그곳에서 번식하여 많은 수로 자랄 수 있다. 이들 세균은 장에서 자라야만 하기 때문에 증상은 오염된 식품을 섭취한 후 18~36시간 후에 발현된다.

Salmonella 식중독의 증상은 메스꺼움, 두통, 복통, 설사이다. 이 감염은 유아, 노인 그리고 환자들에게는 치명적일 수 있다. 건강한 사람들은 증상이 3~5일 지속된

후 대개 약화된다.

3) Staphylococcal 식중독

*Salmonella*와 달리 이 식중독은 *Staphylococcus aureus*에 의해 생성된 독소를 섭취함으로써 초래된다. 식품에서 *Staphylococcus*의 성장을 막는 것이 중요한데, 이는 일단 독소가 생성되면 파괴되지 않기 때문이다. *Staphylococcus*는 육류, 가금류, 계란제품, 감자와 마카로니 샐러드 크림이 채워진 제빵류들에서 발견된다. 또한 많은 사람도 *Staphylococcus*의 운반체가 된다. 그래서 손의 상처와 베인 부분을 장갑으로 덮는 것이 중요하다. 또한 코, 입과 열린 상처를 만진 후 손을 세척하는 것은 매우 중요하다. 식품에 있는 독소를 섭취하기 때문에 증상의 발현은 1～6시간으로 매우 빠르다. 주요 증상들은 심한 구토와 복통 그리고 때때로 설사이다. *Staphylococcus* 식중독의 증상이 *Samonella*의 것보다 훨씬 더 격렬하지만, 질병은 대체로 하루 이내로 지속되고 치명적이지 않다.

4) Botulism

Botulism은 *Clostridium botulinum*에 의해 생성된 매우 강력한 신경독소를 섭취함으로써 발생한다. 운 좋게도 사람에게는 botulism이 자연계에 비록 매우 널리 퍼져 있으나 혐기적(산소가 없는 상태) 조건하에서만 번식할 수 있다. 이 균은 산도가 높은 식품에서는 번식할 수 없으므로 단지 저산성 통조림 식품에서만 botulism이라는 독소가 생성된다.

통조림 식품의 경우 *Clostridium botulinum*을 파괴하여 *Botulinum* 독소 생성을 막기 위해 열처리해야 한다. 완두콩 같은 가정에서 만든 통조림 식품은 최소 15분 동안 압력솥에서 열처리되어야 한다. 부적절한 열처리는 *Clostridium botulinum*이 식품에서 독소가 만들어질 수 있다. 증상의 발열은 독소 섭취 후 약 8시간부터 23시간 사이에 발생한다. 신경전 증상은 연하곤란, 쉰 목소리, 이중으로 보임과 호흡계 마비이다.

만약 당신이 이러한 증상을 경험하면 당신은 가능한 빨리 의학적 치료(처치)를 받아야 한다. Botulism에 대한 해독제는 독소의 영향을 상쇄시키는 것으로 개발되어져 왔다. *Clostridium botulinum*이 식품에 존재하더라도(독소는 무맛·무향이므로 사람이 확실하게 알 방도가 없다) 식품을 10분간 철저히 끓이면 독소는 파괴된다.

5. 식품과 영양에 대한 상표

대부분의 사람들은 식품라벨에 어떤 정보가 있어야 하는지 알지 못한다. 식품포장에 요구된 정보는 다음 장에 논의될 것이다.

1) 식품포장

식품상표에 식품제조업자의 이름이 반드시 포함되어야 한다는 것은 명백한 일이나, 이 법안은(The truth in labeling law) 이러한 정보들을 표준화하는 것이며, 1967년에야 비로소 통과되었다. 제품 이름은 진한 글자로 포장에 두드러지게 표시되어야 한다. 제품 이름은 제품구성을 정확히 나타내야 한다.

예를 들어, "옥수수와 콩"이란 제품은 콩보다 옥수수를 더 많이 함유해야 한다는 것이다. "돼지고기와 콩류(Pork and Beans)"의 이름 때문에 늘 문제가 되어진다. 명백하게 이 제품에는 돼지고기보다 콩류가 더 많다. 소수의 전통적이 제품들은(예 : Pork and Beans) 통상적으로 쓰던 이름을 유지토록 허용되었다. 만약 제품이 인공향신료를 사용한다면, 이 정보는 예를 들어 "인공향신료를 넣은 바닐라 푸딩"과 같이 제품 이름 옆에 두드러지게 표시되어야 한다. 제품 이름에 덧붙여 식품포장은 항상 제조업자의 이름과 주소가 표시되어야 한다. 또한 총 무게(포장지 무게를 제외한 것)도 표시되어야 한다.

이 법안의 다른 부분은 식품포장은 제품 양에 포함된 포장의 양이 소비자를 속이는 것이어서는 안 된다고 명시한다. 달리 말해 식품포장은 최소한 90%는 채워져야만 한다. 감자칩과 시리얼은 이 법규의 예외이다. 이러한 제품들은 가라앉는 성향을 갖고 있어 완전히 포장을 채울 수 없다. 당신이 아마 눈치 채듯이 이들 제품은 "부피가 아닌 무게로 팝니다. 약간의 가라앉는 현상이 운반하는 동안 발생할지도 모른다"라는 책임을 부인하는 표기가 붙어 있어야만 한다.

2) 영양상표와 교육조례

1991년 국회는 영양표기와 교육조례(Nutrirional labeling and Education Act : NLEA)를 통과시켰고, 이는 모든 식품은 그 포장에 성분과 영양사실(Nutrition Fact)란 패널들을 표기토록 명하고 있다. 모든 식품 포장은 1994년 5월까지 NLEA를 따라야 했다.

3) 성분목록

성분목록 요구사항은 실질적으로 NLEA의 적용을 변경시키지 않았다. NLEA는 모든 식품에 성분목록이 표시토록 요구하고 있다. 과거에 대부분의 식품은 성분을 표기토록 요구되지 않았음에도 성분목록을 제시하였었다. 제조업자들은 소비자들이 그들의 식품에 무엇이 있는지 알기를 원한다는 것을 알았었다. 이전의 법과 같이 모든 성분은 식품에 가장 많은 성분부터 내림차순으로 표시해야 한다. 따라서 목록에 오른 첫 번째 품목은 가장 양이 많은 것이 표시되어야 한다.

NLEA는 향신료는 일반적인 "향신료"란 제목 대신에 별도로 표기하도록 요구한다. 이 법규는 또한 monosdium glutamate(MSG)에 대한 정보를 제시토록 요구한다. 과거 식품제조업자들은 라벨에 MSG를 표시하지 않고 제품에 가수분해된 식물단백질(MSG의 원료)로 표시했었다. 이제는 MSG를 함유하는 어떠한 성분들은 그 원료가 MSG 원료임을 표시해야만 한다.

6. 영양성분표 라벨(ntrition fact label)

NLEA는 모든 식품포장에 영양상표를 갖고 있어야 한다고 명하고 있다. 감자칩에 있는 영양상표의 예가 그림 2-1에 나타나 있다. 상표는 특징 크기, 형식을 갖고 있고, '영양성분표(nutritional fact)'란 제목이 있어야만 한다.

영양성분표는 건강과 안녕에 중요한 영양소에 관한 적절한 정보를 제공하기 위해 만들어진 것이다. 영양성분표는 공급크기, 칼로리 정보, 영양소 정보, 참고자료 등의 4개 부분으로 구성되어 있다.

Cathy

영양성분표(nutrition facts)

•1회 분량: 1.2온스(32g / 약 15개 됨)
•용기 안의 1회 분량수: 1

1회 분량		
칼로리 170	지방으로부터 오는 칼로리: 100	
		* 1일 섭취량 %
총지방	11g	17%
포화지방	3g	15%
콜레스테롤	0mg	0%
나트륨	150mg	6%
총탄수화물	17g	6%
식이섬유	1g	4%
당류	1g	
단백질	2g	

비타민 A	0%	비타민 C	6%
칼슘	0%	철분	1%

※ 1일 섭취량 %는 2,000 kcal 섭취를 기준으로 하였으며, 1일 섭취량의 값은 사람이 필요한 칼로리 기준에 따라 더 높아지거나 낮아질 수 있다.

	칼로리	2,000	2,500
총지방	미만	65g	80g
포화지방	미만	20g	25g
콜레스테롤	미만	300mg	300mg
나트륨	미만	2,400mg	2,400mg
총탄수화물		300g	375g
식이섬유		25g	25g

칼로리 공급:

지방 9 탄수화물 4 단백질 4

그림 2-1. 감자칩 1봉지에 나타난 영양성분표에 대한 예

1) 1회 분량 : Serving size

거의 모든 식품에 대한 합리적인 1회 분량을 설정은 국회에 의해 위임되었다. 예를 들어, 1개의 도넛은 이전에 1회 분량당 도넛의 2/3 대신에 지금은 1회 분량 크기이다. 20온스(59ml) 이하의 통에 든 모든 음료수는 1회 분량으로 간주된다. 이전에는 6온스가 음료수의 1회 분량 크기였다. 대부분의 사람들이 한 끼 식사에 전체 주요 요리를 먹기 때문에 냉동 저녁 주요리(entree)는 새 법규에 의해 1회 분량이 된다(2회 분량 대신).

그림 2-1의 예를 주목해 보라. 그것은 주어진 1회 분량에서 감자칩의 무게 뿐 아니라 또한 주어진 1회 분량에서 감자칩의 갯수도 나타낸다. 적절한 곳에 1회 분량에 대한 정보는 이런 정보의 유형을 나타내야만 한다. 비록 완전치는 않지만 이제 1회 분량 크기는 당신을 실제로 먹는 것과 더 비슷하게 표시되게 되었다.

2) 칼로리 정보

1회 분량당 칼로리 목록에 첨가하여 영양적 상표는 또한 지방으로부터 오는 칼로리를 언급해야 한다. 예를 들어, 그림 2-1의 예처럼 감자칩의 1회 분량은 170칼로리를 함유하며, 지방의 100칼로리를 함유한다. 이는 대략 1회 분량의 감자칩의 칼로리를 100 나누기 170 한 것 또는 60%가 지방에서 온다는 것을 의미한다.

제 6장에 논의된 대로 우리의 목표는 지방에서 오는 칼로리의 약 30%를 섭취하는 것이다. 확실히 감자칩은 고지방식품이다. 그러나 새 상표가 나오기 전까지는 정확히 얼마나 칼로리가 지방에서 오는지 말하기 힘들었다. 이 정보는 당신이 제품을 비교할 수 있게 해줄 것이며, 저지방 대체품을 사도록 해 줄 것이다.

3) 영양정보

영양상표의 중간부분은 만성질환에 영향을 줄 수 있는 식품성분과 영양소에 관한 정보를 제공한다. 총 지방, 포화지방과 콜레스테롤은 심장질환을 염려하는 사람들의 흥미를 끌 수 있다. 총 탄수화물과 설탕은 당뇨 환자의 흥미를 끌 수 있다. 나트륨 함량은 고혈압 환자의 흥미의 대상이 될 수 있다. 과거에 이러한 정보는 영양소의 그램 또는 밀리그램 같은 절대 용어로 표시되었다. 따라서 이 정보를 사람의 식이로 적용시키기가 어려웠었다. 필요한 양과 비교한 성분의 양은 개념화하는 것을 하기 위해서 %1일 기준치(%DV)가 소개되었다. 2개의 비타민(비타민 A와 C)과 2개의 무기질(철분과 칼슘)에 대한 %DV 또한 영양상표에 나타난다.

퍼센트 1일 기준치는 매일 필요한 식품성분의 얼마가 그 식품의 1회 분량에 있는지를 결정할 수 있는 청사진을 제공한다. 감자칩 예에서 1회 분량(감자칩 작은 봉지 1개)은 포화지방을 매일 요구량의 15%로 공급한다.

달리 말하면, 만약 당신이 6개 분량의 감자칩을 먹는다면 당신은 하루 전체 허용된 포화지방을 거의 다 얻게 될 것이다. 종종 감자칩을 먹는 것은 잘못된 것이 아닌 반면에, 당신은 적어도 1회 분량에서 얻는 지방과 비교할 때 매우 적은 식이섬유, 비타민 A, 칼슘, 비타민 C와 철분을 공급받는다는 것을 알 수 있다. 퍼센트 1일 기준치를 사용함으로써 지방, 포화지방 그리고/또는 나트륨이 매우 높은 식품을 피하거나 또는 훨씬 적게 섭취할 수 있을 것이다.

4) 참고자료

영양성분표의 아랫부분에 어떻게 %DV가 결정되는가를 나타내는 정보가 있다. 예를 들어, 식이와 건강에 있어 총지방에 대한 최상의 정보에 근거하여 2,000칼로리를 섭취하는 사람은 하루 20g 이하의 포화지방을 섭취해야만 한다. 감자칩 1회 분량은 3g의 지방을 함유하기 때문에 3을 20으로 나누어 %DV는 15%이다.

모든 영양성분표의 상표에 있는 %DV 모두는 하루 2,000칼로리 섭취에 근거하였다. 만약 당신이 하루당 2,500칼로리를 섭취한다면 당신은 대부분의 대량 영양소(macronutrients)를 더 많이 섭취토록 허용하게 될 것이다.

우리의 신제품은 지방, 콜레스테롤, 칼로리, 설탕, 소금 그리고 식품 첨가제가 모두 들어가 있지 않습니다. 신제품의 박스는 빈 것이지만 그것은 모든 사람들이 정확히 원하는 것을 가지고 있습니다.

표 2-2. FDA에 의해 승인된 식품상표의 정의

〈용어의 정의〉

특정 정의를 사용하는 것은 새로운 FDA 식품상표 법규 아래에 엄격하게 규제된다. 그리고 만약 식품이 건강과 관련된 주장을 하지만 또한 덜 건강한 성분을 함유한다면 그 상표는 반드시 소비자의 관심을 끄는 정보를 제공해야만 한다. 따라서 만약 '저염'이란 상표를 한 식품이 지방함량이 높으면 반드시 그 주장(claim)은 "지방과 다른 영양소에 관한 정보는 뒷부분을 보시오"라고 표기되어야만 한다.

용어가 의미하는 내용 :

용어	내용
•Calorie free	1회 분량당 5칼로리보다 적음
•Low calorie	1회 분량당 그리고 100g당 40칼로리 미만
•Cholesterol free	1회 분량당 콜레스테롤 2mg 미만, 1회 분량당 2g 또는 그 이하의 포화지방
•Low in cholesterol	식품의 1회 분량과 식품 100g당 20mg 또는 그 미만, 그리고 1회 분량당 2g 이하의 포화지방
•Sodium free or salt free	1회 분량당 나트륨 5mg 미만
•Low sodium	1회 분량당 140mg 미만
•Low fat	1회 분량당 그리고 식품 100g당 지방 3g 이하
•Low in saturated fat	1회 분량당 포화지방 1g 이하 : 포화지방으로부터 오는 칼로리의 15% 초과하지 않음.
•Fresh	생식품에만 연관될 수 있음 : 냉동, 가공 또는 보존 처리되지 않은 식품임.
•More	비교할 식품보다 더 바람직한 영양소. 예를 들어, 식이섬유 또는 칼슘을 더 많이 함유한 식품임을 증명하기 위해 사용됨. 이 용어를 사용하기 위해서는 식품은 반드시 최소한 비교할 식품보다 그 영양소를 적어도 10% 이상 함유해야만 한다.
•Light or lite	정규 제품보다 칼로리를 1/3 더 적게 함유하는 식품들에 사용되어질 수 있음. 예를 들어, "light"란 용어를 다른 용도로 사용시 만약 보고, 맛보고, 또는 냄새 맡는 것을 언급한다면 "light in color"와 같이 구체적으로 언급해야 한다.

표 2-3. 식품포장에 공인된 건강관련 주장의 예

•지질과 암	•나트륨과 고혈압	•엽산과 신경관 결손
•지질과 심혈관질환	•칼슘과 골다공증	•오트밀 또는 오트밀기울과 심장질환

최근의 영양성분표 상표는 옛날 영양상표보다 이해하기가 더 쉽다. 그 상표는 식품성분이 해로운지에 대한 명확한 정보를 제공하나, 이 정보에 근거하여 식품을 선택하는 것은 당신에게 달려 있다.

FDA에 의해 제안된 새 법규는 식품상표에 공통적으로 사용된 많은 용어들에 대해 정의하고 있고, FDA에 의해 정의되지 않은 어떠한 용어도 사용을 금하고 있다. 표 2-2는 FDA에 의해 정리된 용어의 목록을 제시하고 있다. '건강한, 자연적인 유기농'은 FDA에 의해 정의된 것이 아니고, 이들 용어는 식품상표에 사용될 수가 없다. 또한 FDA는 식품상표에 허용된 건강관련 주장들에 대한 지침을 세웠다. 당신은 건강관련 주장이 과학적 심사위원단에 의해 입증되지 않는 한 제품을 "통풍 치료한다" 또는 어떠한 다른 건강관련 주장을 언급할 수 없다.

표 2-3은 일부 공인된 건강관련 주장의 목록을 제시하고 있다. 그러나 저지방 식품은 감소된 지방이 심장질환을 낮추는 데 도움이 될 수 있다고 언급할 수 있다. 최근 처음으로 FDA는 특정 식품이 건강의 유익성 수상을 하도록 허용했다. 상당한 양의 오트밀기울을 함유하는 오트밀 또는 다른 제품들은 "오트밀기울 같은 식품에서 유익한 수용성 식이는 포화지방과 콜레스테롤이 적은 식이의 일부로서 심장질환의 위험도를 낮출 수 있다"는 주장을 할 수 있다. 붉은 포도주 또는 콩제품 같은 다른 식품들이 미래에 건강 유익성을 강조하도록 허용되어질 것이라는 것은 불확실하다. 건강관련 주장 상표 표시에 대한 자세한 내용은 FDA 웹사이트를 참조하기 바란다(http://vm.cfsan.fda.gov/label.html).

비록 식품과 영양상표가 식품 제품에 관한 가치있는 정보를 갖고 있다 하더라도 이 정보는 단지 기본적인 영양 실행을 보완하는 것이어야 한다. 다음 장들은 특정 영양소에 관한 정보를 제공하는 반면, 당신이 매일 식품군에서 유래하는 다양한 식품을 섭취할 것과 절제하여 식품을 섭취해야 함을 기억할 필요가 있다.

건강에 좋다는 별난 식이들이 존재할 필요는 없다. 더구나 당신이 늘 가장 건강한 식품을 섭취하지 않는다면 죄의식을 느낄 필요는 없다. 단지 다양성과 절제를 추구하라!

2장 식품안전 가이드

매년 식중독으로 인해 수천 명이 목숨을 잃고, 수천만 명이 앓아눕고 있는 것으로 추정된다.

그런데 식중독의 발생은 갈수록 악화되고 있다: 각종 병원균들이 예전에는 서식하지 않았던 음식에도 나타나기 시작했다. FDA 식품안전본부장인 Morris Potter 박사는 "오래 전 내가 식중독균에 관한 일을 처음 시작했을 때만 해도 살모넬라균은 오직 동물성 식품에서만 발견되었는데, 이제는 신선한 야채에서도 발견된다"고 한다.

일부 악성 병원균들은 예전에는 전혀 존재하지 않았었다. Potter 박사는 "식중독균 *E. coli* O157:H7은 1982년 이전에는 존재하지 않았다. 두 세대 전의 cider(사과즙으로 만든 알코올성 음료) 생산업자는 이 세균에 대해 신경을 쓰지 않아도 됐었다"고 말한다. 그리고 이러한 식중독균들은 예전보다 훨씬 더 광범위하고 더 빠르게 번져가고 있다.

또 애틀랜타 질병방제센터(CDC, Centers for Disease Control)의 Robert Tauxe 박사는 "우리의 식품들은 이제 더 집중적이고 대량으로 생산되고 있고, 우리는 세계 도처에서 생산된 신선한 식품을 먹고 있다. 이로 인해 과테말라에 있는 한 농장에서의 한 번의 실수는 미국 전역에서 수천 명을 병들게 할 수 있다"고 설명한다.

그리고 식중독균 발생의 주요 근원이 되는 가축사육 방식에서도 많은 변화가 있었다. "지난 50년 사이 소규모 가족단위 농장 형태로부터 수십만 마리씩 대량 사육형태로 변화되어 왔다. 많은 수의 가축을 한 곳에 모아 놓게 되면 그만큼 세균의 감염 확산 기회도 함께 커지는 것이다"라고 Tauxe 박사는 말한다.

이런 세균확산 방지를 위한 방법의 하나는 농장위생을 철저히 하는 것이다. Tauxe 박사는 의학잡지 The Lancet 최근호에서 말하기를,

"비용이 그다지 많이 들지 않고 어렵지 않게 생산물과 가축농장의 기본적 위생을 향상시킬 수 있는 여러 가지 방법이 있다"

"가축사료를 무병원균 사료로 만들고, 가축이 마시는 물을 살균하고, 생산되는 배설물을 적절한 방법으로 처리하고, 전염성 환축을 신속히 격리시키는 것은 앞으로 이루어질 농장위생 혁명의 한 부분이다"라고 하였다.

그때까지(농장위생 혁명이 이루어질 때까지) 우리는 우리 자신을 보호할 조치를 취해야 한다. 예를 들어 대부분 사람들은 보기 좋고 냄새 좋은 음식이 안전하고, 그렇지 않으면 안전하지 않다고 당연하게 생각해 왔는데, 이러한 생각은 잘못된 생각이다. 박테리아에는 두 가지 유형이 있다:

- 부패균은 음식에 나쁜 냄새와 맛을 발생

시킨다. USDA의 권고사항을 지키고 4.4℃ 이하의 온도로 음식물을 보관했다 하더라

지켜야 할 일

- 계산대에서 종업원이 육류, 해산물, 가금육 등을 각각 분리해서 포장하게 하여 다른 식품을 오염시키지 않도록 한다. 집에 도착하면 가급적 빨리 냉장고에 넣는다.
- 생고기, 가금육, 해산물, 계란 등에 접촉한 손과 기구를 뜨거운 비눗물로 깨끗이 세척한다.
- 고기, 가금육, 해산물의 생것과 요리된 것을 동일 주방기구나 접시를 사용하지 않는다.
- 얼린 고기, 가금육 및 해산물을 요리 전에 해동할 때는 반드시 냉장고에서 해동시킨다.
- 식품을 양념에 재울 때 주방 카운터가 아니라 냉장고에서 재운다.
- 고기, 가금육 및 해산물을 재웠던 양념장은 세균이 살균될 수 있도록 끓이기 전에는 요리된 식품 위에 사용하지 않는다.
- Oven-safe dial, instant-read 또는 digital meat thermometer 등 온도계를 이용하여 고기, 가금육 및 해산물의 내부온도를 점검한다.
- 온도계가 정상적으로 작동하는지 확인한다. 정상 작동 여부 확인방법은 조각얼음 한 컵에 냉수를 채운 다음 온도계를 최소 2인치 이상 얼음물 속으로 잠기게 하여 30초 후 0℃를 가리키면 정상이다(온도계가 컵 아래나 옆면에 접촉하지 않도록 주의).

도 심지어 냉장고 안에서도 이들 부패균들은 자란다. 하지만 이들은 병을 유발하지는 않을 것이다.

- 병원균은 일반적으로 음식물의 맛, 냄새, 형태를 변화시키지는 않지만 병을 유발시킨다. 그들은 40～140°F(4.4～60℃)(위험영역)에서 급속도로 확산된다. 어떤 것들은 20분 안에 그 수가 2배로 늘어난다. 그러므로 상하기 쉬운 음식이 4℃ 이상의 상온에서 2시간 이상 방치되었다면 내다버리는 것이 최선책일 것이다.

그런데 문제는 비단 박테리아뿐만이 아니다. 나무딸기(raspberry), 상추, 해산물을 비롯한 많은 식품들이 박테리아뿐만 아니라 기생충, 바이러스 및 독소(toxins)에 의해서도 오염될 수 있다(76쪽 "식중독을 일으키는 미생물" 참조).

이런 식중독의 원인이 되는 박테리아, 기생충, 바이러스 및 독소들이 여러분의 소화기 내로 들어오는 것을 어떻게 막을 것인가? 여러분이 현재 컴퓨터 앞에 있으면 www.foodsafety.gov에 들어가 보라. 거기에는 정부의 모든 식품안전 관련 사이트들이 링크되어 있다. 만일 컴퓨터가 너무 커서 시장에 가지고 갈 수 없으면 '식품별 안전가이드' 책자를 읽어 보라. 그러면 근처의 화장실로 황급히 달려갈 수 있는 거리 내에서 몇 시간 혹은 며칠을 허비할 확률을 줄여줄 것이다.

동물성 식품은 식중독의 커다란 주범임을 명심해야 한다. 이 말은 여러분이 생고기, 해산물, 가금육, 그리고 계란을 취급함에 있어 이들 식품이 오염되어 있을지도 모른다는 생각을 언제나 가지고 있어야 된다는 말이다.

식중독에 걸리면

대부분의 식중독 증상은 수분공급과 휴식 외에 별다른 치료를 필요로 하지 않는다. 하지만 10분이 멀다 하고 계속 토하고 있을 때 음료를 마셔 수분을 공급하기란 쉽지 않은 일이다. Maryland 대학의 외과의사 Glenn Morris 박사는 "소량의 물을 자주 마셔라"고 말한다. 몇 분마다 한두 모금씩만 물을 마셔도 탈수현상을 방지할 수 있다. "Pedialyte와 같은 무기질 음료가 가장 좋고, gingerale 또는 사과주스와 같은 맑은 음료도 도움을 준다. 수분 손실을 충분히 보충해 주지 못하면 매우 위험한 상황에 처하게 된다"고 Morris 박사는 덧붙인다.

비록 토할 때 수분을 잃지만 마시지 않는 것보다 낫다. 그리고 해열제로는 위장을 자극하는 아스피린 또는 이부프로펜보다는 아세트아미노펜(타이레놀)을 복용하는 것이 좋다. 아래와 같은 증상이 있으면 의사에게 문의한다.

■ **유혈 설사 또는 고름이 섞인 대변**: "이러한 증상은 일반적으로 *E. coli* O157:H7, *Campylobacter* 또는 *Shigella*와 같은 세균들에 의한 감염증상이다. 항생제가 필요하지 않을 수도 있지만 의사의 진찰을 받는 것이 좋을 것이다.

■ **48시간 지속되는 고열증세**: 성인의 경우 병이 호전되고 있지 않음을 나타낸다. (어린이의 경우는 하루 이틀 지속되는 그리 심각하지 않은 고열증세일 가능성이 많다.)

■ **실신, 빠른 심장박동, 자리에서 일어설 때의 어지럼증, 빈번한 배뇨**: 이런 증상은 생명을 위협할 수도 있는 심각한 탈수증세이다.

마지막 한 가지 제안: 대변검사를 받는 것이 병의 원인을 찾고 위생공무원이 병의 감염경로를 확인하는 유일한 방법이기는 하지만 문제는 검사를 하기 위해 150달러 이상의 비용이 들고, 많은 건강보험에서 이를 지불해 주지 않는 것이다. "영양주사를 한 대 맞는 것 외에는 별다른 치료방법이 없다고 일반적으로 생각하기 때문에 대변검사를 받는 사람의 수는 점점 줄어가고 있다"고 Morris 박사는 말한다. 경영관리를 중시하는 오늘날의 의료시대에 비용이 든다면 어느 누가 공중위생의 중요성에 관해 걱정하겠는가? 만일 식당에서 식사를 한 후 식중독 의심 증세가 있으면 보건당국에 신고하라.

쇠고기, 돼지고기 등 육류(Beef, Pork, Lamb, Veal)

1992년 12월, Lauren Rudolf는 치명적인 *E. coli* O157:H7 세균에 감염된 덜 익은 Jack in the Box 햄버거를 먹고 사망한 첫 번째 어린이였다. 원인이 규명되기 전 3주 동안 서부 4개 주의 사람들은 계속적으

지켜야 할 일

■ 고기(특히, 쇠고기 다짐육) 요리시 내부온도가 160°F(71℃)까지 되도록 온도계를 사용하여 확인한다. 햄버거 고기의 색이 핑크색이 없어졌다고 육안으로 확인하는 것만으로는 *E. coli*가 소멸되었다고 보장할 수 없다.

■ 돼지고기(돼지고기 소시지를 포함) 요리할 때는 내부의 온도가 적어도 160°F(71℃)가 되도록 해야 한다. 이유는 복부 통증, 설사, 근육 통증(2~3주 후에 발생), 열, 부종 등을 유발하는 기생충인 *Trichinella* 충을 박멸하기 위함이다.

로 이 오염된 햄버거를 먹었으며, 이로 인해 어린이 4명이 사망하고, 700명 이상의 환자가 발생했다.

Tauxe 박사는 "*E.coli* O157:H7은 소화기관, 신장, 그리고 뇌를 손상시키는 독소를 생산하며, 이 독소는 매우 강력한 독성을 지닌다. 이 균은 적은 수의 세균과 적은 양의 독소로도 병을 일으킨다"라고 하였다. 이 균은 미국에서 매년 2만 5천명의 환자를 발생하게 하고 약 100명의 사망자를 내는 것으로 추정되고 있다. 또한 Tauxe 박사는 "*E. coli* O157:H7에 의한 식중독은 본질적으로 치료가 불가능하다. 항생제를 복용해도 소용없는데, 이는 이 항생제가 단지 박테리아를 죽임으로써 더 많은 독소를 분비하게 만들기 때문이다"라고 덧붙인다.

E. coli O157:H7은 스테이크, 로스구이 등 덩어리 고기보다는 갈아 만든 고기에 더 많이 오염되는 경향이 있는데, 이는 표면에 존재하는 박테리아가 고기를 분쇄과정에서 안쪽으로 들어가 가열시 고기 내부온도가 박테리아를 죽일 수 있는 온도로 충분히 올라가지 않을 수도 있기 때문이다. 기계적으로 연화시킨 고기도 또한 *E. coli* O157:H7이 잠복할 가능성을 키운다. 고기를 연하게 하는 데 사용되는 핀이 표면에 있는 세균을 고기 내부로 들어가도록 하기 때문이다.

그러나 *E. coli* O157:H7 균은 돼지고기, 송아지고기, 양고기 또는 가금육에서는 아직 발생한 사례가 없다.

가금육(Poultry)

현재 우리가 닭과 칠면조 등 가금류를 키우고 도살하는 방식은 병원균 오염에 매우 취약한 면을 가지고 있다. 가금류는 도살 즉시 혈액을 방혈시킨 다음 세척조로 옮

지켜야 할 일

- 칠면조나 닭을 요리할 때의 오븐 온도를 최소한 325°F(163℃)로 하여 고기의 가장 두툼한 부분의 내부의 온도가 180°F(82℃)(dark meat) 또는 170°F(77℃)(white meat)까지 도달하도록 한다. 뼈 없는 칠면조 구이는 170~175°F(77~79℃)로 요리한다.
- 가금육을 구입할 때 함께 딸려오는 간편 온도계가 있더라도 반드시 고기 온도계를 사용하여 온도를 잰다.
- 전자렌지를 이용하여 냉동 가금육을 해동시킬 때 해동 후 가급적 빨리 요리한다.
- 냉동 칠면조를 냉장고 안에서 해동시킬 때 5파운드(2.3kg)당 24시간의 해동시간을 허용한다(이는 추수감사절을 위한 20파운드(9.1kg)의 냉동 칠면조는 일요일부터 해동을 시작해야 된다는 것을 의미한다).
- 냉동 칠면조가 방수 필름으로 포장되어 있으면 찬물에 해동해도 되지만, 물은 30분마다 교환해 줘야 하며, 1파운드(453g) 해동에 30분이 소요된다.
- 만일 뜨거운 상태의 포장 칠면조(또는 다른 식품)를 구입한 경우 2시간 안에 먹을 것이면 140°F(60℃) 이상에 보관한다. 만일 두 시간 이후 먹거나 미리 요리된 냉장 칠면조를 구입한 경우에는 고기를 해체해서 채워 있던 소(stuffing)를 분리하고 뼈를 제거하여 냉장고에 보관한다. 날개와 다리는 뼈가 있는 채로 그대로 둔다. 보관했던 것을 먹을 때는 고기와 소

(stuffing)를 165°F(74℃)까지 가열하고 국물은 끓여서 먹는다.

Stuffing

소(stuffing)는 고기와 분리하여 따로 요리하는 것이 가장 안전하지만, 만일 가금육 속에 채워진 채 요리할 경우에는 다음 사항에 유의한다.

- 오븐에 넣기 직전에 느슨하게 소를 채운다(가금육 1파운드당 3/4컵 정도).
- 소의 중심온도가 165°F(74℃)가 될 때까지 가열한다.
- 소(stuffing)가 충분히 익기 전에 고기가 먼저 익어버린 경우 소를 꺼내서 따로 165°F(74℃)까지 가열한다. 소가 미리 채워진 생닭이나 칠면조는 되도록 피한다.

겨지는데, 여기서 오염된 한 마리의 도체로부터 다른 개체로 병원균을 확산시킬 수 있다. 그 다음에는 깃털을 제거하기 위해 도체의 피부를 문지르는 과정을 거치게 되는데, 이 과정에서도 역시 피부에 오염된 박테리아를 털구멍으로 밀어 넣는 결과를 초래하게 된다. 다음에는 내장을 적출하고 도체를 냉장시키게 되는데, 이때 털구멍이 수축되어 닫히면서 오염된 박테리아를 피부 내부에 가두게 된다.

양계장에 서식하고 있는 세균 중 가장 흔히 볼 수 있는 것은 *Campylobacter*균으로서 다른 어떤 세균보다 더 자주 식중독의 원인균으로 작용하고 있어 미국에서 매년 약 2~4백만 정도의 사람들이 감염되고, 120~360명 정도의 사망자를 내고 있다.

*Campylobacter*균 감염증상은 단지 구토 및 설사에 그치지 않을 수 있다. 감염사례 중 약 1/1000의 경우 일시적 또는 장기적 감각마비, 통증, 점진적 허약, 근육마비 등의 증상을 불러오는 신경질환인 *Guillain-Barré*증을 수반할 수 있다.

해산물(Seafood)

생것 또는 덜 익혀진 조개류에 어떤 병균이 있을 것인지는 예측하기 어렵다.

가장 위험한 것은 *Vibrio vulnificus*이고, 가장 흔히 발견되는 것은 *Norwalk virus*이다. 그리고 면역체계가 약한 사람들을 주로 감염시키는 다른 종류의 세균들과는 달리 *Vibrio parahaemolyticus*는 면역력이 강한 건강한 사람들에게도 감염된다. 1998년 6월에는 미국 13개 주에 걸쳐 416명이 *Vibrio parahaemolyticus*의 한 변종에 의해 감염된 적이 있다. "이 변종은 정말 악질인 것 같았다"고 FDA 해산물과에 근무하는

지켜야 할 일

- 익히지 않은 어패류 특히 걸프만 지역에서 수확된 패류 섭취는 피한다.
- Ciguatera 중독의 위험을 피하기 위해서는 근처에서 포획되는 grouper(농어 비슷한 열대산의 식용 물고기), amberjack(방어류), red snapper(붉은참돔)와 같은 열대 어류를 섭취하지 않는다. 특히 플로리다, 캐리비안 그리고 하와이에서는 더욱 문제가 된다. 그리고 barracuda(아열대산 육식성 어류)는 어디서든 섭취하지 않는다.
- Scombroid 중독을 일으키기 가장 쉬운 어류는 생참치(통조림은 괜찮음)나 mahi mahi이다.

Hoskin 박사는 말한다. 이 변종은 지나가던 선박에서 버려진 부력 조정용 밸러스트 물(ballast water)에 의해 멕시코만을 오염시킨 것이라고 일부에서는 생각하고 있다.

해산물이 완전히 익혀 요리된 경우에도 병을 유발시킬 수 있다. *Ciguatera* 독소는 모래톱지역의 해상에서 수확된 어류에서 발견되는 신경독이다. *Scombroid* 독은 참치, mahi mahi(타히티섬 근처에 서식하는 돌고래), 그리고 냉장 저장되지 않은 일부 다른 어류들에 의해 생성되는 히스타민에 의해 발생된다. 이들 *Ciguatera* 독소나 *Scombroid* 독은 열에 의해 소멸되지 않는다.

유제품(Daity)

1994년 발생했던 미국 역사상 최악의 *Salmonella* 식중독의 원인은 아이스크림 공장 생산라인도, 거기서 일하던 종업원도, 또는 아이스크림에 첨가되는 초콜릿도 아닌 아이스크림 원료 'premix'를 운송하는 탱크 트레일러(tanker trailer) 트럭이었다.

미네소타의 Schwan's 아이스크림 공장에서 아이스크림 원료로 쓰여질 저온 살균된 "premix' 운송을 담당하던 운송회사가 식중독 발생 몇 달 전 살균되지 않은 많은 양의 계란을 네브래스카와 아이오와의 공장으로부터 미네소타의 계란 가공업체로 운송하는 업무를 시작했다.

미네소타 보건당국의 Thomas Hennessy 씨는 "운전기사들이 시간을 아끼기 위해 계란을 내린 후 트레일러 세차 절차를 건너뛰었다"고 설명했다.

이 사고의 피해로는 약 224,000명의 환자가 발생된 것으로 집계되었다. 미네소타에서는 환자의 절반 이상이 1주일 이상 고열과 몸살 그리고 혈변 등을 수반하는 설사 증상을 보였으며, 환자의 1/4은 병원에 입원해야 했었다.

한 가지 놀라운 사실은 CDC 연구원들이 조지아 주에 사는 Schwan 고객을 대상으로 조사하던 중 가족 중 한 사람이 이 회사 아이스크림의 리콜에 관한 소식을 들었을 당시 집 냉장고에 이 회사의 아이스크림을 가지고 있던 72가구 중의 약 1/3 정도가 그 후에 가족 중 다른 사람이 그 아이스크림을 먹었다는 사실을 발견했다.

CDC의 Laurence Slutsker는 "그들 가구의 90%는 아이스크림에 문제가 있다는 것을 사람들이 믿지 않았다"고 하였다.

지켜야 할 일

- 지역 신문이나 방송 뉴스에 리콜 관련 소식을 주의 깊게 살피고, 해당 식품은 비록 안전하게 보이더라도 먹지 않는다.
- 살균되지 않은 우유나 살균되지 않은 우유로 제조하여 60일 이상 숙성되지 않은 치즈는 먹지 말라. 이들은 산모와 태아에 특히 위험한 *Listeria* 균을 함유하고 있을 수 있다.
- Feta, Brie Camembert, blue-veined, 'queso blanco' 등의 연치즈에서도 이미 살균과정을 거쳤던 것과 관계 없이 *Listeria*가 발견될 수 있다. 단, cottage cheese, cream cheese, hard cheese 등은 괜찮다.

난류(Eggs)

Virginia Henrico 보건과의 Curtis Thorpe가 Richmond Times-Dispatch와 가진 인

터뷰에서 “오늘 아침에 70명이던 식중독 증세 환자가 점심시간에는 100여명, 오후에는 120명 정도로 늘었다”고 말했다.

100명 이상의 환자 모두는 리치몬드 외곽의 IHOP(International House of Pancakers) 식당의 종업원이거나 이 식당에서 식사를 했던 사람들이었으며, 식중독의 원인은 프렌치토스트를 만들기 위해 사용된 계란이 덜 익어 *Salmonella enteritidis*에 감염되었던 것이다. 그 후 이 식당이 다시 문을 열었을 때는 살균된 계란을 사용했다.

지켜야 할 일

- 살균된 계란을 사용하지 않았으면 통상적으로 날계란을 사용하는 음식은 피한다.
- 계란은 원래의 종이상자에 보관하고 한 달 이내에 사용한다.
- 깨진 계란은 버린다.
- 프렌치토스트나 오믈렛 등 모든 계란 요리는 63℃까지 완전히 익힌다. 계란 프라이는 노른자가 단단해질 때까지 익힌다.
- 케이크 반죽, 쿠키 반죽 등 날계란이 함유된 것들을 핥거나 먹지 말라. Egg Beaters와 같은 살균계란 제품을 사용하면 괜찮다.
- 상점에서 구입한 Eggnog(우유와 설탕이 든 계란술)은 살균처리되어 있다. 그러나 집에서 자신이 만들 경우에는 살균된 계란을 사용하라. 계란을 통째로 사용할 때에는 우유와 계란 혼합물을 71℃까지 또는 표면이 굳을 때까지 서서히 가열한다.

과일 및 채소류(Fruits & Vegetables)

Cantaloupe(멜론의 일종)의 *Salmonella*균, 딸기의 A형 간염바이러스, 부추의 *Cryptosporidium*균, 파슬리의 *Shigella*균 등 과일과 야채에 존재하여 병을 유발하는 미생물은 거의 신선야채 종류만큼이나 다양하다. 일부 주요 예를 살펴보면:

상추

1996년 Connecticut 주 Wilton에 사는 Rita Bernstein 씨는 미리 세척하여 포장된 상추제품을 구입하여 그녀의 세 살 난 딸 Haylee에게 먹였는데, 이로 인해 그녀의 딸이 거의 실명할 뻔했었다.

뉴욕, 일리노이, 코네티컷 등지에서 60여명을 환자를 발행하게 하였던 그 상추는 *E. coli* O157:H7에 오염되어 있었으며, 상추가 재배된 캘리포니아의 농장을 방문한 조사연구원들은 놀라지 않을 수 없었다. 상추를 수확한 인부들은 소 방목장 근처 우물물을 사용해 상추를 씻었고, 그 물은 박테리아를 죽일 수 있는 염소로 소독된 적이 없었다.

CDC의 Robert Tauxe 박사는 “그들은 상추를 수확한 후 온도를 빠르게 내리기 위해 hydrocooler라 불리는 찬물 수조에 넣었다. 대량으로 식품을 공급하는 경우 이렇게 하여 한 사람의 오염된 손으로부터 또는 가축 배설물이 묻은 몇 포기의 상추로부터 수천, 수만 포기의 상추가 오염되어 전국으로 확산되어 나가는 것이다. 만일 수조가 오염되면 전체 상품이 오염되는 것이다”라고 설명한다.

캘리포니아는 이제부터 경작은 야채농장의 hydrocooler에 깨끗한 물을 사용하도록 하고 있다.

그러나 최근에 멕시코 Baja California의 한 농장에서 생산된 파슬리에서 *Shigella* 균이 검출되었다. Tauxe 박사는 "이 농장 hydrocooler는 염소 소독되지 않은 근처 마을 물을 사용하고 있었다"고 말한다. 사실 농장에서 일하는 인부들은 그들의 노동 계약조건의 일부로 그들이 농장 현지 물을 마시지 않아도 되도록 생수를 지급받았다.

"만일 조리하지 않고 생으로 먹을 야채를 식품업체가 씻어서 공급한다면 나는 그들이 내가 마실 수 있는 물을 사용하여 야채를 씻기를 원한다"고 Tauxe 박사는 말한다.

딸기류(Berries)

지난 4월 Toronto Star지와의 인터뷰에서 32세의 요크대학의 행정직원인 Barney Savage 씨는 "나는 매우 심하게 앓았다"고 말했다.

일 년 전 5월 Savage 씨는 그의 친구 5명과 함께 한 식당에서 라즈베리 디저트를 먹었는데, 그 후 1주일 뒤에 그들은 모두 1998년 캐나다에서 200여 명의 환자를 발생시킨 *Cyclospora*에 감염된 환자 대열에 끼어 있었다.

*Cyclospora*는 미세 기생충으로 섭취 후 1주일 후 장에 침입하여 설사, 심한 피로와 복통, 메스꺼움 등의 증상을 유발한다.

첫 번째 대규모 *Cyclospora* 발생은 1996년에 일어나 미국과 캐나다에서 최소 1,465명의 환자가 발생되었다. 조사원들은 감염 경로를 물로부터 오염된 과테말라산 라즈베리로 지적하였다.

1997년에도 또 한 차례 *Cyclospora* 감염에 의해 1000여 명의 환자가 발생하였고, 그 후 미국은 과테말라산 라즈베리의 수입을 금지했지만, 캐나다는 수입을 금지하지 않았다. Barney Savage 씨가 병을 얻은 1998년에는 미국에서는 아무도 이로 인한 환자가 발생하지 않았지만, 캐나다에서는 200여 명의 환자가 발생하였다. 이듬해 1999년 미국은 일부 과테말라 농장으로부터 제한적으로 라즈베리 수입을 다시 허용하였으며, 보건당국은 또다시 이에 의한 환자가 발생하지 않기를 바라고 있다.

When traveling
■ 30분 이상 여행을 할 때는 부패되기 쉬운 음식물은 냉동 팩이나 얼음이 채워진 아이스박스를 사용한다.
■ 부패하기 쉬운 음식은 냉장고에서 직접 아이스박스로 옮긴다.
■ 고기, 가금육, 해산물의 생것들은 비닐 팩에 밀봉되어 있더라도 요리된 음식이나 날로 먹을 음식과 가까이 보관하지 말아야 한다.
■ 여름에는 뜨거운 트렁크가 아닌 에어컨이 켜진 시원한 차 안에 아이스박스를 운반해야 하며, 해변에서는 아이스박스의 일부를 모래 속에 묻고 담요 등으로 씌워 비치파라솔 아래 그늘에 보관한다.
■ 물수건을 지참하여 음식을 만지기 전에 손을 씻는다.

식물 새싹(Sprouts)

1995년 핀란드에서도 함께 발생했던 미국 최초의 대규모 식중독 사건에서 242건의 *Salmonella* 중독이 보고되어 약 5,000~24,000명의 환자가 발생한 것으로 보건당국은 추정했다.

이 사건의 원인이 되었던 씨앗의 유통경로를 추적해보니 모두 네덜란드 한 운송업자에 의해 운송된 것으로 밝혀졌다. 방역당국은 그의 창고에서 박테리아를 쉽게 퍼뜨리는 쥐와 새들이 서식하고 있는 것을 발견했고, 이탈리아, 헝가리, 파키스탄 등지에서 수입된 씨앗자루들이 이들 동물들이 먹고 남은 부스러기로 가득한 것을 발견하였다.

FDA의 Morris Potter 박사는 "박테리아와 씨앗은 그들의 성장을 위한 최적 온도와 습도 조건이 서로 같다"고 말한다. 따라서 식물 새싹의 위생상 안전함을 보장할 방법을 찾기 어렵다.

"현재로서는 이러한 위험을 피하는 방법은 식물 새싹을 날로 먹지 않는 수밖에 없다는 것을 소비자들이 인식할 필요가 있다"고 FDA의 감독관인 Uane E. Henney 박사는 말한다.

지켜야 할 일

- Cantaloupe(멜론의 일종)이나 다른 멜론류는 자르기 전에 브러시를 사용하여 물로 표면을 씻는다(그렇게 하지 않으면 껍질에 붙어 있던 병원균이 내부로 침투하게 된다).
- 딸기, 상추 등 솔로 문질러 씻을 수 없는 과일과 야채들은 세게 흐르는 물에서 씻는다. 흐르는 물에 의한 마찰에 의해 박테리아가 제거되어 물에 담그는 것보다 훨씬 좋은 방법이다.
- 과일은 껍질을 벗겨 먹는 경우에도 껍질을 벗기기 전에 씻는다. 껍질에 묻은 병원균이 껍질을 벗길 때 과일 속을 오염시킬 수 있다.
- 새싹(sprout)은 집에서 기른 것이라도 날로 먹지 않는다.
- 음식점에서는 샌드위치나 샐러드에 생 새싹을 넣지 않도록 주문한다.

주스와 음료

"불을 뿜고 있는 총과 같이 위험하죠." 워싱턴 주 역학자 John Kobayashi는 1999년 6월 28일 Associated Press와의 인터뷰에서 한 말이다.

보건당국은 애리조나 주의 Tempe 소재 Sun Orchard Inc사에서 제조된 살균되지 않은 신선 주스에서 Salmonella muenchen을 발견했다. 이 주스는 또한 Aloha, Earls & Joey Tomato's, Markon, Sysco, Trader-Joe's, Viola, Zupan 등 다른 브랜드 이름으로도 팔리고 있었는데, 미국의 15개 주와 캐나다의 2개 주에서 총 200여 명의 환자가 발생했다.

다른 경우에는 주로 비살균 사과음료를 만들 때 땅에 떨어져 가축 분뇨가 묻은 사과가 사용되어 *E. coli*가 오염된 경우인데, 이번 Sun Orchard 사의 오렌지주스의 경우

지켜야 할 일

- 주스나 음료는 살균된 제품을 구입한다. 특히 노약자나 어린이 또는 면역체계가 약한 사람이 마실 것은 더욱 그러하다(냉동 농축주스나 냉장저장하지 않는 주스는 살균처리된 제품들이다. 그러나 냉장저장된 주스는 살균 여부를 라벨로 확인한다).
- 살균이 되지 않은 사과즙은 72℃까지 가열한 다음 마신다(온도계가 없다면 끓인다). 따듯하게 마셔도 되고 차갑게 마셔도 된다.

는 어떻게 *Salmonella*균이 유입되었는지는 분명하지 않다.

CDC의 Tauxe 박사는 “아마 캘리포니아 공장에서 생산된 주스에 tanker 트럭으로 운반된 멕시코산의 비살균 오렌지주스를 섞었던 것 같다”고 말한다.

OJ와 같은 산성 음료에서 *Salmonella*균이 발견되게 되어 놀라지 않았느냐는 질문에 FDA의 Potter 박사는 “No”라고 대답한다. 식중독균은 교과서를 읽지 않는다. 그들은 오늘날 예상하지 못했던 장소에 나타나 살아남는다.

조리된 음식과 샐러드

“파티가 있었던 3∼4일 후인 6월 10일 수요일 오전 11시부터 전화벨이 울리기 시작했다”고 Cook County 공중위생과 대변인 Sean McDermott 씨는 지난해 Chicago Sun-Times와의 인터뷰에서 말했다.

또한 McDermott 씨는 “처음 신고했던 3명은 모두 파티를 주관했던 사람들이었으며, 그들의 공통점은 Iwan's Deli에서 음식을 주문하여 파티를 열었다는 것이다”라고 말했다.

Iwan's Deli는 감자 샐러드를 잘 하기로 유명하다. 6월 6일과 7일 사이에도 약 530명 규모의 졸업 축하 파티와 다른 이벤트들을 위해 2,300파운드의 감자샐러드를 준비했었다. 샐러드를 먹은 20,000여 명의 사람들 중 6,500여 명이 설사와 구토, 오한, 두통 등의 증상을 보였다.

이 사건의 원인균은 ETEC라고도 알려진 *E. coli* O6:H16으로 지목되었다. 이 균은 여행객들에게서 자주 발생하는 설사증세의 원인균이기도 하다. 그런데 다행스런 것은 이 균은 사촌격인 *E. coli* O157:H7보다 훨씬 덜 위험하다는 것이다. 그러나 캐나다 Guelph 대학의 Douglas Powel 교수는 “결국 보건당국은 어떻게 감자샐러드에 이 병원균이 침투하게 되었는지 밝혀내지 못했다”고 말하였다. 이러한 경우 대개는 근원을 추적하기 매우 어렵다.

지켜야 할 일
■ 비위생적으로 보이는 음식점에서 식사하지 않는다. ■ 음식점에서 식사한 후 식중독 증세가 있으면 즉시 지역 보건당국에 신고한다.

대장균은 조리된 샐러드나 다른 요리된 음식에 감염되는 유일한 세균이 아니다. 1997년에는 디트로이트 외곽에 위치한 The Stage and Co. Deli에서 cole slaw를 먹은 고객 중 4명이 사망하고, 47명이 A형 간염에 걸리는 사고가 있었다. A형 간염바이러스는 일반적으로 이 바이러스에 감염된 사람에 의해 음식으로 전달된다.

핫도그와 간편조리 육제품

1998년 8월 2일 첫 리스테리아 감염증 환자가 발생한 후 1999년 2월 8일까지 22개 주에 걸쳐 100여 명의 환자가 발생했으며, 15명의 성인과 6명의 태아가 목숨을 잃었다.

원인균은 *Listeria monocytogenes* 박테리아의 일종으로 미시간 주의 Bil Mar 식품공장으로부터 감염된 것으로 추적되었다. 1998년 12월 Bil Mar 식품회사는 Ball park, Bryan, Grillmaster, Hygrade, Mr. Turkey, Sara Lee 등의 브랜드 이름으로 팔렸던 28,000 파운드 이상의 핫도그와 간

편하게 먹을 수 있게 조리된 육제품(deli meat)을 회수하였다.

Guelph 대학의 Powell 교수는 이번 사건의 교훈은 식품제조업 종사자들이 기본적인 위생을 명심해야 한다고 말하였다. 고기를 포장하고 자르는 데 쓰이는 많은 기계들이 청소하기 쉽도록 다시 고안되어야 하는데, 80년대 이런 큰 소동을 경험했던 육가공산업은 이미 그 과정을 마쳤다고 그는 덧붙였다.

지켜야 할 일

- 모든 핫도그는 김이 날 때까지 완전히 익힌다.
- 고기를 구입할 때 유통기한을 반드시 확인하고, 고기를 유통기한 내에 사용하지 않을 예정이면 냉동고에 이를 보관한다.

여러분의 도움으로 음식물이 안전해집니다.

정부는 식중독 예방을 위해 소비자 여러분의 의견을 듣고 있습니다. 정책 입안자들은 업계의 의견도 물론 듣고 있습니다. 이 쿠폰을 아래 주소로 보내주십시오(또는 다음 주소로 e-mail을 보내주십시오 : cathie.woteki@usda.gov)

To :
Catherine E. Woteki
Under Secretary of Agriculture for Food Safety
USDA Administration Building, Room 227-E
1400 Independence Ave., S.W.
Washington, DC 20250

From:

____

____

____

____

나는 양식 있는 시민의 한 사람으로서 그리고 Center for Science in the Public Interest를 돕는 일의 일환으로 식중독 박테리아에 대한 엄격한 기준을 시행하여 더욱 안전한 식품이 공급되도록 할 것을 촉구합니다. 적어도 다음 사항들이 이루어지도록 해야 합니다.

- 가공육이나 분쇄육과 같은 식품에 우리 몸에 치명적인 *Listeria*와 *E. coli*의 허용치를 '0'으로 유지시킨다.
- 가금육에 *Campylobacter* 균에 대하여 더욱 엄격한 새로운 기준을 정한다.
- 치명적인 박테리아에 대한 점검을 더 자주 한다.
- 양계장에서 닭들의 *Salmonella enteritidis* 균 검사를 의무화하여 더욱 안전한 계란을 생산하도록 하고, 계란 가공업체에서는 감염 의혹이 있는 계란을 전량 살균하도록 해야 한다.

식중독을 일으키는 미생물

이 름	증 상	발병 원인 식품	잠복기	증상 지속 기간
Campylobacter (박테리아)	설사, 고열, 복통, 메스꺼움, 두통, 근육통	치킨, 미살균 우유	2~5일	7~10일
Ciguatera (독소)	감각상실, 욱신거림, 메스꺼움, 구토, 설사, 근육통, 두통, 온도역감각(차가운 것을 뜨겁다고, 뜨거운 것을 차갑다고 느낌), 어지럼증, 근육 약화, 심장박동 불규칙	grouper(농어 비슷한 열대산의 식용어), barracuda(아열대산 육식성 어류), snapper(참돔), 고등어, 쥐치무리	6시간 이내	수일(신경증세는 수주 또는 수개월 지속)
Clostridium botulinum (박테리아)	피로, 어지럼증, 착시현상(double vision), 말하기, 삼키기, 호흡곤란, 복부팽창	집에서 통조림한 식품, 소시지, 육제품, 통조림 야채, 해산물	18~36시간	즉시 치료 받아야 함
Cyclospora (기생충)	묽은 설사, 식욕상실, 체중감소, 근육경련, 메스꺼움, 구토, 근육통, 고열, 극심한 피로	나무딸기, 상추, basil(나륵풀)	1 주일	수일~30일, 그 이상
E. coli O157:H7 (박테리아)	심한 복부통증, 유혈 설사, 구토	분쇄한 쇠고기, 미살균 우유, 상추, 싹, 미살균 주스	1~8일	즉시 치료 받아야 함
Hepatitis A (바이러스)	고열, 불안증, 메스꺼움, 식욕감퇴, 복통, 황달	조개, 샐러드, cuts, 샌드위치, 과일, 야채, 과일주스, 우유, 유제품, 손에 의해 감염된 식품	10~50일	1~2주
Listeria (박테리아)	고열, 오한, 독감증세(두통, 구토, 메스꺼움, 설사), 뇌염증세 또는 수막염 증세(자연낙태 및 사산)	핫도그, deli meat(간편하게 먹을 수 있게 조리된 육제품), 미살균 우유, 치즈(feta, Brie Camembert, blue-veined, Mexican style "queso blanco"), 가금육, 생고기, 아이스크림, 신선채소, 날생선 및 훈제생선	수일~3주	즉시 치료 받아야 함
Narwalk virus (바이러스)	메스꺼움, 구토, 설사, 복부통증, 두통, 고열	조개, 샐러드, 손에 의해 감염된 음식	1~2일	1~2.5일
Salmonella (박테리아)	메스꺼움, 구토, 복부경련, 설사, 고열, 두통	가금류, 달걀, 생고기, 우유, 유제품, 소스와 샐러드드레싱, 크림으로 된 디저트와 토핑, 신선야채(싹류 포함)	6시간 ~ 2일	1~2일
Scombrotoxin (독소)	입 안의 욱신거림 및 타는 감각, 저혈압, 두통, 가려움, 메스꺼움, 구토, 설사	신선참치, mahi mahi(타히티 섬 근처에 서식하는 돌고래), bluefish, 정어리, 고등어, 방어, 전복	즉시~30분	3시간~수일
Vibrio parahaemolyticus (박테리아)	설사, 복통, 메스꺼움, 구토, 두통, 고열, 오한	생굴과 대합조개, 게, 새우	4시간 ~ 4일	2.5일
Vibrio Vulnificus (박테리아)	설사(건강한 사람), 혈류 감염(간 질환, 당뇨, 면역체계가 약한 사람)	생굴, 대합, 게	16시간 이내(설사)	즉시 치료 받아야 함

2장 Questions for Review

이 름 ____________
학 과 ____________
날 짜 ____________
학 번 ____________

1. 연방정부의 식품, 의약품과 화장품 법규가 어느 해에 통과되었는가?

2. GRAS란 용의가 의미하는 것은?

3. FDA(식품의약품안전청)는 불순물함유 식품(adultrated food)이나 상표오기 식품(misbranded food)을 제거함으로써 식품 공급을 보존한다. 불순물 함유 식품을 만드는 두 가지를 말하고, 식품을 잘못 표기하도록 하는 두 가지를 열거하시오.

불순물 함유	상표오기
①	①
②	②

4. 식품을 준비할 때 식중독을 최소화하기 위해 지켜야 할 중요한 규칙 3가지를 열거하시오.

   ①

   ②

   ③

5. 피자에 영양 사실 상표가 1인 분량이 280칼로리와 지방으로부터 190칼로리를 함유한다고 언급한다. 칼로리의 몇 %가 피자 1인 분량의 지방에서 유래하는가?

6. 같은 영양성분표 상표는 1인 분량 피자가 600mg 나트륨과 또는 나트륨에 대한 %1일 기준치(%DV)의 25% 함유한다고 표기한다. 매일 나트륨 섭취로 제시된 것을 초과하기 전에 몇 개의 1인 분량의 피자를 섭취할 수 있는가?

7. 식품포장에 '저나트륨'이 표기되었다면 이는 무엇을 의미하는가?

8. 식품포장에 언급될 수 있는 공인된 건강관련 주장 두 가지는 무엇인가?

①

②

제 3 장

영양평가, 신체구성 및 에너지대사

제 3장에서는 자신의 건강을 평가하는 방법에 대해 다룰 것이다. 섭취하고 있는 식이는 얼마나 바람직한가? 체중은 어느 정도 유지하는 것이 바람직할까? 체지방은 어느 정도일까? 우리는 하루에 얼마나 많은 에너지를 사용하고 있을까? 이와 같은 질문에 답할 수 있는 방법과 더불어 인터넷을 이용하여 자신의 영양상태를 평가하는 방법에 대해 알게 될 것이다. 그리하여 자신에 대해 더 많이 알게 됨으로써 식생활과 생활방식을 효율적으로 변화시켜 나갈 수 있을 것이다.

1. 영양평가

영양평가(nutritional assessment)란 단순히 한 개인의 식이를 분석하는 것 이상의 의미를 지니고 있다. 영양평가에 필요한 사항은 표 3-1에 잘 나타나 있다. 한 사람의 영양상태를 평가하기 위해서는 먼저 그 가족의 병력을 확인해야 한다. 가족 중에 심장병, 당뇨병, 비만, 혹은 고혈압의 병력이 있다면 이러한 질병에 걸릴 위험이 훨씬 크기 때문이다. 물론, 그 사람 자체가 당뇨병, 고혈압, 신장질환 또는 심장병 등이 있다면 영양상태에 적지 않은 영향을 준다. 복용 중인 약물 또한 영양소의 흡수, 대사와 배설에 깊게 관여하기 때문에 개인의 약물복용에 대한 병력 역시 매우 중요한 정보가 된다.

노인의 경우 평균적으로 하루에 3～8가지 이상의 약물을 동시에 복용하기도 하는데, 페니실린과 같은 항생제의 복용은 특정 비타민의 흡수를 방해할 수가 있다. 섭취하는 영양소의 양은 적절하다 할지라도 복용하고 있는 약물로 인해 해당 영양소의 결핍증상이 나타날 수 있다. 그러므로 한 개인의 영양상태의 완전한 평가를

표 3-1. 영양평가 범주

개인 병력	신체 계측	생화학적 검사
A. 가족력(유전인자) B. 병력 C. 약물복용 D. 식이섭취 상태	A. 체중 B. 신장 C. 체지방률	A. 혈압 B. 혈중 콜레스테롤 농도 C. 혈당농도

위해서는 개인의 병력에 대해 충분히 파악하고 있어야만 비로소 가능하다.

1) 식이섭취 분석

영양판정을 위해서는 식이섭취 조사(diet history)가 반드시 필요하며, 식이섭취 조사법에는 3가지의 형태가 있다. 즉 24시간 회상법(24-hour recall), 3일간 식사기록법(3-day food diary), 식품섭취 빈도조사법(food-frequency survey) 등이다. 이러한 방법들은 각각 장단점이 있지만 적절히 최대한 활용한다면 개인의 식이섭취 패턴에 대해 신뢰할 만한 자료를 제공해 줄 것이다.

24시간 회상법: 식이섭취 분석법 중에 가장 용이한 방법으로써 조사 대상자가 지난 24시간 동안 섭취한 모든 음식의 종류와 양을 기록하게 된다. 그런 다음 어떤 식품이 얼마만큼 섭취되었는가를 알기 위해 식품성분표(food-composition table)를 이용하여 수동식으로 분석하거나, 혹은 컴퓨터 영양분석 프로그램을 이용하여 개인 영양섭취를 산출하게 된다.

24시간 회상법의 가장 큰 장점은 조사 대상자를 면담할 수만 있다면 언제라도 쉽고 빠르게 시행할 수 있다는 것이다. 조사 대상자 스스로 기록할 수도 있고, 또는 영양전문가가 함께 기억회상을 도와 지난 24시간 동안 섭취한 식품을 기록할 수도 있다. 이 방법을 시행할 경우 조사자들은 플라스틱이나 고무로 만들어진 식품 모형을 사용하기도 하는데, 이는 조사 대상자에게 시각적 기준을 제공함으로써 섭취된 식품의 양을 보다 정확히 분석할 수 있게 한다. 각 식품 모형을 보면 그 식품의 일반적인 분량을 쉽게 알 수 있다. 따라서 인터뷰를 하는 질문자는 "이것보다 많이 먹었나요, 적게 먹었나요?"와 같이 질문할 수 있다.

그러나 24시간 회상법의 단점은 전날에 섭취한 모든 식품을 빠짐없이 모두 기억해 내기가 어렵다는 점과, 또는 섭취한 음식의 양을 정확히 기억하지 못하는 경우가 종종 있을 수 있고, 때로는 고의적일 수도 있다는 것이다. 특히 조사 대상자가 비만인 경우에는 이러한 경우가 흔히 있을 수 있다. 따라서 24시간 회상법은 종종 개인의 식품섭취량을 실제보다 과소평가 하게 된다.

이 외에도 지난 24시간 동안의 식이상태를 빠짐없이 정확하게 기억한다 하더라도 그것이 그 개인의 평소 식습관이 아닐 수도 있다는 점이다. 특히, 대부분의 경우 일요일에는 평상시 주중과는 사뭇 다른 경향의 음식들을 먹을 수가 있기 때문에 월요일에 24시간 회상법을 써서 조사한 경우에는 더욱 그렇다. 이와 같은 제한적 요소가 있기는 하지만, 24시간 회상법을 적질히 활용힌디면 개인의 대략적인 식품 소비 패턴을 쉽게 알 수 있는 방법임에는 틀림이 없다.

3일 동안의 식사기록법 : 식이섭취를 조사하는 데 있어서 보다 나은 방법으로, 이 방법 역시 자신이 먹은 음식의 종류와 양을 기록하도록 한다. 사흘이라는 기간은 개인의 식이상태를 기록하기에 적절한 것으로 평가된다. 만일 하루 동안의 조사를 하게 되면 대상자들은 자신들이 먹은 음식을 모두 기록해야 한다는 사실을 알기 때문에 자신도 모르게 평소와는 다르게 먹을 수도 있으며, 반대로 그보다 긴 기간 동안 조사를 하게 되면 이론상으로는 보다 믿을 만한 자료를 얻을 수는 있겠으나 분석하는 데 너무 많은 시간이 소모되기 때문에 특별한 목적의 연구과제를 제외하고는 바람직하지 않다고 여겨진다.

식품섭취 빈도법 : 특정 식품 또는 특정 식품군을 얼마나 자주 먹는지 빈도를 묻는 방법이다. 설문 조사에서 이용하는 빈도 설문 조사(FFQ : Food Frequency Questionnaires)는 250 가지 이상의 식품에 대한 정보를 얻을 수 있다. "지난 3개월 동안 감자칩을 얼마나 자주 먹었습니까?"라고 질문하면, 조사 대상자는 이 질문에 답하는 동시에 먹은 양에 대해서도 응답해야 한다. 조사 대상자의 응답 결과는 컴퓨터 프로그램을 이용한 영양분석을 통해 결과를 산출한다.

식품섭취 빈도법은 스스로 조사한 후 분석이 가능하다. 이로써 고지방 식품을 과잉 섭취하고 있는지 또는 신선한 과일이나 채소를 너무 적게 섭취하고 있는지 등의 개인 식습관의 질적인 측면에 대한 전반적인 정보를 얻을 수 있다. 본 3장의 마지막 부분에 있는 식품섭취 빈도표(FFQ)를 완성하여 각자의 식이를 평가해 볼 수 있다. CSPI 웹사이트에서 설문지를 참조할 수 있으며, 웹사이트 주소는 다음과 같다 (http://www.cspinet.org/quiz/qiuz_diet1.html).

개인의 식이와 에너지 필요량에 대한 정보를 제공하는 인터넷 사이트는 다양하다. 표 3-8에 이와 관련된 목록을 제시하였다.

2. 신체 계측

1) 신장, 체중, 적정체중과 체질량 지수(BMI)

신체계측(anthropometric assessments)이란 신장과 체중을 포함해서 실질적으로 신체를 측정하는 것을 말한다. 대체적으로 개인의 신장은 일정하지만, 체중은 건강의 상태에 따라 다양하게 변할 수 있다. 체중표(가장 잘 알려진 것은 Metropolitan 생명보험회사에서 설정한 것)를 이용하면 성인 남녀에 대한 적정체중의 범위를 쉽게 알 수 있다. 전형적인 체중 값은 표 3-2에 나와 있으며, 각 신장에 따른 체중의 범위는 청년층과 장년층으로 나누어 제시되었다.

각 신장과 연령 그룹에서 체중은 다시 성별과 골격의 크기에 따라 달라진다. 일반적으로 여자는 남자보다 신장이 작기 때문에 여자의 체중은 동일 범위 내에서 낮은 범주에 속한다. 반대로, 골격 사이즈가 크다면 적정 체중치는 높아진다. 골격의 크기를 가늠하는 가장 좋은 방법은 한쪽 손의 엄지와 중지를 이용하여 다른 손목의

표 3-2. 성인의 체중 제시

Height[1]	Weight in pounds[2]		Height[1]	Weight in pounds[2]	
	19 to 34 years	35 years and over		19 to 34 years	35 years and over
5'0"	[3]97～128	108～138	5'10"	132～174	146～188
5'1"	101～132	111～144	5'11"	136～179	151～194
5'2"	104～137	115～148	6'0"	140～184	155～199
5'3"	107～141	119～152	6'1"	144～189	159～205
5'4"	111～146	122～157	6'2"	148～195	164～210
5'5"	114～150	126～162	6'3"	152～200	168～216
5'6"	118～155	130～167	6'4"	156～205	173～222
5'7"	121～160	134～167	6'5"	160～211	17～339
5'8"	125～164	138～178	6'6"	164～216	182～234
5'9"	129～169	142～183			

[1] Without shoes.

[2] Without clothes.

[3] The higher weights in the ranges generally apply to men, who tend to have more muscle and bone ; the lower weights more often apply to women, who have less muscle and bone.

Source : National Research Council, 1989.

표 3-3. IBW의 목측법

	5 feet	추가 신장(feet)
여 성	100 lbs	5 lbs/inch
남 성	106 lbs	6 lbs/inch

둘레를 재는 방법이다. 만약 두 손가락이 만나지 않는다면 당신은 큰 골격을 가진 것이고, 손가락이 많이 겹친다면 작은 골격을 가진 것을 의미한다.

일단 신장과 체중을 알고 나면 이를 이용하여 건강의 위험상태를 나타내는 지수를 알아볼 수 있다. 체중과 신장을 이용해서 계산할 수 있는 지수로는 표준 체중률(percent ideal body weight, % IBW)과 체질량지수(BMI)가 있다. 표준 체중률을 알기 위해서 먼저 적정체중을 알아야 한다. 표 3-2를 이용하면 적정체중을 쉽게 찾을 수 있다. 표준체중은 표 3-3를 참고하여 알 수 있다. 이것은 영양사가 이상체중을 결정하는 데 사용하는 대략적인 추정 계산법이다.

표준 체중률(%IBW)을 계산하기 위해서는 실제 체중을 적정체중으로 나눈 다음 100을 곱하면 된다.

예 로버트의 실제 체중은 240파운드이고, 적정체중은 200파운드일 경우 그의 적정체중률은 240/200×100 또는 120%이다.

체질량지수를 구하기 위해서는 체중과 신장을 모두 알아야 한다. 체질량지수를 이용해서 비만 혹은 과체중의 여부를 판정할 수 있다. 체질량지수 20～25 사이를 정상, 25～30에 해당되면 과체중, 30 초과이라면 비만으로 판정한다. 체질량지수(BMI)는 다음 공식에 의해 계산할 수 있다.

$$\text{BMI} = \frac{\text{체중(파운드)} \times 705}{\text{신장(인치)}^2}$$

예 로버트의 체중은 240파운드이고, 신장은 6피트(72인치)이다.
그의 체질량지수는?

$$\text{BMI} = \frac{\text{체중(파운드)} \times 705}{\text{신장(인치)}^2} = \frac{240 \times 705}{72^2} = 32.6\text{이다.}$$

사실, 체중보다 더 중요한 것은 체지방량이다. 예를 들면, 근육질이 많은 미식축구 선수들은 대부분 체중표에서 제시된 값보다 훨씬 높은 체중을 가진 과체중으로 판명되기도 하고, 또한 실제 체중은 체중표에 나와 있는 수치와 똑같다 할지라도 실제로 과도한 지방이 있는 경우도 많다. 따라서 체중도 중요하지만 체지방이 훨씬 더 중요한 요소가 될 수 있다.

체지방량은 수중체중 평량법과 같은 아주 정교한 방법을 써서 정확히 측정할 수 있다. 그러나 이 방법은 실용적이지 못하기 때문에 다른 대체 방법을 주로 사용하는데, **피부두겹두께 측정법**(skinfold thickness)이나 **생체 전기저항 측정법**(bioimpedence)이 이에 속한다.

피부두겹두께 측정법: 체지방을 측정할 수 있는 방법 중의 하나이다. 대부분의 체지방은 피부 바로 아래에 위치하고 있으므로 신체의 여러 부위로부터 피부두겹두께를 측정함으로써 체지방을 산출할 수 있다. 수중체중평량법을 이용해서 많은 연구가 시행된 결과, 피부두겹두께 수치를 알면 표 3-4와 같이 체지방량을 쉽게 평가할 수 있는 공식들이 만들어졌다. 피부두겹두께 측정 부위가 다양할수록 체지방 수치를 더 정확히 알 수 있다. 그러나 측정 대상자가 대규모일 때는 보통 윗팔의 뒷부분인 삼두근과 어깨쭉지 뒷쪽인 견갑골 아랫부분 두 곳을 모두 측정하거나 혹은 그 중 한 가지만을 측정할 수 있다(그림 3-1). 측정한 후에 이들 부위의 피부두겹두께 측정치를 공식에 대입하면 된다. 따라서, 이 방법에 의해 계산된 체지방률은 실제 체지방의 추정치임을 명심해야 한다.

생체 전기저항 측정법: 최근 들어 많이 사용되고 있는 한걸음 더 발전된 방법이다. 이 방법에서는 대상자의 한쪽 팔과 다리에 각각 전극을 연결하여 아주 짧은 시간 동안 거의 감지할 수 없는 낮은 전류를 흐르게 한다. 이 때 지방이 절연체의 역할을 하기 때문에 체지방량이 많을수록 저항값은 커진다. 반대로, 근육과 골격으로 이루어진 제지방조직(lean body mass)이 많을수록 수분이 많기 때문에 저항값은 낮아진다. 이렇게 해서 얻어진 저항값과 연령, 성별, 체중을 알면 측정 대상자의 체

표 3-4. 여성과 남성의 체지방 계산법

남자: 체지방률 = 0.55 × (A) + 0.31 × (B) + 6.13

여자: 체지방률 = 0.43 × (A) + 0.58 × (B) + 1.47

A: 삼두근의 접힌 살(mm)　B: 견갑골의 접힌 살(mm)

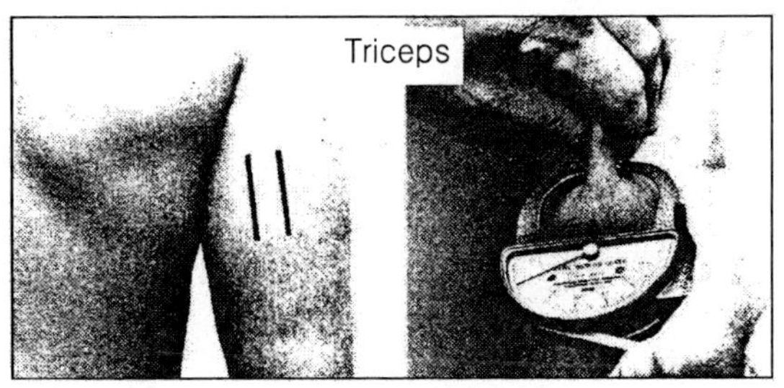

(a) 삼두근에 접힌 살

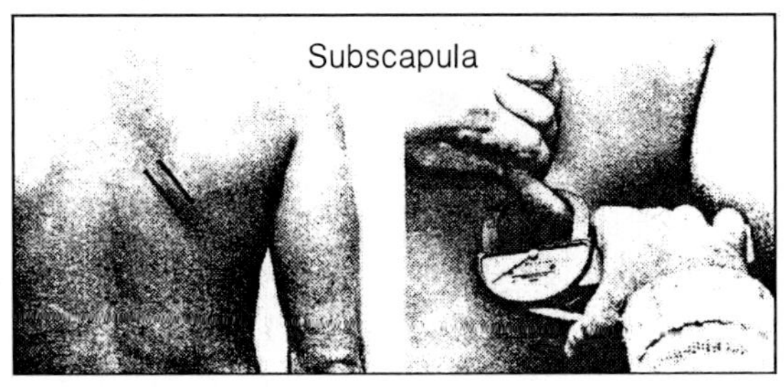

(b) 견갑골 아래

그림 3-1. 피부두겹두께 측정 부위

출처 : McArdle, W.D., F.I. Katch, V.L. Katch. *Exercise Physiology : Energy, Nutrition, and Human Performance.* Lea and Febiger, Philadelphia, 1981, p. 379.

지방률을 구할 수 있다. 앞서 설명한 피부두겹두께 측정법과 같이 생체 전기저항 측정법도 역시 실제 체지방량의 '대략적인' 추정치임을 고려해야 한다.

체지방량 이외에 위험도를 평가하는 다른 인자는 체지방이 분포된 부위와 분포 상태를 파악하는 것이다. 측정 대상자가 다른 사람과 같은 양의 체지방을 가지고 있더라도 그 지방이 주로 복부에 집중되어 있다면 만성질환의 위험성은 높아질 것이다. 체지방이 주로 복부에 분포되어 있는 체형을 '중심형 비만'이라 하고, 엉덩이에 주로 분포되어 있는 체형을 '하체형 비만'이라 한다. 지방분포에 따라 허리와 엉덩이의 비율이 여성의 경우 0.8 이상이거나, 남성의 경우 1.0 이 넘으면 건강의 위험도는 증가하는 것이다.

2) 기타 위험요소 판정

영양평가를 하는 동안 영양학자나 다른 건강 전문가들은 피실험자를 주의 깊게 관찰해야 한다. 비타민이나 무기질 결핍증을 암시하는 특정한 신체적 증상 유무를 관찰해야 하는 것이다. 모든 영양소의 혈중 농도를 측정해 볼 수는 없으나 대상자의 머리카락, 피부, 눈, 입 등을 주의 깊게 살펴봄으로써 준임상결핍의 초기 증상들을 감지할 수 있을 것이다. 대체적으로 이러한 부위에 변화가 있다는 것은 영양적으로나 다른 건강상에 문제가 있다는 신호가 될 수 있다.

또 다른 일반적이고도 쉽게 측정할 수 있는 건강 위험인자로는 혈압, 혈중 콜레스테롤 농도와 혈당농도 등이 있다. 혈압이 높아지면 심장병, 뇌졸중, 신장질환의 위험이 증가하고, 혈중 콜레스테롤 농도가 상승하면 심장병과 뇌졸중의 위험성이 높아진다. 또한 혈당이 증가하는 경우에는 당뇨병에 대한 위험도가 커진다. 이들 위험요인들의 수치는 표 3-5에 나타나 있다. 이들 요인 중 어느 것이라도 수치가 증가할 경우에는 식사요법 혹은 약물요법을 통해 조절이 가능하다.

지금까지의 내용으로 미루어 정확한 영양평가를 위해서는 다방면의 요소들에 대한 조사가 이루어져야 한다. 예를 들면, 혈중 콜레스테롤 농도처럼 경우에 따라서는 영양섭취와 관련이 적은 것처럼 보이는 것도 있으나, 인간의 수명이 증가함에 따라 영양섭취는 퇴행성 질환 발병의 주된 원인이 되고 있다. 따라서 영양전문가들은 다양한 평가방법을 통해 조사된 모든 자료를 가지고 있어야 적절한 영양처방을 내릴 수 있게 된다.

표 3-5. 만성질환과 관련된 주요 위험인자의 정상치 및 상승수치

•혈압	정상	⟶	80/120 미만
	고위험도	⟶	90/140 초과
•혈중 콜레스테롤 수치	최저 위험도	⟶	200mg/dl 미만
	중간 위험도	⟶	200mg/dl ~ 240mg/dl
	고위험도	⟶	above 240mg/dl
•혈당농도	정상	⟶	140mg/dl 미만 (단식)

3. 에너지 균형

1) 섭취에너지

식품에 들어 있는 다량영양소는 에너지 급원으로 쓰인다. 식품 속에 들어 있는 에너지와 체내에서 대사되는 에너지의 양은 칼로리(kcals)로 표시된다. 1g의 단백질과 탄수화물은 각각 4 kcal의 열량을 내고, 1g의 지방은 단백질과 탄수화물의 두 배가 약간 넘는 9 kcal의 열량을 낸다. 간단히 예로 들면, 100g(1파운드=0.4536kg)을 순수하게 단백질이나 당분 같은 탄수화물로 섭취하면 400 kcal를 섭취한 셈이 되고, 같은 양을 버터와 같은 지방으로 섭취할 경우에는 900 kcal를 섭취한 셈이 된다. 알코올도 1g당 7 kcal를 내기는 하나 영양소로 간주되지 않기 때문에 결국 탄수화물, 단백질, 지방의 3대 다량영양소들만이 식이의 주요 에너지원이 되며 비타민, 무기질 및 기타 식품성분은 에너지를 공급하지 않는다.

2) 소비에너지

우리가 매일 소비하는 에너지의 형태로는 다음 세 가지가 있다. 기초대사율(basal matabolic rate, BMR)을 위한 에너지, 신체활동(activity)을 위한 에너지, 그리고 식품의 특이 동적작용(diet-induced thermogenesis)에 필요한 에너지가 그것이다. 각각에 해당되는 에너지 소비량을 측정한 후, 이들의 총합이 하루에 필요한 에너지의 총량이 된다. 따라서 에너지 소비량 측정 역시 추정치일 뿐이다. 하루에 사용하는 에너지의 대부분은 기초대사를 유지하기 위해 쓰인다. 기초대사를 위해 쓰이는 에너지는 우리의 생존에 필요한 최소 에너지를 말하며, 기초대사 에너지란 다음과 같은 신체 기능들을 유지하는 데 필요한 열량을 말한다.

① 심장박동과 혈액공급
② 체온조절
③ 혈중 pH조절
④ 세포의 이온농도 유지
⑤ 신경조직 전도
⑥ 간과 신장 기능

위와 같은 기능은 모두 생존에 필수적인 요소들이다. 가령 혼수상태에 있을 때도 이러한 신체 과정이 지속되는 것을 보면 이들 이외의 활동이나 움직임은 기초대사라고 할 수 없다.

기초대사율은 개인의 체격에 따라 크게 다르다. 체격이 크면 기초대사율도 높다. 체격이 크다는 것은 그만큼 기능을 유지해야 하는 조직량이 많다는 뜻이고, 따라서 기초대사를 위해 더 많은 에너지가 소모된다는 것이다. 평균적으로 볼 때 남자가 여자보다 높은 기초대사율을 가지고 있는데, 이는 대체적으로 남자가 여자보다 체격이 크기 때문이다. 또한 제지방량(lean body mass)이 많을수록 기초대사율이 높아진다.

제지방량이란 총 체중에서 지방조직의 무게를 뺀 나머지이다. 골격과 근육이 많을수록 기초대사율을 유지하기 위한 기초대사율은 커진다. 즉, 남자가 여자보다 제지방량이 많기 때문에 기초대사율도 높은 것이다. 체중이 220파운드(약 99.8kg)의 사람은 체중이 150파운드(약 68kg)의 사람보다 기초대사율이 높을 것이라는 점은 쉽게 짐작할 수 있을 것이다. 그러나 어떤 남자와 여자의 체중이 똑같이 150파운드(약 68kg)가 나간다면 제지방량이 많은 남자가 여자보다 기초대사율이 높다. 이는 뼈와 근육조직이 지방세포에 비해 그 기능을 유지하는 데 보다 많은 에너지가 필요하기 때문이다.

기초대사율에 영향을 미치는 마지막 요인은 연령이다. 나이가 들어감에 따라 기초대사율은 감소한다. 40세 이후에는 10년이 지날 때마다 기초대사율이 10%씩 감소한다. 이렇게 따진다면 75세 노인에게 필요한 기초대사율은 그가 25세 때 필요로 했던 기초대사율의 약 절반에 해당한다. 나이가 들어감에 따라 기초대사율이 감소하는 주된 원인은 근육조직의 감소에 있다. 비록 나이가 들어서도 젊었을 때와 똑

"Eat less, exercise more, and alter your genetic code with the DNA of thin parents."

같은 체중을 유지한다 하더라도 일반적으로 근육조직은 감소하고 지방조직이 증가하게 마련이다. 또한, 나이가 들면 각 조직의 기능도 젊었을 때와 같은 수준을 유지하지 못한다. 예를 들면, 75세 노인의 경우 신장과 간 기능은 25세 때의 50% 정도에 지나지 않는다.

기초대사율은 산소 소모량 측정법을 이용하면 매우 정확하게 알아낼 수 있다. 그러나 이 방법은 시간이 많이 소모되기 때문에 모든 사람들을 간접열량계를 사용해서 측정할 수는 없다. 대규모 대상자들을 상대로 연구한 결과 신장, 체중, 연령과 성별만 알면 쉽게 기초대사율을 구할 수 있는 공식이 개발되었다. 성별에 따른 계산법이 표 3-6에 나타나 있다.

공식 1을 사용하면 계산은 간단하지만 정확한 기초대사율을 알기는 어렵다. 그러나 조사 대상자가 대규모일 때 기초대사율을 계산해야 한다면 그 평균값은 이 공식에 맞을 것이다. 각 개인의 기초대사율은 이 평균치보다 높을 수도 있고 낮을 수도 있다. 공식 2는 공식 1에 비해 이용하는 개인 자료가 더 많기 때문에 공식 1보다 정확한 결과를 얻을 수 있다. 따라서 공식 2를 통해서 실제의 기초대사율을 측정하지 않고도 양호한 기초대사율 수치를 얻을 수 있을 것이다.

기초대사를 제외한 모든 신체 움직임이나 운동에 필요한 에너지는 **활동에너지**로 간주된다. 활동을 위한 에너지 소비량은 개인의 체중에 비례한다. 체중이 많이 나갈수록 몸을 움직이기 위해 더 많은 에너지가 필요하다. 가령 체중이 200파운드(약 91kg)인 사람과 100파운드(약 46kg)인 사람이 같은 1마일의 거리를 걷는다 하면 체중이 200파운드(약 91kg)인 사람이 더 많은 에너지를 소모하게 된다. 물체의 움직임에 있어서 속도보다는 중량이 더 중요하다. 운동의 속도를 늘리면 통상 더 많은 에너지가 소비된다. 체중이 130파운드(약 59kg)인 여성이 1마일을 12분에 달리면 약 80 kcal가 소모될 것이고, 만약 속도를 두 배로 하여 1마일을 6분에 달린다면

표 3-6. 남자와 여자의 기초대사율 예측 방정식

1. BMR(kcal)=24×몸무게(kg)
2. 남자 BMR(kcal)=66.8+13.752(w)+5.003(h)−6.755(a)
   여자 BMR(kcal)=655+9.563(w)+1.850(h)−4.67(a)
   w=몸무게(kg) ; h=키(cm) ; a=연령(years)

출처 : Linder, M.C. *Nutritional Biochemstry and Metabolism* Elsevier Science Publishing Co., New York, 1985, pp. 203

약 150 kcal가 소모될 것이다. 체중이 200파운드(약 91kg)인 사람이 1마일을 걸으면 약 130 kcal을 소모하는데, 이는 130파운드(약 59kg)인 사람이 빨리 달리는 것

표 3-7. 총 에너지 필요량의 대략적 추정치 계산방법

1. 기초에너지 : 이상체중(lb)×10=기초열량
2. 활동수준에 따른 추가 에너지 요구량
   가벼운 활동(사무직, 대부분의 학생), 이상체중×3
   중등 활동(운동선수, 매일 유산소운동, 육체 노동자), 이상체중×5
   심한 활동(심한 근육노동, 과도한 운동), 이상체중×10
3. 체중 감량을 위해서는 하루에 500 kcal씩을 줄일 것.
   체중 증가를 위해서는 하루에 500 kcal씩을 늘릴 것.

예 : 제인은 키가 160cm(5피트 4인치)이고, 체중이 67kg(148파운드)이다. 그녀의 이상체중은 56kg(124파운드)이다. 따라서 그녀의 기초에너지 요구량은 1,240 kcal가 된다. 제인은 매일 에어로빅 운동을 하는 중등 정도의 신체활동을 유지하고 있다. 기초에너지 요구량에 활동에너지량을 더하기 위해서는 그녀의 이상체중에 5를 곱하면 된다(124×5=620 kcal).
BMR+활동에너지는 1,240+620=1,860 kcal이다.

표 3-8. BMI, BMR, 에너지 및 영양소 정보 웹사이트

•BMI(Calculation)	http://netjunk.com/users/unpretentious/bmi.html
•BMI(Calculation)	http://www.fitnesstutor.com/bmi.html
•BMI(Table)	http://longlifetips.com/bodymass.htm
•Body Fat Measurement	http://www.healthcentral.com/cooltools/ct_fitness/bodyfat1.cfm
•BMR	http://www.room42.com/nutrition/basal.shtml
•BMR/Total Energy Calculator	http://www.bodybyphilippe.com/basal.htm
•Activity Calorie Calculator	http://primusweb.com/fitnesspartner/jumpsite/calculat.htm
•Healthy Body Calculator	http://www.dietitian.com/ibw/ibw.html
•Nutritional Analysis Tool	http://www.ag.uiuc.edu/～food-lab/nat
•Fas Food Facts	http://www.olen.com/food
•CSPI: Rate Your Diet Quiz	http://www.cspinet.org/quiz/quiz_diet1.html

과 소모하는 열량은 거의 비슷하다. 그러므로 체중 감량을 하고 싶다면 꾸준히 걷는 것만으로도 상당한 열량을 소모해야 한다. 지금 보다 더 이상적인 체중을 원한다면 더 많은 에너지를 소모하기 위해 운동 지속시간과 속도를 늘려야 한다.

본 3장에서 배운 내용을 이용하여 각자 체중의 적합정도, 체질량지수, 에너지 필요량 및 식이의 질적 수준을 평가해 볼 수 있다. 표 3-7에서는 간단히 일일에너지 필요량을 계산하는 방법이 나타나 있다. 예제와 같이 단계별로 지시에 따라 하면 된다. 체중 감량을 원한다면 하루에 500 kcal를 줄여야 한다. 반대로, 체중을 증가시키기 원한다면 하루에 500 kcal를 늘려야 한다. 표 3-8의 웹사이트를 참조하면 이와 관련된 자세한 정보를 얻을 수 있다.

3장 1. 자기 식생활 평가하기

다음의 39가지 질문들이 당신의 전형적인 식사습관 유형을 대략적으로 나타낸 것이다. 이 질문에 대한 (+)나 (−) 개수는 즉시 당신을 바람직한 식습관으로 고쳐주거나 당신이 지금껏 알지 못했던 식생활의 문제를 경고해줄 것이다. 이 퀴즈는 지방, 포화지방, 콜레스테롤, 염분, 설탕, 섬유소, 과일, 채소 등을 중점적으로 조사한 것이다. 그러나 당신 식이의 모든 것을 조사한다든지, 또한 당신이 얼마나 많은 영양소를 섭취하는지를 정확하게 측정하기 위한 것은 아니다.

〈지시사항〉

다음 각각의 대답에 대한 숫자는 앞에 (+) 또는 (−) 기호가 붙는다. 당신이 선택한 답의 해당 숫자에 ○표를 하십시오. 그것이 당신의 질문에 대한 점수입니다. 만약 두 가지 혹은 그 이상이 해당된다면 각각에 체크를 한 후 평균치를 계산하십시오.

〈평균치 구하는 법〉

예를 들어, 19번 문항의 질문에 대한 답변에서 만약 당신이 샌드위치를 먹을 때 참치 샐러드(−2), 구운 쇠고기(+1), 칠면조 가슴살(+3)에 해당된다면 모두를 더한 경우 −2, +1, +3=+2 이므로 이 수치를 3으로 나누면 ⅔가 되는데 반올림하면 1이 된다.

〈섭취한 양을 주의 깊게 계산하라〉

예를 들어 채소즙의 권장량은 ½컵인데, 당신이 보통 한 컵의 야채즙을 먹는다면 이 경우 권장량의 두 배로 계산하여야 한다.

설문지

과일, 채소, 곡류, 콩 등에 관한 질문

1. **하루에 과일이나 100% 과일주스를 얼마나 먹나요?** (과일요구르트는 제외한다. 1단위=과일 한 조각, ½컵의 과일 또는 6온스의 과일주스)

(a) 0회 ……… −3
(b) 1회 이하 ……… −2
(c) 1회 ……… 0
(d) 2회 ……… +1
(e) 3회 ……… +2
(f) 4회 이상 ……… +3

2. **하루에 튀기지 않은 채소 몇 단위를 먹나요?** (1단위=½컵. 감자 포함)

(a) 0회 ··-3
(b) 1회 이하 ································-2
(c) 1회 ···0
(d) 2회 ··+1
(e) 3회 ··+2
(f) 4회 이상 ·································+3

3. **일주일에 비타민이 풍부한 채소 몇 단위를 먹나요?** (1단위=½컵, 브로콜리, 당근, 케일, 풋고추, 시금치, 고구마, 호박만을 포함한다)

(a) 0회 ··-3
(b) 1～3회 ···································+1
(c) 4～6회 ···································+2
(d) 7회 이상 ·································+3

4. **일주일에 녹황색채소 몇 단위를 먹나요?** (1단위=½컵의 요리한 것 또는 요리하지 않은 것. 케일, 무청, 상추, 시금치만을 포함한다)

(a) 0회 ··-3
(b) 1회 이하 ································-2
(c) 1～2회 ····································0
(d) 3～4회 ···································+2
(e) 5회 이상 ·································+3

5. **일주일에 점심·저녁에 고기, 가금류, 생선, 달걀, 치즈를 조금 먹거나 전혀 먹지 않고 곡류, 채소, 콩을 섭취하는 회수는?**

(a) 0회 ··-1
(b) 1～2회 ····································1
(c) 3～4회 ···································+2
(d) 5회 이상 ·································+3

6. **일주일에 콩, 완두콩, 렌즈콩 등을 먹는 회수는?**

(a) 0회 ··-3
(b) 1회 이하 ································-1
(c) 1회 ···0
(d) 2회 ··+1
(e) 3회 ··+2
(f) 4회 이상 ·································+3

7. **하루에 곡류 몇 단위를 먹나요?** (1단위=빵 한 조각, 1온스의 크래커, 1개의 커다란 팬케이크, 국수, 시리얼 1컵, 그라놀라 ½컵, 조리된 시리얼, 밥, 단 설탕을 두껍게 입힌 시리얼은 제외)

(a) 0회 ··-3
(b) 1～2회 ····································0
(c) 3～4회 ···································+1
(d) 4～7회 ···································+2
(e) 8회 이상 ·································+3

8. **어떤 종류의 빵, 롤빵을 먹나요?**

(a) 100% 밀가루로 된 밀빵 ··········+3
(b) 밀가루를 썩은 밀빵 ·················+2
(c) 귀리빵 ·····································+1
(d) 흰빵, 프랜치빵, 이태리빵 ··········0

9. **어떤 종류의 아침 시리얼을 먹나요?**

(a) 전곡류(오트밀, 캘로그 전곡 등)+3
(b) 저섬유소 식품(콘 플래이크 등) ·0
(c) 설탕이 든 저섬유소 식품(설탕코팅 플래이크) ·····························-1
(d) 깨엿 종류 ·······························-2

육류, 가금류, 해산물

10. **일주일에 고지방 육류를 몇 번 먹나요?** (햄버거, 폭찹, 갈비, 핫도그, 로스트, 소시지, bologna, 스테이크)

(a) 0회 ....+3
(b) 1회 이하 ....+2
(c) 1회 ....-1
(d) 2회 ....-2
(e) 3회 ....-3
(f) 4회 이상 ....-4

11. **일주일에 저지방 육고기를 몇 번 먹나요?** (매 섭취시 지방이 2g 이하의 핫도그, 런천미트, 라운드 스테이크, pork tenderloin)

(a) 0회 ....+3
(b) 1회 이하 ....+1
(c) 1회 0
(d) 2~3회 ....-1
(e) 4~5회 ....-2
(f) 6회 이상 ....-3

12. **당신이 먹을 수 있는 요리한 육류의 양은 얼마나 되나요?** (익지 않은 것을 요리하면 25%가 줄어든다. 예를 들어 4온스의 날고기는 요리한 후에 3온스가 된다. 16온스는 1파운드다)

(a) 6온스 이상 ....-3
(b) 4~5온스 ....-2
(c) 3온스 이하 0
(d) 육류를 먹지 않음 ....+3

13. **육류를 요리하거나 먹을 때 눈에 보이는 지방을 제거하고 먹나요?**

(a) 네 ....+1
(b) 아니오 ....-3

14. **어떤 종류의 육류와 가금류를 먹나요?**

(a) 표준 육류 ....-4
(b) 11~25%의 지방이 있는 육류 -3
(c) 치킨류 또는 10%의 지방이 있는 육류 ....-2
(d) 칠면조 고기 ....-1
(e) 칠면조의 가슴부위 ....+3
(f) 육류나 가금류를 먹지 않음 ....+3

15. **당신은 닭의 어떤 부위를 먹나요?**

(a) 가슴부위 ....+3
(b) 닭다리 ....+1
(c) 넓적다리 ....-1
(d) 날개 ....-2
(e) 가금류를 먹지 않음 ....+3

16. **가금류를 먹을 때 껍질을 먹기 전에 제거하나요?**

(a) 네 ....+2
(b) 아니오 ....-3

17. **일주일에 해산물을 몇 번 먹나요?**

(a) 1회 이하 0
(b) 2회 ....+2
(c) 1회 ....+1
(d) 3회 이상 ....+3

혼합식품

18. **대체적인 당신의 아침식사 종류는 무엇입니까?** (만약 소시지를 먹는다면 여분의 3포인트를 빼라)

(a) 비스킷 샌드위치 또는 크루와상 샌드위치 ....-4
(b) 크로와상, 데니쉬, 도넛 ....-3
(c) 달걀 ....-3
(d) 팬케이크, 프렌치 토스트, 와플 -1
(e) 시리얼, 토스트, 베이글 (또는 크림 치즈) ....+3

(f) 저지방 요구르트, 저지방 코티지 치즈 ······+3
(g) 아침을 먹지 않음 ······0

19. 당신은 샌드위치에 무엇을 넣어 먹나요?

(a) 런천미트, 치즈 또는 달걀샐러드-3
(b) 참치 또는 치킨샐러드 또는 햄 -2
(c) 땅콩버터 ······0
(d) 구운 고기 ······+1
(e) 저지방 런천미트 ······+1
(f) 무지방 마요네즈로 만든 참치 또는 치킨 샐러드 ······+3
(g) 칠면조 가슴살 또는 hummus ·+3

20. 당신은 피자를 어떻게 주문하나요? (만약 치즈, cheese-filled crust, 또는 고기 토핑을 한다면 1점을 뺄 것)

(a) 치즈없이 마지막에 채소로 토핑함+3
(b) 치즈와 마지막에 채소로 토핑함-1
(c) 치즈 ······-2
(d) 치즈와 고기로 토핑을 함 ······-3
(e) 피자를 먹지 않음 ······+3

21. 당신은 파스타에 무엇을 얹나요? (만약 소량의 기름으로 튀긴 야채를 첨가한다면 1점을 더할 것)

(a) 토마토소스, 붉은대합 소스 ······+3
(b) 미트소스, 미트볼 ······-1
(c) 페스토 또는 다른 식용유 소스 -3
(d) 크림소스 ······-4

22. 일주일에 기름에 튀긴 음식을 몇 번 먹나요? (생선, 치킨, 감자튀김, 감자칩, 등)

(a) 0회 ······+3
(b) 1회 ······0
(c) 2회 ······-1
(d) 3회 ······-2
(e) 4회 이상 ······-3

23. 샐러드드레싱은 어떤 것을 선택하는가?

(a) 선택 않음, 레몬, 식초 ······+3
(b) 무지방 드레싱 ······+2
(c) 저칼로리 드레싱 ······+1
(d) 오일과 식초 ······-1
(e) 레귤러 드레싱 ······-2
(f) 양배추 썰은 것, 파스타 샐러드, 토마토 샐러드 ······-2
(g) 치즈 또는 달걀 ······-3

24. 당신은 일주일에 통조림, 즉석 조리국, 냉동식품을 몇 번 먹나요? (저염, 저지방은 제외)

(a) 0회 ······+3
(b) 1회 ······0
(c) 2회 ······-1
(d) 3~4회 ······-2
(e) 5회 이상 ······-3

25. 하루에 저지방 고칼슘식품 몇 단위를 먹나요? (1단위=저지방 또는 무지우유, 요구르트 등 ⅔컵, 1온스의 저지방 치즈, 1½온스의 정어리, 3½온스의 뼈를 제거하지 않은 연어통조림, 1온스의 칼슘 응고제로 만든 두부, 케일 1컵, 200mg의 칼슘 보충제)

(a) 0회 ······-3
(b) 1회 이하 ······-1
(c) 1회 ······+1
(d) 2회 ······+2
(e) 3회 이상 ······+3

26. 당신은 일주일에 치즈를 몇 번 먹나요? (피자, 치즈버거, 라자냐, 타코, 치즈로 만든 나초를 포함. 저지방 치즈

로 만든 음식은 제외함)

(a) 0회 ……………………………+3
(b) 1회 ……………………………+1
(c) 2회 ……………………………-2
(d) 3회 ……………………………-2
(e) 4회 이상 ………………………-3

27. 일주일에 달걀노른자를 얼마나 먹나요?

(a) 0회 ……………………………+3
(b) 1회 ……………………………+1
(c) 2회 ……………………………0
(d) 3회 ……………………………-1
(e) 4회 ……………………………-2
(f) 5회 이상 ………………………-3

지방, 유지류

28. 당신은 빵, 토스트, 베이글, English muffin에 무엇을 얹나요?

(a) 버터 또는 크림치즈 …………-4
(b) 마가린 또는 연성버터 ………-3
(c) 레귤러 탑마가린 ………………-2
(d) 슬림형 마가린 또는 슬림형 버터 -1
(e) 잼, 무지방 마가린, 무지방 크림치즈 ……………………………0
(f) 무첨가 …………………………+3

29. 당신은 샌드위치에 무엇을 바르나요?

(a) 마요네즈 ………………………-2
(b) 슬림형 마요네즈 ………………-1
(c) 케첩, 머스타드, 무지방 마요네즈 +1
(d) 무첨가 …………………………+2

30. 당신은 참치 샐러드, 파스타 샐러드, 치킨 샐러드 등을 만들 때 무엇을 사용하나요?

(a) 마요네즈 ………………………-2
(b) 슬림형 마요네즈 ………………-1
(c) 무지방 마요네즈 ………………0
(d) 저지방 요구르트 ………………+2

31. 당신은 야채볶음 시나 다른 음식을 만들 때 무엇을 사용하나요? (식물성 기름에는 홍화꽃, 옥수수, 해바라기, 대두유를 포함한다)

(a) 버터 또는 유지 ………………-3
(b) 마가린 …………………………-2
(c) 식물성기름 또는 슬림형 마가린 -1
(d) 올리브 또는 식용유 …………+1
(e) 육수국물 ………………………+2
(f) 쿠킹 스프레이 …………………+3

음 료

32. 매일 어떤 종류의 음료를 마시나요?

(a) 물, 소다음료 …………………+3
(b) 무카페인 커피나 차 …………0
(c) 다이어트 음료 …………………-1
(d) 커피나 차(하루에 4잔) ………-1
(e) 일반 소다음료(하루에 2잔) ……-2
(f) 일반 소다음료(하루에 3잔 이상) -3
(g) 커피나 차(하루에 5잔 이상) -3

33. 당신은 어떤 종류의 과일음료를 마시나요?

(a) 오렌지, 자몽, 자두, 파인애플주스+3
(b) 사과, 포도, 배주스 ……………+1
(c) 산딸기나 머루주스 ……………0
(d) 과일음료 ………………………-3

34. 당신은 어떤 종류의 우유를 마시나요?

(a) 전유 ……………………………-3
(b) 2%의 저지방우유 ……………-1
(c) 1%의 저지방우유 ……………+2
(d) 탈지유 …………………………+3

후식, 간식

35. 무엇을 간식으로 먹나요?

(a) 과일이나 채소 ························+3
(b) 저지방 요구르트 ····················+2
(c) 저지방 케이크 ························+1
(d) 쿠키나 프라이드칩 ··················-2
(e) 땅콩이나 granola bar ·············-2
(f) candy bar 또는 pastry ···········-3

36. 당신은 소금기 있는 어떤 것을 간식으로 먹나요?

(a) 소금친 감자칩, 콘칩, 오븐용 팝콘 ··-3
(b) 토티야(옥수수)칩, 소금기 있는 프뢰젤 ·······································-2
(c) 튀긴 팝콘 ·································-1
(d) 소금기 없는 프뢰젤 ················+2
(e) 감자칩, 집에서 만든 팝콘 ······+3
(f) 짠 스넥을 먹지 않음 ················3

37. 어떤 종류의 쿠키를 먹나요?

(a) 무지방 쿠키 ·····························+2
(b) 전맥 케이크 또는 지방뺀 쿠키+1
(c) 오트밀 케이크 ·························-1
(d) 샌드위치 쿠키 ·························-2
(e) 초콜릿, 초콜릿칩, 땅콩버터 ·····-3
(f) 쿠키를 먹지 않음 ····················+3

38. 어떤 종류의 케이크이나 파이를 먹나요?

(a) 치즈 케이크 ·····························-4
(b) 파이나 도넛 ·····························-3
(c) 설탕을 입힌 케이크 ·················-2
(d) 설탕을 뺀 케이크 ····················-1
(e) 머핀 ··0
(f) 엔젤 케이크, 무지방 케이크 ···+1
(g) 케이크이나 과자류를 먹지 않음+3

39. 당신은 어떤 종류의 얼린 디저트를 먹나요?

(a) 전통 아이스크림 ······················-4
(b) 보통 아이스크림 ······················-3
(c) 얼린 요구르트, 저열량 아이스크림 ··-1
(d) 솔베이, 슬러리, 셔버트 ···········-1
(e) 무지방 요구르트나 아이스크림 +1
(f) 먹지 않음 ·································+3

SCORING YOUR DIET

Add up your score for each question.

Score		
0 or below	**Oops!**	We don't staple *Nutrition Action* shut, you know.
1 to 29	**Hmmm.**	Don't be discouraged. This eating business is tough.
30 to 59	**Yesss!**	Congratulations. You can invite us over to eat any day.
60 or above	**C-o-o-o-l.**	Our photographer should be at your door any second.

3장

2. 출생이 비만을 결정하는가?

최소 4가지 요인이 에너지 활용과 연관성이 있다

오랫동안 우리들은 몸무게가 칼로리를 소비함으로써 비만과 직접적인 연관성이 있다고 믿어 왔다. 만약 이러한 기초 에너지 균형에 대한 등식이 사실이라면 체중 조절은 단순히 칼로리의 섭취와 소비의 균형을 맞추는 데 귀결이 될 것이다. 수많은 체중 조절 다이어트와 집에서 사용하는 다양한 종류의 운동기구들이 나와 있음에도 불구하고 미국인들의 비만 인구는 1960년대 이후로 빠르게 증가하고 있다.

이와 같이 다이어트에 성공하지 못하는 사람들 숫자가 증가함에 따라 과학자들과 일반 사람들은 다 같이 칼로리 유입량과 칼로리 배출량의 등식에 대해서 불신을 갖게 되었다. 또한 어떤 사람은 단것을 좋아한다는 것만으로 체중이 증가하고, 또 다른 사람은 평생 날씬한 몸매를 유지한다는 것에 대해 의문을 품게 되었다.

비만의 원인 중 에너지 섭취량과 소비량 이외에 고려되어야 할 점은?

과학자들은 유전적인 특성과 심리적인 요인이 모두 인간의 비만을 유발할 수 있는 위험요인으로 규명하였다. 그 과정에서 "체중 = 칼로리 섭취량 - 칼로리 소모량"이라는 등식이 상당히 정확하다는 결론을 내리게 되었다.

에너지 균형에 영향을 주는 요인들

단 한 가지 요인 즉, 칼로리 소모량이 칼로리 섭취량에 기여한다는 사실이다. 최소한도 에너지 이용에 영향을 주는 4가지 요인들이 규명이 되었다. 그것은 기초대사율(BMR ; 인체의 생명유지를 위해서 필요한 최소한의 에너지 대사량), 식이적 발열량(음식의 소화흡수 과정에서 생성되는 에너지), 적응적 발열량(추운 환경에서 칼로리의 소모량이 늘어나는 현상) 그리고 신체적 활동량이다. 현재까지 어느 누구도 이러한 각각의 요인들을 무엇이 통제하는지에 대해서 알지 못하며, 에너지 대사의 균형에 영향을 미치는 요인에 대해서도 알지 못하고 있다. 유전적인 요인과 환경적인 요인은 에너지 대사에 가장 주된 영향을 미치는 것으로 알려져 있다. 이론 자체만으로는 전체적인 에너지 대사에 대한 설명을 충분히 하지 못한다. 현대적인 에너지 대사에 대한 이론은 유전적 · 환경적인 요인들이 복잡하게 다양한 메커니즘을 통해 에너지 대사에 영향을 미친다는 사실이다.

유전이 비만의 발전에 얼마나 영향을 미치는가?

유전적인 요인이 비만을 결정한다는 것은 실험동물과 가축에서 명확히 규명된 바 있다. 그러나 유전적인 요인이 인간의 비만에 미치는 역할은 확실히 규명되지 않았다.

출처 : *Innovations: Nutrition Updates and Applications,* (Vol. 2, No. 1), pp. 1~8. Reprinted with permission from McGraw-Hill, 2460 Kerper Blvd., Dubuque, IA 52001.

현재까지 비만과 기타 질병이 27가지 유전적인 현상과 연관성이 있다는 것이 규명되었다. 그러나 질병이 발생되는 확률은 어떤 경우에 매우 드물게 나타난다. 왜냐하면 유전과 몸무게와의 상관관계가 원인과 결과에 대한 상관관계가 있다는 것을 명확히 규명하지 못 하였기 때문이다. 유전적인 요인은 몸무게, 지방분포, 대사효율 그리고 식욕에 영향을 주지만, 이러한 요인들은 환경의 조건에 따라서도 영향을 받는다. 우리들 대부분에게 있어서 체중은 유전과 환경이 결합된 산물이다.

가족적 체중 패턴

연구자들은 과거 수년 간 체형을 관찰하기를 키다리형 또는 왜소형, 뚱뚱하거나 날씬한 것이 유전이라고 믿어 왔다. 인간의 체형에는 3가지가 있는데 키다리형, 중간형, 왜소형이 있다. 키다리형은 체형이 길고 날씬하며, 뼈가 안장된 형태를 가지며, 엉덩이와 가슴부위가 좁은 특징을 가지고 있다.

왜소형은 그 반대의 짧딸막한 체형을 가지고 있다. 키가 작고, 뼈가 굵으며, 가슴이 넓고, 목이 짧고, 머리가 둥근 특징을 가지고 있다.

중간 체형의 사람은 이 두 형태의 중간에 속한다. 중간 체형은 아주 건장하고 근육형인 경우가 많다. 연구자들은 키다리형의 사람이 다른 형의 사람들 보다 더 건강한 체중을 유지하기가 쉽다는 것을 발견하였다. 그 이유는 체표면적이 상대적으로 넓기 때문에 에너지의 발산이 많고 에너지 효율성이 낮기 때문이다. 인간의 기본적인 기능인 숨쉬기와 체온유지 면에 있어서도 그 반대의 체형인 사람에 비해서 더 많은 열을 빼앗기게 된다. 성호르몬 또한 유전인자와 마찬가지로 체지방의 패턴에 영향을 미친다(그림 2). 남성호르몬인 테스토스테론이 높은 경우 많은 과체중의 남성에게 있어서 중심형 비만인 복부비만이 될 가능성이 많다. 남성과 여성에게 있어서 복부비만은 유전적인 경향이 많은데, 상체비만은 유전만이 아니라 남성호르몬에 의해서 영향을 많이 받는다는 사실이다. 반대로, 여성호르몬의 경우 에스트로겐과 프로제스테론은 하체 비만에 영향을 주는데, 여성들은 하체형

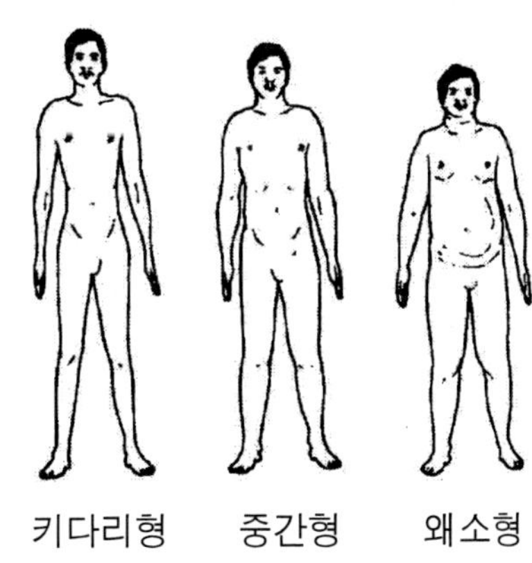

그림 1. 3가지 기본 체형. 당신의 체형은 어디에 속합니까?

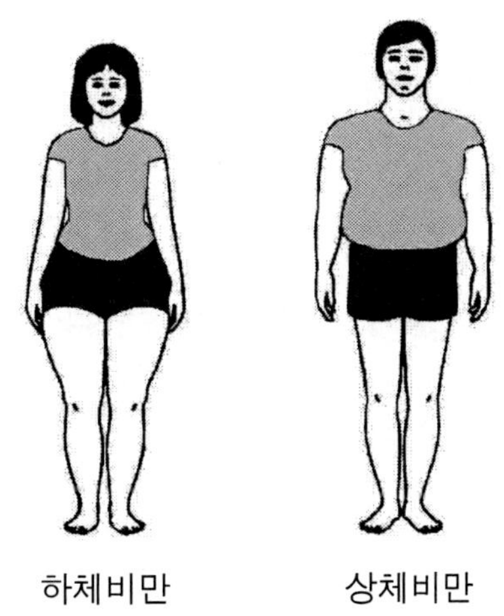

그림 2. 하체형 비만과 중심형 비만

비만에 가깝다. 하체비만은 유전요인보다 여성호르몬에 의해서 크게 영향을 받는다. 비만 남성은 여성의 하체형을 가질 확률이 매우 낮다. 여성들이 임신기에 하체형 비만이 있는 경우 폐경 후에는 복부에 지방으로 저장하게 된다. 이러한 지방의 이동저장 현상은 여성호르몬의 감소현상과 연관성을 가지고 있다.

날씬한 체형의 유전자는 비만 유전자를 압도한다

어떤 인종과 가문에서 많이 발생하는 비만은 쌍둥이의 연구에서 유전인자가 에너지 대사에 결정적인 영향을 미친다는 사실을 말해 주고 있다. 많은 학자들에게 있어서 "출생이 비만을 좌우한다"는 사실에 대한 연구에서 입양아의 경우 양부모의 체형보다는 생부모들의 체형을 닮고, 체중도 생부모와 유사하다는 점을 들고 있다. 일란성 쌍둥이의 경우 각각 다른 곳에서 양육되었을 경우에도 체형이 비슷하였다. 많은 체형의 연구에서 날씬한 유전자가 비만한 유전자보다 강하다는 사실을 발견하게 되었다. 바꾸어 말하면, 유전적으로 날씬한 경우 체중을 증가시키기가 매우 힘들다는 사실이다. 결론적으로 비만은 유전되지 않는다는 것이다. 특수한 생활 형태를 따르는 경우 살이 찔 수 있는 경향만을 유전받는다는 것이다.

대사효율이 비만을 좌우한다

유전적으로 비만한 설치류는 날씬한 설치류보다 기초대사 기능을 위한 칼로리의 소모량이 적다. 적은 에너지로 더 많은 일을 하는 능력을 가리켜 '절제된 대사'라고 한다. 절제 유전자는 지방 저장을 촉진함으로써 진화적인 장점을 제공한다. 일부 사람들에게 있어서 이러한 절제 경향이 나타나기도 한다. 일란성 쌍둥이에게 매일 1,000 칼로리의 에너지를 100일 동안 공급했을 때 어떤 경우에는 5kg 이내의 체중이 늘어나지만, 다른 군에서는 13.5kg이나 체중이 증가하는 경우도 있다. 이러한 체중 증가의 차이는 추가적인 칼로리가 공급되었을 때 에너지 대사에 있어서 차이점이 있다는 것에 기인하는 것이다. 어떤 쌍둥이의 경우에는 추가적인 칼로리를 지방으로 쉽게 저장하지만, 또 다른 경우에는 그 추가적인 에너지를 바로 소모해 버리는 경우가 있다. 추가적인 칼로리는 더 많은 열을 내거나 또는 소모적인 활동에 의해서 소진되어진다. 우리가 섭취하는 칼로리의 일부는 몸의 열을 유지하기 위해서 사용된다. 주변 환경이 추울수록 더 많은 칼로리가 이러한 목적으로 쓰인다.

사람들이 과식하는 경우 기온에 상관없이 더 많은 에너지가 열로 사용되는 경향이 있다. 이러한 현상을 '적응적 열발생'이라고 하는데, 이 작용은 비결합단백질이라고 알려져 있는 단백질에 의해서 활성화된다. 지방이 연소되는 경우에 열을 발생하며, 또한 ATP를 만들어낸다. 비결합단백질이 활성화되면 ATP를 형성하는 대신 지방으로 열 생산을 하게 된다.

식욕조절소

유전적인 요인은 사람이 먹는 음식의 양에 영향을 미친다. 인간은 유전적으로 단 음식과 짠맛, 지방이 풍부한 음식을 좋아하게 설계되어 있다. 렙틴, 멜라닌 그리고 오렉신 등은 식품 섭취에 있어서 역할을 하는 새로운 호르몬으로 간주되고 있다.

렙틴

렙틴은 1990년대 중반에 발견된 일종의 호르몬으로서 학자들이 유전적으로 비만한 생쥐가 정상적인 체중의 생쥐보다 혈액 내에 훨씬 적은 양의 렙틴을 가지고 있다는 사실을 발표했을 때 세상의 커다란 주목을 받았다. 비만한 생쥐에 렙틴을 주사했을 때 식욕을 억제하고 체중의 급격한 감소를 가져왔다는 사실 또한 세상을 놀라게 하였다. 렙틴은 지방세포에서 만들어지고, 지방 저장에 대한 견제와 균형을 담당하는 역할로서 시상하부의 식욕 중심에서 작용하는 것으로 알려져 있다. 정상체중의 생쥐에서 렙틴 수준은 체중이 증가함에 따라 증가하며, 비만하게 되면 식욕을 억제하는 역할을 하게 된다. 그러나 꾸준히 다이어트를 하는 많은 사람에게 실망스럽게도 렙틴 주사는 대부분의 비만한 사람의 체중을 줄이는 기능을 하지는 못 하였다. 매우 비만한 청소년에게 있어서 혈액 내에 렙틴 수준은 아주 낮은 것으로 조사되었다. 렙틴이 없을 경우 그들은 식욕이 전혀 억제되지 않았으며, 계속적으로 마구 먹는 현상이 나타났다.

렙틴은 그러나 항상 예상된 반응을 나타내는 것은 아니다. 혈액 내에 렙틴 수준이 높은 경우에도 많은 비만자들은 식욕이 왕성하였다. 최근 학자들은 먹이가 풍부할 경우 비만한 쥐의 지방세포 내에서의 렙틴 활성이 증가한다는 것을 발견하였다. 하버드 대학 연구진은 렙틴이 식욕을 조절하는 뇌의 시상하부에 있는 각각 다른 신경세포에 억제작용을 하는 것으로 보고하였다.

한 신경 다발은 렙틴에 의해서 억제되어 비만으로 유도되고, 또 다른 신경 다발은 렙틴에 의해서 활성화되어 기아현상을 유도한다. 그들은 또한 렙틴 표적 세포가 뉴로펩타이드를 가지고 있으며, 먹는 행위나 잠자는 행위 등에 영향을 미친다고 하였다. 렙틴은 직접적인 또는 간접적인 메커니즘을 통해서 식욕에 영향을 미친다.

멜라닌

멜라닌은 렙틴에 의해서 영향을 받는 물질의 일종으로, 수면주기와 식생활 등 여러 가지 기능에 관여하는 것으로 알려져 있다. 멜라닌 농축 호르몬(MCH)을 생산하지 못하는 동물은 식욕을 잃고 날씬한 상태를 유지하게 된다. 한편 MC4R로 알려진 단백질이 결핍된 쥐는 장기적인 과식으로 인하여 비만하게 된다.

프랑스와 영국의 학자들은 MC4R 유전자 변이를 가지고 있는 사람이 발견된 두 가족을 대상으로 한 연구에서 실험동물 연구에서처럼 먹는 것을 거의 중지하지 않았으며, 그 결과로 아주 비만한 상태가 됨을 고찰하였다.

1998년 초, 미국의 학자들은 배고픔과 만복감을 조절하는 새로운 타입의 호르몬을 발견하였다. 그들은 이 물질을 그리스어로 식욕이라는 뜻을 가진 '오렉신'이라고 명명하였고, 오렉신을 생산하는 유전자를 발견하였다. 오렉신을 투여한 쥐는 몇 시간 내에 대조군 쥐보다 8～10배의 먹이를 섭취하였다.

설치류에 있어서 2일간 먹이를 공급하지 않은 경우, 그들의 뇌에서 평상시보다 상당히 많은 양의 오렉신이 생산되었다. 그러나 인간에게 있어서 동일한 작용을 나타내는가는 명확하지 않으며, 호르몬이나 신경전달물질처럼 식욕조절소와 상호작용을 하는지 또한 알려져 있지 않다.

렙틴 호르몬이 부족한 경우 뇌를 자극하

여 오렉신을 생산하게 되고, 그 결과 배고픔을 야기시키는 것으로 추측되고 있다.

환경의 역할

유전은 인간의 체형과 지방 저장 등을 결정하지만 환경적인 요인들 즉, 식습관, 신체활동 등은 유전적인 결정사항을 변경시킨다.

미국에서 비만한 인구의 증가율은 유전적인 변화의 발생 비율을 능가하고 있다. 따라서 환경적인 요인들은 비만의 발생에 있어서 유전적인 요인보다 더 심각한 영향을 미치고 있다.

비만현상은 1980년대 이후로 급격히 증가하였으며, 이런 현상은 미국뿐만 아니라 다른 외국에서도 미국적인 식품 섭취, 생활 패턴, 습관 등의 영향으로 증가하고 있다. 1회 식사량의 증가, 고칼로리 편의식품, 편리한 생활 수단들, 비활동적인 시간의 소비, TV 보기, 비디오 게임 또는 인터넷 검색 등은 비만이 증가하는 데 기여하고 있다.

또한 지적되고 있는 사항은 부부의 취미와 생활양식이 비슷하여 살이 찌고 날씬한 정도 역시 닮아 간다는 사실이다.

뇌와 신체의 연관성

뇌가 건강을 결정짓는 역할의 평가는 가장 어렵고 가장 최신의 분야에 속한다. 우리의 생리적인 반응은 엄격하게 대부분 유전자에 의해서 결정된다. 그 나머지는 경험에 의해 변경이 가능하다. 스트레스는 먹는 데에 대한 영양에 있어서 뇌와 신체와의 연관성이 있다는 좋은 예에 속한다. 스트레스는 식욕을 자극시킬 수 있다. 사람들이 너무 많은 직책을 가지고 있을 때, 비극적인 사건을 극복하려고 할 때 흔히 스트레스에 지쳤다고 이야기한다. 어떻게 그리고 왜 사람들은 스트레스를 해소하거나 줄이기 위해서 먹게 되는가? 식품과 성행이 기분을 변화시키는 약제 즉, 코카인이나 알코올 등은 평범한 뇌를 자극시켜 기쁨을 유발하는 뇌 신경전달물질-도파민과 세로토닌을 분비하게 한다. 이런 현상은 왜 사람이 식품에 중독이 되는지를 설명해준다.

신체의 구성

생활양식은 신체구성 요소들을 변화시키므로 에너지 대사를 변경시킨다. 과다한 지방조직을 만드는 행동양식은 지방의 저장을 증가시키고, 근육조직의 발달을 유발하는 행동양식은 체지방의 이용을 증가시킨다. 체지방 세포의 숫자는 유아기나 청소년기 등 성장기에 증가한다. 지방세포의 숫자는 또한 체중이 빠르게 증가할 때 늘어나는데, 이것은 기존 지방세포들이 최대한 저장 능력을 확대하기 위함이다. 일단 체지방 세포가 과다하게 증가하면 다이어트에 의하여 제거되기가 불가능하다. 다만 체지방 세포의 크기만 줄어들 뿐이다. 근육조직의 발달은 지방의 사용을 증가시키고 체중을 줄이는 역할을 한다. 근육을 증가시키는 운동을 한다는 것은 근육 섬유소를 증가시키고 지방을 연료로 사용하는 능력을 증가시키는 것을 의미한다. 근육량이 많은 사람은 BMR이 높아지게 된다. BMR의 증가와 지방이용률의 증가는 건강한 체중의 유지와 체중의 감량에 기여한다.

REFERENCES

1. Baranowska, B., et al. Neuropeptide Y, leptin, galanin and insulin in women with polycystic ovary syndrome. *Gynecol Endocrinol* 13(5):344～51, 1999.

2. Bellizzi, M.C., Dietz, W.H. Workshop on childhood obesity: summary of the discussion. *Am J Clin Nutr* 70(1):173S ~175S.

3. Borecki I.B., et al. Evidence for at least two major loci influencing human fatness. *Am J Hum Genetics* 63(3):831~838.

4. Borecki, I.B., Higgins, M., et al. Evidence for multiple determinants of the body mass index: the National Heart, Lung, and Blood Institute Family Heart Study. *Obes Res* 6(2):107~114, 1998.

5. Bouchard, C. Human variations in body mass: evidence for a role of the genes. *Nutrition Reviews* 55(1):S21, 1997.

6. Bouchard, C. and Trembly, A. Genetic influences on the response of body fat and fat distribution on positive and negative energy balance in human identical twins. *J Nutr* 127: 943S~947S, 1997.

7. Elias, C.F., et al. Leptin differentially regulates NPY and POMC neurons projecting to the lateral hypothalamic area. *Neuron* 23(4): 755~786, 1999.

8. Faroogi, I.S., et al. Effects of recombinant leptin therapy in a child with congenital leptin deficiency. *New Eng J Med* 341:879~884, 1999.

9. Felitti, V.J., et al. Relationship of childhood abuse and household dysfunction to many of the leading causes of death in adults. *Am J Prev Med* 14(40):245~255, 1998.

10. Hahn, N.I. The flavor of food: Is it all in your head? *J Am Diet Assoc* 96:653~658, 1996.

11. Jog, M.S., et al. Building neural representations of habits. *Science* 286:1745~1749, 1999.

12. Kanter, R.S. Patients as Partners: proceedings of the Novartis Nutrition OPTIFAST® National Networking meeting, Minneapolis, MN, October 1998.

13. Katzmarzyk, P.T., et al. Familial risk of obesity and central adipose tissue distribution in the general Canadian population. *Am J Epidemiology* (1999 May 15); 149(10):933~42.

14. Levine, J.A., et al. Role of non-exercise activity thermogenesis (NEAT) in resistance to fat gain in humans. *Science* 283:212~214, 1999.

15. Liberian, B. The pressure to eat: why we are getting fatter? *Nutrition Action Newsletter* (July/Aug), pg. 1~5, 1998.

16. Matthews- Richards, M., et al. Functional status and emotional well being, dietary intake, and physical activity of severely obese subjects. *J Am Diet Assoc* 100:67~75, 2000.

17. National Institutes of Health, National Heart, Lung and Blood Institute, *Clinical Guidelines on the Identification, Evaluation, and Treatment of Obesity and Overweight in Adults.* Bethesda, MD, 1998.

18. Novartis Nutrition Corporation, The resting metabolic rate controversy: is relapse biological or behavioral? *Medical Update on Obesity* 32(3), 1999.

19. Price, R.A. and Stunkard, A.J. Commingling analysis of obesity in twins. *Hum Heredity* 39(3): 121~135, 1989.

20. Rice, T., et al. Total body fat and abdominal visceral fat response to exercise training in the HERITAGE family study: evidence for major locus but no multifactorial effects. *Metabolism* 48 (10): 1278~86, 1999.

21. Rosenbaum, M. and Leibel, R.L (editorial). The role of leptin in human physiology. *New Eng J Med* 341: 913~915, 1999.

22. Reuters News and Abstracting Service Proceedings of the 33rd Annual Winter Conference on Brain Research, Breckenridge CO, Jan 27, 1999.

23. Sakurai, T., et al. Orexins and orexin receptors: a family of hypothalamic neuropeptides and G protein-coupled receptors that regulate feeding behavior. *Cell* 92: 573~585, 1998.

24. Shimada, M. Mice lacking melanin-concentrating hormone are hypophagic and lean. *Nature* 17, 396(6712): 670~674.

25. Sheldon, W.H., et al. The Varieties of Human Physique. Hafner Publishers, New York, 1963.

26. Wang, J., et al. The effect of leptin on Lep expression is tissue-specific and nutritionally regulated. *Nature Medicine* 5(8): 895~899, 1999.

27. Wansink, B. Quantity pricing causes consumers to increase their anchor point. *J Marketing Research* 35: 71~78, 1998.

28. Wolf, G. A new uncoupling protein: a potential component of the human body weight regulation system. *Nutrition Reviews* 55:178~179, 1997.

29. Yeo, G.S., et al. A frameshift mutation in MC4R associated with dominantly inherited human obesity. *Nature Genetics* 20:111~114, 1998.

3장 Questions for Review

이 름 ______________

학 과 ______________

날 짜 ______________

학 번 ______________

1. 영양판정에 사용되는 식습관 조사의 3가지 형태를 열거하시오.

   ①

   ②

   ③

2. 신체 계측법의 두 가지를 예로 드시오.

   ①

   ②

3. 정상적인 혈압 수치는 ______________.

4. 심장병에 대한 위험이 가장 적은 혈액 내 콜레스테롤 수치는 ______ mg/dl 이다.

5. 식이에너지는 ______________로 표현되어진다.

6. 다음의 다량영양소는 각 1g당 몇 칼로리의 에너지를 발생하는가?

   ① 단백질 ____________kcals/g

   ② 탄수화물 ____________kcals/g

   ③ 지 방 ____________kcals/g

   ④ 알코올(영양소 아님) ____________kcals/g

7. 소비에너지의 3가지 구성요소를 열거하시오.

①

②

③

8. 이 장에서 다루어진 '목측법(rule-of-thumb)'을 사용하여 당신에게 필요한 하루 에너지 소요량을 계산하시오.

제 4 장

비만, 체중조절, 섭식장애

비만은 미국 사회에서 만연한 문제이다. 국립 당뇨, 소화기, 신장질환 연구소(National Institute of Diabetes and Digestive and Kidney Diseases)의 보고에 의하면 미국 성인(20～74세)의 약 ⅓에 해당하는 5,800만 명이 과체중이라 하고, 게다가 470만 명의 청소년들(6～17세) 숫자가 더해져야 한다. 사실, 아동의 과체중 비율은 1960년대 중반에 5%에 머물렀던 것이 지금은 그 두 배가 넘는 11%에 달한다. 전국적인 조사에 의하면, 미국 국민 중 자신의 체중에 만족하고 있는 사람은 극소수에 해당하는 것으로 나타났으며, 이 중에는 자신이 너무 말랐다고 생각하는 경우도 있었으나, 대부분의 미국인들은 자신이 과체중이라고 생각하고 있는 것으로 나타났다. 물론 이 중에는 자신의 체중에 대해 잘못 인식하는 경우도 없지 않다.

통상적으로, 미국 성인 여성의 35～40%와 성인 남성의 20～24%가 자신의 체중을 줄이려 노력하고 있는 것으로 나타났다. 연간 다이어트 상품과 프로그램을 위해 소모되고 있는 비용은 무려 33억 달러에 달하고 있다. 소아 학회지(Pediatrics Journal)에 실린 최근의 연구보고에 의하면, 설문조사에 답한 9～10세 여성 어린이들의 40%가 체중을 줄이기 위해 노력한다고 대답했다. 놀랍게도 정상 체중을 가진 여자아이들의 35%와, 더욱 충격적인 것은 저체중 소녀들의 10～14%가 체중 감소를 위해 온갖 노력을 기울이고 있는 것으로 나타났다. 이러한 자료로 볼 때 미국에서 섭식장애 문제가 증가하고 있는 것은 결코 놀랄 일이 아니다.

과체중 상태에 있는 대부분의 성인들은 체중을 줄이기 위해 노력하지만 불행히도 그 해결책은 쉽지 않기 때문에 종종 여러 가지 문제에 부딪히게 된다. 사실상 대부분의 경우 체중 증가란 수년에 걸쳐 천천히 일어나는 현상이지만, 반대로 체중을 줄이고자 할 때는 매우 단시간에 해결하려는 경향이 있다. 최근의 한 보고에 의하면, 지난 삼십 년 간 무려 29,000가지의 새로운 다이어트 방법들이 소개되었다고 한다. 그 중에서 단 하나의 다이어트 방법이나 알약이라도 성공적이었다면 과연 다른 새로운 방법이 등장할 필요가 있었을까? 제 4장에서는 비만의 발생 및 추세를 살펴보고 체중 감량 식이를 위해 다루어져야 하는 다양한 요소들에 대해서도 공부하게 될 것이다. 마지막으로, 나날이 증가하는 신경성 식욕부진증과 폭식증의 섭식장애에 대해서도 살펴보기로 한다.

비만(obesity)은 여러 가지로 정의될 수 있다. 그 중에 한 가지 방법은 정상 체중에 대한 비율(percent IBW)을 이용하여 과체중과 비만을 구분하는 방법이다. 정상 체중의 110~120%에 해당하면 과체중이라 분류하고, 정상 체중의 120%를 초과할 경우에는 비만이라 정의된다. **체질량지수**(body mass index, BMI)를 이용하여 분류할 경우에는 여성의 경우 27.3, 남성의 경우는 27.8 이상을 과체중으로 간주한다. 일부 개인에게는 이 수치가 낮을 수도 있다. 기능적으로 볼 때, 비만이란 지방조직의 과잉 축적이다. 경우에 따라 체격이 매우 큰 사람의 경우에는 이러한 기준 수치가 넘는다고 해서 지방이 과다하다고 말할 수 없으며, 이와는 반대로 체중에 정상범위에 속하지만 실제로는 비만인 경우도 있다. 따라서 체중만으로 비만을 판정하기는 어려운 일이다.

비만은 많은 질병과 관련되어 있으므로 주의해야 한다. 체중이 증가하면 당뇨병, 통풍, 담낭질환, 고혈압, 관절질환 및 관절염 등이 일어나게 되고, 심장질환 위험을 가중시키는 혈중 콜레스테롤이 증가한다. 이 질병들이 모든 비만인에서 나타나는 것은 아니지만, 체중이 많이 나갈수록 쉽게 발병하는 것은 분명하다. 그렇다면 건강에 이상이 나타나기 시작하는 체중 과다는 어느 시점이라고 말할 수 있을까? 이는 각 개인마다 차이가 있다. 체중이 조금만 늘어도 건강에 이상이 나타나는 경우가 있는가 하면, 체중이 많이 늘어도 건강에 별 이상이 없는 경우도 있다.

따라서 특별한 질병이 없는 한 의사들은 대개 정상 체중의 140~150% 까지는 크게 신경을 쓰지 않는다. 또한 비만인 사람이 육체적으로 매우 활동적이라면 건강에 문제가 있을 확률은 훨씬 적어진다. 그러나 비만해지면 자연히 활동량이 적어지고, 활동량이 적어지면 더욱 살이 찌는 악순환이 반복되기 때문에 체중이 증가하는 상태에서 육체적 활동이 많은 경우는 흔치 않다. 따라서 움직이기 싫어하는 신체적 비활동 자체가 오히려 비만보다 더욱 여러 의학적 문제를 유발하게 된다.

명백하게 건강에 이상을 초래하는 비만을 '**고도 비만**'이라고 하며, 고도 비만은 정상체중의 200%를 초과하는 경우를 말한다. 즉, 자신의 정상체중을 두 배 이상 초과한 사람들의 경우에는 앞서 언급한 여러 질병에 걸릴 위험이 높다. 게다가 고도 비만은 호흡에 필요한 가슴 근육운동이 힘들기 때문에 호흡곤란이 오거나, 수면중에 일시적으로 호흡이 끊기는 무호흡 현상이 나타날 수 있다.

다이어트와 체중 감소

비만의 원인은 다양하다. 그 중에는 문화적 원인, 행동적 원인, 그리고 대사적 원인 등이 이에 속한다. 즉, 비만의 원인은 다양하기 때문에 어떤 한 가지 다이어트 방법으로 비만을 치료한다는 것은 무리이다. 따라서 쉽고, 빠르며, 또한 먹고 싶은 것 다 먹으면서 체중을 줄일 수 있다고 주장하는 그 어떤 다이어트 방법도 모두가 현실과는 거리가 멀다. 초저열량 식사를 하면서 빠른 시일 내에 체중을 줄이는 것이 가능할 수는 있으나, 이 때 감소된 체중은 수분이나 근육 단백질의 감소로 인한 것이지 지방이 줄어든 것은 아니다. **다이어트**의 목표는 체지방을 줄이는 것이지 근육을 줄이는 것이 아님을 명심해야 한다. 체지방을 줄이기 위해서는 장기간에 걸쳐 섭취열량을 조금씩 줄이면서 에너지 소모를 늘려야만 가능한 것이다.

다이어트의 목표는 체중을 줄이는 데 그치지 않고 감소된 체중을 유지하는 것이 훨씬 더 어렵고도 중요함을 명심해야 한다. 시중에 나와 있는 다이어트 식품을 이용하면 상대적으로 쉽게 체중을 줄일 수는 있다. 그러나 일반적으로 빨리 줄인 체중은 빨리 돌아오게 마련이며, 때로는 처음 시작할 때보다 오히려 체중이 더 늘 수도 있다. 다이어트란 체중 감소도 중요하지만 체중이 감소한 후에 그 체중을 평생

표 4-1. 체중 감량계획의 필수 구성요소

1. 섭취열량의 적절한 감소
2. 운동을 통한 소비에너지 증가
3. 식습관을 변화시키고 바람직한 체중을 유지하기 위한 행동 수정

유지하는 것이 보다 중요하다.

대부분의 연구에 따르면, 다이어트를 경험한 사람 중 25파운드 이상의 체중을 줄인 경우는 25% 미만이었으며, 감소된 체중을 일 년 이상 유지한 경우는 15% 미만에 불과했다고 한다. 표 4-1에서는 적절한 다이어트 계획을 위한 구성요소가 나타나 있다.

체중을 줄이기 위해서 섭취열량을 줄이는 것은 반드시 필요하다. 그러나 중요한 것은 적어도 일일 1,200 kcal의 섭취는 유지되어야 한다는 것이다. 하루 섭취열량이 1,200 kcal 미만이 되는 다이어트를 지속하게 되면 체내의 대사적 변화뿐만 아니라 심장을 포함하여 체내의 단백질이 과잉 손실될 수도 있다.

"Optifast" 또는 "Medifast"라 불리는 초저칼로리 다이어트 섭취법은 반드시 의사의 지시 하에서 시행되어야 한다. 이와 같은 저칼로리 다이어트 방법은 심한 비만 환자에게만 적용되어야 한다.

가장 이상적인 다이어트 효과를 위해서는 장기간에 걸쳐 일일 필요열량에서 약 500 kcal 정도를 꾸준히 감소시키는 것이 바람직하다. 일반적으로 이상적인 체중 감소 비율은 일주일에 0.5～1파운드 정도로 감소하는 것이다. 섭취 칼로리가 급격히 줄어들면 인체는 기초대사에 필요한 에너지를 줄임으로서 적응하려고 한다. 지나치게 섭취열량이 낮아지면 인체는 그에 대한 방어 기전으로서 에너지 대사를 줄이게 되는 것이다. 따라서 에너지 섭취를 줄일 때는 식품의 종류를 더욱더 다양하게 선택하는 것이 중요하다. 즉, 식품의 종류를 제한하게 되면 인체가 필요로 하는 영양소를 모두 섭취하기가 어렵기 때문에 식품의 종류를 몇 가지로 제한하는 것은 피해

표 4-2.「미국인을 위한 식사지침」에 나타난 체중 감소를 위한 바람직한 식사습관

- •칼로리는 낮고 영양가가 높은 식품을 다양하게 선택한다.
- •식품에 표시되어 있는 '영양성분표'를 확인한다.
- •고지방 · 고열량 식품은 가능한 적게 먹는다.
- •과일과 채소는 가능한 많이 먹으며, 지방이나 설탕을 첨가하지 않는다.
- •파스타 · 빵 · 쌀 · 시리얼 등의 곡류를 섭취할 때는 지방이나 설탕을 넣지 않는다.
- •설탕과 단맛이 나는 식품은 되도록 적게 먹는다.
- •알코올은 최소 혹은 금주하는 것이 좋다.
- •자신의 식습관을 바로 안다. 간식을 너무 많이 섭취하는 것과 잦은 폭식이 종종 비만을 불러일으킴을 인식한다.

야 한다. 표 4-2는 효과적으로 섭취에너지를 줄일 수 있는 행동적 요소들을 보여주고 있다.

'운동'은 에너지 소비량을 증가시키는 좋은 요소이기 때문에 어떤 체중감량 방법을 택하든 운동은 필수적이다. 체중이 많이 나갈수록 에너지 소비는 그 만큼 크다. 하루에 3마일을 걸으면 최대 500 kcal까지 에너지를 소비할 수 있다. 따라서 하루에 여분의 500 kcal 열량을 운동을 통해 소비하고 식이에서도 500 kcal를 줄이게 되면 두 배의 열량감소 효과를 보게 된다. 또한 운동을 함께 하게 되면 체중 감량이 일어나더라도 체단백을 가능한 유지시키며, 감소하더라도 그 속도를 서서히 진행시키는 이점이 있다. 필요량보다 적은 열량을 섭취할 경우에는 기초대사량이 감소하게 되는데, 운동을 통해 그 감소세를 지연시킬 수도 있다. 따라서 운동은 체중감량 계획의 중요한 일부분인 것이며, 이상적인 운동량은 하루 30분 정도이다.

체중 감량요법의 또 다른 주요 요소는 '행동 수정'이다. 사람들은 종종 체중 감소를 위해 비만관리를 위한 스파 시설을 이용하거나 일정 기간 비만 캠프에 참석하기도 하는데, 대부분의 경우 이러한 프로그램들을 통해 성공적으로 체중을 줄이기도 한다. 이러한 프로그램의 장점은 운동요법, 행동 수정과 함께 영양상담이 종합적으로 이루어진다는 것이다. 그러나 대부분의 경우 그 프로그램을 마치고 나면 비만을 야기했던 원래의 환경, 스트레스 및 생활습관으로 돌아가게 된다. 이러한 경우의 예후는 대개 좋지 못하다. 체중의 감소 뿐만 아니라 감소한 체중을 유지하기 위해서는 반드시 식습관을 바꿔야만 한다. 그러기 위해서는 열량이 높은 간식 대신에 신선한 과일이나 채소를 섭취해야 한다. 또한 '음식일지'도 지속적으로 기록하는 것이 좋은데, 이 경우엔 먹은 음식의 종류 뿐만 아니라 왜 그 음식을 먹게 되었는지 등의 스트레스 상황도 함께 기록해야 한다. 다이어트에 성공했다 할지라도 식이섭취 패턴을 변화시키는 데 성공하지 못한다면 감소된 체중을 유지하는 것은 매우 어렵다.

다시 한번 강조하지만 체중 감소는 매일매일 조금씩 덜 먹으면서 서서히 진행하는 것이 가장 바람직하다. 이 때 운동은 반드시 병행되어야 하며, 이는 에너지 소비를 한층 증가시키고 기초대사율이 낮아지는 것을 방지하기 위함이다. 체중 감소는 단지 첫 단계에 불과한 것이고, 중요한 것은 줄어든 체중을 지속적으로 유지하는 것이다. 이는 운동과 식이섭취 패턴에 영향을 미치는 생활습관을 바꿀 때 비로소 성공적으로 이루어질 수 있다.

체중 감량을 약속하는 웹사이트는 너무도 많지만, 대부분의 경우 '지방을 태울 수 있다'는 명목으로 각종 보조식품을 팔기 위한 상술적인 곳이 많으므로 주의해야 한다. 비만에 대한 정보, 다이어트 방법, 체중 감량를 위한 바람직한 접근법 등을 소개한 곳이 적합한 웹사이트인데, 그 좋은 예로서 '사이버다이어트(http://www.cyberdiet.com/)'를 들 수 있다. 이 사이트에서는 영양사의 전문 상담이 가능하며, 다이어트를 위한 조리법, 다이어트 플래닝, 도우미 그룹 등이 있어 매우 유용하다. 프로그램 중에는 일부 유료인 것도 있지만 대부분의 정보는 무료로 이용할 수 있다.

표 4-2는 균형잡힌 영양과 건강 정보인 체중 조절, 섭식장애 및 체력관리를 제시하고 있다.

1. 섭식장애

최근 미국사회 내에서의 섭식장애(eating disorders) 발병률은 놀랄 정도로 증가하고 있다. 최근의 한 통계에 의하면 여고생의 16%가 심각한 섭식장애 상태에 있고, 33%가 심각한 섭식장애 징후를 나타낸다고 한다. 미국 광고의 대부분은 극도로 마르고, 최대한 멋있는 모델들만을 기용한다. 그림 4-1에서는 사실에 반영한 만화인데, 이 만화를 통해 이 나라의 어린 소녀들에게 전달하고자 하는 내용은 성공적이고 매력적으로 보이기 위해서는 무조건 날씬해야만 한다는 것이다.

그림 4-1. 1995년 삭스핍스 애브뉴 상점에서 소개한 Frannie라는 새로운 마네킹은 180cm의 키에 6사이즈의 옷을 입고 있었는데, 그들은 이 마네킹을 '1990년대의 이상형 여인'으로 묘사하였다. 그러나 실제로 평균 체격의 여성이란 160cm의 키에 10~12사이즈의 옷을 입는 경우를 말한다. (제공 : Shape Magazine, 1995년 8월호)

섭식장애의 대표적인 세 가지 유형은 신경성 식욕부진증(거식증 : anorexia nervosa), 식욕항진(대식증 : bulimia)과 대식증(binge eating)이다. 지금부터 이들 증상에 관하여 자세히 살펴보도록 하자. 섭식장애는 스스로 치료하기 힘들기 때문에 반드시 전문가의 도움을 받아야 한다.

1) 신경성 식욕부진증(Anorexia nervosa)

신경성 식욕부진증(anorexia nervosa)은 미국에서 날로 증가하고 있는 섭식장애이다. 현재 미국 여성 400～500명당 1명 정도가 신경성 식욕부진증으로 추정되고 있다. 남성도 이 질환이 증가 추세에 있으나, 여성의 경우가 훨씬 높아서 여성의 신경성 식욕부진증은 남성의 20배에 해당한다. 신경성 식욕부진증의 치료법은 예전에 비해 많이 발달하였음에도 불구하고 여전히 전체 환자의 6% 정도가 사망에 이르고 있다. 주로 부유한 가정의 젊은 여성들이 이 병에 시달리고 있으며, 신경성 식욕부진증으로 고생하는 전형적인 젊은 여성들은 외모를 강조하고, 감정 표출이 억압된 집안 분위기에 의해 그렇게 되는 경우가 많다.

신경성 식욕부진증을 판단하는 몇 가지 기준을 살펴보자. 우선, 적정체중의 85% 이상을 유지하지 못하거나, 체중의 25% 이상에 해당하는 과도한 체중 감소 역시 신경성 식욕부진증으로 의심할 수 있다. 신경성 식욕부진증이라고 판단되는 다른 몇 가지 특징을 살펴보면 다음과 같다. 첫째, 식품에 대한 왜곡된 믿음을 가지고 있다. 즉 안전하게 먹을 수 있는 음식의 종류는 매우 한정적이라고 생각한다. 둘째,

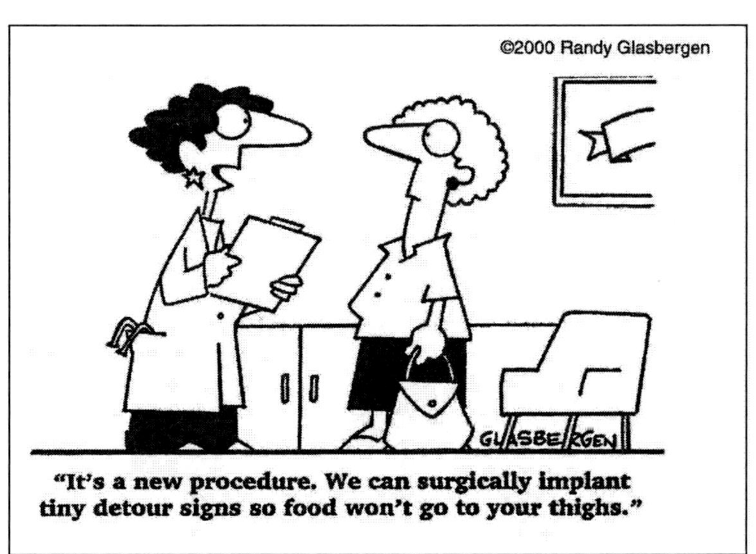

"It's a new procedure. We can surgically implant tiny detour signs so food won't go to your thighs."

자신이 병적인 상태라는 것을 인정하지 않는다. 즉, 그들은 굶어 죽는 상태가 된다 하더라도 자신들에게 아무런 잘못이 없다고 생각한다. 바로 이러한 부정적인 심리 상태가 환자들의 치료를 더욱 힘들게 만든다. 사실 체중 감소량이 클수록 그들은 더욱더 성취감을 느끼고 모든 것이 잘 되어 간다고 생각한다. 셋째, 그들은 잘못된 신체상(body image)을 가지고 있다. 그들은 아무리 마르더라도 만족스럽지 못하다. 신경성 식욕부진증 환자에게 자신의 체형을 나타낼 수 있는 실루엣을 고르라고 하면 그들은 항상 뚱뚱한 실루엣을 선택한다.

결국 신경성 식욕부진증 환자는 체중이 줄면서 여러 임상적인 증상들이 나타난다. 즉, 라누고(lanugo, 몸 전체에 솜털이 일어선 상태), 무월경증(amenorrhea), 일어서면 어지러움을 느끼는 기립성 저혈압(postural hypotension), 심장박동 저하, 손발이 차게 되는 저체온증 등의 증상이 나타난다. 이러한 환자들이 대부분 이와 같은 증상들로 처음 병원을 찾게 된다.

2) 식욕항진증(Bulimia)

식욕항진증(bulimia)은 또 다른 풍요 속의 질병이다. 누구나 가끔은 과식할 수 있다. 그러나 식욕항진증이란 극도의 과식을 말하며, 과식한 뒤에는 반드시 부적절한 보상행동을 하는 경우이다. 부적절한 보상행동에는 구토, 설사제 남용, 과도한 운동, 이뇨제 남용 등이 있다. 미국 인구의 5%의 여성과 1%의 남성이 실제 식욕항진증인 것으로 추정된다. 식욕항진증은 특히 대학생들에게서 발생 빈도가 높은 것으로 나타났다.

식욕항진증은 강박적 행동이다. 지나친 절제를 보이는 신경성 식욕부진증 환자와는 달리 식욕항진 환자는 보통 생활습관이 불규칙하다. 전형적인 식욕항진 환자는 적정 체중이거나 약간 초과된 상태로 하루에 6~8회 정도 게걸스럽게 먹어치우고, 한 번에 보통 2,000~6,000 kcal를 섭취한다. 폭식을 할 때는 케이크, 아이스크림, 감자칩, 초콜릿 등과 같이 고열량, 고당질, 고지방 식품을 먹는다. 식욕항진 환자의 또 다른 특징은 폭식을 한 뒤에 죄책감을 느끼고, 폭식을 하는 동안 자신이 통제력이 없다고 생각하며, 비정상적인 식습관을 부끄러워하고 이를 감추려 애쓴다.

식욕항진증 환자는 자신이 지나치게 많은 열량을 섭취했다는 사실을 알기 때문에 고의적 구토, 설사제의 과용, 극심한 운동 등의 부적절한 보상행동을 하게 된다. 식욕항진에 동반되는 임상적 문제들은 매우 명백하며, 때로는 생명을 위협할 수도 있다. 지속적인 구토에 위한 위산 역류는 식도 점막과 치아를 손상시키며, 치아 손상은 충치로 이어지기 때문에 치과의사는 환자를 볼 때 이러한 점을 주의 깊게 관찰

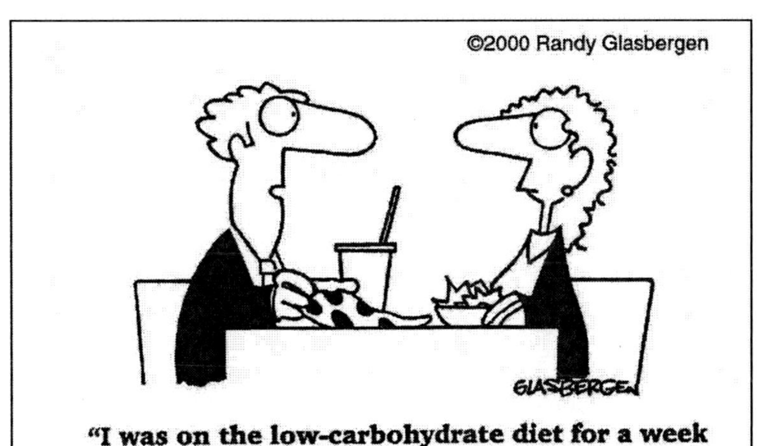

한다. 또한 구토는 특히 칼륨 같은 혈중 전해실 불균형을 일으켜 심장병의 원인을 제공하기도 한다.

설사제의 과용도 상당히 위험하다. 우선, 설사제를 사용한다 해도 영양소의 소화흡수를 겨우 12% 정도만 감소시키므로 칼로리의 대부분은 흡수된다고 봐야 한다. 둘째로, 탈수증상과 전해질의 손실을 초래하며, 이는 치명적일 수 있다. 셋째로, 설사제 복용을 중단했을 때 조직 내의 수분 보유로 인해 부종이 나타날 수도 있다. 심한 경우는 설사제 복용 중단 후 수분으로 인해 체중이 25~30파운드 증가한 경우도 있다. 마지막으로, 약효가 더 강한 설사제를 복용하지 않는 한 대장의 기능이 멈추는 경우도 있다. 설사제 복용을 중단한 후에는 위장관의 운동이 정상적으로 될 때까지 변비가 생기기도 한다.

3) 대식증

대식증(binge eating)은 고열량의 식품을 과잉 섭취하나, 식사 후에 구토 증상은 보이지 않는다. 대식가들은 일반적으로 매우 짧은 시간 안에 2,000~3,000 kcal 정도의 많은 열량을 섭취한다. 일주일에 두 번 이상 과식을 하며, 6개월 이상 이런 행동이 지속되면 대식가라 분류한다. 대식가는 보통 배고픔을 느껴서 먹는 것이 아니지만, 일단 먹기를 시작하면 통제력을 잃는다. 이들은 한 번에 너무 많이 먹는 것을 창피하게 생각하기 때문에 보통 혼자서 먹고, 다 먹은 후 종종 메스꺼움을 느낀다. 식욕항진증과는 달리 대식가들은 많이 먹었음에도 불구하고 보상행동을 하지는 않는다. 종종 곧바로 잠이 들기도 하는데, 대식 후 설사제 남용 등의 행동을 하지 않기 때문에 비만이 되기도 한다. 그러나 모든 비만인들이 대식가는 아니라는 사실을 명심해야 한다.

4) 중재와 치료

섭식장애는 복합적인 질환이며, 강박적인 행동이라는 것을 고려해야 한다. 체중과 식품에 대한 왜곡된 편견을 버리고, 심리적 안정감을 느낄 수 있는 식단을 개발하는 등의 개인별 영양치료를 통한 팀별 접근법이 성공적인 것으로 나타났다. 개인마다 특징적인 섭식장애에 따른 치료법이 다르긴 하지만, 가족치료와 그룹치료도 효과적이다. 재차 강조하지만 섭식장애는 전문적인 치료가 반드시 필요하다.

표 4-3은 섭식장애에 관한 좀 더 자세한 정보를 제공해주는 정보 사이트이다.

표 4-3. 섭식장애와 운동에 관한 정보

WEIGHT CONTROL	
•Obesity and Weight control from Michael D. Myers, M.D., Inc.	www.weight.com
•Overeaters Anonymous	www.overeatersanonymous.org
•Mayo Clinic-Weight Control	www.mayohealth.org/mayo/9406/htm/main.htm
•Weight Watchers	www.weight-watchers.com
•Cyberdiet	www.cyberdiet.com
EATING DISORDERS	
•Mirror-Mirror	www.mirror-mirror.org/eatdis.htm
•Eating Disorders in a Disordered Culture	www.eating.ucdavis.edu/
•Eating Disorders Awareness and Prevention, Inc.	www.edap.org
•The Something Fishy Website on Eating Disorders	www.something-fishy.org
•Anorexia and Related Eating Disorders(ANRED)	www.anred.com
GENERAL FITNESS	
•Fitness Tutor	www.fitnesstutor.com/Default.htm
•Health Answers	www.healthanswers.com
•Shape Up America!	www.shapeup.org

4장

1. 체중조절

어느 방법이 효과적이고 왜 그런가?

정말로 체중을 줄여야 해!

의사 선생님도 그렇게 말씀하시고 당신도 그렇게 생각하고 있을 것입니다. 그리고 당신의 체중 감량을 장담하며 도와주겠다는 수많은 다이어트 식품, 프로그램 및 제품들을 보면 살을 빼는 것이 쉬워 보인다. 그러나 해본 사람은 누구나 알 수 있듯이 살을 빼는 것이 그렇게 쉬운 일이 아니다. 그리고 살이 찌지 않게 유지하는 것은 더욱더 어려운 일이다.

매우 놀라운 수치들이다:

- 미국 여성의 36%와 남성 33%가 과체중이다.
- 매년 30만 명의 미국인이 비만과 관련하여 사망한다.
- 미국 건강보호시스템에서는 비만과 비만으로 인한 질병을 치료하기 위하여 한 해 700억 달러의 비용을 쓰고 있다.

미국인들은 체중감량 제품과 서비스에 한 해 330억 달러 이상을 쓰고 있다. 그런데 그 많은 돈을 쓰면서도 별로 성공을 거두지 못하고 있어 미국 성인의 과체중 비율이 거의 한 해에 1%씩 증가하고 있다. 비만전쟁의 싸움에서 지고 있는 것이다.

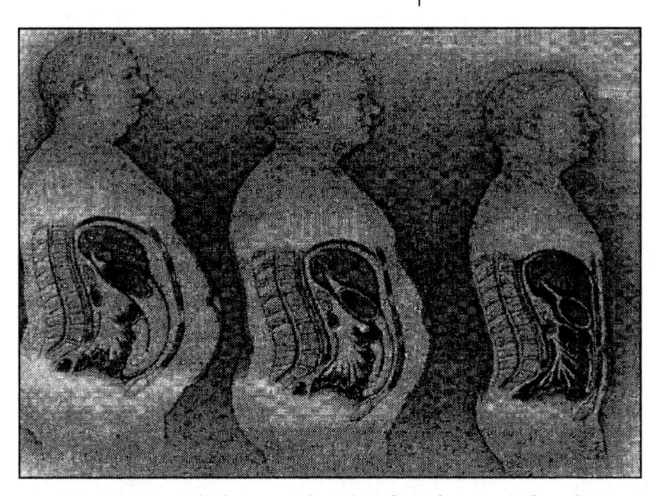

신체는 거의 무한정으로 지방을 저장할 수 있다. 체중 감량은 신체기관들이 위치하는 공간을 충분히 확보해주고, 척추 아랫부분, 엉덩이 및 무릎의 압력을 감소시킨다.

우리가 무엇을 잘못 하고 있는가? 간단히 말해 너무 많이 먹고 활동량이 부족한 것이 대부분 비만의 원인이다. 그러나 우리의 접근방식에도 일부 문제가 있는 것 같다. 체중관리의 최우선 목적이 건강을 향상시키고 유지하는 데에 있어야 함에도 외모 향상을 위한 살 빼기에 집중하는 경향이 있다.

만일 과체중이 아니라면 체중감량은 건강에 이롭지 않고 오히려 해가 될 수 있다. 그러나 많은 사람들에게 체중 감량은 건강을 위한 목표가 된다. 과체중인 사람

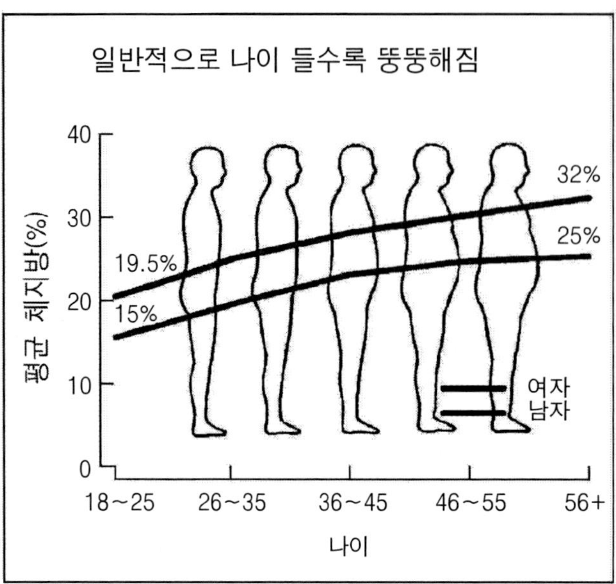

나이가 들수록 근육량은 감소하고 지방이 차지하는 비율은 증가한다.

'과다지방'이 '과체중'보다 건강에 더 해롭다

전통적으로 '과체중'은 체중표에 나타나 있는 나이와 신장별 건강체중보다 체중이 더 나가는 것으로 정의해 왔다. 그러나 이는 체구성의 차이를 나타내지는 못한다.

예를 들면 운동선수들은 종종 커다란 골격 혹은 발달된 근육 때문에 체중표 기준으로는 '과체중'으로 판정되기도 한다. 그러나 그들은 지방을 과다하게 축적하고 있지 않다. 전문가들에 의하면 체중보다는 체지방이 더 유용한 건강지표라고 한다.

과체중인 사람은 또한 과다지방일 가능성이 있지만, 단지 체중을 측정하는 것만으로 체중의 얼마나 많은 부분이 지방이고, 또 그 지방이 어디에 쌓여 있는지를 말해 주지는 않는다. 그래서 지방함량과 지방의 분포는 모두 건강 위험을 결정하는 데 있어서 체중 자체보다 더 중요한 요소들이다.

에 있어서 체중감량은 심혈관계 질환, 당뇨, 고혈압 및 다른 질병 발생 위험을 감소시킨다. 아주 적은 양의 감량이라도 큰 이익이 될 수 있다.

그러면 어떤 방법으로 체중조절을 할 것인가? 많은 계획과 프로그램이 있겠지만 여기서는 가장 성공확률이 높은 방법을 소개하려 한다.

건강에 대한 비만의 영향

신체는 약 300~400만 개의 지방세포를 가지고 있다. 각 지방세포는 신축성 있는 얇은 벽을 가진 저장탱크와 같다. 섭취한 에너지가 바로 사용되지 않을 경우 남는 에너지 대부분은 이들 세포에 지방형태로 저장된다.

우리 몸은 지방을 저장할 수 있는 거의 무한한 능력을 가지고 있어 몸과 건강에 지대한 영향을 미친다. 특히 복부 주위에 지방이 저장되면 더욱 그렇다.

숨이 차는 것은 우리 몸에 과도한 지방축적에 의한 압력의 초기 신호이다. 왜냐하면 체내에 지방이 축적됨에 따라 신체 기관들이 위치하는 공간이 비좁아지기 때문이다. 복부 지방축적은 폐가 확장될 공간을 작게 하여 결국 앉은 자세에서 편안히 숨쉬는 것을 어렵게 한다.

또한 심지어는 약간의 과체중인 경우에도 다리와 척추에 끊임없이 부담을 주어 결국 퇴행성 관절염과 같은 질병을 악화시킬 수 있다. 과체중은 또한 수술 후 합병증의 위험을 증가시키는데, 이는 상처 치료를 더디게 하고 감염에 더욱 취약해지기 때문이다.

비만은 또한 수명을 단축시킬 수 있는 심각한 질병들과 직접적인 연관을 가진다. 비만은 인슐린 저항성을 증가시켜 제2형(인슐린 비의존형) 당뇨의 주요 원인으로 작용한다. 체중이 과다하면 간에서 중성지질과 콜레스테롤 합성이 증가하여 관상동맥질환을 포함한 심혈관질환, 고혈압 및 뇌졸중 발생 위험성을 증가시키며, 유방암, 전립선암, 직장암, 자궁암 등의 암 발생과 담석 생성 위험성을 증가시킨다.

그리고 미와 지성과 성공을 날씬함에 연관시키는 사회풍조에서 과체중은 정서적으로 사회적으로 매우 중요한 의미를 갖는다. 과체중의 성인들이 정신적인 스트레스와 수입 감소, 차별을 경험하는 것은 흔한 일이다.

체중을 줄이는 것이 정말 필요한가?

건강한 성인의 체지방 수준은 남성 18~23%, 여성 25~30% 범위이다.

그러나 체중의 측정으로는 체지방 수준이 얼마나 되는지 알 수 없다. 체중이 1파운드가 늘고 줄어드는 것이 결코 지방이 1파운드 늘고 줄어드는 것을 의미하지 않는다("**과다지방이 과체중보다 건강에 더 해롭다**" 참고). 체중이 조금씩 빈번하게 변화하는 것은 일반적으로 수분의 변화에 의한 것이다.

체내 수분함량은 소금 섭취량, 활동 수준 등에 따라 달라지며 심지어는 기후 변화에 의해서도 영향을 받는다. 또한 커피와 같이 이뇨작용을 하는 음료를 마셔도 수분이 빠져나간다.

과체중에 비해 과다지방이 건강상 더 위험하다는 강조는 체지방의 측정을 일반화시키게 되었다. 체지방 측정에 있어서 중요한 점은 교육받은 전문가에 의해 피부두겹집기법, 적외선 이용법, 생체자기저항법, 혹은 수중 체중측정법 등과 같은 믿을 만한 방법을 사용하여 체지방을 측정하는 것이다. 그러나 이러한 방법들에 의해 측정된 체지방률은 모두 정확한 지방함량이 아닌 대강의 어림치에 불과하고, 나이가 많을수록 또는 체지방률이 높을수록 그 수치의 신뢰도가 떨어진다.

가정에서 손쉽게 할 수 있는 세 가지 테스트 - 체질량지수(BMI, body mass index), 허리/엉덩이 둘레비율(waist/hip ratio) 및 개인 또는 가족력 - 방법을 병행함으로써 우리는 본인의 현재 체지방 상태가 어떻고, 체중을 줄임으로써 어떤 이익이 있을까에 대해 예측할 수 있다.

체질량지수(BMI)는 체중에 비해 훨씬 더 좋은 체지방 지표이다. 허리/엉덩이 둘레비율은 지방의 대부분이 어디에 위치해 있는지를 알려주며, 개인 혹은 가족력은 본인에게 있어서 지방이 얼마나 위험한지를 가늠할 수 있게 해준다.

다음 쪽에 있는 공식을 이용하여 BMI를 계산한다("**당신의 적정 체중은 얼마인가?**" 참조). 다음은 그 다음 쪽에 제공된 방법을 사용하여 허리 / 엉덩이 둘레비율을 계산한다("**당신의 모습으로 건강 위험성을 판단한다**" 참조).

그 다음에는 당신의 '건강한' 체중이 어때야 하는지에 대한 완벽한 모습을 알아보기 위해 가족의 병력과 함께 자신의 병력을 살펴본다. 그렇게 하기 위해 다음 질문들에 답해 보라.

뚱뚱하게 될 소인을 가지고 태어났나요?

활동에 필요한 에너지보다 더 많은 양을 섭취하게 되면 체중이 증가하지만, 문제가 그렇게 간단하지만은 않다. 과체중인 사람들이 모두 과식한다고 추정할 수는 없다. 과체중은 다음 여러 가지 요인들의 복합적 상호작용에 의한 것이다:

■ **유전** - 신체가 에너지 균형을 맞추는데 유전자가 일부 역할을 한다. 부모가 비만이면 아이들도 역시 과체중인 경향이 있다. 비만 가족력이 있는 사람은 비만 위험률이 약 25~30% 정도 더 높다.

유전적으로 비만이 결정지어지는 것은 아니다. 그러나 유전인자는 체지방 양과 지방의 분포에 영향을 주어 체중 증가의 가능성을 높일 수 있다.

과학자들은 유전자의 변이가 비만의 원인이 될 가능성을 시험하고 있다. 유전적 결함은 신진대사와 식욕의 조절에 관여하는 렙틴 단백질의 수준에 영향을 주는 것으로 밝혀졌다. 그러나 렙틴 수준을 변화시킴으로써 비만을 치료하는 데 도움을 줄 수 있을지는 아직 분명치 않다.

■ **성** - 근육은 지방보다 더 많은 에너지를 사용한다. 남성들은 근육을 더 많이 가지기 때문에 쉬는 동안에 여성들에 비해 10~20% 더 많은 에너지를 소모한다.

■ **나이** - 나이가 듦에 따라 신체 근육량이 감소하는 경향이 있으며, 이에 따라 신체 구성성분 중 지방이 차지하는 비율이 증가하며, 자연적으로 대사작용이 느려진다. 따라서 이러한 변화들이 어우러져 신체의 에너지 필요양이 감소하게 된다.

■ **흡연** - 흡연을 하는 남성과 여성은 비흡연자보다 체중이 6~10파운드 덜 나가는 경향이 있다. 금연 후에는 일반적으로 체중이 다시 비흡연자의 수준으로 돌아간다.

금연 후 체중이 다시 증가하는 것은 니코틴의 대사 촉진작용 때문인 것으로 일부 여겨진다. 흡연자가 담배를 끊게 되면 그들은 에너지를 덜 태우게 된다. 담배를 끊은 사람들이 체중이 증가하는 또 다른 이유는 금연 후 일반적으로 더 많이 먹는다는 것이다

■ **신체적 비활동성** - 비만인 사람들은 정상체중의 성인보다 보통 신체적 활동을 덜 한다. 그러나 비활동성이 항상 비만의 원인이 되는 것은 아니다. 운동 부족은 또한 비만의 결과일 수도 있는 것이다.

■ **고지방 식이** - 이론적으로 지방은 단백질이나 탄수화물보다 두 배 이상 더 많은 에너지를 제공한다.

그러나 동일한 에너지를 섭취할 때조차도 고지방식이를 하는 사람이 저지방식이를 하는 사람에 비해 훨씬 더 많은 에너지를 체지방으로 저장하는 경향이 있다.

■ **의학적 문제들** - 비만 사례 중 약 2% 이하만이 대사장애 혹은 호르몬 불균형으로부터 기인된다.

당신의 적정 체중은 얼마인가?

체질량지수(BMI, body mass index)는 우리의 체중을 과체중에 의한 건강 위험성과 연관시켜 준다. 오른쪽 표는 비만지수에 기초하여 키와 체중에 대한 건강과 비만 범위를 보여준다.

다음 계산법에 따라 당신의 체질량지수를 계산해 보라.

1. 당신의 m 단위의 신장을 제곱한다(예: 1.7×1.7=2.89).
2. 당신의 kg 단위의 체중을 1번 답으로 나눈다. (예: 65/2.89=22.49)

•계산된 체질량지수는 22.49이다.

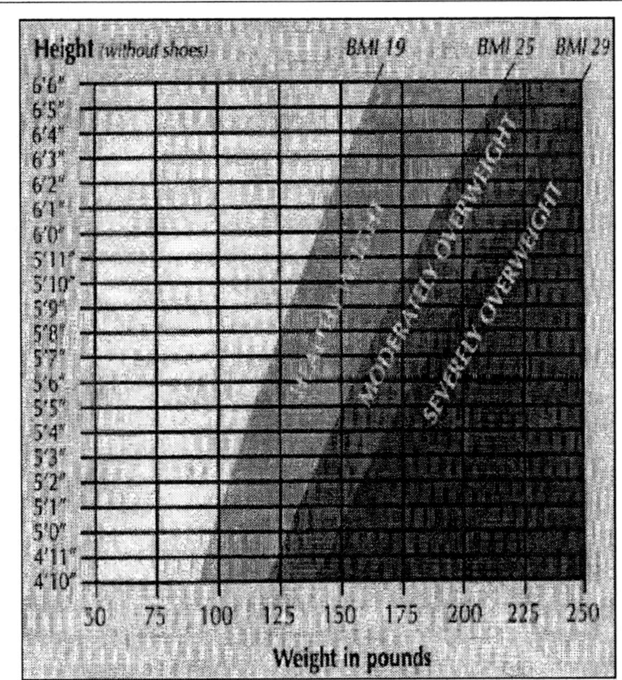

출처: *USDA's Dietary Guidelines for Americans*

•일반적으로 건강한 BMI 범위는 19~25이다.

만일 당신의 BMI가 28 이상이면 의사와 상담하여 적절한 체중조절 프로그램을 실행하라.

역자 주: 우리나라에서는 WHO 아시아 - 태평양 비만 진단기준에 따라 BMI 18.5~22.9를 정상체중, 23 이상을 과체중, 25 이상을 비만으로 정의한다.

1. 나는 체중을 줄임으로써 이익을 얻을 만한 건강상태를 가지고 있는가? 과체중을 줄이는 것은 고혈압, 당뇨병, 관절염, 혈중 고콜레스테롤 및 고중성지방 등과 같은 건강문제들을 향상시킬 수 있다.

2. 허리/엉덩이 둘레비율에 기초하여 나는 '중심'형인가 '하체'형인가? 어디에 과도한 몸무게를 가지는가가 건강문제에 대한 위험성에 영향을 줄 수 있다.

3. 나는 나중에 체중과 관련된 건강상의 문제를 가질 위험성이 있는가? 당신의 가족력이 당신으로 하여금 체중과 관련한 만성 질병에 걸릴 위험성을 더 높일 것인지 판단하라. 그리고 과체중이 되기 시작한 나이가 언제인지를 고려하라 - 어려서부터 과체중인 사람들이 과체중으로 인한 신체장애와 사망위험이 더 크다. 10대에 비만이었던 사람은 사망 위험률이 더 높다. 또한 여성인 경우 18세 혹은 남성의 경우 22세 이후에 22파운드 이상 체중이 증기한 경우 그렇지 않은 경우에 비해 사망 위험률이 더 높아진다.

약으로 해결될 수 있는가?

약을 먹고 체중을 줄인다? 그것이 그렇게 간단한 것이 아니다.

다이어트 약들은 잠재적인 위험성이 입증되어져 왔다.

Redux와 Pondimin 이 두 가지 인기 있는 다이어트 약들은 심장 밸브를 손상시킨다는 이유로 1997년에 시장에서 수거되었다.

Xenical과 같은 새로운 약은 작용방법이 다르고, 장기간 사용에도 부작용이 덜한 것 같다.

다이어트 약 처방은 일반적으로 현저하게 과체중이거나 비만 그리고 과체중과 관련된 건강문제를 가진 사람들에만 권해진다.

4. **나의 체질량지수가 수용 가능한 범위 밖에 있는가?** 일반적으로 당신의 비만지수가 수용 가능한 범위 내에 있다면 당신의 건강문제 위험성은 낮아진다.

5. **나는 과식하거나, 흡연하거나, 하루에 두 잔**(여기서 술 한 잔은 맥주 360cc, 와인 150cc, 80도 양주 45cc에 상당하는 양을 말함) **이상 음주하거나 혹은 감당하기 힘든 스트레스를 짊어지고 생활하는가?** 만약 당신이 과식을 하게 된다면 지방을 너무 과다하게 섭취할 우려가 있다. 흡연은 폐와 심장질환의 원인이다. 간 기능을 손상키는 음주는 영양소 흡수를 방해한다. 과도한 부정적인 스트레스는 신체적으로 정서적으로 건강을 해친다. 따라서 과체중이 이러한 행동습관들을 수반할 경우에는 건강에 더 큰 악영향을 줄 수 있다.

만약 위의 모든 질문들에 "아니오"라고 대답을 했다면 당신은 체중 변화로 인한 아무런 건강상의 이점이 없다. 반면에 "예"라는 대답을 하나 이상 했다면 당신은 체중을 줄임으로써 건강 향상에 도움이 될 수 있을 것이다.

어떻게 해야 할까?

만약 당신이 체중을 줄일 필요가 있다면 안전하게 체중을 줄이고, 그것을 지속적으로 유지시키기 위해 무엇을 어떻게 해야 할까?

■ **약속을 하라** - 다른 사람들을 즐겁게 해주기 위해서가 아니라 내 자신이 원해서 체중을 줄여라. 자신이 원할 때 내적 동기유발이 일어나 체중을 줄일 수 있는 것이다.

■ **시기를 잘 선택하라** - 다른 중요한 문제들에 의해 정신이 산만해 있을 때 라이프스타일을 개선하고자 시도함으로써 실패를 자처하지 말라. 습관을 바꾸기 위해서는 정신적으로 육체적으로 많은 에너지를 요구한다.

만일 부부간의 문제나 경제적인 문제 혹은 다른 어떤 중요한 문제로 자신이 불행하다고 느끼고 있다면 이 때는 계획한 바 목적을 이루기 어려울 것이다. 시기가 중요하다.

■ **현실적인 목표를 정하라** - 젊었을 때 쉽게 도달하여 편안했던 체중을 목표로 하라. 만약 전부터 항상 비만이었다면 중성지방, 혈당, 혈압 및 에너지를 향상시킬 수 있는 정도의 체중에 도달하는 것이 현실적인 목표가 될 것이다(다음 페이지의 "**적은 양의 체중 감소조차도 건강상 이익을 준다**" 참조).

당신의 모습으로 건강 위험성을 판단한다

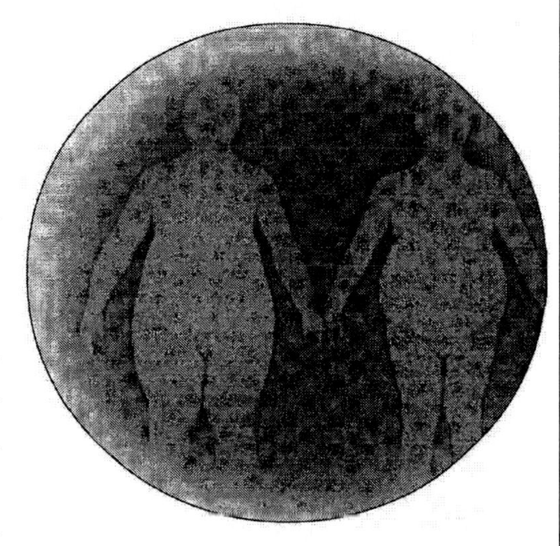

대부분의 사람들은 성인기에 10년마다 몇 파운드씩 체중이 증가한다. 그렇다고 해서 건강하지 못한 것인가? 사람 나름이다.

당신은 과도한 체중이 중앙 부위에 위치한 사과모양 중심형인가, 아니면 엉덩이와 허벅지 부분에 위치한 서양배 모양의 하체형인가?

만약 당신이 사과모양의 '배불뚝이' 혹은 '스페어타이어'라면 당신의 복부와 복부기관 주위에 지방이 축적되어 있는 것이다. 이 부분에 축적된 지방은 당뇨병, 심혈관질환, 뇌졸중, 고혈압 그리고 암에 걸릴 위험성을 증가시킨다.

복부지방은 분해되어 혈관으로 들어가기 쉽고, 동맥을 막히게 할 수 있기 때문에 마른형의 '중심형'일지라도 비만 '중심형'와 똑같은 위험성을 갖는다. 또한 과식이나 과음 및 충분한 운동을 하지 않은 것으로 인한 질병발생 위험성은 서양배 모양보다 사과모양이 더 크다.

하체형인 사람은 중심형인 사람보다 건강 위험성이 훨씬 덜 하다. 만일 당신이 중심형인지 하체형인지 알기를 원한다면 다음과 같이 당신의 허리/엉덩이 둘레 비율을 계산해 보라:

1. 긴장을 풀고 서서 허리의 가장 가는 지점(보통 배꼽부분)의 둘레를 잰다.
2. 엉덩이 부분의 가장 둘레가 넓은 지점을 잰다.
3. 허리둘레와 엉덩이 둘레의 비를 구한다. 예를 들면 37/44=0.84

허리/엉덩이 비율이 여성의 경우 0.80, 남성의 경우 1.0보다 크면 질병발생 위험성이 크다는 것을 의미한다.

건강에 이로운 체중감량은 천천히 꾸준히 해야 한다는 사실을 명심하라. 만일 여성이라면 일주일에 1~2파운드, 남성이라면 일주일에 2~3파운드씩만 줄이는 것을 목표로 하라(남성들은 신진대사가 더 빠르기 때문에 더 빨리 체중을 줄일 수 있다). 주마다 혹은 달마다 성공을 확인해 갈 수 있도록 주별 혹은 월별 목표치를 설정하라.

■ **건강에 좋은 음식들을 먹는 법을 배우도록 하라** - 유동식, 다이어트 약 그리고 특별 식품배합은 장기적인 체중 조절과 건강

수술이 답인가?

위 절제수술, 위 우회수술, 장 우회수술 및 지방흡입술이 체중 감소를 위해 사용되어 오고 있다.

그러나 이들 중 위 절제수술과 위 우회수술만이 효과가 있다고 입증되었지만, 이들 조차도 장기적 효과는 불확실하고 심각한 부작용을 가져올 수 있다.

비만을 치료하기 위해 행해지는 수술들은 일반적으로 18~65세 사이의 사람들로 비만이 심각한 의학적 위험을 초래할 수 있는 경우에만 권해진다.

적은 양의 체중 감소조차도 건강상 이익을 준다

체중 감량을 통해 건강향상을 얻기 위해서는 체중을 많이 줄일 필요가 없다.

약간의 체중 감량조차도 특히 체중과 관련된 건강문제를 가지고 있는 경우 큰 대가를 얻을 수 있다.

5~10% 감소만으로도 혈압, 중성지방, 콜레스테롤 농도를 개선시키고, 수면 무호흡증과 골관절염을 줄일 수 있다. 그리고 당신의 자부심을 높일 수 있다.

향상의 해답이 되지 못한다. 대신에 어떻게 먹어야 잘 먹는가에 대해 배워라.

4가지 전국 규모 조사결과에 의하면 살을 빼고자 하는 사람들 대부분이 하루에 1,000~1,500칼로리를 섭취하는 것으로 나타났다. 그러나 여성의 경우 1,200, 남성의 경우 1,400 이하로 칼로리를 제한하게 되면 장기적으로 볼 때 충분한 영양섭취를 하지 못하게 된다.

또한 1,200칼로리 이하로 섭취하게 되면 엽산, 마그네슘, 아연 등의 영양소들을 충분히 섭취하는 데 어려움이 있으며, 지속적으로 지방을 감소시키기 보다는 일시적으로 수분의 감소를 촉진시킨다(다음 페이지의 "**건강식사를 위한 지침**"에서 당신의 칼로리 섭취량을 계산해 보라).

지방 섭취량을 총 칼로리의 30% 이하가 되도록 하면 칼로리 섭취를 낮추는 것이 용이하게 된다(다음 페이지의 "**건강식사를 위한 지침**"에 지방, 탄수화물, 단백질의 양이 계산되어 있다).

지방으로부터의 칼로리 섭취를 줄이게 되면 통곡류, 과일, 야채와 같은 영양가가 높은 음식을 더 많이 섭취할 수 있다. 그리고 더 많은 음식을 먹으면서도 칼로리 섭취는 적어진다.

■ **적당한 운동을 하라** – 다이어트만으로도 체중을 줄이는 데 도움을 줄 수 있다. 하루 250칼로리를 줄이면 일주일에 0.5파운드(227g)를 줄이는 데 도움을 줄 수 있다(3,500칼로리 = 지방 1파운드). 그러나 일주일에 4일, 하루 30분씩 속보로 걷는 것을 곁들이면 다이어트만으로 체중을 줄이는 것보다 두 배의 효과를 얻을 수 있다.

체지방을 줄이는 최고의 방법 중 하나는 40분 이상 지속되는 걷기와 같은 유산소운동을 꾸준히 하는 것이다. 왜냐하면 짧은 시간 동안 운동하는 것보다 낮은 강도의 운동을 장시간 동안 하는 것이 더 많은 양의 지방을 태우기 때문이다.

웨이트 트레이닝과 같은 체력 강화훈련 또한 나이가 듦에 따라 발생하는 근육 손실을 방지해 주기

대중적인 체중감량 방법들은 습관의 변화를 장려하지 않는다

널리 통용되고 있는 체중감량 방법들의 이론적인 설명은 다음과 같다. 일반적으로 이들 방법들은 대상의 식습관과 운동습관의 변화를 요구하지 않기 때문에 안전하고 지속적인 지방 감량에 실패한다.

방 법	주장하는 작용방법	효과를 보지 못하는 이유
다이어트 약들 (처방이 필요 없는)	중추신경계를 자극함으로써 식욕을 억제하거나 신진대사를 높이는 화학물질을 함유한다.	고혈압, 탈수, 영양소 흡수를 저해하는 원인이 될 수 있다. 같은 효과를 위해 더 강한 약 복용을 필요로 하는 의존도가 증가한다.
특정 식품들 혹은 배합들	자몽과 같은 어떤 특정 식품들이 지방을 태운다. 특정 배합물이 몸의 착각을 불러일으켜 정상적인 방법과는 다르게 소화되도록 하여 칼로리 흡수를 낮춘다.	과학적 사실에 기초하지 않았다. 식품의 선택과 영양소의 상호 보완을 제한한다. 불가능하며, 지속하면 건강을 해친다.
식사대용 제품 (액체 음료 혹은 포장된 식품들)	정규 식사와 간식에 대체하여 칼로리를 조절한다.	이들 제품만으로 체중감량에 도움을 주지 못한다. 회사들은 저칼로리 제품들과 함께 운동방법을 포장한다. 식품선택의 유연성을 무시한다.
초저열량 식이 (하루 1,000칼로리 이하로 제한)	엄격한 칼로리 제한은 더 빠른 체중감량을 촉진한다.	장기적인 지방 감소가 아니라 일시적인 수분 감소를 가져올 수 있다. 신체가 마치 굶고 있는 것처럼 착각하여 칼로리 필요가 적도록 반응한다. 운동이 칼로리를 더 많이 태운다는 개념을 강조하지 않는다.

때문에 중요하다. 그리고 칼로리가 근육에서 태워지므로 근육 양은 건강한 체중을 유지하는 데 있어서 중요한 요인이다. 근육을 너 많이 가질수록 칼로리를 태울 수 있는 더 큰 '엔진'을 가지는 것이다.

운동은 서서히 시작하여 점차 시간과 강도를 증가시킨다. 걷기는 매우 이상적인 선택이며, 다른 유산소운동으로는 수영, 자전거 타기, 조깅과 댄스가 좋다. 또한 혼자서 운동을 할 것인가 혹은 다른 사람들과 함께 할 것인가를 결정한다. 친구와 함께 운동할 경우 운동스케줄을 지켜가는 데 도움이 되기도 한다.

규칙적인 유산소운동이 지방을 줄이는데

건강식사를 위한 지침

다음은 건강하게 먹고 체중을 조절하는 데 도움을 주도록 설계된 식사계획이다. (주의 : 만일 특정 의학적 상태로 인해 처방된 다이어트를 실시하는 사람은 의사와 상의하기 바람)

1단계 : 칼로리 계산

일주일에 평균 1파운드를 줄이기 위해 얼마만큼의 칼로리를 먹어야 하는지를 계산하기 위해서 당신의 현재 체중에 10을 곱한다(이 공식은 최대 25파운드의 체중을 줄이기 위한 칼로리 계산법이다).

(현재의 파운드 몸무게) __________ ×10 = __________ 칼로리

이 칼로리 수준을 하루 섭취할 목표로 사용한다. 만일 1,400칼로리를 필요로 한다고 계산했다면 아래의 2단계 '기초 메뉴'를 따르고, 1,400칼로리보다 더 많이 필요로 한다면 3단계 '기초 메뉴의 조정'에 따라 추가한다.

만일 하루 목표가 1,400칼로리보다 적으면 칼로리를 태우기 위해 활동량을 늘려라. 칼로리를 줄일수록 필요한 영양소들을 부족하게 섭취할 가능성을 높인다.

2단계 : 기초 메뉴

이 메뉴들은 1,400칼로리를 가지며, 탄수화물 55%, 단백질 20~25%, 지방 25~30%로 구성되어 있다. 각 항목에 제시된 단위를 사용하여 식사계획을 세운다.

- 식빵(전곡으로 만든 것) 7단위 : 1단위(약 70칼로리) = 빵 1조각, 익힌 파스타, 쌀, 감자, 완두콩 혹은 옥수수 1/2컵, 시리얼 1온스
- 야채 3단위 이상 : 1단위(약 25칼로리) = 푸른잎 채소 1컵, 생 혹은 익힌 야채 1/2컵, 야채주스 3/4컵
- 과일(신선한 것) 2단위 : 1단위(약 60칼로리) = 과일의 작은 1조각, 과일통조림 1/2컵, 주스 1/2컵
- 육류 2단위 이하 : 1단위(약 225칼로리) = 살코기, 가금육 혹은 생선 2~3온스, 고기, 가금육 혹은 생선 1온스 대신에 계란 1개 혹은 익혀서 건조한 콩류 1/2컵을 사용해도 된다.
- 우유 2단위 : 1단위(약 80칼로리) = 탈지유 혹은 무지방 요구르트 1컵, 저지방 치즈 1온스
- 지방 2단위 : 1단위(약 45칼로리) = 마가린, 야채기름 혹은 마요네즈 1티스푼, 다이어트 마가린 혹은 저칼로리 마요네즈 1 테이블스푼, 샐러드드레싱 1 테이블스푼 혹은 저칼로리 샐러드드레싱 2 테이블스푼, 베이컨 1조각, 아보카도 1/8개, 올리브 5개, 견과류 5개

▸ 무제한 보너스 : 다음 식품들은 칼로리가 거의 없으므로 원하는 만큼 사용해도 된다. 소다수, 커피, 차, 무지방 수프, 레몬 혹은 라임 주스, 식초, 겨자, 간장, 케첩 혹은 바비큐 소스 1테이블스푼, 무가당 과일분말 1티스푼

3단계 : 기초 메뉴의 조정

하루 목표가 1,400칼로리 이상이면 다음에 따라 추가한다.

1,500칼로리- 추가 단위 : 식빵 1
1,600칼로리- 추가 단위 : 식빵 1, 육류 1, 지방 1
1,700칼로리- 추가 단위 : 식빵 2, 육류 1, 지방 1
1,800칼로리- 추가 단위 : 식빵 2, 과일 1, 육류 2, 지방 1
1,900칼로리- 추가 단위 : 식빵 2, 야채 1, 과일 1, 육류 2, 지방 2
2,000칼로리- 추가 단위 : 식빵 2, 야채 1, 과일 1, 육류 2, 우유 1, 지방 2

체중관리 프로그램 - 다음 다섯 가지 사항에 유의하라

해마다 거의 800여만 명의 미국인들이 정형화된 체중감량 프로그램에 등록한다. 그러나 불행하게도 그들 대부분은 지속적 체중감량에 실패한다. 상업적 체중감량 프로그램에 참여하기 전에 다음 기준에 적합한지 반드시 확인해야 할 것이다.

■ **안전성** - 어떤 체중관리 계획도 충분한 영양을 섭취하는 것을 보장해야 한다. 칼로리가 낮은 식사일지라도 모든 영양소의 하루 권장량을 제공해야 한다.

■ **체중 변화 목표의 타당성** - 건강상의 문제를 가진 사람은 체중을 빨리 줄임으로써 건강상 이득을 가져올 수 있다. 그러나 일반적으로 체중감량은 서서히 지속적으로 해야 한다. 특히 처음 1~2주 동안의 빠른 체중감소는 주로 수분을 잃는 것이지 지방이 빠지는 것이 아니다. 체중의 10% 정도를 일주일에 1~3파운드(0.453~1.4kg)씩 줄이는 것이 일반적으로 적당한 목표이다.

■ **의사의 참여** - 만일 초저칼로리 다이어트를 계획하거나 혹은 15~20파운드(6.8~9.1kg) 이상의 체중 감량을 계획한다면 의사와 먼저 상담을 한다. 또한 어떤 건강상의 문제가 있거나 정규적으로 약을 복용해야 한다면 체중조절 프로그램을 시작하기 전에 반드시 의사와 상담을 해야 한다.

■ **라이프 스타일이 변화하도록 돕는가?** - 만일 줄여진 체중을 계속 지키지 못한다면 그 체중감량은 거의 의미가 없다. 따라서 체중관리 프로그램은 고객이 건강한 체중을 유지할 수 있도록 식사와 운동습관을 개선해 가도록 지속적으로 도와주어야 한다.

■ **비용에 대한 정보** - 보충식이나 혹은 다른 어떤 제품들이 더 필요한지 여부를 포함하여 정확하게 얼마의 비용이 드는지 알아야 한다.

가장 좋은 방법이기는 하지만 어떤 종류의 활동이라도 칼로리를 태우는 데 도움이 된다. 주차장의 가장 먼 끝에 주차하는 것을 시작으로 해서 계단을 오르내리기를 반복하는 것도 좋은 방법이다.

■ **생활을 바꿔라** - 몇 주 혹은 몇 개월 동안 건강에 좋은 음식을 먹고 운동을 하는 것으로는 충분하지 않다. 이들을 우리의 일상생활과 병행해야만 한다.

그렇게 하기 위해서는 우선 과체중의 원인이 되는 행동들을 변화시켜야 한다. 생활방식의 변화는 우리의 식사습관과 일상생활을 잘 살피는 것을 포함한다. 접시를 깨끗이 비워야 한다고 배웠는가? 만일 그렇다면 배가 부른데도 억지로 남김없이 먹어야 한다고 생각하는가? 자신의 식사 스타일을 평가해 보라. 빨리 먹는가? 한 입에 크게 베어 먹는가? 언제 먹는가? TV를 보면서? 항상? 쇼핑하고 요리하는 방법도 평가해 보라.

그 다음은 자신의 지난 노력들을 무의미하게 만들었던 태도나 습관들을 점차 변화시키는 전략을 수립하라. 체중계의 눈금 숫자가 아닌 보다 더 근본적인 건강한 라이프스타일을 만들어라.

정보가 더 필요하면

체중조절에 관해 상세한 자료가 필요하면 다음 웹사이트를 참조한다.

■ American Dietetic Association, 216 West Jackson Blvd., Chicage, ILL 60606-6995. 800-366-1655. E-mail: webmaster@eatright.org

■ Mayo Clinic Health Oasis Web site: http://www.mayohealth.org

■ National Institute of Diabetes and Digestive and Kidney Diseases, National Institute of Health, 31 Center Drive, MSC 2560, Building 31, Room 9A-04, Bethesda, MD 20892, Call (301) 496-3583. Weight-control information Network (WIN): http://www.niddk.nih.gov

■ Shape Up America! 6707 Democracy Blvd., Suite 306, Bethesda, MD 20817. E-mail: suainfo@shapeup.org. Web site: http://www.shapeup.org

4장

2. 고쳐야 할 관념

섭식장애 원인으로서 모델들의 영향

Jill S. Zimmerman

개요: 패션모델의 몸매를 갖고자 갈망하는 소녀들과 여성들은 종종 섭식장애에 걸리게 된다. 날씬함을 아름다움으로 생각하는 관념은 제2차 세계대전 이후로 점차 확산되어 왔으며, 모델들의 나쁜 식습관에 대한 지적도 이러한 관념의 확산을 막는 데 큰 도움이 되지 않았다. 여성들은 자존감을 키워감으로써 이러한 관념과 싸워나가야 할 것이다.

그녀는 나의 사무실로 들어와 앉았다. 그녀의 가냘픈 얼굴은 금발머리에 가려 잘 보이지 않았다. 그녀는 거의 들리지 않는 작은 목소리로 "저는 슈퍼모델처럼 보이고 싶어요. 키는 175cm로 괜찮은데 체중을 줄일 수 없어요. Cindy Crawford처럼 보이고 싶은데 체중을 64kg 이하로 뺄 수가 없어요. 해볼 수 있는 것은 다 해보았는데 안돼요." 떨리는 목소리는 점점 더 작아지고, 두 눈은 눈물로 촉촉이 젖어 마치 겁에 질린 토끼를 연상케 하였다.

나는 젊은 여성들과의 대화 속에서 이런 고백을 수없이 듣고 있다. 그들은 수영복을 입고 멋지게 보이고 싶어한다. 그들은 탄력 있는 엉덩이를 갖기를 원한다. 그들은 다이어트를 하고 매일 운동을 한다. 하지만 그들은 자신이 만족할 정도로 날씬해지지 못한다. 그래서 그들은 자연스럽지 못한 극단적인 수단을 찾는다. 그들이 원하는 것은 일 년에 수십억 달러의 매출을 올리는 뷰티 산업에 의해 조장되어지는 혼란과 의심의 바다 속에서 그들 자신을 멋지다고 느끼는 것이다. 그리고 그들은 슈퍼모델처럼 되면 모든 것이 해결된다고 생각한다.

우리의 문화가 성공적인 여성의 전형으로 여기고 있는 그들처럼 완벽하게 날씬하고 키가 크고, 조각 같은 몸매와 당당함을 동경한다. 나는 지방을 빼고 자신이 꿈꾸고 있는 몸매를 만들기 위해 굶고, 한꺼번에 많이 먹고, 다시 먹은 것을 다 설사해내고, 과도하게 운동을 하며 자신의 행동을 정당하게 느끼는 수백 명의 여성들을 알고 있다. 물론 대부분의 이러한 여성들은(도처에 있는 많은 여성들처럼) 그동안 소비한 돈, 헬스 운동기구 위에서 흘린 땀과 시간, 결핍과 혹사에도 불구하고 결코 슈퍼모델처

From *The Humanist,* January/February 1997(Vol. 57, No. 1) pp. 20+. Reprinted with permission from Jill S. Zimmerman. © 1997. Jill S. Zimmerman lives in Evanston, IL, where she maintains a private practice.

럼 보이지 않을 것이다. 이런 냉혹한 현실은 마치 독화살처럼 그들에게 꽂혀서 분노와 수치심을 느끼게 하고 그들의 마음에 깊은 상처를 남긴다. 나에게 찾아온 많은 환자들은 처음에 그들 자신의 삶을 살지 못한다. 그들의 모든 생각이나 감정, 활동이 온통 칼로리, 지방 또는 저울 위의 눈금에 맴돈다.

Cindy Crawford가 Princeton 회의에서 모델들이 섭식장애를 일으키는 원인을 제공하는지에 대한 여학생들의 질문에 "당신들은 내 사진을 보고 먹은 것을 토해내고 싶습니까?"라고 날카롭게 잘라 말했을 때 그녀는 여학생의 질문에 대한 대답뿐만이 아니라 회사의 이익에 초점을 맞추어 그 이익을 창출해내는 사람들(모델들)의 건강과 복지는 아랑곳하지 않는 대부분의 미국 뷰티산업 거장들의 관점을 널리 알리고 있었다. 이러한 거침없는 태도는 *Harper's Bazaar*의 Tina Gaudoin에 의해 반영되어졌다.

Tina Gaudoin은 그녀의 기사 "Body of Evidence"에서 "Kate Moss, Amber Valetta, Nadja Auermann 등과 같은 모델들은... 당신 자신에 대해 만족스럽게 생각하도록 만들지 않을 것이다... 그러나 이는 허약한 체형이다. 현재 유행하고 있다. 당신은 그에 관해 그 이상의 것도 보게 될 것이다"라고 경고하였다.

나는 모든 여성잡지의 편집자, 광고주, 화장품회사 책임자, 피트니스의 권위자, 패션 디자이너, 모델 대행사의 CEO들이 Cindy Crawford의 잘 선전된 54kg의 체중을 갖기 위해 체중을 줄이고자 하는 열광 속에 심각한 과식증을 겪고 있는 눈물어린 소녀와 내가 상담하고 있는 모습을 지켜보았으면 좋겠다. "당신들은 내 사진을 보고 나처럼 되기 위해 먹은 것을 토해내고 싶은가?" 섭식장애로 고통받고 있는 700만의 미국 소녀들과 여성들(거식증 및 관련 질환 협회 회장 Vivian Meehan 박사에 따르면)이 귀청이 떨어질 정도로 소리치는 "예"라는 대답을 그들은 듣고 있지 않거나 주의를 기울이고 있지 않다(여기에 완벽한 젊은 남성의 사회적 이미지와 섭식장애로 고생하는 젊은 남성들의 숫자를 더하면 그 숫자는 더 늘어난다).

비록 우리가 거식증과 과식증 또는 충동적인 과식에 괴롭힘을 당하지 않는다고 해도 신체적으로 자신 없어 하는 우리를 유혹하는 미끼로서 이용되어지는 슈퍼모델들의 영향을 피할 수 없다. 많은 돈이 광고를 위해 지출된다. 그리고 우리가 매년 우리 자신을 '아름답게' 만들기 위해서 운동, 다이어트제품, 화장품 및 의상에 많은 돈을 쓰게 되면 Madison Avenue(미국 광고업의 중심지)는 "더 주세요!"라고 외칠 것이다.

뷰티산업 종사자들이 하는 일은 그들의 회사에 돈을 벌어 주는 것이고, 고객인 우리가 해야 할 일은 광고의 압박에 굴복하지 않기 위해서 자신을 좀더 잘 돌보는 방법을 배우는 것이다. 오늘날 미국에서 뷰티 광고는 30년 전 베트남 정글 속의 지뢰들만큼이나 피해가기 어렵다. 자신에 대해 신체적, 감정적, 영적으로 아름답게 느끼도록 이끌어 가고, 파괴적인 덫들을 피해 신중하게 나아가는 것은 우리 자신에게 달려 있다. 우리가 자신의 생긴 그대로의 체형을 받아들일 수 있고, 또 받아들여야만 한다는 생각은 비교적 새로운 개념이다. 그동안 한 세기 이상 신문과 잡지들은 이상적인 미의 이미지들을 미국인들에게 범람시켜 왔고, 이러한 이상형들의 엄격한 추종만을 매력적인 것으로 인정해 왔다.

여성스러움이 아름다움으로 인식되었던

시대가 있었다(1800년대 초반에서 중반까지). 그러나 미술가인 Charles Dana Gibson에 의해 창조된 더 날씬하고 활기차고 건강해 보이는 Gibson Girl이 1890년대의 이상형으로 대체되었고, 그 이후 날씬함은 여성 매력의 필수 요소로 간주되어 왔다(물론 날씬함은 항상 상대적이다. *Ladies Home Journal* 1905년 8월호에 따르면 Gibson Girl 은 오늘날의 기준에 의하면 꽤 통통한 38-27-45의 체형을 가졌다).

Gibson Girl은 제1차 세계대전까지 미국인들에게 아름다움의 상징으로 남아있었다. 이 왈가닥 소녀가 유행의 선두가 되었을 때 오랫동안 미국 의학협회잡지(JAMA)의 편집자였던 고 Morris Fishbein 박사는 "인류에게 영향을 미친 모든 일시적 유행들 중 이발소 입간판 모양의 몸매를 갖고 싶어하는 미국 여성들의 욕망보다 더 이해하기 어려운 것은 없다"고 개탄했다. 그 후 1930년대 미국의 대 공황기에 국가적으로 어려움을 겪던 시기에는 이 왈가닥 소녀의 인기는 떨어지고, 대신에 더 크고, 힘세고, 성숙한 이상형이 그 자리를 차지했다.

그러나 제2차 세계대전 이후 베이비붐이 시작되던 시기에 여성잡지들은 한 뼘의 가녀린 허리와 그에 따른 코르셋, 거들, 허리띠, 그리고 이를 성취하기 위한 다이어트를 필요로 하는 Christian Dior의 '새로운 모습'을 후원하기 시작했다. 상류사회 의상 디자이너들이 추구하는 새로운 체형으로 오드리 헵번과 같은 모델들이 나오자 여성들은 다시 한번 자신들이 너무 뚱뚱하다고 느끼게 되었다.

여성잡지들은 대대로 딸의 몸무게에 대해 걱정하는 어머니의 말을 듣도록 요구되는 10대들에게 연민을 갖지 않았다. *Seventeen*에 따르면 1950년대 첫 10대 유명 모델 Carol Lynley는 '상추 한 포기, 씨 없는 포도 1 파운드, 피망 3개'로 하루 식사를 해가며 촬영을 준비해 왔다. 1960년대 *Mademoiselle*과 *Seventeen*은 오늘날까지도 이어져 오는 모델들의 다이어트 전략과 운동습관이 일일이 열거된 사설과 특집기사들로 가득 채워져 있었다.

1962년에 'Seventeen 모델처럼 보이는 방법'이 출간되면서 심지어 Susan Van Wyck와 같이 날씬한(32-20-33) 모델조차도 그녀가 모델을 처음 시작했을 때 10파운드를 빼라는 말을 들었다는 사실이 젊은 여성들에게 알려지게 되었다.

Van Wyck는 10대들에게 "다이어트 하는 것은 고통이었다... 먹는 것을 좋아하기 때문에, 하지만 마침내 나는 해냈다!"라고 말했다. 다른 인기 모델들도 그들의 비밀을 열렬한 독자들과 공유하기 시작했다. 마치 무도회 여왕 같이 아름다운 Colleen Corby도 "나는 돼지고기와 스테이크를 좋아하지만... 칼로리가 낮은 생선과... 해산물을 먹어 왔다"고 한 토막 기사에서 그녀의 다이어트 사실을 고백했다.

모델 대행사에서 일을 하는 Eileen Ford는 "모델이 되기를 원하십니까?"라는 기사에서 모델들은 평균적으로 키 170cm에 체중 50～52kg 사이이며, 모델들의 손가방 안에 가지고 다니는 가장 필수적인 아이템 중 하나가 허리를 전형적인 20～22인치 또는 그보다도 더 가늘게 보이도록 하기 위해 허리를 졸라매주는 허리띠라고 독자들에게 알려줬다. *Mademiselle*의 "얼마나 아름다워질 수 있을까요?"에서는 모델로서 성공하기 위해 극적으로 자신을 바꾸는 네 성공한 Barbara Gallant를 소개했다. Barbara는 45kg까지 살을 빼고, 코 성형수술을 했으며, 머리는 금발로 염색하고, 치아를 교정하고, 엉덩이와 허벅지를 매끄럽게 하기 위해 부분탈수 수술을 받았다. 모델이 되기 위해 완전히 개조했다.

아마도 1960년대 모델 중 날씬한 모습을 유지하기 위해 다이어트와 운동에 시달리지 않은 것으로 보도된 유일한 모델은 Twiggy 뿐이었던 것 같다. Twiggy는 키 168cm에 체중 40kg로 모델들의 우상이었다. 그녀는 아이스크림은 물론 자주 가는 식당에서 그녀를 위해 특별히 준비한 초콜릿 소스가 듬뿍 뿌려진 'Bananas Twiggy'를 포함해서 뭐든지 먹는다고 했다. 그녀의 거만한 식습관은 제쳐놓고라도 Twiggy는 대부분 모델들이 도달하기 불가능하다고 알려진 기준을 만들었다.

Micheal Gross는 *Models*라는 그의 저서에서 1960년대 영국 모델인 Gillian Bobroff의 말을 인용하였다. "무서웠어요. Twiggy의 몸매가 유행의 추세가 되었고, 모두들 그렇게 되어야만 했어요. 저는... 제 자신을 죽이기 시작했어요, 수백 가지의 날씬해지는 약을 복용하면서 저는 전혀 식사를 하지 않았어요. 저는 과식증에 걸렸어요. 유행을 따라가는 것이 악몽이었어요."

1970년대에는 우리에게 좀더 크고 더 건강하게 보이는 이미지들이 다가왔지만 모델들은 여전히 그들의 몸매를 유지하기 위해 초인적인 노력으로 다이어트를 해야 했다. 그 시대에 가장 높은 모델료를 받던 Cheryl Tiegs는 '자연미로 가는 방법'이라는 책을 써서 1980년대에 젊은 여성들 사이에 베스트셀러가 되었다. 키 177cm에 체중 54kg이었던 Tiegs는 다음과 같은 다양한 다이어트 요령들을 제시했다:

매일 아침 체중을 재라! 1파운드라도 늘었으면 당장 식사를 줄여라... 오후 6시 이후에는 한 조각이라도 음식이 입 속으로 들어가지 못하게 하라! 웨이터에게 식사와 함께 나오는 감자, 롤빵, 크림이 곁들여진 야채들을 주지 말라고 항상 요구하라! 급히 1파운드를 빼야한다면 그날 저녁, 다음날 아침과 점심을 굶고 소량의 저녁식사를 하라.

Tiegs는 또한 다이어트를 시작하는 방법에 대해 몇 가지 흥미있는 충고를 했는데, 제한된 식이요법에 대한 그녀의 양면성을 반영한 듯한 것이었다: "심각한 다이어트를 하기 전에 앞으로 3일간 먹지 않아도 될 만큼 잔뜩 먹기를 권장합니다. 요는 당신이 결코 다시 과식하면 안 되겠다는 것을 깨달을 수 있도록 도가 지나치게 해보는 것입니다"

1980년대에 Calvin Klein에 의해 "세상에서 가장 아름다운 소녀"로 극찬을 받았던 모델이자 영화배우인 Brooke Shields는 1985년 그녀의 자서전 *On Your Own*을 출간했다. 어릴 적부터 모델이었던 Shields는 8살 때부터 다이어트를 해왔다고 그녀의 저서에서 고백했다. "나는 체중을 줄이기 위해 끊임없이 다이어트를 해야 해요." 그녀는 식욕을 억제시키기 위해 식사 30분 전에 자몽 반개와 따뜻한 레몬수 한 잔을 마신다고 했다. 그녀는 단것을 매우 경계했다: "단것에 빠지지 않게 하기 위해 무엇이든지 하세요. 제자리 뛰기도 하고, 윗몸 일으키기도 하고, 쿠키를 먹지 못하도록 팔짱을 끼고 계세요."

1980년대에 가장 인기 모델 중 하나였던 Kim Alexis는 자신의 크게 성공한 모델 경력을 뒤돌아 볼 때 몇 가지 매우 아픈 기억들이 되살아난다고 사람들에게 말했다:

"저는 일시적으로 유행했던 갖가지 다이어트를 시도했던 것을 기억해요...

연속 4일 동안 굶기도 하고... 저탄수화물, 고단백질로 이루어진 Atkin 다이어트도 시도했던 것을 기억합니다. 일주일에 10파운드를 줄이지 못하면 다른 다이어트를 시도했어요. 모든 다이어트들을 계속 실패하기 전까지는 저는 보통사람이었다고 생각합니다. 내 몸의 대사는 망가지고, 생리도 중단되고... 나는 데뷔 첫 해 소리치며 울었어요"

현재 30대 중반인 Alexis는 그때의 '장기간에 걸친 잘못된 다이어트에 의한 영향으로' 지금도 고통을 받고 있다고 한다. 현재 그녀는 건강에 좋은 저지방 식사를 하고 있으며, "나는 크고 강한 소녀다"라고 주장한다. 그녀의 모델 다이어트 심리가 유일하게 남아 있는 것은 이미 보도된 바와 같이 그가 과거에 보증하고 광고했던 천연식욕억제제 CitriMax를 복용한다는 것이다.

슈퍼모델들은 1990년대 뷰티산업에서 자신들이 차지하는 비중이 커진 것을 즐거워하기도 했지만 에이전트들과 고객들에 의해 그들이 평가되는 평가기준도 높아졌다. *Vogue* 1995년 5월호의 "Point of View"에 따르면, 그들은 개인적으로 최고조의 몸을 요구하는 패션을 만들어야 했다. "열심히 일하는 것이 거기에 도달하는 하나의 방법이고, 칼로리를 계산하는 것도 또 하나의 다른 방법이다... 잘 다듬어진 몸매는 어떠한 희생이라도 치를 만한 가치가 있다."

Shape 잡지에 따르면, "모델 에이전트들은 그들의 모델들이 좀 더 강하고, 마르고, 개성이 뚜렷해지길 요구하고 있다. 약간의 군살은... 사진 이미지를 손상시키거나 디자이너들이 재단한 옷들을 소화시키지 못하게 할 수도 있다. 에이전트들은 모델들에게 몇 주 내에 몸을 다듬고 살을 빼지 않으면 그만 두라고 요구한다" 그러면 대부분의 모델들은 에이전트의 명령에 따르게 되고, 그렇지 않으면 경제적인 안정을 잃는 위험을 감수해야만 한다.

따라서 '심지어 슈퍼모델들도 신체적 결점이 산더미 같다고 느끼고, 그들이 언제까지나 그 자리에 남고자 하는 신화의 노예가 된다'는 *Vogue*의 "완벽한 사람은 아무도 없다"의 기사에서처럼 왜곡된 신체 이미지의 메시지를 유포시키는 잡지 기사를 본다고 해도 그다지 놀라운 일이 아니다. 이것은 평범한 여성과 슈퍼모델 사이의 좀더 강한 일체화를 조장시키려는 판매 전략일 수도 있다. 그러나 섭식장애를 가진 여성들을 치료하는 나의 일을 통해서 나는 모델들이 자신의 신체에 대한 열등감을 극복할 수 없지 않다는 것을 알았다.

Cindy Crawford가 이런 아이러니의 본보기이다. 그녀는 한편으로 섭식장애에 부딪치는 모델들에 대해 건방진 태도를 보이지만, 다른 한편으로는 그녀가 나의 거식증 환자들에게 영향을 미친 것과 같이 그녀 자신도 그녀의 동료들에 의해 영향을 받는다. 세계적인 미인으로 인식되고 있음에도 불구하고 Crawford는 그녀의 팔에 콤플렉스가 있다고 *Vogue*지와 인터뷰에서 말하였다. "Linda Evangelista 처럼 가느다란 팔을 가졌으면 좋겠어요. 팔이 가늘면 옷이 더 잘 어울리잖아요." Crawford는 또한 그녀의 엉덩이 바로 아랫부분이 마음에 들지 않고, 발의 볼이 너무 넓다고 생각했다.

한편 Evangelista는 Christy Turlington의 입이 탐나고, 갈비뼈 2개를 세서하서나 흉곽의 크기를 줄이고 싶다고 했다.

Tina Gaudoin에 따르면, "말처럼 많이

먹는다"고 하고, 1994년 *Vogue*의 기사 Platinum Hit에 따르면, 슈퍼모델이 되기 전 자기 체중의 절반 정도를 뺐다는 Nadja Auermann은 여전히 그녀의 체중에 대해 불안해한다. Auermann은 이렇게 된 것이 그녀가 모델이 된 초창기 파리에서 겪었던 경험들에 기인한다고 말한다: "모두가 나를 편집증 환자로 만들었어요. 모든 사람들이 나에게 'Nadja, 그렇게 많이 먹으면 안 돼. 그만 먹어야 돼'라고 말했어요. 체중이 0.5g만 늘어도 완전히 미칠 것 같았어요."

*Glamour*는 슈퍼모델 Tyra Banks가 한때 '복부팽창' 때문에 일을 취소한 적이 있고, 사진 촬영을 할 때 그녀의 배를 억제하는 것에 대해서 생각한다고 보도했다. 모델 광고를 위해 만들어진 잡지 *Top Model*은 키 175cm에 34-24-34의 완벽한 슈퍼모델 몸매를 가진 Stephanie Seymour가 그녀는 자신이 너무 뚱뚱하고, 자신의 엉덩이를 싫어한다고 폭로했다.

그리고 *Vogue*는 Calvin Klein의 최근 속옷 광고의 스타이자 나의 19살 이웃이 가장 좋아하는 모델인 Christy Turlington이 자신의 신체에서 한 군데 성형수술을 할까 생각했었다고 말했다. "저는 제 무릎이 마음에 들지 않아요... 내 발도 싫어요. 너무 크고 길고 말랐어요... 저는 똥배가 나왔어요." 그녀는 "패션잡지의 편집자들이 너무 잔인해요"라고 Auer-mann의 의견에 동의한다. 실제로 그녀의 동료 슈퍼모델들의 어려움을 강조하기 위해 Carol Alt는 People 지와 가진 인터뷰에서 이렇게 말했다. "사회가 여성들에게 우리의 이미지를 따라 하도록 압력을 가한다고 생각하는 사람들은 모델들이 그 이미지를 유지하기 위해 겪어야 하는 고통도 반드시 생각해야 한다." 그것은 사실이다: 슈퍼모델들은 나머지 다른 여성들과 마찬가지로 한 번도 자신이 충분히 날씬하다고 느끼지 못하고, 자신의 신체를 있는 그대로 인정하지 못하는 올가미에 걸려 있는 것이다. 슈퍼모델의 고생은 화려한 경력의 절정을 맛볼 수 있게도 하지만, 그러나 그 대가는 종종 내적 불행의 원천이 되기도 한다.

그러나 유산은 계속되고 있다. 1990년대 스타일의 모델들의 격렬한 다이어트와 운동스케줄을 찬양하는 기사와 책들이 서점, 신문 가판대, 식료품점의 계산대 등 도처에서 판매되고 있다. *Glamour*잡지의 "The Secret Life of Models"란 기사를 보면 냉장고에 버터를 가지고 있는 슈퍼모델은 5%도 되지 않는다고 한다. *Diet & Exercise* 잡지에 의하면 스웨덴 출신 슈퍼모델 Vendela는 개인 트레이너를 고용하고 매일 한 시간 반에서 두 시간 동안 운동한다고 한다. Nadja Auermann은 수영, 헬스, 자전거 타기, 에어로빅, 고무밴드 근육운동 등의 운동을 하고 있고, Linda Evangelista는 자신의 여가시간을 몸매 유지하는 데 모두 소비한다고 한다: "매일같이 전쟁이에요... 다이어트, 운동, 건강관리, 피부관리... 매일 전쟁이죠..."

여배우들 또한 그들의 직업을 위한 본질적인 고통에 대해 인정받을 만하다. 모델들처럼 그들도 항상 위험에 노출되어 있다. 그들이 뚱뚱하다고 여겨지면 그들은 매력적이지 않다고 생각되어지고, 이는 '완전'하게 보이는 여성들이 줄줄이 넘쳐흐르는 그 분야에서 실패를 의미한다. *Longevity*에 실린 기사에 따르면, Pamela Anderson Lee는 체중이 늘어나는 것을 엄격하게 금했던 'Bay watch'와 계약했고, "놀랄만한 체중조절 요법을 따르고 있다. 심지어 촬영이 없는 달에도 25마일 산악자전거 타기 또는 1

~2시간 빨리 걷기에 더해서 50번 왕복 수영하기 아니면 더 힘든 바다수영 등으로 몸을 관리한다"고 전한다.

Redbook 기사 "스타처럼 살을 빼라"에서는 Oprah Winfrey가 매일 4마일을 두 번 달리고, 거기에 더해서 Stairmaster 위에서 45분 운동하고, 윗몸 일으키기를 350번 하는 '광적인 운동 일과'를 보낸다고 묘사하고, "8개월간 Winfrey는 시카고에 있는 그녀의 스튜디오에서 캘리포니아 유레카까지의 거리에 해당하는 약 2260마일을 걷고, 오르고, 자전거를 타고, 등산했다"고 한다.

Bette Midler는 오후 5시 이후에는 야채를 제외하고는 아무것도 먹지 않고, Demi Moore는 사이클 도로주행, 바다와 강에서 카약타기, 눈신 신고 걷기, 하이킹, 스키, 아령운동 등을 교대로 한다. Moore는 많은 스타들처럼 그녀 자신이 식이요법과 운동 스케줄을 지킬 수 있도록 하기 위하여 영양사/요리사, 개인 트레이너와 함께 살고 있다(체중이 2kg 늘었다고 일자리를 잃는 두려움을 가지고 살아야 한다면 과연 우리는 그들과 직업을 바꿀 수 있겠는가?).

정신분열증의 시대 1990년대, 여성잡지들은 동전의 양면을 보여준다 : 달콤하고 지방이 가득한 초콜릿 케이크 래시피 옆에 살 빼는 약 'Slimfast' 광고 ; 거식증에 대한 기사 맞은편 페이지에 "스타들은 어떻게 지방과 싸우는가?"라는 다이어트 비결을 싣는다. 여성잡지들이 실제로 오늘날의 신체상과 모순되는 여성들에게 의미 있는 기사를 제공하는 것은 흔치 않다.

예부터 여성들이 자신의 신체에 대해 긍정적인 감정을 갖도록 도와주는 쪽으로 쓰인 기사들은 매우 적었다. 1966년에 아이오와의 Little Sioux 출신의 17살 Resa Holsapple은 여성의 신체조건에 관한 수필 한 편을 여성잡지에 실었다. "Our Musle Mania Has Gone Too Far(우리의 근육광이 도가 지나쳤네)"라는 글에서 Holsapple은 체중 감소에는 별로 관심을 두지 않았다. 그녀는 그 당시 전국 고등학교를 휩쓸었던 존 케네디의 뜻을 받들어 만들어진 몸매교정 웨이브 시간에 그녀 자신이 인정한 '서툴고, 조화롭지 못하고, 동작이 둔한 몸치'이었기 때문에 추락하는 그녀의 자존감에 대해 걱정했다. 그녀는 "다른 많은 보통의 친구들처럼 나는 할 수 있는 한 최선을 다한다. 그런데 몇 년 전만 하더라도 최선을 다하는 것으로 충분했을 텐데, 지금은 니에게 비애국적이고 창피하다고 느끼도록 한다... 체육시간에 체력향상 뿐만 아니라 재미도 느낄 수 있게 만들어 주세요"라고 항변했다.

그로부터 14년 후 *Seventeen*은 신체 이미지에 미치는 매체의 영향에 대해 한 10대의 글을 창간호에 실었다. "내 자신이 나의 가장 친한 친구가 되도록 하자!"라는 그녀의 글에서 Lisanne L. Renner는 다음과 같이 조언했다:.

> "신체적 외모는 우리의 감정 발달에 중요한 역할을 한다. Hollywood는 우리가 영화나 TV에서 본 직업적인 모델들의 몸매를 갖지 않으면 우리가 열등감을 느끼게 만든다. 우리는 각자의 개성적인 아름다움이 있다는 것을 망각하고 우리의 모습이 완벽한 사이즈 5가 되기만을 바라는 것 같다... 다음번에 거울을 들여다 볼 때는 부정적인 생각을 떨치고, 자신을 칭찬해 보라!"

당연히 그녀의 중요한 충고는 무시당했다. 그로부터 4년 뒤, *Glamour*의 설문조사에서 33,000명의 여성 응답자 중 85%가 자신의 신체에 만족하지 않는다고 대답했다. 이 통계는 그 후에도 개선되지 않았고, 1990년대 대부분의 소녀들과 여성들은 열등한 신체 이미지로 계속해서 고통받아 왔다.

Clarissa Pinkola Estes 박사는 그녀의 저서 "Woman Who Run With The Wolves"에서 La Mariposa의 나비부인 이야기를 공유하면서 우리의 여성문화의 이상 속으로 신선한 공기를 불어넣는다. 나비부인은 여성의 풍요로운 힘을 가지고 대지 위의 영혼들을 포용하러 온다. 그녀는 사람들이 그들 자신을 변화시키는 것을 돕는다. 그녀는 서로 반대되는 것을 합하고, 약한 것을 강하게 만들고, "여기서 조금 떼어 저쪽에 붙임"으로써 사람들을 완전하게 만드는 대변신의 중심에 서있다. "나비부인은 크다. 정말 크다... 그녀의 엉덩이는 출렁이는 두 개의 큰 바구니 같고, 엉덩이 위에 풍성하게 붙어 있는 살은 아이 2명이 탈만큼 넓다... 그녀의 배는 태어날 모든 아기들을 품고 있는 것 같고... 그녀는 많은 것을 가지고 다녀야 하기 때문에 넓은 허벅지와 엉덩이를 가지고 있다." 나비부인은 생명으로 가득 차 있고 온전하며, 모든 사람들에게 영향을 미친다. "모든 사람에게 영향을 미치는 것은 그녀의 특권이고... 그녀의 힘이다."

만약 여성들이 진정으로 행복해지기 원한다면, 우리는 나비부인이 우리에게도 영향을 미치도록 해야 할 것 같다. 만약 우리가 우리 마음의 눈과 마음속의 깊은 상처에 그녀의 순박하고 치유하는 이미지를 Cindy Crawford의 메마른 신체 이미지와 함께 놓지 않는다면 우리 자신에 대해 과연 좋게 느낄 수 있을까? 온전함을 느끼기 위해서는 우리는 우리의 모든 부분들을 내부의 단일성으로 한데 모아야 한다. 만약 우리 마음 속에서 두려움이나 자제와 관능적 욕구간의 싸움이 계속된다면 어떻게 우리 내면에 온전함을 느낄 수 있을까? 우리가 우리 자신조차 먹지 못하면서 어떻게 다른 사람들에게 나누어줄 수 있을 것인가?

모든 여성들은 부자든 가난하든, 말랐든 뚱뚱하든, 유명하든 아니든 자신의 몸매가 빈약하다고 생각하고 열등감에 사로잡힐 수 있다. 우리는 이러한 그물에서 우리 자신을 해방시키는 방법을 찾는 것이 중요하다. 우리는 우리 자신과 체형과 모든 것에 대해 정말로 좋다고 느끼는 것을 배울 수 있기 전에 자유를 위한 몸부림이 있어야 한다. 그렇게 하기 위해서는 우리는 우리의 모든 것들과 친밀해질 필요가 있다 - 건강하고 튼튼해지고자 하는 소망, 우정에 대한 소망, 다른 중요한 사람들과 친분을 쌓고 싶은 소망, 평화로운 마음을 갖고자 하는 소망, 성공하고자 하는 소망, 매력적으로 보이고자 하는 소망, 아이들을 행복하게 기르고자 하는 소망, 창의적인 사람이 되고자 하는 소망, 기타 등등 -

그렇게 함으로써 우리는 우리의 엉덩이 아래에 접혀진 지방덩어리를 미워하거나 우리의 배가 홀쭉해지길 바라는 대신에 자신의 있는 그대로를 받아들일 수 있고, 그것을 한껏 즐길 수 있게 된다. 우리 대부분은 꽃과 나무가 다양한 만큼이나 우리의 신체가 다양하다는 사실은 자연스런 일이라고 동의한다. 우리는 우리의 감정과 신념을 다해 이 생각들을 포용하는 것을 배워야 한다.

Brooke Shields가 쿠키와의 전쟁을 하는 동안 그녀는 사실 자신의 몸과 전쟁을 하고 있는 것이다. 만약 그녀가 - 또는 우리가 - 쿠키를 먹는 것이 우리의 올바른 선택들 중 하나라는 것을 알게 된다면, 쿠키는 우리를 벌 줄 수 있는 그들의 힘을 잃게 될 것이다. 쿠키가 우리 편이 될 수도 있는 것이다. 우리는 쿠키를 먹는 것을 선택할 수도 있고 (잘못된 것은 아무 것도 없다), 포장해서 친구들에게 줄 수도 있고, 나중을 위해 남겨 둘 수도 있고, 쓰레기통에 버릴 수도 있다. 우리는 반대되는 힘들을 하나로 합치고, 두려움을 활력으로 변화시키고, 우리의 마음과 정신과 영혼을 연민과 자신감과 치유의 힘으로 풍요롭게 하는 나비부인처럼 되어 우리 자신에게 깃털을 던지게 될 것이다.

우리는 변화하는 것에 너무 겁먹고 있지 않는가? 우리는 대중매체 폭군들을 노려보며 "아니오!"라고 말하는 것을 너무 겁내고 있지 않는가? 국제적으로 유명한 요가 지도자 Angela Farmer는 한 학생으로부터 "저는 왜 이 자세를 못할까요?"라는 질문을 받자, "당신은 엉덩이를 유연하게 해야 해요 - 물론 단단한 엉덩이를 잃는 것을 두려워하지 않는다면"라고 대답했다. 단단한 몸이 유일한 종류의 매력적인 몸이 아니고 어느 정도 유연성과 느슨함을 가지는 것이 우리의 건강과 아름다움에 유익할 수 있다는 사실을 믿기만 해도 우리의 삶의 질은 크게 개선될 수 있을 것이다(Angela Farmer를 보면 이것이 사실이라고 입증된다).

그러면 우리는 어떻게 자신의 이미지를 만들어 가는가? 우리의 다양한 부분들을 하나로 묶고, 미디어를 통해 다가오는 문화적 돌풍의 부정성을 중화시키기 위해 우리는 우리의 생각과 감정의 습관을 어떻게 바꿔야 하는가? 불행히게도 우리는 우리 문회를 우리 필요에 좀더 민감하도록 만들기 위해 요술지팡이를 흔들 수는 없다. 그러나 우리는 우리 자신의 태도를 바꿀 수 있다: 우리는 대중매체를 너무 심각하게 받아들이기를 거부할 수 있고, 그들이 평가 절하시키는 메시지와 이미지에 도전할 수 있다. 우리 문화가 바뀔 수 있는 단 한 가지 방법은 우리 자신에 불만을 갖게 만드는 사회적 태도를 믿는 것을 멈추고, 우리 자신을 믿고, 비록 현재 유행으로는 추앙받는 몸매가 아닐지라도 우리 신체의 권리를 찾기 시작하는 것이다.

Natalie Laughlin과 같은 젊은 여성들이 여기에 앞장서고 있다. 플러스 - 사이즈 모델인 그녀는 새로운 대안의 한 표본이며, 비록 4 사이즈가 아닐지라도 그녀 자신에 만족하는 법을 배워왔다. 1995년 *Glamour* 기사에서 그녀는 "나는 특정한 스타일과 색깔에 나를 제한시키지 않는다. 어느 날 밤 나는 몸에 딱 맞는 살롱 스커트에 블랙 벨벳 터틀넥 옷을 입었지만 지금은 빨간 시폰을 입고 싶은 느낌이 든다. 내가 운동하는 것은 체중 감소를 위한 것이 아니다... 나의 만족을 느끼기 위한 것이고, 나만의 활력을 느끼기 위한 것이다." 나는 더 이상 나의 가치를 나의 몸매가 어떻게 보이는가에 두지 않는다. 나는 나의 몸매에 대해 마음의 평화를 느끼고 있다.

다른 사람들도 Laughlin을 따르고 있다. Mandi Patterson은 자신을 가리켜 자기 스스로를 가치 있게 여기는 법을 배우고 있는 체중과다 소녀로 묘사한다. *Parade*에 실려진 글에서 그녀는 "나는 항상 뚱뚱했었다. 나는 체중을 줄이겠다는 맹세도 했다... 그러나 나는 만약 내가 끊임없이 못생겼다는 열등의식에 사로잡혀 있으면 내 목적에 도달할 수 있다고 생각하지 않는다. 나는 비록 체중문제를 가지고 있을지라도 내 자신을 존중하고 있는 그대로의 내 자신을 받아들이는 것에 대해 배우고 있는 중이다."

19살 된 Susanna는 체중과다는 아니지만 그럼에도 불구하고 대중매체의 상투수단에 깊게 영향을 받아오고 있었다. 그녀는 나와 가진 즉석 인터뷰에서 그녀의 생각을 말했다:

"저는 가장 인기 있는 모델들과 자신의 몸매에 대해 불만족하게 느끼는 소녀들 간에 직접적인 관계가 있다고 생각해요. 고등학교에서 저를 제외하고 알고 있는 거의 모든 사람들이 섭식장애를 가지고 있어요. 정말이에요. 저는 그들이 체중을 감소시켜야 한다고 느끼는 이유가 대중매체가 완벽한 몸매를 가진 여성들을 부각시키고 있기 때문이라고 생각해요. 그들은 현실적이지 못해요. 그래서 소녀들은 체중이 좀더 적게 나가야 한다고 느끼게 되요! 올해 저는 20파운드가 늘어서 다르게 보여요. 그리고 저는 그 모습에 익숙해져야만 해요. 아니 제 말은 저는 과거에 몸을 잘 움직이지 않았는데 지금은 운동도 많이 하고 더 강건해요. 이것이 제가 원하는 바에요. 저는 건강을 잃고 싶지 않아요."

올해 12살 난 Kate양은 잡지에 나와 있는 사진을 가리키며 이렇게 말한다:

"저는 이 모델이 입고 있는 스웨터가 좋아요. 그런데 이 모델은 슈퍼모델이 아니에요. 당신도 알 수 있듯이 그녀는 살을 빼려고 굶지도 않아요. 그래서 좋아요. 이런 사람들이 잡지 모델로 나와야 해요. 왜냐하면 살을 빼기 위해 음식을 먹지 않고 굶는 사람들이 너무 많아졌거든요. 모델들은 굶고, 소녀들은 그들을 보고 생각해요. "정말 예쁘고 날씬하네! 나도 먹지 않고 살을 빼서 저런 옷을 입으면 그들처럼 예쁘게 보일거야!" 소녀들은 먹지 않으려 하고 먹은 것을 토해내요. 나는 지난해 한동안 음식을 먹지 않았던 친구를 알고 있어요. 그녀는 너무 뚱뚱하다고 생각했기 때문에... 그러나 그녀는 사실 그렇게 뚱뚱하지 않았어요."

이러한 젊은 여성들은 예민한 생각을 가지고 미디어 이미지에 비판적인 견해를 가지기 시작한 많은 사람들의 일부일 뿐이다. 많은 우리 여성들은 - 학생이든, 주부든, 변호사든, 심장외과 의사든, 슈퍼모델이든 - 모두 상처 입은 병사들이다. 우리는 여러 세대 동안 우리의 신체와 전쟁을 하면서 참호 속에 갇혀 있었다. 우리는 상처난 자리를 좀더 강하게 키우고, 우리 내부에 존재하는 마음의 정원을 가꿀 수 있는 힘을 가지도록 해서 우리 자신을 고쳐 나가야 한다.

아기들은 충동적인 과식증이나 대식증 또는 거식증의 증상을 가지고 태어나지 않는다. 아기들은 배가 부를 때까지 젖병을 밀어내지 않는다. 그들은 배고플 때 소리내어 운다. 그들은 그들의 몸을 싫어하지 않는다. 그들은 그들의 몸을 발견하면서 기뻐한다. 아기들이 어떻게 자기 발가락을 빨려고 하는지 지켜보라. 아기들은 자신의 몸을 어디든지 만지며 그들의 몸을 사랑한다.

마찬가지로 우리 대부분은 어렸을 때 우리 몸을 사랑했다. 만약 우리가 이 재능을 잃어버렸다면 우리는 그것을 되찾기 위해 배울 수 있다. 그것은 숨겨진 보물처럼 발굴되어지기를 기다리고 있다. 우리의 몸을 재평가하기 위한 조사에서 우리는 우리 자신을 해독시킬 방법을 찾아야 한다. 우리의 있는 그대로와 다른 방향으로 이끄는 광고의 유혹을 이겨낼 수 있는 해독제를 찾아야 한다. 우리는 명상하는 것과 건강하게 음식을 만들어 먹고 현명하게 운동하는 것을 배워야 할 것이다. 우리는 마사지를 받는 것과 숨을 깊이 쉬는 것, 우리의 가치를 발전시키는 것을 배워야 할 것이다. 우리는 시도 쓰고, 그림도 그리고, 노래 레슨도 받아야 할 것이다.

우리는 무슨 일을 하든지, 어떤 대답들이 옳다고 우리 안에서 울려 퍼지든지, 그들을 서로 공유해야 하며(특히 우리 아이들과), 그들을 결코 잊지 말아야 한다. 우리는 계속해서 우리 자신의 중심이 되어야 한다. 이 모든 것들을 마음에 새기고 있음으로써 우리는 본래의 신체 리듬, 즉 자신의 신체를 생긴 그대로 수용하는 마음을 되찾을 수 있다. 만약 우리가 포기하지 않고 이 메시지를 널리 퍼뜨린다면 우리는 우리 자신뿐만 아니라 우리 문화도 변화시킬 수 있다.

---

*Jill S. Zimmerman*은 심리치료사이며, 작가이며, 여성문제 관련 전문 강사이다. 그녀는 Chicago 대학교, Loyola 대학교, 그리고 Northwestern 대학교에서 섭식장애에 대해 폭넓게 강의해 왔고, 최근에는 신체 이미지에 대한 책을 쓰고 있다.

4장 Questions for Review

이 름 ____________________
학 과 ____________________
날 짜 ____________________
학 번 ____________________

1. 과체중(overweight)은 정상체중(ideal body weight, IBW)의 _____ ~ _____% 범위를 말한다. 비만(obesity)은 정상체중의 _______% 이상, 고도비만(gross obesity)은 정상체중의 ______% 이상인 경우를 말한다.

2. 다이어트의 목적은 근육의 감소가 아니라 ________의 감소이다.

3. 장기간에 걸쳐 가장 효율적으로 체중 감량을 하기 위해서는 다음 3가지 요소가 갖춰져야 한다.

   ①

   ②

   ③

4. 칼로리 섭취를 줄이기 위한 식습관 6가지를 열거하시오.

   ①

   ②

   ③

   ④

   ⑤

   ⑥

5. 섭식장애(eating disorder)의 3가지 유형은?

①

②

③

6. 식욕부진증, 식욕항진증 및 대식증 환자의 3가지 특성을 각각 적으시오.

식욕부진증	식욕항진증	대식증
①	①	①
②	②	②
③	③	③

7. 성공적으로 섭식장애를 치료하기 위해 포함해야 할 사항은 무엇인가?

①

②

제 5 장

탄수화물

우리는 얼마만큼의 설탕을 먹는가?

탄수화물은 식사에서 주로 에너지를 공급하는 다량영양소이다. 미국에 사는 보통 사람들은 식이열량의 약 40%를 탄수화물에서 얻고 있으며, 대부분의 소비는 자당(sucrose)과 같은 간단한 설탕의 형태로 이루어진다. 미국인들은 보통 1년에 130파운드(약 60kg) 이상의 설탕을 먹는다. 미국인들의 식사목표는 설탕과 같은 단순당(simple sugar)을 줄이고, 전분과 같은 **복합탄수화물**(complex carbohydrate)의 소비를 늘리는 것이다. 총 탄수화물이 차지하는 비가 식이열량의 55~60%가 되어야만 한다.

표 5-1. 탄수화물의 분류

단당류	이당류	다당류
1. 포도당 2. 과당 3. 갈락토오스	1. 자당 a. 포도당 b. 과 당 2. 맥아당 a. 포도당 b. 포도당 3. 당 a. 포도당 b. 갈락토오스	1. 전분(포도당의 긴 연결) a. 아밀로오스 b. 아밀로펙틴 2. 섬유소(셀룰로오스)

한편, 한국인 영양섭취기준(2005)에 의해 설정된 탄수화물은 에너지 적정비율(Acceptable Macronutrient Distribution Ranges, AMDR)을 기준으로 하여 성인은 55～70%, 3～19세도 55～70%이나 1～2세는 50～70%로 설정되었다.

탄수화물은 오직 탄소(C), 수소(H), 산소(O) 원소만 갖고 있기에 가끔씩 CHO로 줄여 쓰인다. 제 5장에서는 설탕(sugar), 전분(starch), 그리고 섬유소(fiber)를 논의해 보겠다(표 5-1). 설탕과 전분은 단당류(monosaccharides)로 만들어진 것이며, 가장 간단한 탄수화물 단위이다. 설탕은 단당류가 2개 연결된 이당류(disaccharides)로 알려져 있다. 전분은 단당류가 길게 연결된 다당류(polysaccharides)이다.

단당류(monosaccharides)

단당류는 모든 탄수화물의 구성단위이며, 포도당(glucose)은 당과 전분에 있는 일반적인 당이다. 모든 탄수화물은 체내에서 포도당으로 변하고, 포도당은 열량으로 사용되는 당에 우선 하여 혈당으로 제공된다. 과당과 설탕은 과일류에서 발견되며, 많은 종류의 과일들은 단맛을 공급한다. 갈락토오스(galactose)는 우유에서 발견되며 단맛은 거의 없다.

이당류(disaccharides)

이당류(2개의 당을 의미)는 열량을 제공하고 식품에서 달콤한 맛을 나타낸다. 자당(sucrose)과 우유에서 발견된 당인 유당(lactose)은 식품에서 발견되는 아주 일반적인 이당류이다. 대부분의 사람들은 과일이나 야채의 단맛이 자당에 기인한다는 것을 알지 못하고 있다. 엿기름이나 꿀과 같은 일부 제품은 맥아당(maltose)이라는 또 다른 이당류를 함유하고, 설탕과 다양한 질병과의 관련성은 이 장의 마지막에 논의할 것이다.

다당류(polysaccharides)

식이성 다당류는 흔히 전분이나 섬유소로 더 잘 알려져 있다. 전분(starch), 아밀로오스(amylose), 아밀로펙틴(amylopectin)은 긴사슬 형태 포도당이다. 셀룰로오스(cellulose)인 섬유소 또한 긴사슬 형태의 포도당이다. 차이점은 인간은 전분을 각각의 포도당으로 분해시킬 수 있으나 섬유소(fiber)를 작은 부분으로 분해할 수 없다는 것이다. 섬유소는 소화되지 않은 채로 소장의 윗부분에서 아랫부분의 장으로 내려간다. 감자나 옥수수 그리고 쌀은 식이에서 중요한 전분 급원이며, 전곡류, 콩류,

견과류 그리고 종실류, 과일류, 채소류는 중요한 섬유소의 급원이다.

1. 탄수화물의 소화

탄수화물은 신체에 흡수되기 전에 가장 간단한 단당류로 소화되어져야만 한다. 각 이당류로 분해시키기 위한 특수한 효소를 가지며, 아밀로오스와 아밀로펙틴의 두 전분도 흡수되기 전에 포도당으로 분해되어져야만 한다. 탄수화물 소화에 관여하는 효소는 표 5-2에 나타나 있다. 탄수화물을 분해하는 각 효소의 이름을 주지하라. 자당(sucrose)은 수크라아제(sucrase)에 의해 분해되고, 유당(lactose)은 락타아제(lactase), 아밀로오스(amylose)는 아밀라아제(amylase)에 의해 분해된다.

유당불내증(lactose intolerance)

유전적으로 유당불내증은 세계 인구의 많은 수에 존재한다. 전통적으로 우유를 섭취하지 않는 흑인권과 아시아권 문화의 성인들은 점차로 락타아제 효소를 만드는 능력을 상실해 간다. 이런 사람들의 락타아제는 유아기의 모유를 먹는 시기에는 존재하다가, 이유기에는 더 이상 존재하지 않는다. 전통적으로 목축을 해 온 소수의 아프리카 부족과 북부유럽 사람들은 전 생애를 통하여 우유를 섭취해 왔기에 계속 만들어진다.

표 5-2. 탄수화물 소화효소

탄수화물	소화효소	소화의 최종 산물
•이당류	•이당류	•이당류
1. 자당	수크라아제	포도당 ; 과당
2. 유당	락타아제	포도당 ; 갈락토오스
3. 맥아당	말타아제	포도당 ; 글루코오스
•다당류		
1. 아밀로오스	아밀라아제	포도당
2. 아밀로펙틴	아밀라아제	포도당
3. 셀룰로오스	인간의 효소로 소화가 안 됨	

락타아제가 없으면 락토오스는 체내에 흡수되지 못하고, 흡수되지 않는 락토오스는 대장으로 간다. 대장에서 박테리아와 락토오스는 반응하여 여러 성분으로 분해시킨다. 유당불내증의 결과는 유제품 섭취 후 3~4시간에 걸쳐 발생한다. 유당불내증은 가스생성(gas production), 구토(bloating), 설사(diarrhea) 그리고 갑작스런 복통(cramps)의 증상이 나타난다.

어떻게 하면 전통적으로 유당불내증 증상을 보이는 사람들이 이런 증상을 피해갈 수 있을까? 불행하게도 한 번 인체가 유당의 생산을 중단하면 이 기능은 회복되기 힘들다. 유제품의 섭취를 증가시킨다고 해서 이런 증상에 적응하게 되지 않는다. 하지만 유당불내증 때문에 괴로워하는 사람들도 가끔씩 소량의 유제품은 먹어도 괜찮다. 각 개인마다 증상이 발생하는 정도가 다 다르다.

최근까지 유당불내증으로 인해 심각하게 영향을 받는 사람들은 유제품의 섭취를 완전히 금지해야 했다. 요즘은 유당의 소화가 잘 되도록 가공된 제품들이 시중에 나와 있다. 이는 두 가지 형이 있는데, 먼저 유당불내증으로 고통받는 사람들이 약국에서 락타아제(lactase) 효소를 구입할 수 있다. 마시기 약 30분 전에 우유에 효소를 첨가한다. 이 때 효소는 컵 안에서 유당을 포도당과 갈락토오스로 전환시킨다. 우유가 흡수되면 더 이상 아무것도 문제가 안 된다. 또한 슈퍼마켓에서 바로 소화(predigeste)된 유제품을 구입할 수 있다. 이런 유제품들은 보통 우유와 같은 맛이며, 오직 다른 것은 유당이 소장에 도달하기 전에 소화된다는 것이다.

2. 포도당의 대사

일단 포도당이 인체에 흡수되면 우선 간을 거쳐서 혈액 속으로 이동한다. 식사 후에는 혈액 속의 포도당의 수치가 올라간다. 혈액 속의 포도당 상승은 인슐린(insulin)이 분비되도록 유도한다. 인슐린은 세포(근육세포와 지방세포)가 혈액으로부터 포도당을 흡수하는 데 필수적이다. 세포가 인슐린의 도움으로 포도당을 흡수하면 혈중 포도당 수치는 정상으로 돌아간다.

간에서 포도당은 세 가지 형태로 바뀐다. 첫째, 포도당은 즉시 에너지로 사용된다. 둘째, 간은 식사 후에 포도당을 **글리코겐**(glycogen)으로 저장한다. 식사가 없는 공복기간에 혈당 수치를 정상으로 유지하기 위해 간은 천천히 저장되어 있던 글리코겐으로부터 포도당을 방출한다. 셋째, 포도당의 대사적 운명은 글리코겐으로 저장되지 않고 남은 포도당을 지방으로 전환한다. 왜냐하면 두뇌와 다른 신경조직은 에너지를 위해 혈액으로부터 포도당을 사용해야만 한다.

간은 모든 가능한 글리코겐을 저장한 후에 여분의 탄수화물은 지방으로 전환한다. 만약 사람이 24시간 동안 전혀 아무것도 먹지 않았을 때 간은 혈액의 포도당 수치를 유지시킬 충분한 글리코겐을 저장할 능력이 있다. 24시간 굶은 후에 간은 저장했던 글리코겐을 소모한다. 오랜 기간의 단식이나 굶주릴 때 간은 새로운 포도당을 합성해야 한다. 간도 근육과 다른 단백질 급원을 분해하고 단백질에 바탕을 둔 아미노산을 포도당으로 전환시킨다. 이런 과정을 **포도당 신생**(gluconeogenesisnesis)이라고 한다.

3. 당뇨병

어떤 사람들은 자신들의 혈당 수준을 조절할 수 없는 경우가 있다. 이런 경우를 **당뇨병**(diabetes)이라고 한다. 당뇨병이 있는 사람은 혈액 속의 당이 소변으로 배설된다. 이것이 당뇨병의 두 가지 초기 증상인 갈증과 다뇨(多尿)를 유발시킨다. 당뇨병의 한 유형(Type I - 소아성 당뇨병)은 인체가 더 이상 인슐린을 만들 수 없는 경우이다. 인슐린이 없는 당뇨병 환자는 식사 후에 혈당 수치를 조절할 수 없다. 당뇨병에서 나타나는 혈당 상승을 고혈당(hyperglycemia)이라고 한다.

먼저, Type I **당뇨병**은 인슐린이 없이는 신체는 단백질 합성을 못하므로 급격한 체중 감소 및 근육량 감소를 유발시킨다. 또한 인슐린이 없으면 지방산이 산화 분해되는 과정에서 케톤산이 과다 축적되어 발생하는 **케톤증**(ketosis)을 유발시킨다.

두 번째 유형의 Type II 당뇨병은 주로 비만한 성인에게 발생하나, 요즘에는 아동들에게도 발병되고 있다. 이것은 어린이들의 신체 능력은 저하되는 반면 평균 체중의 증가로 인한 것이라 할 수 있다.

Type II **당뇨병**은 혈중 인슐린 농도 과다로 특징지어진다. 인슐린이 충분함에도 불구하고 식후에 세포들이 포도당을 흡수하는 것을 돕지 못한다. 이렇게 이 유형의 당뇨병도 Type I 당뇨병과 마찬가지로 혈중 포도당 농도를 증가시킨다. 그러나 이 경우는 질병이 질행됨에 따라 체중이 줄기보다는 체중이 증가한다. Type II 당뇨병을 성공적으로 치료하기 위해서는 체중을 조절하고 자주 운동을 해주어야 한다. 운동을 통하여 인슐린의 효율성을 높이고, 혈중 포도당 농도가 정상화 될 것이다.

당뇨병 환자는 섭취하는 식품에 주의를 해야 한다. 특히 단당류의 경우 더욱 주의가 필요한데, 단당류는 급속하게 흡수되어 비정상적인 혈중 포도당 농도를 증가시킨다. 이를 방지하기 위해서는 많은 양의 인슐린을 필요로 하게 된다. 특히 Type I 당뇨병은 식사조절과 운동을 통해 인슐린 양을 조절해야 한다.

당류의 섭취를 서서히 할 수 있게 하는 식이섬유의 섭취는 인슐린 필요량을 줄일 수 있으며, 소화흡수가 느린 복합탄수화물의 섭취 또한 인슐린 필요량을 줄인다. 당뇨병 또는 고혈당(hyperglycemia)은 **포도당 내성**(glucose tolerance)을 통해 진단할 수 있는데, 이는 포도당 용액(glucose solution)을 마신 후에 30분 간격으로 혈당검사를 하는 방법이다.

정상적인 포도당 내성 곡선과 당뇨병과 고혈당 관련 주제를 살펴보려면 다음 웹사이트를 참조한다(http://www.cs.princeton.edu/～ah/hypo/gtt.html).

저혈당(hypoglycemia)은 혈중 포도당 농도가 정상치(40～50 mg/dl) 이하로 저하될 때 발생한다. 저혈당은 여러 가지 증상을 유발하는데, 체력저하, 불안, 허기, 현기증, 두통, 초조함, 떨림, 식은땀, 빠른 심장박동, 한기, 오한 등이 있다. 심각한 경우에는 의식을 잃고 혼수상태(coma)에 빠지기도 한다. 식이조절도 인슐린을 조절해야 하는 당뇨병 환자는 저혈당에 유의해야 한다. 과도한 인슐린 분비는 혈중 포도당 농도를 급격히 떨어뜨려 앞에서 열거한 증상을 유발시킨다. 식후에 이와 같은 증상을 경험한 사람은 반복적으로 저혈당이 자주 일어난다.

연구결과에 따르면, 식사 후 저혈당이 일어나는 대부분의 환자들은 혈당 수치는 60 mg/dl) 이상으로 정상이다. 이것은 즉 당류 섭취 후 저혈당 증상을 보이는 것이 거짓이라는 것이 아니라 실제로 저혈당 때문이 아닐 가능성이 높다는 것이다. 한 가지 가설은 식사 후 체내에서 정상적으로 분비되는 호로몬인 **에피네프린**(epinephrine)에 대해 과민성을 보이는 사람들이 있다는 것이다. 일반적으로 저혈당 증세를 보이는 사람은 당류 섭취를 줄임으로써 효과를 볼 수 있다.

4. 글리코겐 부하

근육은 또한 **글리코겐**(glycogen) 형태로 포도당을 저장하는 능력을 가지고 있다. 근육에서 글리코겐의 기능은 운동 중에 포도당이 에너지로 사용되도록 하는 것이다. 사람들이 운동을 열심히 하면 할수록 그만큼 더 포도당은 에너지로 사용된다.

유산소운동(장시간, 낮은 강도) 중에는 글리코겐으로부터 포도당이 거의 사용되지 않는다. 비록 근육이 우선적으로 에너지를 위해 지방을 대사하지만 운동을 지속할 수 있는 시간은 글리코겐에 좌우된다는 증거가 있다. 사람은 자신의 근육의 글리코겐이 감소한 후 시간이 훨씬 지나면 운동을 계속할 수 없다. 근육에 글리코겐을 비축하여 운동능력을 향상시킬 수 있는 종목은 제한되어 있다.

근육 글리코겐(muscle glycogen)을 최대한 증가시키는 원래의 처방은 강도 있는 운동 후 2~3일 동안 아주 적은 양의 탄수화물과 고지방 식사를 하도록 했다. 격심한 운동은 근육의 글리코겐을 감소시킨다는 연구결과가 나왔다. 경기시합 약 2일 전에 운동선수는 고탄수화물 식사(탄수화물 60~70%의 칼로리)로 바꾼다. 이 처방은 평상시 수치의 거의 2배에 가깝게 근육의 글리코겐 수치를 증가시킨다. 그러나 이런 식사는 너무 자주 시행할 수 없거나 그 효과가 없어진다. 또한 그 사람이 이 식단을 따르고 있는 중일 때 그는 신경질적이고, 자주 화를 내고, 종종 잠을 이루지 못한다.

글리코겐 비축과 함께 나타나는 스트레스를 감소시키기 위해서 식사처방은 변화되어 왔다. 이제 운동선수들은 평상시 대로 운동하고 먹는다고 하지만, 시합 2일 전에 매우 높은 고탄수화물 식사(탄수화물 열량이 약 70~80%)를 시작한다. 이런 과정은 운동선수에게는 훨씬 견디기 쉬우면서 원래의 식사와 거의 같이 글리코겐을 근육 속으로 저장시킬 수 있다.

글리코겐 비축은 실제로 얼마만큼이나 운동수행에 도움이 될까? 대개의 경우 주말에만 운동하는 사람들에게는 아마도 별로 도움이 되지는 않을 것이다. 글리코겐 저장은 3시간 이상을 지속하는 경우를 제외하고는 운동능에 별로 큰 영향을 끼치지 않는다. 가끔씩 글리코겐 비축의 기법은 잘못된 훈련 습관을 중단하기 위해 사용된다. 심지어 엄청난 글리코겐을 축적하고 있는 훈련되지 않은 운동선수도 훈련된 선수들과 경쟁이 되지 않는다. 글리코겐 축적이 최대로 필요한 세계적 수준의 장거리 선수도 그들의 글리코겐 수준을 올리기 위해 의식적으로 노력하지 않는다.

훈련된 식사처방으로 잘 훈련된 선수는 이미 글리코겐을 저장할 수 있는 최대한을 가지고 있다(이 용량은 훈련때 하루 평균 15마일을 달리거나 자전거로 35마일을 갈 수 있는 용량). 이런 선수들은 훈련 전에 간단하게 탄수화물 소비량을 늘리고 훈련을 조금씩 줄여 나간다. 시합 전 고탄수화물 스파게티 식사로 바꾸는 작은 변화는 운동선수들의 글리코겐 수준을 높이는 데 기여한다.

5. 설탕과 건강

미국인은 식사에서 많은 양의 설탕을 섭취한다. 설탕의 과다 섭취는 어린이에게 있어 과잉 행동장애와 공격적인 행위, 당뇨병과 같은 건강상 많은 문제의 원인으로 연류되어져 왔다. 당뇨병, 고혈압 등 많은 건강상 문제의 원인으로서 의미를 지니고 있다. 대부분의 통계자료는 이러한 주장을 뒷받침해 주지 못한다. 그러나 설탕이 건강상의 문제에 관여한다는 두 가지 경우가 있다.

설탕으로 초래되거나 혹은 약화되는 가장 주요한 건강문제는 나쁜 치아건강이다. 충치(tooth decay)는 사람들이 특히 끈적끈적하고 단단한 설탕음식을 섭취할 때 유의적으로 증가된다. 추가된 설탕은 치아 사이에 끼이게 되어 박테리아는 입 안에서 산을 생성하기 위해 식품으로 설탕을 이용한다. 이 산은 사람이 치아를 감싸고 있는 보호 에나멜을 분해한다.

오늘날 미국에서 특히 어린이들에게 있어서 충치가 크게 감소되었다. 이러한 감소는 수돗물에 **불소화합물**(fluoridate)을 섞는 프로그램 때문이다. 불화물은 치아를 더욱 강하게 만들고, 박테리아에 의해 생성된 산의 활동에 덜 민감하게 만든다. 충치의 발생은 특히 간식을 통한 설탕 섭취를 줄임으로써 더욱 감소시킬 수 있다.

설탕은 다른 영양소가 거의 없으며 열량만 제공한다. 많은 사람들, 특히 여성과 성장기 어린이는 철분, 칼슘, 비타민 A 등 몇 가지 영양소는 최적 이하로 함유된 식단을 섭취하고 있다. 많은 양의 설탕을 함유한 식품을 섭취할 때 다른 영양소의 섭취가 적어지기 쉽다. 설탕을 과일, 채소, 전곡류로 대체하라. 그러면 식사의 영양성분이 크게 향상될 것이다.

6. 식이섬유소

미국인들의 식이섬유소는 충분치 않다. 미국인들은 전곡류나 과채류가 아닌 설탕과 지방이 함유된 가공식품을 섭취한다. 미국인 평균 1일 약 8g의 식이섬유 밖에 섭취되지 않으며, 이것은 1일 권장량 25～30g에 많이 부족된다(additional reading의 '다시 각광받는 식이섬유소'를 참고 바람). 만일 1일 당신이 25～30g 이하의 식이섬유를 섭취한다면 additional reading에 나타난 대로 식품을 균형있게 섭취하도록 노력해야 할 것이다.

한편, 한국인의 영양소 섭취기준(2005)에 있어서 평균 식이섬유소 추정 섭취량(12 g/kcal)을 식이섬유에 대한 **충분섭취량**(Adequate Intake, AI)으로 설정하였다.

식이섬유소(dietary fiber)는 소화되지 않는 식품성분들을 지칭한다. 식이섬유는 소화흡수 대신에 생리작용을 하며, 장을 통과하면서 그대로 남아 있다. 식이섬유에는 **불용성 섬유**(insoluble fiber)와 **가용성 섬유**(soluble fiber)로 구분지어진다. 식이섬유소 중에서 가장 중요한 종류인 가용성 섬유는 과일과 채소 및 종자에서 발견되는 귀리와 보리이고, 불용성 섬유에는 밀기울과 셀룰로오스(cellulose)와 pectin(귤이나 사과에 함유)이다. 또한 정제된 차전자씨(psyllium seed), agar, guar gum 등은 가용성 식이섬유소이다.

식이섬유소는 탄수화물, 지방, 단백질과는 달리 장에서 소화되지 않는다. 식이섬유소가 소장의 상부에서 비록 흡수되지 않더라도 사람의 건강에 중요한 영향을 미친다. 섬유소 식품은 소화기관을 이완(laxation)시키는 효과가 있다. 섬유소 식품은 대변의 양과 대변의 수분 양을 증가시키고, 장내의 통과속도(transit time)를 증가시켜서 이완을 일으킨다. 장이 이완되면 연한 대변을 많이 보게 한다. 따라서 변비를 감소시켜서 배변하는 것을 더 쉽게 한다.

게실염(diverticulosis)은 결장질환으로 저섬유소 식습관으로 변비가 생기고, 나이가 들면 결장에 낭을 형성한다. 이 낭에 배설물이 차면 아프고 염증이 생긴다. 게실염은 섬유소를 많이 섭취하는 식습관으로 예방할 수 있는데, 이미 게실염이 있는 사람의 결장에 있어서도 증상을 완화시킬 수 있다.

식사를 할 때 더 많은 섬유소를 섭취할수록 **게실염**(diverticulosis)이 생길 가능성은 적어진다. 게실염은 선진국에서 전형적으로 저섬유소, 고지방을 소비하는 노년층에게 흔히 일어나는 질병이다. 게실염은 고섬유소 식이를 섭취하는 개발도상국의 노년층에게는 발생하지 않는다.

가용성 섬유소는 소화기관의 이완을 도울 뿐만 아니라 혈중 콜레스테롤 수치를 낮추고 포도당 내성곡선을 정상화하는 역할을 하기도 한다. 특히 귀리, 펙틴(pectin), 차전자씨(psyllium seed) 등의 가용성 식이섬유는 장에서 겔(gel)을 형성한다.

겔화(gelation)는 공복시에 탄수화물의 소화흡수를 천천히 되게 하는데, 이것은 가용성 섬유가 있으면 식사 후에 혈중 포도당 농도가 더 낮아짐을 의미한다. 연구결과에 따르면 이러한 겔화의 효과로 섬유소를 섭취한 당뇨 환자들의 식후 혈중 농도를 낮추기 위해 인슐린을 많이 사용하지 않아도 된다는 것이다. 또한 겔은 지방 소화에 필요한 담즙을 오래 머물게 하여 배변을 돕는 작용을 한다.

담즙은 콜레스테롤로 만들어지는데, 담즙이 체외로 배출되면 혈중 콜레스테롤이 담즙을 만들기 위해 사용된다. 연구결과에 따르면 가용성 식이섬유의 섭취가 혈중 나쁜 콜레스테롤(LDL)을 10%까지 낮출 수 있다고 한다. 그러나 이러한 효과를 위해서는 많은 양의 식이섬유를 섭취해야 한다. 가용성 식이섬유 섭취를 중단하면 콜레스테롤 상태는 이전으로 돌아간다.

일부 연구자들은 식이섬유 섭취를 많이 하는 것이 결장암에 걸릴 확률을 낮춘다고 가정한다. 결장암은 식이섬유 섭취를 많이 하는 나라에서는 드물게 발병한다. 이들은 또한 저지방 식사를 하는데, 이것 또한 결장암 확률을 낮춘다고 한다.

고섬유 식이 식사는 저지방 식사를 의미한다. 최상의 증거는 저지방 식사가 결장암을 예방하는 데 중요한 역할을 한다는 것이다. 다시 말해서 전반적인 지방 섭취를 낮추지 않는 한 고지방식에 정제된 식이섬유를 더 섭취한다고 해서 결장암을 예방하지는 못할 것이다.

식이섬유의 섭취를 높이기를 원한다면 과일, 채소, 전곡류 섭취를 늘려야 한다. 정제된 섬유소 섭취는 권장되지 않는다. 과도한 정제 섬유의 섭취는 아연, 철, 구리 등의 미량무기질 흡수를 방해한다. 많은 사람들이 특히 여성과 성장기 아동들이 이러한 미량무기질의 최적 요구량에 못 미치게 섭취하게 된다. 따라서 정제 섬유의 지속적인 섭취는 무기질 결핍을 유발시킬 수 있다.

요약하면, 여러분은 복합탄수화물의 섭취를 늘리는 동시에 단순탄수화물의 섭취를 줄이려는 시도를 해야 한다. 이러한 일은 여러분이 과일과 채소와 전곡류의 섭취를 증가시킴으로써 이루어질 수 있다. 이런 자연스런 식생활 변화는 또한 여러분의 식이섬유소 섭취를 증가시킬 것이다.

5장

1. 설탕, 무엇이 문제인가?

건강에 대한 설탕의 평판은 매우 과장되었다

수년 동안 설탕은 비만에서부터 활동항진증 심지어 정신적 발작을 일으키는 것으로 비난을 받아 왔다. 설탕에 대한 두려움은 설탕 대체산업 탄생에 기여하였고, 콜라를 기피하는 현상을 초래하였다. 설탕을 현실적인 건강문제에 대하여 사실적으로 조명해 보는 게 좋을 것이다.

체중의 증가 : 증거가 미약하다

설탕은 영양가가 없다. 설탕은 단지 '텅빈' 칼로리를 일상 음식에 제공할 뿐이다. 그리고 그런 칼로리는 축적될 수 있다. 반면, 당신이 각각 160 kcal인 12온스짜리 설탕이 든 소다를 하루에 3잔씩 마시고 일상적인 식사와 운동습관을 유지한다면 당신은 일주일에 약 1파운드의 몸무게가 증가할 것이다. 여분의 칼로리를 피하고 싶은 욕구는 인공감미료에 대한 수요를 길러 왔다.

그러나 설탕은 단지 칼로리만 내는 물질이 아니라 대부분 단맛을 내는 것 중 가장 중심적인 것이다. 지방도 비난을 함께 받는다. 예를 들어 초콜릿 에클레어(케이크의 한 종류－가늘고 긴 슈크림에 초콜릿을 뿌린 것)는 지방으로부터 133 kcal를 내고 설탕으로부터는 단지 55 kcal를 낼 뿐이다. 초콜릿 캔디바조차도 설탕(92 kcal)보다 지방(122 kcal)으로부터 더욱 많은 칼로리를 낸다. 그리고 바닐라 아이스크림 한 컵은 설탕과 지방 둘 다 거의 똑같이 칼로리를 낸다(각각 약 130 kcal).

사실 많은 비만인들은 '지방이 많은 음식'보다 '단 음식'으로부터 고통을 덜 받는다. 관찰되어진 연구에서 실제로 비만인들이 날씬한 사람들보다 당분은 덜 섭취하나 훨씬 많은 지방분을 섭취한다는 것을 발견할 수 있었다.

활동항진증 : 증거가 없다

수년 동안 부모님들과 선생님들은 단것을 먹은 후 '벽을 방방 뛰어다니는' 아이들을 관찰해 왔다. 그러한 관찰은 설탕이 활동항진을 일으킨다는 믿음을 이끌었다. 성인에게 있어서도 같은 논리가 받아들여져 왔다. 지금은 평판이 나빠졌지만 어떤 살인자들은 설탕과 같은 마약음식에 의해 그들의 난폭한 행동이 나왔다는 논쟁이 극단적인 '멍청한 변명'으로 받아들여져 왔다. 수많은 연구에서 이러한 견해들은 믿을 수 없는 것으로 간주되었다.

최근에 연구자들은 뉴잉글랜드 의학저널에서 활동항진에 대한 주장에 반대되는 설득력 있는 케이스를 출판했다. 여기서 수반된 논문의 내용은 '현저하게 반대'인 것으로 묘사됐다. 3～10세로 구성된 50명의 아이들을 포함한 연구에서 그들 중 절반은 그들의 부모에 의하면 설탕에 민감한 것으로 생각되었다. 나누어진 2주 동안 일주일은 그 아이들과 그들의 가족들은 특별히 설탕이 많이 들어 있는 식사를 제공받았고, 한 주는 인공감미료가 들어간 식사를 제공받았다. 참가자들은 어떤 것이 설탕이고 어떤 것이 인공감미료인지 알지 못했고, 둘의 차이점도 구별할 수 없었다.

각각의 일주일이 끝나자 연구자들은 아이들의 행동, 기분과 사고력에 관한 39개의 기준에 대한 데이터를 모았다. 그들은 고당분 식사 후의 과민한 어떠한 징후도 발견하지 못했다. 아이들의 부모가 설탕에 민감하다고 믿던 아이들에게서조차 어떠한 영향도 발견할 수 없었다. 그래서 만약 설탕과 같은 것이 아이들의 행동을 항진되도록 만드는 것으로 여겨진다면 그건 그렇게 생각하기 때문이지 설탕 때문은 아니다.

적어도 설탕은 반대의 효과는 가져올 수 있다. 몇 명의 아이들은 연구에서 고당분 식사를 했을 경우 일을 배우는 데는 약간의 발전이 있었고, 속도와 민첩함 테스트에서는 행동이 약간 느려지는 것으로 나타났다. 저자는 이러한 발견을 설탕으로 인한 약간의 긴장완화 효과가 활동항진에 대한 이론들 보다 더 많은 과학적 근거를 갖고 있는 것으로 해석했다.

우리가 음식과 행동에 관한 5월의 보고서에서 기록한 것처럼 적어도 여섯 번의 임상실험에서 설탕과 같은 고탄수화물 음식은 사람들 긴장을 다소 완화시키거나 심지어 나태하게 만든다는 것을 암시하고 있다.

혈당량 : 그렇게 낮추지는 않는다

어떤 사람들은 설탕이 혈당감소증 혹은 발한, 떨림, 빠른 심장박동, 허기 같은 저혈당증을 유발한다고 믿는다.

사실 설탕을 많이 먹는 것은 때때로 혈당량 수치를 급격히 떨어뜨릴 수도 있다. 그러나 그런 증상들은 설탕 때문에 흔하게 일어나는 것은 아니다. 그것은 대동맥에서 당분을 이끌어내는 세포를 도와주는 인슐린 호르몬의 분비가 췌장의 설탕 과다섭취에 반응하기 때문이다. 일부의 사람들은 설탕섭취가 혈당량을 정상 이하로 끌어내릴 수 있다고 믿는다. 하지만 혈당량의 그러한 하락이 거의 그런 증상들을 유발하지는 않는다. 드문 예외로서 '반응성 저혈당증'이라 불리는 상태가 사람들에게 발생하기도 한다. 설탕소비에 의해 자신들의 증상이 유발됐다고 믿는 다수의 사람들에게는 사실 갑상선 과로나 공포발작과 같은 어떤 다른 원인에 의한다. 혈당감소증이 있는 것으로 생각되어지는 사람들은 주치의로 하여금 그들의 증상이 혈당 감소와 동시에 일어나는지 측정하게 하여야 한다.

다른 종류의 혈당감소증은 당뇨병 환자 사이에서 훨씬 일반적이다. 그러나 이러한 사람들에게는 혈당감소증이 설탕을 많이 섭취하는 것과는 별 상관이 없고, 대신에 너무 많은 인슐린을 주사(혹은 너무 많은 항당뇨병 약을 먹었을 때)하거나, 너무 적은 음식을 먹거나, 혹은 너무 많은 운동을 했을 때에만 발생한다.

당뇨병 : 문제에서 벗어나다

전통적으로 의사들은 당뇨병 환자들에게 설탕이 있는 음식을 피하게 하거나 엄격히

설탕은 감미롭고 또한 설탕 대체제들도 마찬가지다

인공감미료의 매력은 상당부분 칼로리가 없는 것이고, 그러한 이익은 식이요법을 하는 사람들에게 인공적인 맛을 참을 수 있게 해 왔다. 그러나 학술연구는 상당부분 식이요법자들이 '식이요법' 제품사용에 대한 보상으로 다른 고칼로리 음식을 섭취하여 다이어트에 방해되는 잠재적 행위를 한다고 말한다.

여전히 인공감미료는 식이요법의 나머지 부분이 통제되는 한 칼로리 제어를 도울 수 있다. 그리고 설탕과는 달리 인공감미료는 충치를 발생시키지도 않고 혹은 당뇨병 환자들의 혈당량에 영향을 미치지도 않는다. 다음 부분에는 현재 시장에 나와 있는 세 종류의 인공감미료와 현재 사용되지 않는 세 종류의 인공감미료가 있다.

- Sacharin(Sugar Twin, Sweet'n Low) : 가장 오래된 인공감미료로서 설탕보다 300배 달다. 사카린은 빵 제품들, 캔디, 과일통조림, 껌, 디저트 장식, 잼, 음료수에 사용되어 왔다(또한 의약품과 비타민에 널리 쓰인다). 1977년 미국 FDA는 사카린이 동물실험 시 암을 유발했다고 하여 금지령을 제의했다. 그러나 음료수 업자들과 칼로리를 의식하고 있는 소비자들의 압력에 의하여 의회는 사카린 반대법안을 정지시켰고, 그 대신 경고 문구를 부착하도록 했다. 1991년 FDA는 사카린 반대 제안을 철회했지만 경고 문구는 아직 남아 있다.

- Aspartame(일명 Nutra Sweet 또는 Natra Taste) : 설탕보다 180배 달고, 캔디와 시리얼, 냉동디저트, 음료수에 널리 사용된다. 비록 일부의 상업적 제빵 제품에 아스파탐이 포함되기도 하지만, 높은 온도에 알맞지 않기 때문에 가정요리에는 거의 사용되지 않는다. 지금까지 FDA가 승인해 온 것 중 가장 철저히 테스트된 첨가제 중 하나인데, 아스파탐은 미국인 약 15,000명 중 1명꼴로 나타나는 페닐키톤 뇨증(PKU)을 유전받은 사람들로써 아스파탐의 한 성분인 필수아미노산 페닐알라닌의 섭취를 제한받아야만 하는 사람들을 제외하고는 거의 안전한 것으로 나타났다. 그러한 이유 때문에 아스파탐을 포함하고 있는 제품에는 PKU증이 있는 사람들에 대한 경고가 쓰여 있다.

- Acesulfame K(일명 Sunette, Sweet One) : 설탕보다 200배 더 달고, 건조된 음료 성분, 캔디, 껌, 젤라틴, 푸딩 등에 쓰인다. 발생할 수 있는 건강위험에 대한 경고 문구가 없는 유일한 설탕 대체제이다.

  다음의 설탕 대체제는 현재 FDA의 승인을 신청 중인 것이다.

- Cyclamate : 설탕보다 30배 달고, 인공감미료로서 1950년대와 1960년대에 널리 사용되었다. 그러나 1970년에 잠재적 발암물질로서 미국에서 사용이 중단되었다. 생산업자들과 무역협회는 FDA가 반대법안을 철회하도록 현재 추진 중에 있다.

- Sucralose : 설탕보다 600배 달며, 지난 15년 간 연구에 의하면 100종 이상의 동물과 인간에 아무런 건강위험을 포함하고 있지 않다고 나타났다.
- Alitame : 설탕보다 2,000배 달다. FDA는 섭취를 지지할 수 있거나 혹은 감미료의 안전을 보장할 수 있는 좀더 많은 연구를 요구하고 있다.

제한하도록 경고해 왔다. 이는 저혈당치를 초래하기 때문이 아니라 눈, 신장, 신경, 순환계통에 해를 입히는 것으로 특징지어지는 비정상적인 고혈당치를 제어하기 위해서이다. 지금은 그러한 금지가 철회되었다.

올해 초 미국 당뇨병협회는 빵, 파스타, 감자와 같은 탄수화물 식품보다 설탕이 당뇨병 환자의 혈당량 수치를 뒤흔들지 않는다는 사실에 기초한 혁명적 식이요법 지침을 발표했다. 이 새로운 지침은 식이요법의 주요한 두 성분인 탄수화물과 지방의 균형을 요구한다.

당뇨병에 설탕섭취를 반대하는 오랜 금지의 한 유산은 설탕이 어느 정도의 당뇨병을 유발한다는 대중적인 믿음이다. 그러나 그렇지 않다. 실제의 원인은 인슐린의 체내 생산과 그것의 호르몬에 대한 민감성이다.

충치 : 유일한 문제

대부분의 사람들에게 있어서 설탕의 실제 위험은 충치 뿐이다. 한편 플루오르화물과 아이들을 위한 플라스틱용제 그리고 향상된 구강위생은 충치 유발을 극적으로 감소시켰다. 그렇지만 당신이 무엇을 먹는지 살펴보는 것과 언제 먹는지 알아보는 것은 아직도 중요하다.

당분뿐만이 아니라 녹말과 같은 모든 탄수화물은 치석에 있는 박테리아에 의해 치아를 분해하는 산성물질로 전환될 수 있다. 단것에 있는 단순 당은 박테리아가 가장 쉽게 이용하고, 그들은 특별한 위험을 일으킨다. 그러나 만약 복합탄수화물이 단순한 구조물로 분해되는 동안 충분히 오랫동안 치아에 있었다면 녹말도 설탕과 똑같이 해로울 수 있다. 가장 해로운 음식은 치아에 들러붙으면서 빠르게 작용하는 설탕과 느리게 작용하는 녹말이 같이 포함된 쿠키와 케이크 같은 당분으로 제조된 제품이다. 단단한 캔디와 박하사탕처럼 서서히 분해되는 설탕가미 제품은 산성물질의 해를 지연시킨다.

설탕으로부터의 치아위험을 최소화하려면 탄수화물이 소비될 때까지 식사시간을 기다려야 한다. 그렇게 함으로써 다른 음식이 산성물질을 중화시키고 음식 찌꺼기와 설탕을 입 안으로부터 제거하는 데 도와주는 침의 생산을 증가시키는 것이다. 가벼운 식사를 하고 싶을 때는 단것이나 녹말스낵 대신에 과일이나 생야채를 골라야 한다. 과일에 있는 당분이 충치를 유발할 수도 있지만 대부분의 생과일은 상대적으로 당분이 적고 그리 들러붙지 않기 때문에 가벼운 식사로 안전하다. 단, 예외로는 당분이 많은 바나나와 당분도 많고 치아에 잘 들러붙는 대추야자와 건포도 같은 마른 과일도 있다.

자연적인 매력 : 인공적인 논쟁

많은 사람들은 설탕이 꿀이나 과일 속의 당 같은 소위 자연적 설탕보다 건강에 덜 좋은 것으로 믿고 있다. 많은 음식회사들은 잘못된 믿음으로부터 시리얼과 요구르트에서 쿠키와 캔디의 범위에 걸친 '자연적 당분' 제품으로부터 돈을 벌어들이고 있다. 일부의 경우에 이는 전체적으로 설탕 포함 음식을 상승시킨다. 예를 들어 'Honey Nut Cheerios'라는 시리얼 한 그릇에는 11g의 설탕이, 평범한 'Cheerios'에는 1g이 들어 있다.

어떤 경우에도 설탕은 설탕이다. '천연의' 설탕은 일반 설탕보다 그 이상의 영양분 공급이 되지 않는다. 설탕처럼 꿀, 흑설탕, 옥수수 시럽같은 천연감미료는 칼로리만 가지고 있을 뿐 측정할 만한 다른 것은 전혀 없다. 단지 한 예외로서 블랙스트랩 당밀은 칼슘과 철분 그리고 다른 영양분을 가지고 있다. 과일주스는 많은 영양성분을 함유하고 있는 반면 매우 작은 양이 가미되어진 과일주스 제품은 중요한 영양성분이 없다.

천연설탕은 일반 설탕처럼 많은 칼로리를 제공하고, 최소한 치아에도 나쁘다. 사실 꿀과 같은 시럽상태의 감미료는 끈적거리기 때문에 더 나쁠 수 있다. 그리고 많은 당뇨병 환자들이 믿어 왔던 것과 반대로 과일주스에 설탕이 가미된 제품은 일반 설탕이 첨가된 음식보다 혈당치에 덜 해를 준다.

2. 다시 각광받는 식이섬유소

귀리 현미빵의 섬유소는 단순한 섬유소 자체의 이미지에서 벗어나 콜레스테롤과 심장마비를 줄이는 생명을 구하는 물질로 인식이 바뀌게 되었다. 널리 회자된 하버드 대학의 연구에서 섬유소, 특히 귀리 현미의 건강에 대한 이익을 규명하는 데 실패하자 사람들 사이에서는 연구 결과 같은 것은 무시하고 아무것이나 자기가 좋아하는 것을 먹으면 된다는 인식이 퍼지게 되었다.

최근에는 섬유소가 다시 많은 연구 결과에 의해 각광을 받게 되었다. 많은 연구는 섬유소가 콜레스테롤을 낮추고, 심장을 보호하며, 암발생 위험을 줄인다는 사실이다. 연구자들은 바로 이어서 가용성 섬유소 자체의 어떠한 콜레스테롤 저하효과를 따로 떼어 놓기 위해 7건의 임상실험 결과에서 모든 식이요법의 변화가 주의 깊게 고찰되어졌는지를 검토하였다. 약 850여 명을 포함한 이러한 연구들에서 결합된 결과는 현미 시리얼을 대략 반 정도 먹거나, 한 끼의 콩을 섭취함으로써 이루어진 1인당 가용성 섬유소의 3g 추가 섭취는 콜레스테롤 수치를 평균적으로 6 mg/dl로 낮출 수 있다는 것이었다. 그것은 대략 평균 콜레스테롤 수치를 3% 낮출 수 있는 것이다.

그러나 실험에서의 감소는 유용한 HDL (high-density-lipoprotein) 콜레스테롤이 아니라 해로운 LDL(low-density-lipoprotein) 콜레스테롤에서 거의 발생했다. 하루에 가용성 섬유소 섭취의 5g 증가(보통 미국인들이 식이요법 시 먹도록 추천되는 양)는 일반적으로 콜레스테롤 수치를 5~10%로 낮출 것이다. 그것은 관상심장질환을 10~20%까지 낮출 수 있다고 바꾸어 말할 수 있다. 섬유소는 콜레스테롤의 위험성을 상당히 감소시킬 수 있다. 섬유소는 당뇨병, 비만, 고혈압의 위험을 줄일 수 있다.

섬유소와 관상심장질환의 위험요인들

일부 증거는 섬유소 특히 가용성 섬유소가 콜레스테롤 수치뿐만이 아니라 관상심장질환의 3가지 다른 주요한 위험까지도 낮출 수 있다고 제안하고 있다.

① 당뇨병

많은 섬유소를 소비하는 사람들은 일반적으로 적은 섬유소를 섭취하는 사람들보다 낮은 당뇨병 위험을 가지고 있다. 게다가 임상실험에서 섬유소는 이미 병의 발전단계에 있는 사람에게 혈당수치를 줄일 수 있도록 도울 수 있다는 것을 일치되게 보여주고 있다. 그러한 이익은 아마 소장으로부터 설탕흡수를 늦추는 가용성 섬유소에서 기인된 것일 것이다.

---

② 비 만

가용성 섬유질은 위 속에서 액체와 섞여 젤라틴 덩어리를 형성하여 식사를 더 크게 느끼고 그 곳에 더 오래 머무르게 만든다. 이론상 그것은 비만인들이 그들의 식욕을 제어하면서 그들의 몸무게를 통제할 수 있도록 도와준다. 일부의 임상실험은 몸무게를 줄이는 타 임상적 시도들과 비교하여 식이요법에 섬유소를 추가 섭취한 것이 두 달에서 세 달에 걸쳐 평균 1.8kg의 몸무게를 줄인 것을 보여주었다. 전형적인 미국인의 식사를 과일, 야채, 곡물, 콩이 풍부한 식사로 바꿈으로써 추가적인 섬유소를 섭취한 사람들은 몸무게를 이전보다 더 줄일 수 있을 것이다. 이것은 위와 같은 음식물은 섬유소가 높을 뿐만 아니라 칼로리와 지방이 낮기 때문이다.

③ 고혈압

6만 명의 여성과 또 3만 명의 남자를 실험한 하버드대학의 대규모 두 가지 연구는 혈압에 영향을 준다고 생각되어지는 다양한 영양분들을 제어함으로써 고혈압에 영향을 미치는 섬유소의 효과를 따로 분리하려고 시도하였다. 그 결과 46%의 섬유소를 섭취한 남자들은 최소한의 섬유소를 섭취한 다른 남자들보다 고혈압이 발생되는 경우가 낮은 것으로 밝혀졌고, 24%의 섬유소를 섭취한 여성들은 고혈압의 위험에 덜 노출되어 있었다. 그러나 임상실험에서는 그 효과를 입증하는 데 실패를 해왔기 때문에 섬유소가 고혈압에 명백한 보호효과가 있는지 없는지는 아직 확실치 않다.

섬유소와 암

섬유소가 악성종양을 막는 데 도움을 줄 것이라는 강력한 증거는 결장암에 대한 연구에서 나왔다. 이를 살펴보면 37개의 관찰 실험결과 중 29개는 고섬유질 식이요법이 결장암 발생빈도를 줄이는 것과 관련이 있다고 했다. 그 관련성을 입증하려는 노력은 곡물, 콩, 대부분의 야채, 일부의 과일에 풍부한 불용성 섬유소에 초점이 맞추어져 있었다. 불용성 섬유소는 젤라틴화 되지는 않는다. 그러나 불용성 섬유소는 수분을 흡수하고 결장 내용물의 용적을 부풀린다.

이론상 이것은 대장에 노폐물이 쌓여서 초래되는 잠재적 암의 확장과 대변 양의 증가에 의해 노폐물의 축적을 감소시킴으로써 암의 위험을 줄일 수가 있다. 동물들에게 불용성 섬유소를 먹이면 동물의 췌장암의 성장위험을 줄일 수 있다. 인간에게 있어서는 몇 가지 작은 임상실험에서 췌장과 직장에서 암 바로 전(前)단계 세포들의 숫자 감소를 보여주었다.

다른 소규모의 실험에서는 그러한 섬유소가 암 같은 것으로 변할 수 있는 췌장 내의 버섯모양의 종양(위, 장 등의 점막에서 발생하는 둥근종양) 형성을 억제하였다. 종양의 성장과 섬유소의 효과에 대한 커다란 두 가지의 실험이 현재 진행 중이다. 제한적 증거들은 섬유소가 유방암의 위험 또한 낮출 수 있다고 제시하였다. 동물에게 있어서 불용성 섬유소는 유방암의 성장을 자극하는 것으로 추정되는 여성호르몬인 에스트로겐의 수치를 낮춘다. 초기의 주요 연구에서는 섬유소와 인간 유방암에 대한 어떠한 연결고리도 밝혀내지 못했다. 그러나 다음 번 실험 즉, 6만 명의 캐나다 여성을 포함한 연구에서는 초기 연구에서 접근하지 못했던 일부의 잠재적인 혼동 요인들을 제어하였고, 몇 가지의 소규모 실험들에서는 또한 섬유소가 질병 위험을 감소시킬 수 있음을 밝혀 내었다.

식품에 포함된 섬유소의 함량

식 품	섭취량	총 섬유소 (g)	가용성 섬유소 (g)	불용성 섬유소 (g)
시리얼 아침식사				
밀기울과 추가 섬유소	½컵	15.0	1.0	14.0
섬유소	½컵	13.0	1.0	12.0
밀기울 눈(봉오리)	⅓컵	10.7	2.8	7.9
퀘이커 귀리가루	½컵	6.0	3.0	3.0
크래클린 귀리가루	½컵	4.7	0.5	4.3
건포도가루	½컵	3.0	0.4	2.6
자른 밀	1¼(대)	2.8	0.1	2.6
밀	1컵	2.6	0.9	1.7
오트밀	½컵	2.0	1.2	0.8
치리오스	1¼컵	2.0	1.3	0.7
콘 프레이크	1컵	0.7	0.4	0.3
쌀 krisnies	1컵	0.3	0.3	0.1
콩(조리된 것)				
얼룩콩	½컵	10.3	3.9	6.5
빨간콩	½컵	8.2	3.6	4.6
그레이드 노던 콩	½컵	5.0	0.8	4.1
렌즈콩	½컵	4.5	0.7	3.8
완두콩	½컵	3.4	1.1	2.4
빵/곡물/파스타				
보리	½컵	6.8	1.4	5.4
통밀 스파케티	½컵	3.2	0.4	2.7
통밀빵	1조각	2.2	0.5	1.7
귀리가루 머핀	½	2.1	0.7	1.5
현미	½컵	1.8	0.2	1.6
밀가루 머핀	½	1.8	0.3	1.4
밀빵	1조각	1.6	0.2	1.4
호밀빵	1조각	1.6	0.7	0.9
스파게티	½컵	1.1	0.5	0.6
흑빵(호밀가루로 만듦)	1조각	1.0	0.5	0.5
흰빵	1조각	0.6	0.3	0.3
백미	½컵	0.6	0.1	0.4

(계속)

식 품	섭취량	총 섬유소 (g)	가용성 섬유소 (g)	불용성 섬유소 (g)
견과류/씨				
아몬드	¼컵	3.9	0.4	3.5
해바라기씨	¼컵	2.2	0.7	1.5
부드러운 땅콩버터	티스푼 2개	2.1	0.6	1.5
호두	¼컵	1.4	0.5	0.9
캐슈너트	¼컵	1.1	0.6	0.5
과 일				
껍질 있는 사과	1개(중)	4.2	1.6	2.6
껍질 있는 배	1개(중)	4.0	0.8	3.2
말린 자두	4	3.1	1.3	1.8
플루리다 오렌지	1	2.5	1.4	1.0
바나나	1	2.3	0.7	1.6
껍질 있는 복숭아/과즙	1	2.1	0.8	1.3
캔텔로프/머스크메론	½컵	0.6	0.2	0.4
야채(조리된 것)				
옥수수	½컵	4.7	0.2	4.4
녹색완두콩	½컵	4.4	1.2	3.2
부루셀싹	½컵	3.6	1.7	1.9
껍질 없는 고구마	1개(중)	3.4	1.7	1.7
껍질 없는 감자	1개(대)	2.8	0.7	2.1
브로콜리	½컵	2.3	1.0	1.3
홍당무조각	½컵	2.3	1.0	1.3
시금치	½컵	2.1	0.6	1.4
녹색콩	½컵	2.0	0.8	1.2
꽃양배추	½컵	1.5	0.2	1.3
야채(생야채)				
토마토	1개(중)	1.3	0.3	1.0
샐러리	½컵	0.9	0.2	0.7
녹색고추	½컵	0.9	0.3	0.6
로마상추	1컵	0.7	0.3	0.4

※ 모든 찬 시리얼은 1온스를 1인분으로 했다. 밀도에 따라 양은 변할 수 있다. 뜨거운 시리얼(퀘이커 현미, 오트밀)의 경우 1온스 이상의 무게가 나감.

※ 1온스 = 28.349g

출처 : ESHA 연구, Salem, Ore., 생산업자 자료

섬유소 섭취량 계산방법

소비자연합의 의학자들은 정상적인 성인은 일일 20~35g의 섬유소를 섭취하도록 권장한다. 미국 성인들 중 절반 정도가 하루에 14g 이하의 섬유소를 섭취하므로 이 권장량과는 큰 차이가 있다. 하루에 얼마만큼의 섬유소를 섭취하는지 쉽게 알기 위해서는 다음의 테스트를 하면 된다. 각각의 음식목록 값에다 나열된 어제 먹은 회수를 곱하라. 그리고 나서 섭취한 섬유소의 총량을 구하기 위해 점수를 합하면 된다.

물론 그 점수는 단지 당신의 식이요법 중 섬유소가 차지하는 양의 대략적인 개념만 제공할 뿐이다. 그리고 이것은 가용성 섬유소와 불용성 섬유소를 구별할 수가 없다(대략적으로 섭취한 섬유소 중 ⅓은 가용성 섬유소이어야 하는데, 이는 약 7~12g 정도가 된다). 섬유소 섭취를 좀 더 정확히 계산하기 위해서는 이전 페이지에 있는 목록과 포장된 식품의 라벨을 참고하시오.

	Servings(#)		양(g)
▸ **야채** (섭취량: 1컵의 생녹색 잎사귀와 ½컵의 다른 야채들)	☐	× 2 =	☐
▸ **과일** (섭취량: 과일 1개, ½의 그레이프 후르츠, ½컵의 베리 혹은 칼집 낸 과일, ¼컵의 마른 과일)	☐	× 2.5 =	☐
▸ **콩, 렌즈콩, 완두콩** (섭취량: 조리된 ½컵)	☐	× 7 =	☐
▸ **견과류, 씨** (섭취량: 티스푼 2스푼의 땅콩버터에 ¼컵)	☐	× 2.5 =	☐
▸ Whole grains (섭취량: 한 조각의 통밀빵에 ½컵의 통밀 파스타와 현미 혹은 ½의 왕겨나 곡물 머핀빵으로 된 다른 곡물)	☐	× 2.5 =	☐
▸ **정제곡물** (섭취량: 위와 같다. 거기에 흰빵이나 밀빵, 흰 파스타나 시금치, 파스타, 백미나 다른 정제된 곡물 그리고 정제된 밀가루 베이글이나 머핀을 포함한다)	☐	× 1 =	☐
▸ **아침식사 시리얼** (섭취량: 앞 페이지의 목록이나 섭취량과 매 섭취시의 섬유소 총량에 대한 포장을 체크하라)	☐	×( )g =	☐
		총 량 =	☐

섬유소 메시지

여러 연구들은 섬유소가 다발성 게실증과 변비증 같은 소수의 장 질환들에만 작용되는 것이 아니라 관상동맥내의 질병과 암으로의 발전을 막는 데 도움을 준다는 것을 명백하게 주장해 왔다. 그러나 고섬유소를 섭취하는 연구들에서 나온 질병에 대한 위험의 큰 감소에 대한 강력한 증거는 단지 섬유소 하나만으로 이루어진 것은 아니다. 저지방 고영양소를 포함한 식품들은 섬유소에 의해 공급되는 것 이외에도 건강에 도움이 많이 되는 많은 작용들을 가지고 있다. 그러므로 많은 연구들에서 섬유소 그 자체의 역할에 못박아 둔 것과는 상관없이 실질적인 메시지는 명백하다. 섬유소가 풍부한 많은 종류의 음식을 섭취하라는 것이다.

이러한 식품들은 하루 20～35g까지의 섬유소를 공급해 줄 것이다. 여러분이 얼마의 섬유소를 소비하는지에 대해 알고 싶다면 앞 페이지의 셀프 테스트를 하라(섬유소 소비에 대해 좀 더 정확한 계산을 알고 싶다면 앞 페이지의 표를 참조하고, 포장된 음식의 라벨을 읽는다).

섬유소 주장의 엉킨끈 풀기

이제 미국 FDA는 생산업자들에게 섬유소 포함량, 포장된 음식의 건강이익, 지방과 소금이 적은 음식이라는 것을 확실히 나타내도록 하고 있다. 이러한 표기는 여러 사람들이 그 식품이 상당한 양의 섬유소를 포함하고 있는지를 즉시에 구별할 수 있도록 해준다.

- "섬유소의 좋은 원료"나 "섬유소 포함"이라는 문구가 있는 제품들은 반드시 2.5～4.9g의 섬유소를 제품 하나당 포함하고 있어야 한다.
- 섬유소가 '고(高)'나 '풍부한'으로 표기되어 있는 것은 적어도 5g의 섬유소를 제공해야 한다.
- 관상동맥이나 혈당 콜레스테롤과 같은 건강에 대한 표기를 한 제품은 반드시 0.6g 이상의 많은 가용성 섬유소를 포함해야 한다. 상표에 일반적으로 가용성과 불용성 섬유소에 대한 구별이 없었기 때문에 이것은 매우 특별히 유용한 정보이다.

일부의 빵제조업자들은 아직도 소비자들의 판단을 그르치게 하는 이름과 색깔을 사용함으로써 그들 제품의 섬유소 포함량과 다른 영양소에 대하여 소비자들을 현혹시키고 있다. '통밀'보다는 '밀'이라고 불리우는 대부분의 빵들(혹은 곡물 복합빵)은 주로 곡물가루로 대강 처리된 정제된 밀가루에 빵을 '갈색' 즉, 자연적인 색으로 보이기 위해 당밀이나 카라멜을 추가하여 만든다. 정제된 밀가루는 섬유소가 풍부한 밀기울의 표피를 제거하기 때문에 섬유소가 거의 없다.

만약 포장된 빵 혹은 시리얼에 풍부한 섬유소가 포함되었다는 FDA의 승인된 표시가 하나도 없다면 상표에 다른 이러한 보장표시를 찾아보아야 한다.

- "통밀" 혹은 "100% 천연곡물"이라는 말
- 첫 번째 성분으로 통밀가루가 나열된 것(만약 통밀 목록이 아래에 있다면 그 빵은 통밀을 50% 이하 포함하고 있는데, 실제로는 그보다 훨씬 적게 포함하고 있다)
- 최소한 한 조각의 빵이나 시리얼 1온스마다 2g의 섬유소가 있는가.

좀더 확실한 방법

전형적인 미국식사를 한다면 섬유소 권장량 20～35g을 얻기 위해서는 일일 섬유소 섭취량을 거의 두 배로 증가시켜야 한다. 그러나 지나치게 섭취하지는 말아야 한다. 최대 권장량보다 더 많이 섭취하는 것은 칼슘, 철분, 아연과 같은 영양분의 체내 흡수를 방해할 수 있다. 많은 양의 섬유소 섭취는 장운동의 저해를 유발할 수 있다. 그리고 서둘러서 갑자기 많은 양을 섭취해서도 안 된다. 섬유소의 갑작스러운 다량 섭취는 가스 팽창, 경련 혹은 설사를 유발할 수도 있기 때문이다.

섬유소 알약을 먹거나 고섬유소 시리얼에 의존하지 않고 섬유소를 섭취한다면 이러한 문제들과는 만날 일이 거의 없다. 전체적인 음식이 아닌 섬유소 보충에 대한 의존은 식품을 섭취함으로써 얻는 많은 영양적 이익을 빼앗아 갈 수 있다(그러한 추가 섭취는 변비에 걸리거나 자연적 섬유소를 생산하는 곡물, 콩을 먹는 데 어려움이 있는 사람들에게만 유용할 수 있다).

하루에 적어도 과일이나 야채를 다섯 번 정도는 먹고, 적어도 곡물이나 콩을 여섯 번 정도 먹는 것(미국 정부의 권장량)은 일반적으로 섬유소의 풍부한 섭취를 보장한다. 아래에는 이러한 고섬유소 식품 섭취를 증가시키는 방법들을 나열한 것이다.

- 정제밀보다는 통밀가루로 빵을 만들 것. 백미보다는 현미를, 일반적인 파스타나 시금치 파스타보다는 통밀 파스타를 고를 것.
- 과일주스는 껍질을 까지 않은 통째 과일로 대체할 것. 과일을 에피타이저, 디저트, 스낵으로 먹을 것. 아이스크림이나 케이크를 즐긴다면 과일로 토핑할 것.
- 과일, 현미 혹은 곡물 시리얼 전체를 요구르트에 첨가할 것.
- 콩, 보리 혹은 다른 곡물을 수프에 첨가할 것. 마늘 양념, 칠리 양념 혹은 케이준 양념으로 맛을 들인 요리된 콩이나 요리한 콩을 스낵으로 하기 혹은 신선한 야채에 콩을 넣어서 만들 것.
- 잘게 썬 야채에 조리된 통밀, 파스타 혹은 콩을 섞어 만든 차가운 샐러드를 준비할 것(섬유소 때문에 양상추로 만든 샐러드에 의존하지는 말 것. 한편 영양가가 많은 양상추의 부드러운 잎사귀 부분은 앙트레를 만들고 조리된 야채나 콩에 첨가할 것).

5장 Questions for Review

이 름 ________________
학 과 ________________
날 짜 ________________
학 번 ________________

1. 탄수화물 소비에 관련된 미국의 두 가지 식이요법의 목표는 무엇인가?

   ①

   ②

2. 이당류는 ____________________단당류들로 구성되어 있다.

   다당류는 ____________________단당류들로 구성되어 있다.

3. 이당류의 두 가지 예는 ________________과 ________________이다.

   ____________________는 다당류의 한 예이다.

4. 식이섬유소는 소화되는 / 소화되지 않는 다당류이다.

5. 유당불내증은 ________________효소를 신체에 가지고 있지 않아 유당을 분해하지 못 하는 사람들에게 발생한다. 유당불내증은 ______________과 ________________로 특징지어진다.

6. 인체에서 일어나는 포도당의 3가지 신진대사 과정은?

   ①

   ②

   ③

7. 다음 질환의 두 가지 증상을 열거하시오.

A. 당뇨	B. 저혈당
①	①
②	②

8. 식이섬유는 소화기관의 이완(lexation)을 증가시킨다. 이완의 효과는?

①

②

③

9. 식이섬유의 섭취 증가는 두 가지의 다른 질환을 예방할 수 있다.

①

②

10. 식이섬유질의 하루 섭취권장량은?

11. 가용성 식이섬유소와 불용성 식이섬유소의 급원식품 두 가지는 각각 무엇인가?

가용성 섬유질	불용성 섬유질
①	①
②	②

제 6 장

식이지방

지질은 지방의 과학 기술적인 용어이다

지방(dietary fats)은 우리가 에너지를 얻는 영양소 중에서 가장 열량이 많다. 1g이 단백질 또는 탄수화물이 단지 4 kcal의 열량을 제공하지만, 지방은 9 kcal를 제공한다. 즉, 100g의 설탕 속에는 400 kcal의 열량이 있는 반면, 100g의 순수한 지방, 예를 들면 버터 속에는 900 kcal의 열량을 함유하고 있다. 흔히 탄수화물은 살을 찌게 한다지만 지방과 비교할 때 이것은 사실이 아니다. 구운 감자(단백질은 소량이며, 대부분 탄수화물로 구성되어 있음)는 특히 그것에 함유된 영양분을 열량의 관점에서 고려할 때 특별히 살찌게 한다고 할 수 없다. 하지만, 고지방 식품인 버터나 사우어크림(sour cream)을 구운 감자에 첨가할 경우 열량이 현저히 증가하게 된다.

1. 식이지방의 소비 형태와 권장량

미국인은 총 섭취열량의 약 37～42%를 지질 또는 지방에서 얻는다. 이러한 지방은 음식 중에서 지방분이 쉽게 눈에 띄지 않아 대부분이 숨겨진 지방의 형태로 섭취된다. 육질(고기)을 둘러싸고 있는 지방이나 날햄버거 속의 지방을 보는 것은 쉬운 일이지만, 대부분의 지방은 그렇게 쉽게 관찰되지 않는다. 예를 들면, 지방을 제거하지 않은 전지우유(지방 3.3%) 한 컵에 있는 지질은 총 열량의 48%를 낸다. 반면, 저지방우유(지방 2.0%)는 총 열량의 33%를 지방형태로 함유하며, 탈지우유는 열량의 5% 이하가 지질로부터 나온다. 표 6-1은 몇 가지 대표적 식품에 있어서 지방성분에 함유되어 있는 열량 비율을 나타내고 있다. 초콜릿칩 쿠키(chocolate chip cookies) 속의 지방으로부터 나오는 열량이 35%라는 사실에 대부분의 사람들이 놀란다. 또한 핫도그(hot dog)는 총 열량의 81%, 훈제 소시지 열량의 85%가 지방성 분이라는 사실을 알면 대부분의 사람들은 매우 놀란다.

또 다른 지방을 많이 함유하고 있는 식품은 패스트푸드(fast food)이다. 당신이 즐겨 먹는 패스트푸드에 있어서 열량, 지방함량, 콜레스테롤 그리고 나트륨 함량에 관한 웹사이트를 참고하기 바란다(http://www.olen.com/food/).

이미 언급했듯이, 미국에서는 섭취열량의 40~45%를 지질이 담당한다. 비록 최근에 지방섭취 비율이 약간 감소하기는 했지만, 여전히 대부분의 전문가가 권장하는 비율보다 높은 상태이다. 식이지방을 감소하는 것은 총 섭취열량을 감소하는 것 외에도 저지방 식사를 함으로써 심장질환의 위험과 아마도 암의 위험성마저도 감소시킬 수 있기 때문에 유익한 것으로 생각된다. 지방섭취는 가능한 한 최대한 줄이는 것이 좋지만, 권장하고 있는 식이목표는 지방섭취를 총 섭취열량의 30%까지 줄

표 6-1. 식품에 함유된 지방의 열량 비율

식 품	kcal/양	총 열량 중 지방비율
•전지우유	160(1컵)	48%
•저지방우유	120(1컵)	33%
•탈지우유	80(1컵)	<5%
•체다치즈	115(1온스)	77%
•초콜릿칩 쿠키	200(4조각)	35%
•핫도그	170(1개)	81%
•훈제 소시지	85(1조각)	85%
•빅맥	563	53%
•프렌치 프라이	220(보통 크기)	47%
•익힌 콩깍지	30(1컵)	<2%

※ 1온스 = 28.349g

표 6-2. 지방섭취와 관련한 권장되는 식이의 변화

1. 총 섭취열량의 45%인 지방을 30% 또는 그 이하로 줄인다.
2. 포화지방, 단일불포화지방, 다가불포화지방을 각각 총 열량의 10%로 맞춘다.
3. 콜레스테롤 섭취를 하루에 300mg 이하로 제한한다.

이는 것이다(표 6-2). 전형적인 미국인 식습관 하에서는 이 정도의 식이목표도 매우 어려울 것이다. 하지만 불가능하지는 않다. 자발적이고 의욕적인 사람이라면 가공식품, 간편식품, 패스트푸드를 조심하여 과일, 채소류, 지방함량이 적은 살코기류 위주의 식단으로 조절함으로써 이러한 목표치에 도달할 수 있을 것이다.

총 지방섭취의 조절 뿐만 아니라 우리가 섭취하는 지방의 종류와 그것들이 건강에 미치는 영향을 아는 것 또한 중요하다. 일반적으로 섭취되는 지방은 포화지방(saturated fats), 단일불포화지방(monounsaturated fats) 그리고 다가불포화지방(polyunsaturated fats)이다. 이러한 지방 그룹은 **중성지방**(triglycerides)로 알려져 있다. 각 지방의 화학적 차이는 이 장의 뒷부분에서 논의될 것이다. 이상적으로는 포화, 단일불포화, 다가불포화 지방이 동일한 양으로 섭취되어야 하며, 어떤 식품으로 섭취되든 각각이 총 열량의 10% 이하로 섭취되어야 한다.

한편, 지질의 한국인 영양섭취기준(2005)은 **에너지 적정비율**(Acceptable Macronutrient Distribution Range, AMDK)에 근거하여 성인에 있어서 요구에너지의 15~25%이고, 3~19세는 요구에너지의 20~35%로 성인보다 높게 설정되어 있다.

요즘 미국인들은 너무 많은 포화지방을 섭취하여 혈중 콜레스테롤이 증가하고 있다. 따라서 심장병의 위험성이 증가하고 있다. 우리는 포화지방에 의한 콜레스테롤 상승효과를 다가불포화지방(식물성 기름)의 섭취를 늘임으로써 상쇄시킬 수 있다. 하지만 다가불포화지방을 장기간 섭취하고 과다 섭취하면(10% 이상) 담석(gallstones)이나 심지어는 암(cancer)과 같은 기타 다른 질병이 유발할 위험성이 증가된다는 증거가 계속해서 발견되고 있다. 그러므로 포화지방 과다섭취로 인한 부정적 효과를 다가불포화지방의 섭취 증가로 상쇄시키려고 해서는 안 된다. 총 지방섭취, 특히 포화지방 섭취를 줄이는 것이 훨씬 더 유익하다. 총 지방섭취를 줄임으로써 각 그룹의 지방섭취가 동일하게 되는 것이(각각 총 열량의 10%) 가능하다.

1) 식이지질

단일불포화지방산(monounsaturated fatty acid, MUFA)이 식이지방으로서 유익하다고 생각된다. MUFA는 포화지방산과 달리 혈중 콜레스테롤 수준을 상승시키지 않고 불포화지방산과 달리 산소와 반응하지 않을 뿐만 아니라 항산화작용에 기여한다. 지중해 연안에 거주하는 사람들은 MUFA의 형태로 식이지방을 많이 섭취하지만, 세계에서 심장질환 위험성이 가장 낮은 편이다. 반면에 핀란드인들은 심장질환 위험성이 높은데, 이들은 지중해 연안인과 같은 양의 식이지방을 섭취하지만 이 지방을 주로 유제품으로 섭취한다. 이들은 최근 들어 포화지방산과 불포화지방산을 줄이고 단일불포화지방산을 더 섭취하려고 노력하고 있다.

만일 권장량보다 지방을 줄이려고 모든 지방의 섭취를 거부한다면 지방도 필수영양소이므로 곤란하다. 두 종류의 불포화지방산은 체내에서 만들어 대체될 수 없으며, 따라서 식품으로부터 공급해 주어야 한다. 이 지방이 **필수지방산**(essential fatty acids)인데, 주로 식물성 기름과 어유에 함유되어 있다. 필수지방산 결핍은 성인에서 보편적이 아니지만, 어린이에서는 발생할 수 있다. 어린이에게 탈지우유만을 먹이면 성장장해와 피부병이 발생한다. 이때 필수지방산을 식사에 첨가하여 주면 곧 회복된다.

마지막 충고로 **콜레스테롤**(cholesterol)의 섭취를 제한하라는 것이다. 콜레스테롤 역시 식이지방이지만 중성지방(포화지방, 단일불포화지방, 다가불포화지방)과는 완전히 다른 구조를 가지고 있다. 혈중 콜레스테롤 수치가 높은 사람은 심장질환으로 발전할 위험성이 높다. 혈중 콜레스테롤 수치가 높은 많은 사람들이 콜레스테롤 섭취를 줄임으로써 효과를 본 증거가 있다. 그러나 어떤 사람들에 있어서는 콜레스테롤 섭취가 혈중 콜레스테롤 수치에 아무런 영향을 미치지 않기 때문에 이 같은 식이요법에 대한 충고에 대해 여전히 의견이 분분하다. 어떤 사람의 혈중 콜레스테롤 수치가 높아진다면 달걀이나 육류의 장기(간, 콩팥 등), 우유제품 그리고 콜레스테롤 함유량이 특히 많은 지방질 육류제품의 섭취를 줄여야 한다. 콜레스테롤이 인체에 미치는 영향, 식품 중 콜레스테롤 함량 및 혈중 콜레스테롤을 낮출 수 있는 방법에 관한 정보는 전국 심장, 폐, 혈액협회 홈페이지에서 찾아볼 수 있다.
(http://www.nblbi.nih.gov/health/public/heart/chol/sbs-chol/index.htm)

2. 지질화학(chemistry of fats)

1) 지질의 구조

식사에 있어서 주요 지방은 중성지질(triglycerides)이다(그림 6-1). 중성지방은 글리세롤 한 분자(glycerol unit)에 세 개의 지방산이 결합되어 있다. 중성지방이 포화지방이냐 단일불포화지방이냐 아니면 다가불포화지방이냐를 결정하는 것은 바로 **지방산**(fatty acid)이다. 지방산은 끝부분에 -COOH 기능기가 있는 긴 탄소사슬 구조이다. 각 탄소원자는 다른 탄소원자와 결합되어 있고, 또한 수소원자와도 결합되어 있다.

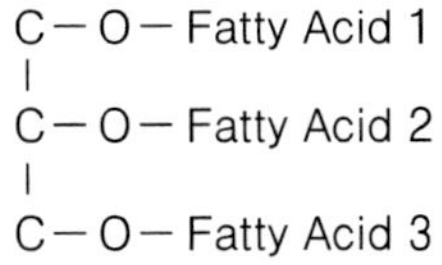

```
C-O-Fatty Acid 1
|
C-O-Fatty Acid 2
|
C-O-Fatty Acid 3
```

A. 중성지방

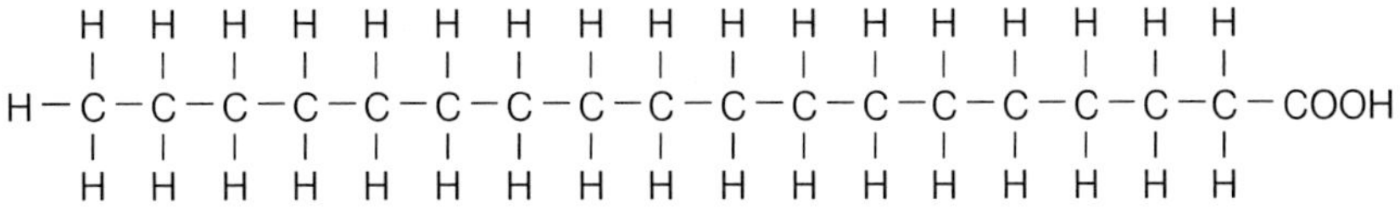

```
  H H H H H H H H H H H H H H H H H
  | | | | | | | | | | | | | | | | |
H-C-C-C-C-C-C-C-C-C-C-C-C-C-C-C-C-C-COOH
  | | | | | | | | | | | | | | | | |
  H H H H H H H H H H H H H H H H H
```

B. 포화지방산

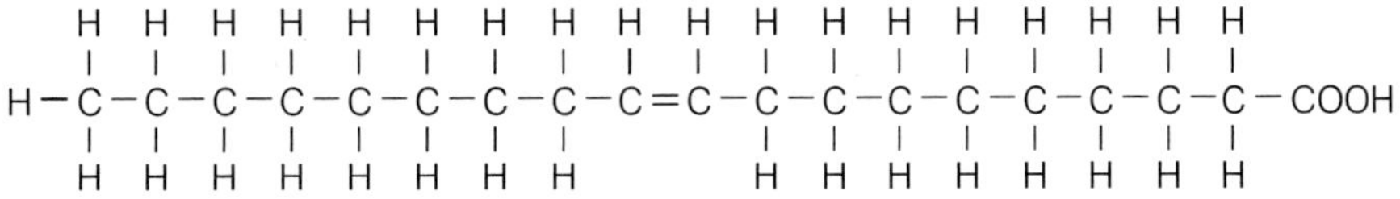

```
  H H H H H H H H H H H H H H H H H H
  | | | | | | | | | | | | | | | | | |
H-C-C-C-C-C-C-C-C-C=C-C-C-C-C-C-C-C-C-COOH
  | | | | | | | |     | | | | | | | |
  H H H H H H H H     H H H H H H H H
```

C. 단일불포화지방산

```
  H H H H H H H H H H H H H H H H H
  | | | | | | | | | | | | | | | | |
H-C-C-C-C-C-C=C-C-C=C-C-C-C-C-C-C-C-COOH
  | | | | |     |     | | | | | | |
  H H H H H     H     H H H H H H H
```

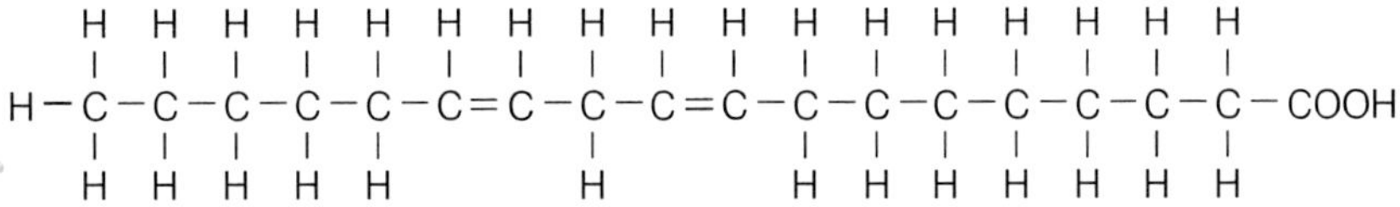

D. 다가불포화지방산

그림 6-1. 중성지방, 포화지방산, 단일불포화지방산, 다가불포화지방산의 구조

포화지방산(saturated fatty acid, SFA)은 모든 탄소원자들이 이중결합 없이 수소원자들과 결합되어 있는 구조이다. 단일불포화지방산(monounsaturated fatty acid, MUFA)은 두 개의 탄소원자 사이에 있던 수소원자가 제거되고 하나의 이중결합(double bond)을 가진 구조이다. 다가불포화지방산(polyunsaturated fatty acid, PUFA)은 탄소사슬에 두 개 혹은 그 이상의 이중결합을 가진 구조이다.

우리가 섭취하는 지방의 형태는 포화지방, 단일불포화지방, 다가불포화지방으로 구성된 중성지방이다. 그림 6-2는 지질과 지방에서의 지방산 구성을 표시하였다. 이러한 지방들은 그 구조에 어떤 지방산이 결합되어 있느냐에 따라 서로 다른 화학적 특성을 가진다. 실온에서 불포화지방이 많을수록 액체의 성격을 띤다. 포화지방산은 실온에서 고체이다. 주로 포화지방산으로 구성되어진 중성지방은 실온에서 고체이며, 이것을 가리켜 흔히 '지방(fat)'이라고 한다.

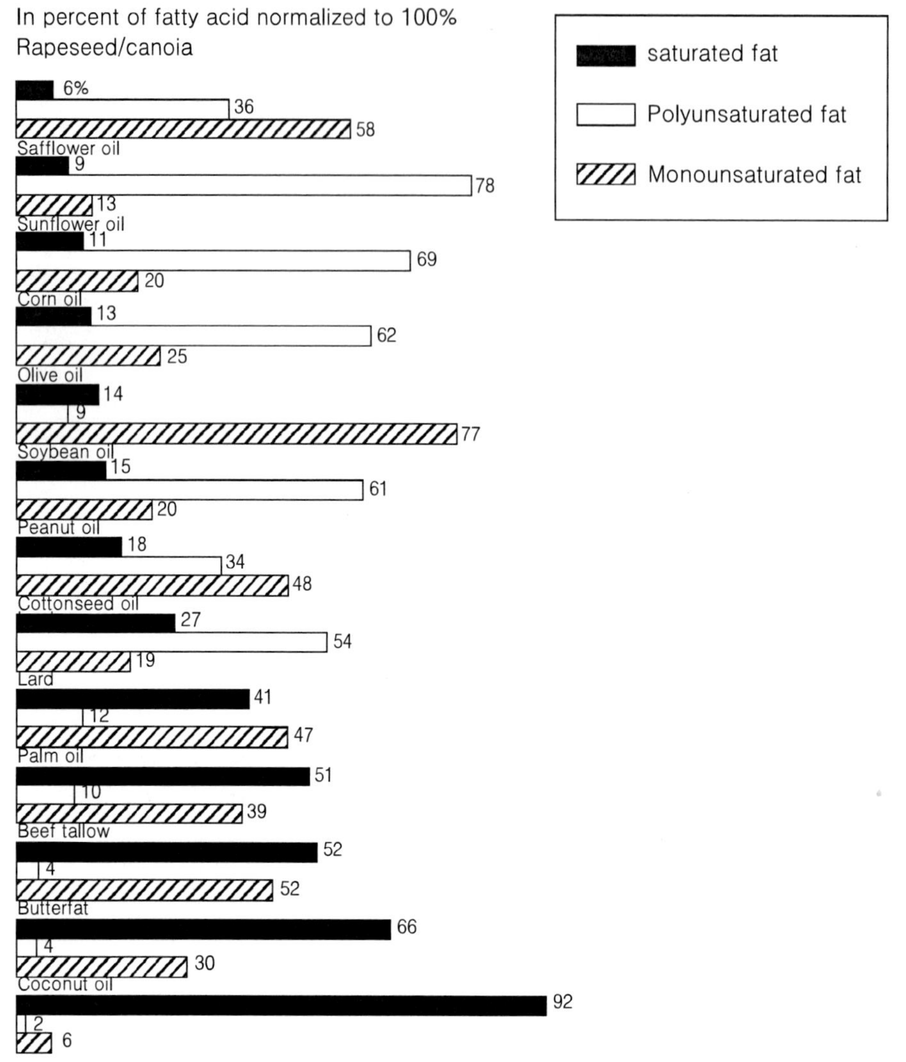

그림 6-2. 식품 중의 지방조성

출처 : Chicago Tribune Chart ; Source : U.S. Department of Agriculture

식이지방의 예로는 라드(lard), 버터, 소기름(beef tallow), 그리고 육류에서 잘라낸 고체지방이다. 코코넛유나 야자유는 이 규정의 예외인데, 실온에서 액체상태이기는 하나 많은 양의 포화지방산을 함유하고 있다. 식물성 기름과 샐러드 오일(salad oil)은 다가불포화지방이 함유된 중성지방의 예이다. 올리브기름, 카놀라유(유채유), 땅콩유, 아보카도유는 다량의 단일불포화지방이 함유된 식품의 예이다.

2) 식품에 있어서 지질의 화학적 특성

천연지방과 기름은 필요에 의해 식품산업에서 변형되거나 화학적으로 변화된다. 여러분들은 이런 변형된 지방을 나타내는 식품표시(라벨)에 관한 용어들에 익숙해져야 한다. 식품라벨에 붙어 있는 용어들 중에 가장 흔한 것은 '수소를 첨가한(hydrogenated)' **경화유지**(hydrogenated oil) 혹은 '수소가 부분적으로 첨가된(partially hydrogenated)' 용어이다. 다가불포화지방은 매우 불안정하여 산패되기 쉽다.

식품가공업자들은 oil 분자에 수소를 첨가함으로써 이중결합의 일부를 제거하여 지방을 경화(硬化)시킨다. 이와 같은 과정은 지방을 좀 더 포화지방 같이 만들어 용융점을 올리고(지방을 상온에서 좀 더 고체로 만든다) 산패에 의해 썩는 것을 감소시킨다. 많은 마가린들은 일부 경화되어 그것에 함유되어 있는 식물성 기름이 고체화되어 네모진 형태로 만들었다. 처음 짜내었을 때 액체상태로 되어 있는 마가린은 막대모양으로 포장되어 있는 것보다 덜 경화되어 있다.

수소첨가 가공과정에서 부성석인 작용은 **트랜스 지방산**(trans fatty acid)을 생성시킨다. 트랜스 지방산은 불포화지방산으로 이중결합에 수소분자가 대칭으로 결합되어 있다(그림 6-3). 이것은 화학적인 변화로 트랜스 지방산은 체내대사에 차이가 있다. 트랜스 지방산은 당신에게 좋은 콜레스테롤인 HDL(high density cholesterol)을 감소시키고, 좋지 못한 콜레스테롤인 LDL(low density cholesterol)을 증가시키는 원인이 된다. 근래에 이 트랜스 지방산이 포화지방산처럼 심장에 좋지 않은 것으로 밝혀지고 있다. 따라서 대부분의 영양학자들은 트랜스 지방산의 주요 급원인 마가린을 피하라고 권장하고 있다.

다가불포화지방은 액체상태 외에도 산소와 반응하여 산화(oxidation)되기 쉽다(산화작용). 지방이 산소와 반응할 때 이를 **산패**(rancidity)라고 부른다. 식품제조업

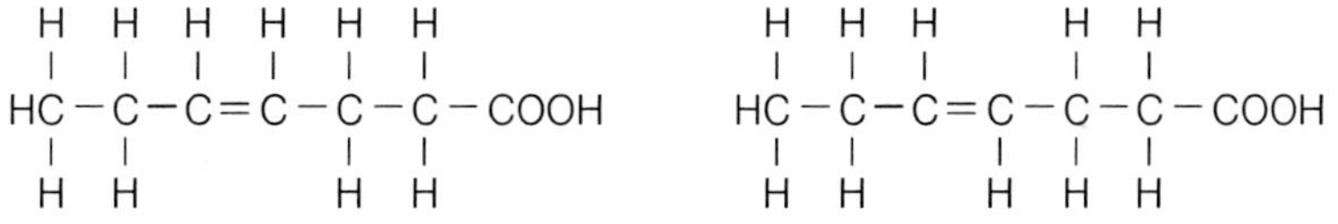

```
H  H  H  H  H  H              H  H  H     H  H
|  |  |  |  |  |              |  |  |     |  |
HC-C-C=C-C-C-COOH            HC-C-C=C-C-C-COOH
|  |        |  |              |  |     |  |  |
H  H        H  H              H  H     H  H  H
```

A. cis fatty acid　　B. trans fatty acid

그림 6-3. 정상적인 지방산(cis)과 비정상 트랜스trans) 지방산의 구조

cis 지방산은 이중결합 각 위치에 나란히 결합
trans 지방산은 이중결합 각 부위에 교차하여 결합

자들 역시 산화방지제를 사용하기 때문에 단지 식품에 다가불포화지방을 사용할 수 있는 것이다.

산화방지제는 지방의 이중결합이 산소와 반응하는 것을 차단하여 음식물의 자체 수명(식품이 좋은 상태를 유지해 있는 시간)을 연장시킨다. 예를 들어, 식물성 기름 한 병을 공기에 노출시 산화방지제가 없으면 2일 후에는 산패하게 된다. 샐러드 기름 내의 산화방지제는 이 제품을 한 달 이상 유지시켜 준다. 식품라벨에서 볼 수 있는 흔한 산화방지제는 BHT, BHA, propyl gallate와 비타민 E이다.

식품상표에 붙어 있는 또 다른 용어는 **유화제**(乳化劑, emulsifier)이다. 유화제는 지방과 물을 혼합하여 그 섞여 있는 상태를 유지하게 하는 화학제이다. 유화제가 없으면 우리가 당연하게 생각하는 많은 식품들이 만들어질 수 없다. 예를 들면, 마요네즈, 샐러드 드레싱과 마가린 등은 유화제 없이는 만들어질 수 없다. 그러나 당신은 집에서 마요네즈를 만들면서 유화제를 쓰지 않는다고 말할런지 모르지만 실은 가장 좋은 천연유화제 중의 하나를 쓰고 있다. 마요네즈 만들 때 들어가는 계란 노른자 안에는 **레시틴**(lecithin)라고 불리우는 천연유화제가 들어 있다. 레시틴과 그 외 유화제들은 식품내 지방의 작은 입자들을 코팅시키는 작용을 한다. 이 코팅된 것들은 전하를 띠게 되고, 이로 인해 지방입자들이 분산된다.

3) 지방의 소화

식품계에서처럼 몸에서도 식이지방과 물은 쉽게 섞이지 않는다. 이것은 우리 몸이 지방을 소화·운반·저장하기 위해 적응해 와야만 했던 것을 의미한다. 기본적으로 인체의 약 65～70%는 물이다. 혈액은 소화액과 같이 물을 기본으로 하고 있다. 그러므로 인체는 지방을 조그마한 입자로 유지하기 위해 자신의 유화체계를 발달시켜 왔다. 이 체계 없이는 음식 속의 지방을 소화하기 위해 분해될 수 없으며, 혈류를 따라 막히지 않고 인체의 구석구석까지 운반될 수 없다.

음식을 먹을 때 위에 있는 음식이 **담낭**(gall bladder)에 있는 담즙(bile)이라는 물질을 장으로 배출하라고 신호를 보낸다. 담즙은 간에서 만들어져서 담낭에 저장되는데, 식이지방은 유화되어 있을 때만 소화될 수 있다. 리파아제(lipase)라는 지방을 소화하는 효소(탄수화물을 소화하는 효소의 이름을 본떠서 이름을 지음)는 중성지방을 지방산과 글리세롤로 분해시킨다. 해리된 지방산과 글리세롤은 장세포 내로 흡수되어지지만 중성지방 분자는 흡수되지 않는다.

4) 지질의 흡수와 운반

지방산과 글리세롤(지방이 소화되고 난 뒤의 생산물)이 일단 장세포로 흡수되고 나서 이 성분으로부터 중성지질이 다시 합성된다. 하지만 인체는 이 물에 녹지 않는 지방을 림프와 혈액을 통해 몸의 여러 조직으로 운반해야 한다. 인체는 **지단백질**(lipoprotein)이라 불리는 유화된 입자를 만듦으로써 이 기능을 수행한다. 지단백질(표 6-3)은 지질(중성지방 또는 콜레스테롤)이 유화(단백질이나 인지질)에 의해 둘러싸인 작은 분자이다.

단백질과 인지질은 지단백질의 바깥에서 전하를 띠게 하고, 이로 인해 지단백질이 분산된다. 이렇게 하전된 지단백질이 찌꺼기로 끼지 않고 물이 주성분인 혈액 속을 이동하게 해준다. 장기세포 속에는 **카이로마이크론**(chylomicron)이라 불리는 한 지단백질이 식이지방을 운송하도록 되어 있다. 카이로마이크론들은 식이지방을 장기세포로부터 각 조직까지 혈액을 통해 운반하는 지단백질이다.

우리가 식이단백질 혹은 탄수화물 등 열량을 과잉 섭취했을 때 이들은 간에서 지방으로 전환된다. 이렇게 내부에서 합성된 지방은 저장되기 위해 지방조직으로 운반되어야 한다. 다시 말해서, 인체는 **초저밀도 지단백질**(very low density lipoprotein, VLDL)이라고 불리는 어떤 지단백질을 생성하여 기능을 수행한다. VLDL은 간에서 만들어진 지방을 저장하기 위해 지방조직으로 이동시킨다.

인체는 또한 콜레스테롤을 운반시키기 위하여 지단백질을 만든다. **저밀도 지단백질**(low density lipoprotein, LDL)은 콜레스테롤을 저장하기 위해 혈액을 통하여 말단조직으로 이동시킨다. 대부분의 사람들은 콜레스테롤은 인체가 세포막을 만들기 위해 필요하다는 사실을 모른다. 사실 우리가 음식을 통해 섭취하는 콜레스테롤보다 인체에서 만들어지는 콜레스테롤이 훨씬 많다. 따라서 LDL은 혈액을 통해 이 콜레스테롤을 운반하기 위해 필요하다.

표 6-3. 지단백질의 분류

지단백질	주요 기능
•Chylomicron	식이지방을 장에서 조직으로 이동시킨다.
•초저밀도(VLDL)	간에서 만들어진 지방을 저장하기 위해 각 조직으로 이동시킨다.
•저밀도(LDL)	콜레스테롤을 저장하기 위해 조직까지 이동시킨다.
•고밀도(HDL)	콜레스테롤을 배설시키기 위해 조직에서 간으로 이동시킨다.

나머지 하나의 지단백질인 **고밀도 지단백질**(high density lipoprotein, HDL)은 콜레스테롤을 말단 조직으로부터 이를 배설시키는 간으로 이동시킨다. 콜레스테롤을 이동시키는 두 체계 즉, LDL과 HDL은 서로 상반된 작용을 한다.

3. 콜레스테롤과 심장질환

동물과 인간을 대상으로 한 많은 연구를 통해서 혈액 중의 콜레스테롤의 양이 증가할수록 심장병이 일어날 위험률이 높아진다는 사실이 입증되었다. 의사는 혈중 콜레스테롤 수치를 측정할 수 있는데, 그 값(총 콜레스테롤량)은 LDL-콜레스테롤과 HDL-콜레스테롤 모두가 포함된다.

현재 성인의 바람직한 혈중 콜레스테롤량은 200 mg/dl(이 단위는 혈중 콜레스테롤 단위) 이하로서 이 정도로는 심장병이 일어날 가능성이 거의 없다. 혈중 콜레스테롤이 정상인 즉, 200 mg/dl 이하의 한도 내에서는 다른 지단백질 콜레스테롤의 양은 중요하지 않다. 혈중 총 콜레스테롤 수치가 낮을 때에는 나쁜 콜레스테롤인 LDL 또한 일반적으로 낮기 때문이다.

200～239 mg/dl의 혈중 콜레스테롤 수치는 상한선으로 간주되고, 240 mg/dl 이상의 콜레스테롤 수치는 높은 것으로 간주된다. 콜레스테롤 수치가 200 mg/dl 이상인 사람은 반드시 2차 콜레스테롤 검사를 실시해야 한다. 만약 그 2차 검사가 1차 검사와 거의 일치하면 그때는 완전한 지질의 윤곽이 드러나서 총 콜레스테롤, HDL-콜레스테롤과 중성지질의 농도를 결정할 수 있다.

1) '유익한' 콜레스테롤과 '해로운' 콜레스테롤

LDL-콜레스테롤은 해로운 콜레스테롤이다. LDL-콜레스테롤 수치가 높으면 높을수록 심장병으로 발병할 위험이 더 커진다. LDL-콜레스테롤 수치가 높으면 더 많은 콜레스테롤이 동맥 안에 침전될 수 있다는 것을 의미한다. 반면에 HDL-콜레스테롤은 유용한 콜레스테롤이다. HDL-콜레스테롤이 많으면 많을수록 심장병으로 발병할 위험이 적어진다. HDL-콜레스테롤 수치가 증가할수록 동맥으로부터 콜레스테롤이 빠져나가 간으로 운반된다.

심장질환(동맥경화증)은 심장의 동맥에 콜레스테롤이 축적되어서 발병한다(그림 6-4). 심장병을 발병시키는 3가지 주요 요소들은 콜레스테롤의 증가(high blood cholesterol), 고혈압(high blood pressure), 그리고 흡연이다. 동맥 안에 콜레스테롤이 축적되어 감에 따라 마침내는 피가 흐를 수 없을 때까지 좁아진다. 이렇게 되면 심근경색증(심장마비)이 발생한다. 위의 3가지 위험요소는 콜레스테롤이 동맥 안에 침전되는 것을 더 쉽게 해준다. 고혈압과 흡연은 콜레스테롤의 침전을 방해하는 동맥 표면의 보호층 세포들을 파괴한다. 혈중 콜레스테롤 수치가 높으면 높을수록 콜레스테롤이 동맥의 세포에 침전될 가능성이 더 많다. 하나의 위험요소를 가지고 있다면, 어떤 위험요소도 가지지 않은 사람이 심장병에 걸리는 것보다 2배 정도 발병 위험이 높다. 그러나 만약 어떤 사람이 두 가지의 위험요소를 가진다면 그 위험요소를 가지지 않는 사람보다 적어도 4배의 발병위험이 높아진다. 높은 콜레스테롤 수치와 고혈압에 흡연을 하는 사람은 어떤 위험요소를 가지지 않은 사람보다 심장마비를 일으킬 가능성이 16배 이상이다.

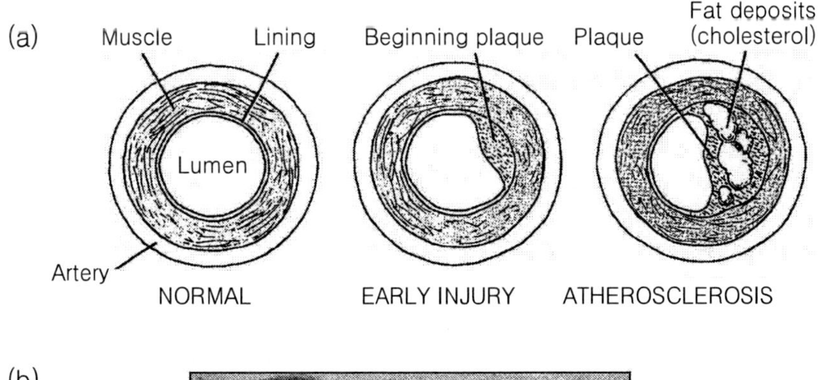

(b)

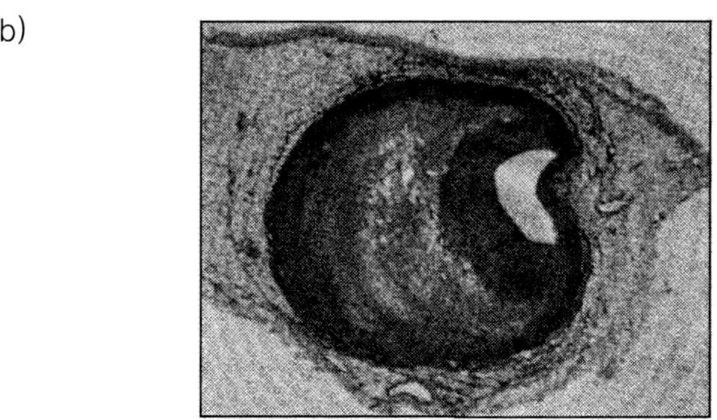

그림 6-4. 콜레스테롤 축적에 의한 혈관이 좁아진 상태

(a) 그림은 동맥의 단면도로 동맥경화증의 진행을 보여준다.

(b) 현미경 그림은 거의 완전히 막혀진 사람의 동맥이다.

출처 : *Nutrition for Living*, 2nd Edition, J.L. Christian, J.L. Greger, Benjamin Cummings Publishing Co.

심장질환에 관한 유익한 자료는 미국 심장병협회의 Home Health Family Heart & Stroke A-Z Guide의 웹사이트가 있다(http://www.americanheart.org).

HDL-콜레스테롤은 동맥 혈관벽으로부터 콜레스테롤을 제거하고, 이 콜레스테롤을 간으로 옮겨 주므로 심장병의 발병으로부터 보호한다. 총 콜레스테롤 수치를 줄이려는 사람은 또한 LDL-콜레스테롤 수치에 대한 HDL-콜레스테롤 수치를 늘이려고 노력해야 한다.

2) 콜레스테롤 수치에 영향을 미치는 식이 변화

혈중 LDL-콜레스테롤 수치를 줄이는 가장 쉬운 방법은 식이요법에 의한 것이다. 대부분의 사람들에게 LDL-콜레스테롤 수치를 낮출 수 있는 몇 가지 효과적인 식이요법을 표 6-4에 나타내었다. 높은 콜레스테롤 수치가(200～239 mg/dl)의 상한선에 있는 사람에게 있어서의 첫 번째 치료는 표 6-4에 기술된 것처럼 식습관을 바꾸는 것이다. 종종 이 같은 식습관의 변화는 혈중 콜레스테롤 수치를 15～20% 감소시킨다. 혈중 콜레스테롤이 높은(240 mg/dl) 사람에게 있어서는 단지 식습관의 변화만으로는 혈중 콜레스테롤을 낮추기에 충분하지 않다.

혈중 콜레스테롤을 효과적으로 줄이기 위해 종종 식습관의 변화와 더불어 약물치료를 병행한다. 혈중 콜레스테롤 수치가 1 mg/dl씩 감소할 때마다 심장병 발병위험이 2% 감소한다는 조사가 나왔다. 그래서 심지어 혈중 콜레스테롤 농도가 적당히 감소만 하면 심장병의 발병위험을 줄여 줄 수 있다고 할 수 있다. HDL-콜레스테

표 6-4. 혈중 LDL-콜레스테롤 수치를 감소시키고 HDL-콜레스테롤 수치를 증가시키는 인자

총 콜레스테롤 수치를 낮추는 인자

1. 전체 지방 소비를 줄여라.
2. 포화지방산을 다가불포화지방과 단일불포화지방으로 교체하라.
3. 동물성 단백질을 식물성 단백질로 교체하라.
4. 식이섬유소 섭취를 늘여라.
5. 콜레스테롤 섭취를 줄여라.

HDL-콜레스테롤 수치를 증가시키는 인자

1. 여성이 남성보다 높다.
2. 운동은 HDL-콜레스테롤을 증가시킨다.
3. 절제 있는 알코올 섭취는 HDL-콜레스테롤을 증가시킨다.
4. 어떤 식이섬유소는 HDL-콜레스테롤을 증가시킨다.
5. 어떤 무기질, 특히 크롬은 HDL-콜레스테롤을 증가시킨다.

표 6-5. 콜레스테롤 포화지방산이 낮은 지방식이를 위한 가이드 라인

- 지방과 기름

① 조리시 오일과 지방을 절약해서 사용한다.
② 마가린, 마요네즈, 버터 같은 샐러드드레싱의 양을 줄여 사용한다.
1티스푼의 드레싱으로 10~11g의 지방이 공급된다.
③ 포화지방을 낮추기 위해서는 종종 식물성 액체기름을 선택한다.
④ 섭취시 지방과 포화지방산이 얼마나 함유되었나를 점검한다.

- 육고기, 가금육, 어육, 마른콩 그리고 계란

① 하루 총 6온스의 2번 혹은 3번 사용시 3온스의 육고기 혹은 피부를 제거한 닭고기 조리시 3온스-데크(deck)에 카드 크기-지방의 약 6g을 공급한다.
② 육고기 껍질을 벗기고, 닭고기도 껍질을 제거한다.
③ 육고기 조리 대신에 완두나 건조두류를 요리한다.
④ 내장과 난황을 적절히 사용한다.

- 우유와 유제품

① 하루 2번 혹은 3번 공급시(공급시 계산 : 약 1 ½온스의 치즈 혹은 1컵의 우유나 요구르트)
② 저지방우유, 탈지우유, 저지방 요구르트, 치즈를 선택시 한 컵의 탈지우유는 지방이 아주 낮고, 1~2% 우유지방은 5g이고, 한 컵의 전지우유는 8g의 지방이 있다.

출처 : Dietary Guidelines for Americans, U.S. Departments of Agriculture and Health and Human Services, U.S. Government Printing Office #273-930, Washington, D.C. 1990.

롤 수치는 LDL-콜레스테롤 수치처럼 그렇게 큰 폭으로 식이요법에 반응하지 않는다. 그렇지만 생활습관과 식습관의 변화로써 HDL-콜레스테롤 수치를 증가시킬 수 있다.

심장질환으로의 발전을 최소화시키는 가장 좋은 방법은 절제 있는 생활방식으로 변화하는 것이다. 담배를 피지 말아야 하며, 이미 피고 있다면 담배를 끊어야 한다. 혈압을 체크해야 하고, 혈압이 정상치를 유지하도록 노력해야 한다(심장병을 고치기 위한 여러 가지 생활방식의 변화가 고혈압의 초기 치료에도 사용된다). 가능한 한 자주 운동을 하도록 해야 하며, 걷는 것을 포함해서 운동을 적어도 일주일에 세 차례 이상 자주 해야 한다. 절제 있는 식생활 습관으로의 변화는 또한 심장병의 위험을 감소시킨다(표 6-5).

지방을 감소시키기 위해 저지방 우유나 탈지우유 등을 마셔야 한다. 고칼로리, 고지방음식 대신 신선한 과일이나 야채를 가능한 한 자주 먹어야 한다. 신선한 과일이나 야채를 보다 많이 먹음으로써 식사에 있어서 지방함량을 낮출 뿐만 아니라 섭취한 지방의 형태를 더 많은 불포화지방으로 변화시키고 식이섬유소의 함량을 높인다. 건강한 식생활은 어떤 음식이든 배제할 필요는 없다는 것을 기억해라. 단지 여러 종류의 음식을 먹고 고지방, 고칼로리 음식의 섭취를 조절하도록 노력해야 한다.

오늘날 소비자들은 여러 가지 전통적인 고지방식품 대신에 저지방식품이나 무지방식품을 찾을 수 있다. 치즈, 크림, 런천미트, 마요네즈, 샐러드 드레싱, 케이크, 쿠키, 도넛까지도 저지방이거나 무지방 식품을 구입할 수 있다. 식품산업체는 이러한 저지방식품을 소비자가 공급받을 수 있도록 추천해 주어야 한다. 그러나 우리는 소비자로서 저지방이라고 해서 열량이 낮다는 의미가 아니라는 것을 알아야 한다. 대부분의 저지방식품들은 지방이나 기름을 전부 혹은 일부가 단백질식품 혹은 전분식품으로 대체되어 재구성되어 있다.

요컨대, 심지어 당신이 유전적으로 혈중 콜레스테롤 수치가 높다 하더라도 절제 있는 생활습관으로의 변화가 심장발작(heart attack)을 일으킬 위험을 줄일 수 있다. 금연을 하고, 혈압을 정상치로 유지하고 식사를 살펴라. 곡류, 신선한 야채, 과일을 많이 먹음으로써 지방섭취를 줄여라. 일주일에 3번 정도 절제 있는 운동을 하려고 노력해라. 이러한 생활습관의 변화가 심장발작을 완전히 예방하지는 못하지만 분명히 그러한 위험은 줄일 수 있을 것이다.

4. 식이지방과 암

미국에 있어서 암은 심장질환 다음으로 높은 사망률을 보이고 있다. 암은 복잡한 주제이기 때문에 유발 원인이 각기 다르다. 예를 들어, 피부암은 자외선에 의해서 발생되며, 폐암의 증가는 흡연이 원인이다.

2003년도에 158,086명이 폐암으로 사망했다. 폐암의 80% 이상이 흡연이 직접적인 원인이었다. 확실하지는 않지만 식이와 암은 상관관계를 지니고 있으며, 점점 확실해지고 있다.

고지방식이는 특정 암의 발생을 증가시킨다. 예로서 여성에 있어서 **유방암**(breast cancer)은 높은 지방의 섭취와 연관성이 있으며, 남성에 있어서 **전립선암**(prostate cancer)과 남성, 여성 모두에게 있어서 결장암 또한 지방과 관련성이 있다. 이 세 가지의 암은 폐암 다음으로 사망률이 높다. 한편, 2003년도에 결장암으로부터 55,958명, 유방암에 의해서 42,00명, 전립선암에 의해서 29,554명이 사망하였다.

암은 **개시단계**(initiation)와 **촉진단계**(promotion)가 일어남으로써 유발된다. 먼저 개시단계는 세포가 증식하는 수많은 **돌연변이**(mutation)가 발생하는 것으로, 이러한 세포는 분화되지 않는 채로 남는다. 정상적인 과정에서는 새로운 세포가 만들어지면 미분화상태에서 성숙되어 기능세포로 바뀌게 된다. 예를 들어 결장세포(colon cell)는 미분화세포였다가 성숙된 결장세포로 바뀐다. 그러나 **결장암**(colon cancer)의 경우에는 이러한 세포가 결장세포로 분화되지 않는다.

두 번째 촉진단계에서는 이러한 미분화세포가 조절되지 않고 증식하여 **종양**(tumor)을 만들어 낸다. 식이지방이 촉진단계를 증가시킴으로써 특정 암 발병을 높인다고 간주된다. 또한 다가불포화지방산은 산화되면서 촉진단계를 증가시킬 수 있다.

최근 식이지방과 암의 밀접한 관련성 때문에 저지방 식사가 암의 진행을 막을 수 있는지에 관한 연구가 많이 진행되고 있다. 한 연구에서는 유방암 가능성이 높은 여성 집단이 지방섭취를 섭취요구량의 40%에서 20~25% 정도로 줄인 저지방 식단을 따르고 있다.

1. 지방에 대한 진실

현대 식생활의 3가지 주요 목표는 전체 식품 섭취량을 감소시키고, 지방 섭취량 특히 포화지방량의 감소에 있다. 여기에 해결 방안이 있다.

지방과의 전쟁은 매우 잘 되어 가는 것처럼 보였다. 미국인들은 과거 10년 이상 쇠고기 섭취는 줄이고 닭고기의 섭취를 늘였으며, 전지우유보다는 탈지우유를 마셨다.

지난해 미국인들이 가장 선호하는 쿠키 과자류는 저지방 과자인 'Snackwell's'가 수위를 지켜오던 'Oreos'를 능가하였다. 멕시칸 음식 전문업체인 Taco Bell은 "Border lights"란 명칭의 지방을 줄인 새로운 메뉴를 내놓았다. Oscar Mayer는 지방이 완전 제거된 쇠고기, 돼지고기가 섞인 무지방 소시지를 개발하였다. 그리고 작년도 정부 발표에 의하면 미국 성인들의 칼로리 섭취는 10년 전 36%에 비해 34%로 떨어졌는데, 이것은 작지만 의미 있는 일이다.

그러나 정부의 보고서에는 좀 불확실한 면이 있다. 미국인들은 과거 10년 전보다 평균 231 kcal 정도 더 많은 열량을 매일 섭취한다는 사실이다. 게다가 점점 더 살이 찌는데, 이것은 이 칼로리들이 과연 어디로 가는지를 의심하게 한다. 이것은 잘못 전달되어진 정보이다. 그래서 지방과 칼로리의 상관관계의 중요성에 대한 혼란된 주장들이 비난을 받고 있다. 예를 들어, 최근 허시 시럽(Hershy syeup)의 TV광고는 그것이 전혀 지방을 가지고 있지 않고 결코 가진 적도 없었다고 주장하였다. 이것은 시청자들로 하여금 초콜릿 시럽이 2티스푼당 100 kcal를 가지고 있다는 사실을 상기시키게 만들었다.

더욱이 소비자들은 지방의 종류별 중요성에 대해 혼돈을 일으키게 되었다. 지난 30년 동안 일반인들은 체중을 줄이고자 할 때 다가불포화지방 섭취를 증가시킬 것, 불포화지방을 일정량 유지하면서 불포화지방 중 mono-unsaturated fat 섭취를 증가시킬 것, 그리고 전체 지방량만 줄이면 그것이 올리브유일 경우에는 먹고 싶은 만큼 많은 지방을 먹어도 된다고 믿어 왔다.

건강 식이는 그렇게 복잡하지는 않다. 대부분의 미국인들은 세 가지의 주된 문제를 가지고 있다. 너무 과식하고, 너무 많은 양의 지방을 섭취하고, 그리고 특별히 너무 많은 포화지방을 섭취한다는 점이다. 우리가 할 수 있는 것은 섭취 음식의 양을 줄이는 동시에 자기가 좋아하는 음식을 변화시키는 것이다. 다음에 나오는 항목에서 여러분이 식료품점에서 물건을 사거나, 집에서 요리를 할 때 그리고 식당에서 음식을 주문할 때 난해하고 복잡한 이런 목표를 어떻게

달성할 수 있는가의 방법을 제시해 줄 것이다.

지방과 당신의 건강

영양학자들은 지방만을 관심의 초점으로 삼는 것은 비타민, 콜레스테롤, 단것들에 대하여 심취해 빠져 나오지 못하는 것보다도 더 의미가 없다고 말한다. 어떤 영양학자는 지방을 줄이는 것만이 유일한 대안은 아니라고 말한다.

체중감량 전문가는 지방의 g을 측정하는 것이 칼로리를 측정하는 것보다 더 중요하다는 그들의 최근의 주장을 포기하였다. 이것은 저지방 식이로 많은 칼로리를 소비하는 것이 어려울 때 잘 적용되었었다. 이제 더 이상은 이것이 통하지 않는다. 휴스턴의 Baylor 의과대학의 영양연구 클리닉 연구소장인 John Foreyt는 "식품공학자들이 그런 모든 것을 변화시켜 놓았다"라고 말했다. 예를 들면, Sun-shine 비스켓 회사의 기존 것보다 지방을 40%나 줄인 Vienna Finger를 사 먹으라고 선전하는데, 실제로는 쿠키 4조각만 먹어도 260 kcal를 먹는 셈이다. 그러한 저지방 고칼로리 식품의 선전 등에서 보듯 우리는 Foreyt 박사가 말한 칼로리를 계산하는 것을 잊어서는 안 된다.

만약 당신의 식이가 암에 걸릴 수 있는 위험요소에 영향을 주는지에 대해 걱정한다면 지각 있는 역학자들은 지방만이 모든 역할을 하지는 않는다고 믿게 되었다. 성인의 지방섭취와 유방암과의 명백한 관계가 몇 년 전에 크게 보고되었는데, 이것은 매우 불확실하다고 역학자들은 평가한다. 대장암은 지빙의 섭취에 의해 많은 영향을 받고, 육류를 많이 섭취하고 섬유소를 적게 섭취하는 것과 관계가 있다. 많은 연구자들은 암을 예방하는 식품은 과일, 야채, 곡류, 콩류 등이라고 했다. 그것은 단지 지방만이 적을 뿐만 아니라 섬유소, 항산화물질로 알려진 비타민과 무기물이 높고, 아마 또 다른 유용한 화합물을 가지고 있기 때문일 것이다.

변화되지 않는 것은 포화지방과 고콜레스테롤 혈증이 심장질환과 강한 연관성을 가지고 있다는 점이다. 이런 연관성은 그들이 소비한 지방량과 종류에 주목해야 되는 주된 이유이다.

현재 정부는 미국인들은 지방으로부터 하루 열량의 30%를 넘게 섭취해서는 안 된다고 권고하고, 총 지방 중에서 포화지방은 ⅓이 넘지 않아야 된다는 것이다.

영양 전문가들은 총 지방을 줄이는 것이 안전하다고 보고했다. 이상적인 식사를 위한 그들의 충고는 총 섭취 칼로리의 20~25%로 총 지방을 제한하고, 포화지방은 7%로 제한한다는 것이다.

정부의 권유는 하루에 2,000 kcal일 때 지방소비가 67g을 넘어서는 안 된다는 것을 의미한다(지방 1g당 9 kcal를 내므로 약 600 kcal는 지방 67g과 동일하다. 탄수화물과 단백질은 1g당 4 kcal임). 과잉의 지방섭취를 제한하는 것은 그리 어렵지 않다. 마요네즈를 첨가한 볼로냐 치즈 샌드위치는 약 39g의 지방을 가진다. 슈퍼 프리미엄 아이스크림의 반컵은 지방 18g을 함유하고 있으며, 그것은 절반 이상이 포화된 형태이다. 그리고 애플파이 한 조각은 19g이고, 칼로리는 거의 겉껍질에 소재해 있다.

대부분의 사람들은 그들의 식사에 지방이 얼마나 차지하고 있는가에 대해 별다른 생각이 없다. 그러나 지방섭취가 얼마나 많은가를 알아보기 위한 셀프 테스트가 있다.

당신의 식이섭취를 평가하기 위해 "당신의 식이에 얼마나 많은 지방이 있나?"를 알아보자.

포장 및 가공된 지방을 회피하는 방법

미국 식품의약국에 의해 요구된 거의 모든 포장식품에 부착하도록 된 새로운 영양 분석표들은 가공식품으로부터 지방의 섭취를 피할 수 있는 좋은 방법이다. 하루의 필요한 열량을 거의 만족시키는 저지방 식이를 계획하기 위해 식품분석표를 이용할 수 있고, 또는 일반적으로 포장에 표시된 분석표를 이용할 수 있다.

미국 식품의약국에서 인증된 정확한 단어와 정의들은 식품 포장에 나쁜 것이 하나도 들어 있지 않다고 주장하는 것을 방지하기 위해 만들어졌다. 대부분의 경우 현재 저지방이라는 것은 1인분의 분량에 3g보다 지방을 더 적게 가지고 있는 제품을 의미한다. 저포화지방 제품들은 1인분당 포화지방이 1g 이하이고, 포화지방으로부터 필요한 칼로리의 15% 이하를 섭취하는 것을 말한다. 그리고 무지방 또는 무포화지방이라고 인정된 제품들은 1인분당 포화지방 또는 지방의 함량이 0.5g보다 더 적어야만 한다.

이 규칙은 전자레인지 팝콘 또는 치즈와 같이 전형적으로 지방을 많이 포함하는 식품으로부터 들어 있는 약간의 지방을 제거하는 것과 같은 효과를 부여하였다.

지방이 제거된 제품은 음식 속에서 일반적으로 발견되는 지방보다 25%나 감소된 것이다. 지방에서 'light'라고 하는 것은 원래 칼로리의 ⅓ 또는 지방의 반을 가지고 있다는 것이다. 그러나 이러한 식품들은 지방을 여전히 많이 가지고 있다고 할 수 있다. 예를 들어 지방을 줄인 버터치즈 크래커는 여전히 1인분당 지방 6g을 가지고 있고, 지방으로부터 필요한 열량의 36%를 공급받는다.

상점에서의 경우

- FDA의 정의에는 일반 제품에 당신에게 좋은 것이라는 의미로 'thin' 또는 'smart'라는 용어를 사용하는 것은 포장상의 표기 단어로 정의하지 않고 있다. 이러한 좋다는 의미는 어떤 다른 것에 대해서도 의미할 수 있기 때문이다.
- 영양표시들은 고기를 포함한 신선한 제품에는 표시하지 않는다. 일반적인 원칙에 의하면 가장 적은 양의 지방과 칼로리는 껍질을 벗긴 닭가슴살과 껍질을 벗긴 칠면조 가슴살과 돼지 로인 부위에 있다.
- 'Low fat'은 그것이 우유팩에 있을 때는 다르게 정의된다. 낙농유제품은 2% 상태에서 유지하도록 되어졌고, 이런 경우에는 유제품들은 1인분당 지방 4.5g보다 더 많이 함유하고 있다.

지방의 종류

우리가 "지방"이라고는 부르는 것은 수소원자로 결합된 탄소원자 고리들의 연결 즉, 지방산이라 불리는 분자 집단이다. 이때 수소원자가 성질에 차이를 나타낸다. 완충액, 우지, 열대의 오일에 많은 포화지방은 수소원자들로 완전히 포화되어 있다. 화학적으로 탄소원자들을 많이 포함하는 것은 가능하다. 식물성 유지에 많은 불포화지방은 수소로 꽉 차 있는 포화지방보다는 수소를 덜 가지고 있다. 포화지방은 실온에서 잘 굳어지고 심장에서도 그러한 상황이 나타나며,

불포화지방은 실온에서 액상으로 유지된다. 그리고 건강에 덜 위해하다.

모든 불포화지방들은 다 동일하게 좋은 것일까? 이것에 대한 의견은 여러 가지이다. 예전부터 포화지방들에 대한 염려는 처음으로 불포화지방에 대해 관심을 갖게 하였다. 잇꽃, 대두콩 그리고 옥수수와 같은 식물성 유지에 착안하게 되었다. 연구자들은 포화지방을 대신한 다가불포화시방이 혈중 콜레스테롤 수준을 줄이는 것을 보고하였다.

1980년대에는 단일불포화지방산으로 이동된 관심은 올리브유에 착안하게 되었다. 불포화에서 poly와 mono의 차이는 일련의 탄소 원소들로부터 몇 개의 수소원자를 잃어버렸냐는 것에 있다. 텍사스와 캘리포니아의 연구팀은 다가불포화지방과 마찬가지로 mono 또한 혈액 총 콜레스테롤을 낮출 수 있다고 보고했다. 그러나 poly와 명백하게 다른 것은 mono는 심장질환의 위험을 줄이는 혈액 구성물질인 HDL 즉, 고밀도 지단백질을 줄이지 않는다는 점이다.

이러한 명백한 차이는 이미 좋은 평판을 더욱 강화시켰다. 지중해 사람들은 일반적으로 많은 양의 올리브유를 소비하고, 심장병의 빈도가 매우 낮다. 올리브유 회사들은 더 이상 행복할 수가 없었다. 축하는 시기상조였다. 더욱이 연구는 HDL에 대한 불포화지방의 역할을 확신할 수 없었다. 모든 영양학자들은 식이의 일반적인 수준에서 mono와 poly가 혈중 콜레스테롤에 같은 역할을 한다는 것을 지금도 믿는냐고 반문한다(일부 식물유지의 1티스푼은 지방 14g을 가진다. 대부분 1~2g은 포화지방이다. 식물성 유지들 중 팜유 그리고 코코넛은 티스푼당 포화지방을 7~12g을 가지기 때문에 피하는 것이 좋다. 그리고 면실유는 포화지방을 4g 갖는다).

예를 들어 볶음을 위한 참기름, 파스타를 위한 추가분의 올리브유, 땅콩맛이 든 샐러드드레싱, 또는 월계수 기름과 같은 유향오일 등을 사용할 수 있다. 그 특유의 맛은 매우 적게 사용할 수 있도록 하고, 여전히 유지의 향을 유지할 수 있다. 만약 부드러운 맛을 원한다면 특별히 포화지방이 낮은 것을 신댁해야 할 것이다. 카놀라유나 잇꽃기름 등을 사용할 수 있을 것이다.

트랜스 지방의 사용 증가

비록 식품 가공업자들이 건강을 고려해 포화지방을 억지로 줄였다 하더라도 그것은 자연적인 특성을 잃게 하는 것이다. 그래서 종종 혼합된 성질의 것을 사용한다. 식물성 유지에 수소화 과정을 통해 지방산에 약간의 수소를 첨가하면 마가린과 같은 반고체의 식품으로 가공 사용될 수 있고, 이것은 불포화지방들보다 deep frying을 위해 더 안성맞춤이다. 그들이 가지는 부분적인 화학적 배열 때문에 경화유에서의 지방산은 트랜스 지방산 또는 트랜스 지방으로 알려져 있다. 트랜스 형태를 이용한 마가린은 식물성 유지가 버터와 같은 경도를 갖게 된 것이다.

이런 것을 이용함으로써 심장을 건강하게 하는 확실한 선택으로서 마가린을 먹도록 할 수 있는 것이다. 또한 트랜스 지방은 구운 음식과 스넥류의 요리된 음식에서 더 많이 나타난다. 그러나 1990년 네덜란드의 연구자들은 트랜스 지방이 버터보다 혈중 콜레스테롤을 더 높일 수도 있다고 보고하였다. 트랜스 지방의 역할은 아직 확실히 밝혀져 있지 않다. 임상연구에서는 트랜스 지방이 심장질환에 직접적으로 연관된 것으로는 나타나지 않았다. 그러나 역학자들의 연구에서는 그것은 다르게 나타났다. 즉, 트랜스 지방은 포화지방 만큼이나 많이 혈중 콜레스테롤을 증가시킨다는 일치된 의견을 보였다. 조사자들은 트랜스 지방이 포화지방의 약 3/4 정도 된다고 추측하였다.

결론적으로, 만약 당신의 혈중 콜레스테롤 정도를 걱정한다면 마가린을 이용하고, 그러나 조금씩 그 사용을 줄여야 한다. 버터는 어떤 것보다 더 좋지 않다. 경화된 마가린 대신 구성 물질이 물 또는 액상의 식물성 유지가 많이 있는 연한 튜브형의 마가린 등을 음식에 사용한다면 트랜스 지방의 섭취를 줄일 수 있을 것이다. 부분적으로 수소화된 식물성 유지는 포장요리, 크래커 그리고 구운 식품에서 유통기간을 연장시키는 데 사용된다.

그러나 그 함유 유무를 알기 위해서는 주의하여 라벨 표식을 읽어야 한다. 트랜스 지방은 포화지방과 비슷하게 유해하므로 우리는 정부가 라벨에 반드시 기록해야 한다고 요구하고 있다.

새로운 조리법

익숙한 향과 조직감을 뺏거나 상쇄시키기 위해 지방과 유지를 줄일 수도 있다. 부엌에서 좋은 저지방 식품을 만들기 위해서는 여러 가지 방법과 재료를 가진 실험이 요구된다고 뉴욕 Hyde 공원에서 영양학자인 Catharine Powers가 말한 바 있다.

당신의 식품 예산

몸무게의 증가나 감소 없이 하루에 얼마나 많은 칼로리를 소비할 수 있는가를 측정하는 방법이 있다. 그리고 이것으로 식품에 지방이 얼마나 많이 들어 있는가도 측정할 수 있다.

칼로리 필요량을 계산하기 위해 몸무게를 재는 것부터 시작하라. 만약 여자라면 10, 남자라면 11을 곱하라. 그것은 기초대사량의 범위이다. 다음의 네 개의 문항 중 규칙적인 운동을 가장 잘 표현한 것을 찾고, 운동인자와 연관된 것을 선택하라.

- Sedentary(앉아 있는) 1.40
- Light(가벼운 운동) 1.60
  (집안 일, 요리, 가벼운 산책)
- Moderate(적당한 운동) 1.70
  (수영이나 걷기)
- Strenuous(심한 운동) 1.85
  (가슴이 뛰는 운동)

운동 요인에 기초대사량을 곱하면 대략적인 하루의 소요 칼로리를 예상할 수 있다. 하루에 허용된 지방량을 계산하기 위해서는 손쉬운 수학적 계산법이 있다. 하루 칼로리를 30으로 나눠라. 그 답은 대충 정부의 요구에 따라 섭취될 수 있는 지방의 그램이다. 지방으로부터 30 kcal ; 지방은 1g당 9 kcal를 갖는다(많은 영양학자들은 심지어 그것보다 더 적은 양의 지방을 먹어야 한다고 말한다).

숨은 트랜스 지방 찾기

오랫동안 새로운 식품포장 표시는 소비자들이 그들이 먹는 식품에 얼마나 많은 총 지방과 포화지방이 있는가를 알 수 있게 하였다. 그러나 그것은 트랜스 지방이 얼마나 많이 있는가를 알기는 어렵고 불가능하였다. 심지이 많온 연구자들은 그것이 포화지방 만큼이나 나쁘다고 생각한다. 다음의 지침이 이를 구분하는 데 도움을 줄 것이다.

표시된 문구를 자세히 읽을 것;

INGREDIENTS: WHOLE WHEAT FLOUR, ENRICHED WHEAT FLOUR (CONTAINS NIACIN, REDUCED IRON, THIAMINE MONONITRATE [VITAMIN B_1], RIBOFLAVIN [VITAMIN B_2]), VEGETABLE SHORTENING (PARTIALLY HYDROGENATED SOYBEAN OIL), SUGAR, SALT, HIGH FRUCTOSE CORN SYRUP, MALTED BARLEY FLOUR, LEAVENING (CALCIUM PHOSPHATE, BAKING SODA), ANNATTO EXTRACT AND TURMERIC OLEORESIN (VEGETABLE COLORS).

Total Fat 4g	**6%**
Saturated Fat 0.5g	**3%**
Polyunsaturated Fat 0g	
Monounsaturated Fat 1.5g	

이 구성성분 목록은 부분적으로 수소화된 오일을 포함한다. 이 제품은 트랜스 지방을 가지고 있다. 그러나 가끔씩은 직접적으로 표시하기도 하지만 얼마나 많이 가지고 있는가에 대해 구체적으로는 밝히지는 않는다. 만약 라벨상에 또 따른 지방(포화, 불포화, 그리고 단일 불포화)들의 양이 표시되어 있다면 이 숫자들을 서로 더하고 그리고 총 지방량으로부터 그것을 빼라.

그러면 제품에 포함되어 있는 대략적인 트랜스 지방의 양을 알 수 있다. 예를 들면, 지방을 줄인 밀로 된 크래커에 3종류의 지방의 양을 더하고 총 지방에서 그것을 빼면 2g 정도인데, 이는 크래커 지방의 반이다. 계산되지 않은 값, 즉 그것은 2g의 트랜스 지방일 것이다.

USDA의 의존성; 미국 농무부에 의한 새로운 결과로서 부분적으로 높은 트랜스 지방을 담고 있는 몇 개의 포장식품들이 높은 트랜스 지방을 담고 있는 식품 리스트이다. 어떤 식품은 포화지방보다 더 많은 트랜스 지방을 갖기도 한다. 각각의 항목은 상품명으로 표시했으며, 회사 이름은 표시하지 않았다. 대부분의 종류에서 트랜스 지방은 상표에 표시되어 있는 것과 비슷하였으나 반드시 그런 것은 아니었다. 자세한 정보를 제공하기 위해 우리는 표준 1인분당 전체 지방, 포화지방, 그리고 트랜스 지방을 g으로 표시하였다.

	1인분 (g)	전체 지방	포화 지방	트랜스 지방
Biscults (refrigerated dough)	55	6.5	1.5	2.0
Cake frosting (chocolate, ready-to-eat)	35	6.5	2.0	1.0
Cheese crackers	30	9.5	2.0	2.0
Chocolate chip cookies	30	8.0	2.0	3.0
Doughnuts (sugar or galzed)	55	14.0	3.5	4.0
French fries frozen (before cooking)	85	8.5	1.5	3.0
Graham crackers	30	3.0	0.5	2.0
Popcorn, microwave	30	7.5	2.0	2.5
파운드 cake	80	16.5	3.5	4.5
Snack crackers	30	7.0	1.0	2.5
Taco shells	30	8.0	1.5	2.5

① 향미를 위해 지방 이상의 것을 찾을 것

신선한 약초, 양념, 마늘, 양파, 골파, 식초 그리고 고품질의 겨자 등을 사용하여 요리하라. 코팅된 팬에서 천천히 요리하는 것에 의해 양파, 당근, 그리고 또 다른 야채들은 천천히 요리하는 것에 의해서 자극적인 즙이 구수하게 요리된다. 요리 중에 약간의 물, 삶아낸 국물, 와인 또는 과일주스를 첨가하면 눌어붙는 것을 방지하게 될 것이다. 야채, 닭, 생선을 찔 때는 영양가를 유지하고 천연즙을 보호하기 위한 좋은 방법을 음식에 적용하고, 그리고 향미를 위해 약초와 양념을 사용하는 것이 좋다. 요리 후에 첨가된 맛은 호두 또는 올리브유와 같은 유향 오일을 얇게 조리붓으로 칠하는 것에 의해 사용량을 줄일 수 있다.

② 치감을 위해 대체제를 사용하라

대부분의 요리에서 파이껍질에 쇼트닝을 대신할 것은 어떤 것도 없다. 그러나 당신은 요리와 컵 또는 롤형으로 구운 머핀빵을 만드는 방법에 의해 지방의 ⅓을 쉽게 줄일 수 있다. 그 방법은 크림의 질감을 유지하는 애플소스와 바나나 퓨레로 그것을 대신하는 것이다. 바바리안 파이와 초콜릿무스를 위해 탈지 리코타 치즈를 사용하라. 지방이 제거된 요구르트로 정제되고 혼합된 계란 노른자와 크림을 사용할 수도 있다. 우유에서 크림을 제거한 무가당 탈지유는 크림을 기본으로 하는 수프와 소스에 크림의 역할을 대신하기에 좋다. 탈지유는 렌치 드레싱, 저지방 팬케이크 그리고 머핀에서 전유 또는 크림을 대신할 수 있다.

③ 새로운 소스를 찾아라

많은 요리사들은 새로운 퓨레, 조미료 등을 만들기 위해 야채, 과일 그리고 콩류에 관심을 쏟는다. 멕시코에서는 살사, 인디아에서는 쳐트니(달콤하고 시큼한 인도의 조미료), 그리고 인도네시아와 말레이시아에서는 삼바로 알려진 뜨겁고 차갑게 할 수 있고 덩어리가 있는 또는 부드럽게 할 수 있는 렐리쉬가 있다. 이것들을 쌀, 파스타, 증기로 찐 야채 또는 고기에다 첨가한다.

④ 요리법을 다시 만들어라

저지방 식품재료를 가지고 식품을 만듦으로써 틀에 박힌 음식물의 지방함량을 극적으로 줄일 수 있다. 두 가지 예로 보볼리스로 만든 피자, 저지방 토마토소스 그리고 아침 식사용의 곡물 마쯔렐라 등을 첨가한 피자가 있다. 옥수수로 만든 토르티아빵(멕시코 지방의 둥글넓적한 빵), 지방이 제거된 기름에 튀긴 콩, 그리고 칠면조 가슴부위살로 만든 타코스 등이다. 저지방 조리에 관한 조리법을 구하는 방법은 예약구독 또는 가판대에서도 살 수 있다. 30%의 칼로리 감소 또는 지방으로부터 더 적은 칼로리를 목표로 하는 식단들을 취급하고 있다. 또 다른 정보는 일반적으로 생선식단을 가진 소비자를 보고, 출판사의 “Good Eating, Good Health Cook Book” 그리고 “Catch of the day”에서 볼 수 있다.

외식, 현명하게 하라

소비자들은 영양정보에 많은 관심을 가지고 있고 중국, 멕시칸 그리고 이태리 식당에서 팔리는 많은 지방을 함유한 음식들이 있다는 것을 안다. 그것의 내용을 안다면 많은 식당에서 안전하게 주문할 수 있다. 일반적으로 구운, 불에 구운, 삶은, 찐, 끓는 물에 넣은 것의 항목을 찾아보고 기름에 볶은 것, 튀긴 것 또는 아삭아삭한 음식으로부터 거리를 유지하라.

버터, 과일, 팬케이크, 요구르트가 뿌려진 팬케이크, 그리고 튀긴 것이 아닌 구운 감자를 대신해 약초가 들어 있는 양념된 채소를 주문하라. 이런 특별한 종류의 식당을 위한 안내도 있다.

① 패스트 푸드

지난 2년 동안 패스트 푸드에 대한 우리의 연구는 닭고기 샌드위치, 구운 쇠고기 샌드위치, 그리고 저지방 드레싱을 뿌린 샐러드가 영양학적으로 가장 좋은 선택이었다고 하였다. 그 중에서 Wendy 체인식당의 구운 치킨, Arby 체인식당의 "Light Roast Beef Dleuxe" 그리고 Arby 체인식당의 "Light Roast Turkey Deluxe"가 가장 적은 지방을 가지고 있었다. 또한 대부분의 햄버거들은 영양적인 면에서는 좋았으나 대부분은 맛이 없었다.

고지방식이를 좋아하는 사람들은 마요네즈를 기본으로 한 드레싱과 치즈를 먹지 않고, 닭고기의 껍질을 벗기고 그리고 대신에 담가서 찍어 먹는 소스를 찾고 기타 유혹을 억누를 때 체중을 줄일 수 있다. 예를 들어, 맥도널드에 갔을 때 McGrilled Chicken Classic(250 kcal의 열량과 3g의 지방 함유), Lite Vinaigrette(95 kcal와 지방 4g) 그리고 vanilla low-fat frozen yourgurt cone(120 kcal와 지방 0.5g)으로 점심을 때울 수 있다. 더 자세한 예는 1994년 8월 Can Fast Food Be Good Food?를 참조하라.

② 중국 음식

적은 양의 고기, 가금류 그리고 쌀밥의 산더미 꼭대기에 채소를 얹은 것과 같은 중국인들이 먹는 것처럼 먹어라. 달걀 떨어뜨린 수프, 만두 수프 그리고 찐만두들은 좋은 출발을 만든다. 튀긴 국수 그리고 갈비는 피하는 것이 좋다. 여러 종류의 소스를 가진 찐 음식을 선택하라. 볶은 음식은 항상 지방이 낮은 것이 아니다. 주문할 때 일반적으로 요리하던 것보다 지방을 더 적게 넣어 달라고 요구하라.

③ 멕시칸 음식

일반적인 토티야 대신 굽거나 또는 찐 옥수수 토티야를 요구하라. 비슷하게 타말레(옥수수가루 다진 고기로 만든 멕시코 요리의 일종), 토스타다(토르티야를 바삭바삭하게 튀긴 것), 엔칠라다(옥수수가루에 고추로 양념한 멕시코 파이) 등 튀긴 것보다는 구운 토티야를 찾아보라. 신크림, 과카몰레(아보카도를 으깨서 토마토, 양파, 양념을 더한 소스) 또는 치즈를 대신해 살사를 이용하라. 닭 파히타스(얇은 고기를 양념해 절여 얇게 구운 요리 : 옥수수빵과 소스를 곁들임)는 좋은 선택이다. 오일이 거의 없거나 전혀 없게 요리되도록 요청하라. Taco Bell의 새로운 "Border Light" 메뉴는 50%보다 더 많이 지방을 줄였고, 평균 20%의 칼로리를 줄였다.

④ 이태리 음식

파스타 요리의 열량은 소스에 의존한다. 알프레도와 같은 크림소스를 대신하는 크림소스 또는 포모도라를 선택하라. 튀긴 닭, 고기 대신 굽거나 약간 그을린 해조류를 주문해라.

⑤ 프랑스 음식

전형적인 '누벨퀴진(새로운 저칼로리의 프랑스 요리)' 요리법은 만들어진 육수, 향신료로 소스를 제공하고 전통적인 프랑스 요리법보다 더 적은 지방을 함유한다. 파이, 파테, 짓이긴 간이나 고기를 요리한 것 또는 비시스와즈(감자, 부추, 양파, 닭, 육수 등으로 된 크림) 보다는 오히려 컨소메나 스팀한 양고기로 출발하라. 구운 또는 삶은 생선과 포도주 소스를 가지고 부여베이스 (생선 조개류에 향료를 넣어 찐 요리) 또는 야채슈트 요리, 고기와 같은 가벼운 스튜 (뭉근한 불에 끓인 것)를 선택하라.

자가 테스트

당신이 먹는 식품 속의 지방은 얼마인가?

식품에서 얼마나 초과분의 지방을 제거할 수 있는가? 이것을 아는 것은 매일 얼마나 많은 칼로리와 지방을 먹는가를 잘 기록하는 것이 유일한 방법이다. 지방 소비량을 체크하는 가장 간단한 방법은 시애틀의 허친슨 암센타 조사에 의해 고안된 새로운 퀴즈방법에 의한 것이다. 이 연구들은 소비량을 계산할 수 있는 정확한 방법에 속한다. 또한 질문들은 지방을 줄일 수 있는 다섯 가지 방법을 제시해 주고 있다. 또한 영양학자에 의해 제안된 지방을 줄일 수 있는 5가지 기초방법을 얼마나 잘 지키고 있는가를 알려 준다. 지난 3개월 동안 먹은 식이를 생각하고 번호로 질문에 각각 답하라. 만약 이 질문에 당신의 식이에 적용되는 것이 아니라면 빈칸으로 남겨 두라(예를 들어, 만약 육류를 먹지 않았다면 5, 6, 19번은 답하지 않아도 된다. 당신의 점수는 식이에 기초를 둔다.

〈 퀴즈 〉

지난 3개월 동안 당신은 _____
(1=항상, 2=종종, 3=가끔, 4=거의 먹지 않는다)

1. ate fish, did you avoid frying it? _____
2. ate chicken, did you avoid frying it? _____
3. ate chicken, did you remove the skin? _____
4. ate spaghetti or noodles, did you eat it plain or with a meatless tomato sauce? _____
5. ate red meat, did you trim all the visible fat? _____
6. ate ground beef, did you choose extra lean? _____
7. ate bread, rolls, or muffins, did you eat them *without* butter or margarine? _____
8. drank milk, was it skim or 1% milk instead of 2% or whole? _____
9. ate cheese, was it a reduced-fat variety? _____
10. ate a frozen dessert, was it sherbet, ice milk, or nonfat yogurt or ice cream? _____
11. ate cooked vegetables, did you eat them *without* adding butter, margarine, salt pork, or bacon fat? _____

12. ate cooked vegetables, did you avoid frying them? ______
13. ate potatoes, were they cooked by a method other than frying? ______
14. ate boiled or baked potatoes, did you eat them *without* butter, margarine, or sour cream? ______
15. ate green salads with dressing, did you use a low-fat or nonfat dressing? ______
16. ate dessert, did you eat only fruit? ______
17. ate a snack, was it raw vegetables? ______
18. ate a snack, was it fresh fruit? ______
19. cooked red meat, did you trim all the fat before cooking? ______
20. used mayonnaise or a mayonnaise-type dressing, was it low-fat or nonfat? ______

〈 점수계산 〉

당신의 식이로부터 갈로리의 %를 측정하기 위해 아래 칸으로 위의 숫자를 이동하라. 답하지 않은 것은 빈칸으로 남겨 두어라. 이 항목들은 퀴즈에서 그들의 요구를 따른 것보다 오히려 5개의 지방감소 방법에 연관된다. 전체를 당신이 대답한 숫자로 나눠라. 즉 다섯 개의 평균을 더하고, 다섯으로 나눈 다음 표를 체크하라.

Strategy 1 : Avoid frying

Items :	
1	______
2	______
12	______
13	______
Subtotal	______
Average	______

Strategy 2 : Modify meat

Items :	
3	______
5	______
6	______
19	______
Subtotal	______
Average	______

Strategy 3 : Avoid fat as flavoring

Items :	
4	______
7	______
11	______
14	______
Subtotal	______
Average	______

Strategy 4 : Substitute low-fat or nonfat versions

Items :	
8	______
9	______
10	______
15	______
20	______
Subtotal	______
Average	______

Strategy 5 : Replace fatty foods with produce

Items :	
16	______
17	______
18	______
Subtotal	______
Average	______

Overall score ______ (sum of 5 averages) :

Divide overall score by 5 to get overall average : ______

If overall average is...	your % of fats from calories is...
1.0 to 1.5	under 25%
1.5 to 2	25 to 29%
2 to 2.5	30 to 34%
2.5 to 3	35 to 39%
3 to 3.5	40 to 44%
3.5 to 4	45% or more

2. 콜레스테롤 통제하기

콜레스테롤은 마치 "지킬 박사와 하이드"와 같은 신출귀몰한 존재이다.

지킬 박사와 하이드의 양면적인 성격이 있으나 생체 내에서 매우 중요한 기능을 수행하고 있다. 많은 미국인에게는 콜레스테롤은 나쁜 측면이 있는데, 과다한 경우 혈관벽을 손상시키고 심장마비와 뇌졸증을 유발시키는 것이다. 인체는 지방의 소화, 세포벽을 만드는 일, 호르몬의 생성, 그리고 기타 중요한 기능을 위해 콜레스테롤이 필요하다. 혈액은 콜레스테롤 입자를 운반하는데, 라이포 프로틴 형태로 운반한다.

과다한 라이포 프로틴의 저장량은 심장의 동맥에도 축적되고, 심장에 '플라그'를 만들어 동맥경화를 야기한다.

미국인들의 가장 큰 #1 사망원인은 심장마비이다. 미국인 9,000만 명 이상 그리고 약 성인 50% 이상이 심장마비의 위험요인인 정상 이상의 콜레스테롤 수치를 가지고 있다고 미국 심장병학회에서 밝힌 바 있다. 자기의 콜레스테롤 수치를 알 수 있는 기회를 갖는다는 것은 중요하고 그 수치는 높지 않아야 한다. 그러나 더욱 중요한 것은 그 콜레스테롤이 어떻게 심장혈관질환 문제에 작용하는가를 정확하게 아는 것이다.

아마도 자기의 콜레스테롤에 대하여 너무 많은 걱정을 할 수도 있다. 아니면 충분이 걱정을 하지 않을 수도 있다.

다음 장에서 우리는 다음과 같은 일반적인 질문에 대답을 하여야 할 것이다.

■ 콜레스테롤이란 정확하게 무엇인가?

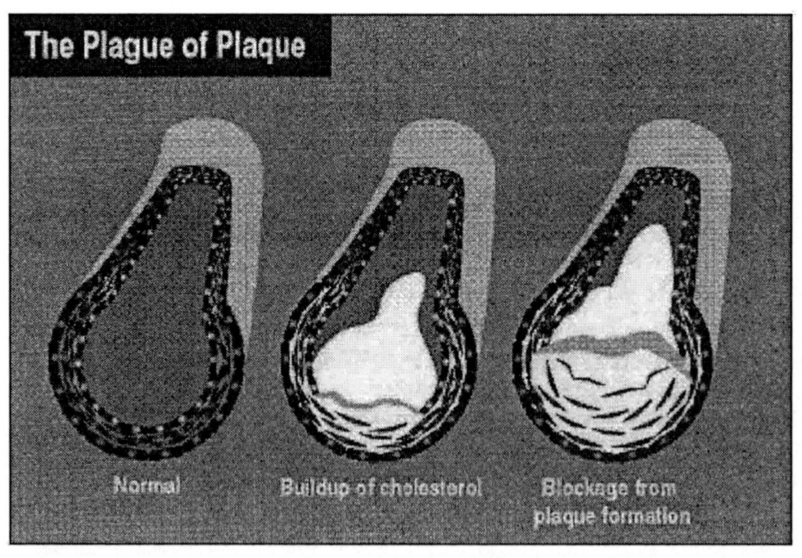

출처 : FDA Consumer Magazine(January/February 1999, Vol. 33, No. 1)

- 어떻게 콜레스테롤이 좋은 것과 나쁜 것 두 가지가 있을 수 있는가?
- 나의 몸에서 콜레스테롤이 하는 일은 무엇인가?
- 증가된 콜레스테롤 수준은 무엇인가?
- 나는 언제부터 걱정하기 시작했는가?
- 나는 나의 문제에 대해 무엇을 할 수 있는가?

콜레스테롤 수치의 중요성

혈중 콜레스테롤 수치는 매우 중요하다. 심장과 혈관질환은 미국인들의 사망원인의 첫 번째이고, 문제를 일으키는 주요 인자는 증가된 콜레스테롤이라는 점을 지적할 수 있다.

일반적 이론 :

- 콜레스테롤 수준이 높을수록 심혈관질환의 위험은 커진다.
- 콜레스테롤 수준이 높을수록 심혈관질환으로 사망할 수 있는 위험이 커진다.
- 콜레스테롤 수준을 낮춤으로써 심혈관질환의 위험을 줄일 수 있다.

콜레스테롤과 심장혈관질환

좋은 뉴스란… 심혈관질환으로 인한 사망은 계속적으로 감소되고 있다는 사실이며, 이러한 좋은 경향은 심혈관질환을 일으키는 인자에 대한 개선된 치료와 조절 덕분이다. 1980년에는 심장마비로 인하여 100,000명당 163명이 죽었다. 1990년에는 100,000명당 112명으로 떨어졌다. 뇌졸증으로 인한 사망률도 감소하였다. 1980년에는 뇌졸증으로 100,000명당 41명이 사망하였으나, 1990년에는 이 숫자는 28명으로 떨어졌다.

나쁜 뉴스란… 너무나도 많은 사람들은 여전히 심혈관질환으로 사망한다는 사실이다. 미국 심장협회는 여전히 심혈관질환으로 거의 매년 100만 명 정도가 사망한다고 보고했다. 이것은 모든 종류의 암으로 인한 죽음보다도 더 많은 수치이다. 이 죽음들의 대부분의 근본 원인은 좁아지거나 봉쇄된 동맥 때문이다. 콜레스테롤은 이러한 질환에 관련하여 중요한 역할을 한다.

동맥경화증은 콜레스테롤을 포함한 지방을 동맥벽에 침착시키는 고통없는 조용한 죽음의 과정이다. 이러한 동맥의 축적물들은 '플라그'로 불리는 혹같은 돌기의 형태로 나타난다.

플라그가 생성될수록 동맥 내부는 좁아지고 혈액의 흐름을 감소시킨다. 만약 관상동맥의 흐름이 줄어든다면 그것은 보통 협심증이라 불리는 흉곽의 고통을 가져온다.

플라그가 커질수록 동맥 내층은 울퉁불퉁하게 되고, 플래크 안에서 찢어지거나 또는 파열된 것은 혈액 덩어리가 될 수 있는 원인이 된다. 이러한 덩어리는 혈액의 흐름을 방해하고 동맥하류로 혈액이 원활히 흘러가는 흐름을 차단하게 된다.

만약 심장의 일부에 혈액의 흐름이 멈춘다면 심장마비를 가져올 것이며, 만약 뇌의 일부에서 혈액의 흐름이 멈춘다면 뇌졸증을 가져올 것이다.

많은 요인들이 동맥의 상태를 나쁘게 하는 데 영향을 준다. 콜레스테롤이 물론 이 과정에서 중요한 역할을 하나 콜레스테롤만이 문제를 풀 수 있는 유일한 요인은 아니다

혈중 콜레스테롤이란 무엇인가?

콜레스테롤은 밀랍과 같은 지방과 비슷

한 물질이다. 비록 그것이 독성을 가지고 있는지 없는지에 대한 논란이 종종 있지만 이것이 없이는 우리가 살 수가 없다. 콜레스테롤은 신체의 세포막, 신경의 절연, 특정 호르몬의 생성 등에 있어서 필수적이다. 콜레스테롤은 간에서 섭취한 음식물을 소화시키는 것을 돕는 담즙산을 만드는 데 사용된다.

콜레스테롤은 한편으로는 단어를 사람들이 사용하는 방법에 따라 혼돈되는데, 콜레스테롤은 종종 섭취하는 콜레스테롤과 혈액 속의 콜레스테롤로 구분하여 생각하여야 한다.

- **식이적 콜레스테롤** - 콜레스테롤은 식이적 지질로서 식품에 존재한다. 고기나 낙농제품과 같은 동물성 식품들에서 거의 전부 콜레스테롤이 발견된다.
- **혈중 콜레스테롤** - 혈중 콜레스테롤은 혈중 지질의 자연적인 구성물로서 다른 방법으로 존재한다. 혈액 속의 콜레스테롤은 간과 섭취한 음식물로부터 얻게 된다. 간은 혈액 콜레스테롤의 약 80%를 만든다. 단지 20% 만이 식이로부터 온다. 먹는 지방과 콜레스테롤의 양은 혈중 콜레스테롤을 포함한 혈중 지질의 모든 수준에 영향을 미친다.

혈중 콜레스테롤-좋고, 나쁜 것

혈액으로 이동시키기 위해 몸은 에이포단백질(apoproteins)이라 불리는 단백질로 콜레스테롤을 둘러싼다. 일단 이렇게 되면 그들은 지단백이라 불리는 꾸러미 형태가 된다. 지단백은 몸으로 콜레스테롤과 중성지질을 이동시킨다.

어떤 지단백은 저밀도 지단백(LDL)이라고 불린다. 그들은 많은 양의 콜레스테롤을 담고 있다. 또 다른 것은 고밀도 지단백(HDL)으로 불린다. 그들은 대부분 단백질로 되어 있다.

지단백의 3번째 종류는 극저밀도 지단백(VLDL)이다. 이것은 콜레스테롤, 중성지방 그리고 단백질을 가지고 있다.

어떤 사람들은 LDL은 '나쁜 콜레스테롤' HDL은 '좋은 콜레스테롤'이라고 부른다. 콜레스테롤은 몸 전체의 세포를 만드는 역할을 한다. 콜레스테롤을 운반하는 LDL 조각들은 세포표면 수용체에 그들 자신을 부착시키고, 그때 세포 안으로 들어간다.

만약 혈액에 LDL 조각이 너무 많다면, 또는 간세포들이 정상적으로 LDL 조각들을 받아들이지 않는다면, 또는 간에 너무나도 적은 LDL 수용체가 있다면 신체의 세포들은 LDL 조각으로부터 콜레스테롤을 가지로 포화될 것이다. 이때 콜레스테롤은 동맥벽에 침착될 것이다.

이 점에서 HDL은 좋은 역할을 한다. 이것은 동맥벽에 침착된 콜레스테롤을 정확하게 끄집어내고, 제거를 위해 간으로 LDL을 이동시킬 것이다.

이 상태에서 만약 LDL 조각으로부터 너무 많은 콜레스테롤이 동맥벽에 침착됐다면 위험할 수 있다. 동맥들은 플래크가 점점 더 생길 것이고, 점점 더 좁아질 것이다. 이것이 관상동맥경화이다. 높은 HDL 수준이 LDL 수준과 관계가 있는가를 설명해 주는 좋은 이유가 된다. 그것은 관상동맥경화로 발전되는 것으로부터 보호할 수 있는 역할을 수행한다.

고콜레스테롤 치료하기

어떤 사람은 왜 높은 콜레스테롤을 갖는가? 이것은 유전적인 형질 또는 생활습관 또는 둘 다로부터 오는 결과이다. 유전자들은 효율적으로 혈액의 LDL을 제거하지 못하는 세포를 만들고, 또는 VLDL 조각처럼 너무 많은 양의 콜레스테롤을 생산하는 간을 만들고, 너무 적은 양의 HDL 입자를 만든다.

흡연, 식이 그리고 비활동적인 생활습관은 높은 혈중 콜레스테롤을 유지시키고, 높은 콜레스테롤을 일으키는 원인이 된다. 관상동맥경화의 위험에 노출되는 셈이다.

콜레스테롤 검사

혈중 지질들이 정상 범위에 있는지를 아는 유일한 방법은 그것들을 측정하는 것이다. 그 실험은 하룻밤 절식 후 혈액 샘플을 채취하여 행해진다. 3~5년 정도에 한 번씩 테스트를 가져야 한다. 만약 콜레스테롤 수치에 문제가 있다면 더욱 자주 측정해야 한다.

이 테스트는 총 콜레스테롤, HDL, 중성지질을 측정한다(총 콜레스테롤은 LDL, HDL 그리고 또 다른 혈중 콜레스테롤 분자로 되어 있다). 어떤 연구가들은 혈액실험의 일부로 직접적으로 LDL을 측정한다. 그러나 만약 중성지질이 정상이라면 다음의 공식을 이용해 LDL 수준을 계산할 수가 있다. LDL 수치에 첨가적으로 LDL과 HDL 콜레스테롤과의 비율 또는 총 콜레스테롤과 HDL과의 비율을 계산한다.

오늘날 의사들은 HDL 수치에 굉장한 관심을 보인다. 정상적인 총 콜레스테롤의 수치를 가졌다 하더라도 만약 HDL 수준이 낮다면 심혈관질환에 걸릴 위험이 높다고 볼 수 있다.

그러나 그것이 현실로 나타나기에는 좀 거리가 있다. 수치들은 단지 지표일 뿐이며, 만약 수치가 정상 범위에서 벗어난다면 의사와 상담하는 것이 필요할 것이다.

테스트에서 각각의 수치는 다른 수치들과의 관계를 살펴볼 때 굉장한 의미를 갖고 다른 심혈관질환 위험인자들과 연결해서 고찰해 볼 때 의미를 갖는다는 것을 기억할 필요가 있다.

타 심장혈관 위험요인

심장혈관 건강을 더 완벽한 상태로 만들기 위해서는 반드시 심혈관질환을 일으키는 또 다른 위험인자들을 고려해야만 한다. 각각의 위험인자는 지질 수준에 영향을 미친다.

비정상적인 지질 수준에 많은 위험인자의 중합적인 결합은 심장혈관질환으로 발전될 수 있는 위험은 더 증가된다. 만약 몇 개의 위험인자를 가지고 있다면 그들의 효과는 단순하게 산술적인 합계가 되는 것이 아니라 서로 상승적인 효과를 나타내므로 기하학적인 증가를 나타낸다.

예를 들어, 만약 높은 총 콜레스테롤을 가졌고 담배를 피운다면 같은 콜레스테롤 수준에서 금연하는 사람보다 더 많은 위험을 가지고 있는 것이다.

한편, 효과를 증진시키는 경우도 있다. 가령 운동을 하면서 저지방 식이를 하는 것은 체중을 줄이는 것을 돕는다. 동시에 고혈압, 심장마비, 뇌졸중 등의 위험을 줄일 수도 있다.

심장혈관질환의 위험인자들은 변화시킬 수 있는 것과 그렇지 않은 것으로 나뉜다. 위험인자들이 어떻게 혈액 콜레스테롤과 중성지질에 영향을 미치는가를 살펴보자.

여기에는 당신이 변화시킬 수 있는 인자들이 있다:

- **흡연**: 담배를 피우는 것은 혈관벽을 손상시키고 지방질을 축적시키는 경향이 있다. 흡연은 또한 15% 정도 HDL을 감소시킬 수도 있다. 만약 담배를 끊는다면 HDL 수준은 높은 수준으로 돌아올 것이다.
- **고혈압**: 동맥벽의 손상에 의한 고혈압은 동맥경화로 발전될 수 있다. 고혈압인 경우 어떤 약물치료는 LDL과 중성지질의 수준을 증가시키고, HDL 수준을 오히려 감소시킨다.
- **운동부족**: 물리적 운동 부족은 HDL을 감소시키는 것과 관련이 있다. 유산소적 운동은 HDL을 증가시키는 하나의 방법이다. 유산소적 운동이란 팔과 다리를 계속적으로 움직이게 하는 것이고, 호흡을 증가시키는 운동이다. 이틀에 한 번 계단을 30~45번 정도 걸으면 심혈관 체계는 보호될 수 있다.
- **비만**: 과체중은 중성지질을 증가시킨다. 또한 HDL을 감소시키고, VLDL은 증가시킨다. 단지 2.5~5kg을 줄이는 것만으로도 중성지질과 콜레스테롤 수준들을 개선시킬 수 있다.
- **당뇨**: 당뇨는 많은 사람들에게 있어서 중성지질을 증가시키고 HDL을 감소시킨다. 당뇨는 관상동맥경화를 발전시키고, 심장질환, 뇌졸중 그리고 발 부위까지의 혈액순환을 방해한다.

만약 당뇨병을 가지고 있다면 총 콜레스테롤, 중성지질 그리고 HDL의 측정은 적어도 매년 실시하여야 한다. 정상보다 아래로 체중과 혈당을 유지하는 것이 중요하다. 당뇨는 합병증으로 발전할 수 있으므로 주의를 요한다.

아래 요인들은 당신이 바꿀 수 없는 위험인자이다.

- **노화**: 대체적으로 나이가 들수록 LDL 콜레스테롤 수준은 대체로 증가한다. 과학자들은 왜 그런지 그 메커니즘을 정확하게는 아직 밝히지 못 하고 있다. 그 증가는 나이와 체지방의 증가에 의해 원인이 될 수 있다.
- **성별**: 45세까지는 남자는 일반적으로 여성에 비해 높은 총 콜레스테롤 수준을 유지한다. 또한 이 나이까지는 여성들은 높은 HDL 수준을 갖는 경향이 있다. 그러나 폐경기 이후의 여성들은 총콜레스테롤이 증가하고, 보호적 HDL 수치는 떨어진다.
- **주의**: 심혈관질환이 주로 남성의 병이라고 생각해서는 안 된다. 심혈관질환은 여성사망 원인의 1위이고, 매년 500,000명의 여성들이 사망한다. 암으로 인해 사망하는 220,000명의 여성보다 더 많이 사망한다.

여성은 남성들만큼 많이 심혈관질환을 갖는다. 단지 그 시기가 늦을 뿐이다.

- **가족력**: 만약 당신의 가족 중 누군가가 바람직하지 않은 지질수준과 심혈관질환의 문제를 가지고 있다면 당신에게 있어서도 이러한 위험은 증가된다고 간주하여야 한다.

콜레스테롤 저하 대책

식이와 운동은 바람직하지 않은 지질의 수준을 막을 수 있는 첫 번째의 시작이다. 운동과 함께 식이를 바꾸면 혈중 콜레스테롤은 15% 이상 줄어들 것이다. 그러나 어떤 사람은 유전적으로 제한된 지질 문제들을 가지고 있다. 이것은 식이에는 반응하지 않고 치료를 필요로 한다.

혈중 콜레스테롤을 개선시키기 위한 식이 변화를 만드는 것은 3가지 단계를 포함한다.

- **총 지방을 줄임으로써 체중을 감소시킬 수 있다**: 모든 종류의 지방, 포화지방, 다가불포화지방 그리고 단일불포화지방 등을 제한해라. 하루 총 열량의 30% 이상을 지방으로부터 얻어서는 안 된다. 왜냐하면 지방을 가진 모든 식품들은 이러한 지방들의 결합으로 구성되어 있으므로 그것은 총 지방을 줄이는 데 중요하다.

  먹는 각각의 음식물이 열량의 30%보다 더 적다고 가정하지 말고 매일의 평균으로서 지침을 사용하라. 때때로 저지방 및 고지방 음식들로 총 칼로리가 구성되므로 지방섭취는 평균 하루 열량의 30% 이하를 유지해야 한다.
- **포화지방의 감소**: 먹는 지방의 ⅓ 이상이 포화지방이어서는 안 된다. 포화지방의 주된 재료는 버터, 치즈, 전유, 크림, 고기, 가금류, 초콜릿, 코코넛, 야자유지, 돼지기름 그리고 고체 쇼트닝 등이다.
- **식이 콜레스테롤을 감소시킬 것**: 하루에 식이로 섭취하는 콜레스테롤이 300mg 이상이어서는 안 된다. 이 목표를 달성하기 위한 좋은 방법은 전유, 크림으로 만든 낙농제품, 그리고 간이나 혀와 같은 기관고기는 피하는 것이다. 지방과 콜레스테롤을 제한하는 것은 체중을 줄일 수 있도록 도와주고, 이것은 혈중 지질 수준을 개선시킨다.
- **운동은 체중감량 이상의 효과가 있다**: 저지방, 저콜레스테롤 식이는 VLDL 콜레스테롤 수준을 개선시킨다. 만약 운동을 하고 체중을 줄인다면 중성지질과 콜레스테롤 수준까지도 더 좋게 할 수 있다.

운동은 체중을 줄이고 나이가 들면서 얻어진 무게의 변화를 줄인다. 이러한 이익을 위해 다음의 지침을 가지고 프로그램을 세우고 의사와 상의하라.

- **유산소운동의 선택**: 계단걷기, 조깅, 자전거 타기, 크로스 컨트리, 스키 타기 등에서 얻을 수 있다.
- **일정시간 동안 운동하고 횟수를 늘려라**: 일주일에 적어도 3번, 30~45분 정도 운동하는 것을 점차적으로 행하라. 만약 심하게 과체중이거나, 오랫동안 비활동적이었다면 몇 달 동안 점차적으로 이 수준으로 운동하도록 하여야 한다. 활동량이 많을수록 체중이 줄어드는 비율은 증가한다.
- **습관의 유지**: 운동을 위해 규칙적인 시간을 짜라. 운동을 재미있게 하라. 만약 운동이 즐겁지 않다면 장기간에 걸쳐 규칙적으로 운동하기가 힘들다.

운동의 동기를 주고, 운동을 같이 할 친구 또는 운동팀을 발견하라. 또는 꾸준히 운동을 할 수 있는 활기를 가져라.

프로그램을 가지고 유지하지 않으면 운동으로 인해 줄어든 체중을 지키지 못 한다. 또한 지속적인 활동은 종종 나이가 들면서 증가하는 체중을 방지할 수 있다. 이것은 혈액지질이 낮은 수준을 유지할 수 있도록 도와준다. 식이, 운동 그리고 흡연하는 습관들을 변화시키면 VLDL 콜레스테롤과 중성지질 수준은 개선된다. 만약 이런 중요한 생활습관을 변화시키지 않는다면 총 콜레스테롤, 특히 LDL 수준은 여전히 높을 것이고, 의사는 치료를 권할 것이다. 치료를 권하기 전에 의사는 신중한 판단과 여러 가지에 대해 심사숙고 할 것이다. 변화시킬 수 있는 위험인자들과 현재의 건강 상태, 그리고 약물의 부작용들을 고려하여 만약 콜레스테롤을 낮추기 위해 치료를 한다면 여러 해 동안 치료를 해야 할 것이다.

LDL 콜레스테롤 수준은 일반적으로 결정적인 요인이다. 만약 심혈관질환의 어떤 위험인자도 가지고 있지 않다면 일반적으로 190 이상의 LDL 수준에서 치료를 필요로 하고, 두 가지 또는 그 이상의 위험인자를 가지고 있다면 160 이상의 LDL 수준에서 치료가 요구된다.

콜레스테롤과 심혈관계 건강에 대한 의미는 중요하다. 그러나 그리 단순하지는 않다. 단지 총 콜레스테롤을 아는 것만으로는 충분하지 않다. 심혈관질환 위험인자들에게 필수적으로 영향을 주는 요인과 혈중 지질 수준들을 이해하고 이 수치들을 줄이기 위해 노력해야 한다.

6장 Questions for Review

이 름 ____________

학 과 ____________

날 짜 ____________

학 번 ____________

1. 미국인들은 총 열량의 40%를 지방으로부터 섭취한다. 실제 지방섭취 권장량은 ____________% 이다.

2. 지방산의 3가지 종류의 명칭을 쓰고, 각각의 재료에 대한 명칭을 쓰시오. 또한 각 지방산의 이중결합의 숫자를 쓰시오.

	지방산	급 원	이중결합 수
①			
②			
③			

3. 중성지방은 ________________ 지방산을 포함한다.

4. Fat은 실온에서 ______________인 반면 oil은 실온에서 ____________이다.

5. 가공중 fatty acid에 H_2를 첨가하는 것은 ___________________이라 불린다.

6. 담즙은 효소 _________에 의해 소화될 수 있기 위해 지방 ___________를 돕는다.

7. Lipoprotein의 4가지 명칭과 각각의 기능을 쓰시오.

①

②

③

④

8. 심장병을 일으킬 수 있는 주요한 3가지 위험인자를 쓰시오.

①

②

③

9. 위험을 줄이기 위한 혈중 콜레스테롤 수준은 ______________mg/dl 이하여야 한다.

10. 심장질환에 대한 전문적인 용어는 ____________________이다.

11. 혈중 콜레스테롤을 가장 효과적으로 낮추는 3가지 식이영양소를 쓰시오.

①

②

③

12. 혈중 HDL 콜레스테롤을 증가시키는 3가지 인자를 나열하시오.

①

②

③

13. 암에 있어서 initiation과 promotion을 정의하고 식이지방의 영향을 받을 것으로 생각되는 것에 표시를 하시오.

① initiation

② promotion

제 7 장

식이단백질

당신은 얼마나 많은 단백질을 필요로 하는가? 대부분의 미국인들은 식이단백질의 필요량을 초과하여 소비한다. 격렬한 운동이나 무거운 것을 드는 것 같은 활동이 RI보다 훨씬 많은 단백질을 필요로 한다는 잘못된 편견이 아직까지 있다. 이 장에서는 단백질이 무엇이며, 신체는 이를 왜 필요로 하고, 여러 가지 단백질이 어떻게 이 필요량을 충족시키는가를 설명할 것이다.

단백질은 아미노산으로 이루어져 있다

단백질은 **아미노산**(amino acid)이라 불리는 개개의 단위로 구성된다. 아미노산의 기본 구성은 그림 7-1과 같다. 각각의 아미노산은 중심 탄소원자의 한쪽에 아미노 그룹(NH_2)을 가지며, 다른 한쪽에는 카르복실 그룹(COOH)을 가져 아미노산이라 명명되었다.

식품에는 22가지의 다른 아미노산이 있는데, 모두 기본 구조는 같지만 단지 R그룹만이 다르다. 단 1개의 수소원자부터 복잡한 분자들에 이르기까지 변화할 수 있는 R그룹은 각각의 유일한 아미노산 것으로 만든다.

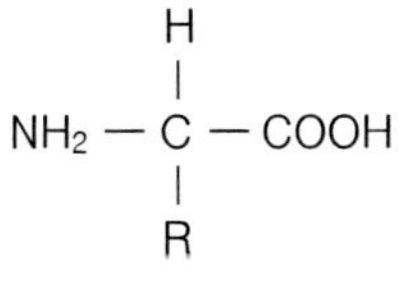

$$
\begin{array}{c}
\text{H} \\
| \\
\text{NH}_2 - \text{C} - \text{COOH} \\
| \\
\text{R}
\end{array}
$$

그림 7-1. 아미노산의 일반적 구조

필수아미노산은 음식으로 섭취해야 한다

우리가 음식으로 단백질을 섭취해야 하는 이유는 우리 몸에서 단백질을 만드는 데 **필수아미노산**(essential amino acid)을 얻기 위해서이다. 식품에 들어 있는 22가지의 아미노산 중에 9가지가 필수아미노산이다. 이 9가지 필수아미노산은 우리 몸 속에서 만들어지지 않는 것들이다. 적당한 재료들만 주어진다면 우리 몸은 식품에 있는 22가지 중에서 13가지는 체내에서 합성이 가능하다.

그러나 9가지의 필수아미노산은 체내 합성이 불가능하기 때문에 음식으로부터 섭취해야만 한다. 그러므로 음식으로부터 얻어지는 단백질의 기능은 크게 두 가지로 나누어 볼 수 있다. 첫 번째는 우리 몸에 필요한 9가지 필수아미노산을 공급하는 것이며, 두 번째는 필수아미노산이 아닌 **비필수아미노산**(non-essential amino acid), 또는 이 아미노산을 합성하는 데 필요한 재료들을 공급하는 기능이다.

체내에서의 단백질의 소화는 단백질 사슬로부터 떨어져 나온 각각의 아미노산 형태로 이루어진다. 일단 흡수된 아미노산은 체내의 단백질 합성에 이용되어질 수 있도록 간이나 근육에 **아미노산 풀**(amino acid pool)의 형태로 저장된다.

우리가 무엇인가를 먹고 나면 우리 몸은 합성과정의 상태에 있다. 이것은 우리 몸은 항상 새로운 단백질을 합성할 준비를 하고 있다는 것을 의미한다. 우리 몸의 유전물질인 DNA는 단백질 합성의 청사진을 제공한다. 즉, DNA는 어떤 단백질 합성을 위해 어떤 아미노산이 필요한지, 또 어떤 순서로 단백질을 합성할지에 대해서 정보를 제공한다.

예를 들어, 몸에서 인슐린 단백질의 합성이 요구되면 DNA로부터의 메시지는 아미노산이 어떤 순서로 연결되어야 하는지 알려 준다. 우리 몸은 필요할 때 아미노산을 아미노산의 저장소로부터 얻는데, 인슐린이 완전히 합성될 때까지 이 아미노산을 단백질 사슬에 첨가하게 된다. 모든 종류의 아미노산이 아미노산의 저장소에 있는 한 단백질 합성은 계속된다. 그러나 만약 인슐린 합성에 필요한 단 한 가지의 아미노산이라도 부족하게 되면 인슐린 합성은 중지된다. 단백질이 합성될 때에는 모든 종류의 아미노산이 적당량 있어야 한다는 것이 매우 중요한 사항이다.

1. 단백질의 기능

새로운 단백질을 합성하기 위해 우리의 신체는 식이단백질을 사용한다. 몸에서 만들어지는 단백질은 많은 작용을 한다. 그것들은 근육과 연결조직을 형성함으로써 골격을 이룬다. 그리고 호르몬과 효소의 형태로서 신체기능을 조절한다. 단백질은 우리의 체액과 pH(산 또는 염기)에 있어서 균형을 이루도록 도와준다. 또 단백질은 면역체계가 적절히 작용할 수 있도록 도와준다.

2. 단백질 요구량

인체의 아미노산 필요량을 충족시키기 위해서 매일 섭취해야 할 단백질의 요구량은 얼마인가? 수년 간의 연구 결과 건강한 성인에 있어서 RI는 몸무게의 단위 kg당 0.8g의 단백질이 필요하다는 결론이 내려졌다. 남성들과 여성들은 동일한 단백질 요구량이 필요하다. 이는 70kg인 남자에게는 매일 56g의 단백질이 필요하며, 56kg인 여성은 매일 45g의 단백질이 필요함을 의미한다.

또한 한국인 영양섭취기준(2005)에 의한 성인의 난백질은 남녀 구분 없이 평균 필요량을 0.66g/kg/일로 정하여 남자 45g, 여자 35g이며, 권장섭취량은 0.83g/kg/일로 환산하여 남자 55g, 여자 45g으로 설정되어 있다.

아침식사로 달걀 2개, 2조각의 토스트와 우유 한 잔은 하루 성인이 필요한 단백질의 약 절반인 25g 이상의 양질의 단백질을 제공한다. 치즈가 포함된 큰 햄버거 한 개도 보통사람이 필요한 단백질의 절반인 25～30g의 단백질을 제공한다. 연구에 의하면 보통의 성인 남자는 하루에 110～120g의 단백질을 소비하고, 성인 여자는 80～90g의 단백질을 소비한다고 한다.

3. 단백질 요구량의 증가

단백질이 필요량보다 증가시켜야 할 때는 언제인가?

임신기간을 포함한 성장기와 골절상과 상처로부터 회복을 위해서 약간 더 요구될 뿐이다. 이미 단백질 섭취량은 많기 때문에 일반적으로 평균적인 식사로 이미 충족된다.

만일 운동선수라면 단백질 요구량이 높을까?

일반적으로 그렇지 않다. 최근의 RI(0.8g protein/kg/day)는 대부분의 매우 활동성이 높은 사람에게 맞추어져 있기 때문이다. 강도가 높은 운동선수들에게는 약간 많이 요구될 수도 있다. 예를 들어, 하루에 2시간이나 그 이상의 운동이라도 하루에 체중 kg당 1.2g이면 충분하다. 이미 충분한 단백질을 섭취하고 있기 때문에 고강도 운동을 한다 하더라도 단백질의 보충은 필요하지 않다.

역도선수나 육체미 선수들에 관해서는 어떠한가?

운동선수들이 하루 8시간 이상 운동을 한다 하더라도 하루에 체중 kg당 2g이면 충분하다. 이러한 양은 근육축적량을 증가시키는 데 고단백질이 필요하다는 증거는 아직 없다. 여분의 단백질의 요구되는 이유는 고강도 운동 시 근육으로의 **단백질의 회전**(protein turnover)에 기인하는 것이다. 만약 이와 같은 특수한 경우가 아니라면 평균 단백질 섭취가 이미 단백질 요구량을 초과하는 경우가 대부분이다.

4. 과도한 단백질 섭취

대부분의 미국인들이 단백질 요구량을 초과하여 섭취하기 때문에 건강의 측면에서 이에 대한 논의를 할 필요가 있다. 신체는 아미노산을 거의 저장하지 않는데, 단백질을 초과하여 섭취하면 여분의 아미노산이 분해된다. 아미노산에서 나오는 질소는 소변에 섞여 **요소**(urea)나 **암모니아**(ammonia)로 배설된다. 대부분의 전문가들은 이 요소가 건강한 신장에 해를 끼치지 않는다고 의견을 같이 한다. 하지만 신장질환이 있는 경우 과도한 단백질 섭취는 병을 더욱 악화시킬 수 있다. 게다가 과도한 요소의 배설은 이뇨작용을 유발한다. 즉, 더운 지방의 운동선수들은 단백질 과다섭취로 인해 더 빨리 탈수가 될 수 있다.

과도한 고단백질 섭취의 또 다른 문제는 식이칼슘 요구량을 증가시키는 것이다. 요소가 소변으로 배설되는 것은 칼슘 역시 배설되게 한다. 이렇게 소변으로 칼슘이 배설되는 것을 보충하기 위해 더 많은 칼슘섭취가 요구된다. 제 10장에서 설명된 바와 같이 **골다공증**(osteoporosis)은 노인층에게 있어 심각한 문제이다. 골다공증은 수십 년에 걸쳐 진행되므로 단백질 과다섭취가 골다공증에 영향을 미친다는 것은 인식할 필요가 있다.

또한 단백질 과다섭취는 열량을 과다 섭취하는 것을 의미한다. 대부분의 식이단백질은 동물성 식품에서 얻을 수 있다. 유제품, 햄버거, 닭고기류와 같은 동물성 식품은 고지방을 함유하고 있으며, 게다가 잉여의 단백질은 단백질 그 상태로 저장되는 것이 아니라 식사 후에 신체가 필요로 하는 때에 효소나 혈액 단백질을 합성하고, 과잉의 아미노산은 탄소 골격으로 되어 지방으로 전환된다.

그러면 단백질 섭취에 대하여 어떻게 생각해야 할까? 단백질은 지방과 동시에 섭취하게 된다면 가능하면 튀긴 후라이드 치킨 대신 그릴에 구운 닭고기라든지 일반 우유 대신에 탈지우유와 같은 지방섭취를 줄일 수 있는 식품을 선택하도록 해야 한다.

계속해서 많은 단백질을 섭취한다면 칼슘 요구량은 증가된다. 유제품은 칼슘의 좋은 급원이며, 유당 불소화 증상이 있다면 유당함량이 낮고 지방함량이 낮은 치즈와 저지방 요구르트를 섭취할 수 있다. 또 다른 칼슘 공급식품은 칼슘을 강화시킨 오렌지주스이다.

이렇게 일부 식품을 신중하게 선택함으로써 단백질 과다섭취로 인한 건강상의 문제를 줄일 수 있다.

5. 단백질의 품질

식품에 필수아미노산이 얼마나 적당히 배합되어 잘 공급할 수 있느냐 하는 것이 그 식품이 가지고 있는 단백질의 질(protein quality)의 척도가 된다. **완전단백질**(complete proteins)이란 단백질의 합성에 필요한 모든 종류의 필수아미노산을 적당량 가지고 있는 것을 말한다. 완전단백질의 공급원으로는 달걀, 우유, 고기, 치즈, 생선, 가금류 등이 있다. 계란 같은 완전단백질 급원은 단지 식사로서 섭취되어지기만 하면 그것은 자라나는 어린아이들의 성장을 도울 뿐만 아니라 어른의 경우에도 단백질의 저장량을 유지시킬 수 있다.

부분 완전단백질(partially complete protein) 급원들은 한 가지를 제외한 모든 종류의 필수아미노산을 적정량 가지고 있다. 단백질 중에서 한정된 양을 가지는 이런 아미노산을 **제한아미노산**(limiting amino acid)이라 부른다. 채소, 견과류(씨앗), 곡식(벼・옥수수・밀 등)은 모두 부분적으로 완전한 단백질 급원의 보기이다. 그런데 이들 단백질 공급원들은 각기 다른 제한아미노산을 가지고 있다. 예를 들어, 채소는 곡류와는 다른 제한아미노산을 가지고 있다. 부분적인 완전한 단백질은 성장기의 어린이에게 성장에 필요한 것을 제공하지 못한다 하더라도 성인의 체단백실 저상량을 유지하게 해준다(비록 모든 곡식이 같은 제한아미노산을 가지고 있다 할지라도).

단백질 저장량이 증가되는 성장단계에는 동물에 있어서 새로운 단백질을 합성해야 하므로 성인들의 체단백질 유지에 필요한 질적·양적으로 뛰어난 단백질이 필요하다. 오직 한 가지의 부분적인 완전단백질을 먹는 성인은 그의 단백질 상태를 유지할 수 있다. 그러나 같은 단백질을 어린이에게 준다면 어린아이는 단백질 결핍증세를 보이게 된다. 성인에 있어서 제한아미노산은 현재 있는 조직들을 보수하고 대체하는 데 충분하다. 그러나 성장기의 어린이에 있어서는 많은 조직을 형성해야 하므로 그런 정도로는 충분치 않다.

단백질의 질에 있어서 마지막 범주는 **불완전단백질**(incompleted protein)이다. 이런 류의 단백질은 필수아미노산 중 여러 종류가 부족하다. 그래서 불완전한 단백질은 성장기의 어린이에게 성장에 도움이 되지도 못하고, 성인에 있어서 단백질 유지에도 도움이 되지 못한다. 불완전단백질의 한 예가 젤라틴(gelatin)이다.

6. 채식가의 식사

미국인의 1,200만 명이 채식 위주의 식사를 하는 것으로 추산되며, 약 50만 명은 완전 채식가(vegans)로서 동물성 식품을 섭취하지 않는다. 완전 채식가들은 지방함량이 낮은 식사와 비타민과 무기물질 섭취량이 매우 낮은 편이다. 완전 채식가는 완전한 단백질이 함유된 단백질 공급원을 필요로 한다. 그러나 자라는 어린이에게는 이 식품만으로는 충족시키지 못한다. 채식가들의 식사에서 완전단백질 자원은 곡류와 두류를 혼합하는 식사이다.

Early vegetarians returning from the kill.

좋은 예로서 쌀과 붉은콩 혼용식이며, 이들 식품은 서로 다른 식품에서 결핍된 아미노산을 보완해 주어 육류와 같은 단백질 품질을 공급받을 수 있다. 이들을 섭취 시 두 가지의 식품을 동시에 먹어야 하며, 그렇지만 각각 섭취 시에는 24시간 이내에 이 식품들의 섭취가 요구된다는 것을 인식해야 한다.

또 다른 종류의 채식가에는 계란과 우유를 첨가하여 우유/계란을 섭취하는 우유채식가와 계란채식가(lacto/ovo vegetarians)들이 있다. 이들 식품은 완전한 단백질을 공급받지만 포화지방산도 동시에 많이 섭취하게 된다. 채식전문지(vegetarian time)에 의하면, 이들의 30%는 1주에 한 번 육류를 섭취하는 층, 1개월 혹은 1년에 간혹 한 번씩 육류를 섭취해도 그들 스스로 채식가라고 한다. 붉은색 살코기(red meat)는 채식가들이 일반적으로 부족되기 쉬운 비타민 B_{12}의 우수한 공급원이다. 보다 많은 정보는 채식가들을 위한 식품재료 그룹의 웹사이트를 참고하기 바란다(http:// www.vrg.org와 http://www.vegetariantimes.com/).

7. 단백질 결핍

세계 곳곳에서 단백질 결핍증이 일어나는 이유는 많은 개발도상국(특히 아프리카, 카리브해 연안국, 중앙아메리카)의 식생활에 있어 주된 또는 주요한 단백질의 섭취가 제한되기 때문이다. 이런 나라들에 있어서 **카시오커**(kwashiorkor)라 불리는 단백질 결핍증상이 이런 음식을 먹는 아이들에게 있어 만연하고 있다(그림 7-2).

카시오커는 'first-second'를 의미하는 용어이다. 가족의 일원이 된 첫째 아이는 둘째 아이가 태어날 때(보통 2～3년 후)까지 양질의 단백질인 모유(breast fed)로 양육된다. 둘째 아이가 모유를 먹는 동안 첫째 아이는 단백질이 적은 옥수수나 taro식사(감자의 일종)를 하게 된다.

첫째 아이는 열량은 충분하나 양질의 단백질은 부족하므로 심각한 단백질 결핍증에 걸린다. 카시오커의 증세는 부종(조직에 수분이 축적되어 복부팽만, 수족부종), 거친 피부, 면역체계 약화 등이 특징적으로 나타나며, 지적능력 저하 등을 일으킬 수도 있다. 그런 카시오커는 식사의 열량 면에서는 적당하나 단백질이 부족할 때 일어난다. 이런 결핍증은 1960년대 중반 이후부터 연구가 잘 되어서 그 발생을 예방하거나 줄이는 단계까지 이르렀다(양질의 단백질을 환자에게 주는 방법 등). 그러나 필요로 하는 지역으로 양질의 단백질을 운반하는 문제 또는 정책 등의 문제로 인해 아직 이 문제를 완전히 극복하지 못하고 있다.

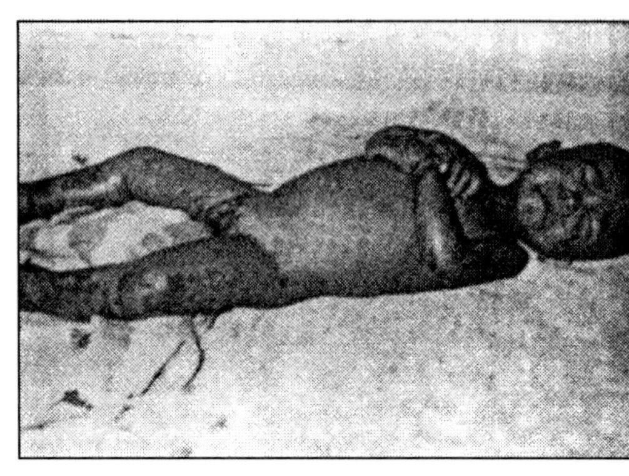

카시오커

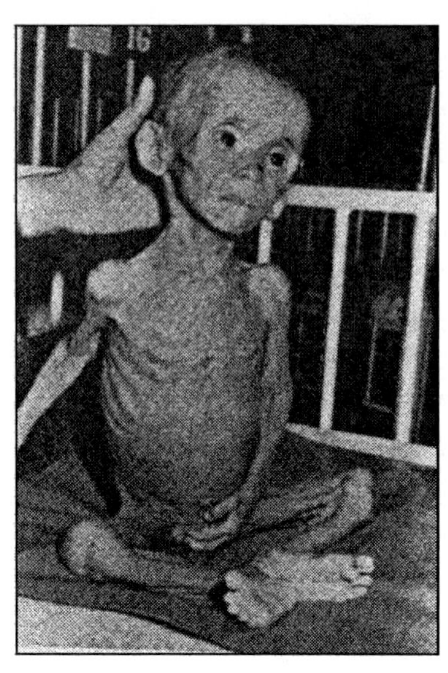

마라스무스

그림 7-2. 카시오커와 마라스무스

출처 : *Nutrition Today*, vol. 24, Jan. 1989.

카시오커와는 대조적으로 마라스무스라고 불리우는 단백질-에너지 영양실조로 인한 결핍증이 더 흔한 질병으로 대두되고 있다. **마라스무스**(marasmus)는 어린이나 노인에게나 똑같은 영향을 미친다. 비록 우리가 모든 사람들에게 공급할 수 있는 충분한 식량을 세계적으로 생산한다고 해도 안타깝게도 경제적 · 사회적 · 정치적 이유 등으로 필요로 하는 사람에게 균등히 공급하지 못하고 있다.

8. 아미노산의 섭취량

단백질 영양에 있어서 최근의 경향은 개개의 아미노산 섭취(amino acid intakes)에 집중되어 있다. 과거에는 아미노산의 혼합물을 함유한 음식을 섭취했다. 모든 음식은 동시에 섭취되고, 소화되고, 흡수되는 혼합물로서 존재하기 때문에 개개의 아미노산의 효과를 분리해 내기가 어려웠다. 그러나 영양의 보충에 대한 최근의 발전과 대중성으로 인하여 사람들은 어떠한 아미노산도 구입하고 섭취할 수 있게 되었다. 그러나 이런 개개의 아미노산들의 효능에 대한 영양학적 정보는 잘못된 것이 많다. 불행하게도 이러한 잘못된 정보는 영양학계가 충분히 연구하기도 전에 빠르게 퍼져 갔다.

최근에 잘못된 것으로 밝혀진 하나의 주장은 오르니틴(ornithine), 아르기닌(arginine), 라이신(lysine) 등의 아미노산 섭취는 성장호르몬의 분비를 자극한다는 것이다. 오늘날까지 우리들은 대사에 미치는 개개의 아미노산의 효과에 관한 몇 가지 주장들을 평가할 만큼 충분히 과학적이고 타당한 정보를 갖고 있지 않다. 그러나 만약 어떤 것이 너무 좋아서 믿을 수 없다든지 또한 효과가 없다든지 하면 결국 가치를 상실할 것이다.

우리는 지나치게 많은 양의 단백질을 섭취하는 것이 아닌가?

대부분의 미국인들은 단백질 특히 육류 단백질이 균형식이의 중심이라고 생각한다. 이러한 신념은 닭고기와 송아지 고기에 관한 최근의 광고 캠페인에 의해 영구적으로 남게 되었다. 그러나 일반적으로 미국인들은 필요로 하는 것보다 훨씬 더 많은 단백질을 섭취하고 있으며, 이는 아마 권고받은 양 이상일 것이다. 남성들은 정부가 권고하는 양의 2배의 단백질을 섭취하고 있으며, 여성은 거의 1.5배를 섭취한다. 그 단백질 대부분은 동물성 단백질원으로부터 온다.

오늘날 일부 연구들은 과잉 식이단백질이 건강을 위험에 처하게 한다고 시사하고 있다. 우리는 단백질을 매끼 식사의 주메뉴로 하지 않거나, 동물성 단백질을 식물성으로부터 오는 단백질로 대체하는 것이 훨씬 낫다.

단백질에 대한 사례

많은 대규모의 연구들에서 심혈관질환과 일부 암(예를 들어 대장암, 직장암과 전립선암)은 대량의 육류를 섭취하는 사람들 사이에 발생률이 더 높다는 것을 알게 되었다. 그러한 연관성은 대부분의 동물성 제품에 있는 고함량의 지방, 특히 포화지방 때문일 것이다. 그러나 일부 증거에서는 동물단백질 그 자체가 심혈관질환과 암의 위험도를 증가시키는 것이라고 시사하고 있다.

동물단백질에 대한 가장 강력한 비판은 심혈관질환 위험도와 관련된 혈중 콜레스테롤치에 영향을 미치는 검증을 한 연구에서 유래한다. 동물실험에서 다소 과량의 동물단백질을 섭취하는 것만으로도 콜레스테롤치를 상승시키는 효과가 있음을 보여주었다. 일반적으로 높은 식물단백질 함유 식이는 콜레스테롤치에 반대 효과를 갖는다.

연구자들은 주로 콜레스테롤치가 상승된 사람들의 식이에 동물단백질의 일부 또는 전부를 식물단백질로 대체함으로써 인체에서 단백질과 콜레스테롤의 연관성을 반복적으로 검증했다. 그 증거에 대한 한 리뷰논문에 의하면 28개 중 20개 연구에서 콜레스테롤치는 최소한 6%로 감소했고, 7개 연구에서는 20% 혹은 그 이상 감소했다. 그러나 정상 혹은 경계선상의 콜레스테롤치를 가진 사람들은 대부분의 연구에서 동물단백질 섭취를 줄임으로써 얻는 유익은 거의 없다고 보고하고 있다.

암에 대한 단백질의 효과는 덜 명백하다. 그러나 많은 연구에서 적어도 동물성 단백질이 다소 높은 식이를 먹인 동물들에서 악성 종양이 더 빨리 성장한다는 것을 보여주었다. 거꾸로 말하면, 동물성 단백질 섭취를 제한하면 암 성장이 억제된다.

단백질, 콜레스테롤, 암에 관한 이러한 연구는 국립암연구소(National Cancer Institute)에 의해 지원된 야심만만한 연구결과와 꼭 들어맞는다. 몇 개 나라의 연구자들은 식습관과 질병 발생률이 지역 간에 심하게 다른 중국의 65개 지역의 6,500명의 사람들의 식사를 목록으로 만들었다. 동물성 식이단백질 함량이 증가함으로써 심혈관질환과 암의 위험도 증가하였다. 이러한 연관성은 연구자들이 식이단백질과 연관된 지방의 영향을 설명한 후에도 지속되었다.

전체적으로 중국인들은 심혈관질환과 암 모두 미국인들보다 훨씬 적게 진행된다. 이는 식이단백질에 대한 사례와 일관성 있는 사실이다. 평균적으로 미국인들은 적어도 ⅓은 중국사람 보다 더 많은 단백질을 섭취한다. 더 중요한 것은 미국인들은 동물성 단백질에서 70%를 섭취하는데 비해 중국인들은 단지 11%이다.

중국의 다른 연구에서는 미국보다 골다공증(부서지기 쉬운 질환) 발생률이 더 낮음을 알았고, 단백질이 그 이유에 대한 설명의 한 부분을 이루고 있다. 일반적으로 연구자들은 산업화된 지역의 사람들의 칼슘 섭취가 더 많더라도 산업화된 국가의 사람들은 재개발국가의 사람들보다 더 높은 골다공증 발생률을 갖는다는 것을 수년 간 알고 있다. 그것은 부분적으로는 유전적 차이이거나 활동 수준이 다르기 때문이다.

저개발국가의 사람들은 더 활동적이며, 운동은 뼈를 재건토록 돕는 것이다. 그러나 일부 연구자들은 산업화된 국가의 높은 고단백질 섭취는 부분적으로 비난받아야 한다고 믿고 있다. 일부 연구들은 과잉의 단백질 섭취가 신체의 혈액에서 칼슘을 추출하며, 소변과 대변을 통해 배설토록 한다는 것을 보여주었다.

단백질을 적게 섭취하는 것

단백질과 콜레스테롤치 사이의 연관성이 명백한 암과 골다공증에서 단백질의 역할은 아직 상당히 이론적이다. 동물성 단백질이 높은 식품섭취를 제한하는 것은 합리적인 것 같다. 그것은 함유하고 있는 단백질 때문만은 아니다. 대부분의 영양연구자들은 미국인들이 총 칼로리의 25% 이상을 지방에서 섭취하며, 많은 연구자들은 20%나 그 이하로 섭취하는 것이 이상적이라고 믿고 있다. 거의 모든 육류는 칼로리의 20% 이상이 지방에서 나오며, 40% 이상이 지방으로부터 나오는데, 심한 육류 섭취자들로 하여금 총 지방섭취를 적정 수준으로 내리게 하기란 어렵다.

대부분의 영양연구자들은 3온스 분량의 육류나 생선을 먹도록 추천한다. 이 분량 중의 하나는 4세 이상의 모든 사람들에게 정부가 적정 매일 섭취기준(비교적 기름이 없는 2,000칼로리를 기준으로 함)으로 추천한 단백질 50 g의 약 40~50%를 제공할 것이다(임산부와 수유 여성은 약간 더 많은 단백질이 필요하다). 다른 25g은 식이의 다른 공급원에서 쉽게 얻을 수 있는 것이다.

언제든지 육류와 고기는 지방함량이 가장 적은 것을 선택하라. 희고 껍질이 없는 칠면조와 닭고기, 우둔(top-round) 또는 홍두께살(eye-of-round) 스테이크와 허리부분이 연한 돼지 살코기, 참치, 대구, 가재미와 다른 기름기 없는 종류의 생선이 이에 해당된다.

육류 또는 생선의 적은 1회 분량을 늘리기 위해서는 작은 조각으로 자른 쌀과 파스

완전한 단백질 : 불완전한 이론

최근까지의 영양에 관한 서적들은 독자들에게 육류가 없는 식이는 보완 단백질을 포함하도록 주의 깊게 구성되어야 한다고 경고했다. 그 이론은 이와 같다 : 신체의 단백질은 아미노산이라 일컫는 20개의 화학단위 물질로 구성된다. 그 중의 9개는 필수 아미노산이다. 이 화학물질은 신체가 스스로 제조할 수 없고 반드시 식품으로부터 공급되어야 한다. 만약 당신이 필수아미노산 중 7개(2개는 아님)를 제공하는 식사를 섭취한다면 당신의 신체는 필요한 단백질을 제조할 수 없을 것이며 당신의 머리카락, 근육, 기관은 손상을 받을 것이다. 따라서 당신이 섭취하는 모든 식품을 조합하여 섭취하도록 해야 한다는 것인데, 쌀과 콩 같이 서로 완전단백질이 되도록 하는 것이며, 필수아미노산 중 9개를 포함하는 것이 완전단백질이다.

대부분의 각각의 식물성 식품단백질은 1개에서 2개 이상의 필수아미노산이 부족한 것이 사실이다. 그러나 연구자들은 이제 매일 그러한 다양한 식품을 섭취하는 것이 몸에 필요한 모든 아미노산을(매번 식이가 필요하지는 않지만) 공급한다는 것을 알고 있다.

이는 대부분의 채식주의자들이(육류 섭취를 단지 낮추는 사람들도 포함) 사실상 다양한 식이를 섭취하는 한 매일의 단백질 요구량을 맞출 수 있음을 의미한다. 예를 들어 오트밀 한 사발, 탈지우유 한 잔, 땅콩버터샌드위치, 콩과 쌀 한 접시와 소량의 야채들은 대부분의 사람들이 매일 필요로 하는 50g 이상의 단백질을 제공한다.

유제품과 계란을 포함하여 모든 동물성 식품을 피하는 엄격한 채식주의자들은 매일의 단백질 섭취에 주의를 기울일 필요가 있다. 그러나 심지어 그런 사람들도 필요한 50g을 얻는데 큰 어려움을 겪어서는 안 된다(표를 참고 하시오).

타와 혼합하거나 스프 또는 스튜에 첨가하는 것이다. 햄버거나 육류 덩어리의 일부를 같은 야채, 곡류, 통밀빵, 또는 두부나 식물단백질 같은 콩제품으로 대체한다. 비록 우유와 다른 유제품은 상당량의 동물성 단백질을 함유하지만 저지방을 선택하는 한 섭취를 줄일 필요는 없다. 낙농제품은 육류보다 단백질을 상당히 적게 함유하며, 이는 최고의 식이칼슘 공급원이다. 영양학자들은 미국인들이 거의 육류는 없고 매일 5～9개 1회 분량의 과일과 야채, 6～7개의 1회 분량의 곡류와 풍부한 칼슘을 제공하는 충분한 양의 저지방식 유제품을 섭취하도록 권고하고 있다. 이러한 식이는 오늘날 대부분의 미국인이 먹는 식사보다 지방이 적은(적은 단백질) 것으로 간주된다.

선택한 식품의 단백질 함량[1]

식 품	1회 분량	단백질(g)	매일 섭취토록 제시된 양의 단백질의 양 (%)[2]
동물성 식품			
고기, 생선 및 해산물[3]			
톱라운드 스테이그	3온스	26.9	54%
껍질이 없는 닭고기 및 흰고기	3온스	26.3	53
물에 통조림한 참치(light)	3온스	21.7	43
대서양 대구	3온스	19.4	39
햄	3온스	19.0	38
삶은새우	3온스	17.5	35
낙농품과 계란			
무지방 Cottage 치즈	1/2컵	14.6	29
무지방 요구르트(plain)	1컵	14.0	28
스킴밀크	1컵	8.4	17
체다치즈	1온스	7.1	14
계란	1온스	6.3	13
식물성 식품			
콩, 견과 및 씨앗			
렌즈콩	1컵	17.9	36
쪼갠완두콩	1컵	16.3	33
붉은강남콩	1컵	15.3	31
리마콩	1컵	14.7	29
이집트콩	1컵	14.5	29
얼룩배기콩	1컵	14.0	28
땅콩	1/4컵	9.5	19
해바라기씨	1/4컵	8.2	16
아몬드	1/4컵	8.0	16
땅콩버터	2스푼	7.9	16
두부	3온스	6.9	14
맷돌로 빻은 귀리	1/4컵	6.6	13
캐슈땅콩	1/4컵	5.3	11
곡 류			
귀이노아	1/2컵	8.0	16
아마란스	1/2컵	7.5	15
맷돌에 굴린 귀리	1/2컵	6.4	13
기장	1/2컵	4.2	8
보리	1/2컵	3.7	7
통밀빵	1조각	3.4	7
빻은 메밀가루	1/2컵	3.3	7
현미	1/2컵	2.5	5

[1] 과일과 야채는 1회 분량당 1～3g의 단백질을 함유한다.

[2] 미국 정부는 성인과 4세 이상의 어린이에게 50g의 단백질 섭취를 권상하며, 이는 2,000칼로리의 식이에 근거한다. 임산부와 수유부는 각각 60과 65g의 단백질을 섭취해야 한다.

[3] 기록된 것 외에는 굽기 또는 그슬리게 구운 것임.

※ 1온스 = 28.3g

과학의 본질에 관한 18가지 생각들

Joe Schwartz. 박사

다음의 생각들은 과학과 건강에 대한 정보를 평가하는 데 도움을 줄 수 있다.

1. 과학은 진리를 찾는 과정이다. 그것은 반론 할 수 있는 진리의 수집은 아니다. 그러나 그것은 자체 교정의 규율을 갖고 있다. 그러한 교정은 오랜 시간이 걸릴 수 있으나(헛수고임을 깨닫기 전까지는 사혈(blood-letting)이란 의학적 실행이 계속되었다) 과학적 지식의 축적에 따라 실질적 과오를 저지를 기회는 감소한다.

2. 과학에 확실성은 있어 이해하기 어려우며, 종종 과학적 질문에 "예" 또는 "아니오"란 답을 하기란 어렵다. 병에 든 물이 수도꼭지물보다 더 선호될 만한지를 결정하기 위해서는 섭취한 물의 종류만 다르고 생활습관이 모든 면에서 유사한 2개의 대규모 그룹의 사람들에 관한 평생 연구를 설계해야만 할 것이다.

3. 아무리 진보된 연구가 많이 진행된다 하더라도 모든 결과들의 예측이 가능하지 않을 수 있다. Chlorofluorocarbons (CFCS)가 냉매로 도입되었을 때 어느 누구도 30년 후에 오존층에 영향을 줄지 예측하지 못했다. 만약 무엇인가 바람직하지 못한 일이 발생한다면 그것은 누군가가 소홀하였기 때문만은 아닐 것이다.

4. 새로운 발견은 어떤 것이라도 의문을 갖고 검증되어져야 한다. 언제든지 제기되어야 한다. 의문은 과학적 증거에 대한 신념에 근거하고 정보를 비판 없이 삼켜버리는 것은 아니다.

5. 주요한 생활습관의 변화는 연구하는 사람에 근거를 가져서는 안 된다. 결과는 다른 사람들에 의해 독립적으로 재확증되어져야 한다. 과학은 "기적 같은 눈부신 발견" 또는 "거대한 도약"에 의해 진행되는 것이 아님을 명심하라. 홀로 걷고, 수많은 작은 단계를 거치고, 천천히 합의된 의견을 향해 만들어 가는 것이다.

6. 연구들은 분야별 전문가들에 의해 주의깊게 해석되어져야 한다. 두 개의 변수간의 어떠한 연관성은 반드시 원인과 결과를 시사하는 것은 아니다. 극단적인 예로 유방암과 셔츠를 입는 것 사이에 강한 연관성을 생각해 보라. 분명히 셔츠를 입는 것은 질병을 야기하지 않는다. 그러나 과학자들은 종종 지론(持論)에 대한 비적절한 합리화를 제시하는 것에 놀라는 태도를 보인다.

7. 잘못된 개념의 반복은 그것을 참으로 만들지는 않는다. 많은 사람들이 설탕은 어린이들에서 과잉행동을 유발하는 것으로 확신한다. 이는 이 영향에 대해 연구를 검증되었기 때문이 아니라 그렇

다고 들었기 때문이다. 사실 일부 연구들은 설탕이 어린이들에게 주장되고 있는 그러한 영향을 갖고 있음을 증명했다.

8. 비상식적인 특유의 용어는 매우 과학적으로 들릴 수 있다. 조류(algae)의 유형에 대한 광고에 "클로로필의 분자구조는 헤모글로빈의 것과 거의 같고, 신체 전반에 산소를 수송하는 역할을 한다. 산소는 주요한 영양소이며, 클로로필은 당신 체내조직의 산소이용도를 증가시키는 핵심적 분자이다"라고 말한다. 이것은 비상식적이다. 클로로필은 혈액에서 산소를 수송하지 않는다.

9. 종종 과학적 논제들에 관한 반대 의견들도 합법적이다. 그러나 과학은 모든 연구에 있어 동등하며, 반대되는 연구 때문에 신뢰를 얻을 수 없다고 결론짓는 것은 맞지 않다. 항상 누가 주어진 연구를 하는지 얼마나 잘 설계되었는지, 어떤 사람이 결과로부터 경제적으로 유익을 얻을 수 있는지 없는지를 고려하는 것은 중요하다. 누가 "그들"이라는 것은 "그들이 다음과 같이 말한다"는 것임을 염두에 두라. 많은 경우에는 "그들이 말한다"는 단지 뜬소문이 비정확하게 보고된 것이다.

10. 비록 훨씬 가치 있는 정보를 제시한다 하더라도 동물 연구들은 반드시 인체와 관련 있는 것은 아니다. 예를 들면 페니실린은 기니아 피그에게 유독하나 인체에는 안전하다. 쥐는 인체에 필수적인 식이영양소인 비타민 C를 필요로 하지 않는다. 동물을 실험하기 위해 단기간 고농도의 의심되는 독소를 섭취시키는 것은 인체에 장시간 동안 극소량에 노출된 효과를 정확하게 반영한다고 할 수 없다.

11. 물질이 독인지 아니면 치료제인지는 용량에 좌우된다. 양에 대해 언급하지 않고는 특정 물질의 영향에 대해 논하는 것은 납득이 되지 않는다. 아스피린 정제를 빨아 먹는 것은 두통에 효과가 없지만 두 알 정도는 두통을 완화시킬 수 있다. 그러나 과량 복용 시에는 생명에 지장을 초래할 수도 있다.

12. '화학물질'이란 저속한 용어가 아니다. 화학물질은 우리 세계의 구성단위이다. 이것은 좋지도 나쁘지도 않다. 니트로글리세린은 협심증의 통증을 경감시키거나 건물을 날려 버린다. 선택은 우리의 것이다. 나아가서 물질에 의해 제기되는 위험과 그 이름의 복잡성 사이에는 관련성이 없다. 'H_2O'은 단지 물이다.

13. 자연물질이 항상 안전한 것은 아니다. 맹독소로 알려진 피마자콩(아주까리) ricin 또는 *Clostridium botulinum* 세균의 botulin은 완전히 자연산이다. '자연산'은 '안전'과 동일한 것은 아니며, '인공적'은 '위험한'과 동일하지 않다. 어떤 물질의 특성은 화학자에 의해 실험실에서 합성되었는지 또는 식물에서 자연적으로 만들어졌는지의 여부가 아닌 분자구조에 의해 결정되는 것이다.

14. 종종 인식된 위험은 실제 위험과 다르다. 미생물의 오염으로 생긴 식중독은 과일과 야채의 미량의 살충제 보다 훨씬 인체에 위해하다.

15. 인체는 대단히 복잡하다. 우리의 건강은 많은 변수들에 의해 결정되며, 이에는 유전, 식이, 임신 동안 모체의 식습

관, 스트레스, 운동 정도, 미생물에 노출, 직업적 위험 노출과 순수한 행운이 포함된다.

16. 식이가 분명히 양호한 건강상태를 증진시키는 데 역할을 하는 반면 질병을 치료할 때는 대개 특정 식품이나 영양소의 효과가 과장되어 있다. 비록 모든 식품이 그렇다고 언급될 수는 있지만 개개의 식품은 좋지도 나쁘지도 않다. 섭취하는 식품의 다양할수록 중요한 영양소가 부족할 가능성은 적다. 많은 양의 과일과 야채를 섭취하는 것이 유익하다는 것은 과학자들 사이에 보편적으로 동의를 얻고 있다.

17. 질병의 약 80%는 자체 제한적이고, 어떤 종류의 치료에도 거의 다 반응하여 치료될 수 있을 것이다. 종종 치료는 받을 자격 없는 명성을 얻게 될 것이다. 일화 같은 증거들은 신뢰할 만하지 못한데, 그 이유는 긍정적 결과가 부정적인 것보다 훨씬 더 많이 보고될 것이기 때문이다.

18. 황금알을 낳는 거위는 없다. 달리 말해 무엇인가 너무 좋아서 진실일 수 없게 들린다면 그것은 아마도 그럴 것이다. H.L. MencKenol이 말에 의하면 "모든 복잡한 문제는 단순하고, 직접적이며, 그럴 듯하며, 잘못된 해결책을 갖고 있다."

Schwartz 박사는 McGill대학의 화학과와 사회과 교수이며 사무처장이다. McGill에서 화학을 가르치는 것 외에도 그는 몬트리올 라디오 부서인 CJAD에서 화학에 대해 주말마다 청취자 전화 참여 프로그램을 진행하며, 몬트리올 신문에 "Right Chemistry"이라 불리는 주간 컬럼을 쓰고 있고, 캐나다 디스커버리 채널에서 "Joe's Chemistry Set"란 제목의 정규 텔레비전 특집도 맡고 있다. 이 논설은 그의 저서 "Radar, Hula Hoops and Playful Pigs"의 한 부분에서 채택된 것이며, 이 책은 매일의 삶에서 매혹적인 화학에 관한 논평들을 수집한 것이다.

7장 Questions for Review

이 름 ____________________
학 과 ____________________
날 짜 ____________________
학 번 ____________________

1. 단백질의 기본적인 구조는 하나의 ______________과 ______________이다.

2. 체내에서 만들 수 없는 아미노산을 ____________________이라고 한다.

3. 신체에서 단백질의 기능 3가지를 쓰시오.

   ①

   ②

   ③

4. 남자와 여자의 단백질 요구량은 _______g / 체중 kg / 일로 (동일하다 / 그렇지 않다)

5. 대부분의 미국사람들은 단백질을 (과잉 섭취한다 / 충분치 않다)

6. 필요 이외의 단백질은 체내에서 ______________으로 전환된다.

7. 식이단백질 섭취가 너무 많았을 때의 문제점 두 가지를 기술하시오.

   ①

   ②

8. ________ 단백질은 필요로 하는 모든 필수아미노산을 지니고 있다. 이 단백질원의 예를 3가지 드시오.

①

②

③

9. __________ _________단백질은 대부분의 필요량에 있어서 필수아미노산을 지니고 있지만 필수아미노산이 부족하다. 이 단백질의 두 가지 예를 든다면?

①

②

10. 세계 각처에서 어린이에게 야기되는 단백질 결핍현상을 ____________라고 한다.

11. Vegan과 lacto-ovo vegetarian의 다른 점은 무엇인가?

① Vegan :

② Lacto-ovo vegetarian :

제 8 장

수용성 비타민

다른 어떤 복합영양소보다 아마 비타민만큼 건강에 대한 역할에 대해 잘못된 정보가 많은 것은 없을 것이다. 일반적으로 비타민이 건강에 좋고, 식품을 지나치게 가공처리하면 비타민이 부족하게 된다는 것이다. 그러므로 많은 사람들은 적절한 건강을 위하여 비타민의 보충제를 섭취할 필요가 있다고 믿는다. 또 다른 최근의 추세는 더 많은 양의 비타민을 섭취하는 것이다. 사람들이 잊고 있는 것은 비타민이 인체에서 특별한 기능을 하는 화학물질이라는 것이다.

식사에서 일정기간 동안 충분한 비타민이 공급되지 않을 경우 비타민이 정상적으로 관여하는 대사과정은 더 이상 그 기능을 충분히 하지 못할 것이다. 이러한 사실은 어떤 비타민이 부족할 경우에는 결핍증상과 죽음까지 초래할 수 있다는 것을 의미한다. 각각의 비타민들은 대사과정의 다른 장소들에서 다른 기능을 가지고 있기 때문에 각기 다른 결핍증상을 가지고 있다. 비타민의 결핍증상은 6,000년 전에 발견되었지만, 비타민의 특이한 화학적 역할이 밝혀진 것은 1900년대 초반이다. 사실 비타민 B_{12}의 생화학적 역할은 1950년이 지나서야 알게 되었다.

비타민 결핍증상에 대한 이유가 차츰 이해되어져 온 한편 영양학자들은 현재 다른 문제 즉, **비타민의 유독성**(vitamin toxicity)에 대한 문제를 생각하고 있다. 이것이 왜 최근 영양학자들에게 문제가 되고 있을까? 왜냐하면 비타민 보충제가 시판되고 비타민의 사용량이 공공연하게 증가되기 전까지는 사람의 음식에 유독성을 야기할 만큼 과량의 비타민을 소비하는 것이 불가능했기 때문이다.

최근 몇 년 동안 비타민 보충제가 증가함에 따라 영양학자와 의사들은 비타민의 유독성이 극적으로 증가하고 있다는 것을 발견했다. 이전에 해롭지 않다고 생각되었던 비타민이 유독성을 야기하는 것으로 밝혀지고 있다. 지나치게 많은 양을 섭취했을 때, 비타민은 더 이상 비타민으로써 작용하지 않고 종종 유독성 효과를 초래하는 시약과 같은 작용을 한다.

비타민은 **신체에서 소량 필요한 유기화합물**(복합분자)이라고 정의한다. 비타민은 신체에서 합성될 수 없기 때문에 그것들은 우리가 먹는 음식으로부터 보급될 필요가 있다. 비타민의 작용은 우리 몸에서 대사반응(metabolic reactions)이 일어나도록 하는 것이다.

비타민은 **지용성 비타민**(fat soluble vitamin)과 **수용성 비타민**(water soluble vitamin) 두 가지로 분류된다(표 8-1). 지용성 비타민은 수용성 비타민보다 훨씬 많은 양이 신체에 저장된다. 왜냐하면 지용성 비타민은 포화 정도가 높기 때문에(즉, 음식물로부터 과량이 보급되면 신체조직에 저장된다) 수용성 비타민의 결핍 증상보다 지용성 비타민의 결핍현상이 나타나는 데 훨씬 오랜 시간이 걸린다.

만약 지용성 비타민의 필요량이 공급되지 않는다면 그것은 몸에 저장된 것으로부터 충당된다. 그렇다고 수용성 비타민이 전혀 저장되지 않는다는 것은 아니다. 단지 저장량이 지용성 비타민보다 훨씬 적다는 것이다. 따라서 수용성 비타민은 조직 포화도가 낮다고 말한다.

여분의 지용성 비타민을 저장할 수 있다는 이면의 사실은 지용성 비타민이 수용성 비타민보다 훨씬 유독할 수 있다는 것이다. 인체에 지용성 비타민이 축적되기 때문에 많이 저장될수록 독성도 커진다. 특히 비타민 D와 비타민 A가 이에 해당된다.

과잉의 수용성 비타민을 먹었을 때 소량만이 체내에 저장된다. 체내에서 이용되지 않는 잉여 비타민은 소변으로 배설된다. 그러나 체내에서 잉여량을 체외로 배출

표 8-1. 지용성 비타민과 수용성 비타민

지용성 비타민	수용성 비타민
•비타민 A •비타민 D •비타민 E •비타민 K	•티아민(B_1) •리보플라빈(B_2) •나이아신(B_3) •비오틴 •피리독신(B_6) •판토텐산 •폴라신 •비타민 B_{12} •아스코르빈산(비타민 C)

하기 전에 이런 비타민의 혈액과 조직에서의 농도가 유독한 수준까지 증가할 수 있기 때문에 일부 수용성 비타민을 과량 섭취하면 유독한 작용을 일으킨다는 사실이 밝혀졌다. 대량의 수용성 비타민을 계속해서 투약하면 그 비타민의 **약물학적** 분량 때문에 신체를 끊임없이 공격한다. 두 개의 아스피린이 두통을 경감시키기는 하지만 하루에 한 병의 아스피린을 먹으면 죽을 수 있다는 건 이미 알려진 사실이다.

다양한 식사는 결핍을 막는다

일반적으로 비타민 결핍은 음식물이 그 속에 다양한 영양소를 가지고 있지 못하기 때문에 일어난다. 제한된 식사는 제한된 비타민 섭취를 의미하는데, 왜냐하면 어떤 음식이라도 모든 비타민을 함유하고 있지 않기 때문이다. 만약 어떤 사람이 4가지 기초식품군의 식품이 골고루 들어 있는 음식을 섭취하지 않는다면 그 식사는 일부 비타민이 부족하기 쉽다. 그 외 비타민의 결핍이 일어날 수 있는 경우는 다음과 같다.

① **전적으로 비타민이 부족한 사람**: 예를 들면, 철저한 채식주의자는 비타민 B_{12}가 부족하다. 왜냐하면 이 비타민은 단지 동물성 식품에서만 발견되기 때문이다. 성인이 철저한 채식주의자일 경우 5년 후에 비타민 B_{12}의 결핍이 초래된다. 그러나 어린이가 철저하게 채식을 하면 비타민 B_{12}의 결핍증은 성인보다 훨씬 빨리 생긴다.

② **비타민을 흡수할 수 없는 사람**: 만약 장 질환이 있을 경우 비타민의 흡수를 방해한다. 다행히 신체에 비타민을 직접 주입하는 것이 가능하기 때문에 이 문제를 해결할 수 있다.

③ **비타민의 요구량이 증가할 수 있는 사람**: 최근 조사에서 성장기간 동안에 특정 비타민의 필요량이 증가하는 것으로 밝혀졌다. 다른 조사에서는 에스트로겐 피임약의 사용, 과도한 양의 알코올 및 과량의 식이단백질의 섭취와 에어로빅의 집중적인 연습에서와 같이 에너지의 과도한 소비는 일부 비타민의 요구량이 증가된다. 대개의 경우 이런 요인들은 사람들의 정상적인 요구량보다 불과 소량의 증가(10% 가량)만을 필요로 한다. 별난 음식주의자들의 주장과는 반대로 이 문제를 극복하기 위해 엄청난 섭취량이 필요치 않다.

수용성 비타민은 대개 인체에서 **조효소**(coenzymes)로서 작용한다(표 8-1). 조효소는 효소가 작용하기 전에 필요한 화학물질이다. 신체의 모든 대사과정은 실제로 효소에 의해 통제되는 일련의 짧은 반응들의 연속이다. 예를 들어, 글루코오스를 에너지로 전환하기 위해 적어도 50가지의 대사단계가 필요하다. 이 각각의 대사단계에서 각기 다른 효소를 필요로 하며, 그 중 많은 단계에서 조효소로서 비타민이 필요하다. 어떤 효소는 조효소 없이는 더 이상 작용할 수 없기 때문에 비타민이 없을 경우 반응이 일어나지 못하게 된다. 그러나 과잉의 비타민은 반응을 증가시키거나 속도를 빠르게 하지는 못한다는 것을 알아야 하는 것이 매우 중요하다.

과잉의 비타민은 반응을 빠르게 할 수 없다

만약 비타민이 근육의 생성에 필요하다면 그 비타민의 부족은 근육합성을 느리게 할 것이다. 그러나 그 비타민의 과잉은 사람이 여분의 근육을 생성하도록 하지는 않을 것이다. 한 가지 일상적인 유추로서 자동차가 적절하게 가동하기 위해서 4개의 타이어를 필요로 하는데, 1～2개의 타이어로서는 잘 달리지 못할 것이며, 타이어가 없다면 전혀 달리지 못할지도 모른다. 그렇다고 사용할 수 있는 타이어가 15～50개가 된다면 차는 더 이상 빨리 달리지 못할 것이다. 왜냐하면 차는 단지 4개의 타이어만 동시에 쓸 수 있기 때문이다.

비타민은 직접적으로 대사과정에 관여하지 않고 단지 생화학 반응이 진행되도록 보조역할을 한다는 사실을 이해한다면, 어떤 사람(가끔 비타민을 당신에게 팔려고 노력하는 사람)들이 제안하는 것처럼 비타민의 과잉은 대개 비효율적이고, 작용할 수 없다는 것을 더욱 쉽게 이해할 수 있다. 어떤 비타민의 과도한 섭취는 인체의 다양한 대사과정에 영향(다량의 나이아신의 섭취는 혈중 콜레스테롤의 수치를 낮춤)을 미칠 수 있다. 이 효과는 약물학적이므로(약과 비슷하고) 비타민 작용과는 관계가 없다.

1. 수용성 비타민

이 장에서 일부 비타민의 몇 가지 일반적인 작용에 대해서 알 필요가 있다. 수용성 비타민에는 나이아신, 피리독신, 비타민 B_{12}와 아스코르빈산이 포함된다.

1) 나이아신

다른 모든 비타민에 있어서와 같이 나이아신(niacin)은 특히 미국에서 흥미있는 역사를 가지고 있다. 나이아신의 결핍은 거친 피부라는 뜻의 '**펠라그라**(pellagra)'라

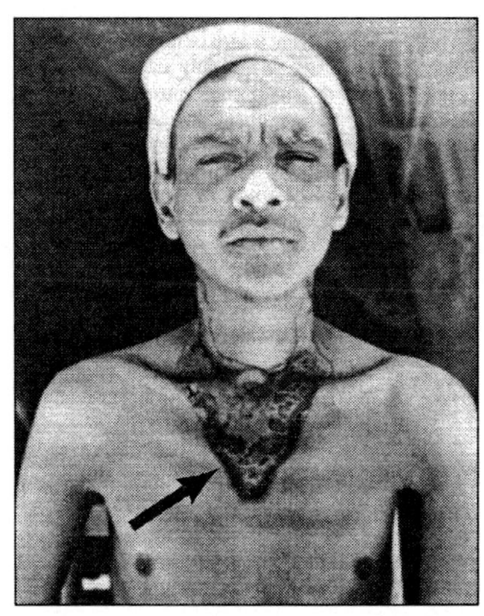

그림 8-1. 펠라그라와 연관된 피부염의 예

출처: Pyke, M. *Man & Foods*, McGraw Hill Book Co., 1970.

고 부른다. 미국에서는 1900년대 초에 펠라그라에 의해 1년에 만 명이나 되는 사람들이 죽어갔다. 펠라그라는 주로 남부에서 발생하였는데, 궁극적으로 가난한 남부인들이 먹는 식사에 그 원인이 있었다. 펠라그라는 **4개의 첫글자** D로서 특성을 나타낼 수 있다. 즉, 피부염(dermatitis, 거친 피부), 설사(diarrhea), 치매(dementia, 정신적 문제)와 죽음(death)이다.

비타민으로서 나이아신은 몸 전체에 걸쳐 많은 대사반응에 있어서 조효소로서 작용한다. 피부와 장에서 처음으로 문제가 발견되는데, 왜냐하면 이 조직들은 대사적으로 더욱 활발하기 때문에 결핍으로 인한 영향을 맨 먼저 받게 된다. 또한 신장에 있어서의 변화보다는 피부의 변화를 보거나 대장의 변화를 감지하는 것이 더욱 쉽다. 결핍이 지속됨에 따라 뇌의 호르몬에 영향을 주고 정신적인 불균형을 초래한다. 결국 나이아신의 부족은 신체의 너무나 많은 체계에 영향을 미쳐서 죽게 만든다. 그림 8-1은 전형적인 펠라그라의 피부염을 나타내어 준다.

앞에서 언급했듯이 가난한 시골의 남부인들이 섭취한 음식은 나이아신이 거의 들어 있지 않았다. 그들의 식사는 주로 3개의 'M'식품으로 구성되어 있었다. 즉, 우유(milk), 당밀(molasses), 옥수수(maize)였다. 이러한 음식과 함께 극소량의 신선한 과일, 채소 혹은 완전 곡류만을 계속적으로 섭취함으로써 결국 펠라그라를 유발했다.

2) 피리독신

비타민 피리독신은 영양보조제로서 대중적인 인기가 증가하고 있으므로 이 장에서 토의할 필요가 있다. 조기월경 증후군(premenstrual syndrome, PMS), 시차로 인한 피로, 손과 손가락 마비의 치료책 또는 효과적인 구제책으로 과량의 피리독신의 투약이 제안되어 왔다. 불행히도 여태까지 실험을 통해 이 치료가 효과가 있다는 것을 밝히는 데는 실패했다. 종종 이 비타민이 효과가 있다고 여겨지는 것은 심리적인 이유로 보여진다.

피리독신의 주요 기능은 **단백질과 아미노산 대사반응**에 있어서 조효소로서의 기능이다. 피리독신의 결핍은 체내의 단백질 합성을 감소시킬 수 있다. 따라서 과다한 공급은 운동선수들, 특히 역도선수와 보디빌더들에 있어서 피리독신의 과량 섭취가 점점 보편화되고 있다. 피리독신은 단백질 대사에 필요하지만, 피리독신의 과다 복용이 단백질 합성을 자극한다는 것은 잘못된 생각이다. 조효소는 정상적으로 일어나는 것 이상으로 대사반응을 자극하지 못한다. 역도선수처럼 단백질을 많이 섭취하는 사람에게 잉여의 단백질을 처리하기 위해 피리독신의 필요량이 다소 증가하는 것은 사실이다.

그러나 일부 운동선수들이 과다하게 복용하는 양과 비교해 보면 추가로 필요한 양은 얼마 되지 않는다. 피리독신의 RI는 하루에 2mg이다. 심지어 많은 양의 잉여 단백질을 섭취하더라도 필요한 피리독신의 양은 하루에 3mg을 넘지 않는다(50% 증가). 조기월경 증후군에 대한 피리독신의 치료량은 하루에 500mg이다. 역도선수들은 잘 알려진 바와 같이 하루에 5,000mg 또는 그 이상의 양을 단백질 축적의 극대화를 위해 섭취한다. 이 양은 요구량의 2,500배이다. 만약 이 여분의 섭취가 돈만 좀 드는 일이라면 대부분의 영양학자들은 찬성하지도 않지만 반대도 하지 않을 것이다.

그러나 최근에 **피리독신의 독성**(pyroxidine toxicity)에 대해 보도되고 있다. 사람들이 하루에 5,000mg의 피리독신을 복용하면 1～2개월 후부터 손발 저림, 근육기능의 감소, 심지어 마비증세까지 나타난다. 비록 이런 예가 드물다고는 할지라도 모든 예에서 피리독신의 섭취를 중지하면 이러한 증상은 사라진다. 피리독신의 독성에 대해 연구할수록 적정량(200～500 mg/day)을 장기간(2～3년) 섭취할 경우에도 동일한 독성증상이 나타났음을 알 수 있다.

3) 비타민 B_{12}

1950년대 이후가 되서야 영양학자들은 이 비타민이 인간에게 필요하다는 것을 알았다. 비타민 B_{12}는 **적혁구 생성**과 **신경조직 생성**의 2가지 주요 기능을 한다. 비타민 B_{12}(vitamin B_{12})의 결핍은 **악성빈혈**(pernicious anemia)을 일으킨다. 수년 전 악성빈혈과 연관이 있는 증상을 가진 사람은 모두 죽었다(비록 그 당시에는 악성빈혈이 죽음을 야기한다는 사실이 밝혀지지 않았지만). 악성빈혈은 초기단계에서는 빈혈(혈액 속의 적혈구의 감소)이 특징이고, 후기 단계에서는 신경조직의 수축과 마비를 일으키고 죽음에 이르기도 한다. 비타민 B_{12}는 두 가지 기능, 즉 적혈구 세포생산과 신경조직 생산이다.

비타민 B_{12}의 결핍은 이 비타민이 일반적인 식사로 충분히 공급된다는 측면에서 특이하다. 1920년대에 이 비타민 B_{12}가 흡수되기 위해서는 어떤 단백질과 반드시 결합되어야 한다는 사실이 알려졌다. 위에서 만들어지는 이 단백질은 '내적인 요소'라고 불린다. 이 '내적인 요소' 단백질을 만들지 못하는 사람은 비타민 B_{12}를 흡수할 수 없어 예외 없이 악성빈혈로 결국 죽게 된다.

비타민 B_{12}는 **동물성 식품**에만 있으며, 특히 **간**에 많다. 이 단백질을 생산할 수 없는 사람이 하루에 ½～1파운드의 생간을 먹는다면 충분한 비타민 B_{12}를 흡수하게 되어 신경이 퇴보되는 것을 막아 준다는 사실이 1920년대 후반부터 밝혀졌다. 하지만 생간이 입맛에 맞지 않으므로 사람들은 생간을 먹기 위한 적응훈련이 필요하다. 불행히도 요리를 하면 대부분의 비타민 B_{12}가 파괴된다.

드디어 비타민 B_{12}는 실험실에서 정제되고 합성되고 있다. 현재는 비타민 B_{12} 흡수장애가 있는 사람도 대사적 문제를 제거한 비타민 B_{12}를 주사로서 공급받을 수 있다. 일부 사람들은 자주 비타민 B_{12}를 주사로 맞는다. 노인들은 나이가 들어감에 따라 '내적인 요소'가 생산되지 않는데, 이들에게 6개월에 1회 비타민 B_{12}를 투여하면 된다. 또한 종종 운동선수들이 피곤하거나 감기로 아플 때 비타민 B_{12}를 주사한다. 이것으로 선수가 '내적인 요소'를 합성하는 것이 아니므로 플라시보 효과 이외에는 아무 소용이 없다.

비타민 B_{12}의 상태에 다소 관심을 가져야 하는 그룹은 완전 채식주의자이다. 비타민 B_{12}는 오로지 동물성 식품에서만 발견되기 때문에 어른이 **채식주의자**일 경우는 4～5년의 비육식 식사로 인해 비타민 B_{12} 결핍이 된다. 우리는 1년에 아주 약간의 비타민 B_{12}만이 필요하다. 만약 채식주의자들이 1년에 1～2회 동물성 식품을 약간만이라도 먹는다면 충분한 비타민 B_{12}를 흡수할 수 있다.

4) 엽 산

비타민 B_{12}와 마찬가지로, 엽산(folic acid)은 적혈구 생성을 위해 필요하다. 심각한 엽산 결핍은 거대적혈구성 빈혈(megaloblastic anemia)을 초래한다. 최근의 연구에서는 새로운 엽산의 역할을 보여주었다. 즉, 엽산이 그다지 심각하게 결핍되지 않은 사람에서도 빈혈을 지닌 사람이 있는데, 이들은 어떤 질병에 대항하기 위해서 신체내 엽산이 최적량 보다 훨씬 적었다. 엽산은 이분 척추(spina bifida)와 같은 뇌와 척수의 결함을 방어하는 데 매우 중요하다.

여성들이 임신 전에 엽산의 섭취량을 증가시킨다면 **신경관의 생성** 결함을 50～70% 정도 감소시킬 수 있다는 연구보고가 있다. 만약 어떤 여성이 엽산 추가 복용 전에 비로소 임신이라는 것을 알았다면 신경관의 결함에 대한 방어는 분명히 나타나지 않을 것이다. 엽산은 임신되기 전에 여성의 신체 내에 필요로 한다. 또한 엽산의 섭취량이 많으면 많을수록 그만큼 **심장병**을 줄일 수 있다. 혈액 내에 호모시스테인(homocysteine) 아미노산의 수준이 높으면 **동맥경화증**의 위험을 크게 증가시킨다는 연구보고가 있다. 식사에서 엽산이 결핍될 때 호모시스테인의 수준이 상승될 수 있다.

보고서에서는 10대들, 많은 여성들, 그리고 알코올 중독자들을 포함한 많은 대중들의 엽산 섭취량이 적정 섭취량보다 훨씬 적은 것으로 나타났다. 엽산은 잎이 푸른 채소, 감귤류, 전곡, 간 등에서 발견된다. 그러나 이런 식품은 일반적인 미국 대

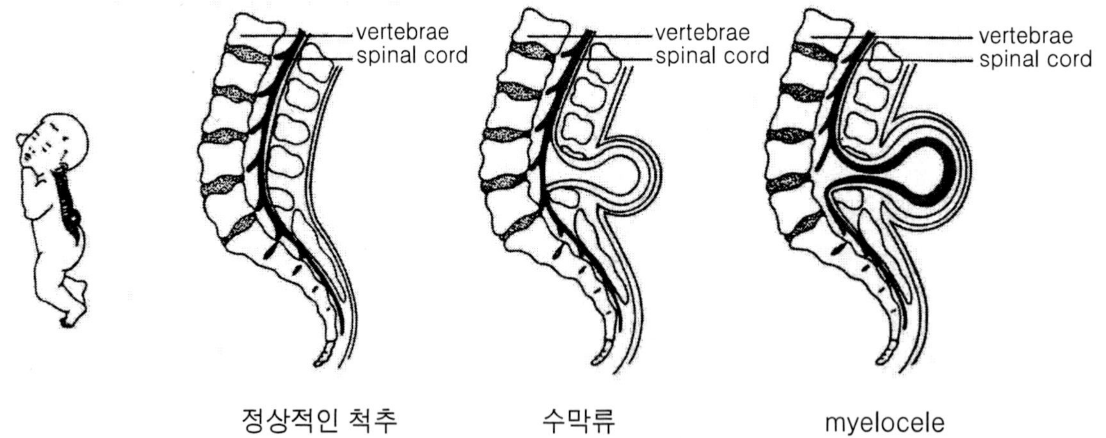

그림 8-2. Spina Bifida Aperta

왼쪽은 정상적인 척추를 나타내며, 가운데는 눈에 띄는 낭을 가진 spina bifida aperta를 보여주고 있으면 낭은 작다.

중들이 영양학자가 만족할 만큼 섭취하지 않는 식품들이다. FDA는 1998년이 시작되면서 강화된 시리얼과 곡류를 만들기 위해서 엽산이 첨가되어져야만 한다고 규정지었다. 이것은 출생 결함뿐만 아니라 심장병을 줄이는 데 놀랄 만큼 중요한 영향을 미친 것으로 평가된다.

5) 아스코르빈산

비타민 C로 보통 알려져 있는 이 비타민은 영양정보가 잘못 알려져 있는 수용성 비타민이다. 아스코르빈산(ascorbic acid)은 사람과 영장류, 기니아 피그(guinea pigs), 그리고 일부 특이한 종들에만 요구되는 유일한 비타민이다. 나머지 동물계에서는 추가로 섭취하지 않고도 필요한 만큼의 아스코르빈산을 체내에서 만들어 낼 수 있다. 사람에 있어서 비록 무엇이 그런 증상을 일으키는지는 몰랐지만 **괴혈병**(scurvy)(그림 8-3)이라 불리는 아스코르빈산 결핍증후군은 3,000년 전부터 알려져 왔다.

중세 유럽의 외딴 마을에서는 겨울이 길어지고 신선한 음식을 더 이상 먹을 수 없게 되자 괴혈병이 자주 발생하곤 했다. 괴혈병이 가장 널리 알려지게 되고 심각한 문제로 인식하게 된 때는 1500년대와 1600년대 오랜 항해를 하던 시기였다. 어떤 장기간의 항해에 있어서는 선원들의 90～95%가 괴혈병이 발병했다. 결국 항해

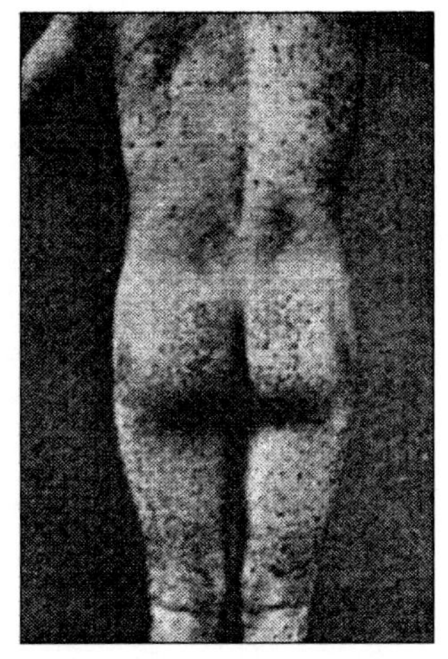

(잇몸이 붉어지고 퇴화와 피부의 경미한 출혈성 반점의 진행)

그림 8-3. 괴혈병의 사진

출처 : Pyke, M. *Man & Food*, McGraw-Hill Book Co., 1970.

중 선원들을 각각 다른 그룹으로 나누어 각각 다른 식량을 배급하는 간단한 실험을 실시하였다. 라임(limes)을 먹은 선원들이 괴혈병에 가장 적게 걸렸다. 이 식량이 영국 해군의 표준 음식으로 소개되었고, 그 선원들은 'limeys'로 알려지게 되었다.

아스코르빈산의 주된 작용을 이해하려면 괴혈병의 결핍증상이 어떻게 발생되는가를 알아야 한다. 아스코르빈산의 주된 작용은 콜라겐(collagen)의 형성이다. 콜라겐은 세포들을 함께 붙여 주는 '접착제(glue)'라고 할 수 있다. 괴혈병의 많은 증상(표 8-2)들이 신체의 콜라겐 형성 능력이 부족한 것에 기인한다. 괴혈병에 대한 다양한 증후군(표 8-2)은 신체 내에서 콜라겐 생성능력 부족으로 인해 발생된다.

아스코르빈산의 다른 기능은 뼈 성장작용, 뇌 호르몬 생성과 면역요소들 생성을 도와준다. 역사적으로 아스코르빈산의 권장량은 괴혈병을 예방할 수준으로 설정되었다. 항산화제로서 아스코르빈산의 최근 역할의 이해와 함께 2000년에 발표된 가

표 8-2. 발달순서에 따른 괴혈병 결핍증세

결핍현상	이 유
1. 신체의 표면에 경미한 출혈	콜라겐이 부족하여 세포가 끊어져 결국 모세관이 터지는 원인이 된다.
2. 잇몸 출혈	콜라겐의 부족으로 잦은 출혈
3. 관절과 뼈의 통증	뼈의 대사과정에서의 아스코르빈산의 기능 손상
4. 정신적 혼란	뇌 호르몬 균형 변화
5. 흉터 증가	콜라겐의 부족
6. 감염 증가	항체생산의 감소
7. 죽음	감염의 증가에 기인

표 8-3. 과도한 아스코르빈산 섭취와 관련된 독성

1. 설사, 고창증, 복통
2. 증가된 신장결석의 발병률
3. 빈혈, 적혈구의 파괴 증가(주로 흑인과 아시아 인구에서 발생)
4. 괴혈병의 재발(아스코르빈산의 다량 복용을 멈추면 괴혈병 같은 증상이 발생한다)
5. 유아기의 괴혈병(임신 동안 과량의 아스코르빈산을 복용한 어머니에게서 태어난 유아에게서도 발병하는 괴혈병 같은 증상)

장 최근의 아스코르빈산 권장량은 세포포화도를 최대화시키기 위해 설정되었다.

성인 남자의 경우 아스코르빈산 권장량은 하루에 90mg이며, 성인 여자의 경우 권장량은 하루에 75mg이다. 흡연가들은 흡연 시 담배 속의 화학물질들이 혈액 내의 아스코르빈산을 파괴하기 때문에 하루에 35mg을 더 섭취해야만 한다. 앞서 언급하였듯이 대부분의 신선한 과일과 야채는 아스코르빈산의 좋은 급원이다. 특히 좋은 급원을 함유한 식품은 구연산 제품, 토마토, 녹색고추, 적색고추, 시금치, 브로콜리, 감자를 포함한다.

많은 사람들은 질병에 대항하기 위해 높은 섭취량을 제안한다. 1970년대에 라이너스 폴링(화학계 노벨수상자)은 아스코르빈산의 과다복용을 주장한 최초의 사람들 중 한 사람이었다. 그는 과다한 섭취량(하루에 2~5g)은 감기를 예방할 것이라고 제안했다. 왜냐하면 감기를 예방하기 위한 많은 실험들이 수행되어져 왔기 때문이다. 조절된 이중맹검 실험은 감기에 대한 아스코르빈산의 효과를 많이 증명할 수가 없었다. 아스코르빈산이 감기에 걸리는 것을 방어할 수는 없지만, 적어도 감기 걸리는 기간을 감소시킬 수는 있을 것이라는 연구는 약간은 제시되었다.

대부분의 사람들이 외관상으로 독성 효과 없이 다량의 아스코르빈산을 복용하고 있다는 것은 다량 복용이 안전함을 의미할까? 아스코르빈산의 다량 섭취가 이전에 생각한 만큼 심각하지 않다 하더라도 안전한 것은 아니다. 식품영양위원회에서는 하루에 2,000mg을 상한섭취량으로 설정하였다. 이 복용량에서는 대부분의 사람은 위장관 통증과 설사를 보여준다. 과량의 비타민 섭취에 대한 또 다른 효과로는 소변에서 포도당 검사가 잘못 나타날 수가 있으며, 신장결석이 증가할 수도 있다. 결국에는 아스코르빈산은 철분의 흡수를 증가시킨다. 예를 들면, 너무 많은 철분이 흡수되면('철분과다'라고 함) 심장근육에서 심각한 조직 손상이 발생할 수도 있다.

아스코르빈산은 아주 중요한 비타민이다. 체내 항산화제로서의 역할이 계속 연구중이다. 현재 가장 좋은 증거로는 아스코르빈산은 인생의 후반기에 백내장으로 발전될 기회를 줄여줄 수도 있다는 것이다. 항산화제인 아스코르빈산은 심장질환을 감소시킨다고 보고된 바 있으며, 암을 예방한다는 일부 연구결과도 있다. 이와 관련된 내용은 이 장의 additional reading 2장을 참고하도록 한다.

과일과 채소의 섭취량을 늘려라. 과일과 채소는 파이토케미칼 뿐만 아니라 풍부한 아스코르빈산과 다른 항산화 영양소를 제공할 것이며, 또한 질병 감소에도 중요하다. 만약 복용한다면 아스코르빈산 섭취량을 하루에 500mg 이하로 제한시켜야만 한다. 이 양은 어떠한 독성효과의 위험으로부터 최소화 할 수 있을 것이다. 보충제는 단지 소량의 항산화 영양소만을 함유하는 반면에 과일과 채소는 수많은 보호물질을 함유한다는 사실을 기억하라.

표 8-4. 수용성 비타민의 주요 급원식품

	육류, 알류	콩류, 견과류, 씨앗류	우유, 유제품	채소류	과일류	곡 류
티아민	+	+				+
리보플라빈			+			+
나이아신	+	+				+
비오틴	+	+		+		
피라독신	+		+			+
판토텐산	+	+	+	+	+	+
비타민 B_{12}	+		+			
폴라신				+		
비타민 C				+	+	

Vitamin and mineral pills fact sheet

- If misused, vitamin and vitamin-mineral pills can be harmful.
- Vitamin and vitamin-mineral pills do not make up for a poor diet.
- It is possible to take an overdose of the fat-soluble vitamins, A and D, or the mineral iron, and become ill. All vitamins and vitamin-mineral pills should be handled with caution. Vitamin and vitamin-mineral pills are not candy and should not be handled as such.
- Vitamin and vitamin-mineral pills only have about 8 to 20 of the nearly 50 nutrients your body needs for good health. The only way to get all 50 nutrients is to eat a variety of foods.
- A balanced diet gives you all the nutrients you need for good health. Food also give you bulk to aid in digestion and elimination. Eating foods is also more satisfying than taking a pill.
- The federal government has regulations that cover the manufacturing and labeling of vitamin and vitamin-mineral pills. All vitamins and vitamin-mineral pills on the market must meet the minimum standards set by law, including an accurate listing of ingredients on the label. If you find two bottles of vitamin or vitamin-mineral pills at the store, and they both contain the same amounts of nutrients, you might as well buy the cheaper.
- There is no practical difference between natural and synthetic vitamins.
- In pure form, all vitamins are specific chemical compounds. A specific chemical compound has the same composition and the same effect on the body, whether it is produced synthetically or comes from food. The body cannot tell the difference. Of course, vitamins in their natural state in food are associated with many other beneficial food ingredients.
- Do not be misled by high pressure salespeople.
- There are unscrupulous people who will tell you that you need their costly vitamin or vitamin-mineral pills. Talk with your doctor or with a dietitian before you buy these pills. If you are told you need a supplement, you can buy them cheaply at a discount store.
- Food has advantages that vitamins and vitamin-mineral pills cannot match.

출처 : Division of Agricultural Sciences-University of California

8장

1. 10가지 종합비타민의 속임수

어떤 복합제를 택할지 확신이 없는가? 보충제 제조업자들은 이익을 부풀리거나 제품 판매를 올리기 위해 어떠한 노력이든지 할 것이다. 여기에 조심해야 할 몇 가지 흔한 속임수들이 있다.

1. 사라진 무기질들

One A Day Essential High Potency Multivitamins는 당신에게 최상이라고 느끼게 할 11개 필수비타민의 미국 RI(영양권장량)치 100%를 완전히 함유한 것이라고 회사 웹사이트에서 말하고 있다. 그러나 당신을 최상으로 느끼게 할 필수무기질은 어디 있는가? One A Day Women's High Potency Multivitamin/Multimineral은 필수비타민은 똑같고 단지 3개의 무기질(칼슘, 철, 아연)을 더하여 갖고 있을 뿐이다. 이와 대조적으로 One A Day Men's, 50Plus, and Maximum은 최소 8개의 무기질을 가지고 있다. 그것은 단지 하루 한 알이 아니다. AARP, Nature Made Your Life와 많은 다른 제품들은 비타민만 또는 비타민과 소량의 무기질이 첨가된 것을 팔기도 한다.

당신은 왜 무기질보다 비타민이 더 자주 부족한지에 관한 이유는 없다. 완전한 일련의 무기질들은 그저 그런 제품들과 최상의 종합제들과 구별되게 하는 한 특성이다. 크롬, 구리, 마그네슘, 아연과 철분(어린이와 폐경 전 여성을 위한)을 찾아보라.

2. 매일 기준치 없음

거의 모든 보충제의 상표는 요즘은 당신이 구입하는 각각의 비타민과 무기질이 하루 얼마의 가치에 해당하는지를 말해 주기 위해 %DVs 또는 1일 기준치를 열거해 놓고 있다(일부 상표는 아직도 그것을 USRI 또는 미국 매일 권장량이라고 한다). 그러나 예외가 있다. Vitamin Shoppe's One Daily with Iron and Country Life Chewable Adult's Multi는 DVs를 갖고 있지 않다. 일부 웹사이트는 또한(예를 들어 CVS와 Solgar) DVs를 폭로하지 않고 있다. 그것이 없다면 당신은 잃어버린 것이다. 예를 들어 얼마나 많은 사람들이 Twinlab Daily One Caps with Iron에 있는 5g의 칼륨은 단지 DV(1일 기준치)의 0.1%이란 것을 깨닫고 있는가? 당신이 12개 이상의 영양소의 1일 기준치를 암기하고 있지 않는 한 당신은 그 DVs(1일 기준치)들이 필요할 것이다.

3. 충돌하는 B군들

Solgar Formula VM-75는 비타민 B_1(티아민), B_2(리보플라민), B_6와 나이아신(종종 B_3로 불리움)을 각각 75mg씩 공급한다. Nature Made Mega 2000은 비타민을 각각 50mg씩 함유한다.

당신이 왜 그렇게 대량의 동등한 그런 영양소들이 필요한지에 관한 이유는 없다.

Compiled by Ingrid Van Tuinen for Nutrition Action Health Letter, April 2000.

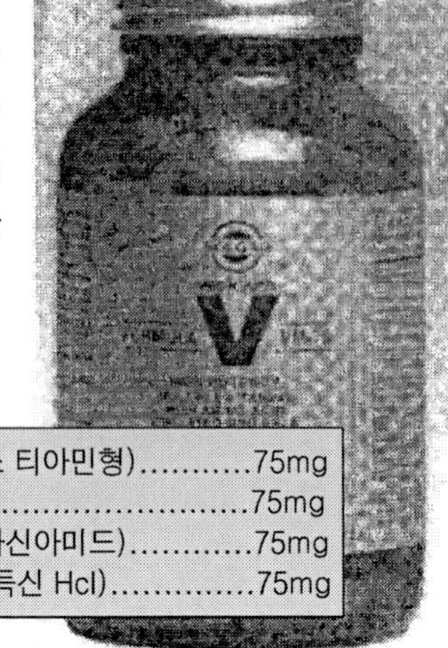

비타민 B군은 수치를 반올림해 올릴 수 있으나 부적절한 숫자이다.

티아민(단일질소 티아민형)	75mg
리보플라빈	75mg
나이나신(나이아신아미드)	75mg
비타민 B_6(피리득신 Hcl)	75mg

1일 기준치 B_1는 1.5mg, B_2는 1.7mg, 나이아신은 20mg, B_6는 2mg는 동일하다. 회사들은 종종 B-비타민들을 반올림해서 올리지만 부적절한 수치이다. 그 이유는 그것들은 싸고 비교적 안전하기 때문이다. 의도를 해석하자면 약삭빠른 상술이다.

4. 부엌 싱크

일부 회사는 부엌 싱크를 제외하고 자신들의 제품을 돋보이게 하기 위해 모든 수단을 동원한다. 최근 연구에 의하면 그 성분들 중 일부는 가치 없는 것임에도 문제 삼지 않는다. 예를 들면 일부 보충제에 있는 인삼, 알파파, 고추, RNA, 코엔자임 Q_{10}과 벌꿀가루가 어떤 작용을 더 할 수 있다는 증거는 거의 없다.

5. 단지 보여주기를 위한 것일 뿐

'부엌 싱크' 선수치기에 대한 다양함은 가치 없는 그런 미량의 성분들을 첨가하는 것이다. 예를 들어 KAL은 Enhanced Energy-S에 각각 10mg의 건조된 브로콜리, 시금치, 피망, 파슬리(다른 긴 목록 사이에서 뽑은 것)를 첨가한다. 후에 수분을 다시 첨가하면 여전히 모든 4개 채소를 조합한 골무 하나 분량 이상으로 작용하지 않는다.

GNC Men's Live Well은 귀리의 밀겨분말을 50mg 함유한다. 당신의 콜레스테롤을 의미 있게 낮추기 위해 매일 10,000mg 이상이 필요하다. Country Life Chewable Adult's Multi는 5mg의 은행잎 추출액을 함유한다. 전형적으로 알츠하이머(치매) 환자에 대한 연구에서는 매일 120mg을 사용한다.

예로서 약용식물, 카로티노이드, 플라보노이드, 이소플라본과 다른 Phytochemicals에는 DVs(1일 기준치)가 없다. 보충제 제조업자들은 많은 소비자들이 목록에 있는 성분은 체크하지만, 반면에 그 양이 작용할 만큼 충분한지에 대한 생각은 없다는 것을 알고 있다.

6. 단위 바꿔치기

만약 당신이 다른 나라에서 온 누군가에게 감동을 주길 원하면 당신 월급의 1전까지 말해 주어라. 그것이 비타민 제조업자들이 종종 무엇인가 많이 첨가한 것처럼 보이게 만드는 전략이다. 일부 영양소를 mg으로 표시하는 대신 mcg로 표시한다. 1mg은 1,000마이크로그램(mcg)이 mg과 동량으로 표현된 양보다 천 배가 더 많아 보인다.

예를 들어 Solgar Ciplex, Naturvite와 Solovite tablets는 아연 180mg을 함유한다. 그것은 0.18mg이고... 1일 기준치(DV)의 단지 1%이다. Schiff Double Day는 14mcg의 구리를 함유한다. 그것은 1일 기준치(DV)의 1% 이하이다. Solovite는 마그네슘 388mcg 함유한다. 그것은 1일 기준치(DV)의 0.1%이다.

	1회 분량당 양	%1일 기준치		1회 분량당 양	%1일 기준치
비타민 A	5000IU	100	나이아신	20mg	100
비타민 C	60mg	100	비타민 B_6	2mg	100
비타민 D	400IU	100	엽산	400mcg	100
비타민 E	30IU	100	비타민 B_{12}	6mcg	100
비타민 B_1	1.5mg	100	판토텐산	10mg	100
리보플라인 B_2	1.7mg	100			

"One A Day(하루 1개)" 그 자체가 고강력이라고 부르지만 대부분의 사람들에게는 아니다.

7. 고도의 강력함, 고도의 밍칭함

One A Day Essential High Potency Multivitamins은 11개의 비타민의 DV(1일 기준치) 100%를 함유한다. 무엇에 대하여 고강력인가?

FDA(식품의약품안전청)는 종합제란 그 자체가 최소한 영양소의 ⅔가 1일 기준치(DV)의 적어도 100%를 함유한다면 고강력이라고 표기할 수 있다고 한다. 대분분의 사람들에게 고강력이란 1일 기준치(DV)를 상당히 상회함을 의미한다.

예를 들면 고강력(high potency)은 B들과 C를 올려놓은 것을 의미하지만 충분한 무기질은 의미하지 않는다. 일부의 예로서 Super High Potency Puritan's Pride Ultra Vita-Min은 크롬, 구리, 마그네슘, 설레늄과 아연을 1일 기준치(DV)의 15% 이하를 함유한다.

High Potency Solgar Multi 11 Caps는 크롬, 마그네슘, 설레늄 또는 아연을 DV의 17% 이상을 함유하지 않는다.

이와는 반대로 센트롬(그 자체가 고강력으로 부를 수 있으나 하지 않음) 1병을 집어 들면 하루치의 크롬과 아연의 100%를 얻게 된다. 아마도 센트롬의 가게 상표 복사품(복제)도 같을 것이다.

많은 여성들은 200IU 이상의 비타민 D가 필요하다.

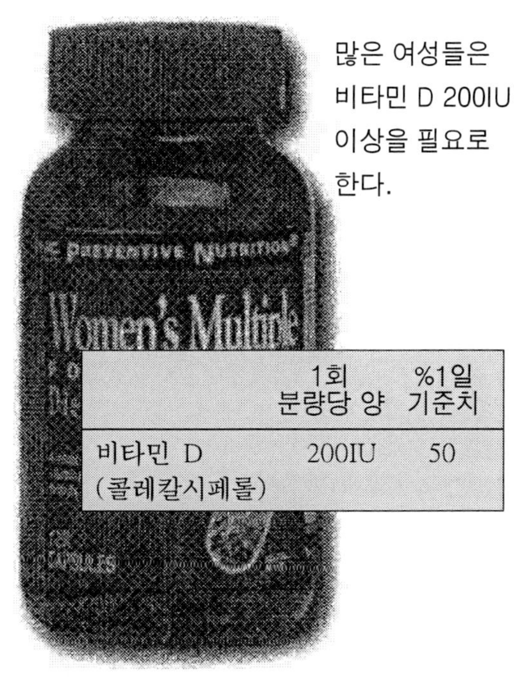

	1회 분량당 양	%1일 기준치
비타민 D (콜레칼시페롤)	200IU	50

많은 여성들은 비타민 D 200IU 이상을 필요로 한다.

8. 그다지 특별하지 않음

많은 여성들은 비타민 D 200IU 이상을 필요로 한다. 대부분의 회사들은 여성, 남성, 노인들에게 특별한 제재를 판매한다. 그러나 그러한 주장은 규제받은 것이 아니어서 각각의 회사들이 각 연령대가 얼마나 필요한지를 결정하는 데 달려 있다. 그들은 종종 잘못 결정한다.

예를 들어 AARP, 노인용 종합비타민과 무기질은 단지 3mcg의 비타민 B_{12}를 함유한다. 그것은 1일 기준치의 절반이나, 일부 전문가들이 50세 이상에 추천한 25mcg의 일부만 제공하는 것이다(비타민 상표를 어떻게 읽을까라는 부분을 참조하시오).

AARP의 더 노년층 사람들에게 주어질 경우에는 21개의 모든 종합비타민은 25mcg의 비타민 B_{12}를 함유해야만 한다. 그러나 겨우 4가지만 그렇다.

여성과 남성 제재 또한 늘상 최상의 과학적 사실에 근거한 것은 아니다. 대부분의 여성제재는 여분의 칼슘을 함유하나, 일부(GNC 여성종합제)는 칼슘 섭취를 돕는 비타민 D의 1일 기준치(DV)의 절반을 함유한다.

Safeway는(가장 큰 슈퍼마켓 체인점 중 하나) 출산 결함을 예방하며, 심장질환의 위험을 막을 수 있는 엽산과 비타민의 절반 수준만 여성용 매일 포장에 함유하고 있다.

9. 상표 주장들

KAL은 Hair Force와 Enhanced Energy-S를 판매한다. Futurebiotic는 PMS Forte를 판매한다. Schiff는 Susan M. Lark's Menopause Nutritional System Kit를 판매한다. Inverness Metical은 스트레스 정제를 배포한다.

종합비타민 상표는 머리카락이 자라게 한다는 것과 폐경 증상을 완화하고 스트레스를 통제하는 것 등의 무엇이든지 항상 뻔뻔한 약속들을 한다. 그러나 종합비타민 상표들도 종종 그렇다(당신은 종합제가 암, 심장질환 또는 다른 질병들을 고칠 수 있다는 그럴 것 같지 않은 주장을 보게 될 것이다. 그것은 약품과 같이 제조업자에게 제품이 안전하고 효과적임을 증명할 것을 요구한다).

불행히도 대부분의 상표 주장들은(뒤에 언급된 바와 같이) 좋은 증거들에 의해 재검증된 것이 아니다. 핵심은 이러하다. 회사들이 상표 주장을 할 때면 그 자신에 의거하며, 소비자들은 판단할 때 그들 자신에 의거한다.

10. 구조나 기능성에 대한 주장들

모든 주장들이 보충제 상표의 일부인 것만은 아니다. "구조 또는 기능성 주장"이라 불리는 것들 또한 허술하게 규제받는다(이는 상표 어디에나 나타날 수 있다). 이러한 주장들은 무엇인가 신체의 구조나 기능에 어떻게 영향을 주는지 언급하고 있다. 그러나 종종 잘못 인도한다.

예를 들어 심하게 결핍된 사람들을 돕는다는 것이 평균 미국인들이 직면한 문제를 돕는 것으로 시사된다. GNC Multi Gel을 택하라. 그것은 비타민 A가 정상 시야에 필수적이라고 주장한다. 저개발국가의 백만 명의 사람들이 맹인이며, 그 이유는 그들이 너무 적은 비타민 A를 섭취하기 때문이다. 그러나 틀린 말이다. 비타민 A는 전형적인 미국인들이 직면한 시각문제들을 경감시킬 수 없다.

Vitamin Shoppe Mature Female도 또한

잘못 인도하고 있다. 상표에 의하면 그것은 성장의 구성요소인 18개 아미노산을 함유한다고 되어 있다. 아미노산은 근육, 표피의 구성요소들이며, 단백질로 구성된 많은 다른 신체의 일부분이다. Vitamin Shop의 아미노산 중 18개 모두는 단백질을 0.5g 이하까지 첨가되어 있다. 1일 기준치(DV)의 50g과 비교하면 미미한 양이다. 당신은 상표에 다음과 같이 씌어진 것을 보면 구조 또는 기능에 관한 주장을 보고 있음을 알게 될 것이다. "이 언급은 FDA(식품의약품안전청)에 의해 평가되어진 것이 아닙니다. 이 제품은 진단, 치료, 완치 또는 어떠한 질병을 예방하려는 것이 아닙니다" 이와 대조적으로 일부 제품은 FDA에서 인증받았다고 주장한다(변호사들이 건강행태 주장이라 불리는 것임). 예를 들면 보충제에 있는 엽산은 실제로 출산시의 신경관 결손을 막을 수 없으며, 칼슘은 정말로 골다공증 예방에 도움이 되지 않는다.

어떻게 종합제제를 선택할까?

누가 미국인들은 스스로 생각할 수 없다고 말하는가?

수십 년 동안 건강전문가들은 "당신이 균형 잡힌 식사를 한다면 비타민은 필요하지 않다"와 같은 상투적인 말들을 해왔다. 그러나 추정된 40%의 미국인들은 보충제를 섭취하며, 그것은 대부분은 종합비타민 무기질일 것이다. 그들은 바보가 아니다.

당신이 식품에서 얻을 수 없을 경우에만 대부분의 비타민과 무기질 제재로부터 대략의 1일 기준치를 얻을 수 있다는 것은 납득할 만하다. 특별히 여성에게는 맞는 말인데, 그 이유는 정상적으로 여성이 남성보다 식품을 적게 섭취하기 때문이다.

이에 더하여 많은 사람들은 심장질환의 위험도 증가시키거나 출산 결함(엽산), 뼈의 약화(비타민 D) 또는 비가역적 신경 손상(비타민 B_{12})을 시킬 가능성이 있는 일부 중요한 영양소가 부족하다.

물론 불량한 식이를 보완하기 위한 보충제를 기대할 수는 없다. 비타민이든지 또는 비타민이 아닌 것이든 여전히 충분한 과일, 야채, 콩, 전곡류와 저지방 유제품, 가금류와 생선을 먹어야 한다. 그리고 당신은 여전히 지방이 많은 육류와 유제품, 페스트리(밀가루 반죽제품), 상업적으로 파는 튀김 식품과 당류들을 제한해야 한다. 모든 것에 대해 1일 기준치의 100%를 섭취하는 것은 그리 간단한 것이 아니다. 우리는 이미 일부 영양소들은 지나치게 많이 섭취하고 있으며, 다른 영양소들은 당신이 하루에 6번을 섭취하지 않는 한 종합제로는 그 수치를 맞출 수 없다. 여기 그다지 바람직하지 못한 종합제로부터 바람직한 것을 구별하는 방법이 있다.

1. 100%의 10개의 비타민과 약간의 비타민 K를 함유한 것을 찾아라.

Our Best Bites는 적어도 비타민 A, B_1(티아민), B_2(리보플라빈), B_6, B_{12}, C, D, E, 엽산, 나이아신에 대해 1일 기준치의 100%를 함유해야 한다. 50세 이상의 그룹들은 25mcg의 비타민 B_{12}를 함유한 종합제를 찾아야 하며, 이는 1일 기준치(DV)의 약 4배이다. 그러나 많은 보충제들은(KAL, Natrol, Puritan's Pride, Schiff와 Solaray 같은 상표들을 대부분 포함한다) 비타민 K를 거의 공급하지 않거나 없으며, 이것은 뼈를 강화시키는 데 도움을 줄 수 있다. Our Best Bites는 비타민 K에 대한 1일 기준치(DV)의 30% 이상을 함유하고 있었다. 만약 식이에 야채가 풍부하다면(특별히 푸른잎의 잎사귀가 무성한 것) 종합제에 비타민 K를 필요로 하지 않을 것이다(주목 : 만약 쿠마딘 같은 혈액을 묽게 하는 제제를 섭취한다면 어떤 비타민 K든 섭취하기 전에 의사에게 알려야 한다). 그것은 필요로 하는 쿠마딘(coumadin)의 용량을 변경시킬 수 있다.

2. 최소량의 무기질을 섭취하라.

Our Best Bites는 아연과 구리(비교적 쉽게 발견됨)와 크롬(찾기 좀더 힘듦)에 대한

1일 기준치(DV)의 100% 함유하는데 그 이유는 미국인들이 그러한 무기질을 충분히 섭취하지 못한다는 일부 증거가 있기 때문이다. 우리는 마그네슘에 대한 100%의 1일 기준치를 요구하지 않는 한 가지 이론적 좋은 근거가 있는데, 마그네슘은 한 알에 맞추어지지 않기 때문이다(하루에 1알 이상은 일부 사람에게는 납득이 되지만, 그것들은 대체로 더 비싸다). Best Bites는 마그네슘에 대한 1일 기준치(DV)의 25%만 얻을 수 있다.

3. 칼슘과 셀레늄을 각각 따로 섭취할 것을 고려해 보라.

우리는 칼슘이나 셀레늄에 대한 1일 기준치(DV)를 필요로 하지 않는다. 마그네슘처럼 많은 양의 칼슘은 1알의 정제에 들어맞지 않는다. 맞는 용량을 함유한 별도의 칼슘 보충제를 찾기는 쉽다. 셀레늄은 별도로 섭취할 만한 가치가 있는데, 그 이유는 200mcg에 상응하는 고농도 이스트셀레늄을 함유하는 종합제를 발견할 수 없기 때문이다. 셀레늄은 폐암, 대장암, 전립선암(지금까지 단지 한 연구에서이지만 고무적인 연구임)의 위험도를 낮추는 것으로 보여진다. 어떤 형태의 셀레늄이라도 좋은 것으로 지금까지는 나타났지만 아무도 확실히 알지는 못한다. 연구에서 사용된 셀레늄은 Selon Excell이다.

4. 과잉 섭취를 피하라.

Our Best Bites는 500mg 이하의 인산을 함유한다(우리는 이미 식품으로 너무 많이 섭취하고 있다). 200mg 이하의 비타민 B_6(더 높은 용량은 가역적인 신경 손상을 초래할 수 있음)와 15,000IU의 베타카로틴(더 많은 양은 흡연자에서 폐암 위험도를 높일 수도 있다)을 함유한다. 철분은 더 복잡한데, 그 이유는 모든 사람에게 맞거나 틀린 양이 없기 때문이다. Our Best Bites도 1일 기준치(DV)인 18mg 이상을 함유한 것은 없다. 그러나 많은 사람들과 남성, 폐경 후 여성은(생리를 하지 않는) 철분 과잉의 위험과 심장질환과 암 가능성(비록 증거가 아직 약하나)을 낮추기 위해서 0~10mg을 찾아야 한다. 보충제에 있는 철분은 또한 변비를 초래할 수 있다.

비타민 상표를 어떻게 읽을 것인가?

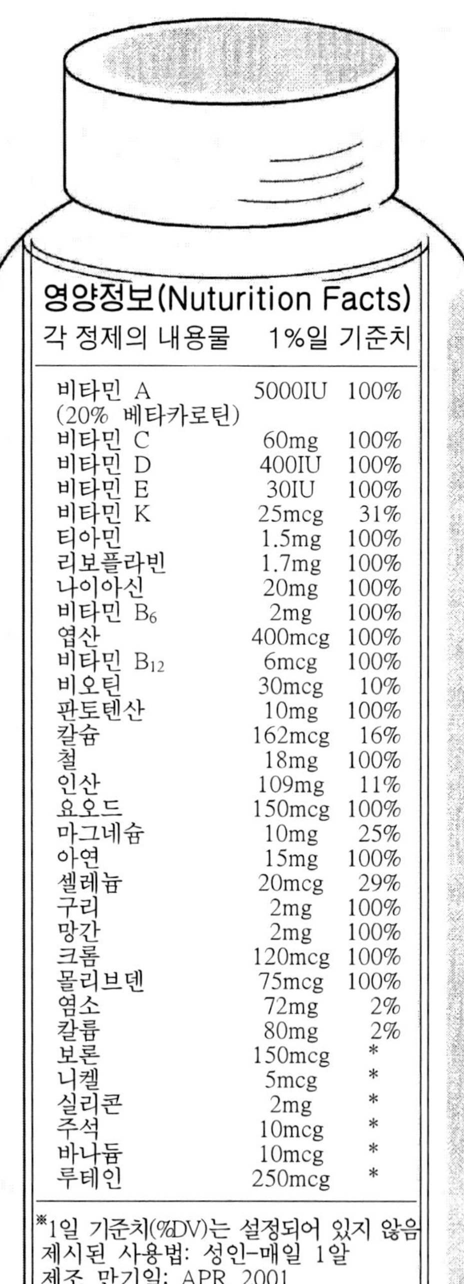

이것은 가장 많이 팔리는 종합비타민인 센트럼의 상표 일부이며, 종종 더 저렴한 Central-Vite 또는 Sentury-Vite 같은 이름의 더 값싼 '가게상표'로 복제된다.

센트럼은 폐경 이전 여성의 Best Bites이나 아마도 남성과 폐경 이후 여성에겐 너무 많은 철분을 함유한 것일 수 있다. 우리는 여러분이 종합이란 것에서 보아야 할 것과 또는 피해야 할 것이 무엇인지를 설명하기 위해 센트럼 제품을 이용한다.

1. % 1일 기준치

종종 %DV로 표기한다. 이는 %USRI(미국 매일 권장량)와 같은 의미이다. 상표는 그것들을 상호 호환하여 사용한다.

2. 비타민 A

팔미트산 또는 아세트산 비타민 A는 1일 기준치(5,000IU) 이상은 필요치 않다. 종합제들은 출산 결함의 위험을 증가시키는 것을 피하기 위해서 10,000IU를 넘기지 말라. 많은 종합제들은 또한 베타카로틴을 포함하며, 신체는 비타민 A로 전환시킨다. 베타카로틴은 유독하지 않고, 출산 결손을 초래하지 않는 반면에 고용량(하루 33,000에서 50,000IU)에서는 흡연자에서 암 발생위험률을 높일 수 있다. 우리의 충고는 이것이다: 알약 형태로 베타카로틴을 15,000IU 이상 섭취하지 말고, 대신에 캔털로프메론, 당근, 고구마 같은 베타카로틴이 풍부한 과일과 야채를 많이 먹으면 암 예방에도 도움이 될 것이다.

3. 비타민 C

1일 기준치가 60mg인 반면에 대부분의 사람들은 신체조직을 포화시키는 데 250～500mg을 필요로 한다. 만약 당신이 국립암센터의 충고대로 적어도 하루 6～9개의 1일 분량의 과일과 야채를 섭취한다면 그 양을 충족시킬 수 있다. 감기를 더 빨리 이기려 한다면 다른 정제로부터 하루 1,000mg에서 3,000mg이 필요하다. 또한 한 번에 1,000mg 이상을 섭취하면 설사를 초래할 수 있다.

4. 비타민 D

이것은 칼슘 흡수를 돕는다. 아직도 많은 노인들은 식품에서 너무 적은 비타민 D를 섭취하며[주 공급원은 우유, 기름진 생선(연어), 그리고 강화시리얼] 또는 특히 겨울철에는 특별히 햇빛으로부터 얻는다. 국립과학아카데미는 매일 연령 51세 이하의 성인은 200IU, 51～70세 연령에는 400IU, 그리고 70세 이상은 600IU를 섭취하도록 권장한다. 적어도 400IU(1일 기준치, DV)를 함유한 종합제를 찾아라.

5. 비타민 E

하루 100IU～400IU가 암과 백내장의 위험을 감소시킬 수 있는지 여부에 관하여 연구가 진행 중이다. 지금까지 연구된 것 중 최고의 연구에서 비타민 E는 심장발작 또는 뇌졸중을 예방할 수 없었다. 일부 연구들은 비타민 E(하루 약 50IU)가 단지 흡연자에서만 전립선암의 위험도를 낮춘다고 발표하였다. 식품으로부터 1일 기준치(DV)인 30IU 이상을 얻기는 힘들다.

6. 비타민 K

비타민 K는 뼈를 강화시키는 데 도움을 줄 수 있다. 여성은 하루 65mcg을 먹어야 하는 반면, 남성은 80mcg이 필요하다. 야채(특히, 푸른잎)를 많이 섭취한다면 충분한 양을 섭취할 것이다.

7. 티아민(B_1), 리보플라빈(B_2), 나이아신 그리고 비타민 B_6

이들 B군 비타민들을 1일 기준치(DV) 이상 섭취할 필요가 없는 반면에 일부 종합제에서 발견되는 고용량은 해가 없다. 다행하게도 소수의 종합제에는 간 손상을 초래할 수 있는 초고용량의 나이아신(하루 약 500mg) 또는 가역적 신경학적 문제를 야기할 수 있는 고용량의 B_6(하루 200mg 이상)에 가깝게 함유되어 있다.

8. 엽산

출산 결함(임신하는 여성), 심장병, 뇌졸증 또는 대장암의 위험도를 낮추기 위해서는 1일 기준치(DV)를 찾아보라.

9. 비타민 B_{12}

안심하려면 50세 이상의 노인들은 적어도 25mcg의 종합제를 먹어야 한다. 그 이유는 식품으로부터 여분의 더 많은 B_{12}를 추출하는 데 필요한 위산이 부족하기 때문이다. B_{12} 결핍은 비가역적 신경손상을 초래할 수 있다.

10. 비오틴과 판토텐산

정상적인 식사를 한다면 크게 신경 쓰지 않아도 좋다.

11. 칼슘

골다공증의 위험을 줄이기 위해(그리고 대장암도 가능) 맞출 수 있는 용량은 19～50세는 1,000mg, 51～70세는 1,200mg, 또 70세 이상은 1,500mg이다. 만약 당신이 3 또는 4개의 1인 분량의 저지방우유, 요구르트 또는 치즈를 매일 섭취하지 않는다면 매번 당신이 놓친 것을 보충하기 위해 300mg의 칼슘 보충제를 섭취하라.

12. 철분

많은 어린이들과 폐경 전 여성들에서는 결핍되지만 지나치게 많은 섭취는 과잉증(hemochromatosis)을 초래할 수 있다. 안심하려면 남성과 폐경 후 여성은 종합제에서 0～10mg의 철분을 찾아야 한다. 1일 기준치(DV)인 18mg은 어린이와 폐경 전 여성에게는 괜찮지만 담당의사가 그렇게 하라고 하지 않는 이상은 아무도 그 양을 섭취해선 안 된다. 철 보충제는 변비를 초래할 수도 있다.

13. 인산

불필요함. 100mg 이상은 찾지 말고 더 낮은 용량이 더 낫다. 지나친 섭취는 칼슘 섭취를 방해할 수 있고, 이미 우리가 필요로 하는 것 이상의 인산을 식품에서 섭취하고 있다.

14. 마그네슘

미국인들은 식품에서 너무 적게 섭취할지 모르며(가장 좋은 공급원은 전곡류와 콩류이다) 당뇨의 위험성을 증가시킬 수 있다. 적어도 100mg을 찾아라(1일 기준치는 400mg).

15. 요오드, 망간, 몰리브덴, 염소와 보론

무시하라. 사람들이 식품에서 섭취하는 것 이상으로 더 필요하다는 증거는 없다.

16. 아연과 구리

약 15mg의 아연과 2mg의 구리를 찾아라. 이는 각각의 1일 기준치이다. 지나치게 많은 아연은 구리 흡수를 방해할 수 있기 때문에 단지 아연만 함유한 종합제제는 택하지 말라. 하루에 50mg 이상의 아연(상위 15mg은 식품에서 얻음)은 면역체계를 억제할 수도 있다. 마름모꼴 아연 글루코네이트를 빨아먹는 것은 감기기간을 단축할 수 있으나(입 속의 감기바이러스를 죽이므로 가능) 매일 고농도 아연 보충제를 섭취하는 것은 효과를 나타낼 수 없다.

17. 셀레늄

획기적인 시도로 미국 남동부(셀레늄 적은 곳) 출신 사람들에게 셀레늄 보충제에 근거한 200mcg의 효모를 섭취시켰을 때 전립선암, 폐암, 대장암이 절반이 되었다. 우리의 충고는 매일 200mcg을 섭취를 고려해 보라는 것이다(Natrol, Solgar, Your Life는 셀레늄 보충제에 Seleno Excell을 사용하며, 이는 연구에서 사용된 것이다. Natrol은 금년 여름 My Favorite multiples의 대열에 200mcg의 Seleno Excell을 첨가하기 시작할 것이라고 말하고 있다. 다른 종류의 셀레늄은 효과적일 수 있으나 아직은 단정을 지을 수가 없다). 만약에 당신이 200mcg을 별도로 섭취한다면 1일 기준치 700mcg 이상을 함유하지 않는 종합제를 찾아라. 셀레늄은 아마도 1,000mcg 만큼의 낮은 용량으로도 유독하다.

18. 크롬

당뇨 위험을 낮추기 위해 120mcg의 1일 기준치(DV)를 찾아라. 하루 200mcg 이상을 섭취할 필요는 없다.

19. 칼륨

무시하라. 종합제에 있는 양은 아주 적다(1일 기준치는 3,500mg 미만). 대신에 좋은 급원인 과일과 야채를 충분히 섭취하라. 이는 나이가 듦에 따라 혈압이 증가하는 것을 막는 데 도움이 되는 좋은 방법이다.

20. 니켈, 실리콘, 주석과 바나듐

무시하라. 인체에 필요한지는 아직 명백하지 않다.

21. 루테인 무시하라

한 연구에서 대략 하루 14,000mcg의 루테인을 섭취(사촌인 zeaxanthim)하는 사람들은 주로 푸른잎이 무성한 야채에서 얻으며, 대략 2,000mcg를 섭취하는 사람들보다 백내장의 위험도가 더 낮다. 그러나(야채에 있는 다른 어떤 것보다) 루테인이 주 역할을 한 것인지 또는 350mcg이 작용하기에 충분한지 확실하지 않다. 최상의 해결책은 시금치를 먹어라.

22. 만기일

적어도 수개월 여유가 있는지 확인하라.

2. 대용량의 비타민 C 섭취가 감기에 저항하는 데 도움이 되는가?

Charles W. Marshall, ph.D.

은퇴한 생화학자인 Marshall 박사는 「비타민과 무기질: 도움인가 해인가?」의 저자이며, 미국 의학저술협회로부터 1983년 일반 대중을 위한 최고의 책으로 상을 받았던 책이다. 그 책은 LVACHF, Inc, P.O. Box1747, Allentown, PA18105로부터 우편요금 선불로 14달러에 구입할 수 있다.

몇 가지 일들이 1970년 Linus Pauling의 저서 「비타민 C와 감기」만큼이나 영양에 대한 대중들의 상상과 희망을 휘저어 놓거나 영양학자들을 난처하게 했다. 책의 주요 주장은 매일 1g(1,000mg)의 비타민 C 섭취는 대부분의 사람들에서 45%까지 감기 발생을 줄일 수 있다는 것이다. 일부 사람들은 훨씬 더 많은 양이 필요할지도 모른다. 만약 감기증상이 시작되면 몇 시간 동안 매시간마다 500mg 또는 1,000mg을 섭취해야 하거나, 만약 증상이 더 가볍게 사라지지 않으면 매일 4～10g을 섭취토록 권장한다. 의문의 여지없이 이 책의 출판은 Pauling의 노벨상 수상 과학자로서의 명성과 결합되어 비타민 C를 베스트셀러로 만들었다. 그의 이론이 발표되었을 때 백만 명의 미국인들이 자신을 위해 그 책을 사려고 뛰어들었다. 그 책의 수정 2판은 1976년 「비타민 C와 감기와 독감」으로 발간되었고, 훨씬 더 고용량을 제안하고 있다.

Pauling은 또한 대부분의 사람들이 '적정' 건강과 감염을 포함한 스트레스를 이기기 위해서 매일 2,300mg 또는 그 이상의 비타민 C를 섭취할 필요가 있다고 제안했다.

그는 "어떻게 해야 더 오래 그리고 더 기분좋게 살 수 있는가?(1986)"에서 개개인의 생화학적 다양성은 너무 커서 직접 섭취는 매일 250mg에서 20g까지 높일 수 있다고 언급하고 있다. 관심을 갖고 있는 많은 사람들은 Pauling의 충고가 사려 깊은지 아닌지 의문을 가졌고, 백만 명의 사람들이 해답을 줄 수 있는지 알아보기 위해 자신에게 실험을 했다. Pauling 그 자신은 매일 12,000mg을 섭취했다고 하며, 감기증상이 나타날 때는 20,000mg까지 올렸다고 한다. 그는 가상적으로 그런 용량을 택했지만, 대부분의 사람들은 만성설사와 신장결석의 위험으로 고통받을 것이다.

어떻게 과학적 사실이 결정되는가?

'과학공동체'는 전 세계의 수천 명의 과학자들로 구성되며, 그들 대부분은 모두 과학적 방법으로 알려진 일련의 엄격한 규칙 아래에서 일한다. 간단히 언급하자면, 이것은 우연으로부터 원인과 결과를 분리하기 위

Reprinted with permission from *Nutrition Forum*, September/October 1992, pp. 33～36(Now published by Prometheus Books, 50 John Glenn Drive, Amherst, NY 14228).

해 고안된 논리적 체계의 단계이다. 이 방법은 그러한 질문에 다음은 같은 대답을 하기 위하여 사용되었다. "만약 당신이 특정한 일을 한다면 다른 일이 일어날 것인가?"와 "두 가지 것이 서로 뒤쫓으면 그들은 서로 관련이 있는 것인가?"

과학적 '사실'은 그 특별한 사실과 관계있는 모든 실험결과를 분석함으로써 결정된다. 비타민 C의 경우에 두 가지 주요 질문이 있다. 첫째, 비타민 C가 감기를 예방하는가? 그리고 둘째, 비타민 C가 감기의 심한 정도를 낮추는가? 그러나 이러한 질문에 대한 실험을 논의하기에 앞서 모든 실험이 동등하게 설계되어진 것이 아님을 주목해야 한다. 다당성이 있기 위해서는 실험은 잘 설계되어져야만 하고, 그 데이터는 정직하게 수정되어 통계적 분석을 숙련된 기술로 처리해 해석해야만 한다. 좋은 실험의 한 가지 검증 각인은 다른 사람들이 반복해서 같은 결과를 얻는 것이다.

감염 예방 가능성에 있어 비타민 C의 가치에 대한 실험적 연구는 1930년대 동안 정제결정 비타민 제조가 상업적으로 이용이 가능해진 이래 주요 의학연구자들에 의해 행해져 왔다. 1982년까지는 약 30건이 보고되었고, 의과학자들 대다수가 비타민 C를 포함한 보충이 감기를 예방하지 못하며, 잘 해야 약간의 감기증상을 완화시킬 거라고 결론지었다. 두 개의 뒤이은 보고는 이들 결론을 바꾸지 못했다.

Linus Pauling은 과학 공동체가 틀렸다는 그의 확고한 신념이 남아 있다. 즉, 동일 실험에서 그의 생각에 기초하지만 결과를 달리 해석했다는 것이다. 더군다나 그는 맞는 비타민 C 용량을 결정하기 위해서 다음의 방법을 제시한다: "만약 당신이 매일 1g을 섭취한다면 겨울 동안 2번 또는 3번의 감기를 하는 것을 알게 될 것이고, 매일 더 많은 양을 섭취하는 것이 더 현명하다" 당신이 예상보다 감기에 더 적게 걸렸다면 당신은 비타민 C가 감기의 감소에 책임이 있음을 믿어야 한다.

불행히도 실제 세계에서 과학적 사실들은 간단히 결정될 수 없다. 다음 질문들을 고려해 보라.

1. 당신은 실제 기억하는 것보다 다른 횟수의 감기에 걸렸던 가능성이 있는가? 이것은 결점 있는 데이터의 수집일 것이다.
2. 어찌되었든 올해 당신은 단 한 번의 감기는 걸렸을 수 있었다는 것이 가능한가? 그렇다면 당신에게 일어난 일은 단지 우연의 일치이었을 것이다.
3. 가벼운 감기에 걸렸으나 당신이 유리한 결과를 너무 강하게 원해서 당신이 고려하지 않았을 가능성이 있는가? 그렇다면 이것은 편견의 효과일 것이다.

과학적 연구들은 이들 오차 가능성의 원인들을 극복하도록 설계되어야 한다. 결점투성의 기억이 갖는 문제는 실험에 관련된 개인들이 남긴 흔적을 근접하여 추적함으로써 극복될 수 있다. 우연의 일치 문제는 대규모 숫자의 사람들을 사용하여 유의성 있는 기간 동안 추적함으로써 극복될 수 있다. 그러나 편견의 문제는 훨씬 더 복잡하다. 이중 맹검법의 사용은 중요하다, 그러나 당신이 알고 있듯이 이중맹검법이 되도록 의도된 실험기간 동안 대상자들이 비타민이나 위약을 섭취하는지 않는지를 알아낼 수 있은 경우 비타민 C의 연구는 다소 의문스러운 결과들과 부딪치게 된다.

지금까지 적어도 30개의 연구들에서 감기를 예방하는 비타민 C의 능력을 대규모 그룹의 사람들에서 검증했다. 생화학자들에 의해서 5개의 재검토된 논문이 감기의 심한 정도를 다소 낮춘다는 것을 제외하고는 Pauling의 주장을 지지하지 않는 것을 알아내었고, 그러한 연구들 대부분은 과학적으로 적절히 설계되어 실행된 것들이었다. 이제 증거들을 조사해 보자.

접종실험

고용량의 비타민 C가 감기를 예방할지 아닌지 여부를 검증하기 위한 한 가지 방법은 지원자의 후두에 감기바이러스를 접종하는 것이다. 두 개의 이러한 유형의 실험에서 비타민 C를 섭취하든 않든 간에 모두 다 감기에 걸린 것이 발견되었다. 1967년 Walker 박사와 그의 동료들과 1972~1973년 Schwartz, Hormick와 그 동료들은 코에 직접 살아있는 감기바이러스를 주입하기 며칠 전에 지원자들의 절반은 매일 위약을 주었고, 나머지는 3,000mg의 비타민 C를 주었으며, 그 후에 7일 동안을 3,000mg의 비타민 C 혹은 위약을 계속해서 주었다. 지원자 모두가 감기에 걸렸고, 모두 다 증상의 정도가 동등하였다.

비타민 C 전처리 연구

비타민 C 검증을 위한 다른 방법은 정해진 시간의 기간 동안 똑같게 된 그룹에서 어떤 일이 발생하는지를 보는 것이다. 두 개 팀의 조사자들이 1회 이상 실시했고, 한 팀은 John L. Coulehan 박사가, 다른 팀은 Trence Anderson 박사가 이끌었다.

Coulehan 박사의 첫 번째 연구는 641명의 인디안 어린이들에게 실시되었고, 절반은 위약을 받은 반면 그 나머지는 1,000mg의 비타민 C를 매일 받았다. 머리, 인후, 흉통증상의 심함을 판단하는 복잡한 체계가 사용되었다.

1974년 Coulehan팀은 비타민 C 그룹이 감기를 덜 심하게 했다고 보고했으나 연구를 재검토한 다른 과학자들은 증상의 심함을 평가하는 방법을 비판했다.

그래서 1976년 Coulehan팀은 869명의 Navajo 어린이들을 대상으로 반복 연구를 했으나 심한 정도를 숫자로 표시한 더 나은 체계를 사용하였다. 비타민 C를 공급받은 어린이들은 평균 1인당 0.38의 감기에 걸린 반면 위약 그룹은 평균 0.37이었다. 감기의 평균 지속기간은 비타민 그룹에서 5.5일, 위약 그룹에서 5.8일이었다. 따라서 이 검증에서 비타민 C는 감기를 예방하지도 지속기간을 단축시키지도 않았다. 1979년 Coulehan 박사는 그의 비타민 C의 감기에 대한 분석을 발표하였고, 과잉의 비타민 C를 섭취할 가치가 없다고 결론지었다.

Anderson 연구

1972년, 토론토 대학의 Terence Anderson박사와 동료들은 10~65세 연령대의 818명 자원자를 이상으로 3개월 간의 이중맹검 연구결과를 발표하였다. 감기 걸리기 전의 절반은 매일 1,000mg의 비타민 C를 받았고, 감기에 걸린 첫 3일 동안은 매일 4,000mg을 받은 반면에 다른 절반은 동일한 위약을 받았다. 이 연구는 Pauling의 주장인 매일 1,000mg의 비타민 C 섭취가 감기 걸리는 결과는 빈도를 45%까지 낮추며, 질병을 앓는 총 기간을 60% 낮춘다는 것을 검증하기 위해 설계된 것이다. 이러한 주장은 연구결과들에 의해 확실하게 지지를 받지 못했다. 비타민 그룹에서 74%는 연구기간 동안 1회 이상의 감기에 걸렸고, 반면 위약 그룹의 82%가 1회 이상의 감기에 걸렸다. 1인당 감기의 1/10에 해당되는 양의 차이는 실제 아무런 중요성이 없는 것이라고 Anderson 박사는 판단했다. 증상의 심함은 실내에 제한된 날들에 의해 측정되었으며, 비타민 그룹에서 평균 1.36일이었고, 위약 그룹은 1.87일이었는데, 이러한 30% 차이에 대해 Anderson은 더 추적해 보기로 결정했다. 이 연구의 마지막에 이중맹검법 암호가 열리기 전 모든 지원자들은 연구기간 동안에 이례적인 안정감(euphoria: 행복감)을 경험했는지의 여부에 대해 질문을 받았다. 양쪽 그룹의 19%가 예로 답했고, 이는 위약의 흥미있는 예이다.

1974년 Anderson팀은 다른 양의 비타민 C를 섭취했을 때 어떤 결과를 얻는지 알아보기 위해 더 큰 규모의 연구에 대해 발표했다. 3,500명 자원자 중 일부 8개 그룹으로 나뉘었고, 그 중 6개 그룹은 매일 다양한 비타민 C 용량을 받았고, 반면 다른 그룹은 3개월 동안 위약을 받았다. 매일 비타민 C 250mg, 1,000mg, 또는 2,000mg, 비타민 C 없는 그룹들 사이에 감기 발생률에는 차이가 없었다. 증상의 심한 정도에 다소 완화 가능성은 비타민 C 그룹에서 발견되었으나 감기를 시작했을 때 매일 4,000 또는 8,000mg 분량을 섭취한 지원자들이 매일 250mg만 섭취한 그룹에 비해 더 나은 것이 없었다.

1975년 보고된 Anderson의 세 번째 연구에서는 16주를 실시했다. 14~67연령의 488명 지원자를 사용했고, ⅓은 나트륨과 칼슘염으로 비타민 C 정제를 공급받았고, ⅓은 서서히 방출되는 캡슐형 비타민 C를 받았고, ⅓은 위약을 받았다. 감기 걸리기 전 이는 1주 1회의 500mg 비타민 C 용량(매일 약 70mg과 동량)이었으나, 감기 첫 날은 1,500mg, 둘째와 셋째 날은 1,000mg이었다. 관측된 감기 발생률 감소는 없었으나 가정에서 비타민 C를 섭취한 사람들은 감기 앓는 기간이 평균 더 적었다(1.62대 1.12일 실). 당신은 반나절 줄은 즉, 덜 제한받는 것이 실제적으로 의미가 있다고 생각하는가?

모두를 종합하여 볼 때 Anderson은 과잉의 비타민 C가 다소 감기의 심한 정도를 낮추지만 이러한 결과를 얻기 위해 Pauling이 제안한 고농도를 섭취할 필요는 없으며, 더구나 감기를 예방한다는 희망으로 1년 내내 비타민 보충제를 섭취함으로써 얻는 것은 아무것도 없다고 하였다.

기타 연구

1975년, Carson과 그의 동료들은 감기를 앓는 동안 매일 1,000mg의 비타민 C 또는 위약으로 회사 고용자들을 치료했다고 말했다. 1인당 감기 앓는 숫자와 앓는 기간과 심한 정도는 비타민과 위약 그룹에서 모두 똑같았다.

1975년, 주립건강연구소의 Karlowski와 그의 동료들은 지원자들의 처치에 대해 다음과 같이 보고했다. ① 25% 위약군, ② 25%는 감기 걸리기 전 매일 3,000mg 비타민 섭취하였으나 감기 동안은 위약 투여 ③ 25%는 감기 걸리기 전 매일 위약 투여, 감기 동안 매일 3,000mg의 비타민 C를 투여, ④ 25%는 감기 걸리기 전 매일 3,000mg 투여, 감기 동안에는 매일 6,000mg을 투여.

이 연구는 이중맹검이 되도록 되어 있었으나 의사들은 대부분의 연구에서 실시된 것과 똑같은 비타민 C 정제 맛의 위약을 만드는 데 실패했다. 그 결과 지원자의 절반은 받는 정제가 어떤 것인지를 정확히 추측했고, 그 결과 연구는 비맹검이 되었다. 모든 결과를 지원자들을 한 덩어리 표로 만들었을 때 1인당 평균 감기숫자는 비타민 그룹은 1.27이었고, 위약 그룹은 1.41이었다. 그러나 맹검인채 남겨진 그룹에서는 발생률 또는 증상의 심한 정도에 차이가 없었다. 이러한 매력적인 결과는 긍정적인 단계를 취한다고 생각하는 많은 사람들이(비타민을 섭취하는 것 같이) 어떻게 실제로 존재조차 않은 경우에도 선호될 만한 결과를 보고할 수 있는지를 보여주는 것이다.

2건의 일란성 쌍둥이 연구

1977년, Miller와 그 동료들은 5개월 동안 다음과 같이 44쌍의 일란성 쌍둥이들을 치료했다. 각 쌍의 한쪽 쌍둥이는 비타민 캡슐을 받았고, 반면 다른 쌍둥이는 위약을 받았다. 감기 전과 앓는 기간 동안 매일 비타민 C 용량은 나이 어린 어린이에서 500부터 더 나이 많은 어린이에게는 1,500mg까지 분포했다.

연구 조사자들은 어린이들의 어머니에 의해 보고된 대로 "감기증상에 대해 전체적으로 의미 있는 유익이 없음"을 주목했다. 그러나 나이와 성에 따라 어린이들을 분류했을 때 반응을 하위 그룹 간에 달랐다. 데이터가 분석된 후에 4명의 어머니들에게 어떤 쌍둥이가 비타민 C를 섭취했는지를 알아내는 시도에서 캡슐을 맛보는 것이 허용되었다. 따라서 이들 어머니들과 다른 사람들의 평가는 어떤 쌍둥이가 비타민 C를 섭취하는지를 추측함에 의해 영향을 받는 것이 가능하다.

1981년에 95쌍의 일란성 쌍둥이를 대상으로 오스트레일리아의 이중맹검 연구가 보고되었다. 각 쌍둥이의 한 사람은 100일 동안 1,000mg의 비타민 C를 섭취하였고, 반면 다른 사람은 위약을 받았다. 비타민 C 그룹은 다소 감기에 더 잘 걸렸으나 감기 지속기간이 더 짧았다(6일에서 5일).

1977년 Tyrell과 그의 동료들은 5개월 동안 743명의 남자와 758명의 여자들을 치료한 것을 다음과 같이 보고했다. 절반은 매일 위약 정제를 받았다. 다른 절반은 단지 감기 기간 동안만 매일 위약 정제를 받았다. 다른 절반은 단지 감기 기간 동안만 받았는데 첫날과 둘째 날에 400mg의 비타민 C를 섭취했고, 셋째 날은 200mg을 섭취했다. 비타민 C 섭취로부터 얻은 유익은 없었다. 감기 발생률과 기간은 비타민과 위약 그룹의 남녀 모두 같았다. 양쪽 그룹의 남성들은 평균 대낮에 일하는 기간의 절반을 안 먹었으며, 반면 여성은 하루를 안 먹었다.

1979년 Pitt와 Costrini에 의해 764명의 미국 신규해병 징집자들을 대상으로 8주간 연구가 실시되었다. 징집자 절반은 매일 2,000mg의 비타민 C를 받았고, 반면 다른 그룹은 같은 스케줄로 위약 정제를 먹었다. 비타민 C 섭취로부터 어떠한 유익도 없었다. 양쪽 그룹의 90%가 감기에 걸렸고, 감기의 심한 정도나 기간의 차이도 발견되지 않았다.

1984년 연구에서 M. H. Briggs 박사는 528명의 지원자 중 절반에게 매일 1,000mg 비타민 C를 주었고, 다른 절반에게 매일 위약을 3개월간 주었다. 비타민 C그룹의 47%가 감기에 걸렸고, 위약 그룹의 46%가 감기에 걸렸다. 증상의 심한 정도는 비타민 C 그룹에서 평균 3.1일간 지속되었고, 위약 그룹은 3.3일 지속되었다. Briggs는 예방도 못하고 이점도 없다고 결론지었다.

1990년 Elliot Dick 박사와 그의 동료는 바이러스 전파법을 검증하기 위해 그리고 비타민 C의 예방효과를 검증하기 위하여 손가락을 오염시키거나 공기 내에서 바이러스를 흡입함으로써 3개의 이중맹검의 잘 통제된 연구의 방법과 결과를 요약했다. 그들 24명의 지원자를 사용했다(8명의 공여자와 16명의 수여받은 자). 공급자는 RV16 감기바이러스에 항체가 음성으로 검사받은 비흡연 남성이었다.

이들 중 절반은 매일 2,000mg의 비타민 C(500mg×4번)로 3.5주간 전치료했고, 다른 8명은 매일 4번의 위약을 받았다. 8명의 공급자는 코에 직접 감기바이러스를 접종하여 RV16 감기바이러스에 감염시킨 후에 7일의 상호작용 기간 동안은 하루 24시간을 수여자와 투숙케 하였다. 모든 공급자는 처음에 감기를 진행했으며, 그 후 수여자 16명 모두가 감기가 진행되었다. 비타민 C 또는 위약 정제는 상호작용하는 주 동안 지속적으로 주었고, 다음 2주 후에도 뒤따라 주어졌다. 상호작용하는 7일 동안 남자들은 같은 방에서 감독을 받고, 자고, 먹고, 카드게임을 했다. 모두 감기에 걸렸지만 비타민 C그룹은 기침과 가래분비 같은 증상과 징후가 유의적으로 덜 심하지 않았다고 저자는 주장한다.

첨가된 bioflavonoids가 도움이 되는가?

1979년에 I. M. Baird와 그 동료는 350명의 지원자들(연령 17~25세)을 그룹으로 나누었고, 10주간 실시한 실험을 보고했다. 위약 그룹과 같이 그들 중 ⅓은 비타민 C를 함유하지 않는 합성 오렌지 음료의 보충제를 매일 받았다. 두 번째 그룹은 합성 비타민 C를 80mg 함유한 음료를 섭취했다. 세 번째 그룹은 80mg 자연산 비타민 C와 bioflavonoids 제공을 위해 매일 충분한 양의 순수 오렌지주스를 주었다. 감기 발생률은 3그룹에서 모두 같았다. 양쪽 비타민 C 그룹은 위약 그룹보다 다소 적은 정도의 독감을 하였다. 따라서 인공 비타민 C는 자연산 비타민 C만큼 효과적이며 bioflavonoids 첨가는 명백한 영향을 주지 않았다.

비타민 C의 항히스타민 효과

다양한 양의(항히스타민은 거의 항상) 감기 감염의 스트레스에 대한 알러지 같은 반응에 의해 호흡관 조직에서 분비된다. 동물과 사람이 히스타민 분비에 관련된 스트레스와 싸우기 위해 비타민 C를 사용할 수 있다는 첫 번째 실마리는 1940년 컬럼비아 대학의 Charles Glen King 박사의 연구팀(비타민 C 공동 발견에 의해 이끌어진 팀)에 의해 등장하였다.

킹 박사 그룹은 특정 약품으로 쥐에게 가한 스트레스는 체내에서 과잉의 비타민 C를 합성을 자극하는 것으로 나타났다. 뒷날 쥐와 같은 동물은 자신의 비타민 C 공급을 할 수 있고, 과잉의 비타민 C를 생산함으로써 히스타민에 반응한다는 믿음을 지지하는 증거가 발표되었다.

1974년 2개의 다른 연구팀들은 히스타민을 분비시키는 약과 함께 비타민 C를 투약한 쥐에서 스트레스 증상의 감소를 보였고, 소변에 히스타민 배설을 감소시키는 것을 발견했다. 그들은 비타민 C가 항히스타민 약물처럼 작동할 수 있는 것으로 결론지었다. 그러나 많은 의사들은 감염으로 유발된 염증(자연적 면역반응)을 감소시키는 것은 회복을 늦추는 것으로 믿고 있다.

두 개의 최근 리뷰 논문

두 개의 종합적인 리뷰 논문은 인체에서 감기에 대항하는 비타민 C 효과를 검증한 거의 모든 발표된 보고들을 다루고 있으며,

이는 오스트레일리아 시드니대학교의 A. Stewart Truswell 박사 것과 헬싱키대학교 생명공학대학의 Harri Hemila 박사의 것이다. 1986년 Truswell 박사는 1970년 이후에 실시된 27개 연구들의 결과를 요약했다. 이들 중 5개는 비타민 C와 위약을 감기가 시작했을 때만 투약했고, 단지 며칠 동안만 투약한 치료 연구였다. 이것 모두 아무런 유익도 발견하지 못했다. 다른 22개는 감기 전과 감기 앓는 동안 매일 비타민 C 또는 위약을 주었던 이중맹검의 잘 통제된 연구였다. 이들 가운데 12개의 연구는 기간이나 심한 정도를 예방하고 감소하는 효과를 보이지 못했고, 15개 연구는 예방은 못했고 단지 통계적으로 유의성 없이 심한 정도를 약간 낮추었고, 다른 5개는 예방은 못 하지만 감기기간을 유의성 있게 감소시켰다고 보고하였다.

Truswell 박사는 감기예방에 관하여 비타민 C가 가치 있는 효과는 없지만 미미한 치료효과는 있음이 분명하다고 결론지었다. 그러나 1974년 T. W. Anderson의 두 번째 연구에서 드러났듯이 매일의 비타민 50mg가 1,000mg 또는 4,000mg 만큼이나 감기의 심한 정도를 낮추었다.

1992년의 리뷰 논문 제목은 비타민 C와 감기였고, Harri Hemila 박사는 비타민 C는 시종일관 감기의 지속기간과 증상의 심한 정도를 감소시켰다고 결론지었다. 그러나 Truswell 박사는 아직 그가 분석한 27개 연구 중 17개에서 심한 정도의 감소를 발견하지 못했다.

최종적으로 신체의 외부에서 공급되는(exogenous : 외인성) 비타민 C와 E 같은 항산화제의 과잉 공급이 카탈리제와 superoxide dismutase 같은 신체의 고유한 내인성 항산화제를 억제한다는 증거가 있다는 노화 국립연구소의 Richard Cutler 박사와 R. S. Sohal 박사의 주장에 주목하자.

고 찰

비타민 C의 보충이 타당성이 있는가? 그렇다면 매일 섭취해야 하는가 아니면 감기 첫 증상 또는 다른 감염이 있을 때만 섭취해야 하나? 어떤 용량을 사용해야 하는가?

지난 30년간 실시된 많은 연구들에서 100mg이든 또는 5,000mg이든지 간에 비타민 C 보충제가 감기를 예방하지 못함을 명백히 증명했으며, 일부 사람들에서 감기의 지속기간과 심한 정도를 겨우 감소시킨다고 증명하였다. 뛰어난 의학교육자이면서 연구자인 Thomas Chalmers 박사는 1975년에 어떤 남자들의 심한 감기에 평생 하루 3번 비타민 C를 섭취해온 결과로 얻을 매우 희귀한 가능성의 유익을 고려하지 않는다고 결론지었다.

만약 당신이 감기에 걸렸을 때 보충제를 선택한다면 1974년 Anderson이 연구에서 보여준 대로 매일 250mg 이상 섭취할 이유는 없다. 이 양은 나이 많은 분들의 치료제인 과일주스로부터 쉽게 얻어진다. 더 많은 양의 비타민 C를 넣은 보충제는 더 효과적이지 않았고, 설사를 유발하거나 다른 부작용을 보여주었다.

그렇다면 다른 감염은 어떤가? 혈장과 백혈구 내의 비타민 C들은 심한 감염, 화상 또는 수술 같은 스트레스 존재 시 첫날 또는 둘째 날 급격하게 감소시킨다고 알려져 있다. 일부 의사들은 이 조건하에서 매일 며칠 동안 250mg의 보충제가(그러나 절대 500mg 이상은 아님) 회복에 도움을 줄 수 있다고 믿는다.

8장 Questions for Review

이 름 ____________

학 과 ____________

날 짜 ____________

학 번 ____________

1. '비타민'이라는 용어에 대하여 논하시오.

2. 지용성 비타민은(높은 / 낮은) 포화조직 수준이며, 일반적으로 수용성 비타민 보다(높은 / 낮은) 성질이 있다.

3. 비타민의 결핍은 사람들의 식사가 다양하지 못할 때 발생하며, 비타민 결핍을 일으킬 수 있는 3가지 이유를 드시오.

   ①

   ②

   ③

4. 수용성 비타민의 기능은 ______________ - ______________과 enzyme이 작용하도록 한다.

5. Niacin의 결핍을 __________________라고 한다. 이 결핍은 4D로 나타낸다. 4D란 무엇을 의미하는가?

   ① ②

   ③ ④

6. Pyridoxine의 주요 기능은(지방 / 단백질 / 탄수화물)의 대사를 돕는 것이다.

7. Pyridoxine을 많이 취하면 두 가지의 독성이 나타나게 되는데, 이 독성에 대하여 쓰시오.

①

②

8. 비타민 B_{12}의 주요 기능은 세포의 ____________________을 만들고, 비타민 B_{12} 결핍을 빈혈이라고 하며, 시간이 경과하면 퇴화하고 죽게 된다.

9. 비타민 B_{12} 결핍은 두 가지로 나타나는데, 그들 결핍증의 이름은 무엇인가?

①

②

10. 다량의 엽산(folate) 섭취는 두 종류의 질병을 보호하는데, 이 질병의 이름은 무엇인가?

①

②

11. 비타민 C의 전문이름은 __________ ___________이다. 비타민 C의 결핍은 ___________라 불린다. 이 결핍의 4가지 증상을 쓰시오.

①

②

③

④

12. 비타민 C의 RI(권장량)는 __________________mg / day이다.

13. 비타민 C의 과량 섭취로 인해 발생하는 2가지 독성 증후군을 작성하시오.

①

②

제 9 장

지용성 비타민

지용성 비타민(fat soluble vitamin)에는 비타민 A, D, E, K가 있다. 지용성 비타민이 과도하게 섭취되면 그 잉여분은 대개 체내의 지방조직이나 간에 축적된다. 이러한 축적은 지용성 비타민 결핍이 일어나는 것을 지연시킨다. 일반적으로 어린이들의 경우에는 지용성 비타민의 부족현상이 일어날 위험이 많은데, 이것은 성인처럼 체내에 축적된 지용성 비타민이 없기 때문이다. 지용성 비타민이 과도하게 체내에 축적되었을 때에는 수용성 비타민처럼 체외로 배출되지 않기 때문에 더 유독할 수도 있다. 비타민 A와 D의 경우에는 특히 더 그렇다.

1. 비타민 A

비타민 A는 최초로 발견된 비타민으로서 1900년대 초에 발견되었다. 그것은 지방이 제거된 음식을 먹은 쥐가 잘 성장하지 못하고 피부병이 생기고, 눈이 멀며, 결국은 죽는 데서 발견되었다. 이 실험의 초기에 지방이 든 음식을 먹게 했더니 그러한 증상에서 완전히 회복되었다.

그러나 이러한 현상이 단순한 지방의 부족에 의한 것이 아니라 지방 속에 있는 어떤 요소의 부족 때문이라는 것을 알게 되었고, 그 후 이러한 요소를 비타민이라고 불렀다(비타민은 신체에 필수적인 아민이라는 의미임). 그 후 아민(amine)을 함유하지 않은 음식에서 생명에 필수적인 다른 요소가 발견되었는데, 이 지용성 성분을 수용성인 비타민 B와 구별하기 위하여 비타민 A라 불렀다.

1) 레티놀(비타민 A)

비타민 A의 화학명은 레티놀(retinol)이다. 성인 여자의 비타민 A 요구량은 800 RE/day인 반면, 성인 남자는 1,000 RE/day를 요구한다. 남성들이 여성들보다 일반적으로 체격이 더 크기 때문에 더 많은 양의 비타민 A를 필요로 한다.

비타민 A에는 여러 가지 화학적 형태가 있어 그들이 모두 비타민 A로서 작용하기 때문에 비타민 A의 양적인 개념으로 레티놀을 지정하여 'RE(retinol equivalents)'라는 용어를 사용한다. 레티놀은 가장 보편적이고 활성화된 형태로서 동물성 식품에만 있다. 그러나 간을 제외한 대부분의 동물성 식품은 비타민 A가 적다.

식물과 야채류에는 **카로티노이드**(cartenoid)라고 불리는 프로비타민(provitamin)을 함유한다. 프로비타민은 비활성의 형태로서 식물성 식품에 존재하며, 생체 내에서 활성형(이 경우는 레티놀)으로 전환되는 비타민의 한 형태이다. 카로틴이 식물성 식품으로부터 흡수될 때, 그것의 일부는 장 세포에 의해 레티놀로 전환됨으로써 비타민 A를 공급하게 된다. 나머지 카로틴은 지방세포에 저장된다. 그러나 카로틴은 흡수단계에서만이 비타민 A로 전환될 수 있다. 표 9-1은 양질의 동물성(레티놀) 급원의 함량과 식물성(카로틴) 급원의 함량에 관한 정보를 보여주고 있다.

오렌지, 과일, 채소는 물론이고 짙푸른 채소 역시 좋은 급원이라는 것은 놀라운 일이다. 짙푸른 색소인 클로로필(chlorophyll)은 이들 채소에 카로틴이 있는 것을 안 보이게 하고 있다. 클로로필이 들어 있는 음식에는 항상 카로틴이 존재한다. 우리의 신체는 섭취되는 6개의 카로틴 분자로부터 한 개의 레티놀 분자를 만든다.

표 9-1. 비타민 A를 함유한 음식물

동물성 식품	RE/분량	식물성 식품	RE/분량
•간(4온스)	12,000	•당근(1컵)	2,500
•우유(1컵)[1]	100	•시금치(1컵)	2,500
•계란(1개)	80	•멜론(1컵)	1,400
•소고기(4온스)	15	•브로콜리	700
		•곡류(1컵)[2]	0

[1] 우유는 비타민 A 강화식품이다.

[2] 어떤 곡류는 비타민이 강화되어 있는 것도 있다.

※ 1온스 = 28.349g

2) 비타민 A는 우리 몸에서 3가지 작용을 한다

비타민 A는 우리 몸에서 ① 상피세포 성장을 향상시키는 작용, ② 뼈 성장을 향상시키는 작용, ③ 야맹증을 막는 작용을 한다. 상피세포는 몸에 보호막을 형성하는 세포들이다. 이것은 피부, 장벽, 폐, 방광과 생식기관 및 눈 등에서 발견된다.

첫 번째 비타민 결핍증의 표시는 야맹증이다. 어두운 곳에서 얼마 지난 후 갑자기 빛을 주었을 때(극장에서와 같이) 순간적인 시력 상실이 생긴다. 이 사람이 시력을 회복하는 속도는 그의 비타민 A의 상태에 달렸다. 밤에 빛을 비추면 눈에 있는 로돕신(rhodopsin)이라는 화학물질에 변화를 일으킨다. 로돕신은 비타민 A와 다른

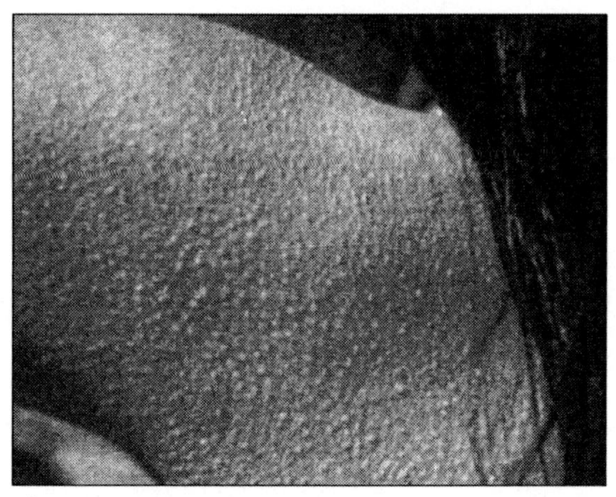

그림 9-1. 여성의 어깨 상위 부위에 레티놀 결핍으로 인한 피부의 각질화

출처 : *Vitamin Manual*, The Upjohn Company, Kalamazoo, MI, 1965.

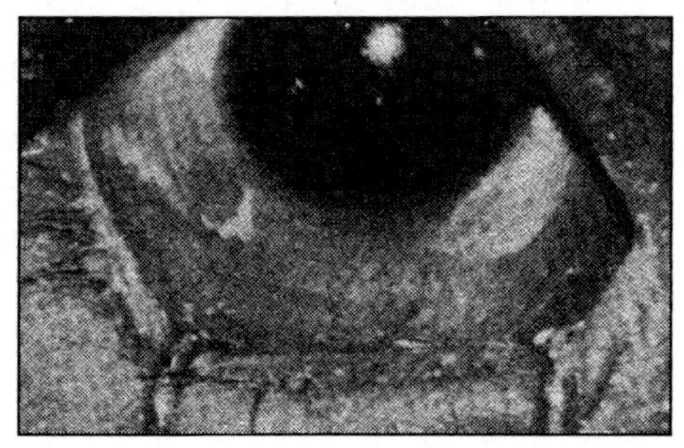

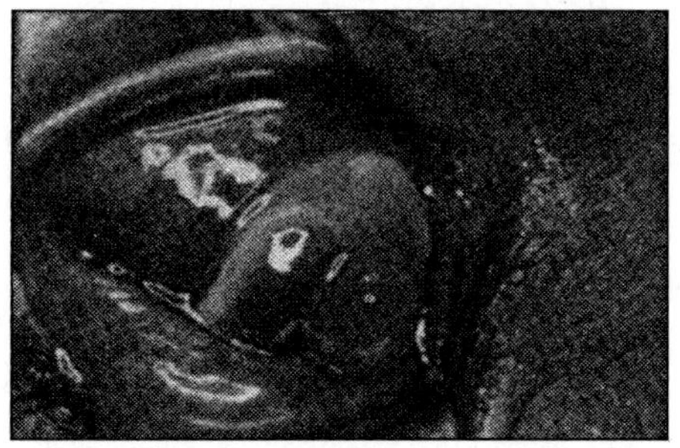

그림 9-2. 레티놀 결핍으로 인한 안구의 퇴화

출처 : McLaren, D.S. *Present Knowledge in Nutrition*. 5th edition. The Nutrition Foundation, Washington, D.C., 1984.

화학물질들로 구성되어 있는데, 이것이 빛에 의해 분리된다. 두 물질이 다시 결합했을 때 시력이 회복된다. 좀더 심각한 비타민 A의 결핍증은 상피세포 성장이 영향을 받을 때 야기된다. 이렇게 되면 정상적인 성장을 하는 대신 상피세포들은 붕괴해서 케라틴화된다(그림 9-1).

케라틴은 손톱에서 발견되고 있는 것과 유사한 단백질성 물질이다. 피부는 건조해지고, 갈라지고 거칠어진다. 미각세포는 미각 상실과 식욕감퇴를 가져오는데, 아마도 가장 심각한 영향은 눈의 상피세포의 손상이다. 이러한 손상이나 눈의 케라틴화는 안구건조증(xerophthalmia)을 초래한다(그림 9-2).

안구건조증은 세계 어린이들의 시력을 상실하는 주요한 원인이다. 비타민 A의 결핍증은 아이들에게 더 일어나기 쉬운데, 그 이유는 어른은 아이들보다 간이나 조직에 저장되는 것이 많기 때문이다. 식사중 만일 비타민 A의 섭취량이 요구치를 넘을 경우 남는 것은 저장되는데, 아이들은 어른들에 비해 저장해 둔 양이 너무 적기 때문이다. 아이들에게 있어서의 결핍증은 성장의 지연, 피부병, 결국 눈이 멀어지는 것으로 나타난다.

3) 비타민 A의 치료적 이용

비타민 A는 심한 여드름의 발생을 줄이는 데 여러 해 동안 사용되어 왔다. 심한 여드름은 비타민 A를 약제로 다량 먹었을 때 효과가 있는 것으로 보인다. 어떤 사람들은 이 비타민을 국부적으로 많이 이용한다. 비타민 A가 어떻게 여드름에 영향을 미치는가는 아직 정확히 알지 못한다. 그러나 여드름은 상피세포의 질환이기 때문에 상피세포 성장에 미치는 비타민 A의 영향과 아마도 관계가 있을 것 같다.

비타민 A의 다른 화학적인 형태의 하나인 retin-A는 최근 그의 노화방지가 있다고도 알려졌다. Retin-A는 적당히만 사용되면 햇빛에 의한 피부 손상을 막아 주든지 감소시키는 것 같다. 또한 주름살도 없앨 수도 있고, 햇볕 차단제와 함께 사용할 경우에는 최고의 효과를 기대할 수 있다. 이러한 처리방법이 유효할지라도 이런 유효성이 장기간 지속될지는 의문이다. 비타민 A의 또 다른 잠재적인 치료기능은 암의 발생을 막는 것이다. 피부암 연구에 의하면 혈액내 레티놀 수준이 높은 사람의 경우 상피세포암(폐, 방광, 경부)이 감소되는 경향을 보였다.

예로서, 흡연자의 연구에서 혈중 비타민 A 농도가 낮은 흡연자들에 비해 혈중 농도가 높은 흡연자가 폐암 발생률이 절반 정도였다. 동물실험에서 역시 발암성 화학물질을 미리 동물에 주사하고 비타민 A를 증가시켜 식사를 줄 경우 암 발생을 완전히 차단하지는 못했지만 현저히 감소시켰다고 보고하고 있다.

4) 비타민 A와 암

비타민 A와 암과의 관계에 대해 두 가지 점을 언급할 필요가 있다. 식사에서 비타민 A 함량이 낮을 때 발생 위험성이 매우 높아지는 암이 있다는 것을 연구결과를 통해 알 수 있다. 비타민 A 섭취를 증가함으로써 암을 완전히 막는다는 증거는 없다. 그래서 만약 어떤 흡연자가 여분의 비타민 A를 섭취하면 폐암 발생 위험성을 감소시킬는지 모르지만 폐암 발전의 위험성은 비흡연자에 비해 여전히 훨씬 클 것이다.

두 번째로 기억해야 할 점은 비타민 A는 유독하다는 것이다. 그러므로 비타민 A의 보충은 권장하지 않는다. 유독성은 없으나 일부분이 비타민 A로 전환하여 비타민 A 농도를 높일 수 있는 것으로 생각되는 카로틴 보충제가 과연 암에 대해 보호작용을 함으로써 유익한 것인지에 대해 현재 연구가 진행중이다. 현재 많은 비타민 보충제가 카로틴을 공급한다고 과장되게 선전하고 있다.

5) 비타민 A의 유독성

비타민 A를 계속해서 과량 투여할 경우 유독하다는 사실이 이미 알려져 있다. 보고된 비타민 A의 유독성에는 두통, 메스꺼움, 건조증, 비늘같이 벗겨지는 피부, 머리카락 빠짐과 설사가 있다. 비타민 A의 훨씬 심한 유독효과는 과량을 섭취한 산모에게서 태어나는 아기의 선천적 기형이다. 이러한 이유로 어린이나 임산부에게는 비타민 A를 처방하지 않는다. 현재의 처치방법은 이 비타민 A의 약간 다른 화학형태, 즉 유효하나 독성이 적은 변형된 것을 처방한다.

2. 비타민 D

신체에 있어서 비타민 D의 주기능은 혈액의 칼슘농도를 조절하는 것이다. 인체의 칼슘이 뼈에 주로 존재한다는 것을 대부분의 사람은 잘 알고 있지만, 혈액내 칼슘의 중요성은 모르고 있다. 혈액에 있는 칼슘은 **혈액의 응고**, **근육수축** 및 **신경기능**을 적절히 행하는 데 필요하기 때문에 아주 일정한 수준으로 유지되고 있다. 사람은 매일 혈액의 칼슘 중 소량의 칼슘이 신장을 거쳐서 소변으로 빠져 나간다. 신체로부터 칼슘이 빠져 나가고, 음식에 있는 칼슘의 흡수를 조절하는 것이 비타민 D의 역할이다.

1) 비타민 D는 어떤 역할을 하는가?

비타민 D는 혈중 칼슘농도를 유지하기 위해 3가지 방법으로 기능을 행한다. 비타민 D는 ① 장으로부터 음식 중의 칼슘 흡수를 촉진하고(사람은 정상적으로 음식 중의 칼슘을 단지 30~40% 가량만을 흡수함), ② 신장을 통한 칼슘 배출을 억제하고, ③ 뼈로부터 혈액 중으로 칼슘이 방출되게 한다. 이런 변화의 최종적 결과는 혈중 칼슘농도가 정상적으로 유지되게 하는 결과를 가져온다.

비타민 D가 결핍될 경우 충분한 칼슘을 흡수할 수 없기 때문에 뼈의 발달에 영향을 미친다. 어린이에게 있어서의 결핍증을 **구루병**(rickets)이라 한다(그림 9-3). 구루병은 뼈가 견고하지 못한 특징을 가지고 있다. 구루병을 가지고 있는 어린이는 때로 긴 다리뼈가 몸무게를 적당히 유지시켜 줄 수 없기 때문에 굽은 다리뼈를 가지고 있다. 어른에 있어서의 비타민 D의 결핍증은 **골연화증**(osteomalacia)이라 한다. 골연화증은 이미 그의 뼈를 형성했기 때문에 구루병만큼 그렇게 심각한 것은 아니다. 그러나 골연화증은 시간이 경과하면서 칼슘이 뼈로부터 빠져 나가고 보충이 되지 않기 때문에 뼈를 무르게 하는 결과를 가져온다. 비타민 D 결핍증은 40년 전보다 오늘날 훨씬 적게 일어난다. 대부분의 식품에는 비타민 D의 급원이 매우 부족하다. 오직 **간**만이 비타민 D의 좋은 급원이고, **달걀** 또한 좋은 급원이다. **우유**와 **버터**에 비타민 D를 강화함으로써만이 비타민 D 결핍증을 없앨 수 있다.

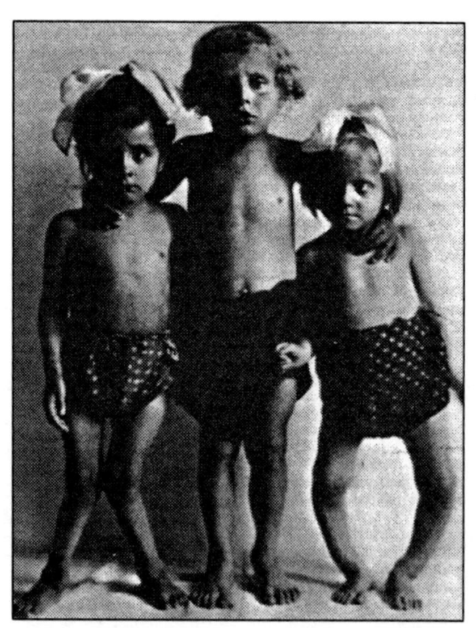

그림 9-3. 6세 여자 어린이의 심각한 구루병(가운데 어린이는 거의 정상임)

출처 : Pyke, M. *Man & Food*, McGraw-Hill Book Co., 1965.

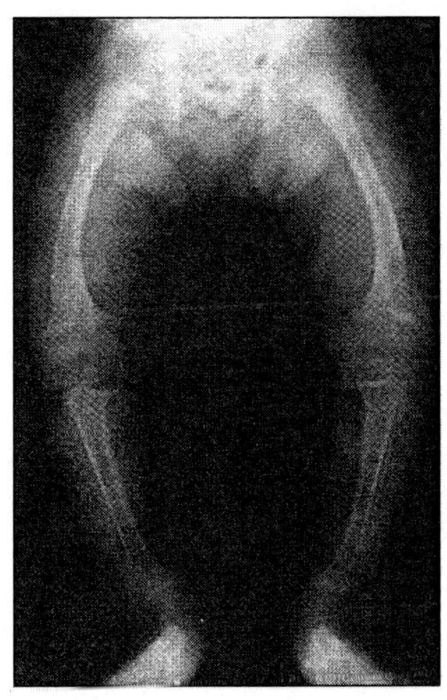

그림 9-4. X-ray of child with rickets

출처 : Washington Radiology Department

2) 햇볕은 비타민 D의 급원이다

비타민 D의 또 다른 급원은 햇볕이다. 피부가 햇볕에 노출될 때 화학적 변화가 일어나 비타민 D가 생산된다. 연중 충분한 양의 햇볕이 쬐는 지역에 사는 사람들은 비타민 D 결핍증이 일어나지 않는다. 구루병과 골연화증은 지구의 북반구에서(많은 양의 햇볕은 받지 못하는 지역) 일어나고, 실내에서 많은 시간을 보내는 사람에게 일어난다. 따라서 이러한 지역에 사는 사람은 음식을 통해 충분한 비타민 D를 섭취해야 하는 것이 매우 중요하다.

미국에서는 음식 중 칼슘 섭취가 낮은 사람들에 대해 특히 여성에 대해서 우려를 하고 있다. 평생 낮은 칼슘 섭취는 결국 **골다공증**(osteoporosis)이라 부르는 결핍증세를 보이게 된다. 골다공증의 의미는 문자 그대로 '구멍난 뼈'로서 골절이 생기기 쉽다는 것을 의미한다. 비타민 D가 음식 중의 칼슘의 흡수를 증가시키기 때문에 비타민 D 섭취를 증가시키면 식품 내에 적게 들어 있는 칼슘 섭취를 증가시킬 수는 있다. 그러나 식사에서 칼슘 섭취가 낮아 야기되는 골다공증의 문제를 극복하기 위해 비타민 D 보충제를 권하지는 않는다.

3) 비타민 D 요구량과 독성

연구가 충분하지 않기 때문에 충분섭취량(AI)과 RI가 제시되어져 왔다. 비타민 D의 AI는 사람들의 나이에 의존한다. 어린이에서 50세에 이른 성인의 경우, 요구량은 하루에 5μg이다. 낮은 섭취량과 햇빛에 적게 노출되기 때문에 노인의 겨우 권장량은 더 높다. 51세에서 70세의 경우 AI는 하루에 10μg이다. 70세가 넘은 노인의 경우 AI는 15μg이다. 이러한 권장량은 하루에 50μg인 상한섭취량과 비교될 수 있다. 이 수치는 권장량 수치와 유사하다. 여분의 비타민 D가 있을 경우 비타민 D의 작용이 과도하기 때문에 이러한 유독성이 야기된다.

음식 중 칼슘 섭취가 훨씬 증가하고 신장에서의 배출이 감소하게 되면 **고칼슘혈증**(hypercalcemia)이 야기된다. 고칼슘혈증은 **고혈압**, **신장결석**과 **연골조직**에서의 **칼슘 축적** 등이 일어난다. 후자의 경우 힘줄, 근육 및 신경계의 문제를 일으키고, 결국 죽음을 불러올 수도 있다. 따라서 비록 비타민 D가 음식 중 칼슘 흡수를 증가시킨다고 해서 영양학자들은 비타민 D의 독성을 우려하기 때문에 여분의 비타민 D의 보충제를 권장하지는 않는다.

가끔 다음과 같은 질문을 하게 된다 : 만약 비타민 D가 유독하다면 지나친 햇볕을 받으면 우리의 신체는 비타민 D를 유독할 정도까지 합성할 수도 있지 않을까? 답은 “No”이다. 우리 신체가 햇볕에 노출될 때 비타민 D는 피부에서 합성된다. 그러나 적정량의 비타민 D가 합성되고 난 이후 계속해서 햇볕에 노출되면 더 이상 합성하지 않는다.

3. 비타민 E

또 다른 지용성 비타민인 비타민 E는 잘못된 정보가 많은 것 중 하나이다. 비타민 E의 화학명은 **토코페롤**(tocopherol)로서, 말의 의미는 ‘활기찬 탄생(live birth)’이다. 이 비타민은 실험실과 농장의 동물에 있어서 수컷에서는 불임, 암컷에서는 번식에서의 문제를 야기하므로 이와 같은 이름이 붙었다. 비타민 E는 사람에 있어서 여러 가지 성적 문제를 치료할 수 있다고 생각한 것은 그 당시로는 합당했던 것 같다. 불행하게도 비타민 E가 수년 간 ‘미약의 비타민’으로서 팔려 왔지만, 동물에 있어서의 비타민 E 결핍증과 관련 있는 성적인 문제가 사람에게는 일어나지 않는다고 증명되었다. 이것은 과학적 기반이 없는 희망사항에서 야기된 또 다른 경우이다.

동물에 있어서 또 다른 비타민 E의 결핍증은 사람의 근육에서의 영양실조와 유사한 근육의 퇴화이다. 비타민 E와 근육 퇴화 사이의 이러한 관련성은 근육에서의 영양실조로 고생하는 사람들에게 있어서 매우 잘못된 희망을 주게 되었으며, 그들이 비타민 E 보충제를 파는 엉터리 의사의 단골 메뉴가 되었다. 비타민 E는 사람에게도 근육 영양실조를 일으키지는 않는다. 사기를 치는 식품업자들에 의해 이용되는 엉터리 정보의 또 다른 예이다.

비타민 E의 기능은 **항산화제**(antioxidant)로서의 역할이다. 항산화제는 지방의 과도한 산화를 방지하는 기능을 한다. 다가불포화지방(2개 이상의 2중결합을 가지는 것)은 쉽게 산화된다. 다가불포화지방의 좋은 급원인 식물성 기름 역시 비타민 E의 좋은 급원이다. 비타민 E의 또 다른 좋은 급원은 밀의 배아이다. 그러나 시판되고 있는 많은 밀의 배아는 팔리기 전에 탈지되어 결국 비타민 E의 좋은 급원이 될 수 없다.

비타민 E의 권장량은 미국 성인의 경우 하루에 15mg이다. 섭취량을 평가하기는 어렵지만, 대부분의 미국사람들의 식사에서는 하루에 8 내지 12mg의 비타민 E를 제공한다.

우리의 식사가 비타민 E의 요구량을 충족시키지 못하기 때문에 그리고 비타민 E가 무수히 많은 질병에 대항하여 방어하는 데 중요하다고 하기에 비타민 E 보충제가 지나치게 권장되었다. 비타민 E 보강제는 2가지 형태로 사용된다.

자연물질에서 유래된 비타민 E는 RRR-α-tocopherol이다. 비타민 E의 합성형은 (all-rac)-α-tocopherol이다. 합성형의 비타민 E는 불활성 형태의 토코페롤을 함유하기 때문에 자연에서 유래된 비타민의 절반 정도에 해당되므로 반드시 상품표지의 정보를 살펴본다. 자연형 비타민 E는 mg당 훨씬 더 비싸지만, 제시된 합성형 복용을 충족시키기 위해서는 2배로 복용해야만 한다.

질병을 예방하기 위하여 비타민 E의 보강은 얼마나 중요한가? 비타민 E가 자유라디칼의 손상으로부터 세포를 보호해 준다는 사실이 알려졌기 때문에 항노화 및 항암 비타민으로서의 역할도 제안할 수 있다. 이를 지지할 만한 통계자료는 거의 없다. 몇 개의 예비연구는 비타민 E가 심장병에 방어역할을 할 수 있다고 제시되었다. 토코페롤의 높은 섭취는 LDL 산화를 방어할 수 있다. 산화된 LDL은 동맥경화증의 잠재적인 자극제이다. 비타민 E가 만병통치약이 아니라는 것이 기저선이다.

우리는 여전히 비타민 E의 항산화 능력을 배우고 있다. 어떤 급원이든 간에 비타민 E의 상한값은 하루에 1,000mg이다. 이 용량에서는 용혈 위험성 증가가 가능하다. 만약 여러분이 비타민 E 보충제를 복용하겠다고 생각을 한다면, 첫째로 먼저 조사하고 200mg(natural form : 자연형) 또는 400mg(synthetic form : 합성형)으로 비타민 E의 섭취량을 제한시켜야 한다.

4. 비타민 K

비타민 K는 혈액응고에 필요한 지용성 비타민이다. 비타민 K는 대부분의 식품에서 발견되지만, 특히 브로콜리, 양배추, 잎이 검푸른 양배추가 좋은 급원이다. 비타민 K는 또한 여러분의 소장에서 박테리아에 의해 합성된다. 정상적인 환경일지라도 성인은 비타민 K를 합성하지 못할 시는 비타민 K 결핍이 발생한다. 그러나 황달 또는 담즙폐색증과 같은 지방흡수를 방해하는 질병은 비타민 K 결핍을 유도할 수 있다. 새로 태어난 영아들은 우유가 비타민의 좋은 급원이 아니기 때문에 비타민 K가 부족할 수도 있다. 그리고 영아의 소장은 비타민 K를 합성하는 박테리아가 거의 부족하다. 새로 태어난 영아들에게 어떤 과도한 출혈을 막기 위해 비타민 K 보강제를 주어야만 한다.

5. 항산화제로서의 비타민

항산화제(antioxidants)로서의 비타민 기능에 관한 관심이 고조되어 가고 있다. 왜냐하면 우리는 산소 환경하에서 살아가기 때문에 우리들의 세포는 산화에 민감하기 쉽다. 노화, 암, 백내장, 신장병은 모두 세포의 산화에 의해 영향을 받기가 쉽다고 한다. 우리의 세포를 보호하는 세포가 공격을 받기 전에 항산화제는 공격적인 산화제를 제거함으로써 세포를 보호한다. 체내에서 항산화제가 될 수 있는 비타민은 **아스코르빈산**, **비타민 A/카로틴과 비타민** E이다.

최대한의 방어를 위해서 필요한 각 비타민의 양은 논쟁의 여지가 있는 질문이다. 첫 번째, 사람들이 죽음이나 질병의 감소를 위해 항산화제를 반드시 보강해야만 한다는 연구가 증명되지 않았다. 두 번째, 비타민 C와 비타민 A는 과량 섭취 시 독성일 수 있기 때문에 영양학자들은 RI의 섭취권장량에 관해 주의하기를 원한다. 자료에서 가장 좋은 증거는 항산화제의 보호를 최대화하기 위해 이러한 비타민의 섭취량을 RI의 2배로 증가시키라는 것이다. 사람들이 과일과 야채류의 섭취량을 증가시킴으로써 이러한 섭취량은 얻을 수 있다. 만약 여러분이 과일과 야채류를 많이 먹는다면 비타민 보충제를 먹을 필요는 없다.

1) 하루에 5회 분량의 과일과 야채가 권장된다

여러분에게 매일 5회 분량의 과일과 야채류를 먹도록 권장한다. 불행하게도 미국인들은 매일 단지 3회 분량만 먹는다(케첩을 1회 분량으로 계산하지 않는다). 카로틴을 많이 얻기 위해서(비타민 A의 무독성 식물) 잎이 검푸른 채소와 감귤류, 과일을 좀 더 많이 먹도록 한다. 예를 들면, 중간 크기의 당근은 하루 권장량(RI)의 약 400%를 제공한다. 조리된 시금치의 ½컵을 RI의 약 150%를 제공한다. 비타민 C를 좀 더 많이 얻기 위해서는 여러분의 과일 섭취량을 증가시키면 비타민 E의 섭취량도 증가시킬 것이다. 과일, 야채류, 통곡류의 섭취량을 증가시킴으로써 여러분은 이러한 영양소의 섭취량을 증가시키게 될 뿐만 아니라 놀랍게도 또 다른 비타민, 무기질, 식이섬유소(dietary fiber)의 섭취량도 증가하게 된다.

1. 비타민 E 우리가 성급하게 행동했는가?

지난 몇 년 동안 비타민 E는 과학적 후광 속에 있었고, 특별히 그 약속은 심장질환을 낮출 수 있다는 것이었다. 보충제 판매가 높이 상승한 것은 전혀 놀라운 것이 아니었다. 식품제조업자들조차 행동으로 옮겼다. 예를 들어 Kraft는 '비타민 E가 풍부함' 즉, '건강한 신체를 위한'이라 자랑하는 샐러드드레싱을 판매하기 시작했다.

그러나 이제 높이 평가되는 새로운 연구에서 비타민 E는 심장질환에 대해 어떠한 예방을 제공하지 않는 것으로 온타리오 출신 연구자들은 심장발작 같은 심혈관질환 발작의 고위험성에 있는 연령 55세 이상의 9,500명의 사람들을 추적한 후 발견했다. 거의 5년간 이 그룹의 절반은 매일 400IU의 비타민 E가 공급되었으며, 반면 절반은 위약을 섭취했다. 결국, 심장발작 뇌졸중 또는 심부전 같은 다른 심혈관질환 문제의 빈도도 차이가 없었다. 이름 지어진 대로 HOPE(Heart Outcomes Prevention Evaluation) 연구는 비타민 E를 심장발작 장역으로 지적한 이전 연구의 커다란 결함을 발견하였다.

이 연구의 일부 비타민 E 같은 항산화 비타민이 풍부한 식품(특히 전과류, 유지류와 일부 야채들)을 섭취하는 사람들은 심장질환 발생률을 낮추는 것으로 나타났다. 동맥경화증의 발달을 지연시킬 수 있다는 비타민 E에 관한 동물연구도 역시 전도유망한 것으로 여겨져 왔다. 특별히 하버드대학의 두 개의 대규모 연구에서 100 단위의 비타민 E를 섭취한다고 알려진 사람들에서 심장문제 발생률을 낮출 뿐 아니라 동맥 손상을 덜 진행시키는 것으로 나타났을 때 희망이 잔뜩 고조되었었다. Nurses' Health Study와 Health Professionals Follow-up study로 알려진 하버드의 연구 노력은 광범위했고, 100,000명 이상으로부터 수년 간의 식이섭취 설문지를 근거로 결론을 얻은 것이다.

이전 연구결과들을 더욱 강하게 만든 것은 조사자들이 비타민 E가 작동하는 것처럼 보이는 메커니즘을 설명하는 무수히 많은 그럴듯한 이론들을 갖고 있기 때문이다. 예를 들어 항산화 영양소로서 비타민 E는 나쁜 LDL콜레스테롤의 산화를 방해하는데, 이는 바꾸어 말하면 동맥혈관 벽에 지방물질이 붙지 못하게 하여 혈관을 막지 못하도록 한다고 믿고 있다.

아직도 이전 연구의 대부분은 비타민 E를 실제 검증에 올려놓지 못하고 있다. 즉 비타민 보충제를 주어서 실제 심장발작을 예방하는지를 보려고 기다리는 것이다. 두 개의 하버드 연구는 사람들에게 비타민 E를 섭취시킨 그 후 심장질환이 발생하는지를 추적한 것에 대해 물었다. 그러나 연구에서 사람들은 보충제를 섭취하는 것이 고정된 제한성이 있는 것인지 없는지를 선택

출처 : Tufts University Health & Nutrition Letter. (March 2000) 1-800-274-7581. Reprinted with permission

한다. 예를 들어 비타민 E를 섭취하는 사람들은 처음부터 건강에 대한 의식을 더 많이 갖는 경향이 있다. 그들은 낮은 흡연, 더 많은 운동, 더 낮은 체중과 심장에 좋은 식이를 하며, 이 모든 것은 비타민 E를 섭취하든 하지 않든 심장질환 위험도를 낮출 수 있는 것이다.

연구자들은 그러한 사람들을 통제할 수 있으나 아마도 아직 밝혀지지 않은 대상자들의 생활습관에 관한 연구들의 다른 관련된 측면이 있을 것이다. HOPE 연구에서 연구자들은 비타민 E를 섭취할 수 있는 사람들을 선택하였고, 무작위로 선택하였으므로 생활습관 중재의 움직일 수 없는 가능성을 제거한 것이다.

연구비를 받은 또 다른 한 연구는 HOPE 연구에서 한 것과 같은 엄격한 방법을 사용하였으며, 더 긍정적인 결과를 얻었다. 일명 CHAOS(Cambrige Heart Antioxidant Study)는 400~800 단위의 비타민 E를 섭취하는 사람들이 심장발작 위험도가 크게 감소됨을 발견했다. 그러나 대상자의 평균 참여는 겨우 1년 반 정도 지속했을 뿐이고, 많은 참여자들이 중간에 그만 두어 결과를 심하게 약화시켰다.

다른 면에서 HOPE 연구는 강했고, 그 결과는 많은 과학적 무게를 싣고 있다. 그것은 "대규모의 잘 통제된 연구"라고 Tufs의 심장질환 연구자 Alice Lichtensteinm은 말하였다. 또한 과학 공동체에 있는 모든 사람들이 기다려 왔던 황금 같은 표준이라고 하였다. 그 연구는 맞는 용량의 비타민 E와 수천 명의 사람들과 충분히 긴 추적기관을 갖고 있었다. "일부 이전 결과를 확증할 수 없다는 것이 불행한 일이다"라고 덧붙였다. 그러나 최소한 비타민 E가 심장발작과 뇌졸중이 더 쉽게 발생하는 경향을 가진 사람들에게 있어 심장질환 위험도에 어떠한 영향을 미치는지 아닌지의 여부를 강력하게 검증했다. 그 연구는 우리가 얼마나 심혈관질환에 관계되는 모든 것을 모르고 있는지에 대한 좋은 예라고 결론지었다. 문맥에서 한 요소만을 격리해 내는 것은 매우 위험하다.

이러한 가장 최근의 연구가 비타민 E 이야기의 끝인가?

하버드의 영양연구자인 Eric Rimm은 Health Professionals Follow-up study의 저자 중 한 사람으로 HOPE 연구는 화학적으로 훌륭했다고 인정하고 있다. 그러나 그는 그것이 마지막 말이 아니라고 생각한다. HOPE 연구에 참여한 사람들은 이미 심장질환과 위험요소를 갖고 있었고, 당뇨 혹은 고콜레스테롤 같은 심장문제에 대해 그들을 고정시켜 놓은 조건을 갖고 있다고 Rimm 박사는 말하고 있다.

그들은 미래에 관상동맥 발생에 대해 가장 위험한 인구집단들인 것이다. 만약 당신이 이미 심한 동맥경화를 갖고 있다면 비타민 E는 도울 수 없다. 비타민 E는 단지 초기단계의 질환에서 사람들을 돕고, 이 연구는 단지 그것들을 너무 늦게 감지했을 것이다. Tufs의 비타민 E 전문가인 Jeffrey Blumberg 박사는 HOPE 연구의 자발적 참여자들이 매우 높은 위험도를 가진 사람들로 심장질환을 치료하기 위해 범위가 넓은 강력한 약을 또한 섭취하는 사람들이었다는 데 동의한다.

그 연구는 정상의 건강한 사람들에서 어떤 일이 발생하는지에 대한 질문은 언급하지 않고 있으며, 비타민 E는 실제로 병든 사람들에서는 작동하지 않을 것이라고 말하고 있다. 덧붙여서 Blumberg 박사는 "비타민 E는 죽었다" 또는 "이것이 가장 믿을 수 있는 연구"라고 말하는 대신에 연구들은 문맥에 맞추어져야 한다고 덧붙였다. 증거의 총체적인 것은 여전히 밖의 어딘가에 혼재되어 있다.

비타민 E을 섭취할 것인가 말 것인가?

심장질환의 위험도를 낮추려는 희망으로 비타민 E를 섭취해온 사람들은 HOPE 연구에서 한 가지 안심할 수 있는 발견이 있다. 비타민 E에 사용된 용량 400 단위가 어떠한 해를 초래하지 않았으므로 당신은 그 양을 취함으로써 당신에게 해를 끼치지는 않을 것으로 보인다.

섭취를 지속할 것인가 말 것인가 여부는 아무도 답을 알 수 없는 질문이다. 그러나 결국 무엇이 발견되든지간에 가장 충실한 비타민 E 제조업자들조차 식이, 신체활동과 비흡연이 보충제를 삼키는 것보다 훨씬 중요하다고 느낀다.

운동과 같이 심장에 건강한 실천 습관, 몸무게를 주시하는 것, 과일, 야채, 전곡류(포화지방이 적은 것)를 많이 섭취하는 것이 항상 가장 중요한 생활습관의 단계들 일 것이다. Tufts의 Lichtensrtein 박사는 "만약 당신이 심혈관질환이 진행되는 것이 걱정된다면 당신이 먹는 모든 형태와 전체적 생활습관을 관찰하라"고 말하고 있다.

당신은 질환 위험도를 낮추는 것과 관련된 모든 행동들을 따라 하고 있는가?

Tufts의 지질대사 실험실 실장인 Ernst Schaefer 박사는 "금연하고, 혈압과 혈당을 낮추고, LDL 콜레스테롤을 조절하라. 만약 당신이 비타민 E를 섭취하기를 원한다면 그렇게 하라. 그러나 심장발작을 예방한다고 기대할 수는 없다"라고 덧붙이고 있다.

9장

2. 비타민 강매자와 식품 사기업자

Victor Herberz

Victor Herbert는 뉴욕시의 시내산 의과대학의 의학부 교수이며, 시내와 협약관계인 Bronx VA 의학센터의 혈액학과 영양학 연구소장이다. 건강사기에 대한 국립회의 정회원이며, 의문 있는 방법에 관한 미국협회위원회의 회원이다. 그는 국립과학학술원의 식품영양부와 영양권장량부에서 일했다. 그는 650편 이상의 과학논문을 썼고, 그의 영양연구에 대해 몇 번의 국가로부터 상을 수상하였다. 그가 발간 서적은 「시내산 의과대학은 영양과 유전영양의 책을 완성시킨다」와 「당신 가족의 의학역사에 기록한 식이를 설계함」이 있다.

우리는 아직도 비타민의 열광의 도가니 가운데 있다. 영양사기꾼들이 우리의 두려움과 희망을 북돋우면서 돈을 크게 벌고 있다. 그들은 위조 증명서를 갖고 라디오, 텔레비전 방송과 출판을 지배하고 있다. 토크쇼 사회자들은 그들을 사랑하는데, 이는 사기꾼들의 주장인 초건강(super heath)에 대한 위선적 약속들이 거대한 청중들을 끌어들이기 때문이다. FDA국장인 George. P. Larrik은 25년 이전보다 현재 상황이 훨씬 더 나빠 보인다고 하며, 다음과 같이 언급하고 있다.

> "오늘날 미국에 가장 널리 퍼져 있고 비싼 형태의 사기행위는 비타민 제품, 특별한 식이식품과 식품보충제를 판촉하는 것이다. 수백만 명의 소비자들은 이러한 제품에 대한 필요에 관해 잘못 인도되고 있다. 이런 문제를 복잡하게 하는 것은 영양에 대한 기대와 증가하는 전설 또는 신화이며, 이는 책과 팜플렛과 정기 간행물에 위조 과학문헌에 의해 쌓이고 있다. 그 결과로 수백만 사람들이 다소 많은 비합리적인 식품 품목을 갖고 상상과 실제 질병에 대한 자가투약을 시도하고 있다. 오늘날 식품 사기행위는 단지 지난 세기에 최고점까지 도달한 의료특허의 열광에 비교될 수 있다"

'건강한 식품' 소동으로 미국인들이 한 해 수십억 달러의 비용이 든다. 이러한 낭비의 주요 희생자들은 노인, 임산부, 환자와 가난한 사람들이다.

좋은 영양의 기초

비타민 강매자에 의해 세뇌당한 경험이 있는가? 당신의 식이를 과잉의 영양소로 보충해야 한다는 것을 믿는가? 당신은 조금이 좋다면 더 많은 것은 더 좋다는 것을 믿는가? 당신은 과잉의 영양소가 해가 없다는 것을 믿는가? 또는 그들이 영양보험을 제공하고 있는 것인가? 만약 당신이 이것들 중

Condensed from Stephen Barrett, MD, Victor Herbert, MD, JD, The Vitamin Pushers : How the ' Health Food' Industry Is Selling America a Bill of Goods, (Prometheus Books, Amherst, NY. Copyright ⓒ 1994). Reprinted by permission of the publisher.

어느 것이라도 믿는다면 당신은 잘못 인도되는 것이다. 좋은 영양의 기초는 간단하다. 당신의 신체가 필요로 하는 영양소의 양과 종류를 얻기 위해서는 미국 농무성 농림부의 매일 식품지침에 의해 설계된 각각의 식품 그룹으로부터 절제된 양의 식품을 섭취하고, 각각의 카테고리 안에서 폭넓게 그리고 매우 다양하게 선택하라.

상세한 지시사항을 얻으려면 USDA의 식품지침 피라미드 책자를 사기 위해 1불(1$)(Publication No. HG249)을 소비자 정보센터 Pueblo. Co 81009로 보내라. 이 식품계획은 충분한 양의 모든 비타민, 무기질, 단백질 성분을 제공한다. 실제로 균형 잡힌 다양한 식품을 섭취하는 정상 사람들은 필요한 것보다 더 많은 영양소를 소비하고 있는 것일 것이다.

물론 건강 광고업자들은 이것을 말하지 않는데, 그 이유는 그들의 수입이 진실을 보류하는 것에 달려 있기 때문이다. 책임감 있는 의사와 달리 그들은 당신을 건강하게 유지시키려고 함으로써가 아니고 대신 거짓 주장을 갖고 유혹함으로써 삶을 꾸려가려고 한다. 이러한 주장들은 그들은 개인의 외적 비용을 증가시키고, 책과 잡지를 팔고, 재정적인 이익을 줄 수 있는 회사의 제품을(당신에게 알려지지 않는) 팔 것이다.

과잉 비타민의 위험성

방어를 할 때는 사기꾼들은 "당신은 도움이 되지 않는다는 것을 어떻게 아는가?"라고 심문하는데 재빠르다. 이것에 대한 대답은 "당신은 해가 되지 않는다는 것을 어떻게 아는가?"이다. 소량 또는 절제된 용량에서 해가 없는 많은 물질들이 다량 또는 수년 간에 걸쳐 점차적으로 축적됨으로써 해가 될 수 있다.

비타민 같은 물질은 단지 자연적으로 발견되는 물질이기 때문에 대용량에서 해가 없다는 것을 의미하지는 않는다. 과학자들이 과잉 비타민에 대해 언급할 때 그들은 영양연구회의 식품영양부와 국립과학학술원에 의해 제정된 권장량(RI)을 초과하는 용량을 의미한다.

RI는 필수영양소로 간주되는 것을 섭취하는 수준이며, 이용가능한 과학지식의 기초 위에 식품영양부의 판단으로 실제 모든 건강한 사람들의 알려진 영양적 필요를 맞추기에 충분한 것이다.

영양권장량은 대부분의 사람들이 요구하는 것 이상의 양이다. 영양권장량은 신체의 필요를 맞추기 위해 제정되었을 뿐만 아니라 또한 섭취가 감소 또는 필요가 증가된 기간에도 유지하기 위해 상당한 저장을 허용한다. RI보다 더 높은 양은 체내에서 어떠한 비타민의 기능을 수행하지 않는다. 그것은 약으로 간주되어야만 하고 문제를 일으킬 수 있다.

RI를 초과하는 비타민 사용이 합법적인 두 가지 상황이 있다. 첫 번째는 의학적으로 진단된 결핍상태를 치료하는 것이고, 이는 알콜 중독, 장 흡수장애를 가진 사람들, 영양이 빈약한 특히 임신 또는 노인 같은 사람들을 제외하고는 극히 드문 상태이다. 다른 사용은 비타민의 화학적 작용(비타민이 아님)으로 사용되는 특정 상태를 치료할 때이다. 이 상태들 중 어느 것도 자가치료하는 데 적합한 것은 없다.

어떻게 비타민 강매자와 식품 사기꾼이 똑같은가? 다음 행동이 당신을 의심하도록 만들어야 한다.

그들은 그들의 주장을 지지하기 위해 일화와 증언을 사용한다

우리 모두는 다른 사람들이 개인적 경험에 대해 말한 것을 믿는 경향이 있다. 그러나 우연의 일치로부터 원인과 결과를 분리하는 것은 어려울 수 있다. 만약 X제품이 암, 관절염 또는 무엇이든지 치료했다고 말한다면 의심하라. 그것들은 실제 질병조건을 갖고 있지도 않았을 것이다.

만약 그들이 그랬다면 그들의 회복은 대부분 제품 X의 도움 없이 발생할 것이다. 대부분의 1회성 질환은 단지 시간이 지남에 따라 회복되며, 대부분의 만성질병은 무증상의 기간을 갖는다.

의학적 진실을 수립하는 것은 사려 깊고 반복된 조사를 요구하며, 잘 설계된 실험과 원인 결과로 잘못 인지된 우연은 보고하지 않는다. 그것이야말로 증언적 증거가 과학 논문에 금지된 이유이고, 항상 법정에서 용인되기 어렵다.

사람들이 가치 없는 치료에 의해 우롱당할 수 있는 한도를 절대 과소 평가하지 말라. 1940년대 초기 동안 수천 명의 사람들은 glyoxylide가 암을 치료할 수 있다는 것을 확신하게 되었다. 그러나 분석에서는 단순히 증류수였음이 증명되었다!

정신 신체증상들(긴장에 대한 신체반응)은 작용할 것 같은 권유와 함께 섭취함으로써 종종 해소된다. 피곤함, 다른 작은 동통과 통증은 어떤 열광적으로 추천된 묘약에 반응할 수 있다.

이러한 문제들에서 의사들조차 위약을 처방할 수 있다. 위약은 사용된 조건에서 아무런 약물학적 효과가 없는 물질 또는 약이 된다고 추측하는 환자를 만족시키기 위해 주어진다. B_{12} 같은 비타민은 통상적으로 이 방법으로 사용되었다.

위약은 권유에 의해 작용한다. 불행히도 일부 의사들은 판촉을 광고하는 것을 그냥 삼키거나 자신의 관찰에 의해 혼동되며, 좋은 식이에 의해 공급되는 것을 넘어서 비타민을 믿게 된다. 거짓된 신념을 공유하는 사람들은 그렇게 한다. 그 이유는 그들이 우연의 일치나 위약의 작용을 원인 및 결과와 혼동하기 때문이다. 동종 요법 신봉자들도 같은 오류를 저지른다.

토크쇼 진행자는 당신이 섭취하는 모든 비타민이 개인적으로 당신을 위해 무엇을 하는가에 대해 질문을 던져서 사기꾼들을 부추긴다. 그러면 수천 또는 수백만의 시청자들은 향상된 건강, 정력, 활력에 대한 사기꾼의 이야기에 당하게 된다. 내재하는 요점은 그것이 나에게 이러한 일을 했다. 그것은 당신에게도 똑같이 할 것이다라는 것이다.

대부분의 주요 네트워크 쇼 동안 세계에서 가장 뛰어난 영양의 일시적 유행을 선동하는 자들 몇 명을 초대하였고, 가장 의미심장한 증언적 경험들이 언급되었다. 반면 진행자는 그의 새로운 섭취 프로그램이 그의 저혈당을 치료했다고 자랑했으며, 그는 하루에 20~30잔의 커피를 더 이상 마시고 있지 않다고 무심코 언급했다.

인도자나 그 어떤 전문가도 그렇게 많은 커피를 마시는 것이 얼마나 위험할 수 있는지를 청중에게 말할 수 있는 건전한 분별력을 갖고 있지 않았다. 또한 그들 중 어느 누구도 인도자의 본래 증상이 아마도 카페인 과잉에 의해 야기했을 수 있다는 것을 인지하지 못했다.

그들은 재빠르고, 드라마틱하고, 기적적인 치유를 약속한다

그 약속들은 항상 교묘하거나 족제비 같이 교활한 사람의 말로 표현되어서 섭취자들이 가까워졌을 때 그들은 그것들을 부정할 수 있다. 그러한 약속들은 사기꾼들의 가장 비도덕적 관행이다. 그들은 얼마나 많은 사람들을 재정적으로나 영적으로 파괴하는지는 상관하지 않는 것 같다. 주장이 거짓임이 증명될 때 그들은 빠른 치료 뒤에 깊은 우울증이 따른다는 주장으로 의기양양해 한다. 또한 사기꾼들은 그들의 은행구좌를 채우는 동안 그들이 얼마나 많은 사람들을 효과적인 의학적 돌봄으로부터 불구나 사망으로 미혹시키는지 고려하지 않는다.

거짓의학 용어로 표현된 비주장을 사용한다

질병을 치료한다는 약속 대신에 일부 사기꾼이 당신 신체를 해독시키고, 그 화학의 균형을 이루고, 신경에너지를 방출하고, 자연과 조화를 이루도록 하고, 면역체계를 자극하거나 강화시켜 당신 신체내 여러 기관들을 지지한다고 약속할 것이다(물론 그들은 절대로 이들 과정들의 어떠한 정체를 밝히거나 전후를 타당케 하는 측정은 하지 않는다).

이러한 비주장(disclaimers)은 두 가지 목적에 기여한다. 그들이 주장하는 과정들을 측정하는 것은 불가능하기 때문에 그들이 잘못되었다는 것을 증명하기란 어렵다. 더욱이 만약 사기꾼이 의사가 아니라면 비의학적 용어를 사용하는 것은 면허증 없이 의술을 행하는데 대한 고소를 피하는 데 도움을 줄 수 있을 것이다(비록 해서는 안 되는 일이지만).

책임감 있는 과학자들이나 교육가들에 의해 인정되지 않은 신용장들을 전시한다

미국의 교육의 성실함의 등줄기는 미국교육부장관이나 중등과정 이후 인증협의회(Post Secondary Accreditation)에 의해 인정된 기관들에 의한 공인체계이다. 비공인된 학교에서 얻은 학위는 거의 인쇄된 종이 가치도 없다. 건강분야에서 신뢰할 만한 학교로서 공인되지 않은 그러한 일은 없다. 사기꾼들은 과학 공동체의 밖에서 일하기 때문에 그들 또한 그들 자신의 전문적인 단체를 형성하는 경향이 있다.

일부 경우에 단지 회원자격은 회비를 내는 것이다. 나의 사무실 벽은 Chalie Herbert(고양이) 증명서와 Sassatras Herbert(개)에 대한 화려한 전문회원 증명서가 전시되어 있다. 각 증명서는 단지 동물이름, 우리 주소, 50$짜리 수표를 제출함으로써 얻게 된다.

과학적으로 들리는 이름을 가진 모든 그룹들이 존경할 만하다고 가정하지 말라. 그들의 견해가 과학적으로 기초했는지 아닌지를 찾아보아라.

불행하게도 공인된 학위를 소유하는 것은 신뢰성을 보장하지는 않는다. 어떤 학교는 비과학적 방법들로(카이로프렉티스, 자연요법, 침술) 공인을 얻었다. 아직도 더 나쁜 것은 명성 있는 기관에서(의학이나 치과대학 또 공인된 대학 같은) 훈련받는 개개인 중 적은 %는 과학적 사고로부터 벗어나 있다.

일부 사기꾼들은 세계의 가장 뛰어난 영양학자 또는 미국의 주요한 영양전문가처럼 극찬을 함으로써 선동한다. 자신을 세계의 가장 뛰어난 연인이라 부르는 사람이 없는 것과 같이 이러한 책략에 반대하는 법규는 없다. 그러나 과학 공동체는 그러한 호칭들을 인정하지 않는다.

사기꾼들은 치료법에 정치적 지원을 빌려 주도록 환자들을 부추긴다

1세기 전, 과학적 방법론이 일반적으로 받아들여지기 전에 타당성 있는 새 아이디어는 평가하기 어려웠고, 종종 의학 공동체의 다수에 의해 거부되었다. 그러나 오늘날 효과적이라고 증명된 치료들은 과학적 의료인들에 의해 환영받았고, 그들을 위해 십자가를 질 그룹은 필요 없다. 사기꾼들은 정치적 지원을 추구한다. 그 이유는 그들이 그들의 방법이 작동하는지를 증명할 수 없기 때문이다. 대신에 그들은 치료의 합법화를 모색하며, 보험회사들로 하여금 지불토록 강요할 수 있다. 매주의 위험(구매자가 의식토록)을 믿는 법관과 입법자들은 사기꾼들과 자연스러운 동맹자이다.

대부분의 질환이 결점 있는 식이 때문이며, 영양적 방법으로 치료될 수 있다고 말한다

질병이란 단순히 그렇지만은 않다. 당신의 의사나 인정된 의학서적을 찾아보라. 그들은 일부 질환(대부분 잘 알려진 심장질환)에서 식이가 한 요인이 될 수는 있으나, 대부분의 질환은 식이와 거의 관련이 없거나 무관하다고 말할 것이다. 언짢음(기분이 안 좋은), 피곤함, 원기부족, 동통(두통 포함) 또는 통증, 불면증과 유사한 불평 같은 흔한 증상들은 항상 감정의 스트레스에 대한 신체의 반응이다. 그러한 증상의 지속성은 발병 가능한 신체질환에 대해 의사에게 진단받아야 한다는 신호이다. 그것은 비타민 정제를 먹어야 할 이유는 아니다.

일부 사기꾼들은 책임감 있는 의사들에 의하면 거의 드물거나 존재하지 않는 것으로 간주되는 병의 진단과 치료에 매우 전문적인 것처럼 보인다. 몇 년 전 저갑상선증과 부신기능저하증이 인기가 있었다. 오늘날 유행하는 진단은 저혈당, 수은아말감독성, 칸디다과민증, 환경질환들이다. 사기꾼들은 또한 알러지에 뛰어들어서 거대한 숫자의 미국인들이 진단되지 않은 알러지로 고통받고 있다고 잘못된 주장을 하면서 가치 없는 검사로 진단하며 쓸모없는 영양적 치료를 처방한다.

여러분의 신체에서 발견되는 것들과 유사한 광범위하게 다양한 물질들을 추천한다

근본적인 생각은 원시부족들의 기원적인 생각과 유사하게 이 같은 물질들을 섭취하는 것이 상응하는 신체 부분들을 강화시키거나 재생시킬 것이라는 것이다. 예를 들어 건강식품가게 책자에 따르면:

생분비, 생치료 또는 세포치료 같은 것은 거의 너무 간단해서 진실일 것 같지 않은 것 같다. 그것은 인체의 쇠약해진 부분에 상응하는 특별한 동물조직을 보충형식(정맥 또는 경구)으로 주도록 구성된다. 달리 말하면, 한 사람이 취약한 췌장을 갖고 있다면 그에게 생췌장 물질을 주자. 만약 심장이 약하면 생심장을 주라 등이다.

비타민과 다른 영양소는 그것들을 더 시장성 있도록 만들기 위해 여러 가지 조작을 첨가할 수 있다. 입으로 먹을 때 그러한 조제는 위약보다 더 나을 바 없다. 그들은 항상 직접적인 해를 끼치지 않는다. 그러나 그들의 미혹은 유능한 전문적 치료로부터 사람들을 멀어지도록 인도할지 모른다. 일부 조작은 또한 심각한 감염을 초래했다.

'세포 조직염(Tissue salt)'가 제안하는 것은 질환의 근본 원인이 무기질 결핍이며, 이것을 교정하는 것은 신체가 스스로 치유토록 도울 수 있을 것이라고 주장한다. 따라서 그들은 1개 혹은 12개 이상의 염증이 광범위하게 다양한 질환들에 대하여 유용하다고 주장하며, 이 질환들은 맹장염, 대머리, 귀머거리, 불면증과 기생충을 포함한다. 이 방법의 개발은 W. H. Schuessler란 이름의 19세기 의사에 의한 것이다.

경구 섭취용 효소들은 또 다른 사기이다. 그들은 신체 내에서 소화를 돕고 많은 다른 기능을 지원한다. 그러나 사실 구강으로 섭취된 효소는 위와 장에 의해 아미노산 성분으로 분해된다. 경구 췌장효소는 췌장효소 분비가 감소된 질환에서 의학적으로 사용되는 것은 합법적이다. 실제 췌장효소 결핍증을 가진 누군가는 적합한 의학적 진단과 치료를 요하는 심각한 근본적 질환을 아마도 갖고 있을 것이다.

영양소를 말할 때 이야기의 한 부분만을 말한다

그들은 신체 내에 비타민과 무기질이 하는 멋진 일들을 모두 말한다. 그리고 충분히 섭취하지 않으면 벌어질 무시무시한 일들 모두에 대해 서로 말한다. 그러나 그들은 균형 잡힌 식이가 필요로 하는 모든 영양소를 제공할 수 있다는 것과 USDA의 피라미드 식품지침 체계가 식이를 간단하게 균형을 이루도록 해준다고 알려 주는 것에 소홀하다. 불행히도 그러한 주장들이 특정 제품을 판매하는 것과 연관되지 않는 한 출판이나 감염, 또는 토크쇼는 합법적이다. 많은 보충제 제조업자들은 섬세한 접근을 이용한다.

일부 간단히 말하기를 우리 제품 X를 사세요. 그것은 건강한 눈을(또는 머리카락 또는 당신이 염려하는 어떤 기관)을 증진시키도록 돕는 영양소를 함유합니다. 다른 사람들은 각 영양소가 하는 것과 결핍 질환의 징후와 증상들을 언급한 도표를 배포한다. 이것은 신체 기능을 향상시키며, 언급된 문제들을 피할 수 있다는 바램들로 보충제 섭취를 부추긴다.

또 다른 사기성 은폐의 형태는 불완전한 정보에 기초한 보충제와 식물추출액을 장려한다. 많은 건강식품산업제품들은 결함이 있는 동물연구의 외삽과 인체에 실시한 확증되지 않은 연구에 근거한 주장으로 시장 판매된다. 그러한 제품으로 가장 악명 높은 것은 L-트립토판 아미노산이다. 이러한 목적들 어느 것에도 안전하거나 효과적이라고 증명되지 않았음에도 불구하고 수년 동안 그것은 불면증, 우울증, 월경전증후군과 과체중에 판촉되었다.

1989년 그것은 호산구 근육통증후군의 발생으로 시작되었고, 이는 심한 근육과 관절통, 약함, 팔과 다리의 부종, 발열, 피부발진과 혈액내 호산구 증가로 또 특징지어지는 드문 질환이다. 다음 해에 걸쳐 1,500건의 이상과 28건의 사망이 보고되었다. 사건 발생은 도매공급 공장에서 제조 문제로 추적되었다. 밝혀진 사실은 L-트립토판은 처음에 대중에게 시판되어서는 안 되었던 것이다. 왜냐하면(대부분의 1개 아미노산 성분 같이), 그것은 의학적 사용으로 안전한 것으로 증명되지 못했기 때문이다. 사실, FDA는 1970년 중반 동안 금지시켰으나 강행하지는 않았다.

대부분의 미국인들이 영양적으로 빈약하다고 주장한다

이것은 사실이 아닐 뿐 아니라 미국 내 주요한 나쁜 영양의 형태는 가난에 시달리는 사람들 사이의 저영양 상태와 특별히 대규모 빈곤층 집단에서의 과체중이라는 사실에 무지하다. 가난한 사람들은 불필요한 비타민 정제에 소비할 돈의 여유가 불충분할 수 있다. 그들의 식품에는 식품을 공급하기 위해 소비되어야 한다. 한 가지 예외는 식품 그룹에 있는 식이들은 필요로 하는 모든 영양소를 함유하고 있다. 철분 무기질은 예외이다. 평균 미국인 식이는 영아, 출산 가능성 있는 여성, 특히 임산부의 필요를 맞추기에 겨우 충분한 철분을 함유한다. 이러한 문제는 네덜란드식 오븐 또는 어떠한 철제 그릇에 조리하거나 콩, 간, 송아지 근육 같은 철분이 풍부한 식품을 섭취함으로써 해결될 수 있다.

쓰레기 같은 식품들에 너무 중독되어서 충분한 식이는 통상적이기 보다 예외일 수 있다고 그들은 잘못된 주장을 한다. 일부 간식 식품들은 주로 naked calories(다른 영양소 없는 설탕 또는 지방)인 것은 사실이다. 그러나 우리가 먹는 모든 식품의 한 조각이 영양소가 있도록 할 필요는 없다. USDA의 식품군을 지키는 정상적인 사람은 비타민 결핍의 위험에 있지 않다.

당신이 불량하게 섭취하면 보충제를 먹는 것이 괜찮을 것이라고 말한다

이것은 영양보험의 시작이다. 이 언급은 사실이 아닐 뿐만 아니라 주의성 없는 식습관을 격려한다. 불량하게 섭취하는 것에 대한 치료는 잘 균형 잡힌 식사이다. 만약 당신 식이의 충분성에 의심이 간다면 며칠 동안 먹을 것을 사고, 매일 평균 먹는 것이 USDA지침 선상에 있는지 없는지 알아보라. 만약 당신이 이것은 스스로 할 수 없다면 당신 의사 또는 등록된 영양사가 그것을 할 수 있다.

최신 가공방법과 저장이 식품에서 오는 모든 영양적 가치를 제거한다고 주장한다

식품가공이 식품의 영양소 함유를 바꿀 수 있다. 그 변화는 사기꾼들이 당신으로 하여금 보충제를 사거나 믿기를 원하는 만큼 강력하지는 않다. 균형 잡힌 다양한 식이는 필요로 하는 모든 영양을 제공할 것이다.

사기꾼들은 왜곡하고 지나치게 단순화시킨다. 그들은 제분과정이 B-비타민들을 제거한다고 말할 때, 그들은 그것들을 다시 넣어 강화시킨다고 말해 주는 수고로움을 하지 않는다. 그들의 조회가 영양소를 파괴한다고 말할 때 단지 소수의 영양소가 열에 민감하다는 사실을 내놓는다. 이들 소수의 영양소들은 조리되지 않은 신선한 과일, 야채 또는 신선하거나 냉동된 과일주스를 매일 섭취하는 것으로부터 쉽게 얻어진다.

불소화가 위험하다고 주장한다

이상하게도 사기꾼들은 항상 실제 결핍에는 관심이 없다. 불소는 충치에 저항하는 치아를 만드는 데 필요하고, 뼈를 강화시키는 데 필요하다. 이 필수영양소를 충분히 얻는 가장 좋은 방법은 공동체 물 공급을 시작해서 불소의 농도가 물 100만당 1의 불소(1ppm)가 되게 하는 것이다. 그러나 사기꾼들은 항상 물의 불소화하는 것에 반대하며, 일부 불소를 제거하는 물 여과기를 옹호하기도 한다. 그들은 어떤 것으로부터 이익을 낼 수 없을 때 그것을 반대함으로써 돈을 벌려고 하는 것 같다.

우유를 살균하는 것을 반대한다

영양 사기꾼들의 가장 이상한 측면들 중의 하나는 생우유(살균 않는 것)를 신봉하는 것이다. 공중 건강 권위자들은 존재할지 모르는 질병을 유발하는 세균을 파괴하기 위해 살균을 지지한다. 건강 일시적 열광자와 사기꾼들은 살균이 필수영양소를 파괴한다고 주장한다. 비록 약 10%의 열에 민감한 비타민(비타민 C와 티아민)은 살균하는 동안 파괴되지만, 우유는 이들 영양소가 어찌되었든지 유의할 만한 공급원이지 않다.

허가되었든 안 되었든 간에 생우유는 설사와 결핵을 초래하는 유해한 세균의 공급원이다. FDA는 인체 섭취 왕으로 포장된 생우유와 생우유제품의 미국내 주(state)들 간에 판매하는 것을 금했다. 1989년 캘리포니아 고등법원 법안들은 생우유제품이 안전하며, 살균처리된 우유보다 더 건강하다는 광고를 중단토록 국가의 가장 큰 생우유 제조자에게 명했고, 눈에 띄는 경고를 제품 상표에 붙이도록 했다.

토양의 고갈과 화학비료의 사용이 영양상태가 저하된 식품을 초래한다고 주장한다

이러한 주장들은 소위 유기적으로 자란 식품들의 판매를 촉진하기 위해 사용된다. 만약 영양소가 토양에 결핍된다면 식물은 자라지 못한다. 화학적 비료는 토양 고갈의 영향을 중화시킨다. 물의 무기질 함량은 변하지만, 이는 미국인 식이에 의미가 있는 것은 아니다.

사기꾼들은 또한 자연 비료로(manure : 비료) 자란 식물은 합성비료에 자란 것보다 영양적으로 우수하다고 거짓말을 한다. 그들이 자연 사료들을 사용하기 전에 식물들은 자연사료들을 인공사료가 공급하는 것과 똑같은 화학물질로 전환시킨다.

스트레스나 질병 시에 영양소에 대한 필요성이 증가한다고 주장한다

많은 비타민 제조업자들은 스트레스가 신체의 비타민을 도적질한다고 광고한다. 한 회사는 만약 당신이 흡연, 식이요법 또는 병이 날 것 같다면 당신은 체내 비타민을 도적질당하게 될지 모른다고 주장한다. 다른 회사는 스트레스는 신체의 수용성 비타민을 고갈시킬 수 있다며 매일 대체가 필요하다고 경고한다. 다른 제품은 운동선수들의 특별한 필요를 채워준다고 극찬한다.

비타민에 대한 필요는 약간의 신체적 스트레스와 질병 발생시 상승될 수 있는 것이 사실인 반면에 이러한 형태의 광고는 사기다. 평균 미국인들은 스트레스를 받거나 받지 않든 간에 비타민 결핍의 위험에 있지 않다. 광고에서 언급하는 증가된 필요량은 거의가 RI 이상으로 상승되지 않으며, 적절한 섭취를 통해서 필요를 맞출 수 있다.

질병의 결과로 정말로 결핍의 위험에 있는 사람들은 의학적 돌봄을 필요로 하는 아마 입원중인 매우 질병이 중한 사람일 것이다. 그러나 이러한 판촉은 감기에 살아남기, 골프치기, 동네서 조깅하기 등을 위해서 비타민 보충제를 필요로 하지 않는 평균 미국인들을 목표로 하고 있다. 운동선수들은 칼로리 요구량에 맞추기 위해 필요한 식품을 먹을 때 비타민은 충분한 양 이상을 먹고 있는 것이다.

많은 비타민 강매자들은 흡연자들이 비타민 C 보충을 필요로 한다고 제안한다. 북아메리카의 흡연자들이 다소 혈중이 비타민 C치가 낮다는 것이 사실인 반면에 이 수준은 아직도 결핍 수준보다 훨씬 더 높은 수준이다. 미국에서 시가 흡연은 자기 절제에 의해 예방할 수 있는 사망의 주원인이다. 비타민 C를 섭취함으로써 거짓된 위안을 구하기보다 건강에 대해 관심 있는 흡연자들은 흡연을 중단해야만 한다.

소변을 산성화시키기에 충분한 높은 용량의 비타민 C는 니코틴 배설속도를 촉진시키기 때문에 니코틴 금단 증상을 피하기 위해 일부 흡연자들에서 더 많은 흡연을 초래할 수 있다. 소위 「스트레스 비타민」이 감정의 스트레스에 대하여 도움이 될 수 있다는 제안 또한 사기이다.

당신이 일상 식품 첨가제와 보존제에 의해 유독하게 될 위험성이 있다고 주장한다

이것은 식품과학자와 정부 보호기관에 대한 당신의 신뢰를 은밀히 해치도록 설계된 놀래주기 전략이다. 사기꾼들은 그들이 당신을 보호하기 위해서만이 있다고 생각하기를 원한다. 그들은 만약 당신이 그들을 신뢰한다면 그들이 추천하는 것을 살 것이라고 희망한다. 사실은 식품에 이용된 극미량의 첨가제는 인체의 건강에 아무런 위험을 주지 않는다. 사실 몇 가지는 썩음, 부패와 곰팡이 성장을 막음으로써 우리의 건강을 보호한다.

두 가지 예는 얼마나 우스꽝스러운 사기꾼들이 식품 첨가제, 특별히 식품에서 자연적으로 발견되는 것들을 얻을 수 있는지를 보여준다. 칼슘으로 피온염은 빵을 보존하기 위해 사용되었고, 스위스 치즈에서 자연적으로 발생한다.

방부제 없는 빵으로(더 높은 가격으로) 당신을 유도하는 사기꾼들은 1온스 슬라이스 1장의 스위스 치즈가 2개의 1파운드짜리 빵 덩어리의 부패를 늦추기 위해 사용된 동량의 칼슘 프로피온염을 함유한다고 말하지 않는 조심성이 있다. 유사하게 모노소디움 글루타메이트(MGS)에 대해 경고하는 사람들은 그들이 건강식품으로 사도록 재촉하는 밀 배아가 MSG의 주요한 천연 공급원임을 말하지 않는다.

또한 그들이 건강식품 가게에서 팔린 많은 식물성 물질들이 독성 가능성이 있으며, 장애나 사망을 초래할 수 있음을 경고하는데 실패한 것이 매우 의아하다. 1979년 4월 6일 의학편지(Medical letter)는 이러한 제품을 30개 이상을 목록화하였으며, 그것들 대부분이 식물성 차를 만드는 데 사용된 것들이었다.

자연 비타민이 합성된 것보다 더 좋다고 주장한다

이러한 주장은 싱거운 거짓말이다. 각각의 비타민은 원자 사슬이 함께 연결된 분자이다. 자연이란 공장에서 만들어진 분자들은 화학공장에서 만들어진 것들과 동일하다. 당신이 필요한 모든 것을 식품 그 자체로부터 얻을 수 있다면 당신은 식품으로부터 추출한 비타민에 더 돈을 지불하는 것이 합당한가?

설탕이 치명적 독이라고 주장한다

많은 비타민 강매자들은 설탕이 아침 밥상 위의 살인자이며, 심장질환으로부터 저혈당까지 모든 것의 근본적인 원인이라고 우리가 믿도록 만든다. 그러나 설탕이 정상의 균형 잡힌 식사의 부분으로 절제된 양을 사용되었을 때 설탕은 완벽하게 안전한 칼로리원이며, 먹는 즐거움을 주는 것이 사실이다. 사실 만약 당신이 어떠한 설탕도 먹지 않는다면 당신의 간은 단백질과 지방으로부터 만들 것인데, 그것은 당신의 뇌가 필요로 하기 때문이다.

모든 사람들이 비타민 또는 건강식품 또는 둘 다 섭취하는 것을 추천한다

식품 사기꾼들은 정상 식품을 과소평가하고 좋은 영양의 식품군 체계를 조롱한다. 그들은 그들이 그러한 발표로부터 생활비를 벌고 있다고 말하지 않을 수 있다. 이는 대중 출연료, 제품 확인, 출판판매 또는 비타민 회사, 건강식품가게 또는 유기농장에서의 재정적 이득 등을 통하여 얻고 있다.

건강식품이란 용어는 속임수의 선전문구인 것이다. 모든 식품은 절제된 양에서는 건강식품이나 어떤 식품이 과잉에서는 쓰레기 같은 식품(junk food)이다. 당신은 길모퉁이 식품가게, 과일시장, 고기시장, 슈퍼마켓 등도 또한 건강식품 가게라는 것에 대해 생각해 보기 위해 멈추어 본 적이 있는가? 그들은 일반적으로 선전문구를 사용하는 가게보다 더 적게 요금을 붙인다.

많은 비타민 강매자들은 바이오플라보노이드, 루틴, 이노시톨, 파라아미노산(PABA)과 다른 그러한 식품성분들에 대해 오인하는 주장을 한다. 이러한 성분들은 식이에 필요한 것이 아니며, FDA는 제품상표에 그것들에 대한 영양적 주장을 금하고 있다.

그런데 당신은 건강식품을 많이 섭취하는 사람들이 아직도 왜 비타민 보충제로 자신들을 채워져야만 한다고 느끼고 있는지 궁금해 본 적이 있는가?

머리카락 분석이 신체의 영양상태를 결정하기 위해 사용될 수 있다고 제시한다

건강식품가게와 많은 비과학적 개업의들은 이러한 검사를 권한다. 한 타래의 머리카락에 24불 또는 20불을 더한 것에서 당신이 필요하다고 생각되는 비타민과 무기질에 대한 정교한 컴퓨터 프린트물을 얻을 수 있다.

머리카락 분석은 중금속 중독 진단 시에서만 제한된 가치를(주로 법의학에서) 갖고 있으나 영양적 문제를 발견하기 위한 검진 도구로서는 가치가 없다. 사실 신체의 결핍은 증가된 머리카락 수준에 의해 동반되어질 수도 있다. 만약 머리카락 분석실험이 보충제를 권장한다면 당신의 컴퓨터는 모든 사람에게 그것을 추천토록 프로그램화된 것으로 확신할 수 있다.

몇 년 전에 Stephen Barrett 박사는 다른 가상의 이름 하에 20명의 건강한 10대로부터 얻은 머리카락 샘플을 13개 상업적인 머리카락 분석 연구실로 보냈다. 대부분의 무기질의 보고된 수준은 같은 실험실로 보내 동일 샘플들 사이와 한 실험실에서 다른 실험자끼리 상당히 달랐다. 실험실 또한 많은 무기질에 대해 정상이나 통상적인 것에 대해 동의하지 않았다. 머리카락 분석이 영양적 실제에 유용할지라도 상업적 실험실들이 그것을 정확하게 실행했는지 확신할 수 없다.

설문지가 식이 보충이 필요한지 아닌지를 나타내기 위해 사용될 수 있다고 제시한다

어떠한 설문지도 이것을 할 수 없다. 소수의 사업자들은 만약 비타민 결핍증이 존재한다면 나타날 수 있는 증상들에 대한 긴 컴퓨터 근거 점수를 매기는 설문지를 고안했다. 그러나 그러한 증상들은 영양과 관련 없는 상태에서 훨씬 더 빈번하게 발생한다.

실제 결핍증이 존재할 때라도 그 검사는 적절치료로 추천될 수 있는 원인을 발견하기 위한 충분한 정보를 제공하지 못한다. 치료는 신체검사와 적절한 실험실 검사가 요구된다. 많은 책임감 있는 영양사들은 고객의 식이를 평가하는 것을 돕기 위해 컴퓨터를 사용한다. 그러나 이것은 지방함량을 감소시키거나 섬유질을 증가시키는 것 같은 식이 추천을 하게 된다. 또한 보충제는 사람이 충분한 식이를 섭취할 수 없거나 할 의도가 없는 한 거의 유용하지 못한다.

보충제가 필요할지 아닌지를 결정하기 위한 근거를 제공하기 위해 알려진 간단한 설문지를 조심하라. 신뢰할 만한 설문지는 개인의 평균 매일 섭취를 각 식품군으로부터 추진된 1회 분량수와 비교한다. 영양소를 얻는 가장 안전하고 좋은 방법은 일반적으로 식품에서부터 오지 정제로부터 오는 것이 아니다. 따라서 식이가 결핍되더라도 가장 신중한 행동은 늘 보충제 알약보다는 식이를 변경하는 것이다.

체중을 줄이는 것은 쉽다고 말한다

식이 사기꾼들은 특별한 정제나 식품 조합이 노력 없이 체중을 줄일 수 있다고 당신이 믿도록 할 것이다. 그러나 체중을 줄이는 유일한 길은 먹는 것보다 더 많은 칼로리를 태워버리는 것이다. 이 방법은 자기 훈련이 필요하다. 즉 덜 먹고, 더 운동하기 또는 둘 다 하는 것이 더 선호된다. 1파운드 체중에 3,500칼로리가 있다. 1주일에 1파운드를 감량하기 위해서(안전한 양) 당신은 태우는 것보다 평균 매일 500칼로리 더 적게 섭취해야만 한다.

체중을 줄이는 가장 센스 있는 식이는 탄수화물, 지방, 단백질이 영양적으로 균형 있는 식이이다. 대부분의 유행 식이는 일시적 체중 감소에 의해 작동하며, 그것은 칼로리 제한의 결과이다. 그러나 이것은 너무나 단조롭고 위험해서 오랜 기간 사용할 수 없다. 식이 요법자가 더 나은 섭취 습관과 운동 습관을 개발하고 유지하지 않는 한 식이로 체중을 감량하는 것은 곧 원상태로 되돌아갈 것이다.

모조 비타민을 제시한다

비타민이 그렇게 인기 있는데 왜 새것을 발명해 내지 않는가? Ernst T. Krebs와 그의 아들 Ernst T. Krebs 2세는 두 개를 발명했다. 1949년 그들은 뒷날 pangamate라 이름을 지었고, 상표명은 비타민 B_{15}라는 물질의 등록특허를 냈다. 또한 Krebs 부자는 사기성 암 치료제인 laetrile을 개발했고, 비타민 B_{17}로 시판되어졌다.

비타민으로 적절히 불리워지기 위해서는 물질은 식이에 필요한 유기영양소이어야 하며, 그 물질의 결핍은 특정 질환을 유발하는 것으로 증명되어야 한다. Pangamate와 laetrile 어느 것도 비타민은 아니다. Pangamate는 심지어 1개 물질이 아니다. 다른 판매업자들은 병에 다른 인공 성분들을 넣었다. Laetrile은 무게로 6%의 청산칼리를 함유하며, 사람들을 중독시켰다.

당신의 의사를 신뢰하지 말라고 경고한다

당신이 신뢰하기를 원하는 사기꾼들은 대부분의 의사들이 학살자와 독살자라고 제시한다. 같은 이유로 사기꾼들은 또한 의사들이 영양에 무지하다고 주장한다. 이것 또한 맞지 않다.

영양의 원리는 인체 생화학·생리학이며, 모든 의과대학의 필수 과목이다. 일부 의과대학은 영양이라 이름 지어진 과목을 분리하여 필수로 가르치지 않는데, 그 이유는 그 과목이 관련 분야가 다른 과목과 겹치기 때문이다. 예를 들어 성장과 발달에서의 영양은 소아에서 가르치고, 상처 치료시 영양은 외과에서 가르치며, 임산부 영양은 산과에서 다룬다. 덧붙여 많은 의과대학은 분리된 영양교육을 제공한다.

물론 의사의 훈련은 의과대학을 졸업한 날 또는 전문의 훈련을 마친 후에 끝나는 것이 아니다. 의학전문가들은 평생교육을 주장하며, 일부 주(state)에서는 자격증 갱신을 요구한다. 의사들은 의학잡지와 교과서를 읽고, 동료들과 토론하고, 지속적인 교육과정을 통해 영양에 관한 지식을 넓힐 수 있다.

대부분의 의사들은 영양소가 할 수 있는 것과 없는 것을 알고 있고, 실제 영양적 발견과 사기꾼의 넌센스 사이의 차이점을 말할 수 있다. 식이요법(식이계획)에 대한 질문에 대답할 수 없는 사람들은 할 수 있는 누군가에게(등록 영양사에게) 환자를 의뢰할 수 있다. 모든 사람같이 의사들도 종종 실수를 한다. 그러나 사기꾼들은 대부분의 시간 동안 잘못 치료를 한다.

정통의학에 박해당하고 있으며, 그들의 말은 억압당한다고 주장한다

그들은 또한 미국의학협회가 그들에 대항하며, 그 이유는 그들의 치료가 아픈 사람들을 잡고 있어서 의사들의 수입을 절감하기 때문이라고 주장한다. 그런 비상식에 속지 마라. 유명한 의사들은 매우 바쁘다. 더구나 많은 의사들은 선지불된 건강계획과 그룹치료, 전임수업, 환자가 병이 낫든 낫지 않든 같은 월급을 받는 정부기관 서비스 등으로, 이는 환자들을 건강하게 유지하는 것이 그들의 업무를 줄이지만 수입은 줄지 않는 일들에 종사한다.

사기꾼들은 그들 스스로와 관료주의 사이의 사실에 대해 논쟁적이고 조직적인 의술 또는 이미 확립된 것 사이에도 그렇다고 주장한다. 그들의 주장을 의학적으로 점검을 하도록 큰소리로 떠들지만 그들은 논박하는 어떠한 증거도 무시한다.

비타민을 발견한 어떤 의사 또는 불임, 심장질환, 관절염, 암 또는 유사한 것을 치료할 수 있는 다른 조제는 막대한 행운을 만들 수도 있다. 환자들은 그러한 의사(그들은 이제 그러한 문제들을 치료할 수 있다고 거짓된 주장을 하는 사람들에게 하듯이)에게 구름떼같이 모여들고 동료들은 그 의사에게 노벨상과 70만 불을 포함한 상을 아낌없이 줄 것이다.

그리고 잊지 말라. 의사들도 또한 병든다는 것을. 당신은 그들이 그들 자신과 그들의 사랑하는 사람들을 괴롭히는 질병들에 대한 치료를 억압하는 데 공모한다고 믿고 있는가?

결 론

식품 사기꾼들은 스스로 이익을 얻고, 대중 출연과 출판 또는 비타민에 대한 상담 신분과 종종 그들이 조절하는 건강식품회사들에 대한 거대한 비용을 모은다. 그들의 희생자들은 경제적으로 착복당했을 뿐만 아니라(매년 수십 억 달러) 또한 비타민의 과용량으로부터 생긴 심각한 해와 적절한 치료로부터 멀리 유혹함으로써 고통을 줄 수도 있다.

이 나라(미국)에 영양적 결핍은 있다. 그러나 그것은 주로 빈곤층 사이에서, 특별히 노년층 사이에서 임신부나 소아에서 발견된다. 이들 그룹은 향상된 식이가 필요하다. 그들의 문세는 모조 췌장을 파는 장사치에 의해 해결될 수 있는 것이 아니라 더 나은 식습관에 의해서 된다. 비타민과 무기질을 얻기 위한 가장 좋은 방법은 자연에 의해 제공되는 포장 속에 있다. 즉 균형 잡히고 다양한 식단에 포함된 식품이다. 만약 인체가 영양을 위해 정제를 섭취할 필요가 있다면 정제는 나무에서 자랄 것이다.

좋은 영양에 대한 기본적 규칙은 모든 것에서 절제이다. 그것이 도움을 줄 수 있다는 주장과 반대로 식품 사기업자의 충고는 당신 건강과 용돈 모두에 해가 될 수 있다. 그러나 그들은 미국 대중들을 속이는 것을 계속할 것이며, 이는 통신산업이 그것을 촉진하기보다 그들의 사기를 공격할만큼 대중의 이익에 충분한 관심을 갖을 때까지일 것이다. 그리고 만약 대중매체가 스스로 충분한 사회적 양심을 개발할 수 없다면 그들은 강한 법과 더 강력한 법 실행을 통해 그렇게 행하도록 강요되어져야만 한다.

나는 사기적 생각을 촉진하는 모든 사람들이 고의적으로 사람들을 오인하려고 하고 있다는 의미는 아니다. 사기행위를 현장포착하는 것이 매우 어려운 이유는 건강에 대한 잘못된 정보를 퍼뜨리는 대부분의 사람들이 신념을 갖고 있기 때문이다. 그들에게 있어 영양은 과학이 아니라 종교이다(이는 그들의 정신적 지도자로서 사기꾼들과 함께). 그러나 건강에 관심이 있는 곳에서는 신뢰성만으로는 충분치 않다.

9장 Questions for Review

이 름 ____________

학 과 ____________

날 짜 ____________

학 번 ____________

1. 비타민 A의 화학적인 명칭은?

2. 순수한 비타민 A는 동물성 식품에서만 발견된다. 식품과 채소에 함유되어 있는 것을 ________이라 하고 ______________.

3. 체내에서 비타민 A의 4가지 주요 기능을 논하시오.

   ①

   ②

   ③

   ④

4. 비타민 A의 결핍에 의해서 나타나는 현상은 ________________ 다음으로 상피세포가 ____________해지거나 시력의 퇴화는 ______________이라고 하는데 이것이 일어난다.

5. 비타민 A는 진료상으로 ________________을 치료하는 데 이용되고, 또한 비타민 A의 과다섭취는 독성효과가 나타난다. 3가지의 독성효과를 열거하시오.

   ①

   ②

   ③

6. 비타민 D의 인체에서 주요 기능은 혈액의 __________수준을 조절하는 것이고, 비타민 D가 행하는 두 가지의 이름은?

①

②

7. 비타민 D의 좋은 식품급원은 _____________이다. 비타민 D는 신체 내에서 _________________의 노출에 의해서 만들어진다.

8. 어린이에게 나타나는 비타민 D 결핍은 ________, 성인에서는 ________라고 불린다.

9. 비타민 E의 인체에서 나타내는 주요 기능은 _______________________이다.

10. 비타민 E의 가장 좋은 식품급원은 ___________________________ ___________________________ 이다.

11. 아래 비타민의 상한치를 쓰시오.

① Retinol UL_______________

② Vitamin D UL_______________

③ Vitamin E UL_______________

12. 3가지 항산화제 비타민을 명명하시오?

①

②

③

제 10 장

다량무기질

무기질은 점차 인간에게 단기적 또는 장기적으로 건강에 중요하다고 여겨지고 있다. 식사에 필요한 요구량은 두 가지 즉, 다량무기질(major minerals)과 미량원소(trace element)로 분류된다. 이 두 가지의 차이점은 매일 소비하는 필요량에 있다. 주요 무기질은 상대적으로 많은 양이 인체 속에 있으므로 꽤 많은 양의 섭취량이 요구된다. 미량원소는 적은 양이 있으므로 아주 적은 양이 필요하다. 이 장에서 논의되는 주요 무기질은 칼슘(Ca), 나트륨(Na) 그리고 칼륨(K)이다. 미량원소는 다음의 제 11장에서 논의된다.

표 10-1. 주요 무기질

칼슘, 마그네슘, 나트륨, 인, 칼륨, 황, 염소

1. 칼 슘

칼슘(calcium)은 아마도 주요 무기질 중에서 가장 중요할 것이다. 사람들이 나이를 먹어감에 따라 그들의 일생 동안의 섭취량은 늙었을 때 삶의 질을 결정한다. 일생 동안 칼슘의 결핍은 뼈로부터의 칼슘이 유실되는 골다공증이라고 불리는 질병을 초래한다. 골다공증이 특히 나이 든 백인 여성에게 널리 발병되지만, 다른 사람들도(백인 남자, 흑인 남자, 흑인 여자) 나이가 많아지면 그들에게도 발생률이 증가된다.

1) 칼슘의 기능

대부분의 사람들은 칼슘이 뼈 속의 중요한 무기질이라는 것을 잘 알고 있다. 사실, 체내에서 칼슘의 99%가 뼈 속에 있다. 남은 1%의 칼슘은 혈액 속이나 연조직(근육과 신경)에서 발견된다. 표 10-2는 연조직 속의 칼슘이 미치는 중요한 기능을 나열하였다. 이러한 기능은 생명을 유지할 수 있는 능력에도 영향을 끼친다. 너무 적거나 너무 많은 양의 칼슘은 표 10-2에 나타낸 기능을 방해한다. 예를 들면, 만약 혈액 속의 칼슘의 양이 너무 많으면 몸은 응혈(凝血)로 인해 혈액의 흐름을 방해할 것이다. 혈액 속에 너무 적은 양의 칼슘 또한 응혈에 지장을 준다.

칼슘의 기능이 이렇게 결정적이기 때문에 신체는 혈액 속이나 연조직 속에 있는 칼슘의 양을 거의 완벽하게 조절한다. 일부 병리상의 증상을 제외하고 혈액 속의 칼슘은 계속 남아 있다. 혈액 속의 칼슘의 양이 줄어들기 시작하면 몸은 신장을 통해 칼슘의 분비량을 줄이고, 섭취한 칼슘으로부터 흡수량을 늘리고, 뼈 속에 있는 칼슘을 빠져 나오게 함으로써 적응시킨다(비타민 D를 사용해서). 이 메커니즘을 통해서 혈액 속의 칼슘의 양이 정상의 수준으로 돌아온다. 혈액 속의 칼슘의 양이 증가하면 신체는 흡수량을 줄이고, 분비량과 뼈 속의 칼슘의 양은 늘린다.

표 10-2. 몸 속에서의 칼슘의 기능

1. 응혈에 필수적이다.
2. 신경자극의 전달에 필수적이다.
3. 근육의 수축에 필요하다.
4. 모든 세포에서 신진대사의 반응을 조절하는 데 필수적이다.

2) 칼슘 권장량

연령층에 따르는 칼슘 권장량은 표 10-3에 나타나 있다. 19세에서 50세의 성인을 위해 제시한 칼슘 섭취량은 하루에 1,000mg이다. 어린이와 10대들을 위해 제시한 섭취량은 하루에 1,300mg이다. 노인의 경우에는 하루 1,200mg이다. 이러한 수치는 충분섭취량(adequete intake, AI)이지 권장량(RI)이 아닌 점에 유의하라.

과학전문가는 상이한 연령층을 위해 서로 다른 기준을 기초로 하여 칼슘 권장량을 산정하였다. 예를 들면, 10대들의 경우 최대한 칼슘 보유량(뼈에 많은 칼슘을 저

표 10-3. 새로운 칼슘 권장량

생애주기에 따른 칼슘의 기준과 식이 섭취량		
생애주기	기 준	적정 섭취량(mg/day)
0~6개월	모유 성분	210
6~12개월	모유와 고형식	270
1~3세	4~8세까지 최대의 칼슘 보유를 위한 외삽법	500
4~8세	최대의 칼슘 보유	800
9~13세	최대의 칼슘 보유	1,300
14~18세	최대의 칼슘 보유	1,300
19~30세	최대의 칼슘 보유	1,000
31~50세	칼슘 균형	1,000
51~70세	최대의 칼슘 보유	1,200
> 70세	51~70세까지 최대 칼슘 보유를 위한 외삽법	1,200
임산부		
< 19세	무기질 골량	1,300
19~50세	무기질 골량	1,000
수유부		
< 19세	무기질 골량	1,300
19~50세	무기질 골량	1,000

출처 : National Academy of Sciences, Institute of Medicine. National Academy press(800) 624~6242.

장하는 것)을 감안하여 충분섭취량(AI)에 맞추어 설정하였다. 그러나 성인의 경우 충분섭취량(AI)은 칼슘 균형(단지 칼슘 손실을 대체하는 것)을 유지하기 위해 설정되었다. 성인을 위한 칼슘 상한치는 하루에 2,500mg이다.

매일 혈액이나 연조직으로부터 소량의 칼슘이 신장을 통해 몸에서 빠져 나간다. 조직의 농도를 계속 유지하기 위해서 이 손실량을 대체해야만 한다. 하나의 방법으로 칼슘의 손실량을 매일 먹는 식사로 다시 채운다. 신체는 매일 소실되는 칼슘을 채우기 위해서 식사를 통해 이 정도의 칼슘의 양만큼 필요하다.

영양학에서의 조사에 의하면 미국의 많은 여성들이 매일 RI보다 훨씬 적은 양을 소비한다고 한다. 남자는 여자보다 더 많은 음식을 먹기 때문에 일반적으로 날마다 더 많은 칼슘을 섭취한다. 그래서 그들은 여자만큼 위험하지 않다. 이 식사에 대한 조사로부터의 결론은 미국의 많은 여성들은 식사로부터의 칼슘의 요구량을 충족시키지 못한다는 사실이다.

만약 매일 손실량을 보충하기 위해 필요한 칼슘이 들어 있는 식사를 못할 경우 신체는 그 손실된 칼슘을 어디에서 얻겠는가? 칼슘의 손실과 섭취가 일치되지 않을 때마다 몸은 그 차이를 없애기 위해서 바로 **뼈로부터!** 칼슘을 빼앗아 간다. 만약 필요한 칼슘의 양보다 더 적게 계속해서 칼슘을 섭취한다면 뼈의 칼슘이 고갈될 것이다(골다공증이라고 알려진 증상).

3) 칼슘의 흡수와 배설에 영향을 미치는 인자들

음식으로부터 흡수되어지는 칼슘의 양은 식이요법과 생리적인 특성에 따라 다양하다. 칼슘의 다양한 흡수를 '생체이용률(bioavailability)'이라고 부른다. 마찬가지로 신장을 통해 칼슘이 유실되는 데는 여러 가지 요소가 있다. 때때로 흡수와 분비과정에서 야기되는 매우 작은 변화조차도 두고두고 중요한 영향을 미친다. 이것은 특히 칼슘의 섭취가 적은 많은 여성들에게 해당된다. 인체는 부족분을 보충하기 위해 칼슘을 뼈로부터 빼내어 사용하기 때문에 칼슘의 흡수 감소와 분비의 증가는 골다공증의 발병을 가속화한다. 음식으로부터 칼슘의 흡수를 촉진하고, 손실을 감소하는 인자들은 골다공증의 발병을 지연시킨다.

인체는 음식으로부터 섭취한 칼슘의 단지 30～40% 정도만을 흡수한다. 칼슘 흡수를 증가시키는 요소로는 **비타민 D**, **운동**, **락토오스**(우유 속에 들어 있는 설탕), **칼슘과 인의 비율**이다. 이론적으로 미국인들은 칼슘 농도가 낮고, 인의 농도가 높은 음식을 먹는다. 단백질이 주가 된 음식에서의 높은 인의 섭취는 칼슘 섭취 능력을 저하시킨다. 다른 요인들은 동일하다고 했을 때 고단백 식사를 하는 사람은 저단백 식사를 하는 사람보다 더 많은 칼슘을 필요로 한다. 전자의 경우 더 적은 양의 칼슘이 흡수되므로 최소량의 칼슘이 함유되어 있으면서 동시에 고단백 식단이 미국 여성의 골다공증의 한 원인으로 될 수 있다. 다음 장에서 언급되겠지만, 고단백 섭취 역시 매일 더 많은 양의 칼슘의 배출을 유발한다.

인체는 매일 칼슘의 7%를 손실한다. 신장을 통해 칼슘 분비가 증가되는 요소로는 에스트로겐, 낮은 비타민 D의 농도, 운동부족, 담배, 고단백 섭취 등을 들 수 있다. 최근의 연구자들은 만약 미국인들이 저단백 식사를 한다면 칼슘 요구량은 현재보다 훨씬 감소하게 될 것이라고 말한다. 고단백 식사는 신장을 통한 칼슘의 배설을 촉진시킨다.

4) 골다공증

골다공증(osteoporosis)이란 단어가 나타낸 뜻 그대로 '작은 구멍이 많은 뼈'란 의미이다. 뼈는 칼슘의 고갈로 인해서 매우 부서지기 쉽게 된다. 그리고 저절로 쉽게 부서질 수도 있다. 골다공증은 일생에 칼슘의 결핍이 한계에 이른 마지막 지점이라고 생각할 수 있다. 이것은 발병하는 데 40~50년 정도가 걸리기도 하는 결핍성 질병이다.

골다공증의 첫 징후들 중 하나는 **신장(키)**의 감소이다. 칼슘의 손실은 척추뼈로부터 유달리 빨리 일어난다. 사람의 체중 때문에 압력을 받는 이 뼈들은 사실상 그것들의 두께가 약간 줄어든다(그림 10-1). 이렇게 줄어듦으로써 사람의 신장의 감소가 초래된다. 나이 든 여성들에게 있어서 척추의 목뼈로부터 칼슘이 유실됨으로써 대개 '과부의 혹(dowager's hump)'라고 알려진 증상을 초래할 수 있다. 척추에서부터 칼슘이 빠져 나가는 것도 척추 압축 골절을 초래할 수 있다.

일반적이면서 매우 심각한 다른 골다공증의 증후는 **엉덩이뼈와 허리뼈의 자연적인 골절**이다. 이 엉덩이의 자연적인 골절은 미국에서 매년 300,000건 이상 발생한다고 조사되었다. 대퇴골(엉덩이뼈)의 머리부분에서 칼슘이 유실되고 부서지기 쉽게 되며, 또한 몸무게를 지탱하기 위해 계속 부서지게 된다. 흥미롭게도 엉덩이 골절로 고생하는 사람들 중 15~20%의 사람들이 이 병이 발병하기 전에 아무리 건강이 좋았던 사람이라도 발병 후 6개월 이내에 사망한다는 사실이다.

골다공증은 오늘날 미국에서 2,000만 명 이상의 노인들에게 지대한 영향을 미친다. 오래 살면 살수록 주요한 건강문제로서 그 영향은 계속되는 것이다. 표 10-4에

(a) 정상 척추(2세 여자)

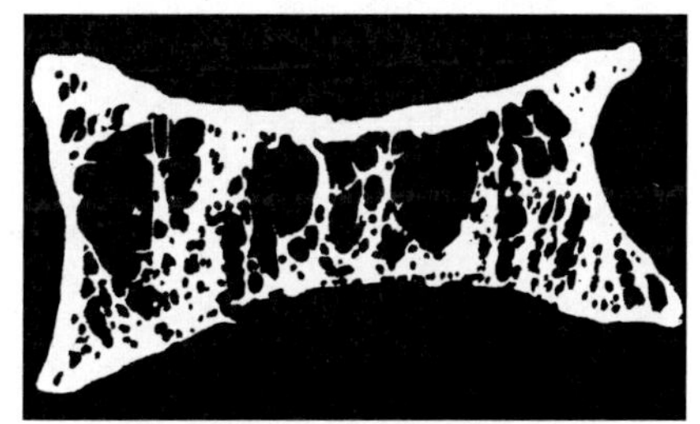

(b) 골다공 척추(60세 여자)

그림 10-1. 정상적인 척추와 골다공증인 척추

출처 : Courtesy of Anthony A. Albanese, Ph. D., Burke Rehabilitation Center, White Plains, NY.

표 10-4. Typical osteoporosis profile

•여성(female)	•다산(multiple pregnancies during lifetime)
•백인(white)	•흡연(smokes cigarettes)
•비활동적(inactive)	•폐경 이후 에스트로겐 결핍 (estrogen-deficient after menopause)
•장기적 저칼슘 섭취 (lifelong low calcium intake)	•고단백질 섭취(high protein intake)

골다공증으로 고통받는 사람의 전형적인 특징을 열거해 놓았다. 골다공증에 관한 부가적인 정보는 국립 골다공증 재단 웹사이트(http://www.nof.org/)에서 찾을 수 있다.

여성은 남성보다 먼저 걸리기 쉽다. 왜냐하면 여성이 남성보다 매일 섭취하는 칼슘의 양이 적을 뿐만 아니라 뼈 자체가 작고 약하기 때문이다. 이러한 결과로 남성은 뼈가 약하지도 않으면서 여성보다 더 많은 칼슘을 소비한다.

5) 운동은 뼈를 밀도 있게 만든다

어떠한 연령층에서도 운동은 뼈의 칼슘을 증가시킨다. 젊은 사람들의 경우 운동이 뼈의 밀도를 증가시킬 수 있다는 많은 연구가 보고되어 있다. 젊을 때 뼈의 밀도를 강화시킨 사람은 나이가 들었을 때 골다공증의 발병을 연기시킬 수가 있다. 운동은 또한 체내에서 칼슘의 손실을 늦추어 뼈로부터의 칼슘 손실을 느리게 하기 때문에 노인에게 유익하다. 운동은 골다공증의 발병을 늦추는 데 2가지 방법으로 영향을 미치는 것 같다. 운동은 매일 신장에 의한 **칼슘 유실을 줄이게 하고**, 뼈의 칼슘을 증가시켜 **뼈가 더 강해지고**, 밀도 있게 만들어 준다.

운동을 지나치게 하는 경우가 있다. 골다공증과 유사한 증상은 과도한 운동을 하는 젊은 여성에게도 이러한 경우가 있다. 이런 여성의 경우 운동(대개 다이어트도 겸해서)으로 체내 지방 수준을(대체로 체중의 약 12% 정도의) 위험한 수준까지 떨어뜨려 체내 **에스트로겐**(estrogen) 합성을 저해한다. 다음에서 논의되겠지만, 에스트로겐은 칼슘을 보유하는 데 필요하다. 과도한 운동을 하는 젊은 여성은 폐경이 된 여성에게 빨리 칼슘이 유실되는 것처럼 매우 빨리 칼슘을 잃어버린다. 과도한 칼슘 유실과 지나친 운동은 최근에 젊은 여성에게서 자연적인 골반 뼈의 골절을 유발한다는 보고가 있다.

6) 에스트로겐은 뼈의 건강에 중요하다

여성의 골다공증 발생의 또 다른 중요한 요소는 폐경 후 에스트로겐의 결핍이다. 에스트로겐은 체내 칼슘을 보유하는 데 영향을 끼친다. 폐경 후 여성의 에스트로겐이 합성되지 않을 경우 칼슘은 폐경 전보다 훨씬 빨리 유실되어진다. 이러한 결과로써 폐경 후 골다공증의 발생이 촉진되면서 뼈의 칼슘 손실은 극적으로 증가한다. 칼슘 보충제를 섭취하는 것이 안전하게 폐경 이전의 수준까지 칼슘의 손실을 느리게 할 수 있는지는 불확실하다. 대신에 에스트로겐 대체 치료법이 종종 폐경 후 칼슘 손실을 늦추는 수단으로 알려져 있다.

에스트로겐이 투입되면 칼슘 손실이 폐경 이전 수준처럼 감소되어진다고 한다. 매우 적은 양의 에스트로겐을 투입할 경우 칼슘 유실이 폐경 이전 수준까지 낮추어진다는 연구가 있었다. 그러나 에스트로겐의 사용은 논쟁의 대상이 되고 있다. 왜냐하면 골다공증을 방지할 수 있는 양 이상을 섭취할 경우에는 암을 일으킬 위험이 있기 때문이다.

7) 뼈는 칼슘 은행이다

골다공증을 예방하기 위해 어떤 일을 할 수 있을까? 두 가지가 가능하다. 젊은이들은 뼈의 칼슘 양을 증가시키려고 시도해야 한다. 당신의 뼈를 칼슘의 저장고라고 생각해 보아라. 젊었을 때 뼈 안에 칼슘이 많이 저장되어 있으면 나이가 들어 칼슘을 다 사용하는 데 더 많은 시간이 걸린다. 30세까지 뼈의 강도는 높아진다. 뼈의 강도를 증가시키는 두 가지 방법은 칼슘 섭취와 적당한 운동이다. 적당한 운동은 체내에 더 많은 칼슘 양을 유지시켜 주며, 뼈를 더 단단하고 밀도 있게 함으로써 생활에 절대 필요한 요소로 간주된다. 만약 칼슘 섭취와 운동을 계속 한다면 뼈가 매우 약한 여성도 그의 뼈를 강하게 할 수 있다.

많은 연구에 의하면 30대 전후로 뼈내 칼슘 농도를 증가하는 것은 불가능하다고 한다. 30대 이후 사람들은 칼슘 섭취를 증가하고 적당한 운동을 함으로써 뼈로부터 칼슘이 유실되는 속도를 느리게 하도록 노력해야 한다. 같은 논리로 더 젊을 때는 골밀도를 증가시켜 두어야 한다. 폐경 후 뼈의 칼슘이 많이 유실된 나이든 여성은 에스트로겐 치료를 생각해 보아야 한다. 지금 내과의사들은 골밀도를 측정하는 방법을 알고 있으며, 계속해서 그 변화를 모니터로 알 수 있다.

8) 칼슘의 식품급원

식품으로서 칼슘의 좋은 공급원은 거의 없다. 칼슘의 가장 좋은 공급원은 우유와 그 밖의 유제품들이다. 우유는 매일 필요량의 ⅓보다 조금 적은 즉, 우유 8온스(220ml)당 250mg을 제공한다. 치즈 약 3온스 또한 200mg의 칼슘을 제공한다. 두부, 정어리, 뼈 있는 연어는 칼슘의 가장 좋은 급원이다. 식품 중 우유 외 칼슘의 다른 중요한 공급원은 잎이 달린 녹색야채이다. 브로콜리, 시금치, 녹색겨자, 순무는 1컵 당 100mg의 칼슘을 제공한다. 대부분의 음식은 칼슘의 양이 적다. 그러나 낙농제품이 가장 농축된 칼슘 급원이다(그림 10-2).

여러분의 식사에 관해서 생각해 보아라. 하루에 세 잔의 우유를 마시는가? 두 잔의 우유와 치즈, 요구르트, 아이스크림을 먹는 게 어떨까? 후자의 경우는 칼로리는 더 많으면서 똑같은 양의 칼슘을 제공한다. 많은 사람들은 매일 유제품을 먹지 않는다. 만일 당신이 유제품을 먹지 않을 경우에는 매일 시금치와 그 밖의 녹색야채들을 8～10회 분량 정도 먹지 않는 한 당신의 칼슘 필요량을 충족시키지 못한다. 유제품을 먹는다 해도 칼슘의 필요량을 섭취한다는 것은 여전히 어렵다.

9) 칼슘의 독성과 보충

성인을 위한 칼슘의 상한섭취량은 **하루에** 2,500mg이다. 많은 사람들이 이 상한섭취량보다 더 많은 양을 먹는다면 칼슘에 민감한 사람의 경우 높은 칼슘 섭취는

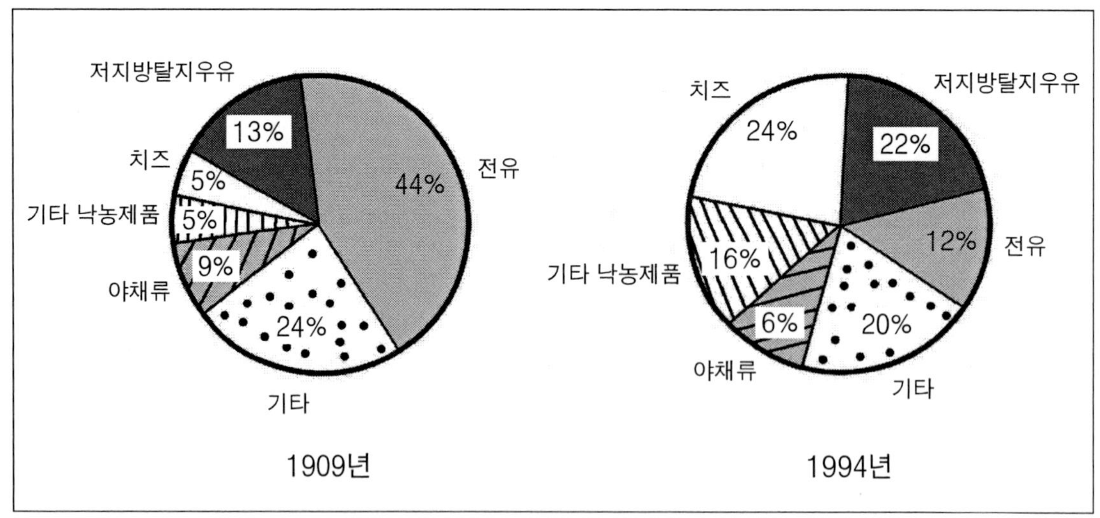

그림 10-2. 미국의 식품공급물 중 칼슘급원

과도한 출혈과 뼈의 연화를 일으킬 수 있다. 대개의 식사로는 칼슘의 섭취가 어렵기 때문에 다양한 칼슘 보충방법이 소개되고 있다. 그러나 보충제의 급원(재료)과는 상관없이 보충제의 칼슘 흡수는 차이가 없는 것으로 연구에 나타나 있다. 만약 여러분이 여러분의 식사로는 칼슘의 필요량을 충족시킬 수 없다고 생각한다면 보충을 할 필요가 있다. 칼슘 보충제는 최소한의 비용이 드는 것을 구입해도 된다. 그러나 당신이 칼슘 보충제를 먹기로 결심한다면, **여러분이 원하는 양은 많아야 하루에** 1,000mg**이다. 여러분은 하루에 보충제의 형태로** 1,000mg **이상의 칼슘은 절대로 섭취해서는 안 될 것이다.**

2. 나트륨

나트륨(sodium)은 몸의 수분의 평형을 조절하는 중요한 무기질이다. 체내 나트륨의 대부분은 혈액 속에 있다. 인체는 혈중 나트륨 농도를 대체로 잘 알아차려 수분섭취(갈증으로 알 수 있는)와 수분 손실(오줌의 형태로 신장을 통해 배설되는 것)을 통해 잘 조절할 수 있다. 운동중에서처럼 물이 땀으로 몸에서 빠져 나가서 혈중 나트륨 수준이 올라갈 때 신체는 뇨의 농도만 증가시킴으로써 물을 보유하려 한다(운동 후에 얼마나 오줌이 농축되었나 주목하라).

또한 혈중 나트륨이 증가하면 갈증의 메커니즘을 작동시켜 물을 마시고 싶다는 욕구를 증가시킨다. 혈중 나트륨 농도가 정상보다 덜 농축되면 이 신호는 신체로

"THIS MUST BE THE BEACH THE DOCTOR RECOMMENDED, WINTHROP."

하여금 묽은 뇨의 양을 증가시킴으로써 물을 배출하라고 신호를 보낸다.

여러분의 식사와 삶의 형태는 신체의 수분에 영향을 미친다. 앞서 언급한 바와 같이 운동은 탈수를 초래한다. 운동하는 동안에 잃어버린 체중 1파운드당 2잔의 물을 마셔야만 한다. 짠 식품은 혈중 나트륨을 증가시키고, 그로 인해 갈증과 수분 보유를 초래한다. 술집에서 제공된 팝콘, 나쵸, 감자칩 등의 맥주 안주를 여러분은 어떻게 생각합니까?

카페인과 알코올은 **이뇨제** 역할을 한다. 이뇨제란 이물질들이 신장의 수분 배출을 유발하여 오줌분비를 증가시키는 물질이란 뜻이다. 사람들은 밤에 알코올을 섭취한 후 알코올의 탈수작용 때문에 종종 목마름을 느낀다. 일반적으로 인체는 여러분을 정상적으로 되돌려놓기 위해 수분 섭취량과 배설량을 다시 조절하게 된다.

식이요법의 목표 중 하나는 나트륨의 섭취를 감소시키는 것이다. 다량의 식염이 함유된 식품을 먹으면 혈액 중 나트륨 양이 높게 된다. 당신이 소금을 많이 함유한 음식을 먹을 때는 언제나 혈중 나트륨 농도가 상승한다. 혈중 나트륨 농도의 증가는 그들의 농축에 대항하기 위해 몸이 물을 보유하게 만든다. 이것은 신장이 여분의 나트륨을 배설할 수 있고, 여분의 물을 오줌으로 만들 수 있을 때까지만 보통 일어난다. 그런 후 사람의 혈액의 양과 나트륨의 농도가 정상으로 돌아간다.

미국인 중 약 20%는 과다한 나트륨을 배출할 수 없다. 이런 사람들이 그들 식사에서 너무 많은 소금(나트륨)을 소비할 때 그들은 나트륨을 보유하는 경향이 있고, 결과적으로 물을 보유하게 된다. 이것은 **고혈압**(hypertention, high blood pressure)을 유발한다.

고혈압은 심장병과 뇌졸중을 일으키는 3가지 주요 위험요소 중 하나이다. 따라서 혈압을 저하시키면 이러한 병이 일어나는 위험성이 감소된다. 소금 섭취량을 감소하면 혈압이 낮아진다는 것을 많은 연구로부터 알 수 있었다. 이것은 특히 나트륨을 보유하는 경향이 있는 위의 20%에 속하는 사람을 대상으로 한 연구에서 사실로 나타났다. Life Clinic(www.lifeclinic.com/focus/blood/default.asp)에 의해 유지되는 사이트는 고혈압 치료에 관해 보다 많은 정보를 위해서 접근되어질 수 있다.

전형적인 미국인의 식사는 많은 소금을 함유한다(표 10-5). 미국인이 자유 의지 없이 먹게 되는 소금의 양은 평균적으로 하루에 적어도 3~5g으로 추정된다. 자유 의지 없이 먹게 되는 소금은 음식에 원래 포함되어 있던 것이거나 가공이나 관습적인 요리(식당 등에서)를 하는 동안 음식에 첨가되는 소금을 말한다. 자유재량의 소금이란 양을 측정할 수 있는 소금통으로 소금을 뿌리거나 집에서 요리할 때 첨가되는 소금을 말한다. 자유재량의 소금사용의 평균 추정량은 하루에 4~10g이다. 그러

표 10-5. 선택된 음식 중 나트륨의 함유량

음 식	1회 분량	나트륨/1회 분량
•미국산 치즈	1온스	325mg
•체다치즈	1온스	200mg
•스위스 치즈	1온스	250mg
•볼로냐 소시지	1조각	400mg
•딜 피클	1 large	1,450mg
•토마토	1small	3mg
•도마토주스	1컵	400mg
•토마토 수프 통조림	1컵	900mg

Adapted from *Food Values of Portions Commonly Used.* (ed. C.F. Church and H.N. Church) J.P. Lippincott Co., New York, 1975.

※ 1온스 = 28.349g

표 10-6. 음식물의 염분표

A. 염분 없음 : 음식 1회 분량(serving)당 5mg 이하 소금 함유
B. 아주 적은 염분 : 음식 1회 분량(serving)당 5～35mg 이하 소금 함유
C. 저염분 : 음식 1회 분량(serving)당 35～140mg 이하 소금 함유
D. 감소 염분 : 원 음식에 비해 75% 감소된 것

A ; Sodium Free, B ; Very Low Sodium, C ; Low Sodium, D ; Reduced Sodium

므로 평균하여 총 소금 섭취는 대략 매일 6～15g까지 될 것이다.

소금의 섭취량을 줄이는 가장 쉬운 방법은 소금통을 식탁에서 치우는 것이다. 음식에 소금을 가하지 않는 것이나 집안 요리에서 소금을 사용하지 않는 방법으로 소금 섭취량의 최소 절반을 줄일 수 있다. 연구에서 나타나듯이 소금 섭취량의 적당한 감소는 혈압을 낮춘다. 좀더 심각한 고혈압 환자들은 임의적·비임의적으로 소금 섭취량을 줄여야 한다.

다행스럽게도 식품제조업자들이 저염분이나 무염분 식품을 생산하기 시작했다. 또한 이제는 식품의 소금 함유량도 영양구성표에 오르도록 하는 법률이 필요하다. FDA(Food and Drug Administration)에서는 최근에 음식의 염분 요구량을 명확히 밝히는 지침이 설정되었다(표 10-6). 명확한 지침을 충족시키기만 하면 이제 음식의 소금 요구량을 달성하게 되는 것이다.

3. 칼 륨

칼륨(potassium)은 다른 주요 무기질과 마찬가지로 소금과 상반되는 역할을 한다. 소금과 달리(소금은 세포 바깥에서 기능한다. 즉 혈액 내의 수분을 통제한다) 칼륨의 주요한 기능은 세포 내에서 일어나는 여러 과정들을 조절한다. 칼륨은 특히 근육 수축의 조절에 중요하다. 몸의 칼륨이 방출되면(구역질이 심하거나 식욕 감퇴제 속에 있는 완화제의 과용으로 인해 일어날 수 있는 것과 같이) 근육 수축에 이상이 일어날 수 있다. 어떤 약품(이뇨제)이나 급속한 체중 감량을 목표로 한 어떤 다이어트 계획은 역시 칼륨의 체외 방출을 야기시킨다. 어떤 경우에는 칼륨 손실로 인해 심장박동(몸에서 가장 중요한 근육)이 멎는 엄청난 일을 초래할 수도 있다.

칼륨은 혈압을 조절하는 역할을 하기도 한다. 대체적인 미국인의 식이요법은 저칼륨 고염분이다. 연구결과에서 보여지듯이 칼륨은 혈압을 낮춤으로써 고염분 효과에 대응한다. 고혈압 환자가 여분의 칼륨을 소모할 경우 때때로 혈압질환을 낮추기도 한다.

칼륨의 가장 좋은 식품급원은 식물, 과일, 야채류이다. 바나나, 오렌지, 감자, 땅콩(땅콩버터를 함유한 것)은 칼륨의 특히 우수한 공급원이다. 신선한 과일과 야채는 칼륨의 좋은 공급원이며, 또한 매우 소량의 염분을 함유하고 있음을 기억해라(표 10-7). 'Lite' 염분의 처방은 다량의 염분을 칼륨으로 대체되어 있기 때문에 칼륨의 또 다른 좋은 공급원이 될 수 있다. 체내의 칼륨 함량을 높이는 최고의 식품은 신선한 과일, 야채, 곡물 종류이며, 또한 이것들은 염분의 함량을 낮춘다.

표 10-7. 식품의 염분과 칼륨의 비교량

음 식	염분(음식 1회 분량)	칼륨(음식 1회 분량)
•사과(작은 것 한 개)	1mg	110mg
•바나나(중간 것 한 개)	2mg	440mg
•오렌지(중간 것 한 개)	2mg	400mg
•구운 감자(중간 것 한 개)	4mg	500mg
•구운 땅콩(3.5온스)	2mg	740mg
•땅콩버터(1 tbs)	18mg	125mg

출처 : '일반적으로 쓰이는 식품의 가치', C. F. Church와 H. N. Church 공저. J. P. Lippincott 발행, 뉴욕. 1975.

의사의 지시 없이는 칼륨 보충제를 먹지 않아야 한다. 왜냐하면 다른 많은 영양소들과 마찬가지로 과도한 칼륨도 독성이 있을 수 있기 때문이다. 요약하면, 이 장에서는 3가지 주요 무기질－칼슘, 나트륨, 칼륨의 역할에 대해 논의해 보았다. 칼슘은 일반적으로 미국인은 적정량보다 더 적게 섭취되는 영양소인데, 이것은 골다공증의 발생에 영향을 준다. 나트륨은 미국인에게 과다하게 섭취되고 있는 영양소로서 고혈압을 일으킨다. 칼륨은 과다한 염분 섭취로 인해 발생되는 고혈압의 증가를 감소시킬 수도 있다.

10장

1. 골다공증: 대학 환경 안에서의 골다공증 위험인자 감소에 관하여

Maryann Leslie, PhD, ARNP, CHES; Richard W. St.Pierre, EdD

초록. 골다공증은 노년기의 만성질환으로 고려되어지곤 한다. 대부분의 만성질환들이 그렇듯이 젊은 성인시절에 얻어진 생활 방식들이 이후에 골다공증의 발생에 중요한 위험 요인들이 된다. 대학생 연령그룹은 최적정의 뼈 발달이 일어나는 연령그룹이며, 이 시기에 또한 새로운 생활방식들이 도입되기도 한다. 그리고 칼슘과 비타민 D의 결핍, 흡연, 알콜 남용, 과도한 운동, 스테로이드 사용, 고단백 식이와 같은 골다공증에 대한 위험요소들은 이러한 특정한 연령그룹과 연관성이 있다. 저자들은 이러한 대학 내 건강 환경과 관련된 골다공증에 대한 위험인자들을 조사하고 대학의 건강 전문가들을 위한 건강교육 전략을 제공하는 데에 있다.

키워드: 대학생들, 건강교육, 골다공증, 위험인자 감소

Maryann Lesile는 North Florida 대학의 간호학과 부교수이다. Richard W. St. Pierre는 is a professor of health education and nutrition policy, Department of Nutrition, The 펜실베니아 주립대학의 간호학과에서 건강교육과 영양정책 교수이다.

표 1. 골다공증 예방관련 미국의 목표들

▸ 칼슘 섭취를 증가시켜서 적어도 12~24세의 젊은이들 중 50% 이상과 임산부나 수유 중인 여성의 50%는 칼슘이 풍부한 식품을 매일 세 끼 이상 먹도록 한다.

▸ 하루에 두 컵 이상의 알콜을 소비하는 21세 이상 성인의 비율을 5% 이하로 줄인다.

▸ 알콜 과음자의 비율을 고등학생은 28% 이내로, 대학생들은 32% 이내로 줄인다.

▸ 어린이들과 청소년층의 흡연을 줄임으로써 20세가 되기까지의 흡연자의 비율이 15% 이하가 되도록 한다.

▸ 정규적으로 또는 매일 30분 이상 중증 정도의 운동을 하는 6세 이상 된 사람들을 적어도 30% 이상이 되게 한다.

▸ 1주일에 세 번 이상 20분씩 운동함으로써 심폐기능의 발달과 유지를 증진시킬 수 있는 적극적인 운동을 하는 비율을 18세 이상의 성인들 중 20% 이상으로 증가시킨다.

출처: Healthy People 2000, National Health Promotion and Disease Prevention Objectives. United States Department of Health and Human services, Public Health Service. 1992.

골다공증은 미국에서 가장 대표적인 대사성 뼈 질환이며, 건강 전문가들이 직면하는 큰 도전이 되는 질병이다. 젊은 여성을 포함한 모든 연령층의 여성들에게 그 어느 때보다도 예방적인 교육을 할 필요성이 중시되고 있다.[1,2] 대학은 교육과 예방을 위한 아주 이상적인 환경을 갖고 있다. 이러한 교육들은 국가 건강증진과 질병예방 목표에 역점을 두어야 하는데, 특히 인생의 후반부에 골다공증의 발생이 있게 될 사춘기와 젊은 청년들을 대상으로 하여야 한다(표 1).

골다공증은 **뼈 밀도**가 낮아지고 뼈 조직 미세구조의 악화로 인하여 뼈가 약해지고 골절에 대한 감수성이 증가하는 것이다.[3] 이러한 생리적인 변화들은 젊은 청년 때에 확립되는 생활방식과 행동요인들에 의하여 영향을 받는다. 골다공증은 미국의 경우 50세 이상 여성의 13~18%에 영향을 주고, 폐경기 이후 백인 여성의 30% 정도, 그리고 남성의 3~6%에 영향을 주는 것으로 추측되고 있다.[4] 골다공증으로 인하여 매년 1,500만 명에게서 뼈 골절이 일어나고, 생활의 질을 손상시켜서 매년 130억 달러 보다 많은 건강관련 비용을 필요로 한다.[5]

뼈 발달

뼈는 일생 동안 스스로 리모델을 하는 매우 활동적인 기관이다. 뼈 리모델링은 새로운 뼈의 재흡수(resorption)와 형성(formation)을 조정하는 수많은 세포내 기능으로 이루어진 복잡한 과정이다. 성년에 골질량이 일정하게 유지되려면 뼈 재흡수와 형성이 균형을 이루어야 한다. 이러한 활동들은 조골세포(osteoblasts)와 파골세포(osteoclasts)와 같은 특별한 세포들의 활동에 기인하는데, 이들은 에스트로겐을 포함한 호르몬과 비타민 D, 뼈 세포에 의하여 생산되는 지역 인자들, 중력, 체중량(weight-bearing)의 영향을 받는다.[6]

골다공증의 예방과 관련된 가장 중요한 개념 중의 하나는 **최대 골질량**(peak bone mass)이다. 이것은 개개인이 일생 중에 도달할 수 있는 뼈의 최대량을 의미한다. 뼈가 성숙될 때 얻어지는 뼈의 양은 인생 후반부에 갖게 될 골다공증의 유형과 분명한 관계가 있다. 남성과 여성 모두 최대 골질량은 25세에서 35세 사이에 도달한다.[1] 그러므로 골질량의 발달에 영향을 주는 요인들은 최대 골질량이 도달하기 전에 미리 고려되어야 하는 것이 매우 중요하다.

일단 골질량에 도달하면 약 10~15년의 안정기가 따르고, 이때 뼈의 재흡수를 보상할 만한 뼈 생성 사이의 일정한 회전이 유지된다. 이 기간 동안 골질량은 더 이상 증가하지 않는다. 그러나 결과적으로 노화됨에 따라 뼈 손실이 일어나게 되는 것이다.

남자나 여자 모두 약 40세에 이르면 매년 0.3~0.5%에 해당하는 뼈 손실이 일어나는 기간이 시작된다. 여성들은 폐경기 이후에 난소에서 에스트로겐의 생산이 줄어듦에 따라 매년 3~5%에 해당하는 뼈 손실이 일어난다. 이러한 손실은 약 5~7년 동안 지속되며, 이것은 폐경기 이후에 골다공증을 일으키는 중요한 요인이 된다.

그러나 최대 골질량이 많을수록 노화나 폐경기와 관련된 뼈 손실과 골절의 위험이 늦어질 것이다.[7] 골다공증은 최대 골질량이 높은 사람에게 일어나는 비율이 낮으며, 여성보다는 남성에게, 백인보다는 흑인에게서 적게 일어난다. 최대 골질량에 영향을 미치는 인자들이 알려지고 있는데, 칼슘이 중요한 조절인자라고 강력하게 제안되고 있다.

표 2. 골다공증과 연관된 일반적 위험요인들

요인/특징
유전
아시아인 혹은 백인
약한 신체 구조
비타민 D 수용체 대립형질의 이형
생활양식
과다운동(무월경 초래)
비활동
늦은 초경
미산(Nulliparity)
흡연
영양
알콜 중독
고단백 식이
오래된 저칼슘 섭취
우유 과민증
채식
비타민 D 결핍
의학적 요소
거식증
쿠싱 증후군
제1형 당뇨병
위장관 기능 이상
간담(Hepatobiliary) 기능 이상
출혈성 빈혈(Hemolytic anemia)
Mastocytosis
Osteogenesis imperfecta
부갑상선 과기능
Prolonged parenteral nutrition
Prolactinoma
류마티스성 관절염
과도골다공증(Transient osteoporosis)
약물
진경제
화학요법
만성 제산제 사용
만성 테트라사이클린 요법
Cyclosporin A
이뇨작용을 만드는 칼신우리아(calciuria)
당뇨 스테로이드 요법
성선자극호르몬 작동제와 길항제
리튬
methotrexate
Phenothiazine 유도체

출처: Scheiber LB, Torregrosa L. Evaluation and treatment of postmenopausal osteoporosis, Semin Arthritis Rheum. 1998; 27 (4): 245-261 Permission granted by W.B. Saunders Company.

대표적 위험인자들

골다공증을 일으키는 여러 가지 위험인자들이 밝혀졌다(표 2). 대학생들의 건강과 밀접하게 연관이 있으면서도 이들에게 교육하기 쉬운 것들은 부적절한 칼슘과 비타민 D 섭취, 담배, 알콜과 스테로이드의 사용, 고단백 식이, 육체적 비활동과 과다한 운동 등을 들 수 있다.

부족한 칼슘과 비타민 D 섭취

적절한 칼슘 섭취는 최대 뼈 중량의 도

표 3. 칼슘의 표준 영양섭취량가 (Dietary Reference Intake Value)

나이	충분섭취량 AI(mg/day)
0～ 6개월	210
6～12개월	270
1～ 3세	500
4～ 8세	800
9～13세	1,300
14～18세	1,300
19～30세	1,000
31～50세	1,000
51～70세	1,200
70세 이상	1,200
18세 이하 임신	1,300
19～50세 임신	1,000
18세 이하 수유	1,300
19～50세 수유	1,000

출처: Food and Nutrition Board: National Academy of Sciences. Dietary Reference Intages. Washington, DC: National Academy Press; 1997.

Note. AI = 충분섭취량(adequate intake). 칼슘에 대하여는 표준영양섭취량에 대한 정확한 자료가 없기 때문에 충분섭취량(AI)이 개개인의 영양섭취의 목표로 사용될 수 있다. 임신과 수유의 자료를 제외하고는 남성과 여성에 모두 적용된다.

달에 영향을 주며, 골질량을 유지하게 하고, 노화와 연관된 뼈 손실을 막아준다.[1] 칼슘의 섭취는 모든 연령 그룹에서 골질량과 양의 상관관계가 있다. 칼슘 보충제의 섭취는 폐경기 이후 여성이나 젊은 성인들의 여러 골격 부위에서 뼈 손상을 막아준다.[8]

20~29세 사이의 대부분의 젊은 성인 여성들은 식품영양위원회(The Food and Nutrition Board)에서 만들어진 권장식이 표준섭취보다 훨씬 적은 칼슘을 섭취한다(표 3). 이 연령 그룹의 평균 칼슘 섭취량은 650mg 정도인데, 이는 우유를 적게 섭취하는 것을 간접적으로 보여준다.[10] 좋은 칼슘 공급원은 칼슘이 풍부한 식품을 통해서 얻을 수 있는데, 이것은 우유제품, 녹색잎 채소, 생선통조림, 두부, 그리고 칼슘이 보강된 식품들이다(표 4).

칼슘 균형의 유지는 소장의 칼슘 흡수 효율에 의존한다. 비타민 D와 부갑상선호르몬의 결핍, 소장질환 혹은 심각한 칼슘식이의 결핍은 음의 칼슘 균형을 초래한다. 칼슘섭취가 뼈의 성장에 불충분할 때 뼈의 재흡수가 증가할 것이며, 이로 인하여 골질량이 감소될 것이다.[11]

비타민 D는 적정한 칼슘 흡수를 위하여 필요하다. 영양소가 보강된 우유제품은 비타민 D의 주요 급원인데, 바로 이것이 대학생 연령의 학생들 식사에 부족하기 쉬운 식품군이다. 비타민 D는 여러 가지 대사물들을 통하여 무기질의 항상성에 관련되어 있다. 여기에는 1,25디히드록시비타민 D가 있는데, 이는 햇빛에 노출되었을 때 생성될 수 있다. 일반적인 양의 햇빛에 대한 노출만으로도 대부분의 사람들에게 필요한 비타민 D를 공급할 수 있다.[11]

노인들은 젊은이들에 비해서 **비타민 D**

표 4. 칼슘이 풍부한 식품 공급원

식품군	식사 크기	칼슘량 (mg)
유제품		
치즈		
코테지, 1% 유지방	1컵	138
부분 탈지 모짜렐라	28g	183
아메리칸	42g	261
단백질 증강 우유		
2% 유지방	1컵	352
1% 유지방	1컵	349
무지방 탈지유	1컵	302
초콜릿 밀크쉐이크	280g	396
탈지 요구르트	1컵	488
바닐라향 아이스크림	1콘	155
육류		
돼지고기와 통조림된 콩	1컵	134
아몬드	⅓컵	114
뼈째 통조림된 연어	42g	203
생선 샌드위치, 패스트푸드	1개	84
Calcium sulfate 함유 두부	1½컵	434
채소류		
브로콜리	1대	55
익히지 않은 콜라드	1컵	52
익힌 시금치	1컵	245
익히지 않은 무청	1컵	99
곡물류		
조리예에 따른 2% 우유 함유 옥수수빵	1조각	162
조리예에 따른 버터밀크 함유 팬케익	지름 15cm	121
얼린 와플	지름 10cm	77

출처: 미국 농무성. Food and Nutrition Information. Available at http://www.nal.usda.gov/fnic Accessed July 26, 1999.

결핍에 걸리기가 쉽다. 노인들은 햇빛에 노출되는 시간이 적을 수도 있고, 햇빛 차단제를 사용함으로써 햇빛에 대한 노출을 줄일 수도 있기 때문이다. 노인들의 피부는 젊은이들만큼 비타민 D를 많이 생산할 수 없다. 그리고 생성된 비타민 D도 젊은이들에 비하여 소장에서 흡수가 덜 된다. 이러한 것들이 노인들에게 비타민 D 보충제들을 권장하도록 하는 이유이다.[8,12]

흡연과 음주

흡연과 음주는 일반적으로 사춘기와 젊은 성인들에서 흔한 위험인자들이다. 최근 이루어진 미국 국가 연구에 의하면 조사가 행해지기 전 30일 동안 대학생들의 약 29%가 흡연을 하였다는 것을 보여주고 있다. 비록 적은 숫자의 대학생들(16.5%)이 흡연을 빈번히 하지만 조금의 흡연도 장기적인 흡연중독과 연관된 건강의 문제에 이르게 할 수도 있을 것이다. 같은 연구조사에서 마찬가지로 조사가 행해지기 이전 30일 동안 만에도 일시적으로 한 시간에 여섯 잔 이상 음주하는 폭음의 현상을 보인 학생들이 전체 대학생의 35%였다.[13]

흡연과 음주는 아직 밝혀지지 않은 방식으로 뼈에 영향을 준다. 흡연은 난소의 기능에 부차적인 영향을 줄 수 있으며, 이른 폐경을 일으키거나 직접적으로 뼈의 재형성에 영향을 줄 수 있다.[7,14] 알콜 남용은 뼈 손실과 골절을 일으킬 수 있는 중요한 위험요인이다. 지속적으로 알콜을 섭취하게 되면 뼈 형성이 줄어듦으로써 뼈의 대사에 영향을 줄 수 있다. 알콜은 칼슘과 비타민 D 섭취의 감소와 연관이 있으며, 소변을 통한 칼슘의 과다 배출과도 연관이 있다. 더욱이 만성적인 알콜 남용으로 인한 부족한 영양은 뼈 손실을 악화시킬 수 있다.[14~16]

스테로이드 사용과 고단백 식이

뼈 대사를 비정상으로 이끌어서 뼈 손실의 위험을 증가시키는 다른 생활 습관들에는 **스테로이드 사용**과 **고단백 식이**로 인한 과다한 산의 섭취에 있다. 젊은 성인 위험행동 감독조사(Youth Risk Behavior Surveilance Survey)에 의하면 남자 대학생 중에 2.4%가 의사의 처방 없이 스테로이드를 사용한 적이 있다고 보고하고 있다.[13]

만성적인 스테로이드 사용은 여러 가지 방법으로 뼈에 영향을 줄 수 있을 것이다. 즉, 만성적인 스테로이드 사용은 칼슘의 흡수를 줄이고, 소변을 통한 칼슘 배설을 증가시키며, 부갑상선 호르몬 수치를 증가시켜 성호르몬 분비를 변화시키고, 조골세포의 기능을 막는다. 비록 골질량의 손실은 사용하는 스테로이드의 양과 기간에 따라 다르지만 한 달 동안 매일 7.5mg의 작은 양을 사용만 하여도 골 손실을 초래할 수 있다고 알려진 바 있다.[17,18]

과도한 단백질 섭취가 신체로부터 칼슘 손실 비율을 증가시킬 수 있다는 증거들이 최근 제안되었다. 이것은 아마도 이미 골다공증의 위험에 있는 여성들의 질병을 특별히 가속화시킬 것이다. 더욱이 고단백 식이는 이로 인하여 과다한 산소가 생기고, 또 과다한 산소를 완충하기 위한 뼈의 분해가 일어나도록 할 것이다.[14]

육체적 비활동과 과도한 운동

사춘기와 젊은 성인 시기의 뼈의 형성은 그들의 습관적인 육체적 활동에 의하여 반영된다. 여러 가지 연구의 결과들은 체중 유지를 위한 운동이 골질량의 발달과 유지에 기여한다는 견해를 지지하고 있다. 반대로 뼈는 운동을 하지 않거나 체중이 없음으로 인하여 부정적으로 영향을 받는다.[20~22] 그러나 최근의 연구 결과는 18~24세 사이의 여자대학생 중 30%와 남자대학생 중 37%만이 팔굽혀펴기, 윗몸 일으키기, 역도와 같은 근육을 강화시키는 운동을 한다고 보고하고 있다.[13] 더욱이 남학생보다 여학생이 더 체육시간에 20분 이하의 운동에만 나타나거나 스포츠 팀에 참여하지 않고 있다고 보고한다.[13]

수개월 동안 매일 격렬하게 운동함으로 심지어 운동 후 심각한 체중 감소가 있게 된다면 이것은 에스트로겐 수준을 낮출 수 있다. 이러한 기간 동안의 에스트로겐의 손실은 최대 골질량을 만들 수 있는 기회에 부정적인 영향을 줄 수 있다.[23] 골격근 보전을 위한 적절한 훈련 프로그램이 고안되어져야 하지만 대학생들을 위한 운동요법에는 여러 가지 종류의 체중 유지나 체중 증강 프로그램을 포함시킬 필요가 있다.

대학 건강 전문가들을 위한 교육 전략

모든 연령대의 대학생들은 골다공증에 이르게 하는 위험요소들에 대하여 교육받을 필요가 있다. 특별히 젊은 여성들은 적절한 영양과 규칙적인 운동이 적정의 최대 골질량에 도달하도록 도울 수 있다는 것에 대하여 인지해야만 한다. 칼슘과 비타민 D의 함량이 낮은 식사뿐만 아니라 흡연과 알콜 남용, 스테로이드 사용, 고단백 식이, 그리고 육체적 비활동과 과로한 운동 모두 일생 동안에 걸쳐 뼈 구조와 연관된 건강에 부정적인 영향을 줄 수 있고, 이후에 골다공증의 위험을 높일 수 있다는 것을 알아야만 한다.

대학과 같은 환경은 포괄적인 골다공증 예방 전략을 위한 여러 가지 기회를 제공한다. 다음의 내용들은 대학 요원들과 관련된 세 가지 우선 분야를 포함하고 있다.

식품 서비스 관리자들은 캠퍼스 식당이나 레스토랑에서 칼슘이 풍부한 식품들을 구입하고, 이들을 준비하고 보여주는 데 적극적인 역할을 해야 한다. 무지방우유, 요구르트, 치즈, 동결 요구르트, 아이스크림, 그리고 칼슘이 보강된 곡물식과 주스는 어디서나 쉽게 구할 수 있는 칼슘의 공급원이어야 한다. 이러한 식품의 준비와 관련된 전문가들을 대상으로 한 교육프로그램은 이들로 하여금 칼슘이 풍부한 식품들을 사용하여 음식을 준비하도록 할 수 있게 한다.

금연은 중요한 예방책이다. 금연 상담은 흡연 행동을 바꿀 수 있는 효과적인 수단이며, 흡연을 하는 사람들에게 추천되어진다. 캠퍼스에 있는 1차 진료자들은 흡연자들의 흡연에 대한 완전한 정보를 얻어야 하고, 니코틴 중독자들을 파악하고 금연을 도울 수 있는 정책을 사용해야 한다. 대학교 건강센터는 캠퍼스 금연 프로그램을 제공하기 위하여 미국암학회나 미국폐학회와 같은 지역의 단체들과 함께 일해야 한다.

모든 여성들은 뼈 골절의 위험과 관련된 요인들에 관하여 상담을 받아야만 하는데, 이들에는 부족한 칼슘과 비타민 D 섭취, 체중 유지를 위한 운동의 부족과 흡연 등이 있다.[25] 대학에 있는 대부분의 건강센터들은 여성의 건강에 대한 특별한 프로그램들을 제공하기 때문에 이러한 것들을 대학 내에서 다루는 것은 매우 이상적이다. 정기적인 건강캠페인과 건강전시회는 포스터디자인대회, 탁상전시, 뉴스레터 등을 이용하여 골다공증에 대한 인지도를 증가시키는 데 사용될 수 있다. 더욱이 이러한 문제들과 관련한 1차 진료자들과의 토론 내용들은 정기적인 진료실 방문이나 운동경기 이전의 연례 신체검사와 같은 것들에 포함되어져서 다루어져야 한다. 골다공증의 심각한 위험요소들을 갖고 있는 여성들은 뼈 밀도 조사를 하는 것이 적절할 것이다. 그러나 아직 무증상의 여자들이나 일반인들에게는 일반적으로 추천되지 않고 있다.[2,18,25]

요 약

미국에서 가장 보편적인 대사성 뼈 질병인 골다공증의 발생에 기여하는 여러 요소들은 인생의 초반에서 이미 경험되어 만들어지는데, 이들은 곧 수정될 수 있는 행동양식과 생활양식들이다. 골다공증 예방을 위한 1차 목표는 젊은 성인들의 최대 골질량을 증가시키는 것이며, 그리고 이후의 인생의 기간에서도 뼈 손실의 비율을 최소화하는 것이다. 대학 건강 전문가들은 이러한 생활방식을 목표로 하는 포괄적인 골다공증 예방 전략을 소개하는 데 적합한 위치에 있다. 대학을 졸업한 다음에는 골다공증 예방을 위한 기회들이 제한적이며, 이때는 이미 질병을 치료하는 것으로 목표가 바뀐다.

REFERENCES

1. Bilezikian JP. Current and future nonhormonal approaches to the treatment of osteoporosis. *Int J Fertil Womens Med.* 1996;4(2):148～155.
2. Scheiber LB, Torregrosa L. Evaluation and treatment of postmenopausal osteoporosis. *Semin Arthritis Rheum.* 1998; 27(4):245～261.
3. Consensus development conference: Diagnosis, prophylaxis, and treatment of osteoporosis. *Am J Med.* 1993;94: 646～650.
4. Looker AC, Orwoll ES, Conrad Johnson C, et al. Prevalence of low femoral bone density in older US adults from NHANES III. *J Bone Miner Res.* 1997;12(11):1761～1768.
5. Fox Ray N, Chan JK, Thamer M, Melton LJ. Medical expenditures for the treatment of osteoporotic fractures in the United States in 1995: Report from the National Osteoporosis Foundation. *J Bone Miner Res.* 1997;12(1): 24～35.
6. Canalis E. Regulation of bone remodeling. In: Favus MJ, ed. *Primer on the Matabolic Bone Diseases and Disorders of Mineral Metabolism.* 3rd ed. Philadelphia: Lippincott-Raven; 1996:29～34.
7. Scott JC. Epidemiology of osteoporosis. *J Clin Rheumatol.* 1997;3(2)S9～S13.
8. Orcel P. Calcium and vitamin D in the prevention and treatment of osteoporosis. *J Clin Rheumatol.* 1997;3 (2):S52～S56.
9. Aloia JF, Vaswani A, Yeh JK, Flaster E. Risk for osteoporosis in Black women. *Calcif Tissue Int.* 1996;59:415～423.
10. Fleming KH, Heimbach JT. Consumption of calcium in the US: Food sources and intake levels. *J Nutr.* 1994;124: 1426S～1430S.
11. Holick MF. Vitamin D and bone health. *J Nutr.* 1996;126:1159S～1164S.
12. Marriott BM. Vitamin D supplementation: A word of caution. *Ann Intern Med.* 1997;127(3):231～232.
13. Centers for Disease Control. Youth Risk Behavior Surveillance national college health behavior survey-United States. *MMWR.* 1995;46:(SS-6):1～54.
14. Krane SM, Holick MF. Osteoporosis. In: Isselbacher KJ, Braunwald E, Wilson JD, Martin JB, Fauci AS, Kasper DL,

eds. *Harrison's Principles of Internal Medicine.* 13th ed. New York: McGraw-Hill; 1994:30～38.

15. Schapira D. Alcohol abuse and osteoporosis. *Semin Arthritis Rheum.* 1990; 19(6):371～376.
16. Ross PD. Osteoporosis: Frequency, consequences, and risk factors. *Arch Intern Med.* 1996;156(13):1399～1411.
17. Miller PM. Secondary osteoporosis including steroidinduced osteoporosis. Paper presented at: 8th Annual Cleveland Review of Rheumatic Diseases; May 1998; Cleveland, OH.
18. Simon LS. Osteoporosis: Pathogenesis, diagnosis, and management. In: Kelley WN, Harris ED, Ruddy S, Sledge CB, eds. *Textbook of Rheumatology:* Update 26. Philadelphia: Saunders;1997:1～18.
19. Forsythe WA. *Nutrition and You: With Readings.* 4th ed. Raleigh, NC: Contemporary; 1998:21.
20. Marcus R. Physical activity and regulation of bone mass. In: Favus MJ, ed. *Primer on the Metabolic Bone Diseases and Disorders of Mineral Metabolism.* Philadelphia: Lippincott-Raven; 1996: 254～255.
21. Feicht SC. Exercise, calcium and bone density. *Sports Sci Exchange.* 1990;2 (24):1～5.
22. National Institute of Arthritis and Musculoskeletal and Skin Diseases. *Weightlessness, Bed Rest and Immobilization: Factors Contributing to Bone Loss.* Bethesda, MD: National Institutes of Health; 1997:1～6.
23. Health Professionals' Committee for Nutrition Education. *The Calcium Connection: Healthy Bone from One Generation to Another.* Palo Alto, CA: Dairy Council of California; 1994:1～12.
24. US Preventive Services Task Force. Counseling to prevent tobacco use. In: *Guide to Clinical Preventive Services.* 2nd ed. Washington, DC: US Dept of Health and Human Services: 1996: chap 54.
25. US Preventive Services Tack Force. Screening for postmenopausal osteoporosis. In: *Guide to Clinical Preventive Services.* 2nd ed. Washington. DC: US Dept of Health and Human Services; 1996:chap 46.

10장

2. 소금이 당신의 혈압을 상승시키는가?

대부분의 사람들은 자신이 소금을 얼마나 섭취하는지에 대하여 걱정을 할 필요가 없다. 그러나 여기 소금을 얼마나 섭취하는지 알아야 할 필요성을 알려주는 방법이 있다.

소금은 미국인의 식사에서 지방 다음으로 가장 해로운 영양분으로 널리 알려져 있다. 미국 심장협회, 미국 심장, 신장 및 혈액연구소 같은 공중보건협회들은 사람들이 고혈압이 있건 없건 간에 모든 사람들이 소금을 덜 소비해야 한다고 주장한다. 제조업자들은 건강을 의식한 소비자들에게 호소하기 위해 스프, 냉동식품, 치즈, 야채통조림, 그 외의 일반적인 소금이 들어간 식품들에 대한 저염식품들을 속속 생산해 내고 있다.

아직 소금은 대다수의 정상적인 혈압을 지닌 사람들과 심지어 대부분의 고혈압인 사람들에게 조차도 거의 영향을 미치지 않거나 아니면 조금 밖에 영향을 미치지 않는다. 그러나 소금제한은 도움이 될지 안 될지는 모를지라도 지킬 만한 가치가 있는 그런 단순한 예방책이 아니다. 소금에 민감하게 반응하는 혈압이 있는 사람은 최소한 혈압을 심각하게 내리기 위해 소금 소비량을 최소한 반으로 줄일 필요가 있다. 그렇게 많이 줄이려면 식품 표기란을 자세히 읽어야 하며, 여러분의 식사습관을 완전히 바꾸어야 한다.

소금과 혈압

지금까지 가장 크게 그리고 조심스럽게 설계된 소금과 혈압에 대한 연구로는 32개 국가에서 만 명 이상이 참여한 인터솔트(Intersalt)라고 불리는 국제적인 프로젝트다. 인터솔트 연구원들은 급격한 소금섭취가 보통 사람의 낮은 혈압인 심장 이완압을 단지 한 포인트의 일부 정도 감소시키며, 높은 혈압인 심장 수축압을 단지 두 포인트 정도 감소시킴을 계산했다.

다른 연구에서는 고혈압이 있는 사람들에게만 중점을 두었다. 이 연구들은 소금제한이 정상 혈압인 사람들보다 고혈압인 사람들의 상승된 혈압을 더 내리게 하는 효과가 있다고 한다. 하지만 아직 평균적으로는 **저염식이요법**을 정당화시키기에는 충분치 않다.

고혈압이 있는 사람들은 보통 사람보다도 더 소금에 대해 예민하다. 대부분의 의사들은 혈압 환자들이 소금을 섭취하지 않았을 때 혈압이 내려가는 것을 보았다. 그리고 교육을 겸한 실험은 그 임상적인 효과를 더 지지하여 주었다. 이러한 연구는 염분제한이 혈압을 크게 감소시키며, 고혈압이 있는 사람 중 30~50% 중에서 최소한 심장 수축압과 심장 이완압을 5포인트까지 감소시킴을 보여주었다.

이론적으로 소금이나 염분에 크게 혈압이 크게 변하는 사람들은 비교적 좋지 않은 신장을 갖고 있어서 혈액에서 나트륨을 거의 걸러내지 못한다. 나트륨은 우리 몸이 수액을 붙들게 하여서 혈액량을 증가시킨다. 동맥이 너무 굳었거나, 혈액량이 너무 많아서 동맥이 혈액량의 증가를 보충할 만큼 팽창될 수 없다면 혈압은 오를 것이다.

어떤 사람이 소금에 민감한가?

이뇨제에 대해 반응하는 고혈압 환자는 대개 저염식이법에도 잘 반응하는데, 그 이유는 분명치 않다. 일반적인 이뇨제에는 클로로다이아지드(chlorothiazide, 상품명 Diuril) 하이드로클로로다이아지드(hydrochlorothiazide, 상품명 Exidrix)와 스피로노릭톤(spironolactone, 상품명 Aldactone)이 있다. 혈압이 급격하게 떨어지는 것을 방지하도록 돕는 호르몬인 레닌의 수치가 낮은 대부분의 고혈압 환자들은 소금제한에 대해서 민감하게 반응한다. 비만한 사람, 나이든 사람, 흑인 또는 가족 중에 소금 민감성이 있는 사람들에게 소금에 대한 민감성이 더 자주 나타난다.

그러나 당신이 소금에 민감한지 확실히 알기 위한 방법은 조심스럽게 조절된 상태에서 저염식이를 해보는 것이다. 그리고 당신의 혈압이 실제로 저염식이에 의하여 더 낮아지는지 본다. 항고혈압약을 복용하는 사람들은 소금 민감성 테스트 동안에 약의 투약을 중지해야 한다. 왜냐하면 항고혈압제는 혈압에 있는 식이소금의 효과를 모호하게 하기 때문이다. 이러한 사람들은 우선 의사에게 몇 주간 약을 중단하는 것이 안전한지 물어 보아야 한다. 그리고 소금민감성 테스트를 해보려는 사람들은 잠시라도 소금섭취를 제한해서는 안 되는 신장병과 같은 것들이 있는지 물어보아야 한다.

어떻게 스스로 소금 민감성 테스트를 할 수 있는가?

첫째로 낭신은 믿을 수 있는 가정용 혈압계가 필요하다. 한번 혈압계를 구입했으면 의사에게 혈압계 눈금을 잘 조정해 달라고 하여서 당신이 혈압계를 잘 사용하고 있는지 확인하라. 그 다음 워싱턴의 혈압센터 이사인 M.D Carlos Espinel이 개발한 테스트의 단계대로 실시한다.

- 하루에 나트륨 섭취를 하루 2,000mg이나 또는 한 작은 스픈 정도의 소금만큼 섭취를 줄여라(소금섭취를 제한하는 방법은 이 페이지의 박스 안을 보시오).
- 정확하게 소금 섭취량을 계산하고 있는지 확인하기 위해 24시간 정도의 기간 동안 모은 소변에서 나트륨 수치를 의사에게 체크 받아라. 이것은 소금 검사의 둘째와 넷째 주의 마지막 날에 일반적으로 행해져야 한다. 소변의 나트륨검사 비용은 보통 18불 정도 든다.
- 혈압을 일주일에 두세 번 정도 하루의 같은 시간 즉, 늦은 오후나 이른 저녁에 그리고 같은 장소에서 측정하라. 혈압을 측정하기 전에 5분 가량 조용히 쉰다. 다음 5분 정도의 시간에 세 번을 측정하라. 첫 번째 측정한 것이 나머지 두 번보다 더 높을 때가 많다. 불안감 때문이다. 그렇다면 첫 번째 측정치를 무시하고 나머지 둘의 평균을 낸다.
- 소금에 민감한지 보기 위해 한 달 이상

어떻게 소금의 양을 줄이는가?

소금 민감성을 검사하려면 매일 소금 섭취량을 작은 스푼 하나 또는 2,000mg의 나트륨의 양까지 줄여야 한다. 이 소금 양은 미국인이 보통 섭취하는 것보다 최소한 50% 정도가 적은 것이다(이 만큼의 양은 여러분이 소금에 민감하다면 여러분이 앞으로 지키고 유지해야 소금의 양이다). 이만큼의 소금섭취를 없애기 위하여 여러분은 식탁 위의 소금병을 치워버리는 그 이상의 무언가를 할 필요가 있다. 식탁에 놓여진 소금으로 사용하는 소금의 양은 미국인의 식이 염분의 20% 가량도 되지 않는다. 다른 15%는 음식과 물에서 자연히 생긴다. 전체의 ⅔ 이상 되는 염분의 나머지는 가공식품에 첨가된 소금으로부터 얻는다.

다음은 여러분이 2,000mg 한도까지 도달하기 위해 줄이거나 저염식품으로 대체시켜야 할 주요 식품들이다.

- 특히 스프와 같은 통조림식품
- 런치미트 그리고 훈제된, 절여진 혹은 코셔 고기
- 샐러드드레싱, 케첩, 겨자와 같은 양념
- 마른 혹은 인스턴트 아침식사 곡류들
- 치즈 특히 가공치즈
- 프리젤과 소금으로 간이 된 땅콩

이 외에 식품으로는 특히 냉동식품들이 보통 염도가 높다. 다음 달부터 유효한 FDA의 새 규정에는 모든 식품에 염도표시를 하도록 하고 있다. 덧붙여서 이 규정은 실제로 나트륨을 거의 함유하지 않은 식품에만 나트륨에 대한 요건을 제한하게 하였다. 다음과 같은 요구에 맞는 식품들은 염분제한 식사를 하는 사람들에게는 안전한 선택이 되게 한다.

- 무염 : 5mg 이하
- 매우 적은 염분 : 35mg 이하
- 저염 : 140mg 이하
- 소금이 없는 또는 소금이 첨가되지 않은 이러한 식품은 단지 자연적으로 생기는 염분만을 포함하는데 항상 거의 최소의 양이다.

또 다른 주장으로 '줄인 염분'은 그 식품이 정규 제품보다도 25% 적은 염분을 갖고 있음을 의미한다.

물론 식당에서 식품표지(food labels)를 찾을 수는 없다. 소금 민감도 검사 동안 2,000mg 이하로 유지하기 위해서는 가능한 한 식당을 방문하는 것을 피하라. 여러분이 영구적으로 소금섭취를 제한하기로 했다면 여기에 외식을 할 때 소금 섭취를 줄일 수 있는 몇 가지 방법이 있다.

- 주문하는 대로 요리해 주는 식당을 선택해서 여러분의 음식에 소금을 첨가하거 소금기 있는 조미료 또는 소스를 사용하지 않도록 요구하라.
- 준비된 샐러드드레싱 대신에 기름과 식초를 사용해라.
- 햄, 베이컨 그리고 치즈와 같은 가공식품뿐만 아니라 코올슬로우 같은 준비된 샐러드와 같은 가공식품을 피하라.

저염식이를 한다. 두 번의 연속된 측정에서 이완기 또는 수축기 혈압 모두에서 최소한 5mmHg 이상의 감소 여부를 보아야 한다.

이러한 정도의 혈압의 감소가 있다면 당신이 소금에 민감도가 있음을 알려 주는 것이며, 이 경우 하루에 2,000mg 정도로 나트륨 섭취를 제한해야 한다. 만일 당신이 항고혈압제를 복용하고 있다면 당신은 저염식이로 더 적은 양의 혈압약을 복용하게 되거나 아니면 약을 전혀 복용하지 않아도 될 수 있을 것이다.

저염식이가 혈압에 거의 또는 전혀 영향을 미치지 않는 부정적인 테스트 결과는 여러분이 일상적으로 섭취하는 소금의 양이 당신의 혈압을 높일 것이라는 염려를 할 필요 없이 다시 일반적인 식사를 할 수 있다는 것을 의미한다(그러나 당신이 지금까지 섭취했던 것보다 더 많은 양의 소금을 문제없이 섭취할 수 있다는 것을 증명하시는 않는 것이다). 나이가 들어감에 따라 소금 민감성의 가능성이 커지기 때문에 몇 년 후 혈압이 올라가게 되면 다시 검사를 받아야 할 것이다. 혈압이 더 올라가기 시작하면 수년보다 더 빠른 시간에 다시 검사를 해야 할 것이다.

10장 Questions for Review

이 름 ____________________

학 과 ____________________

날 짜 ____________________

학 번 ____________________

1. 다음에 해당하는 칼슘의 적정섭취량(AI, adequate intake)을 나타내시오.

① 14～18세 ____________________mg/day

② 31～50세 ____________________mg/day

③ 51～71세 ____________________mg/day

2. 골다공증의 문자적 의미는? ____________________ ____________________.

3. 식이칼슘의 섭취의 다양성을 ________________라고 한다. 식이칼슘의 섭취를 돕는 4가지 요소와 흡수를 감소시키는 것 3가지는?

증가시키는 것	감소시키는 것
①	①
②	②
③	③
④	

4. 골다공증의 발전위험이 있는 사람의 전형적인 특징은?

①

②

③

④

5. 식품이 가공됨에 따라 나트륨의 양은 증가/감소한다.

6. 토마토는 한 끼니에 ____mg의 나트륨이 있는 반면 통조림화 된 토마토스프는 한 끼니에 약 _____mg의 나트륨을 함유하고 있다.

7. 만약 당신이 칼슘 보충제를 섭취한다면 하루에 섭취할 수 있는 최대량은 _____mg/day이다.

8. 칼슘 과다복용의 증상을 두 가지를 Tm시오.

①

②

9. 고혈압(high blood pressure)의 전문적인 용어는 ?

10. 고혈압을 유발시키는 데 기여하는 주요 식이 무기질은 ________이며, 반면 고혈압으로부터 보호할 수 있는 식이 무기질은 ________이다.

11. 요리 중에 혹은 식탁에서 음식에 첨가되는 소금은 _______소금이라고 하며, 가공되었거나 조리된 음식 등에 이미 들어가 있는 소금은 _______소금이라고 한다.

12. 무염이라고 광고 된 제품은 한 끼니에 ________mg 이하의 소금을 함유하여야 하며, 저염이라고 광고 된 제품은 원래의 상품에 비하여 _____%의 소금이 감소되어 있어야 한다.

제 11 장

미량원소

미량원소란 인체에 아주 적은 양을 필요로 하는 무기질이다. 소량이 필요하다고 해서 미량원소들이 다량무기질보다 중요하지 않다고 말할 수 없다. 실제로 사람들의 식이에서 다량무기질보다 미량원소들이 부족한 경우가 종종 있다. 표 11-1에 인체에 필수적인 미량원소들이 열거되어 있다. 표를 보고 비소나 납과 같은 독성물질로 알려진 것이 사람들에게 필요하다는 것에 놀랄 수도 있다.

이 물질들은 과량일 때는 독성이 있지만 아주 소량으로 존재할 때는 인체에 필수 영양소의 역할을 한다. 대부분의 미량원소들의 필요량은 아주 적어서 어떤 식이를 하던지 필요량이 충족되기 쉽다. 이 장에서는 주로 부족하기 쉬운 미량원소인 철분, 아연, 셀레늄, 크롬, 요오드에 대하여 살펴보기로 한다.

표 11-1. 인체에 필수적인 미량원소

•철분(iron)	•실리콘(silicone)	•납(lead)
•아연(zinc)	•셀레늄(selenium)	•주석(tin)
•요오드(iodine)	•망간(manganese)	•비소(arsenic)
•불소(fluorine)	•몰리브덴(molybdenum)	•바나듐(vanadium)
•구리(copper)	•니켈(nickel)	•코발트(cobalt)
•크롬(chromium)		•보론(boron)

1. 철 분

식이에서 철분(iron)이 부족한 사람들이 많은데, 특히 여자와 어린이들은 식이를 통해 충분한 철분을 섭취하지 않는 것으로 알려져 있다. 역학조사들에 의하면 미국 어린이들의 ⅓ 정도와 성인 여성의 ½ 정도가 철분 섭취량의 적정량 미만을 섭취하는 것으로 나타났다. 그럼 왜 어린이와 여성이 식이로 충분한 철분을 섭취하기 어려운 것일까? 첫째로, 이 두 그룹에서 철분의 필요량이 증가한다는 것이다. 어린이들은 성장을 하기 때문에 혈액량의 증가로 인하여 필요량이 증가한다. 여성들의 경우는 월경을 통해 혈액이 손실되기 때문에 남성들보다 필요량이 증가한다. 철분의 주기능은 적혈구의 구성요소인 헤모글로빈을 만드는 것이다. 따라서 혈액량의 증가와 함께 철분의 필요량도 함께 증가한다. 둘째로, 철분을 함유한 식품들이 많지 않다는 것이다. 보통의 식이는 1,000 kcal당 6mg의 철분을 제공한다.

철분의 미국인 일일 권장량은 남성 10mg, 여성 15mg, 한국인의 경우 일일 영양섭취 기준량은 남성 10mg, 여성 14mg이다. 따라서 남성은 철분의 일일 권장량을 충족시키기 위해서 1,800 kcal만 섭취해도 되는 반면 여성은 약 3,000 kcal 정도를 섭취해야 한다는 것이다. 따라서 보통 여성들은 3,000 kcal를 섭취하기 힘들기 때문에 여성의 철분 섭취량이 더욱 부족한 것이다. 철분의 주요 급원식품들을 표 11-2에 소개하였다. 간을 제외하고는 쇠고기와 영양이 강화된 시리얼 제품이 철분을 공급하는 좋은 식품이다. 여자의 경우, 하루 철분 권장량을 충족시키기 위하여 간 2.5회 분량 또는 햄버거 고기조각(hamberger patty)을 6개나 먹어야 된다. 전곡류도 철분 급원으로 좋은 편이나 흡수가 어려운 형태로 존재한다.

표 11-2. 철분의 급원식품

식 품	철분 함량(mg/serving)
•간 (4온스)	8
•쇠고기 (4온스)	3
•Cereal, fortified (1컵)	2.5
•닭고기 (4온스)	1.8
•전곡빵 (2조각)	1.4

※ 1온스 = 28.349g

1) 철분의 생체이용률

철분의 영양상태에 영향을 미치는 요인 중 하나가 생체이용률(iron bioavailability)이다. 생체이용률이란 식이에 함유된 무기질이 체내에 흡수되는 양을 말한다. 앞서 제10장에서 칼슘에 대하여 설명한 바와 같이 식이 내용이나 생리학적 상태가 몸에 흡수되는 칼슘량에 영향을 미친다. 철분의 흡수는 칼슘보다 생체이용률 인자에 영향을 더 많이 받는다.

철분의 생체이용률은 식이, 환경, 개인의 철분 영양상태에 영향을 많이 받는다. 만일 철분 결핍을 예방할 정도의 철분만을 섭취할 경우 철분 생체이용률을 저하시키는 요인들은 철분 결핍을 유발할 수 있다. 철분 섭취상태가 경계수준이라면 생체이용률을 저하시키는 요인들을 감소시키고, 생체이용률을 증가시키는 요인들을 증가시켜 결핍을 예방할 수 있다.

개인의 식이는 철분의 생체이용률에 심한 영향을 미칠 수 있다. 식이에 포함된 철분은 **헴**(heme)과 **비헴**(non-heme) 철분으로 나눌 수 있다. 헴 철분은 육류에 많이 포함되어 있는 철분으로 미오글로빈(myoglobin)과 헤모글로빈(hemoglobin)과의 관련이 있는 철분이다. 이런 헴 철분의 20～30% 정도는 식품으로부터 흡수된다. 비헴 철분은 채소 등의 식물성 식품과 소량의 동물성 식품과 함께 섭취되는 무기질에 포함되어 있는 것으로 2～15%가 흡수되며, 생체이용률에 의해 흡수 정도가 달라진다(표 11-3).

식품내 철분은 두 가지 화학적 상태 즉, Fe^{++}(ferrous)와 Fe^{+++}(ferric) 이온으로 존재한다. Ferrous 상태는 ferric 상태보다 흡수가 더 잘 되고, 그러므로 철분의 형태를 Fe^{++}로 전환시키는 요인은 철분의 생체이용률을 증가시키게 된다. 위산이 바

표 11-3. 철분의 생체이용률에 영향을 주는 요인들

요 인	생체이용률의 변화
1. 철분 급원	헴 철분에 의해 증가, 비헴 철분에 의해 감소
2. 비타민 C	증가
3. 식이섬유소	감소
4. 운동	증가
5. 이식증	감소
6. 철분 영양상태	철분 결핍상태에 의하여 증가

로 Fe^{+++}를 Fe^{++}로 전환시켜 철분의 흡수를 증가시키는 요인 중 하나이다. 노화에 의해 위산분비가 감소되면 식이 비헴 철분이 Fe^{++}으로 전환이 어려워 생체이용률을 떨어뜨리게 된다. 식이와 함께 섭취한 비타민 C도 Fe^{+++}를 Fe^{++}로 전환시킨다. 인체를 대상으로 한 연구에서 비타민 C를 첨가한 식이는 첨가하지 않은 식이에 비해 철분의 흡수를 두 배 정도 증가시킨다는 결과를 보고하였다.

반면, 식이섬유소는 식이철분의 생체이용률을 감소시킨다. 일반적으로 식이섬유소는 전하를 띤 표면을 가지는 복합적인 구조를 가지고 있어 아연, 구리 같은 미량원소와 결합한다. 연구 결과에 의하면 과량의 식이섬유소를 섭취하는 사람들의 식이 철분의 흡수가 낮은 것으로 알려졌다.

예를 들면, 시금치의 철분 중 1~2% 만이 흡수된다. 철분과 결합하는 섬유소처럼 전하를 띠는 화학물질을 가지고 있는 커피, 차 또는 콜라는 비헴 철분의 흡수를 유의적으로 감소시켜 철분의 이용률을 저하시킨다. 미국뿐만 아니라 우리나라에서도 식생활의 서구화로 인한 탄산음료 섭취가 증가하여 철분 영양상태에 부정적으로 기여한다.

철분의 생체이용률에 부정적으로 작용하는 다른 요인은 임산부의 **이식증**(pica)이다. 이식증은 여러 가지 형태로 존재하지만 식품이 아닌 것을 섭취하는 것으로 정의된다. 이런 이식증의 대표적인 예가 임신기간 동안에 강뚝에서 진흙을 먹는 행위이다. 이는 미국 남부의 시골지역에서 튼튼하고 건강한 아기를 출산하기 위한 방법으로 알려져 있지만, 실상은 태아와 산모 모두의 건강에 해를 미칠 수 있다. 왜냐하면 진흙은 식이나 보충제 형태로 섭취한 철분이나 다른 미량원소들과 결합하여 생체이용률을 저하시키기 때문이다. 이러한 증상은 산모가 이러한 무기질들에 대한 필요량이 매우 높을 경우 발생한다.

종종 도시지역에서 일어나는 이식증은 오래 된 건물의 벽에서 떨어져 나온 페인트 조각을 먹는 것으로, 페인트에 함유되어 있는 성분은 무기질의 생체이용률을 저하시킨다. 이러한 경우보다 심각한 건강상의 위험을 초래하는데, 페인트에 포함된 납 성분이 태아의 발달과 건강에 직접적으로 영향을 줄 수 있다는 것이다.

진흙이 없을 경우 빈번하게 일어나는 이식증은 종종 박스 분량의 전분 덩어리를 먹는 것이다. 전분 자체는 철분의 생체이용률을 저하시키지 않지만, 전분 자체가 많은 열량을 가지고 있기 때문에 필요로 하는 다른 식품의 섭취를 감소시킬 수 있다. 따라서 임신 시 철분 필요량이 보통사람에 비해 증가하나, 식품의 섭취 감소로 인하여 철분의 섭취가 감소하게 될 수 있다.

철분의 생체이용률에 영향을 미치는 환경적인 요인으로는 사는 곳의 고도와 운동량이다. 고도가 높을수록 공기중의 산소량이 적기 때문에 이를 보상하기 위해 체내에서는 더 많은 적혈구를 만들어 낸다. 더 많은 적혈구를 만들기 위해 소장에서는 더 많은 철분을 흡수한다는 것이다. 운동도 적혈구 필요량을 증가시키므로 심한 운동을 하는 사람은 더 많은 적혈구를 가지고 있다. 따라서 운동에 대하여 몸이 적응하는 방법 중 하나가 식품으로부터 흡수되는 철분의 양을 증가시키는 것이다.

마지막으로 인체의 철분 흡수율에 영향을 미치는 요인은 개인의 철분 영양상태이다. 체내 철분 저장량이 고갈(철분 결핍)되면 체내에서 식품으로부터 철분의 흡수율을 증가시키려고 하지만 흡수되는 양은 아주 조금 증가한다. 따라서 적은 양의 철분을 함유한 식이를 지속한다면 결국 철분결핍이 되기 쉽다.

요약하면, 많은 어린이들이나 여성들의 철분 섭취량은 권장량에 미치지 못한다. 따라서 이들은 빈혈을 예방하기 위해 철분의 생체이용률을 고려해야 한다. 또한 균형잡힌 식이를 통해 충분한 철분을 섭취하고, 필요하다면 비타민과 무기질 보충제를 섭취해야 한다.

2) 철분의 기능

체내 철분의 주요 기능은 두 가지이다. 첫째는 열량을 내는 3대 영양소들을 대사하는 많은 효소 시스템을 구성하는 것이다. 철분의 저장량이 부족할 때 이 시스템이 저하되어 열량을 적게 만들어 낸다. 만일 극심한 운동이나 노동을 하지 않는다면 이런 열량 감소가 일상생활에서 크게 영향을 받지 않는다. 빈약한 철분 저장상태는 오직 지친 상태에서만 운동능력을 제한시킨다.

두 번째, 철분의 기능은 적혈구의 필수 요소인 헤모글로빈을 만드는 것이다. 만일 철분의 저장량이 고갈되어 헤모글로빈을 만들 수 없으면 빈혈상태가 된다. 빈혈(anemia)은 혈액 내에 적혈구의 감소를 말한다. 적혈구는 산소를 조직으로 운반하는 역할을 한다. 만일 빈혈인 경우 피곤하고, 무기력하며, 행동이 느려지고, 얼굴이 창백해지며, 항상 추위를 느낀다. 또한 조직에 산소를 정상적으로 운반하지 못 하기 때문에 정상적인 활동을 하는 데 어려움을 느끼게 된다. 만일 빈혈상태가 된다면 고갈된 철분을 재충전하기 위해 철분 보충제를 섭취해야 할 것이다. 적혈구를 만드는 시간이 걸리므로 빈혈에서 회복되기까지 약 3~6개월 정도 걸린다.

3) 철분의 독성

철분은 강한 독성을 가진다. 이것은 몸에서 철분을 흡수하는 데 한계를 가지게 하는 주원인이다. 철분의 독성은 급성과 만성으로 나눌 수 있다. 급성독성은 5~6개의 철분 보충제를 먹은 어린 아이들에게서 발생하는데, 이것은 어린이에게 보충제로 인한 사망과 중독의 주원인이다. 미국의 소비자 생산물 안전위원회는 10년 이상의 기간 동안 철분 보충제를 먹은 어린이들에 관한 보고를 100,000건 이상 보고받았다. 어린 아이들에게 철분 독성의 효과는 아주 빨리 일어난다.

소량의 철분을 섭취한 경우라도 수분 또는 수시간 내에 구토, 어지러움, 설사가 일어난다. 독성이 일어난 후 수시간에서 수일 내에 심한 위장관 출혈, 무기력, 간 손상, 심부전을 일으킬 수 있고, 심하면 혼수상태에 빠질 수도 있다. 불행히도 철분 섭취 후 수주 동안에도 장폐색이나 간 손상이 발생할 수 있다. 어린이를 보호하기 위해 1997년 FDA에서는 철분을 포함하고 있는 약물을 어린이들이 사고로 섭취할 수 있는 기회를 줄이고자 알약 하나씩을 플라스틱에 단단하게 개별 포장한 형태로 판매하도록 요구하였다.

만성 철분독성은 유전적으로 철분이 과잉 축적되는 사람들에게서 일어난다. 이를 혈색소 침착증(hemochromatosis) 또는 철분 과잉축적으로 부른다. 이는 철분이 축적되는 질환으로 장에서 불필요한 철분의 과잉 흡수로 인해 초래된다. 심각한 형태로, 건강한 사람이 하루 1mg의 철분을 흡수하는 반면 이 질환을 가진 사람은 하루 3mg의 철분을 흡수할 수 있다. 여분의 2mg은 그리 많은 것 같지 않지만 장기간 지속될 경우 간이나 심장에 축적되어 심근경색이나 간염이나 간경변을 일으킬 수 있다. 이러한 철분의 과잉 축적은 과다한 철분을 제거할 수 있는 경로가 없기 때문에 남성에 있어 더욱 위험하다. 반면, 여성의 경우 월경을 통해 혈액내 철분을 배출시킬 수 있다.

철분 과잉 축적에 관한 정보는 American Hematochromatosis Society website에서 찾아볼 수 있다(http://americanhs.org).

철분의 과잉 축적은 흔히 발생한다. 사실상 전체 인구의 10% 정도가 철분 과잉이다. 이것은 이제 막 스크리닝 테스트를 개발하고 있는 질환으로 징후가 잘 드러나지 않는다. 불행히도 비타민 C와 함께 섭취한 철분은 질병을 더욱 심각하게 한다. 앞서 언급한 바와 같이 비타민 C는 식이로부터 철분의 흡수를 증가시키기 때문에 철분 과잉축적 질환을 가진 사람들은 비타민 C의 섭취를 피해야만 한다. 의사의 처방 없이 절대 철분과 비타민 C의 섭취는 함께 있어서는 안 된다.

2. 아 연

아연(zinc)의 중요성은 비교적 최근에 알려졌다. 아연은 체내에 있는 많은 효소의 보조인자로서 작용한다. 아연은 어린이들의 정상적인 성장에 필요하며, 상처 치유에도 필수적이다. 또한 아연은 혀의 미각돌기의 기능을 정상적으로 하게 해준다.

아연의 결핍증상은 미각의 감퇴, 식욕부진이다. 아연 결핍이 심해지면 왜소증이 나타나는데, 이것은 식욕부진의 결과이기도 하며, 뼈 성장에 필요한 아연이 부족하기 때문이다. 그림 11-1에 아연 결핍증인 왜소증을 보여주고 있다. 아연 결핍은 성장기 어린이의 두뇌 발달에도 장애를 준다. 아연이 부족한 사람은 상처의 치료와 회복 또한 지연된다.

식이 아연의 권장량을 충족시키기는 철분의 경우보다 더 어렵다. 평균적인 식사의 아연 함유량은 4mg/1,000 kcal이다. 그런데 미국인 성인의 아연 권장량이 1일 15mg이므로 권장량을 충족시키기 위해선 식품으로 하루에 대략 3,800 kcal를 섭취해야 한다는 어려움이 있다. 한국인 성인의 아연 영양섭취 기준량은 남자 10mg, 여자 8mg으로 미국인에 비해 열량에 대한 식이내 아연 함유량을 생각할 때 충족되기에 어려움이 상대적으로 적다. 하지만, 철분과 마찬가지로 아연이 함유된 식품은

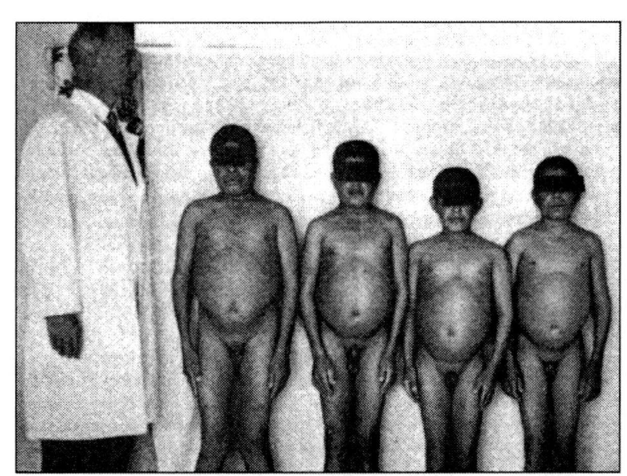

그림 11-1. 이란 출신 4명의 난쟁이

(왼쪽부터) 나이 21세, 신장 4ft, 11½in / 나이 18세, 신장 4ft, 8in
나이 18세, 신장 4ft, 7in / 나이 21세, 신장 4ft, 7in
[내과의사(왼쪽)는 신장 6ft임]

출처 : Prasad, A.S., Halsted, J.A., and Nadimi, M., *Am. J. Med.*, 31, 352, 1961.

많지 않다. 굴(8mg/1회 섭취량)을 제외하면 육류(3~4mg/1회 섭취량)만이 아연의 좋은 공급원으로 알려져 있다. 두류(2mg/1회 섭취량)와 곡류 및 곡류제품(0.3mg/1회 섭취량)은 아연 함량도 낮을 뿐더러 이 식품들의 아연은 공존하는 섬유소 때문에 생체이용률도 낮다.

아연의 보충제 이용은 광범위하게 향상되었다. 아연은 피부질환을 치유하고, 부상으로부터 회복을 증진시키고, 감염으로부터 보호한다고 알려져 왔다. 과거에는 이러한 효과들이 과학적인 증거보다 과대선전이나 희망에 가까웠다. 일반적인 식이를 통한 아연의 공급량은 대개 적정치에 미달하지만 아연을 보충제로 복용하는 것은 조심해야 한다. 다량의 아연을 장기간 섭취할 때 독성이 발생하기 때문이다. 과잉으로 인한 독성증세는 고열, 메스꺼움, 구토, 빈혈, 체내 철분과 구리의 손실, 심장질환 등이다. 그러나 종합비타민과 무기질 보충제를 매일 섭취한 경우 아연 독성은 발생하지 않는다.

3. 셀레늄

셀레늄(selenium)은 비타민 E와 함께 체내에서 항산화 기능을 하는 필수 무기질이다. 생화학적으로 보면 셀레늄은 글루타치온 효소계의 성분으로 활성산소들(free radicals)로 인한 산화적 손상으로부터 세포를 보호한다. 이 작용은 다가불포화지방산(polyunsaturated fatty acids, PUFA)을 많이 섭취하는 경우 매우 중요한데, 그것은 PUFA가 산화되어 손상을 입기 쉽기 때문이다.

셀레늄의 성인 섭취량은 55 μg/day이며, 미국인의 실제 섭취량은 75 μg/day이다. 이는 바다를 비롯한 다양한 지역에서 생산된 식품을 섭취하기 때문이다. 사실 해산물만이 셀레늄의 좋은 급원이라 할 수 있다. 식물과 채소는 다른 급원이다. 채소와 기타 식물성 식품에 함유된 셀레늄의 함량은 그 식물이 재배된 토양의 셀레늄의 함량과 밀접한 관계가 있다. 세계적으로 볼 때, 토양에 셀레늄이 부족한 지역이 많기 때문에 이런 지역에서 재배된 식품들은 대체로 셀레늄이 부족하다.

조사에 의하면, 토양에 셀레늄이 부족한 지역에 사는 사람들의 암 발생률이 높다고 알려졌다. 이는 셀레늄의 부족이 체내에서 free radicals로 인한 세포 손상을 잘 막지 못하여 암을 발생시킨다는 가설이다. 장기간 연구한 어떤 조사에 의하면, 소량의 셀레늄 보충이 보충하지 않았을 때에 비하여 암으로 인한 사망률을 50%나 감소시켰다.

셀레늄이 암예방에 도움이 된다는 증거들이 부상하고 있지만 셀레늄이 독성을 가질 수 있다는 것도 주의해야 한다. 셀레늄의 최대 상한선은 하루 400mg이다. 따라서 셀레늄을 소량 보충하면 건강에 도움이 되지만 다량은 분명히 해가 된다는 것을 명심하여야 한다. 셀레늄에 대한 정보는 Selenium Forum을 참조하라(http://www.selenium.org).

4. 크 롬

필수영양소인 크롬에 대하여 잘못 알려진 바가 많다. 체내에서 크롬(chromium)의 주요 기능은 인슐린의 효과를 강화시키는 것이다. 그러나 이 역할은 그렇게 간단하지는 않다. 크롬의 기능을 효과적으로 수행하려면 활성화된 유기형으로 존재해야 하기 때문이다. 크롬이 들어 있는 식품은 그리 많지 않다. 밀의 배아, 버섯, 브로콜리가 무기형 크롬의 좋은 급원이다. 그러나 이러한 식품에 들어 있는 크롬은 흡수가 거의 되지 않고 체내에서 활성형으로 전환되기도 어렵다.

이스트는 활성형 크롬을 많이 가지고 있지만 식품으로 이용되지 않는다. 이렇듯 크롬의 급원식품이 보편적이지 않다 보니 보충제의 형태로 섭취하라는 주장들이 많다. 잘 알려진 크롬 보충제는 피코린산 크롬이다. 이것은 유기형 크롬으로 무기형 크롬보다 흡수가 잘 된다.

크롬을 식품이나 보충제의 형태로 많이 섭취하여 이로운 것은 무엇인가? 이에 대한 연구결과들은 상반되고 있다. 체내 크롬의 영양상태가 좋아지면 당뇨환자들의 혈당 내성이 좋아진다는 결과들이 많이 제시되고 있다. 현재까지 수행된 연구들에서 크롬 보충제가 인슐린의 작용을 증가시켜 당뇨상태를 호전시킨다는 것을 보여주었다. 그러나 비당뇨인에게서는 크롬의 효과가 거의 없었다.

크롬 보충제에 대한 연구 중 논란이 더 많은 부분은 크롬이 체조직 구성에 변화를 주느냐 하는 것이다. 크롬 보충제를 판매하는 측에서는 피코린산 크롬이 근육조직을 증가시키고 체지방을 감소시킨다고 대대적으로 광고하고 있다. 그러나 이러한 주장에 대한 근거는 희박하다. 소파에 앉아 텔레비전을 시청하기만 하면서 크롬이 체조직 구성을 바꾸어 주리라고 믿는 것은 어리석은 일이다.

체조직 구성의 변화를 주려면 적극적으로 운동을 시작해야 한다. 크롬은 셀레늄과 달리 독성이 적어 과량 섭취에 크게 염려하지 않아도 된다. 크롬에 대한 정보를 더 얻고 싶으면 크롬 정보기관(http://www.chromium.edu/)을 찾아보라. 이 사이트에서 제공하는 정보가 편파적이지는 않지만 이 사이트도 크롬 보충제 제조회사에서 제공하고 있다는 사실을 알아야 한다.

5. 요오드

요오드(iodine)는 체내에서 유일하게 특수한 역할을 하는 미량원소다. 요오드는 갑상선호르몬 **티록신**(thyroxine) 합성에 필수적이다. 갑상선호르몬 티록신은 목 안에 위치하는 갑상선에서 생산하는 호르몬으로 체내의 기초대사율을 조절한다.

식품에 들어 있는 요오드의 양은 그 식품이 재배된 토양에 함유된 요오드 양에 의하여 변화된다. 요오드가 많은 토양에서 자란 식품은 요오드 함량이 높을 것이다. 반면 요오드가 적은 토양에서 얻은 식품은 요오드 함량이 낮을 것이다. 동물성 식품의 요오드 함량은 그 동물이 섭취했던 식품의 요오드 함량과 관계가 있다.

요오드 결핍증은 단순 갑상선종(goiter)이라고 부른다(그림 11-2). 갑상선종은 갑상선이 비대해지는 증세로 목 부위가 붓고 마디가 커지는 특징을 가졌다. 혹같이 보이는 마디 비대증은 목의 어떤 위치에도 생길 수 있으며, 사과만큼 커질 수 있다. 요오드가 결핍되면 갑상선 조직이 혈액으로부터 요오드를 더 많이 취하고자 하여

그림 11-2. 아프리카 여성의 갑상선종

출처 : Pyke, M. *Man & Food*, McGraw-Hill Book Co., 1965.

비대해지는 것이다. 요오드 결핍이 심해지면 갑상선은 점점 더 커지게 된다. 갑상선이 일단 이렇게 비대해지면 요오드 섭취가 충분하여도 원래대로 줄어들지 않는다. 갑상선종은 goitrogen이라고 부르는 식품들에 의해서도 발생된다.

이 goitrogen들은 요오드의 흡수를 방해하는 식품성분이다. Goitrogen은 여러 종류의 양배추(cabbage) 및 양배추과에 속하는 brussels sprouts, rutabagas 등에 들어 있다. 드문 현상이기는 하지만 goitrogen이 들어 있는 식품을 섭취하는 사람들에게서 요오드 섭취가 충분한데도 갑상선종이 발생하는 것을 볼 수 있다.

갑상선종은 미국에서, 특히 북부 중서부 지역에서 많이 발생했었다. 1900년도 초기에는 대부분의 식품이 지역별로 재배되어 소비되었다. 따라서 요오드가 부족한 중서부 지역의 토양에서 요오드가 부족한 식품을 생산하였다. 1920년도의 한 연구 보고에서 미시간 주의 학생들의 반 정도가 목에 작지만 감지할 정도의 갑상선종을 가지고 있었다고 한다.

단순 갑상선종 발생의 지역 특이성이 알려지자 소금에 요오드를 첨가하여 요오드를 보충하는 방법이 도입되었다. 이렇게 하여 요오드 첨가 소금(iodized salt)이 생겼다. 소금에 첨가된 적은 양의 요오드는 미국에서 발생하던 갑상선종을 사라지게 하였다. 해산물은 요오드의 좋은 급원이지만 천일염(sea salt)은 일부의 주장과는 달리 요오드가 별로 없는데, 그것은 천일염 제조시 수분이 증발할 때 요오드도 함께 손실되기 때문이다.

요약하면, 우리는 여러 미량원소의 필요량을 충족시키기 위하여 급원식품들을 잘 알고 선택해야 한다. 그래도 전체 인구 중에는 필요량을 충족시키기 어려운 사람들이 있는데, 특히 여자들의 경우다. 미량원소들을 식이를 통해 적정량 섭취하지 못할 때 비타민/무기질 영양제로 보충할 필요도 있다. 그러나 필요 이상 과량 섭취하지 않도록 주의해야 한다. 미량원소에 대해 얼마나 배웠는지를 알아보기 위해 이번 장의 끝에 있는 비타민 퀴즈를 풀어보라.

11장

1. 미국인들은 너무 많은 철분을 섭취하는가?

30년 전에 아트 링클레터가 TV에서 "우리가 때로 기진맥진하게 느끼는 것은 피 속에 철분이 부족하기 때문"이라고 경고하며, Geritol 보충제에 "송아지 간 1파운드에 들어 있는 철분의 양의 두 배가 함유되어 있다"는 데에 주의를 기울이는 사람들은 거의 없었다. 결국 철분 결핍은 국가의 가장 큰 영양문제 중 하나로 언급되었다. 이것은 아직도 영양에 있어서 주요 관심사 중의 하나이다. 하지만 지난 몇 달간 인체에 축적된 높은 철분 수치가 심장병의 진전에 큰 위험요소일지도 모른다는 의견이 대중매체에 확산되면서 일부 소비자들에게 의구심을 갖게 만들었다.

"철분의 높은 수치는 심장병과 연관되어 있다"라고 한 내용이 주요 신문이 낸 제목이다. 유명 잡지들에 "게리스톨 세트에는 나쁜 소식"이라는 내용이 소개되면서 철분의 주 공급원인 두 가지 식품 즉, 고기와 강화된 곡물식을 피하는 것이 좋겠다고 말했다.

신문 제목에 나타난 연구는 핀란드 동부에 있는 2,000명의 중년 남성들을 대상으로 실행되었다. 과학자들은 인체에 철분의 축적을 알리는 물질의 1%의 증가가 심장병 위험을 4% 이상 증가시키는 것과 연관되었음을 알게 되었다. 가장 높은 측정치를 보여준 사람들에게는 심장병의 위험이 두 배 이상이었고, 이로 인하여 철분 보유는 고콜레스테롤혈증과 고혈압 등과 같은 잘 알려진 심장마비 발생 요인들보다도 더 좋은 진단 예측의 도구가 되었다.

과학자들이 측정한 물질의 이름은 **혈청 페리틴**(ferritin)이다. 페리틴은 조직에 철분을 저장하는 단백질이다. 그리고 혈청에 있는 페리틴의 양으로 인체에 있는 철분의 전체 양을 간접적으로 측정할 수 있다.

이를 발견한 일부 연구자들은 철분이 여성들이 심장병에 훨씬 덜 걸리는 이유를 포함해서 심장병의 여러 측면에 관한 새로운 관점을 가져왔다고 믿는다. 여성들은 에스트로겐 호르몬에 의해 보호받으며, 폐경기에 에스트로겐 수치가 감소하면 심장마비의 위험에 직면하게 된다는 것이 지배적이었다. 과학자들은 젊은 여성들이 생리기간 중 생기는 철분 손실 때문에 덕을 본다는 것이다. 여성의 심장마비 발생 비율이 폐경기 후에는 남성의 심장마비 발생 비율을 따라잡게 되는데, 이는 여성들의 심장마비 비율이 철분 수치와 함께 올라가기 때문이다. 이런 결과를 생각하면서 어떤 과학자들은 오히려 너무 지나치게 철분 저장률을 낮추기 위해 1년에 두세 번 정도 수혈을 할 것을 제안하기도 한다.

다른 철분과 관련된 심장병 이론 주창자

Reprinted by permission from *Tufts University Diet & Nutrition Letter*, Vol. 10, No. 11, January 1993, pp. 3~6.(1-800-274-7581).

식사에 더 많은 양의 철분 첨가하기

남성과 폐경 여성에게 철분의 영양권장량은 10mg이다. 더 젊은 여성에게는 매달 생리 시 손실되는 철분을 보충하기 위해 영양권장량을 15mg으로 정했다. 두 경우 모두 우리 몸이 우리가 먹는 철분을 거의 다 흡수하지 못한다는 것이고, 그 대부분은 조직 생성보다는 차라리 빠져 나간다는 사실을 고려한 것이다.

아래에 열거된 식품들은 철분을 얻을 수 있는 방법을 알려준다. 무기질의 동물성 급원인 쇠고기, 가금류, 생선들은 다른 것보다 몸에 잘 흡수되는 **헴**(heme) **철분**이라는 철분을 갖고 있다. 과일, 야채와 콩류는 **비헴성**(non-heme) **철분**을 갖고 있어서 흡수가 덜 된다. 하지만 비타민 C 함유식품과 함께 먹으면 흡수가 잘 된다. 예를 들어 콩을 넣은 샐러드에 비타민 C가 있는 토마토 조각을 넣어주면 콩에 있는 철분을 더 많이 얻을 수 있는 것이다. 헴철분이 있으면 비헴성 철분의 흡수는 많아질 수 있다. 예를 들어 스튜에 넣는 감자에 있는 비헴성 철분은 스튜의 헴철분이 든 쇠고기와 함께 더욱 잘 흡수될 것이다.

또한 알아 두어야 할 것이 있는데, 음식과 함께 마시는 커피와 차는 철분의 흡수를 방해한다. 그러므로 철분을 원하는 사람들은 식사 시 이와 같은 음료는 피해야 한다.

		철분의 양 (mg)
요리되거나 찐 굴	84g	11.4
불에 구워진 쇠고기	84g	2.3
튀긴 쇠고기 간	84g	5.8
구운 닭고기 가슴살	84g	0.9
구운 칠면조 가슴살	84g	1.3
구운 돼지고기 연한부부	84g	1.3
말려서 요리된 넙치류	84g	0.9
물에 넣은 통조림참치	84g	1.3
삶은 리마콩	1/2컵	2.1
삶은 브로콜리	1단	1.5
구운 감자		2.8
요리된 영양소 보강된 스파게티	1컵	2.0
영양소 보강된 흰 빵	1조각	0.7
통밀빵	1조각	0.9
삶은 완두콩	1/2컵	1.2
땅콩버터	작은 2스푼	0.5

는 철분이 매우 해로운 형태의 산소형성을 만든다고 지적했다. 이 산소는 혈액에 있는 '나쁜' LDL-콜레스테롤을 만들며, 동맥벽에 반점으로 축적되기 쉽다. 다시 말하면 철이 동맥경화증을 가져와서 혈관을 막을 수 있나는 것이다.

사혈(blood-letting)을 하기 전에

대부분의 과학자들은 핀란드에서의 결과에 영향을 받아 바로 철분이 주는 영향에 대해 단정적인 결론을 내리고, 철분과 관련된 행동을 바꾼 미국의 태도에 대하여 너무 빨리 결론을 내렸다고 생각한다. 행동의 변화란 식사의 변화를 통해서든지 철분이 든 혈액을 내보낼 목적에서 수혈을 자주 한다든지 하는 등의 행동을 말한다. 산화방지 연구 분야에서 유명한 과학자이며 Tufts의 USDA Human Nutrition Research Center on Aging의 부책임자인 Jeffrey Blumberg 박사는 “이 신문의 발표는 단지 한 가지 연구 결과에 대하여 너무 지나치게 치우쳤다. 아직도 더 많은 것들이 설명되어져야 한다. 예를 들어 실험 대상자들이 일반적인 사람들이 아니다. 그리고 동부 핀란드인은 미국인과 매우 다르다”라고 말하였다.

이것은 철분의 상태에서만 보면 분명한 사실이다. 핀란드인의 하루 평균 철분 섭취량은 미국인이 섭취하는 10～15mg보다 훨씬 많은 19mg인 것을 생각해 보아라. 더구나 핀란드인의 혈청 페리틴 수치는 미국 남성의 혈청 페리틴보다 50% 더 높다. 네 사람 중 한 사람 이상이 미국인보다 100% 더 높은 수치를 갖고 있었다. 미국 여성과 비교해 보면 핀란드인의 혈청 페리틴은 300～600% 높다. 다시 말해서 철분에 심장병 원인의 무엇인가가 있다 하더라도 미국인들의 철분의 수치는 어떤 중요한 문제를 야기할 만큼 충분히 높은 수치는 아니었다.

일반적으로 미국에서 월경 중의 여성은 남성보다 저장된 철분의 양이 ¼～½에 지나지 않는다. 이것은 여성보다 남성이 생명의 선물인 혈액을 더 잘 헌혈할 수 있다는 것을 보여준다. 이것은 여성은 헌혈을 할 수 없다는 것은 아니다. 그러나 여성은 헌혈 후 남성 보다는 적은 양의 저장된 철분을 갖게 될 것이다.

핀란드인과 미국인들 사이의 차이점은 철분 감소 전에 생각해야 할 한 가지 이유를 보여준다. 무기질 한 방울이 철분 결핍에서 오는 빈혈증에 영향을 줄 만큼 중요하지는 않을지라도 공부할 때 집중능력과 일 수행능력과 적당한 면역기능 등과 같은 것들을 손상시킬 수 있다. 즉 사람들이 심장병 때문에 철분 보유를 줄이려고 한다면 다른 곳에 손상을 줄 수 있을 것이다.

철분에 관한 새로운 정보가 확실히 축적되어 철분을 줄일 것을 추천하기 전에 연구자들은 할 일이 많을 것이다. 하버드의 심장병 전문가인 Charles Hennekens. M.D.는 “다른 남여 피실험자들을 대상으로 다른 기술을 사용한 다른 조사자들의 결과가 모두 같은 결과를 보여준다면 일반 대중에게도 알릴 수 있다”라고 이야기 한다. 그 때까지는 사람들은 우리가 일반적으로 심장 질환의 위험을 줄이는 것으로 알고 있는 지방을 덜 섭취한다거나 금연을 하는 등의 알려진 방법대로 생활 태도를 바꾸려고 노력해야 한다. Tufts 대학에서 무기질에 관한 연구를 하는 James Fleet 박사가 부연한다. “철분에 관해 무엇을 알아냈던 간에 식사시의 단일 영양소의 첨가나 삭제 그 자체로 심장병의 위험을 가져오거나 없애거나 하지는 않는다.”

중요한 것은 가족 안에 병력이 있는지에 따른 식이와 운동습관과 같은 생활방식의 문제이다.

그렇다면 이제 적어도 미국인들은 너무 많은 양의 철분을 섭취하는 것에 대하여 걱정을 하지 않아도 된다는 것인가? 이것은 그렇게 단순한 문제는 아니다.

알려진 철분과용에 대한 위험

우리의 몸은 있어야 할 만큼의 철의 저장량을 스스로 보호한다. 철분을 잘 공급해 주지 않는다면 우리의 적혈구는 헤모글로빈이라는 철분함유 단백질을 충분히 가질 수 없게 된다. 헤모글로빈은 숨을 쉴 때마다 폐에 산소를 공급하며 몸의 모든 조직에 생명 지탱물질을 운반하여 준다. 약 3~5g (차 숟가락 만큼)의 철분이 각 성인에게 있고, 이 중 70%는 헤모글로빈에 들어 있다.

우리 몸은 철분 여유량을 인지해서 부족할 때는 우리가 먹는 음식으로부터 더 많이 흡수한다. 철분의 흡수는 필요하다면 놀랄 만큼 증가된다. 불행하게도 어떤 사람들은 필요한 양보다 훨씬 많은 양의 철분을 흡수하게 되어 있다. 그리고 피를 흘리는 것 외에 생리, 해산, 상처, 수혈과 같은 방법 말고는 달리 철분을 제거할 방법이 없기에 결국 내부 조직이 철분 과잉이 되며, 그러면 간질환이나 충혈성 심장쇠약, 당뇨, 관절염 그리고 초기의 충분한 치료가 없다면 죽음에까지 이르게 된다.

헤모크로마토시스(hemochromatosis)라 불리는 유전병은 백만 이상의 미국인에게 나타나는 것으로 알려져 있다. 200~250명 중 한 명 꼴로 발생하며, 철 결핍보다는 희귀하지만 모두가 낭포성 섬유증(cystic fibrosis), 무도병(Huntington's disease) 그리고 복합성근위축증(muscular dystrophy)보다는 더 많이 발생한다.

다행히 헤모크로마토시스인 환자들은 몸에 해가 될 정도로 문제가 되는 증상으로 진전되지는 않는다. 하지만 안타깝게도 중년의 어느 시점까지 전혀 증상이 나타나지 않던 사람이 철분 보유량이 정상의 5~50배까지 되면 질병이 모습을 드러내어 몸을 황폐하게 만든다. 철분과잉으로 나타난 일련의 사람들은 1988년 조사 시 3명 중 한 명이 11명 이상의 의사를 만난 후에야 질병의 정확한 진단을 받았다.

이렇게 질병의 진단이 지연되는 것은 허약, 피로, 관절통증, 성욕 감퇴와 같은 많은 자각증세들이 너무 다양하고 불특정적이어서 이 질병을 철분결핍성 빈혈증 등과 같은 다른 증세로 보게 되기 쉽다. 이 질병을 앓는 어떤 환자는 철분 보충제 복용의 진단을 받지만 실제로 그것은 상태를 더 악화시킨다.

헤모크로마토시스는 초기에 발견하지 못한다면 문제가 많다. 왜냐하면 특히 치료가 매우 단순하다는 면에서 더욱 그렇다. 철분과잉 저장을 없애기 위한 주기적인 사혈(blood-letting)과 그리고 철분 보충제와 무기질이 보강된 식품섭취를 피함으로써 치료할 수 있는데, 철분이 피로 나가면 나갈수록 몸의 저장조직은 새 적혈구를 만들지 않는다.

여러분이 저장된 철분을 얼마나 많이 갖고 있는지 어떻게 알 수 있을까? 단지 두 가지 혈청 페리틴 검사와 **트랜스페린 포화**(transferrin saturation) 검사와 같은 특정 혈액검사로부터 답을 얻을 수 있다. 철분과잉을 재는 혈액검사는 75~100불이 드는데 헤모크로마토시스의 가족력이 있었거나 초기 증상으로 앓고 있는 사람들은 고려해 볼 만하다. 그러나 병이 잘 치료되지는 않으며, 철분 과잉이 병의 원인이라는 것도 아직 정확히 모른다.

더 일상적인 철분관련 질병들

헤모크로마토시스도 작은 문제는 아니지만 철분결핍은 더 흔한 질병이다. 철분결핍은 전 세계에 가장 일반적인 질병이며, 십억 이상의 사람들이 철분결핍을 보인다. 특정위험에 있는 그룹들은 다음과 같다. 6개월~4살 어린이들은 철분 보유가 빠른 성장속도에 맞출 만큼 충분치 않다. 청소년기 전과 초기 청년기들도 또한 성장기에 있으며 가끔 빈약한 식사를 한다. 가임기간의 여성들은 생리 시에 피로 철분을 손실한다. 그리고 임신한 여성들은 건강한 아기를 낳기 위해서 태아, 태반, 늘어난 혈액량, 해산 시 일어나는 혈액 손실 등을 보충하기 위해 충분한 철분을 가져야 한다.

철분 '부족'이 눈에 보일 정도로 확실해지면 그 결과로 완전한 **철분결핍 빈혈증**을 일으키는 것이다. 즉 철분 보유량이 낮으면 결과적으로 헤모글로빈 분자의 숫자가 줄어들어 폐에서 산소의 적정량을 얻을 수 없으며 몸의 다른 부분에 전달할 수도 없다. 그런 경우는 공기부족과 비슷하다. 빈혈증이 있는 많은 사람들은 공기가 '희박한' 고도에 있는 것처럼 느끼게 된다. 즉 허약하고 멍하며 쉽게 피로해 한다.

다행히 철분결핍빈혈증의 빈도는 비교적 드물다. 그러나 어떤 연구원은 위험그룹의 10~15명 중 한 명이 최소한 손상된 철분부족상태에 있다고 한다. '저등급' 철분부족의 실제 결과는 기본적인 기능이 표준에 달하지 못하는 것이다. 에너지가 거의 없어서 매일 업무수행을 효과적으로 하지 못하며, 학교나 직장에서 올바로 깨어 있는 상태로 있기 어려운 것을 의미한다.

그렇다면 위험 수위의 수천만의 사람들이 자동적으로 **철분 보충제**를 섭취해야 한다는 것인가? 절대적으로 그렇지 않다. 의사가 철분결핍이라는 진단을 내리지 않았는데 철분 보충제를 먹는 것은 분별 있는 행동이 아니다. 철분 보충제가 처방되었을 때라도 끝없는 만성 철분치료가 되지 않도록 단기간 사용을 위한 적절한 사후 검토가 있어야 한다.

철분부족에 대해 잘 모르면서 철분 보충제를 먹어야 한다고 생각하는 사람들은 변비, 설사 그리고 위경련과 같은 좋지 않은 부작용들을 고려해야 한다. 이것은 또한 영양 불균형도 초래할 수 있다. 특히 철분 과잉은 구리, 망간, 아연 등 필수영양소의 흡수를 방해할 수 있다. 더구나 보충되는 철분이 정말로 필요한 것이 아니고 어쩌면 과잉 섭취되는 것이라면 철분 독성이 간의 다른 기관의 손상도 일으킬 수 있다.

이것은 적정한 양의 철분함유 식품을 먹으려고 노력하지 말라는 것이 아니다. 적정한 양의 철분을 얻기 위해서는 식이철분이 풍부한 쇠고기, 가금류, 생선과 영양소 보강 식빵, 그리고 야채와 과일과 같은 적은 양의 철분함유 식품을 하루 평균 168g 이상씩 섭취하는 것이다. 의사가 진단한 철분에 대한 혈액검사가 없이도 위에 있는 것처럼 균형 있는 식사를 함으로써 철분부족의 위험을 최소화할 수 있고, 그리고 철분 과다로 인한 부작용을 갖고 있는 사람들에게도 가장 적은 손상을 가져올 수 있다.

의사가 말해 주지 않는 것들

한 여성이 끊임없는 피로감과 원기부족에 대해 불평하러 의사에게 갔다. 의사는 그녀의 혈액을 채취해서 검사실로 보내고 결과에 따라서 그녀를 철분결핍빈혈증으로 진단했다. 의사의 치료법은 철분 보충제를 복용하는 것으로 간단하다. 만일 의사가 모든 올바른 검사를 하지 않았다면 그렇지 않다. 그리고 그럴 가능성이 있다. 철분결핍빈혈증은 그것을 알 수 있는 혈액검사를 하는 데 있어서 너무 소량의 혈액양만을 검사하기 때문에 미국에서 철분결핍빈혈증이 더 많이 진단된다. 그 이유는 빈혈증의 정의에 있다. 단순히 말하자면 빈혈증은 헤모글로빈 분자의 숫자 감소 또는 적혈구의 수와 크기의 감소이다. 그러나 헤모글로빈 또는 적혈구가 지나치게 적다는 것은 몸이 철분을 충분히 갖고 있건 아니건 관계 없이 다른 요인들에 의해서 일어난다. 예를 들어 빈혈증은 엽산, 비타민 B_6, 구리, 그리고 대개 흡수불량에 의한 B_{12}의 결핍처럼 많은 다른 영양소의 결핍 때문에 생길 수 있다. 비타민 B_{12} 결핍으로 오는 빈혈증은 악성 빈혈로 알려져 있다. 이들 모두가 적혈구세포 형성에 필요하다. 내부 출혈을 일으키는 외상과 질병들도 빈혈을 가져올 수 있다.

즉, 빈혈은 그 자체가 문제가 아니라 증상 즉, 문제의 실마리로서 보는 것이 더 낫다. 그리고 그 문제가 철분과 관계 있는지 알기 위해서는 단순히 빈혈증만 알아내서는 안 된다. 의사들은 헤모글로빈 수치와 적혈구를 형성하는 혈액의 퍼센트를 측정하는 혈액검사와 특히 철분 결핍에 대한 검사도 한다. 그 목적으로 전문가들은 혈청페리틴 검사를 추천하는데 그것은 간접적으로 인체조직에서 철분 저장량을 측정하는 것이다. 만일 보유량이 적거나 없다면 철분 부족이 빈혈증을 일으키는 원인으로 생각될 수 있으며, 철분 보충제가 일반적으로 처방된다. 물론 철분결핍빈혈증은 그 자체가 증상이 될 수 있다. 궤양이나 암 같은 더 심각한 문제 때문에 생기는 위장의 내부 출혈의 경우처럼 출혈이 많으면 많을수록

철분결핍에 대한 검사	빈혈증 검사
혈청페리틴 · 정상 : 20～250(혈액 리터당 μg) · 낮음 : 12～19 · 철분결핍 : 12 이하 · 철분결핍빈혈증 : 12 이하이고 헤모글로빈 수치가 정상 이하 (아래를 보시오) · 헤모크로마토시스 : 400 이상 ; 환자들은 1,000～2,000 범위에 있음 트랜스페린 포화 · 정상 : 16～55(전체 철분과 결합하는 serum 용량의 퍼센트) · 철분결핍 : 16 이하 · 철분결핍빈혈증 : 16 이하이고 헤모글로빈 수치가 정상 이하 · 헤모크로마토시스 : 62 정도와 그 이상	(그러나 철분결핍빈혈증에 한정되지 않음) 헤모글로빈 · 정상 : 남자 13.5～18(혈액 g/100ml) 여자 12.5～17 · 빈혈증 : 정상 이하 수치 헤모크릿(Hematocrit) · 정상 : 남자 40～54 (전체 혈액에 있는 적혈구의 퍼센트), 여자 37～47 · 빈혈 : 정상 이하 수치

몸에 있는 철분도 점점 없어진다. 철분결핍빈혈증은 철분 부족보다 다른 이유들 때문에 생길 수 있으므로 의사에게 가서 철분결핍 환자인지 확인하는 것이 중요하다. 특히 중년인 경우 앓고 있는 병이 있는지 확인하는 것도 좋다.

많은 의사들이 철분결핍빈혈증 진단이 옳은지 확인하기 위해 혈청페리틴을 측정하는 것 외에 다른 혈액검사를 실시한다. 그 중 하나가 트랜스페린포화검사이다. 트랜스페린은 적혈구를 파괴하고 음식에서 얻는 철분을 취하는 단백질이다. 그것이 거의 없다면 철분 보유량이 낮거나 섭취하는 철분 양이 충분치 않음을 나타낸다.

이런 검사들은 또한 철분과잉 질환인 헤모크로마토시스가 있는지를 알려준다. 결과가 높게 나오면 헤모크로마토시스의 진단이 내려져 환자들은 정기적으로 철분을 낮추기 위해 피를 사혈(blood-letting)하는 것이 좋다.

표에 나타나는 것처럼 무엇이 정상이며, 무엇이 철분결핍빈혈증이며 또는 헤모크로마토시스인지 알려준다. 구분 지점은 여러 이유들로 인해 '확정적으로 결정된' 것이 아님을 기억해야 한다. 어떤 사람은 혈청페리틴 수치가 정상적인 범위 밖에 있지만 철분에 아직 아무 문제도 생기지 않은 것이다. 반대로 어떤 사람은 정상적인 범주 안에 있으나 약간은 위험한 경우다. 혈청페리틴이 20인 65세 된 노인을 생각해 보아라. 그의 수치는 정상적인 범위 안에 있지만 결과를 보고 의사는 '낮음'이라고 생각한다. 왜냐하면 그 환자는 아마 일생 동안 철분을 보충해 왔기 때문일 것이다. 그리고 혈청페리틴이 250인 생리를 하는 19세인 여성을 '높다'고 나올지도 모른다. 이 여성의 나이와 매달 월경으로 인한 출혈을 고려한다면 그렇게 많은 철분을 정상적으로는 보유할 수 없다.

여러 질병의 상태가 혈액 수치에 영향을 줄 수 있다. 현재 위치하고 있는 고도도 수치를 읽는데 영향을 준다. 여기서 의미하는 '정상적인' 헤모글로빈 범위는 평균 해수면에 살고 있는 사람들을 위한 것이다. 높은 고도에 있는 도시 덴버에서 '정상'은 ½~1g 정도 더 높다. 가장 높은 안데스에서는 헤모글로빈 수치가 20~21 정도로 높을 수 있다.

11장

2. 비타민 ABC를 아십니까?

비타민 B

1. 비타민 B인 엽산은 아래 답들 중 하나를 제외한 모든 것들을 예방하는 것을 도울 수 있다. 어떤 것인가?

a. 신장병
b. 뇌졸중
c. 전립선암
d. 대장암
e. 선천적 기형

2. 당신이 55세 이상이라면 비타민 B_{12}의 가장 좋은 공급처는 어떤 것입니까?

a. 우유
b. 가금류
c. 계란
d. 녹색잎 야채
e. 비타민 보충제

3. 아래 답 중 하나를 제외한 모든 것들은 비타민 B_{12} 결핍의 증상이다 어떤 것이 아닌가?

a. 기억력 상실
b. 과도한 갈증
c. 정신착란
d. 흐트러진 시야
e. 다리 쑤심

4. 과량으로 복용할 시 어떤 비타민 B가 신경손상을 야기할 수 있는가?

a. 치아민(B_1)
b. 리보플라빈(B_2)
c. 나이아신(B_3)
d. 피리독신(B_6)

불안해하지 마십시오!

당신을 제외한 아무도 당신이 이 어려운 시험에서 몇 점을 맞았는지 알 필요가 없습니다. 그리고 이 문제들은 매우 어렵습니다. 이것은 시험이 아니라 당신이 비타민들에 대해서 들어본 것에 대한 정보를 알려주기 위한 것입니다. 만일 낙담되시면 문제를 읽어 가면서 답을 보셔도 됩니다. 왜 많은 질문들이 어떤 비타민 혹은 무기질이 어떤 질병의 문제를 일으키거나 혹은 돕지 않느냐고 묻는 것에 대하여 이상하게 생각할 것입니다. 이렇게 단 한가지의 답만 고르는 대신 당신은 세 개 혹은 네 가지를 하거나 하지 않는 것들을 배울 수 있습니다. 각 문제들은 올바른 정답을 하나만 가지고 있습니다.

5. 아래 답 중 하나를 제외한 모든 것들은 심장병의 위험을 낮출 수 있다. 어떤 것이 아닌가?

a. 비타민 B_2
b. 비타민 B_6
c. 비타민 E
d. 엽산
e. 섬유소 과량 함유 식품

비타민 D와 칼슘

6. 충분한 양의 칼슘을 섭취하면 다음 문항 중 어떤 암의 위험을 줄이는 데 도움을 줄 수 있는가?

a. 유방암
b. 방광암
c. 대장암
d. 전립선암

7. 50세 이상의 성인은 칼슘을 하루에 1,200mg을 섭취해야 한다. 이것은 다음 중 하나를 제외한 답의 양들이다. 어느 것이 그 양만큼을 갖고 있지 않나?

a. 네 컵의 우유
b. 체다치즈 168g
c. 코테지치즈 9컵
d. 요리된 브로콜리 5컵
e. 칼슘이 보강된 오렌지 주스 4컵

8. 안전하다고 생각되는 최대 일일 칼슘섭취량은 어떤 것인가?

a. 1,500mg
b. 2,500mg
c. 3,500mg
d. 4,500mg
e. 무제한

9. 비타민 D는 다음 문제 중 하나를 제외한 모든 것을 치료하거나 예방하는 데 도울 수 있다. 어떤 것인가?

a. 고혈압
b. 엉덩이 골절
c. 골관절염
d. 골다공증

10. 만일 당신이 중년이라면 다음 중 하나를 제외한 모든 문항이 하루에 필요한 비타민 D의 양을 제공할 수 있다. 어떤 것이 아닌가?

a. 한 알의 종합비타민제
b. Product 19와 Total과 같은 곡물식
c. 네 컵의 우유
d. 당신의 팔과 얼굴과 손을 5~10분 정도 태양에 노출시키는 것 (여름에는 어디서든지, 남부에서는 언제든지)

이외의 비타민들과 무기질들

11. 다음 답안 중 하나를 제외한 모든 것은 고혈압을 예방하는 데 도움이 된다. 어떤 것이 아닌가?

a. 소금을 제한하는 것
b. 충분한 양의 칼륨 소비
c. 충분한 비타민 E 섭취
d. 충분한 과일과 야채 섭취
e. 충분한 운동

12. 다음 식품들 중 하나를 제외한 모든 것들이 칼륨의 좋은 공급원이다. 어떤 것이 아닌가?

a. 바나나
b. 우유
c. 마른 콩
d. 호밀로 만든 빵
e. 닭

13. 때로 증거는 비약하지만 과량의 철분 섭취는 다음 중 하나를 제외한 위험을 일으킬 수 있다. 어떤 것인가?

a. 기억상실
b. 심장병
c. 암
d. 간 손상

14. 다음 중 하나를 제외한 모든 것들이 당뇨병 발생의 위험의 발생을 줄일 수 있다고 증거들은 제안한다. 어떤 것이 아닌가?

a. 날씬한 것
b. 섬유소 과량의 음식 섭취
c. 충분한 마그네슘 섭취
d. 충분한 칼륨 섭취
e. 충분한 운동량

15. 증거들은 다음 중 하나를 제외한 모든 것들이 전립선암의 위험을 줄일 수 있다고 한다. 어떤 것이 아닌가?

a. 마그네슘
b. 라이코펜
c. 셀레늄
d. 비타민 E
e. 육류를 적게 섭취하는 것

16. 다음 중 어떤 것이 비타민 E의 최고 공급원인가?

a. 기울을 제거하지 않은 밀가루빵
b. 올리브기름
c. 브로콜리
d. 아몬드
e. 콩류

17. 다음 중 어떤 것을 과량 섭취하면 면역 시스템을 손상시킬 수 있는가?

a. 구리
b. 철
c. 아연
d. 비타민 A

18. 최근의 평가에 의하면 매일 필요한 비타민 C의 양은 얼마인가?

a. 60mg
b. 200mg
c. 500mg
d. 1,000mg
e. 5,000mg

19. 다음 중 하나를 제외한 모든 것들이 뼈를 강하하는 것을 돕는 것처럼 보인다. 어떤 것이 아닌가?

a. 비타민 D
b. 비타민 K
c. 비타민 E
d. 불소

20. 다음 중 어떤 영양소의 결핍이 혈액검사로 측정될 수 없는가?

a. 비타민 B_{12}
b. 비타민 D
c. 아연
d. 철

21. 다음 중 어떤 것이 셀레늄의 가장 좋은 공급원인가?

a. 기울을 제거하지 않은 밀가루로 만든 빵
b. 시금치
c. 강화된 아침 곡물식
d. 영양보조제

22. 과량의 비타민 A 혹은 그 전구체(베타 카로틴)가 다음 중 하나를 제외한 질병 발생 위험을 높일 수 있다. 어떤 것인가?

a. 대장암
b. 폐암
c. 간 손상
d. 선천적 기형

23. 다음 중 어떤 것이 55세 이상 성인이 운동할 때 생길 수 있는 근육 손상을 막아 줄 수 있는가?

a. 비타민 A
b. 비타민 B_1
c. 비타민 C
d. 비타민 E

24. 다음 음식들 중 하나를 제외한 모든 것이 마그네슘의 좋은 공급원이다. 어떤 것이 아닌가?

a. 밀기울 곡류식
b. 칸탈로프
c. 시금치
d. 검은 콩류
e. 요구르트

기 타

25. 다음 중 어떤 음식이 노화로부터 당신의 눈을 보호해 줄 수 있는가?

a. 콜라드그린
b. 대두콩
c. 자주색 포도주스
d. 당근

26. 다음 중 어떤 영양보조제가 권장자들이 주장하는 그 효과를 가지고 있는가?

a. 에키나시아(echinacea)
b. 레시친
c. 톱 팔메토(saw palmetto)
d. DHEA

27. 다음 중 어떤 보조제가 권장자들이 주장하는 효과를 가지지 않는가?

a. 글루코사민
b. St. John's wort
c. 카바카바(kava kava)
d. 인삼

28. 다음 중 하나를 제외한 모든 것이 오메가-3의 좋은 공급원이다. 어떤 것이 적은 공급원인가?

a. 대구
b. 정어리
c. 무지개송어
d. 연어

29. 다음 중 하나를 제외한 것들이 오염이나 부작용이 보고되었다. 어떤 것인가?

a. 에페드라(ephedra)
b. DHEA
c. 5-HTP
d. 콘드로이틴

30. 다음 중 어떤 것이 가장 기억력 향상에 도움이 될 것 같은가?

a. 비타민 E
b. 포스파티딜 세린(phosphatidyl serine)
c. 레시친
d. 긴코 빌로바(ginkgo biloba)

정 답

1. **C** 임신하려는 여성은 400mcg인 종합 비타민을 섭취하여야 한다. 이것이 엽산 일일 기준량이다. 이 만큼의 양이 선천적 신경 튜브 기형을 방지하는 것을 돕는다. 더 많은 연구가 필요하지만 같은 양의 효과가 심장병 뇌졸중, 그리고 대장암의 위험을 줄여주는 것 같다.

2. **E** 젊은이들에게 야채를 제외한 모든 것들이 비타민 B_{12}(동물성 식품에서만 발견됨)의 좋은 공급처이다. 그러나 당신이 55세 이상이라면 음식으로부터 B_{12}를 추출하기에 필요한 만큼의 산을 위가 생산할 수 없을지도 모른다. 연장자들을 위한 대부분의 영양보조제의 하루 섭취량인 25mcg의 섭취하는 것이 안전하다.

3. **B** 비타민 B_{12} 결핍은 돌이킬 수 없는 신경손상을 일으킬 수 있다. 과도한 갈증을 제외한 다른 어떤 증상이 있으면 혈액 중 B_{12} 양을 점검하시오. 빈혈도 B_{12} 결핍의 증상이 될 수 있다. 그러나 빈혈이 아니더라도 신경의 손상을 가져올 수 있다(과도한 갈증은 당뇨병의 신호일 수 있다).

4. **D** 다른 수용성 영양소들과 마찬가지로 비타민 B들은 일반적으로 과량 복용에도 안전하다. 그러나 B_6는 예외이다. 비타민 B_6의 상한 섭취량은 100mg으로 정해져 있다. 왜냐하면 더 높은 일일 섭취량은 신경독성을 초래할 수 있는데, 이로 인하여 걷기가 어렵거나, 서투른 행동, 마비, 욱신거림, 쑤시는 통증들을 초래할 수 있다. B_6의 일일 기준량은 2mg이다.

5. **A** 비타민 B_6(하루에 약 4.6mg), 엽산(적어도 하루에 400mcg) 혹은 비타민 E(적어도 하루에 100IU)를 더 섭취하는 사람들은 심장마비의 위험이 낮다. 비타민 B_6와 엽산은 혈중 호모시스틴의 농도를 낮춤으로 신장을 보호할 수 있다. 어떠한 연구도 확실한 것은 아니다. 비타민 E의 효능에 대한 것은 비타민 E가 심장마비를 도울 수 있는지를 보기 위한 임상실험 후에 더 분명한 답을 알 수 있을 것이다.

6. **C** 전암 증상의 대장폴립을 이미 갖고 있는 사람이 하루에 1,200mg의 칼슘을 섭취하면 새로운 폴립이 형성되는 것을 24% 줄일 수 있다는 연구결과가 있다. 그러나 예비실험 증거에 의하면 음식이나 영양보조제로부터 하루에 2,000mg의 칼슘을 섭취하는 사람들은 낮은 양의 칼슘을 섭취하는 사람보다 높은 전립선암의 발병률을 가지고 있다. 더 많이 알기 전에는 더 많은 칼슘이 반드시 좋다고 단정지을 수는 없다.

7. **D** 요리된 한 컵의 브로콜리는 70g의 칼슘을 함유하고 있다. 그래서 하루에 필요한 양의 칼슘을 채우기 위해서는 17컵을 필요로 한다. 하루에 필요한 양의 칼슘을 한 가지 식품으로부터만 섭취할 필요가 없다는 것을 명심하시오. 콜라드(한 컵당 230mg 함유)와 요리된 얼려진 케일(한 컵당 180mg 함유)이 더 좋은 칼슘의 공급원이다.

8. **B** 1997년에 미국 학술원은 칼슘에 대한 상한섭취량을 2,500mg으로 정하고 있다. 너무나 많은 양의 칼슘 섭취는 신장결석과 높은 혈중 칼슘, 혹은 철, 아연, 마그네슘 등의 섭취불량을 초래할 수 있다. 만약 당신이 19~50세이라면

1,000mg을 목표로 하고, 만일 50세 이상이라면 하루에 1,200mg을 목표로 섭취하시오.

9. A 보스턴에서의 최근 연구에 의하면 엉덩이뼈 골절을 가진 여성의 절반이 비타민 D 결핍이었다. 아직까지 한 가지 연구 케이스에서만 비타민 D가 낮은 경우 관절염의 진행이 낮은 것을 발견하였다.

10. B 다른 낙농제품들이 아니고 우유만이 비타민 D의 좋은 공급원이다. 심지어 다른 비타민들과 무기질들에 대하여 100%의 일일 섭취량을 갖고 있는 곡물식도 많은 비타민 D를 제공하지는 못한다. 당신이 19~50세라면 200IU를, 50~70세라면 400IU를, 70세 이상이라면 600IU를 하루에 섭취할 것을 전문가들은 권장한다. 노화함에 따라 사람들의 피부는 햇빛에 노출되었을 때 비타민 D를 만드는 효능이 적어진다. 미국 남부에 살고 있지 않는 사람은 겨울에 햇빛으로부터 충분한 양의 비타민 D를 얻을 수 없다.

11. C 과체중을 피하고 술을 삼가는 것(여성에게는 하루 한 잔, 남성은 두 잔 이상은 안 됨)이 혈압이 오르는 것을 막을 수 있다.

12. D 과일과 야채 특히 콩류(녹색콩 제외)가 가장 좋은 칼륨의 공급원이다. 전곡류가 정제된 것들(대부분의 호밀빵들은 정제된 것임)보다 더 많이 칼륨을 함유하고 있다. 그러나 심지어 밀기울을 제거하지 않은 빵조차도 칼륨이 많지 않다. 왕겨 곡물식이 더 좋은 공급원이다. 대부분의 종합비타민과 무기질 보충제들 그리고 영양소가 강화된 아침 곡물식은 충분한 칼륨을 제공하지 못한다.

13. A 철분이 너무나 적으면 사춘기 여성들에게 기억력과 학습 효과를 저해할 수 있다(철분 결핍은 남학생들에게는 덜 나타남). 그러나 너무나 많은 철분섭취는 암이나 심장질환의 위험을 올릴 수 있다. 약 250명 중에 한 명의 미국사람들이 철분과 충전 혹은 헤모크로마토시스(hemochromatosis)의 유전자를 가지고 있는데 이는 간, 심장, 뇌, 췌장, 그리고 다른 장기들을 손상시킬 수 있다. 안전하기 위해서는 혈중 패리틴 양을 점검해야 한다. 당신이 남성이거나 혹은 폐경후라면 하루에 10mg의 철분 이상을 공급하지 않는 종합비타민제를 구해야 한다. 대부분의 종합비타민에 있는 18mg의 용량은 10대 소년들에게 권장되는 것이다.

14. D 몸무게가 정상보다 더 나가는 것은 당뇨병의 위함을 높인다. 운동은 당신이 과체중이 아니더라도 당뇨병의 위험을 저하시킨다. 고섬유 함유식품과 마그네슘은 당뇨병에 좋은 것처럼 보이지만 아직 확실하지는 않다.

15. A 임상실험에서 200mcg의 셀레늄 혹은 50IU의 비타민 E를 매일 섭취한 남성들은 전립선암의 발병이 낮았다. 이러한 연구의 결과를 재확인하기 위한 실험이 진행되고 있다. 라이코펜이나 선홍색 고기에 대한 임상실험 연구의 결과는 없다. 그러나 적은 양의 고기와 적은 양의 동물지방을 섭취하는 남성들은 전립선암의 발병률이 낮은 것으로 보인다. 높은 라이코펜 혈중 농도를 갖고 있는 남성이나 혹은 라이코펜이 풍부한 토마토를 함유한 식품(특히, 토마토소스와 같

이 조리된 식품)을 먹는 남성들은 낮은 발병률을 보여준다.

16. **D** 아몬드는 이 문항들 중에서 가장 좋은 것인데, 차 숟가락 세 스푼에 11IU를 함유하고 있다. 그러나 영양보조제만이 심장병의 위험을 줄이는 양(하루에 100IU) 그리고 전립선암을 줄이는 양(하루에 50IU)을 함유하고 있다.

17. **C** 우리가 매일 먹는 음식 중에는 아연이 15mg이 들어 있는데, 여기에 매일 50mg의 낮은 양의 섭취만 더하여도 면역시스템을 손상시킬 수 있다. 비타민 A는 간 손상을 일으킬 수 있고, 하루에 10,000IU 혹은 이상을 섭취하면 선천성 기형을 가져올 수 있다. 비타민 B_6는 200mg 혹은 이상의 용량에서 돌이킬 수 없는 신경 손상을 일으킬 수 있다.

18. **B** 현재의 일일 기준량은 60mg이다. 그러나 다른 비타민 C 전문가들은 섭취량이 적어도 100mg 혹은 200mg이 되어야 한다고 생각한다. 당신이 우리가 권장하듯이 하루에 과일과 야채를 8～10끼니를 먹는다면 당신은 적어도 200mg을 섭취할 수 있을 것이다. 아직 비타민 C에 대한 상한섭취량은 없다. 아마 상한섭취량은 하루에 1,000mg이어야 할 것이다. 왜냐하면 그 이상은 신장결석의 위험을 증가시킬 것이라고 어떤 이들은 주장한다.

19. **C** 대부분의 사람들은 강한 뼈를 위하여 칼슘과 비타민 D가 중요하다고 알고 있다. 그러나 충분한 양의 비타민 K를 섭취하는 것도 중요하다. 여성들은 하루에 65mcg를 목표로 하여야 하며, 남성들은 80mcg를 필요로 한다. 녹색 잎을 갖는 야채가 가장 좋은 공급원이다. 대부분의 사람들은 불소처리된 물로부터 충분한 양의 불소를 얻는다.

20. **C** 아연 결핍을 측정하기 위한 좋은 방법은 없다. 대신 연구자들은 사람들에게 더 많은 아연을 주어서 혹시 그것이 식욕 감소나 상처가 아무는 데 오래 걸리는 것, 쉽게 제거되지 않는 반복되는 감염과 같은 결핍의 증상을 개선시키는 지를 본다. 다른 영양소들에 관하여서는 혈액검사를 통하여서 25-히드록시비타민 D, 혈청 페리틴(철분량의 과다 혹은 과소를 보기 위하여), 비타민 B_{12}를 볼 수 있다.

21. **D** 해산물이 셀레늄의 가장 믿을 만한 공급처이다. 다른 식품들의 셀레늄 양은 그들이 어디에서 자랐느냐에 따라서 다양하다. 당신이 하루에 200mcg를 얻기 원한다면 가장 안전한 방법은 영양보조제를 섭취하는 것이다. 200mcg의 셀레늄의 양은 암의 발생을 낮출 수 있는 양이다.

22. **A** 하루에 10,000IU의 아주 작은 양의 비타민 A라도 임산부가 섭취하게 되면 선천성 기형의 발생 위험을 높일 수 있고, 노년의 성인들이 10～15년 동안 섭취하게 되면 간 손상을 일으킬 수 있다. 베타카로틴은 선천성 기형이나 간 손상을 일으키진 않는다. 그러나 수년 동안 33,000IU에서 50,000IU(20～30mg)의 베타카로틴을 섭취한 흡연자들에 대한 두 종류의 연구에서 폐암의 발병이 증가한 것을 보여주었다. 반면, 당근, 고구마, 칸탈롭과 베타카로틴이 풍부한 식품들은 폐암의 발생을 줄인다.

23. **D** 앉아 있기를 좋아하는 노인들에게 매일 45분 동안 운동을 하게 하고 비타민 E를 섭취하게 한 군은 대조군의 사람들보다 근육 손상이 적었다. 이 연구에서는 하루에 800IU의 비타민 E를 사용했지만, 아마도 200IU에서 400IU 정도면 충분한 효과를 갖는 것으로 보인다.

24. **B** 대부분의 과일들은 마그네슘이 풍부하지 않다. 잎이 많은 녹색야채 혹은 마른 콩들을 제외하고는 야채들도 마찬가지이다. 정제되지 않은 전곡류와 우유 혹은 요구르트도 여성의 경우 320mg, 남성의 경우 420mg의 마그네슘을 하루에 공급해 줄 수 있다. 대부분의 종합비타민과 무기질 보충제들 그리고 영양이 보강된 아침 곡물식도 매 끼니마다 100mg만 공급할 수 있다.

25. **A** 녹색잎 채소에서 발견되는 카로티노이드인 루테인이 풍부한 식품들은 노년층 실명의 가장 큰 원인인 황반 퇴화를 막아줄 수 있다고 연구들은 제안한다. 황반은 망막의 중심이다.

26. **C** 하루 320mg의 톱 팔메토(saw palmetto)를 매일 섭취하면 전립선 비대증을 도와줄 수 있다는 지속적인 증거가 있다. 다른 것들에 대한 증거는 확실치 않다.

27. **D** 글루코사민은 관절염을 막아주는 것처럼 보인다. St. John's wort는 두 사람 중에 한 사람에게 임상적인 우울증으로부터 도와주는 것 같다. 그리고 카바카바(kava kava)는 임상적인 불안증으로부터 도와줄 수도 있다. 이것이 매일의 스트레스를 완화시켜 주는지 아니면 긴장을 풀게 해주는지는 정확하지 않다. 아직까지 인삼이 기억력이나 에너지나 성적인 관심이나 효능, 폐경의 증상, 또는 면역시스템에 도움이 되는지는 증거가 불충분하다.

28. **A** 일주일에 1.5g의 오메가-3 지방을 섭취하는 사람은 심장병 위험이 낮다는 것을 어떤 연구에서 보여주었다. 우리는 이만큼의 양을 요리된 연어 혹은 무지개 숭어 168g 혹은 정어리통조림 84g으로부터 얻을 수 있다. 대구, 넙치, 참치, 대합조개, 메기, 해덕(Haddock), 농어, 할리붓(Halibut)과 같은 대부분의 다른 생선의 경우에는 168g의 한 끼니에 오메가-3 지방이 0.2～0.9g 들어 있다.

29. **D** 전문가들은 DHEA가 전립선암의 위험을 증가시킬 수 있는 테스토스테론을 높여 준다고 염려한다. 에페드라(Ephedra)는 30여 명의 사망과 천여 명의 부작용과 관련되어 있다. 그리고 FDA에 의해서 조사된 여섯 가지의 5-HTP 샘플들은 1980년대 후반에 오염된 트립토판 보충제를 사용한 사람에게도 일어났던 통증을 수반하며, 근육을 움직일 수 없는 호산구성 근육통을 일으키는 오염물질을 갖고 있었다.

30. **B** 지금까지, Phosphatidyl serine(PS)은 노화와 관련된 기억력 감퇴의 경우 건강한 성인에게 정상보다 훨씬 더 많은 기억능력을 촉진시킬 수 있다는 증거가 강하다.

당신의 테스트는 어떠하였습니까?

한 문제당 1점씩 계산하여 당신이 맞춘 답을 채점 하십시오.

점 수

23~30점 대단합니다! 당신 스스로 비타민에 관련한 책을 만들기 위해 가까운 출판 업소를 찾으십시오!

15~22점 나쁘지 않군요. 당신은 NAH의 직원과 대등합니다. 아마 그 직원은 이름을 밝히기 어려울 것입니다.

8~14점 저런... 화장실에 Nutrition Action 책을 한 권 같다 놓으시고 기초부터 차근차근 쌓아가시길 바랍니다.

0~7점 당신은 처음 구독하시는 분이 맞지요? 만일 아니라면 병원에 가셔서 혈중 비타민 B_{12} 농도를 체크해 보시는 것도 나쁘지 않습니다.

무엇을 먹을 것인가?

충분한 양의 비타민과 무기질, 섬유소, 그리고 다른 phytochemical들을 섭취하는 것이 그렇게 어려운 것만은 아닙니다.

- **건강에 좋은 음식을 드십시오.** 과일과 야채들(하루에 8~10끼)을 중심으로 만들어진 음식으로 시작하십시오. 전곡류 빵과 곡물식, 콩류, 저지방 가금류와 육류, 튀기지 않은 생선, 저지방 우유와 치즈 그리고 요구르트와 같은 것들
- **종합비타민을 섭취하시오.** Centrum(혹은 Centrum Silver) 또는 이와 비슷한 성분을 함유하고 있는 다른 회사의 종합비타민과 무기질 보충제를 섭취하십시오.
- **당신의 칼슘 양을 확인해 보십시오.** 당신은 하루에 세 끼니(50세 이하), 네 끼니(50세 이상)의 저지방우유, 요구르트, 치즈를 매일 섭취합니까? 그렇지 않다면 섭취하지 못하는 낙농제품 대신 매일 300mg 양의 Tums나 비슷한 칼슘 보충제를 섭취하시오. 19~50세라면 하루에 1,000mg을, 50세 이상이라면 1,200mg이 당신의 목표이다.
- **별도로 비타민 E를 섭취하는 것도 고려하시오.** 하루에 50IU의 비타민 E는 전립선암의 위험을 줄여 주고, 100IU의 비타민 E은 심장병의 위험을 낮춰 주고, 200~400IU는 노인들의 면역시스템을 증강시킬 수 있고, 이들이 운동할 때 발생할 수 있는 근육 손상을 막아 줄 수 있다고 연구의 결과가 말한다. 당신은 이러한 만큼의 양을 음식으로부터 얻을 수 있다. 비타민 E가 효능이 있다고 강하게 말할 수 있는 증거는 없지만 그러나 시도해 볼 만하다.
- **셀레늄도 고려해 보시오.** 1996년에 하루에 200mcg의 셀레늄을 섭취한 사람들은 전립선암과 폐암 그리고 대장암의 위험이 줄어들었다고 연구자들은 보고하였다. 최근 수행되어지고 있는 연구가 이러한 결과를 확정하기 전에는 셀레늄이 암을 예방한다고 이야기하기에는 이르지만 이러한 보충제를 고려하는 것도 좋다.

11장 Questions for Review

이 름 ____________________

학 과 ____________________

날 짜 ____________________

학 번 ____________________

1. 식이섭취를 통해 철분을 충분히 섭취하고 있지 못한 사람들의 그룹 두 개를 쓰시오.

   ①

   ②

2. 철분의 가장 주된 기능은 ①______________ ②______________을 만드는 것이다.

3. 남성의 일일 철분 섭취권장량은 _________mg이며, 여성은 _________mg이다.

4. 식이 중에서 찾아볼 수 있는 철분의 두 가지 형태는 _____________철분과 _____________철분이다.

5. 철분 결핍은 ________________(적혈구가 줄어드는 형상)을 초래한다.

6. 대부분의 음식은 철분의 좋은 섭취 원료이다.

   ① 옳다.

   ② 아니다.

7. 철분의 생체이용률을 높여 주는 것 3가지와 낮추는 것 3가지를 쓰시오.

높여 주는 것	낮추는 것
①	①
②	②
③	③

8. 식이 아연의 기능 3가지를 쓰시오.

①

②

③

9. 철분과 같이 대부분의 음식은 아연섭취의 좋은 원료이다.

① 옳다.

② 아니다.

10. 셀레늄의 주기능은 ____________________써 작용하는 것이다.

11. 셀레늄의 낮은 섭취는 ___________에 대한 위험도를 증가시킨다.

12. 크롬은 호르몬인 ______________에 영향을 미친다.

13. 요오드는 ________________호르몬을 만드는 데 꼭 필요하다. 요오드의 부족 현상은 _______________라고 불린다.

제 12 장

기능성 식품, 파이토케미칼, 건강보조식품

"식품을 당신의 치료약이 되게 하라. 가장 좋은 치료약은 바로 당신이 일용하는 음식이다" -히포크라테스, 기원전 400년-

당신은 특정 영양소가 함유되었다는 이유로 식품을 선택한 경험이 있는가? 예를 들어 비타민 C를 섭취하기 위하여 오렌지주스를 마시는가? 아니면 오렌지주스 선택에 있어서 비타민 C보다는 칼슘이 강화된 제품을 선택하고 있지는 않는가? 아마 당신은 홍당무가 시력저하를 예방한다는 얘기를 듣고 홍당무의 섭취를 늘렸을지도 모른다. 만약 그러하다면 당신은 식품의 알려진 건강효능에 근거한 식품선택을 하고 있는 것이다.

우리는 이러한 식품을 기능성 식품(functional food)이라고 부른다. 법적인 정의는 없지만, 가장 널리 인정되는 기능성 식품의 정의는 "생리학적 활성성분의 작용으로 인하여 식품 자체의 기초영양소 외에 건강상의 효용이 있는 식품"이라고 할 수 있다. 표 12-1에서는 이 장에서 사용되어지는 용어들의 정의를 보여준다.

식품의 건강효능에 대한 소비자의 관심이 보다 증대되고 있다. **국제식품정보위원회**(IFIC, International Food Information Council)의 1998년도 조사보고서에 따르면 95%의 소비자들은 특정 식품에 있어 기본적인 영양소 외에 건강증진이나 질병예방 등의 효능이 있다고 생각한다고 한다. 91%가 넘는 소비자들은 기능성 식품에 대해 보다 더 잘 알고 싶어하고, 78%의 소비자들은 몇 가지 기능성 식품과 그 효능에 대해 말할 수 있다고 한다. 이 조사보고서는 대다수의 미국 소비자들이 기능성 식품의 개념에 대해 이해하는 정도를 넘어서서 기능성 식품군에 대해 보다 많은 지식을 가지고 싶어한다는 것을 보여준다. 특히 여성들의 경우 기능성 식품에 관하

표 12-1. 용어정의

기능성 식품(Functional Food)	생리학적 활성성분의 작용으로 인하여 식품 자체의 기초영양소보다 건강상의 효용이 있는 식품(때로는 파이토케미칼의 함유량에 의해 농작물이 선택되어 재배되기도 한다)
파이토케미칼(Phytochemical)	식물체가 함유한 생리활성물질
약용식품(Nutraceutical)	음식물, 약용식물, 식용식물 등에서 정제되거나 추출된 제품
약용식물(Herb)	약리적 가치를 위해 사용되는 식물 혹은 그 일부. 질병이나 질환을 예방 또는 치료를 위해 사용되어짐
식이보조제 (Dietary Supplement)	음식물에 보충하여 섭취하기 위해 만들어진 제품. 약용식물, 식물성 약품, 식물파생물질, 비타민, 무기질, 아미노산 등을 포함한다. 또한 그 농축액, 대사산물, 구성물, 추출물이 포함됨
영양가공식품 (Engineered Food)	음식물의 정상성분(예를 들어 설탕, 지방, 소금 등)을 제거하거나 생리활성물질을 첨가함으로써 음식물의 화학구조를 변경한 식품
유전자변형식품 (Genetic Engineered Food)	생리활성물질의 향상을 위해 유전자를 변형한 식품

여 보다 잘 알고 있고, 또 그 효능을 믿는 것으로 나타났다.

그렇다면 왜 기능성 식품이나 파이토케미칼에 대한 관심이 증대된 것일까? 그 이유는 미국 국민의 평균 연령의 증가에서 찾아볼 수 있다. 수명 연장이 실현되면서 건강에 대한 관심이 증대되고 있다. 또 다른 이유는 92%의 소비자들은 스스로의 건강을 자신이 제어할 수 있다고 생각한다. 나아가 이 보고서는 특정 식품에 대한 건강효능이 증명이 되면 대부분의 소비자들은 자신들의 식생활에 이러한 기능성 식품을 반영한다고 한다.

이러한 소비자들의 요구에 부응하기 위하여 식품회사들은 기능성 식품에 대한 마케팅을 강화하고 있다. 저콜레스테롤 마가린의 예를 들어보자. 'Benecol'이나 'Take Charge'와 같은 마가린 제품에는 **베타시토스테놀**(β-sitostanol)과 같은 부가식물스테롤이 포함되어 있다. 이 식물성 스테롤은 콜레스테롤의 흡수를 방해하기 때문에 하루에 3스푼 정도를 섭취하면 혈중 콜레스테롤을 10% 가량 낮출 수 있다. 이러한 마가린은 일반 제품에 비해 4배 이상이 높은데도 불구하고 그 매출에는 영향이 없다고 한다.

표 12-2. 1995년도 건강식품 및 보조제 매출

분 류	매출액
약용식품	73억 달러
자연산/유기식품	104억 달러
기능성 식품(화학약품 첨가)	143억 달러
'Lesser Evil' food(영양 조정식품) - 지방, 설탕, 카페인, 소금 등 건강에 유익하지 않은 성분들은 제거하거나 줄인 식품	245억 달러
표준식품(건강효능을 목적으로 소비되는 식품을 포함) - 자두주스, 요거트, 생선, 과일, 허브차 등. 예전에는 기능성 식품이나 lesser evil 식품이었으나, 현재 시장표준이 된 제품을 포함. 예를 들어 강화밀가루, 요오드 처리 소금, 저지방우유 등	295억 달러

실제로 건강효능 라벨을 보고 구매를 하는 소비자들에게 있어서 가격은 그다지 영향을 미치지 못하는 것 같다. 기능성 식품이나 **약용식품**(nutraceuticals) 판매는 그 시장이 매우 크다. 캘리포니아에 위치한 영양사업 저널(San Diego, CA)에 따르면, 건강에 관련된 식품, 기능성 식품, 영양제 및 건강보조제 시장의 1996년 총 매출은 전년도 대비 7.5% 증가한 860억불에 달한다. 표 12-2에서는 다양한 건강식품 및 보조제의 항목별 매출을 보여준다. 표에서 'lesser evil' food는 건강에 이롭지 않은 성분(지방, 콜레스테롤, 소금 등)의 함량을 줄이거나 제거한 식품들을 말한다.

기능성 식품은 크게 2개의 분류로 나누어질 수 있다. 첫 번째는 천연적인 생리활성물질을 포함한 식품이다. 기능성 식품의 활성성분은 생리활성물질인 파이토케미칼이다. 토마토는 특정 암을 예방하는 생리활성물질인 라이코펜(lycopene)을 천연적으로 함유하고 있기에 첫 번째 분류에 든다. 적포도주에 함유된 레스베라트롤(resveratrol, 심장질환을 예방하는 강력한 항산화 성분)을 함유하고 있으므로 첫 번째 분류에 든다. 표 12-3에서는 다른 다양한 천연 기능성 식품을 보여준다.

식품의 천연적인 생리활성물질은 또한 유전적으로 선별되고 변형을 가할 수 있다. 유전적 선별이라 함은 특정 파이토케미칼을 포함한 다양한 식물들 중에서 선택하는 것을 의미한다. 예를 들어 어떤 브로콜리는 설포라판이라고 하는 **항암물질**(anticarcinogen)을 많이 포함하기 때문에 이를 목적으로 재배되어지고 유통된다. 유전적 선택은 당근에서도 이용되는데, 이는 당근류와 카로틴 함량이 다르기 때문이다. 유전적 선택과 함께 재배조건, 수확 및 가공과정에 의해 최종적인 생리활성물

표 12-3. 천연 생리활성물질을 포함한 식품

기능성 식품	생리활성물질	건강효능
콩 제품	1. 이소플라본(isoflavones)-제니스테인 (genistein) 2. 콩단백(soy protein)	1. 유방암 위험 경감 2. 혈액 콜레스테롤 감소
홍차/녹차	카테킨(catechin)	발암 위험 경감
마늘, 양파	다이아릴 설파이드(dialyl sulfide)	LDL 콜레스테롤 감소
브로콜리	설포라판	발암 위험 경감
토마토 제품	라이코펜(lycopene)	전립선암 위험 경감
홍당무, 기타 야채, 과일	카로티노이드(carotenoids)	항산화제
진녹색 야채	루테인(lutein, 황색소)	시력 유지
요커트 및 발효낙농제품	프로바이오틱스(probiotics, 장내유익균)	위장기능 향상
크랜베리 제품	탄닌(tannins)	비뇨기관 기능 향상
적포도 제품(와인, 주스)	레스베라트롤(resveratrol)	항산화제로서 심장 질환 예방
귀리 겨(oat bran)	베타글루칸(β-glucan)	혈액 콜레스테롤 감소
해산물(한류성)	DHA(docosahexanoic acid)	심장질환 위험 감소, 정신 및 시각기능 향상

질의 농도는 영향을 받는다. 소비자들은 일반제품보다 높은 가격임에도 불구하고 이러한 천연적인 기능성 식품을 선호하는 것으로 보인다.

기능성 식품의 두 번째 유형은 **영양가공식품**(engineered foods)이다. 예를 들어 강화밀가루, 요오드처리 소금, 저지방우유 등은 식품 내의 활성성분을 가공, 변형시켜서 식품의 화학구조를 변경한 제품을 말한다. 이 분류에는 식품의 지방, 소금, 설탕을 감소시킨 제품이 포함될 수 있다. 또한 생리활성물질을 첨가하여 식품의 화학구조를 변경할 수 있는데, 혈중 콜레스테롤을 감소시키기 위한 마가린 제품에의 식물성 스테롤의 첨가가 그 좋은 예이다.

마지막으로, 식물은 유전자를 조작하여 유전적으로 변형시킬 수 있다. 이는 가뭄이나 해충에 대한 저항력을 향상시키거나 수확량 및 품질을 향상시키거나, 또는 영양이나 생리활성물질 함량의 증대를 위해 사용되어진다. 오렌지 쌀의 개발이 그 좋은 예이다. 홍당무의 카로틴에 관계하는 유전자를 쌀에 접목시키면 카로틴 함량이 높은 오렌지 색상의 쌀을 얻을 수 있다. 이같은 변형은 비타민 A 결핍문제가 없는

표 12-4. 일반적으로 사용되는 약용식품 및 보조제

약용식물	권장용도	활성성분	부작용
알로에 베라 드링크	음용시 만병 통치약처럼 선전된다. 면역을 강화하고 궤양을 완화시키는 것으로 주장하지만 과학적 근거는 미약함. 가장 권장할 수 있는 용도는 피부에 국부적으로 사용하면 진정효과가 있다.	알로인(aloin) 알로에 유액 (aloe latex)	음용시 복통, 설사, 위장출혈 등을 유발할 수 있고, 설사제로 사용할 경우 발암성일 수도 있다.
빌베리 (Bilberry, 월귤)	야간시력을 향상, 모세혈관 강화, 순환향상, 강력한 항산화제	앤소시아노사이드 (anthocyanosides)	알려지지 않음
블랙코호시 (Black Cohosh, 승마)	에스트로겐 대용. 월경전 불쾌감 및 월경통	올레산, 팔미트산, 살리실산 ; 테트라 사이클릭 트리터펜(tetracyclic triterpene)	위장 불쾌
에키나시아 (Echinacea)	감기예방 및 증상 경감 (연구결과에 의하면 약간의 효과가 있음)	카페익산 (caffeic acid) 파생물	일반적 용량 사용시 알려지지 않음
글루코사민 (Glucosamine)	골관절염 완화	글루코사민	당뇨병 악화
인삼(Ginseng)	항피로, 정신/육체 기능 향상	진센세노사이드 (ginsensenosides)	알려지지 않음 고혈압환자에게는 금기
징코 빌로바 (Ginkgo Biloba, 은행잎)	신경계 보호 및 노령자의 순환기능 향상	플라보놀 글리코사이드(quercetin, kaempferol, isorhamnetin)	복통, 위통, 두통, 드물게 피부 알러지
카바(Kava)	신경완화, 근육완화	카바락톤 (kavalactones)	지속 사용시 피부/두발/손톱의 일시적 황변
밀크씨슬(Milk Thistle, 엉겅퀴)	알코올 손상으로 인한 간 보호, 간염 예방	실리마린 (silymarin)	알려지지 않음
소팔메토 (Saw Palmetto, 톱야자)	전립선 비대증 증상 완화	지방산, 에스테르, 식물성 스테롤, 폴리사카라이드 포함한 지방유	드물게 복통
세인트 존스 워트 (St. John's Wort)	가벼운 우울증과 불안 치료에 사용	하이퍼시움 (hypercium)	일과 과민증. 모노아민 옥시다제 억제제

미국에서는 도입되지 않을 것이다. 하지만 세계적으로 비타민 A 결핍은 가장 심각한 영양문제의 하나이다. 카로틴을 증가시킨 쌀을 통해 비타민 A가 절실히 부족한 사람들에게 이를 공급할 수 있다. 그럼에도 불구하고 대부분의 미국 소비자들은 유전자변형식품을 수용하지 않고 있으며, 또한 많은 식품회사들은 미국에서 유전자변형식품을 유통시키기를 꺼려하고 있다.

또 다른 중요한 용어는 약용식물의 활성성분을 말하는 **약용식품**(nutraceuticals)이다. 또는 미국 식품의약국(FDA) 식품영양국은 과학적으로 유효하고 인체에 유해하지 않은 기능성 식물성분이라 기술하고 있다. 일반적으로 약용식품이란 음식이 아니라 식물에서 추출한 화학성분이나 약용식물 자체로 섭취하는 것을 말한다.

약용식물(herb)이란 의약적 특성을 위해 사용되어지는 식물이나 그 일부를 의미하고, 의약적 가치를 지닌 활성성분을 함유한 잎, 뿌리, 과실, 꽃, 나무껍질, 줄기 또는 씨를 포함한다. 표 12-4에서는 일반적으로 사용되어지는 약용식물과 그 추출액의 목록을 제공한다(각주 : 이 표는 약용식물의 범위와 활용 가능한 권장 용도에 관하여 기술한 것이지, 이것으로 약용식물의 용도를 부여하는 것이 아니다. 이는 새롭게 성장하는 분야이고, 종종 이에 대한 과장이나 맹신이 과학적 주장을 넘어서는 경우가 있음을 밝혀 둔다).

1. 약용식물 및 보조제의 안전

보통 소비자들이 약용식물 및 보조제를 섭취할 때는 활성물질이 농축된 형태로 사용되어진다. 약용식물 및 보조제를 사용할 시 유의할 점은 다음과 같다.

① 의약품으로 취급한다.

② 당신이 섭취하는 보조제를 담당의사에게 알린다. 약용식물 보조제는 다른 의약품과 충돌할 수 있다.

③ 약용식물 보조제는 무해한 것이 아니다(보통은 좋아지지 않는다). 효과가 없다고 하여 섭취를 늘리는 것은 위험하다.

④ 대체로 이 제품들의 판매광고를 뒷받침할 만한 과학적 연구 근거는 미약하다.

또 유의해야 할 점은 활성성분의 농도는 제조사별로 매우 상이하고, 같은 회사 제품일지라도 생산 로트에 따라 상당한 차이가 있다는 것이다. 약용식물 내의 활성성분 농도는 매우 다양하다. 그것은 식물이 성장할 때의 기후나 계절, 작물의 년수,

표 12-5. 약용식물 보조제에 관한 균형 잡힌 정보를 제공하는 사이트(권장)

웹사이트와 설명	URL
WebMD : 광범위한 약용식물 보조제의 목록 및 재검토	*http://my.webmd.com/medcast_toc/pdr_herb_and_vitamins*
On Health Herbal Index : 균형 잡히고 유익한 정보를 제공하고 약용식물 보조제에 대한 사용, 효능, 안전에 대한 포괄적인 개관 제공	*http://onhealth.com/alternative/resource/herbs/index.asp*
Berkeley Wellness Newsletter : 다양한 약용식물 보조제의 중요한 개요 제공	*http://www.berkeleywellness.com/html/dsSupplement.html*
NIH Office of Dietary Supplements : 식이보조제에 관한 미국정부 연구 사이트. 보조제, 약용식물, 약용식품에 관한 연구보고서의 데이터 검색 가능	*http://odp.od.nih.gov/ods/databases/ibids.html*
ConsumerLab : 보조제를 시험하는 독자 연구소. 약용식물 제품의 표준농도 표지 제공	*http://Consumerlab.com*
QuackWatch : 스테펀 배럿 박사가 운영하는 웹사이트. 대부분의 건강보조제의 효능 주장에 대한 검토 및 정보 제공	*http://www.quackwatch.com*
National Council Against Health Fraud : 대학 연구원들이 주축이 된 비영리기관. 건강에 대한 과대광고에 대한 검증	*http://www.ncahf.org*

수확 후 가공 및 포장방법에 의해 결정된다. 제조사들은 표준화를 추진하려 해왔지만 대부분의 약용식물 보조제는 표준화되어 있지 않다. Consumer Lab은 제품들(톱야자 ; saw palmetto, 은행잎 ; gingko biloba, 글루코사민 ; glucosamine, 인삼 ; ginseng, SAMe)의 표준농도를 인증하는 독립적인 기관이다. 적어도 이런 제품들을 구입할 때에는 Consumer Lab의 표지가 부착된 제품을 구매하는 것이 일정한 농도의 활성성분을 섭취할 수 있는 길이다.

만약 당신이 약용식물 보조제를 사용하는 것을 고려하고, 인터넷에서 그에 대한 정보를 찾는다면 수천 개의 사이트를 찾을 수 있을 것이다. 대부분의 사이트들은 약용식물의 사용을 무분별하게 선전하거나 판매를 하고 있는 곳이다.

표 12-5에서는 약용식물 보조제의 사용에 대한 균형 잡힌 개관을 제공하는 사이트의 목록이다.

2. 식이보조제에 대한 미국 정부의 규제

식이보조제(dietary supplements)의 안전에 대한 책임은 누구에게 있는가? 식이보조제에 대한 미국 정부의 규제는 1994년에 제정된 **식이보조제 및 건강 및 교육 법령**(DSHEA, Dietary Supplement Health and Education Act)에 근거한다.

DSHEA는 1938년의 식품, 의약, 화장품에 관한 법령에 대한 변경이다. 이 변경 전의 식이보조제는 식품첨가제와 같이 관리되었고, 따라서 1990년의 영양표지 및 건강교육법령에 준하여 규제되었다. 식품보조제 산업의 로비와 함께 일반적으로 식품보조제가 안전하다는 인식에 따라 식품보조제 산업에 대한 규제가 보다 경감된 DSHEA가 발효되었다.

DSHEA에서는 식이보조제에 대해 "한 가지 이상의 영양소, 약용식물, 식용식물 혹은 그 농축액, 대사산물 또는 성분 추출액을 포함한다"라고 정의한다. 식이보조제는 반드시 정제, 캡슐 혹은 가루의 형태여야 하고, 음식이나 식품 또는 식사를 대용하는 형태가 되어서는 안 된다고 규정하고 있다. 식이보조제의 안전성은 FDA(Food and Drug Administration, 미국 식품의약국)가 관리하게 되었다. 하지만 문제는 FDA에서는 이들 제품이 시장에 유통되고 난 후에야 그 감독권리를 가지게 된다는 것이다. 제조업체는 FDA에 새로운 제품이 출시되었다는 것을 신고하는 외에는 제품의 안전성과 유효성에 대한 아무런 정보도 FDA에 제공하지 않아도 된다.

DSHEA가 갖는 가장 구속적인 부분은 만약 식이보조제가 그 포장에 건강효능을 표기할 시에는 반드시 기술된 내용은 FDA에 의해 검증되지 않았으며, "본 제품은 어떠한 질병에 대한 진단, 조치, 치료, 예방을 위한 것이 아니다"라는 문구를 병기하여야 하는 것이다. 결론적으로 소비자 입장에서는 식이보조제를 사용하기 전에 그 건강효능에 대하여 면밀하게 조사하고 안전성이 검토되어야 하는 것이다. 그리고 권장 사용량을 반드시 따르고, 당신의 담당의사에게 당신이 식품보조제를 복용한다는 것을 알려야 한다.

3. 특정 유행식품에 대한 맹종 및 그 허와 실

소비자들은 범람하는 영양과 건강정보에 대한 주장들에 둘러싸여 있고, 또 첨부된 증명서들은 종종 과학적이기까지 하다. 일반 소비자로서는 사실과 거짓을 분간하기가 아주 어렵기 때문에 우리는 비판적 태도와 함께 지속적인 고찰이 필요하다.

식이보조제 및 건강보조제의 효능에 대한 주장 선전에 대해서 우리는 다음 3가지의 개념을 알아야 한다.

① **맹신**(food fadism) : 건강문제의 예방 및 치료에 있어 보조제에 대한 비현실적 믿음

② **과대선전**(food quackery) : 보조제를 예방제나 치료제 용도로 지나치게 선전하는 행위

③ **허위광고**(food fraudism) : 영리추구만을 목적으로 함으로써 효과가 없거나 유해하기까지 한 보조제의 고의적 광고

돌팔이 허풍쟁이들은 자신들이 판매하는 보조제의 건강효능을 믿고 있는 반면에 사기꾼들은 그 제품이 아무런 효능이 없다는 것을 알고 있다. 그러므로 소비자들은 현혹되기 쉽기 때문에 부정한 보조제의 건강효능 주장을 가려내는 것이 중요하다. 사실과 거짓을 분별하기가 쉽지 않지만, 대부분의 거짓 주장이나 광고는 많은 공통점이 있다.

이 장의 주요 목적은 영양과 건강에 대한 기초적인 지식을 제공하는 것이다. 이 지식을 통해 여러분들의 생애를 통해 보다 사실적 정보에 의거한 선택을 할 수 있

표 12-6. 식이보조제에 있어서 사실(fact)과 허위(myth)를 구분하는 방법

허 위	사 실
일화나 개인적 경험을 인용하여 주장한다.	개인적 경험은 신빙성이 없다. 우선 사람은 누구나 무언가를 먹어서 좋을 것이다 생각하면 증세가 좋아지는 듯한 착각을 일으킨다. 이를 위약효과(placebo effect)라고 부른다. 보조효과가 실제로 있음을 증명하는 유일한 방법은 잘 조절된 이중맹검법(double-blind study)을 통해서만 이루어진다. 이중맹검법이란 연구 대상자나 연구자 모두 어떤 그룹이 실제로 보조제를 섭취하게 되고, 어떤 그룹이 위약을 섭취하게 되는지 전혀 모른 상태에서 연구가 진행됨을 말한다. 타당한 검증을 거쳐서만이 진정한 보조효과를 입증할 수 있다.
단기간의 효과를 본다거나 기적같은 치료능력이 있다고 약속한다.	다이어트제품을 광고하면서 굶지 않거나 배고플 필요 없이 혹은 운동할 필요도 없이 일주일 만에 22파운드(약 10kg)를 줄일 수 있다면 과연 사실로 들리겠는가? 이런 터무니없는 선전은 모두가 허위이다. 이런 주장은 단지 선전을 하기 위함이지 실제로 제품의 포장이나 안내지에는 들어 있지 않다는 것을 알아야 한다. 그 이유는 상품의 라벨은 일반 광고 문안보다 훨씬 엄격하게 규제되기 때문이다.

(계 속)

허 위	사 실
결과를 보장한다.	100% 환불보장 그 자체는 때로는 사실이다. 만일 당신이 요구를 한다면 회사에서는 환불을 해줄 것이다. 그러나 환불을 요구하는 고객의 비율은 실제로 3%도 되지 않는다. 따라서 이와 같은 극소수의 환불률을 실행하더라도 기업은 이윤을 남길 수 있기 때문이다.
보조제는 무해하다.	보조제를 판매하는 사람들은 흔히 광고 문안이나 글귀에 "본 제품을 복용하기 전에 반드시 의사와 상의하십시오"라고 언급한다. 그렇게 함으로써 책임을 어느 정도 회피할 수 있다. 만일 의사와 상의했다가 어떤 건강상의 문제가 발생하면 그것은 의사의 책임이 된다. 만일 의사와 상의를 하지 않은 상태에서 문제가 발생하면 그것에 대해서 회사는 책임을 질 필요가 없다. 왜냐하면 먼저 의사와 상의를 안 했기 때문이다. 그러므로 반드시 명심할 것은 약품이나 식품첨가물과는 달리 대부분의 보조제들은 판매에 들어가기 전에 반드시 안전성을 검증(혹은 효력을 검증)받을 필요가 없다는 것이다. 따라서 소비자가 바로 실험동물이 될 수도 있으며, 때로는 매우 심각한 건강상의 문제가 발생할 수도 있다는 사실을 기억해야 한다.
돌팔이 약장사들(quacks)은 자신들이 영양과 건강 전문가라고 주장한다.	돌팔이 약장사들은 종종 공인되지 않은 대학으로부터의 가짜 자격증이나 학위증을 이용한다. 가장 흔한 가짜 학위는 영양학 박사(doctor of nutrition)라는 것이다. 심지어는 그러한 학위 증서를 우편으로 구입하기도 한다. 스스로 영양학자라고 선전하는 자들을 특히 조심해야 한다. 영양학자라는 용어를 사용함에 있어 규제가 거의 없으며, 조사에 따르면 소위 영양학자라고 칭하는 사람들(전화번호부 광고판에 수록된)의 70%가 의심스러운 자격증 소지자이다. 한편, 등록된 영양사 자격증은 남용되는 경우가 극히 드물다. 등록된 영양사(R.D., Registered Dietitian)란 대학에서 공인된 프로그램과 임상과정을 마친 다음 미국영양사협회에서 주는 자격증 소지자를 말한다. 미국의 대부분의 주에서는 이러한 과정을 거친 자만이 등록되어 영양사라는 명칭을 얻을 수 있다.
돌팔이 약장사들은 돈에는 전혀 관심이 없고 오직 사람들에게 도움을 주고자 할 뿐이라고 말한다.	매년 미국에서 건강관련 과대광고에 소비되는 돈은 25억만 달러이다. 그 중의 반(12억만 달러)은 영양보조제에 드는 돈이다. 위험부담을 안고 있는 사람은 항상 파는 사람보다는 사는 사람이라는 것을 알아야 한다. 누군가 무엇을 팔 때는 그 제품의 판촉에 대해서 기득권을 가지게 되기 마련이다. 따라서 영양전문가로서 우리의 바램은 당신이 최신 보조제나 허브치료제 등을 사느라 돈은 잃어버릴 수 있을지언정 소중한 생명은 잃지 않기를 소망할 뿐이다.

From the *Mount Sinai School of Medicine Complete Book of Nutrition*(V. Herbert, editor), St. Martin's Press, New York, NY (1990).

을 것이다. 하지만 "너무 듣기 좋은 말은 믿을 수 없다"라는 격언을 항상 명심하여 영양과 건강에 대한 주장들을 평가해야 할 것이다. 이러한 거짓 주장들을 평가할 때 유의할 주요 개념들은 표 12-6과 같다. 마지막으로, 만약 당신이 보조제의 복용을 고려하고 있다면 표 12-5에 나와 있는 웹사이트에서 그 보조제에 대한 정보를 확인하라는 것이다.

이러한 제품들의 건강효능에 대한 과대광고 및 허위광고에 대한 정보를 제공하는 사이트는 QuackWatch(돌팔이잡기, http://quackwatch.com)와 허위광고에 대한 전국 영양학자연합(http://ncahf.org)이다. 당신의 보조제의 복용을 시작하기 전에 이러한 유용한 정보들을 잘 종합함으로써 그 보조제의 효능과 부작용 등의 사실적인 이해를 가지게 될 것이다.

12장

1. 보건 사기행위의 분별[1]

가짜 건강제품을 찾기는 아주 쉽다. 부정제품들은 매일 신문이나 잡지에 나는 광고 속에서도, 텔레비전 방송에서도 접하고 있기 때문이다. 또한 가게에서도 판매가 되고, 인터넷이나 우편구매를 통해서도 이루어진다. 우리는 부정제품의 홍수 속에 살고 있는 것이다.

그리고 Quackwatch(Stephen Barrett, M.D., head of Quackwatch Inc)에 의하면 소비자들은 이러한 부정보건제품의 구매에 수십억 달러를 매년 소비하고 있다. 많은 소비자들은 자신의 지병을 치료하거나, 웰빙을 증진시키거나, 단지 보다 좋게 보이기 위하여 입증되고, 유효한 치료를 떠나서 돈만 낭비하게 되고, 득보다는 해가 많은 부정보건제품의 피해자로 전락하게 된다.

FDA의 Bob Gatling은 다음과 같이 말한다. "사람들은 그들을 치료할 수 있는 약이 존재한다는 것을 믿고 싶어하기에 부정보건제품들이 득세하게 된다." FDA에서는 부정건강제품의 정의를 "건강, 웰빙, 미용상의 향상을 목적으로 유통되는 유효성이 입증되지 않은 약품, 도구, 식품, 미용제품을 포함한 모든 제품"이라 내리고 있다.

FDA에서는 부정보건제품에 대한 감시를 연방무역위원회(FTC, Federal trade commission)와 함께 감찰하고 있다. FDA에서는 안전성, 제품 제조라벨, 라벨의 주장 내용에 관해 규제하고, FTC에서는 이러한 제품의 광고를 규제한다.

FDA 약품조사평가센터의 Joel Aronson은 FDA의 제한된 자원으로 인해 부정보건제품의 규제가 직접위험과 간접위험의 우선순위에 의해 관리된다고 한다. 만약 부정보건제품이 상해나 역효과를 야기한다면 이는 직접위험에 속한다. 만약 이 제품이 위험하지는 않지만 이 제품을 사용함으로써 소비자들이 필요한 의학적 조치를 제때 받지 못하게 되는 것은 간접위험에 분류된다. 예를 들어 어떤 부정보건제품이 당뇨병 치료제로 선전, 유통되는 경우 이는 그 사용자가 인슐린 투약의 중단 및 다른 적절한 치료를 받지 못 하게 되는 원인이 된다.

FDA가 부정보건제품에 대한 강력한 규제를 한다 하더라도 그 제조사들은 규제를 교묘히 피해 소비자들을 위험에 빠뜨릴 수 있는 부정보건제품을 시장에 계속하여 유통시키고 있다. 그렇다면 어떻게 이러한 부정보건제품의 위험에서 벗어날 수 있는가? 부정보건제품 시장이 보다 그럴듯하게 발전하더라도 그들이 부정제품을 광고할 때에는 소비자의 관심과 신뢰를 얻기 위하여 사용하는 상투적인 선전문구가 있다. 소비자들은 이 돌팔이 약장수들의 틀에 박힌 선전문구와 판매기술에 대해 주의함으로써 스스로를 방어할 수 있을 것이다.

---

[1] 글 Paula Kurtzweil, *FDA consumer magazine* 1999년 11, 12월 호에서 발췌

다음에 소개될 세 가지 부정보건제품들은 FDA에 의해 그 유통회사에 경고 서한이 발부되었고, 그 중 2가지 제품은 수입금지 목록에 등재되었다. 수입금지 목록에 오른 제품은 미국시장에서 유통하는 것도 금지되어 있다. 이들 3가지 부정보건제품의 선전을 살펴보길 바란다. 이 선전에는 당신이 알지 못하는 보건제품을 선택하려 할 때에 주의해야 하는 사탕발림으로 가득하다.

제품 1. 순수 EMU(에뮤)오일

FDA는 순수 EMU오일이 광범위한 질병 치료효과가 있다고 선전하며, 유통시키는 것은 불법 약물유통이라고 규정했다. 이들 제조업자들은 EMU기름의 안전성과 유효성을 증명할 만한 어떤 증빙자료도 FDA에 제출하지 않았다.

만병 통치약???

"류마티즘, 관절염, 각종 감염, 전립선질환, 궤양, 암, 심장질환, 동맥경화, 당뇨 등 각종 질환에 특효"

"괴저를 완전 제거"

"항생작용, 통증 완화작용"

연관성이 없는 광범위한 종류의 질병을 치료한다고 주장하는 제품들에 유의해야 한다. 특히 암이나 당뇨와 같이 중병을 치료한다고 하는 것은 특히 의심해야만 한다. 모든 질병과 증상을 치료할 수 있는 제품은 존재하지 않으며, 특히나 중병에 있어서는 그 정도를 관리할 수 있는 요법이 있을 따름이지 완벽한 치료약은 존재하지 않는다.

암, 에이즈, 당뇨 등의 중대 질병을 가진 사람들은 절실하게 그 치료약을 찾길 원하고, 치료가 된다고 하면 무엇이든 시험해보려 하기 때문에 많은 엉터리 약이 판을 치게 된다.

개인적 사례

"내 남편은 알츠하이머병(치매)이 있었어요. 1998년 9월 2일부터 매일 EMU오일을 한 티스푼씩 복용하기 시작했어요. 22일이 지난 지금은 남편이 정원 잔디도 깎고, 차고도 청소하고, 정원화단도 손질하게 되었죠. 우린 다시 아침산책을 함께 하게 되었답니다. 아직 기억력이 완전히 돌아오진 않았지만, 이젠 남편이 보다 이전 모습으로 돌아온 것 같아요!"

개인적인 증언들은 당신을 솔깃하게 만들 수도 있지만, 이들을 증명하기란 어려운 일이다. FDA 담당자에 의하면 이런 증언들은 사람들을 통해 전파되는 사례일 따름이고, 완전히 만들어진 경우도 있다. 이런 증언들은 과학적 유효성이 전혀 없고 꾸며진 이야기에 불과하다. 이들 환자들의 일시적 병세 호전 경험은 그 부정보건제품 자체의 사용을 통한 작용이 아니라 질병의 일시적 소실이나 이전에나 현재 받고 있는 정상적인 의료행위에 의한 호전작용일 것이다.

빠른 치료

"... 수일 내에 피부암 완전 제거 ..."

신속한 회복 및 치료효과를 주장하는 제품을 주의하라. 특히 중대 질병이나 질환일수록 더욱 경계하여야 한다. 검증된 치료법들도 이들 질병에 대해서는 빠른 치료가 가능하지 않다. 수일 내에라는 표현도 얼마가 될지 모르는 애매한 표현이다. 부정보건제품 판매업자들은 이런 애매한 용어를 씀으로써 야기될 수 있는 법적문제에서 벗어나려 한다.

제품 2. 피부 접착식 체중감량 패치

FDA는 상기 제품에 대해 승인되지 않은 신약품 등록을 하지 않았다는 이유로 경고장을 발부했다. 피부를 통해 전달되는 새로운 투약방식에 대해 FDA에서는 제품의 시장유통에 앞서서 유효성 입증근거 및 신약품 승인 신청을 요구한다.

"천연의(natural)..."

"당신의 체중 감량 및 조절에 있어 건강하고 간편한 천연요법"

"천연제품"이란 말에 현혹되면 안 된다. 부정 유사제품의 선전 시 기존요법보다 안전하다는 것을 강조하기 위해 자주 사용되는 말일 뿐이다. 하지만 천연이란 말은 안전하다는 말과 같은 말이 아니다. 간단한 예로 독버섯과 같은 식물은 당신의 생명을 앗아갈 수도 있다. 또한 등록된 의약품 중에서도 60%의 처방전이 불필요 약품과 25%의 처방전 필요 약품이 천연원료를 사용해 만들어진 것이다. 또한 가공제품이건 천연제품이건 약성을 가진다 함은 부작용을 야기할 수 있는 가능성이 있는 것이다.

역사적으로 검증된 제품 혹은 최신요법

"200년 의학역사에 근거를 둔 자연건강에 대한 검증된 원리를 이용해 만들어진 혁신적으로 진화된 제품"

이 두 가지 말은 완전히 다른 말이지만, 부정보건제품 업자들은 혁신적이란 말과 오랜 시간 검증된 처방이란 것을 동시에 사용한다. 그들이 주장하는 혁신기술, 기적의 치료, 유일한 제품, 신발견이란 말은 상당히 의심스럽지 않을 수 없다. 만약 그 제품이 정말로 중대한 질병의 치료제라고 한다면 의심스럽고 비과학적인 부정보건제품의 주무대인 3류잡지, 신문, 광고, 심야방송, 웹사이트 등에서 선전되어질 것이 아니라 언론에도 널리 알려져 있고, 의사들도 정상적인 치료처방을 하는 제품일 것이다.

또한 고대로부터 사용되어진 요법이나 민간요법, 전통요법이라 불리는 제품들도 마찬가지다. 이들 제품은 오랜 시간을 걸쳐 입증된 유효성과 안정성에 대해 주장한다. 하지만 고대로부터 의약적 목적으로 사용된 약용식물의 위험성이 알려진 것은 최근의 일이다.

100% 만족보장

"만약 30일을 사용하고도 매주 2kg씩 감량이 되지 않았다면 전액 환불보장"

환불보장을 주장하는 것도 믿을 수 없다. 부정보건제품 업자들은 한 곳에 오랫동안 머무는 경우가 없다. 소비자들이 환불을 요구할 때에는 그들을 찾을 수 없으므로 100% 환불보장을 약속하는 여유를 부릴 수 있는 것이다.

제품 3. 무허가 체중감량제

FDA는 캐나다산 체중감량제가 건강위험을 야기한다는 것을 이유로 엄중한 경고를 발표하였다.

손쉬운 체중감량의 약속

"다이어트를 할 필요가 없는 신속한 체중감량"

대부분의 사람들에게는 고칼로리 음식의 섭취를 줄이고, 음식을 적게 먹으며 활동량을 높이는 것만이 체중감량의 유일한 방법이다.

신속한 체중감량의 유혹에 빠져서는 안 된다. 이상적인 체중감량은 주당 0.5～1kg이 적당하다.

편협한 비난

"유수 제약회사들은 그들의 값비싼 약품을 팔기 위하여 의사들이 그들 제품만을 처방하게 만들고 있다. 이러한 거대한 제약회사들은 자연요법의 효능 및 유용성을 두려워한다."

이러한 주장들은 의사나 약사들이 제약회사와 연합하여 금전적 이윤을 증대시키기 위해 정식 인증제품만을 처방한다고 한다. 또한 의사나 제약회사들은 그들의 이윤추구에 장애가 되므로 자연요법의 효용성을 부정한다고 주장한다.

이러한 비난 발언들은 소비자의 관심을 쉽게 얻을 수 있다. 하지만 그러한 주장들에 대한 어떠한 근거도 없다. 수많은 의료 및 의약관계자들이 자신의 친구, 가족이 될 수도 있는 수많은 환자들을 치료할 수 있는 치료약을 그러한 이유로 인정하지 않는다는 것은 논리에 맞지 않는다.

알 수 없는 전문용어의 나열

"Hunger Stimulation Point, HSP"

"축적된 지방을 가용성 지질로 변환해 주는 thermogenesis(열발생)"

"주요 천연성분인 이노시톨 핵사니콘티네이트"

전문용어나 과학적인 설명은 그럴듯하게 들리고 또한 그 중 일부는 사실이다. 하지만 비전문가들은 허구와 사실을 구분할 수 없다는 데에 문제가 있다. 일반적으로 화려한 전문용어의 사용을 통해 과학적 근거의 빈약성을 덮어버리려 한다.

이러한 전문용어나 설명들은 저명한 과학저널에서 발췌되기도 한다. 때론 연구의 내용은 그들의 주장과 상이한 경우가 있다고 하더라도 소비자가 이런 간행물을 직접 확인하는 경우는 드물다. 부정보건제품의 선전에 빠진 대부분의 사람들은 그 제품을 언제라도 사고 싶어 할 것이다. 그들은 연구를 하자는 것이 아니라 기적을 바라고 있기 때문이다.

TRUTH or DARE

제품의 신뢰성을 판단하는 가장 기초적인 기준은 자신에게 반문하는 것이다. 만약 믿지 못할 정도로 너무 좋은 것은 실제로 사실이 아니다. 그래도 확신할 수 없을 때는 그 제품을 사용하기 전에 보다 자세히 알아보라는 것이다.

어떤 제품을 확인하는 방법에 대해서 다음과 같이 제안한다.

- 양심 있는 의사나 건강전문가에 문의하라. 만약 그 제품이나 요법이 증명되지 않았고 잘 알려지지 않았다면 반드시 의학전문가의 조언을 구하여야 한다.
- 가족과 친구들에게 알려야 한다. 등록된 개업의사들이 의료행위를 다른 사람과 상담하지 못하게 하는 경우는 없다. 비밀요법을 운운하면서 다른 사람에게 알리지 못하게 하는 요법을 경계해야 한다.
- 소비자 보호단체나 변호사협회에 다른 소비자들로부터 그 제품이나 제조회사에 대한 신고나 불편사항이 접수되었는지 확인하다.
- 공신력 있는 전문협회나 기관에 문의한다. 만약 제품이 심장질환이나 당뇨에 관한 것이라면 미국심장병협회나 미국당뇨협회 등에 문의하는 것이 바람직하다. 이들 협회는 당신의 질병에 도움을 주는 많은 자료들을 제공할 수 있다.
- FDA에 문의하면 된다. 전화번호부에서

도 찾을 수 있고, 웹페이지를 방문해서 알아볼 수도 있다(www.fda.gov/ora/fed_state/dfsr_activities/dfsr_pas.html). FDA가 제품이나 제조회사에 취한 대응에 대해서도 알아볼 수 있고, 당신의 문의가 다른 소비자들이 부정보건제품의 폐해로부터 보호받을 수 있는 밑거름이 될 수도 있다.

부정보건제품과의 싸움

부정보건제품은 미국에 국한된 것이 아니라 세계적으로 영향을 끼치고 있으며, 또한 미국, 멕시코, 캐나다를 포함하는 북미지역은 이런 부정보건제품에 대항하기 위해 관련정보를 공유하고 공동대응을 하는 협약이 1998년에 맺어져 있다.

- 부정보건제품 경향에 대한 정보공유
- 초국경적으로 부정보건제품 색출에 협력
- 주요 연구에 대한 정보공유
- 조사활동에의 협력 및 통일된 규제활동
- 부정보건제품에 대한 소비자 및 판매자 교육

12장

2. 기능성 식품[2]

많은 미국 소비자들은 이미 기능성 식품을 섭취하고 있다. 그들이 먹는 아침 토스트는 심장을 보호하고 태아의 선천적 결핍증을 예방하는 엽산(folate)이 강화된 제품이고, 또 그들이 마시는 주스에도 그들의 뼈를 강화시켜 주는 칼슘이 강화되어 있다. 잠시 후 그들은 콜레스테롤은 감소시켜 주는 마가린을 그 토스트 위에 듬뿍 발라서 먹게 될 것이다.

점심으로는 우울증을 예방할 수 있는 세인트존스워트가 첨가된 콩수프를 먹고, 코감기 예방에 도움이 되는 에키나시아가 첨가된 사과주스로 목을 축인다. 그리고는 기억력 감퇴에 효과가 있는 포스파티딜 세린으로 만든 껌을 씹을지도 모른다.

그렇다면 일반적인 음식에 포함되어 있지 않은 비타민, 식이섬유, 허브, 추출액 등을 식품에 첨가하는 것이 뭐가 문제인가? 만약 과학적인 연구에 의해서 그 안전성과 실효성이 증명이 되었다면 아무런 문제가 없을지도 모른다. 하지만 불행하게도 안전성이나 실효성 그 어느 쪽도 검증되지 않았다.

어떤 관점에서 기능성 식품의 유래는 갑상선종(goiter)을 예방하기 위해 소금에 첨시작한 1920년대로 거슬러 올라간다. 그 이후 비타민 D 강화우유, 영양강화 밀가루가 나왔고, 또 카바카바 스낵과 에키나시아로 강화된 수프, 인삼차, 비타민이 강화된 곰모양 젤리(gummy) 등으로 이어져 왔다.

기능성 식품은 식품산업에서 가장 빠르게 성장하고 있는 한 분야이고, 특히 풍족한 베이비붐 세대(2차 세계대전 이후 출생률이 증가한 세대, 대략 1955~1964년 출생 세대)에 있어서는 더욱 그러하다. 일본과 영국 등과 같은 다른 나라에서는 기능성 식품이 일상 식생활의 범주에 벌써 들어와 있다.

미국의 기능성 식품 매출액은 1992년 기중 100억불을 상회하고 있고, 최소로 향후 5년간 그 매출 신장률이 8~10%에 달할 것으로 전망된다. 특히 비타민 강화우유, 허브를 첨가한 주스 등은 그 성장세가 주목된다. 일반적인 식품의 연간 성장률은 1% 내외이다.

식품인가 약품인가?

10~15년 후에는 혈압약을 음식의 형태로 섭취하게 될지도 모른다. 우리는 아스피린과 같은 약품들을 핫도그나 과일케이크에 첨가할 수 있는 기술은 있으나 그렇게 되지 않길 바란다. 케이크를 어떻게 의약품의 분류에 놓을 수 있겠는가? 그럼에도 불

[2] 글 Beth Brophy, David Schardt, Nutrition Healthletter 1999년 4월호에서 발췌

구하고 식품산업계에서 조사한 설문에 따르면 소비자들은 영양보조제보다는 식품에서 유용한 영양소를 섭취하는 것을 선호한다고 한다. 켈로그와 같은 거대 식품회사들을 벌써 기능성 식품을 개발하여 시판하고 있다.

예를 들면 켈로그에서는 일리노이주를 비롯한 5개 주에 22개의 기능성 식품 생산 라인을 가동할 계획이라고 발표하였다. 이 라인에서는 시리얼, 파스타, 냉동식품, 빵을 비롯한 제품에 콜레스테롤 감소에 도움이 되는 차전자 껍질(psyllium husk)을 원료로 한 용해성 식이섬유를 적용시키고 있다.

하지만 우리가 슈퍼마켓에서 구입하는 모든 식품에 영양보조성분이 포함되어 있는 미래를 가정해보면 이것은 더 이상 놀라운 일이 아니다. 우려스러운 것은 기능성 식품이 소비자들의 건강한 식생활을 저해하고, 어느 특정 영양소만을 첨가한 엉터리 건강식품의 판매만을 독려하게 되는 상황이다. 기능성 식품은 현재 판매증진을 위한 마케팅 수단이지 건강증진을 목적으로 하고 있는 것 같지 않다. 과일이나 야채의 적절한 섭취만으로도 심장병이나 암을 예방하는 데 충분히 도움이 되는 것이 사실이다. 어떤 사람들은 "내가 먹는 음식이 단지 음식이었으면 한다"고 말한다. 먹는 것은 즐거운 활동이어야지 과학적 연구 활동이 되어서는 안 된다는 것이다.

The Claim Game

기능성 식품이 식품업계를 바꾸고 있다는 것은 의심의 여지가 없는 사실이다. 이것은 예전에 누구도 항우울제를 수프에 넣었다거나 기억력 향상제를 껌에 첨가하는 것을 하지 않았다는 얘기가 아니다. 이 말은 근래에 와서 처음으로 식품제조사들이 누구의 승인도 받지 않고도 제품라벨에 그들만의 주장을 마음대로 할 수 있는 상태를 의미하는 것이다. 소비자들은 어디서 제품을 파는지 보다 제품라벨을 중시해야 한다.

최근까지도 FDA는 식품의 라벨에 질병 예방에 대한 표현을 금지하여 왔다. 만약 제품표지에 질병예방을 표시하게 되면 그것은 무허가 불법 의약품으로 규정되었기 때문이다. 1993년에는 의회의 지시로 FDA에서는 소위 말하는 건강효능 표시(Health Claim)를 제품표지에 시작하게 되었다. 예를 들면 "포화지방 및 콜레스테롤을 적게 섭취하면 심장질환의 위험을 줄일 수 있습니다"라는 문구를 FDA의 승인과 함께 그 안전성이 입증되었을 경우에만 아주 제한적으로 사용할 수 있다. 1993년부터 지금까지 FDA에서는 단지 10개의 건강효능 표시를 승인하였지만 대부분의 기능성 식품 제조사들은 이를 통해 다른 편법을 개발해 내었다.

질병을 언급하는 건강효능 표시를 하지 않는 대신에 식품의 인체의 기능 및 구조에 관한 영향을 기술하기 시작하였다. 이는 FDA의 승인을 필요로 하지 않으므로 그 안전성에는 무관하게 어떤 제품의 라벨에도 사용되고 있다. 인체영향 주장은 오래 전부터 그 사용이 허가되었지만 아주 원론적이고 진부한 표현들이기에 많이 사용되지는 않았다. 예를 들자면 "칼슘은 뼈를 튼튼하게 합니다"라는 식이다.

하지만 1994년부터 국회에서 식이보조제의 효능표시를 인정하면서부터 모든 것이 바뀌었다. 식이보조제 제조사들은 보다 자극적인 인체영향 표시를 사용하게 되었다(제2장 표 2-3). 예를 들면 "항산화제는 노화를 지연시킵니다" 또는 "유익한 콜레스테롤을 유지시킵니다" 등이다.

실제로 에키나시아 첨가 Hain Kitchen 처방수프나 세인트존스워트와 같은 기능성 식품은 FDA가 그들의 주장을 불허하지 않을 것이라는 확신으로 그 제품이 식이보조제라는 주장을 한다. 하지만 대부분의 사람들에게는 건강효능 표시냐 인체영향 표시냐 또는 기능성 식품이냐 식이보조제냐 하는 논란들은 비슷하게 들릴 뿐이다. 켈로그의 예를 들어 보면 22개 제품 중 16개의 제품에서 "심장질환의 위험을 줄일 수도 있습니다"라고 건강효능을 표시하고 있다. 나머지 제품들은 너무 많은 지방을 포함하고 있어서 이 건강효능 표시를 못할 뿐이다. 만약 이들이 "심장건강을 증진시킵니다"라는 인체영향 표시를 한다고 하면 소비자들은 과연 그 차이를 알 수 있을지 의문이다.

적어도 켈로그에서는 차전자 껍질의 효능에 대한 근거를 제시할 수 있다. 대부분의 인체영향 광고에 대해서는 그 주장을 뒷받침하는 근거를 아무도 확인하지 않았다고 해도 과언이 아니다. 95%의 기능성 식품은 의학적으로 정확히 검증되지 않았고 과학적인 데이터에 근거를 둔 주장을 하는 것도 아니다.

과연 기능성 식품은 안전한 것인가? 기능성 식품은 그들이 약속하고 선전하는 가치들을 담고 있는 것인가? 소비자들은 이들 제품의 장점에 대해서 하나하나 따져보고 평가해야 할 것이다.

1. 효능성 문제

칼슘강화 주스에 있는 칼슘은 뼈를 튼튼하게 한다. 밀가루에 첨가되어 있는 엽산은 선천성 신경관결손을 예방한다. 이런 것들은 간단한 예이다(제8장 Additional Reading, 엽산 참고). 기능성 식품에 다른 성분이 확실한 근거와 함께 제시될 때에는 그 진위를 알기란 더욱 힘들어진다. 적절한 연구를 거쳤음에도 불구하고 그 결과는 미확정이 될 수도 있고 또 선택적 사례에 국한되기도 한다. 우리에게 잘 알려진 몇 가지 약용식물의 경우를 살펴보자.

세인트존스워트(St. John's Wort)

Celestial Seasonings사의 세인트존스워트 티는 기분 전환용 차(茶)이다. 실제로 많은 연구결과에 의하면 초기 및 중도의 우울증을 가진 실험 지원자들의 절반 가량에서 효과가 있었다. 물론 이 말은 나머지 절반에게는 효과가 없었다는 것을 말한다.

에키나시아(Echinacea)

제품 표시에 의하면 Fresh Samantha사의 에키나시아 함유 슈퍼주스는 "당신의 건강의 수호자"이다. 표지에는 이 제품이 감기를 예방하거나 치료한다는 말은 전혀 적혀져 있지 않다. 그런 건강효능 표시는 불법이기 때문이다. 이제까지의 연구에 의하면 에키나시아가 감기를 예방하지 않는다는 연구는 한 건에 불과하다. 다른 일부 연구에서는 에키나시아가 감기를 빨리 치료하고 증상을 완화시킨다고 되어 있다. 결론적으로 대부분의 연구들은 확증하기에는 부족할 정도로 계획되어 실행된 것이다.

카바카바(Kava kava)

Robert's American Gourmet사의 카바카바 옥수수칩에는 안정효과라고 쓰여 있다. 5건의 연구에서 카바카바는 두려움, 불면증, 집중력장애와 같은 병적 불안의 증세를 완화시키는데 효과가 있다고 되어 있다. 하지만 단지 아직 출간되지 않은 하나의 연구에는 일상의 스트레스와 짜증으로부터 안정을 준다고 말하고 있다.

1995년 1월 McNeil사에서는 FDA에 스테놀에스테를(stanol ester)가 일반적으로 안전하다고 인식되는 식품성분이라고 천명할 것을 요구했었지만, FDA에서는 베네콜(Benecol)은 식품이지 영양보조제가 아니라고 규정하였다. 만약 이것이 승인되었다면 베네콜은 식품첨가제 검사를 거치지 않고 시중에 유통되었을 수도 있다.

이제까지 FDA에서는 영양보조식품이라고 자칭하는 어떤 제품(예를 들면 Hain Kitchen 처방수프)에 대해서도 승인을 한 적이 없다. 이들은 불법이며, 식이보충과 건강교육법령(DSHEA)에 따르면 영양보조식품은 일반적인 식품의 용도로 사용되어질 수 없다고 규정되어 있다.

이들 회사의 연구는 그 주장을 하기에는 너무도 미비한 것이다. 예를 들어 베네콜은 백 명 중 한 명 꼴로 부작용이 발생하였으나 이들 연구에서는 무시되었다. 그리고 이 연구는 베네콜을 많이 더 많이 섭취하면 콜레스테롤 저하에 더욱 유리할 것이라는 생각에 권장량을 초과하여 섭취한 사람들에 대해서는 연구하지 않았다.

베네콜은 콜레스테롤 수준을 낮추는 것처럼 보인다. 그리고 여전히 안전성 문제는 밝혀지지 않았으나 다른 대부분의 기능성 식품보다는 훨씬 많이 시험된 것이라 할 수 있다.

징코 빌로바(Ginko biloba)

"우리는 은행잎이 정신을 건강하게 한다는 고대의 치료법을 따랐다"고 Nantucket사의 슈퍼넥타 징코 망고주스의 라벨에 쓰여 있다. 불행하게도 은행잎이 건강한 사람들의 기억력, 집중력, 주의력을 향상시켜준다는 과학적 근거는 없다. 은행잎과 기억력에 관한 연구는 주로 알츠하이머로 인한 치매를 가진 사람들에 집중되어 왔다. 최신 연구자료에 의하면 알츠하이머 환자에게 징코 빌로바를 3~6개월 간 복용시켰을 경우 정신기능의 향상에 약간 도움이 된다고 한다.

2. 함유량에 관한 문제

만약 어떤 식품이 비타민과 무기질이 강화되어 있다면 그 라벨에는 그 정확한 함량이 표시되어야 한다. 하지만 약용식물과 많은 첨가성분에 있어서는 그렇지 않은 경우가 많다. 예를 들어 Snapple사는 그들의 인삼차에 들어간 인삼함유량을 공개하는 것을 거부하고 있다. 또 그 식품라벨에 섭취량이 표시되어 있다 하더라도 소비자들은 그 양이 많은 건지 적은 건지 알 수가 없다.

예를 들면 징코와 고투 콜라(Ginkgo & Gotu Kola)를 첨가한 시리얼의 경우 단지 2mg의 은행잎추출물을 함유하고 있다. 하지만 알츠하이머 환자들에 대해 징코 유효성을 시험할 때 사용된 1회 섭취량이 120~320mg이란 것은 설명해 주지 않고 있다.

어떻게 식품회사에서 약용식물이나 그 기능성 유효성분의 첨가량을 결정하고 있는 것일까? 그들이 과연 유효성과 안전성에 입각한 첨가량을 결정하기 위하여 과학적 실험을 통한 검증을 올바로 하고 있다고 생각하는가?

식품제조사에서는 "기존 제품의 맛에 영

향을 주지 않는 범위 내에서 최대한의 첨가량을 정한다"고 한다.

3. 안전성 문제

식품첨가제나 의약품과는 다르게 기능성 식품이나 영양보조식품 내의 약용식물 및 그 첨가성분에 대해서는 발암위험, 선천성 결핍증, 간독성검사와 같이 심각한 건강위험에 대한 실험을 거치지 않아도 된다.

사람들은 약용식물이 오랜 세월 동안 사용되어 왔기 때문에 안전하다고 생각한다. 아마도 대부분에 있어서는 그럴 것이다. 하지만 얼마나 오래 된 처방이건 간에 적절한 실험을 거치지 않고서는 그 식물이 암을 유발하는지, 신장기능에 영향을 미치는지, 어떤 문제가 있는지 알 수 있는 방법이 없다. 만약 이러한 잠재적 위험성이 우려스럽지 않다면 다른 즉각적인 부작용의 예를 들어 보도록 하자.

- 알러지(Allergies) : 1998년 호주의 37세 여인이 액상 에키나시아(echinacea)를 복용하였는데 즉시 입과 목 안이 화끈거리고 가슴이 죄며, 발진과 설사증세를 일으켰다. 그의 담당의사의 추가 실험에 의하면 84명의 환자 중 16명이 에키나시아에 민감하게 반응하였다고 한다. 알러지 반응까지 검사하는 식품회사는 거의 없는 실정이다.
- 약물 상호작용(Drug interactions) : 1996년 조지아주의 남성은 우울증 처방약인 Xanax를 끊고 카바카바로 대용하려다 거의 생명을 잃을 뻔하였다. 그의 담당의사는 많은 기능성 식품들이 처방약의 흡수를 증가시키거나 방해함으로써 그 독성을 증가시키거나 약효를 감소시키는 경향이 있다고 한다. 이러한 기능성 식품과 처방의약품 사이의 약물 상호작용에 대한 연구가 시급히 진행되어야 할 것이다.
- 졸림(Drowsiness) : 미국영양식품협회에서는 18세 미만 미성년자, 임신/수유 중인 여성, 자동차나 중장비의 운전자에 대해서는 카바카바를 복용해서는 안 된다고 경고한다. 하지만 카바카바 제품의 표지에는 이러한 내용은 나와 있지 않다. 카바칩을 먹은 어린이가 졸다가 자전거에서 떨어져 사고를 당했다. 카바는 중추신경계에 안정효과가 있다. 그러므로 이러한 약용식물은 영양보조식품에 분류되어야지 일반적인 식품으로 유통되어서는 곤란하다. 소비자들은 그들이 무엇을 섭취하는지를 정확하게 알고 추적할 수 있어야 한다.
- 기타 다른 문제점 : 만약 당신이 의약품을 산다면 그 표지에는 권장사용량 뿐만 아니라 사용기한 및 사용제한 대상도 함께 표시되어 있다. 기능성 식품에 있어서는 당신 스스로 결정을 하여야 하는 경우가 대부분이다.

예를 들어 에키나시아 보조제의 표지에는 장기간 사용하지 말라고 표시되어 있다.

또한 면역체계에 이상이 있는 사람들은 사용을 해서는 안 된다고 경고한다. 하지만 어떤 제품에는 그러한 경고를 전혀 찾아 볼 수가 없다.

4. 건강에 좋을까?

모든 기능성 식품이 건강에 유익할 것이라고 생각하지 마십시오. 예를 들어, 151가지 영양소가 들어 있다고 주장하는 151캔디바와 같은 제품은 그 대부분이 설탕과 물, 지방, 단백질로 이루어진 것입니다. 또한 R.J Corr Ginseng Rush Natural Soda에 있어서는 물이 가장 많고 설탕이 두 번째 원료로 되어 있다.

결론: 기능성 식품의 이름이나 라벨표기가 근사하고 경이롭게 보일지라도 그것이 당신에게 유익한지 그 기초영양 성분라벨을 확인하여야만 합니다. 영양강화된 엉터리 식품은 여전히 엉터리 식품일 뿐입니다. 그리고 자연에서 얻어지는 기능성 식품을 경시하여서는 안 됩니다. 많은 과일과 야채, 곡물과 콩, 저지방우유와 요거트는 암, 심장질환, 고혈압, 시력장애 등과 같은 많은 건강문제를 예방하거나 그 위험을 줄여 주는 영양소와 파이토케미칼로 가득 차 있다는 사실을 기억해야 한다.

12장

3. 기능성 식품[3]

요 약

이것은(이번 논문은) 비타민 무기질의 강화 또는 첨가제 등과 모든 식품을 포함한 기능성 식품이 효과적인 레벨에서 정기적으로 다양한 음식물로 섭취되었을 때 잠재적으로 건강에 이로운 효과를 줄 수 있다는 **미국영양사협회**(ADA)의 입장이다. 협회는 한층 더 나아가 건강에 득이 되고 실이 되는 개개 기능성 식품과 그것들의 생리활성 성분(physiologically active food components)들에 관하여 규정하고 있는 연구를 지지한다. 식사요법학 교수진은 식품산업, 정부, 과학계와 식품과 영양과학에 대한 급부상하는 영역에 정확한 정보를 일반인들에게 제공하고자 하는 언론기관들과 함께 연구를 계속할 것이다.

건강에서 phytochemicals(식물체에 함유된 화학물질)과 zoochemicals(동물체에 함유된 화학물질)에서 추출된 생리활성 성분의 역할에 대한 이해는 음식(영양상으로 본 식이요법)의 역할로 바뀌었다. 기능성 식품은 식품으로 진화되고 영양과학은 질병 감소를 위한 결핍증후군의 치료요법 이상으로 발전되어 왔다.

이번 주장에서 기능성 식품의 정의와 그것의 규정 그리고 식품과 영양에 대한 급부상하는 영역을 지지하는 과학적 증거를 재검토하고자 한다. 식품은 이제 더 이상 미량영양분(선상과 성장에 필요한 극소량의 필수영양소)과 다량영양소의 섭취라는 식으로 평가되지 않는다. 다른 생리활성 성분의 내용 분석이 필요할 것이다. U.S. diet에서 건강증진용 기능성 식품의 이용 가치는 그 국민들을 나을 수 있게 도와주는 잠재력을 가지고 있다. 그러나 각 개별 기능성 식품은 다양한 식사요법에서 적합한 완성(appropriate integration)을 보장하는 과학적 증거를 토대로 평가되어야 한다(J Am Diet Assoc. 1991; 99:1278～1285).

농·식뉼 자원에서 추출된 생리활성 성분의 역할에 대한 이해가 확대되면서 건강에서 음식에 대한 역할이 명백히 바뀌었다. '기능성 식품'의 발전은 식품으로 진화되고, 영양과학은 기본적인 결핍증후군의 치료요법 이상으로 발전되어 왔다. 비록 기능성 식품은 현 미국식품안정청에서 정의되지 않은 채 남아 있지만 보통 잠재적으로 건강식품이거나 전통적인 영양소들을 함유하여 건강에 득을 제공할 수도 있는 식품성분들로 이해된다. "functional foods"이라는 용어는 그것을 섭취하는 사람에게 질병의 위험을 줄여 주는 것을 포함한 건강상 이득을 이끄는 어떤 정의된 가치를 지닌 식품을 지칭한다.

식품산업이 더욱 건강에 유익한 식품 공급원에 대한 소비자들의 요구에 부응하기 위해서 최근 소비자들에게 이용 가능한 다양한 기능성 식품들이 엄청나게 성장하고 있고, 기능성 식품은 모든 새로운 식품 생산의 증가율이 되고 있다. 식품과 영양학

[3] 미국영양사협회(The American Dietetic Association)의 입장, 견해

분야에의 전문적인 지식과 광범위한 훈련이 된 식사요법학 교수진은 어떻게 해야 가장 적합하게 기능성 식품이 전체적으로 다양하고 건강한 식습관으로 완성될지에 대한 내용을 과학으로 설명한 후 소비자에게 교육하도록 통합할 것이다.

POSITION STATEMENT

ADA의 입장은 비타민 무기질의 강화 또는 첨가제 등과 모든 식품을 포함한 기능성 식품이 효과적인 레벨에서 정기적으로 다양한 음식물로 섭취되었을 때 잠재적으로 건강에 이로운 효과를 줄 수 있다. 협회는 한층 더 나아가 건강에 득이 되고 실이 되는 개개 기능성 식품과 그것들의 생리활성 성분들에 대해 규정하고 있는 연구를 지지한다. 식사요법학 교수진은 식품산업, 정부, 과학계와 식품과 영양과학에 대한 급부상하는 영역에 정확한 정보를 일반인에게 제공하고자 하는 언론기관들과 함께 연구를 계속할 것이다.

DEFINING FUNCTIONAL FOODS

일반적으로 받아들여지는 기능성 식품에 대한 정의는 딱히 없다 그러나 일부 기관에서 이 급부상하는 식품 영역에 대해 정의 내리고자 시도한 바는 있다. The International Food Information Council에서는 기초 영양물질 이상으로 건강에 이로움을 제공하는 식품으로 기능성 식품을 정의했다. 이 정의는 The International Life Sciences Institute of North America에서 정의한 기능성 식품이란 기초 영양물질 이상으로 건강에 이로움을 제공하는 생리활성 성분에 의한 식품이라는 정의와 유사하다.

The Institute of Medicine of the National Academy of Sciences(**미국 국립 과학아카데미 의학연구소**)는 건강에 좋은 식품으로의 기여도를 증진시키기 위해 강화되거나 첨가된 하나 또는 그 이상의 구성요소들의 집합체(농축)가 기능성 식품이라고 그 의미를 제한했다. 이러한 정의들에 따르면 과일이나 야채 등과 같이 변형되지 않은 모든 식품은 기능성 식품의 가장 간단한 예들로 나타난다. 예를 들면 브로콜리, 당근, 토마토는 기능성 식품으로 여겨진다. 왜냐하면 이들 식품들은 sulforaphane, beta carotene, lycopene 같은 생리활성 성분이 상대적으로 풍부하기 때문이다.

영양분이 첨가되었거나 식물 속에 함유된 화학물질로 강화된 식품들 또한 기능성 식품의 영역에 속한다. 게다가 식품 생물공학(food biotechnolgy)은 기능성 식품의 발전에 새로운 입장을 끊임없이 제공한다. 표 1은 현 미국시장에서 이용 가능한 주요 기능성 식품의 리스트를 간단히 소개한다.

비록 “기능성 식품”이라는 용어가 이 급성장하는 식품영역을 위한 궁극적인 기술용어(descriptor)가 아닐 수도 있다. 최근 IFIC에 의해 관리되는 focus-group research는 이 용어가 쉽게 인지되었고, 또한 건강식이나 식이요법 같이 보통 사용되는 다른 용어들보다 소비자들에게 선호되어졌다는 것을 밝혔다.

최근 미디어, 과학자와 소비자들에게서 널리 사용되고 인식되는 기능성 식품이라는 용어는 미국영양사협회(Amerian Dietetic Association가 새로운 단어의 등장이 소비자들에게 더 큰 혼란을 야기시킬 수 있다는 우려 때문에 새로운 더 구체적인 용어를 소개하는 것보다 이 범주내에서 작업이 이루어지도록 이끌었다. 식사요법학 학자들의 가장 큰 기구인 ADA는 모든 식품을 어떤 생리학적 범주에서의 기능성으로 구분하였다. 기능성 식품이라는 용어는 그것들이 좋은 식품과 나쁜 식품이라는 뜻을 나타내지는 않는다. 모든 식품은 적당함과 다양함을 중심으로 건강한 식습관 계획에 포함될 수 있다.

RATIONALE

기능성 식품의 발전은 소비자들이 이런 식품들을 강조하는 21세기에 들어서면서 계속 지속될 것이다. 식품 공급의 이런 새로운 모습들은 다음과 같은 요소들이 기여하였다.

- 고령화 인구
- 건강관리에 대한 비용증가
- 건강관리의 자율성과 자가효능성(self-efficacy)
- 식사요법이 질병의 예방과 진행을 막을 수 있다는 과학적 증거의 진보
- 가장 중요한 식품 규정법의 변화

영양성분과 비영양성분은 모두 암, 심장병, 당뇨병, 고혈압, 골다공증 같이 고질적인 질병의 치료 혹은 예방에 관련되어져 왔다. 건강증진과 질병예방에 대한 식사요법의 역할을 지지해 주는 자료에 따라 기능성 강화식품의 양은 사실상 확대될 것 같다. 기능성 식품은 비용효율이 높은 건강관리와 증진된 건강상태를 요구하는 미국인들에게 효력이 있는 한 옵션으로 보여진다. 그리고 기능성 식품은 미국식품 공급원으로 전환하는 것을 계속할 것이다.

REGULATION OF FUNCTIONAL FOODS

기능성 식품의 규정은 여전히 혼란스럽다. 현행 규정된 환경 속에서는 기능성 식품이나 성분은 전통적인 식품, 식품첨가물, 규정 보충식, 약용식품이나 특별 규정식품 등을 포함한 현 존재하는 카테고리들의 하나로 자리 잡을 수 있다. [These categories fall under the Federal Food, Drug and Cosmetic Act of 1938(FDCA), as amended, and implementing regulations from the US Food and Drug Administration (FDA).=> 이러한 카테고리들은 FDA에서 정정되고 충족된 규정에 따라 FDCA의 관할 범주에 해당된다.

카테고리는 특정 기능성 식품이나 성분을 제조업자가 의도된 사용을 위하여 또한 그것과 관련된 식품라벨을 위하여 어떻게 출시하고 판매하느냐에 달려 있다고 보통 정의된다. 식품라벨과 마케팅에 가장 잘 정립되고 과학적으로 접근한 기능성 식품은 1990년의 NLEA(the Nutrition Labeling and Education Act)의 법에 따라 서술된 FDA-approved health claims을 사용하고 있다.

NLEA에 승인된 건강효능성은 식품과 질병 또는 다른 건강과 관련된 상태(즉, 위험감소 관계) 둘의 관계를 설명하는 성명서이다. 건강효능은 권한이 있는 전문가들 사이에서 그 효능에서 묘사된 관계의 타당성에 대해 특정한 과학적 동의가 있을 때만 승인될 수 있다고 법은 지시한다. NLEA의 법 내에서는 회사가 FDA에 rule-making을 통해 새로운 건강효능을 고려해 달라고 청원한다. 표 1에서 보여진 것처럼 11개의 NLEA 건강효능은 현존하는 FDA에 의해 승인되어졌다. 최종 승인기구는 콩단백질과 동맥심장질환의 위험 감소 관계에 대한 건강효능을 보류하고 있는 중이다.

실질적인 임상실험의 유효성과 서류는 FDA에 제출되는 회사의 주요한 청원서이

다. 예를 들면 43명의 인간 임상조작 실험은 FDA에 제출된 콩 건강효능 청원서를 포함하고 있다. NLEA 건강효능 규정의 강력한 과학적 기반을 기초로 삼아 ADA는 기능성 식품을 포함한 식품에 대한 사전 승인 효능의 사용을 지지하고 있다.

FDAMA(FDA Modernization Act of 1997)의 조항에서 생산자를 위하여 건강효능을 사용할 수 있는 부가적인 절차를 규정하였다. 만약 그러한 효능이 분명한 연방 과학집단에서 제시된 현재의 공표된 권위 있는 성명에 기반을 둔 것이라면 말이다. 이것은 단지 the National Institutes of Health, the Centers for Disease Control and Prevention and the National Academy of Sciences와 같이 "공익 건강보호를 위한 공적 책임이나 인간 영양에 관련된 연구"를 포함한다.

이 법에 따르면 생산자는 특정제품 효능 주장 표기를 사용하기 120일 전에 반드시 FDA에 신고해야 한다. 신고할 시에는 반드시 구체적인 문구를 확인하고 라벨에 사용된 특정 단어를 표시해야 한다. 120일이라는 기간 동안 FDA는 제시된 식품라벨을 검토하고, 만약에 필요하다면 그 효능을 금지하거나 조정할 수 있다. FDA의 조치가 없으면 그 효능은 법규에 의해 승인된다.

이런 조항들은 건강효능을 사용할 수 있는 생산자들에 의한 과정을 진척시키는데 뜻이 있다. 1999년 7월 6일 FDAMA에 의한 첫 번째 건강 효능이 승인되었다. 그것은 곡류와 암과 동맥심장질환 발생 위험 감소에 대한 관계를 건의한 것이었다. FDA는 FDAMA health and nutrient content claim 조항의 관점에서 산업체에 안내서를 발행하고, 이 주제에 대해서 많은 주주회의를 개최하였다. FDAMA의 효능 조항을 충족시키는 마지막 규정은 아직 공표되지 못했다. ADA는 FDAMA의 승인에 둘러싼 논쟁에서 주요 역할을 하고 있고 NLEA petition process나 FDAMA notification process를 통해 승인된 claims에 상관없이 중요한 과학적 동의에 기반이 된 모든 효능에 필요한 지원을 계속적으로 지지해 주고 있다.

기능성 식품과 성분이 시장에서 대단한 이익으로 발생된 것은 Dietary Supplement Health and Education Act(DSHEA)의 1994년의 조항에 관련되어서였다. DSHEA는 보조식품(dietary supplements)이 식품첨가물에서 요구되는 엄격한 승인을 면제하였다. 이 법률은 사전 FDA 승인 없이 보조식품 "구조/기능" 효능을 사용하는 것을 제한한다.

이러한 명칭은 식품성분이나 구성 요소가 특정 질병에 연계되지 않고 몸(e.g., 칼슘은 단단한 뼈를 만든다)의 기능이나 구조에 어떻게 영향을 끼치는지 설명하고 있다. 왜냐하면 이러한 명칭은 사전 FDA 승인 없이 진술할 수 있고, 많은 기업체들은 보조식품으로 기능성 식품을 거래하는 것을 선택하기 때문이다. 그 보조식품은 기업에서 효능에 적합한 상품을 처음 판매하고 난 후 30내에 FDA에 신고하는 한 법적 허점을 허용할 수 있다. 효능의 라벨에 반드시 다음과 같은 경고문을 포함하여야 한다:

"이 명칭은 Food and Drug Administration에 의해 평가된 것으로, 이 상품이 어떤 질병을 진단하거나 치료하거나 경감하거나 예방하는 것을 의도하지 않는다." 비록 생산자들이 상품 판매의 30일 내에 FDA에 신고하도록 요구된다 하더라도 현재 고시(notification packet)를 위한 구조/기능성 효능을 지지하여 과학적 기반을 포함한 요

표 1. 주요 기능성 식품, 성분조성, 잠재적 건강이익, 과학적 증명, 규정 분류

기능성 식품	주요 성분	잠재적 건강이익	과학적 증명	규정 분류
저지방 다이어트의 한 방편으로의 저지방식품 (예, 치즈, 스낵식품, 고기, 생선, 유제품)	전체 지방이나 포화지방이 낮음	암 발병률 감소, 심장 질병률 감소	임상실험	FDA 승인
Sugar alcohols 포함식품 (껌, 사탕, 음료, 스낵식품)	Sugar alcohols	치아 부식 방지	임상실험	FDA 승인
오트밀, 귀리시리얼, 귀리식품	Beta glucan soluble fiber	콜레스테롤 감소	임상실험	FDA 승인
우유 - 저지방	칼슘	골다공증 위험 감소	임상실험	FDA 승인
야채, 과일	비타민, phytochemicals, 섬유질	암 위험 감소, 심장질환 위험 감소	진염병학 자료/ 동물실험	FDA 승인
Folic acid(엽산) 첨가된 시리얼	엽산	신경관 결손 위험 감소	임상실험	FDA 승인
주스, 파스타, 쌀, 스낵바, 칼슘식품	칼슘	골다공증 위험 감소	임상실험	FDA 승인
Psyllium(차전자) 포함식품	Psyllium fiber	심장질환 감소	임상실험	FDA 승인
Whole grain bread (배아껍질 등을 제거하지 않은 전립의 빵)/ high fiber 시리얼	섬유질	특정 암발생 위험 감소, 심장질환 위험 감소	임상실험	FDAMA에 준하는 FDA 고시
Echinacea 스낵식품	Echinacea	면역체계 강화를 위한 식이보조제	직접적 근거없음	FDCA-structure/ function claim
Phosphatidyl serine 껌	Phosphatidyl serine	집중력 향상	직접적 근거없음	FDCA-structure/ function claim
산화방지 야채	비타민 E · C, 베타카로틴	전반적인 건강증진, 심장혈관 기능의 건강 유지	직접적 근거없음	FDCA-structure/ function claim
산화방지 사탕, 채소나 과일즙	산화방지영양소, phytochemicals	심장 건강 유지, 전반적 건강 유지	직접적 근거없음	FDCA-structure/ function claim

(계 속)

기능성 식품	주요 성분	잠재적 건강이익	과학적 증명	규정 분류
허브성분 첨가된 음료	Echinacea, gingko(은행), kava,인삼, saw palmetto(야자)	다양하게 건강에 이로움	선택된 식물학상 data	FDCA-structure/ function claim
포도/포도주스	Phenols, resversatrol	심장혈관 기관에 건강 유지	전염병학 자료	FDCA-structure/ function claim
변형된 마가린 제품	Plant sterols, plant stanol esters	정상적인 건강한 콜레스테롤 수치 유지	임상실험	FDCA-structure/ function claim
Jerusalem artichokes, chicory root, 바나나, 마늘	Fructoligosacca-rides	정상적인 건강한 intestinal microflora (장내식물) 건강 유지	동물실험	FDCA-structure/ function claim
허브가 첨가된 스프	Echinacea, St. John's wort	면역기능 증가, 우울증 감소	직접적 근거없음	FDCA-structure/ function claim
콩	콩단백질	동맥심장질환 위험 감소	임상실험	FDA에 health claim에 대한 신청서가 보류 되어 있음
당 근	베타카로틴	암 위험 감소	전염병학 자료	제기된 health claim 없음
브로콜리	Sulforaphane	암 위험 감소	동물실험 자료, 전염병학 자료	제출된 health claim 신청서 없음
토마토 제품	Lycopene	전립선암 위험 감소, 심근경색 위험 감소	동물실험 자료, 전염병학 자료	제출된 health claim 신청서 없음
녹차, 홍차 (tea, green or black)	카테킨 (e.g., EGCG)	동맥 · 심장 질병 위험 감소, 위암 · 식도암 · 피부암 위험 감소	전염병학 자료, 임상실험	제출된 health claim 신청서 없음

(계 속)

기능성 식품	주요 성분	잠재적 건강이익	과학적 증명	규정 분류
생 선	n-3 fatty acids	동맥・심장질환 위험 감소	전염병학 자료, 임상실험	제출된 health claim 신청서 없음
쇠고기, 유제품, 양고기	공액 리놀레산 (conjugated linoleic acid)	유방의 종양 발생 위험 감소	동물실험 자료	제출된 health claim 신청서 없음
발효된 유제품	Probiotics	콜레스테롤 감소, 암 위험 감소, 장내 병원균(enteric pathogens) 조절	전염병학 자료, 임상실험	제출된 health claim 신청서 없음
n-3 fatty acids 함유 달걀	n-3 fatty acids	콜레스테롤 감소	임상실험	제출된 health claim 신청서 없음
마 늘	Organosulfur compounds	암 발생 위험 감소, 동맥・심장질환 위험 감소, 고혈압 조절	전염병학 자료, 동물실험 자료, 임상실험	제출된 health claim 신청서 없음
아르기닌(arginine) 포함된 medical food bar※	L-arginine	혈관 건강 증진	임상실험	Medical food health claim
Medical food bar※	Sucrose, protein, uncooked cornstarch	혈당 조절, 저혈당증 방지	임상실험	Medical food health claim

※ Medical Food(**약용식품**)이란 의사의 감독아래 내복용으로 소비되거나 복용시키도록 처방되었고, 그것은 질병이나 상태의 특별한 규정식 관리를 의도한 것이다.

구조건은 없다. 그러므로 이러한 효능의 과학적 토대는 종종 쉽게 얻을 수 없고 잠재적으로 논란의 여지가 있다. 또한 소비자의 지식과 구매 행태에 대한 구조/기능성 효능의 효과에 대한 소비자 연구는 적다. 이런 정보가 알려지기 전까지 구조/기능성 효능이 중요한 과학적 동의에 기초한다는 가득찬 확신이 있기 전까지 영양학 교수진과 소비자들은 이러한 효능에 대해 주의해야 한다.

한 예로 보조식품으로 판매된 기능성 식품으로 상대적으로 감정과 면역상태를 증진시킨다고 알려져 있는 St. John's Wort (고추나물)이나 Echinacea를 포함한 스프가 있다. 그러나 FDA가 생산자들에게 고시하기로는 이런 스프는 합법적으로 보조식품이 아니고 그렇게 판매되거나 라벨이 붙여져 있으면 안 된다. 왜냐하면 그 상품은 분명히 편의식품이라고 나타나 있기 때문이다. 초기 시도에는 또한 증명되지 않은 식품 첨가물이라고 고려된 상품에 plant stanolesters가 함유되어 있다고 FDA가 생산자들에게 고시하기 전까지 보조식품으로서 널리 알려진 cholesterol-lowering table을 만들었다. 그러므로 상품의 생산자들은 미국에서 식품으로 상품이 판매되기 전에 충분한 과학적 자료를 통해 이러한 첨가물들이 일반적으로 안전하다고 인지되었다고(GRAS) FDA에 증명하는 것이 요구된다.

일부 다른 식품 상품들은 그들의 판매방법(표 1 참고)에 그것이 과학적 증명으로 입증되던 말던 구조/기능성 효능(structure/function claims)을 또한 사용하고 있다. ADA는 특정 건강 결과를 증진하기 위해서 그것들의 사용을 추천하기 전에 개인적인 상품의 임상효과의 평가를 주의하도록 추천하고 있다. 다양한 상품에 대한 효능의 확산은 약용식품(Medical Food)전문가들과 소비자들 사이에 혼란과 불신의 환경을 조성하고 있다.

식품 생산자들에 의해 사용되는 기능성 식품의 판매에 대해 그들의 상품에 대한 정보를 퍼트리는 다른 경로는 광고이다. 그것은 FTC(Federal Trade Commission)에 의해 규제되고 있다. FTC는 식사요법과 질병의 관계에 대한 효능 광고에 식품 라벨링에 대해 FDA에서 하는 것보다 더욱 관대한 입장을 나타내고 있다. 그러므로 광고매체를 위해 식품 상품과 질병 예방의 관계에 대한 입장을 용인할 잠재력이 존재한다. 좋은 예시로 최근 몇 개월 동안 잡지들에 나타난 광고를 들 수 있다. 그것에는 "lycopene(토마토 상품에서 나타나는)은 전립선암과 자궁경부암의 발생위험 감소를 도울 수도 있다(may)"고 언급되어 있다.

FDA는 과학적 증명이 실질적인 그리고 잘 통제된 충분한 수의 현재 존재하지 않는 임상 예방실험에 의해 지지받기 전까지는 그러한 효능 라벨링(labeling claim)을 거부한다. ADA는 소비자 식사/건강 메시지(통지, 알림)의 발전을 위해 과학적 기반과 일관성에 대한 노력을 지지하고, 그러므로 식품산업, 건강 전문가와 정부기관에 특정 기능성 식품의 건강 이점을 표현하도록 협력을 요청한다.

ADA는 기능성 식품을 포함한 모든 식품과 보조식품을 위하여 상품은 안전하다고, 상품은 인정된 좋은 생산 방식을 통해 생산된다고 그리고 모든 효능라벨-건강, 영양물, 구조/기능성 효능은 신뢰성 있고 속이지 않으며 주요한 과학적 동의에 기초를 두었다고 확신하도록 조정하는 필요성을 지지한다.

기능성 식품에 대해 이렇게 조정하는 것은 소비자들을 보호할 것이고, 식품선택을 개선시키고, 잠재적으로 건강을 향상시킬 유익하고 과학적인 확실한 효능라벨(labeling claims)을 제공할 것이다. 이 접근방식은 식품산업에 분명한 가이드라인을 제공한다. 이 가이드라인은 순서대로 미래 기능성 식품을 위해서 연구와 발전을 지도할 것이다.

현재 그리고 미래의 기능성 식품은 상품을 판매하는 데 사용되는 어떠한 구성요소(예 : nutrient, phytochemical, zoo-chemical, 또는 botanical) 또한 평균적 제공에 이용 가능한 분명한 양에 대해서도 분명한 정보를 라벨로 나타내야 한다. 이런 정보를 발표하지 않고서는 소비자들은 영양전문가와 다른 건강 전문가와 협력하여 상품의 적합한 사용에 대해 교육적인 평가를 내릴 수 없을 것이다. 위에 나타난 바와 같이 기능성 식품의 조정은 그러한 정보가 관례대로 이용 가능하다는 것을 확실하게 할 것이다.

기능성 식품의 조정은 현재 모호하고 FDA, FTC, 식품산업, 건강관리 전문가와 소비자들 사이의 협력적인 노력을 통해 분류의 필요성이 있다. 영양 전문가들은 이런 과정에서 주도적 역할을 취하고 일반인들에게 기능성 식품의 안정성과 효과성에 대한 정보를 보급시킬 위치에 배치된다.

SCIENTIFIC RESEARCH

기능성 식품과 그 생리활동 성분의 과학적 증거는 ① 임상실험, ② 동물실험, ③ 시험관실험 연구, ④ 역학 연구 등 4가지의 뚜렷한 범위로 나누어진다.

기능성 식품에 대한 현재 나타난 많은 증거들은 잘 정비된 임상실험을 필요로 한다. 그러나 다른 종류의 과학 연구에서 제공된 기본적인 증거는 기능성 식품과 그것의 건강 증진 성분에 대해 믿을 만하다. 선택된 기능성 식품과 그것의 건강에의 이로움을 지지하는 과학적 증거에 대한 요약은 표 1에 잘 나타나 있다. 단지 연구에 대한 간단한 개요는 여기 나타난다.

기능성 식품에 대한 임상효과의 가장 강력한 과학적 증거는 전에 논의된 바와 같이 사전에 승인된 건강 이론을 위한 NLEA 가이드라인에 따라 발전되었거나 이용 가능하다. 이러한 식품들에 식사요법과 질병이 관계가 있다는 과학자들 사이의 믿을 만한 과학적 동의가 있다. NLEA에 따른 과학적 지지는 시험관에서부터 임의 추출된 연구, 관리된 임상실험까지 모든 종류의 연구가 포함되고, 미국에서 일반적인 만성병의 감소에 포커스를 맞추고 있다.

이 분야에 맞는 기능성 식품의 기본적 예로 심장질환의 발생을 감소시키는데 관련이 있는 오트밀이나 차전자(psyllium) 같이 soluble fiber(가용성 섬유질)이 원래 풍부한 음식들을 들 수 있다. 다른 예로 과일이나 야채, 그리고 소비증가와 암이나 심장질환 같은 질병 감소의 관계 등을 들 수 있다. 콩 단백질은 부가적인 예시이다. 그러나 콩 단백질 섭취와 심장질환 위험 감소에 관련된 건강 이론으로 승인된 최종 규정은 아직 FDA에 의해 이슈화되고 있다.

다른 기능성 식품은 아마 믿을 만한 과학적 지지를 가지고 있다. 그러나 근래 FDA에 승인된 건강 이론이 부족한 이유는 식품산업이 아직 FDA에 승인신청을 하지 않은 것이다. 예를 들자면 마늘과 생선에서 발견된 n-3 fatty acids를 들 수 있다. 이것들은 임상실험에서 높았던 혈청 콜레스테롤 수준이 감소되는 것을 보여주었다. 기능성 식품의 이런 그룹은 또한 [to moderate hyperlipidemia] 혈청 콜레스테롤 수준이 놀랍게 감소한 임상실험에서 보여준 plant stanol-enriched나 sterol-enriched table 같은 새로운 생산물도 포함할 수 있다.

기능성 식품의 세 번째 카테고리는 질병 예방이나 치료나 다른 임상 상태와 관련된 특정 영양분이나 음식 성분의 레벨을 증진하기 위해서 강화시킨 음식들이다. 이 카테고리에는 칼슘강화 오렌지주스, 파스타나 좋은 뼈 골격 건강을 유지하고 골다공증 위험을 줄이기 위해 판매되는 쌀 게다가 섬유질이 추가된 스낵바나 엽산강화 시리얼 같은 식품이 포함된다.

이 카테고리 내의 다른 많은 기능성 식품들은 이번에 승인된 건강 이론을 승인하는 데 충분한 증거들이 부족할지도 모른다. 예를 들어 심장질환 위험을 감소하기 위해 비타민 E를 첨가한 음료나 류마티즘의 염증반응을 감소시키기 위해 n-3 fatty acids를 사용한 샐러드드레싱이 여기 포함될 수 있다.

기능성 식품의 네 번째 카테고리는 질병위험 감소와 관련된 모든 식품을 포함시킨다. 이러한 모든 식품을 위한 시험관에서 또한 생체 내에서의 전염병학 연구는 이런 식품의 건강상에 이로움을 지지하는 데 이용 가능하다. 그러나 제한되어 있거나 부적합하게 디자인된 임상실험 자료나 증거의 강도에 대한 과학적 동의의 부족 때문에 부분적으로 건강 이론은 존재하지 않는다.

이 카테고리는

- Lycopene, carotenoid가 풍부한 토마토 상품은 전염병학 연구에서 암 발생 비율을 줄여주는 데 관련이 있다.
- n-3 Fatty acids를 포함한 달걀은 잠재적으로 콜레스테롤 수치를 낮춰줄 수 있다.
- Polyphenols가 풍부한 홍차와 녹차는 경험상으로 그리고 인류 연구상 암 예방과 컨트롤에 관련이 있다.
- 소화되기 어려운 올리고싸카라이드(non-digestible oligosaccharides)인 프리바이오틱스(prebiotics), 특히 프락탄(fructals)은 제2형 당뇨병, 심장질환, 감염된 소화관 질환에 건강증진을 제공할 수 있다.
- 위장건강을 증진시키는 발효된 유제품(probiotics)
- **공액 리놀레산**(CLA : conjugated linoleic acid)이 있는 유제품과 붉은고기(쇠고기, 양고기 따위)는 발암을 변화시킬 수도 있다.

위 내용 각각은 질병 위험의 감소와의 관련에 관찰되어져 왔지만 과학적 일치에는 아직 도달하지 못했다.

마지막으로 보조식품이라는 보호아래 판매되는 기능성 식품성분의 성장부분은 존재한다. 이러한 상품들 중 대부분이 그것들의 구조적 기능적 이론에 대한 증거가 현재 제한적 불완전하거나 내용이 빈약하다.

예를 들면 산화억제 증진음료나 사탕, phosphatidylserine 껌과 크롬함유 스낵바를 들 수 있다. 이 카테고리는 또한 많은 구조적 기능적 이론을 만든 허브함유 상품들을 포함한다. 예를 들면 치매증상을 호전시킨다고 판매되는 ginkgo biloba를 강화시킨 시리얼이나 면역능력을 향상시킨다고 판매되는 echinacea 함유 주스 등을 들 수 있다. 두 효능 모두 관리된 임상실험에서 지지를 얻고 있다. 약제식물(botanical)이 풍부한 상품에 대한 다른 증거로 감기와 독감증세를 감소시키는 echinacea나 흥분을 감소시키는 kava의 사용과 같은 임상실험에서 모순되는 결과를 보여주고 있다. 여전히 다른 구조/기능성 효능(structure/function claims)에서 면역체계 증진의 goldenseal이나 활력이나 신체의 기능을 향상시키는 인삼 등의 사용으로 치료효과는 분명하지 않다.

다른 예로 마황(Ma Huang) 같은 것은 위험할지도 모른다. 역사적으로 선택된 식물의 임상효과를 위한 증거는 빈약한 자료구도 때문에 주로 제한되어 있다(e.g., 조제형식이나 정량에 대한 불일치, 작은 샘플사이즈와 종종 플라시보 효과의 제어 부족, 이 분야 연구를 위한 불충분한 자금에서 나오는 결과들). 그러나 이런 식물들의 많은 것들이 -때때로 무책임하게- 기능성 식품의 형태로 우리의 식품 공급원에 소개되고 있다. ADA는 이 급부상하는 영역에 부가적인 연구를 위한 자금을 조성하도록 산업에 원조를 요청해야 한다.

개인적 기능성 식품의 효과에 대한 평가는 반드시 긍정적이고 부정적인 모든 생리학적 영향을 분명하게 검토하여 과학적으로 근거가 확실한 risk/benefit model을 사용하여 완성되어야 한다. 시험관 내에서의 동물의 역학의 그리고 임상실험의 자료의 리뷰는 그들의 건강증진을 위해 기능성 식품이 소비자들에게 판매되기 전에 반드시 필요하다.

THE VALUE OF A VARIED DIET

과학적 증거의 중요성은 다음과 같이 나타내주고 있다. 영양분과 생리활성 구성요소의 섭취에서 얻을 수 있는 건강 이점을 위해 최적의 접근방식은 식물 영양물이 풍부한 다양한 식품의 소비를 통한 것이다. 사실 각 채소는 무수한 다른 영양분과 phytochemicals(식물성 생리활성 물질)-현재 알약 형태로 복제되지 않은 생물학적 환경-을 포함하고 있다. 게다가 자연의 식물성분이 결합된 생리활성 물질은 이러한 식물로부터 알약 형태로 추출하고 건조되고 응축될 때 지속적으로 동등한 효과가 유지되어져야 한다. 제약회사는 많은 식품회사에서 거명되고 있는 allyly sulfide, genestein, anthocyanin(bilberry extract) 그리고 glycyrrhizin(licorice)을 포함한 것만을 상품화하였다.

미국에서 수백억 달러가 해마다 보조식품과 관련하여 사용되고 있는데 기능성 식품의 빠른 성장은 보조식품의 판매 성장에 기인하고 있다. 보조물질은 연구 조사에서 사용되었던 형태와는 다른 잠재적, 불균형적, 집약적인 형태로 영양소와 다른 생리활성 성분을 제공하고 있다. 식품 내 영양소와 생리활성 성분은 식이섬유와 같은 성분과 함께 건강증진에 상승적으로 작용한다.

식품 전문가와 영양 전문가들은 소비자를 위해 식사계획에 적합한 기능성 식품을 통해 보조식품의 대안으로써 모든 식품을 발전시킬 수 있는 기회를 가지고 있다. 게다가 건전한 과학적 증거를 사용함으로써 기능성 식품의 건강에 유익함을 더욱 강화시켜 발전시킬 수 있을 것이다.

LEVELS OF INTAKE

섭취의 안전한 수준은 건강식과 관련하여 기능성 식품이 평가될 때 고려되어야 한다. 연구 자료의 대부분에는 기능성 식품 속의 영양과 다른 생리활성 성분의 최적의 레벨은 아직 결정되지 않았다고 한다. 동물 자료에서는 일부 바람직한 섭취의 지시를 제공하지만, 이런 자료들은 인간 규정식 요구에 추론하기는 어렵다. 표 2에는 선택된 영양성분과 식물 속에 함유된 화학물질 그리고 다른 식품성분과 관련된 건강증진을 위한 섭취의 대략적인 레벨이 나타나 있다. 그러나 대부분의 기능성 식품성분에서 정확한 레벨에서의 추천되어지는 섭취는 오직 임상실험이 과학적 조사에서 자료화되었을 때 입증될 것이다.

많은 기능성 식품과 식품성분은 임상실험 조사를 위한 특별한 레벨이 결정되기 전에 생체 내에서와 시험관 내에서의 연구뿐만 아니라 약물 동태학 연구를 계속적으로 요구할 것이다. 임상실험이 완성되고 나면 특정 권고가 명확하게 나타난다. 게다가 역사적으로 축적된 규정식 자료의 많은 비율은 생리학적 활동 식품성분의 정확한 섭취와 관련하여 제한된 정보를 제공한다. 왜냐하면 무영양식품 성분에 대해 진진된 자료가 별로 없기 때문이다.

현재 영양 측정 도구는 일부 생리활성 물질 성분이 발견되고 있음에도 불구하고

표 2. 최적 건강상태에서 기능성 식품이나 영양성분의 섭취수준

Food/Food component	Level of intake	Disease association
녹차, 홍차(black tea)	4~6 cups/day	위암·식도암 위험 감소
콩 단백질	25 g/day 60 g/day	저밀도 리포단백질 콜레스테롤 위험 감소, 고밀도 리포단백질 방지, 갱년기 증상 감소
마늘	600~900mg/day (대략 1 fresh clove/day)	혈압 감소, 콜레스테롤 감소
야채와 과일	5~9 servings/day	암 위험 감소(colon, breast, prostate), 혈압 감소
Fructooligosaccharides	3~10 g/day	혈압 감소, 지방질 신진대사에 좋은 효과, 위장 건강증진과 콜레스테롤 감소
n-3 fatty acids가 풍부한 생선	>180 g(6 oz.)/week	심장질환 위험 감소
포도주스 또는 레드와인	8 to 16 oz./day 8 oz./day	혈소판 응고 감소

허브, 스파이스, 조미료 and/or 향신료 섭취와 관련된 데이터 수집은 제한되어 있다. 기능성 식품에서 발견되는 영양소와 다른 생리학적 활동 식이 성분들의 섭취의 타당함에는 이런 식품들(e.g., herb, spices)의 평가와 식이요법에서 다양한 영양소와 생물체에 작용하는 식품성분들 사이에서의 상호작용이 반드시 포함되어 있다.

영양 구성요소는 상승작용에 의해 영양성분이나 생리학적 활동 식이 요소의 흡수가 증진된다. 한 예로 토마토에 있는 lycopene은 지방과 함께 소비되어졌을 때 그 흡수의 증진이 나타난다. 특정 섭취 수준은 암이나 심장혈관질환 같은 병의 상태에서 변화시킬 수 있는 건강한 인구에서의 질병 발생 위험을 감소시켜 준다고 추천되어져 왔다. 그러므로 기능성 식품과 그 성분을 위한 섭취의 대략적인 레벨에 대한 규정식 섭취에의 충고는 특정 인구계층이나 개인적 편차에 관련하여 현재적으로 이용 가능한 과학적 정보에 따라 평가되는 것이 필요할 것이다.

ROLE AND RESPONSIBILITIES OF THE DIETETICS PROFESSIONAL

소비자들의 기능성 식품과 그 관련된 건강 이점에 대한 관심과 자각은 질적인 focus-group research에 잘 나타났다. 자료가 예시해 주기로 소비자들은 더욱더 기능성 식품을 알아가고 전통적 식품의 소비를 통해 깨닫는 건강상 이점이 나타나는 상품을 특히 지지한다. 소비자들은 영양의 식물체에 함유된 화학물질 그리고 기능성 식품 정보의 가장 근본적인 원천을 미디어라고 인정한다. 이 관찰은 이 분야에서 미디어가 초래한 리포트에 영양학자들의 관여의 중

요성을 증가시킨다. 분명하게 영양학자들은 더 이상 다량영양소 단독 섭취식으로 식품을 평가할 수 없다. 다른 생리활성 물질의 함유량의 고려는 특정식품의 전반적인 건강상 이점을 분석할 때 반드시 필요할 것이다. 미래에는 선택된 식품이 건강을 증진시키는 데 처방전이 될지도 모른다. 이것은 지방과 콜레스테롤 같은 건강하지 못한 성분이 많이 함유된 식품의 섭취를 줄이는 데 초점을 둔 더욱 전통적인 영양교육 방식에서의 이동이라 할 수 있다.

건강한 식이요법과 관련하여 기능성 식품의 적합한 규정식 섭취를 위하여 영양학 교수진은 식품과 영양 또한 훌륭한 임상실험 등 다방면에 걸친 교육직 훈련이 되어 있다. 지난 몇 년간 영양학 커리큘럼은 기능성 식품 연구와 정보에서 임상영양과 지역사회 영양학 코스로 통합되기 시작했다. 계속적으로 영양학 교육은 이 중요한 분야로 확대되고 있다. 응용영양의 이 분야가 포함됨에 따라 교육 프로그램에서 더욱 보다 강조되는 것은 이러한 주제가 되어야 한다. ADA는 식품영양과학의 이 진보하는 분야를 지지한다.

영양학자들은 기능성 식품과 생리활성 성분과 관련된 연구조사의 평가와 수행에 대한 역할을 수행할 독특한 기회를 가지고 있다. 이런 연구물의 발견은 박식한 영양전문가들에 의해 소비자를 위하여 실질적인 정보로 전달될 필요가 있을 것이다. 영양전문가들의 확대되는 역할들을 다음과 같이 볼 수 있다.

- 건강에 가장 효과적으로 그리고 잠재적으로 방지할 수 있는 질병의 위험을 감소시킬 수 있는 건강에 좋은 식품과 관련하여 기능성 식품의 적절한 섭취와 어떻게 해야 가장 영양섭취 목적을 달성할 수 있는지에 대한 충고를 소비자들에게 한다.
- 이 발전하는 영역에 대한 연구에 참여한다.
- 미래 기능성 식품의 발전과 관련하여 식품산업에 전문적인 지식을 제공한다.
- 보건학자, 소비자, 식품산업과 정책 공무원들에게 건강증진과 질병 예방에 대한 기능성 식품의 역할에 대한 교육을 제공한다.
- 기능성 식품이 안전하고 효능라벨은 과학적으로 확실하고 속이지 않는다고 확신한다는 법석 기순을 발전시키고 향상시키는 데 식품과 영양전문기구 게다가 정부와 협력적으로 작업한다.
- 연구가 발전됨에 따라 미디어를 위한 전달자가 되어야 하고, 균형적이고 다양한 식이요법에 기능성 식품의 통합과 관련하여 특별하게 지도할 전달자가 되어야 한다. ADA 멤버들은 이용 가능하고 과학적으로 연구 결과물을 기초로 하는 기능성 식품에 정통한 결정을 내려야만 한다. 현재 그리고 미래에 영양전문가들은 점점 더 적합한 기능성 식품 섭취를 최대한 활용하는 규정식 소비의 변화를 예견하고 식사계획을 발전시키도록 요구받게 될 것이다. 전문가들은 건강한 사람들과 그들의 임상실험을 위한 예방용과 치료용의 요구를 맞아 각 기능성 식품의 각자 역할에 대해 평가해야 할 것이다. 기능성 식품과 관련된 영양전문가들의 역할은 개인과 공공의 건강 성과에 초점을 두어 과학적으로 확실해야만 한다.

SUMMARY

식품의 건강상 이로움에 대한 초점이 결코 확실하지 않았다. 전통적인 영양상 가치를 넘어 건강을 증진시킬 수 있는 음식에 대한 철학은 건강 전문가들과 과학자들 사이에서 인정받고 있다. 영양학자들은 소비자들을 위해서 과학적 증거를 실제적인 규정식 응용으로 전환하고 식품산업, 정책 집행가와 미디어에 기능성 식품에 대한 미래 연구, 상품개발, 규정, 그리고 커뮤니케이션을 위한 가치 있는 통찰력과 전문적 지식을 제공하도록 독자적으로 자격이 주어지고 배치되었다. 미국인의 식생활에서 건강증진 식품의 이용도가 증가됨은 건강한 인구를 안전하게 지키는 데 도움이 될 것이다. 영양전문가들은 이 식품과 영양에의 발전하는 영역의 중심축이 되어야만 한다.

REFERENCES

1. National Academy of Sciences, Institute of Medicine, *Dietary Reference Intakes, Thiamin, Riboflavin, Niacin, Vitamin B6, Folate, Vitamin* B_{12}*, Pantothenic Acid, Biotin, and Choline.* Washington, DC: National Academy Press; 1998.
2. Backgrounder: Functional Foods, In: *Food Insight Media Guide.* Washington, DC: International Food Information Council Foundation; 1998.
3. *Food Institute Report No. 33,* August 23, 1999; 6.
4. Clydesdale FM. ILSI North America Food Component Reports. *Crit Rev Food Sci Nutr.* 1999; 39(3):203～316.
5. Committee on Opportunities in the Nutrition and Food Sciences, Food and Nutrition Board, Institute of Medicine. Thomas PR, Earl R, ads. *Opportunities and the Nutrition and Food Sciences: Research Challenges and the Next Generation of Investigators.* Washington, DC: National Academy Press; 1994.
6. Schmidt DB, Morrow MM, White C. Communicating the benefits of functional foods. Chemtech. December 1997; 40～44.
7. Position of The American Dietetic Association: the role of nutrition in health promotion and disease prevention programs. J Am Diet Assoc. 1998; 98:205～208.
8. Hasler CM. Scientific Status Summary. Functional foods: their role in disease prevention and health promotion. *Food Technol.* 1998: 52(11):63～70.
9. *Developing Objectives for Healthy People 2010.* Washington, DC: US Dept of Health and Human Services, Office of Disease Prevention and Health Promotion; 1997.
10. *Functional Foods. Public Health Boom or 21st Century Quackery? An International Comparison of Regulatory Requirements and Marketing Trends.* Washington, DC: International Association of Food Organizations; 1999.
11. Nutrition Labeling and Education Act. USC343(r)(3)(B)(i), implemented at 21 CFR § 101. 14.
12. Food Labeling: Health Claims; Soy Protein and Coronary Heart Disease. 63 *Federal Register* 62977–63015(1998) (codified at 21 CFR § 101).
13. Proposed health claim for soy protein containing products and a reduced risk of coronary heart disease. Petition submitted to the US Food and Drug Administration by Protein Technologies International, Inc, St Louis, MO, on May 4, 1998.

14. Food and Drug Administration Modernization Act of 1997, 21 USC § 343 r(3) C and D.

15. Foods containing at least 51% whole grains can now use health claims saying they fight heart disease, cancer. *Food Labeling Nutr News,* 1999; 7 (40):3.

16. Guidance for Industry, May 11, 1998. Food and Drug Administration, Center for Food Safety and Applied Nutrition Website. Availabel at: www.cfsan.gov/~dms/guidance. html. Accessed September 7, 1999.

17. Public meeting held May 11, 1999, Implementation of the Food and Drug Administration Modemization Act; Provisions for USE in Food Labeling and Health Claims and Nutrient Content Claims based on Authoritative Statements. 64 *Federal Register.* 14178-14180(1999).

18. Statement of The American Dietetic Association: Implementation of the Food and Drug Administration Modemization Act; Provisions for Use in Food Labeling of Health Claims and Nutrient Content Claims Based on Authoritative Statements; Public Meeting on May 11, 1999. Availabel at: http://www.eatright.org/gov/lg051199.html. Accessed September 7, 1999.

19. Dietary Supplement Health and Education Act of 1994, 21 USC § 321 et seq.

20. 'Kitchen Prescription' brand soups are not dietary supplements: FDA. *FDA Food Regulation Weekly.* July 12, 1999; 12(35):19~20.

21. Murphy J. Marketing Benecol as a dietary supplement deemed illegal by CFSAN. *Food Chemical News.* 1998; 40(37):25.

22. Statement of The American Dietetic Association: Public Meeting; Center for Food Safety and Applied Nutrition: the Food and Drug Administration; Regulation of Dietary Supplements, June 8, 1999. Availabel at: http://www.eatright.org/gov/lg060899.html. Accessed September 7, 1999.

23. Brown L, Rosner B, Willett WW, Sacks FM. *Cholesterol-lowering effects of dietary fiber: a metaanalysis.* Am J Clin Nutr. 1999; 69:30~42.

24. Steinmetz KA, Potter J. Vegetables, fruit, and cancer prevention: a review. *J Am Diet. Assoc.* 1996; 96: 1027~1039.

25. Howard BV, Kritchevsky D. Phytochemicals and cardiovascular disease. A statement for health care professionals from the American Heart Association *Circulation.* 1997; 95:2591~2593.

26. Reuter HD, Koch H, Lawson LD *Therapeutic effects and applications of garlic and its preparations.* In: Garlic. The Science and Therapeutic Application of Allium sativum L. and Related Species. Second edition. Edited by: Koch HP and Lawson, LD. Balimore, Md: Williams & Wikins: 1996; 135~212.

27. Van Schacky C, Angerer P, Kothny W, Theisen K, Mudra H. The effect of dietary omega-3 fatty acids on coronary atherosclerosis. A randomized, double-blind, placebo-controlled trial. *Ann Intem Med.* 1999; 130(7):554~562.

28. Hallikainen MA, Unsitupa MI. Effects of 2 low-fat stanol ester-containing margarines on serum cholesterol concentrations as part of a low-fat diet in hypercholesterolemic subjects. *Am J Clin Nutr.* 1999; 69:403~410.

29. Clydesdale FM. Tea and health. *Crit Rev Food Sci Nutr.* 1997; 36:691～785.

30. Weisburger JH. Tea and health: the underlying mechanisms. *Proc Soc Exp Biol Med.* 1999; 220(4):271～275.

31. Anderson JW, Johnstone BM, Cook-Newell ME. Meta-analysis of the effects of soy protein intake on serum lipids. *N Engl J Med.* 1995; 333: 276～282.

32. Albertazzi P, Pansini F, Bonaccarsi G, et al. The effect of dietary soy supplementation on hot flashes. *Obstet Gynecol.* 1998; 91(1):6～11.

33. Silagy CA, Neil HA. A meta-analysis of the effect of garlic on blood pressure. *Hypertension.* 1994; 12:463～468.

34. Steiner M, Khan AH, Holbert D, San Lin RI. A double-blind crossover study in moderately hypercholesterolemic men that compared the effect of aged garlic and placebo administration on blood lipids. *Am J Clin Nutr.* 1996; 64:866～870.

35. Warshafsky S, Kamer RS, Sivak SL. Effect of garlic on total serum cholesterol. *Ann Intem Med.* 1993; 119(7, part 1):599～605.

36. Appel LJ, Moore TJ, Obarzenek E, et al. A clinical trial of the effects of dietary patterns on blood pressure. DASH Collaborative Research Group. *N Engl J Med.* 1997; 336:1117～1124.

37. Roberfroid MB, Prebiotics and synbiotics: concepts and nutritional properties. *Br J Nutr.* 1998; 80(4):S197～S202.

38. Bouhnik Y, Vahedi K, Achour L, et al. Short-chain fructo-oligosaccharide administration dose-dependently increases fecal bifidobacteria in healthy humans. *J Nutr.* 1999; 129(1):113～116.

39. Folts JD. Antithrombotic potential of grape juice and red wine for preventing heart attacks (human studies). *Pharm Biol.* 1998; 36:21～27.

40. Stein JH, Keevil JG, Wiebe DA, Aeschlimann S, Folts JD. Purple grape juice inproves endothelial function and reduces the susceptibility of LDL cholesterol to oxidation in patients with coronary artery disease. *Circulation.* 1999; 100:1050～1055.

41. Keevil JG, Osman HE, Reed JD, Folts JD. Grape juice, but not orange or grapefruit juices, inhibit human platelet aggregation. *J Nutr.* In press.

42. Giovannucci E. Tomatoes, tomato-based products, lycopene, and cancer: review of the epidemiologic literature. *J Nati Cancer Instit.* 1999; 91:317～331.

43. Farrell DJ. Enrichment of hen eggs with n-3 long-chain fatty acids and evaluation of enriched eggs in humans. *Am J Clin Nutr.* 1998; 68:538～544.

44. Goldin BR. Health benefits of probiotics. *Br J Nutr,* 1999; 80:S203～S207.

45. Beluly MA. Conjugated dienoic linoleate: A polyunsaturated fatty acid with unique chemoprotective properties. *Nutr Rev.* 1995; 53(4):83～89.

46. Le Bars L, Katz MM, Berman N, et al. a placebo-controlled, double-blind randomized trial of an extractor gingko biloba for dementia. *JAMA.* 1997; 278: 1327～1332.

47. Melchart D, Linde K, Worku R. Immunomodulation with echinacea- a systematic review of controlled clinical trials. *Phytomedicine.* 1994; 1:245～254.

48. Dorn M, Knick E, Lewith G. Placebo-controlled, double blind study of *Echinacea pallidae* radix in upper respira-

tory tract infections. *Complement Ther Med.* 1997; 3:40~42.

49. Melchart D, Walther E, Linde K, Brandmaier R, Lersch C. Echinacea root extracts for the prevention of upper respiratory tract infections. *Arch Family Med.* 1998; 7:541~545.
50. Singh YN, Blumenthal M. Kava: An overview. Distribution, mythology, botany, culture, chemistry and pharmacology of the South Pacific's most revered herb. *HerbalGram.* 1997; 39 (Spring):34~56.
51. Allen JD, McLung J, Nelson AG, Welsch M. Ginseng supplementation does not enhance healthy young adults' peak aerobic exercise performance. *J Am College Nutr.* 1998; 17: 462~466.
52. Klepser TB, Klepser ME. Unsafe and potentially safe herbal therapies. *Am J Health-System Pharmacy.* 1999; 56 (2): 1245.
53. Clydesdale FM. A proposal for the establishment of scientific criteria for health claims for functional foods. *Nutr Rev.* 1997; 55(12):413~422.
54. Nutrition industry braces for a competitive future. *Nutr Business J.* 1998; 3(9):1.
55. Sies H, Stahl W. Lycopene: antioxidant and biological effects and its bioavailability in the human, *Proc Soc Exp Biol Med.* 1998; 21(2):121~124.
56. International Food Information Council (IFIC) Foundation. *Food for Thought II Reporting of Diet, Nutrition and Food Safety Executive Summary Part I, 1997 vs. 1995, Part II:* 1997. Wathington, DC: IFIC Foundation; 1998.
57. Bidlack WR, Wang W. Designing functional foods. In: Shils ME, Olson JA, Shike M, Ross CA, eds. Modern Nutrition in Health and Disease 9th ed. Baltimore, Md, Williams & Wilkins; 1999; 1823~1833.
58. Milner JA, Biomarkers for evaluating benefits of functional foods. *Nutr Today.* 1999; 34(4):146~149.
59. Pariza MW. Functional foods: Technology, functionality and health benefits. *Nutr Today.* 1999; 34(4):150~151.
60. Edens NK. Representative components of functional food science. *Nutr Today.* 1999; 34(4):152~154.
61. Dwyer J. Six revolutions that will shape the nutrition future. *Nutr Today.* 1999; 34(4):155~157.

- ADA Position adopted by the House of Delegates on October 16, 1994, and reaffimed on September 7, 1997. This position will be in effect until December 31, 2002. ADA authorizes the republication of th position, in its entirely, provided full and proper credit is given. Requests to use portions of this position must be directed to ADA Headquarters at 800/877~1600, ext 4896, or hod@eatright.org.
- Recognition is given to the following for their contribution: Authors: Cyndi Thomson, PhD, RD, FADA (University of Arizona, Arizona Prevention Center, Tucson); Abby S. Bloch, PhD, RD, FADA (Private Nutrition Consultant, New York, NY); Clare M. Hasler, PhD (University of Illinois, Functional Foods for Health Program, Urbana and Chicago).
- *Reviewers:* ADA Government Relations Team (Tracy Fox, MPH, RD); ADA Scientific Affairs (Kathryn Carroll, PhD); Pamela Anderson (Ross Products Division/Abbott Laboratories, Columbus, Ohio); Phyllis E. Bowen, PhD, RD (University of Illinois at Chicago,

Chicago, III); Yvonne M. Catty, MSc, RD (Michels Warren Strategic Communications Solutions, North Sydney, Australia); Winston Craig, PhD, MPH, RD (Andrews University, Berrien Springs, Mich); Christine J. Lewis, PhD, RD (US Food and Drug Administration, Washington, DC); John A. Milner, PhD (Pennsylvania State University, University Park); Linda Nebeling, PhD, MPH, RD (National Cancer Institute, Bethesda, Md); Cheryl L. Rock, PhD, RD, FADA (University of CaliforniaSan Diego).

- *Maembers of the Association Positions Committee Work Group:* Karen Kubena, PhD, RD; Robert Earl, MPH, RD; and Joan Heins, MA, RD.

12장 Questions for Review

이 름 ____________

학 과 ____________

날 짜 ____________

학 번 ____________

1. 다음 용어의 정의를 적으시오.

① 기능성 식품

② 파이토케미칼

③ 영양가공식품

④ 식이보조제

2. 파이토케미칼에 관한 내용을 표에 적어 넣으시오.

Phytochemical	Food	주요 기능
베타구루칸		
	마늘	
		전립선암의 경감
루테인		
	적포도주	
		뇨도관 개선

3. 식이보조제와 건강 및 교육법령을 설명하시오.

①

②

③

4. 식품보조제의 4가지 주의해야 할 광고에 관하여 적으시오.

①

②

③

④

5. Food faddist와 food quack의 차이는 무엇입니까?

제 13 장

생활주기와 영양

영양은 평생 어느 시기에나 중요하다. 어머니의 영양상태는 전반적인 임신과정과 아기의 건강에 영향을 미친다. 영아기의 적절한 영양은 이 시기가 발달과정이기 때문에 중요하다. 어린이와 청소년 시기의 영양도 이 시기에 익힌 식품섭취 습관이 평생 지속되기 때문에 중요하다. 현재 영양상태와 식사습관은 만성 퇴행성 질환의 발생과 밀접한 관련이 있다. 노인기에는 노화에 따른 생리적인 변화가 많으므로 영양적으로도 문제가 많이 생긴다. 따라서 영양은 일생 동안 건강과 안녕에 중요한 역할을 한다.

1. 영양과 임신

여성의 영양상태는 임신에 매우 중요하게 작용한다. 임신기의 여성은 태아 성장과 임신에 따른 조직 증대로 인하여 모든 영양소의 필요량이 상당히 증가한다(표 13-1). 임신기에 필요량보다 영양섭취가 적으면 몸에 저장되어 있던 영양소를 사용하게 된다. 예를 들어, 임신기에 비타민과 무기질 보충제를 섭취하는 것이 일반화되지 않았을 때 "아기 한 명 낳을 때마다 이 하나가 빠진다(lose a tooth for each baby)"라는 속담이 있었다. 이 말은 임신시에 태아를 위해 증가된 칼슘 필요량이 임신부의 뼈와 이에 저장되었던 칼슘으로부터 충당된다는 것이다. 이런 경우 태어난 아기는 정상이라도 어머니의 건강은 나빠져 골다공증과 같은 질환이 생기기 쉽다. 그러나 어떤 영양소의 경우(예로서, 철분이나 엽산)는 임신부의 영양상태가 나쁠 때 태아 발달에 직접적으로 영향을 미쳐 저체중아를 출산하게 하는 수도 있다.

임신의 가장 중요한 결과는 신생아의 체중이다. 저체중아는 2,500g 미만의 아이

표 13-1. 임신기간 중 선택된 영양소에 대한 요구량의 변화

	비임신	임 신
•단백질(g)	46~50	60
•비타민 A(RE)	800	800
•비타민 D(μg)	5	10
•비타민 C(mg)	60	70
•티아민(mg)	1.1	1.5
•피리독신(mg)	1.6	2.2
•폴라신(μg)	180	400
•칼슘	800	1200
•철분	15	30

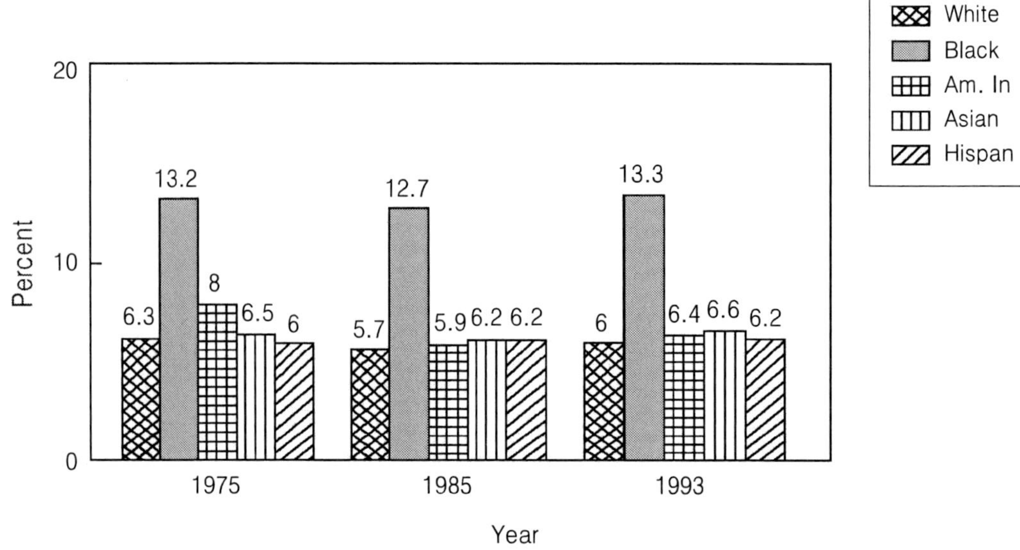

그림 13-1. Prevalence of Low Birth Weight

출처 : CDC/National Center for Health Statistics

를 말한다. 저체중아는 정상 체중인 신생아들에 비해 많은 건강문제를 가지고 있다. 분명하게도 분만시 체중이 적을수록 더 많은 건강에 대한 위험을 가지고 있다. 그림 13-1은 미국의 저체중아 발생률이 지난 25년 동안 줄어들지 않았음을 보여주고 있다.

다른 임신의 결과를 측정할 수 있는 척도는 신생아 생존률이다. 통계에 의하면 출생시 생존하였으나 1년 안에 사망하는 신생아들의 숫자도 변함이 없는 것으로 나타났다. 미국에서 1,000명 중 18명의 영아가 생후 1년 안에 사망하는 것으로 알려져 있는데, 이 결과는 선진국 중 하위권에 해당하는 숫자이다. 이는 10대들의 출산률이 높기 때문이다. 미국에서 한 해 1,000명당 100여 명의 10대들이 임신을 하는 것으로 알려져 있다. 10대들은 아직 성장 중에 있고, 임신에 대한 준비도 되어 있지 않다. 불량 임신에 대한 또 다른 이유는 미혼모들의 수가 많다는 것이다. 미혼모들은 결혼한 여성들에 비해 어리고, 경제적으로 빈곤하며, 부모로서의 자질이 부족하다. 출산부를 살펴보면 백인의 25%, 흑인의 70%, 중남미인 40%가 미혼모이다.

영양이나 다른 요인들이 임신과정에 어떤 영향을 미치는지 이해하려면 먼저 임신의 세 단계에 대하여 알아야 한다. 임신의 세 단계란 **수정란의 착상**, **태생세포의 발달**(embryonic development)**과 태아의 발달**(fetal development)이다. 임산부는 iVillage Pregnancy Calendar(http://www.parentsplace.com/pregnancy/calendar)에서 자신에게 맞는 9개월 달력을 만들어 임신기간을 관리할 수 있다. 임신이 된 대략의 날짜를 입력하면 그 이후의 달력과 함께 임신과정에서 변화되는 내용들, 월별 태아의 발달상황 사진 등을 잘 보여준다. 또 이 사이트에서는 임신과 수유에 관련된 다른 사이트들에 관한 정보들도 제공해 준다.

임신의 첫째 단계인 **수정란의 착상**은 수정된 후 2주 동안에 일어난다. 이 시기 동안 대부분의 여자들은 임신이 되었다는 사실을 잘 모른다. 그래서 이 때 자신이 임신한지도 모르는 채 과도한 스트레스나 약물, 음주로 인해 유산되는 경우가 많다.

임신의 두 번째 단계는 **태생세포의 발달단계**(embryonic development)이다. 이 시기는 임신된 지 2주에서 8주까지의 기간이며, 태생세포들이 태아 조직으로 발달되어 가는 시기이다. 이 시기는 태생 조직이 형성되는 시기로 매우 중요하다. 이 때 소화계가 완성되고, 심장박동이 일어나고, 신경계도 형성되기 시작한다. 이 시기에 영양결핍이 크면 아기에게 태생적 결함(birth defect)이 생기거나 유산이 된다. 그러나 영양결핍이 심하면 임신이 아예 되지 않거나 수정란 착상이 안 되는 경우가 더 많다.

태생세포의 발달단계에서는 임신부의 영양섭취가 과잉이거나 약물 복용시 문제가 발생한다. 예를 들어, 여드름을 치료하기 위하여 복용한 비타민 A가 태생 결함을 생기게 할 수 있다. 태생 결함을 일으킬 정도의 비타민 A의 양은 임신부가 식이로 섭취할 수 있는 양은 아니지만 과량의 비타민 보충제의 복용이나 비타민 A 유도체가 들어 있는 여드름 치료제의 사용은 임신 초기에는 피해야 한다.

태생 발달단계에서 태아에 결함을 줄 수 있는 다른 중요한 요인은 과량의 알코올 섭취이다. 임신기의 과음은 FAS(Fetal Alcohol Syndrome)라는 증세를 유발한다. FAS는 미국에서 많이 발생하는 공중보건 문제의 하나로 신생아 750명 중 한 명 정도 발생하며, 정신지체를 유발한다. 임신기간 중에 1온스(28g) 정도의 알코올을 매일 섭취하면 저체중아를 분만하거나 자연유산율이 높아진다. 특히 태생 발달단계에서 하루 3온스 정도의 알코올을 매일 마시면 FAS를 일으킬 수 있다(그림 13-2).

FAS는 변형된 얼굴이 특징인데, 짧은 이마, 납작하고 펑퍼짐한 코, 그리고 몽고리안 형의 눈매가 나타난다. FAS가 있는 아이는 지능이 매우 떨어지고 운동감각도 많이 저하된다. 저체중아나 FAS 등의 유아 건강문제가 발생하는 데 어느 정도의 술을 마셔야 되는지 논란이 많다. 그러나 임신중에 금주를 한 여성에게서 FAS를 가진 아이가 태어난 적이 없으므로 최선의 안전을 위하여 임신하려고 하거나 임신중인 여자는 알코올성 음료를 삼가하라고 권고하고 있다.

임신 3단계(8주부터 출산일까지)는 태생세포가 태아로 성장 발달하는 시기이다. 이 시기에 영양실조(malnutrition)가 되거나 건강상에 문제가 있으면 저체중의 아기를 갖거나 여러 조직의 기능이 위축된다. 이미 태아가 형성되었으므로 이 시기의 영양결핍은 아기에게 태생결함(birth defect)을 일으키지는 않는다. 이 시기에 위험

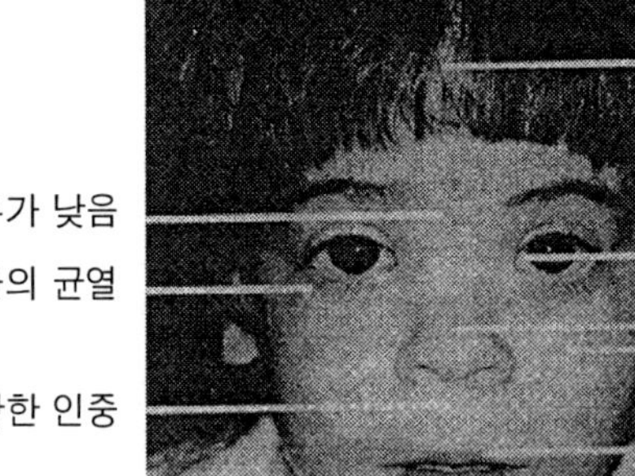

그림 13-2. 태아 알코올 증후군의 일반적인 특징

출처 : Ibec, F. Fetal Alcohol Syndrome. *Nutrition Today*, Sept./Oct. 1980, Williams & Wilkens

한 것은 체중이 과도하게 증가하거나 감소하는 것이다. 임신 전에 정상 체중이었다면 임신 중에는 25～35파운드(1파운드=453g)가 증가해야 정상이다. 저체중이었던 임신부는 28～40파운드가, 과체중이었던 임신부는 15～25파운드 정도 체중이 증가한다. 임신 중에는 다이어트를 해서는 안 된다. 임신 중 체중 증가가 20파운드 미만이면 저체중아나 사산아를 분만하기 쉽다. 임신 중 과도한 체중 증가는 **임신중독증**(pre-eclampsia)에 걸리기 쉽게 한다. 임신 중 35～40파운드의 체중 증가가 있을 때 임신중독증이 많이 생긴다. 임신중독증은 임신 후기 혈압이 비정상적으로 상승하는 것으로 진단한다. 이러한 고혈압은 임신부의 신장기능을 저하시킬 수 있고, 치료를 받지 않으면 죽을 수도 있다.

태아 발달에 위험이 되는 또 다른 요소들은 흡연, 부실한 식사, 이식증(異食症, pica) 등이다. 흡연은 태아로 가는 혈류를 감소시켜 저체중아를 분만케 한다. 저체중아는 영양소 섭취가 부족할 때도 생긴다. 이식증의 경우는 아연이나 철분 등의 미량원소의 흡수를 저해한다.

이식증이란 식품이 아닌 것을 먹는 증상으로 임신 초기에 주로 볼 수 있다. 주로 미국 남부지역 강변에서 진흙을 먹는 것이 가장 흔한 이식증의 형태다. 진흙은 미량원소들을 흡착하여 체내 흡수를 저해함으로써 임신부와 태아에게 미량원소 결핍증을 일으키게 한다. 진흙이 아닌 경우, 세탁시 풀 먹일 때 사용하는 전분덩어리를 먹는 수가 있으며, 그것도 몇 상자나 먹는 경우도 있다. 전분이 무기질 흡수를 저해하지는 않지만 열량이 많은 전분을 다량 먹다 보면 다른 음식은 적게 먹게 되어 문제가 된다. 도시에서 볼 수 있는 이식증의 형태는 페인트 조각을 먹는 것이다. 페인트에는 대개 납이 함유되어 있어 태아 건강에 매우 나쁘다.

영양사나 의사들이 임신부가 적절한 영양을 섭취하도록 도와 줄 수 있지만 몇 가지 이유들이 임신부가 영양불량이 되도록 만든다. 저소득층 여성이나 10대 소녀들인 경우 주로 영양결핍이 되기 쉽다. 시골에 사는 임산부들은 임신 기간 동안 의사나 간호사와 같은 건강 전문가들을 만날 기회가 없는 경우도 있다. 임신부 중에는 음주가 심한 사람과 약물을 복용하는 사람도 있다. 이러한 요인들은 미국에서 태아 사망률이 높은 이유가 된다. 미국에서 신생아 사망률이 높고 신생아들에게 여러 가지 건강문제들이 있지만, 최근에는 호전되고 있는 추세다. 이러한 추세는 WIC라고 불리는 Women, Infant and Child supplementation Feeding 프로그램의 공이 크다. WIC 프로그램은 미국 전역에 많은 영양사업을 지원하고 있다. 이 프로그램에서 저소득층 임신부의 출산을 지원하고, 태어난 아기가 다섯 살이 될 때가지 지원을 계속하고 있다.

2. 영아의 영양

아기가 태어나면 꼭 **모유**로 키워야 하나? 가능하면 그래야 한다. 1960년도 중반 이후부터 아기에게 모유를 먹이는 여성의 수가 늘고 있다. 소아과 의사 대부분은 가능하면 아기에게 모유를 먹여야 한다고 여기고 있다. 그러나 모유를 주지 않기로 결정했다고 해서 엄마가 꼭 죄의식을 가질 필요는 없다. 이러한 결정은 사적인 문제이고, 사실상 모유를 먹이는 것이 조제유를 먹이는 것과 비교해서 얻는 이득이 매우 크다고 할 수는 없다.

그러면 모유로 아기를 길러야 하는 이유는 무엇인가? 모유는 조제유보다 영양적으로 우수하다. 모유는 조제유(주로 우유에서 가공됨)에 비하여 소화되기 쉬운 단백질을 함유하고 있으며, 유리아미노산 함량도 많다. 모유의 지방 성분에도 차이가 있는데, 이 역시 조제유에 있는 지방 성분보다 소화가 잘 되어 신생아의 발달에 관련된 기능을 향상시킬 수 있다. 최근 연구에 의하면, 조제유에는 없고 모유에만 있는 지방산인 DHA(docosahexanoic acid)는 신생아의 시력 예민도를 향상시킨다고 보고하였다. 다른 연구에서는 DHA를 섭취한 신생아의 지능이 훨씬 높았다고 보고하였다. 무기질 함량에도 모유는 조제유와 차이가 있다. 예를 들어, 모유는 조제유에 비해 철분과 칼슘의 함량이 낮은 반면, 다른 모유의 성분(특히 젖산)은 함유된 무기질의 흡수를 용이하게 한다. 모유는 아기를 위해 디자인 된 것으로 지금까지 조제유 회사에서 모유와 유사한 제품을 생산하려고 많은 노력을 하고 있으나 동일한 제품을 만들 수 없었다.

모유는 아기가 세균에 감염되지 않도록 하는 여러 성분을 함유하고 있다. 아기가 무균상태의 병원에서 태어났다면 세균에 노출되지 않겠지만, 실제로 많은 세균이 있는 조건에서 태어난다. 모유는 아기의 장내에 적합한 세균이 자리잡도록 하는 성분을 가지고 있다. 예를 들어, 락토페린(모유에 있는 철분 함유 단백질)은 철분과 결합함으로써 병원성 세균 증식에 필요한 철분을 감소시킨다. 또한 모유에 많이 있는 젖산은 젖산균의 증식을 도와주므로 다른 병원성 세균의 증식을 감소시킨다. 모유로 기른 아이들은 조제유를 먹인 아이에 비해 내장통이 매우 적다. 그 외에 모유 수유의 장점을 열거하면 다음과 같다.

① 모유 수유는 아기의 치아와 턱의 발달에 좋다.
② 모유로 기른 아기는 알러지가 적다.
③ 모유로 기른 아기는 영아 급사율이 낮다.
④ 모유로 기른 아기들은 귀의 감염이 적다.

⑤ 모유 수유는 엄마와 아기 간의 유대를 돈독하게 한다.

다시 언급하건대, 모유 수유 여부는 각 가정의 특수한 상황에 따른 결정이다. 모유는 조제유에 비하여 영양학적으로 약간 우수하지만, 전반적인 아기 발육에 큰 차이를 주지는 않는다. 일반적으로 조제유를 먹인 아기도 모유를 먹은 아기와 같이 건강하게 성장하는 것을 볼 수 있다. 모유 수유에 대하여 자세히 알고 싶으면 La Leche League Information 웹사이트(http://www.lalecheleague.org/)를 찾아보라.

모유 수유 여부에 관계없이 영아가 4개월 내지 6개월이 되기 전에 이유 고형식을 주어서는 안 된다. 이 시기에는 고형식을 씹어서 삼킬 수 있는 기능이 없기 때문이다. 또한 4~6개월 미만의 영아의 장은 소화효소가 없기 때문에 음식을 잘 소화시킬 수 없다. 따라서 언제 이유식을 해야 할지를 결정하는 데 중요한 규칙은 체중이 출생 시의 두 배가 되었을 때 시작하는 것이 좋다.

영아에게 이유식을 시작할 때 철분이 강화된 시리얼부터 시작하는 것이 좋다. 쌀로 만든 시리얼은 알러지가 적기 때문에 좋은 선택이다. 시리얼 다음으론 다양한 식품군으로부터 매주 한 가지 음식을 선택하여 공급하는 것이 좋다. 한 살이 될 때까지는 모유나 조제유를 다른 고형 식품과 함께 공급하여야 한다. 우유(전유)는 한 살 이후에나 공급하는 것이 가능하다.

3. 아동 영양

아동기에는 성장이 매우 빨라 많은 에너지를 요구하는 과정이다. 성장기 어린이들은 성장 자체가 에너지를 지속적으로 소비하는 과정이고, 체격이 계속 커지므로 모든 영양소의 필요량이 늘어난다. 예를 들어, 성장 중의 아이는 혈액량이 증가한다. 이것은 혈액 증가에 필요한 철분량도 늘어난다는 것을 뜻한다. 뼈 성장을 위하여 칼슘 필요량 또한 증가한다. 성인은 수년 간 영양소를 체내에 축적하는데 반하여 아이들은 저장 영양소가 적어 필요시 체내에서의 공급이 어렵다. 따라서, 이렇게 증가한 필요량과 적은 체내 저장량 때문에 미국을 비롯한 세계의 어린이들이 영양소를 적정량 이하로 섭취하고 있는 것으로 나타난다.

아동에게 제일 부족한 영양소는 무엇인가? 미국에서 최근 시행한 식품 섭취 조사에 의하면 미국 아동들의 총 지방 및 포화지방 섭취가 매우 높은 것으로 나타났다. 반면에 과일과 채소의 섭취가 매우 낮았으며, 특히 여자 아이들의 경우 칼슘과 철분, 엽산의 섭취가 낮았다. 아동들은 영양밀도가 높은 음식들의 섭취가 적어 미량영양소들을 충분히 섭취하지 못하고 있다. 또한 아동기에 시작된 이러한 식습관은 성인이 되어서도 지속되는 경우가 많다.

부모들은 어떻게 아이들에게 음식을 소개하는가? 아동영양 전문가인 Ellyn Satter 영양사의 말을 인용하면 "어른들은 아이가 무엇을 먹을지, 언제 어디서 먹을지를 결정하지만, 먹느냐 마느냐와 얼마나 먹느냐 하는 것은 아이가 결정한다." 아이에게 맛있고 다양한 음식들을 많이 주면 자신의 필요량에 따라 적절한 양을 섭취한다는 것이다.

새로운 음식을 먹이려고 하면 다음 사항들을 유념하도록 한다.

① 새로운 음식은 식사 시작할 때 내어 놓는다.
② 식탁에 너무 많은 종류의 음식을 차리지 않도록 한다.
③ 채소의 경우 너무 익히지 않고 아삭아삭 씹힐 수 있도록 한다.
④ 새로운 음식을 아이가 싫어하면 강요하지 말고 다음 기회에 먹도록 유도한다.
⑤ 양을 너무 많이 주지 않도록 한다. 나이 한 살에 한 큰술 정도의 양으로 한다.
⑥ 부모가 모범을 보여야 하며, 새로운 음식을 같이 먹도록 한다.

아이들에게 다양한 음식을 먹게 하는 것은 매우 중요한 일이다. 특히 하루 필요량을 각각의 식품군에서 고르게 섭취하게 하는 것이 중요하다. 사실, 성장하는 아이들에게는 우유 및 유제품이 4교환단위가 필요하므로 2교환단위가 필요한 성인에 비하여 우유 및 유제품의 섭취는 더욱 필수적이다.

어린이에게 충분한 영양을 취하게 하려면 부모들은 기초식품군에서 골고루 식품을 선택하도록 하여야 한다. 만약 어린이가 음식을 고루 섭취하지 않으면 비타민과 무기질이 함유된 보충제를 주어야 한다. 그러나 영양제의 보충은 이틀에 한 번 복용하는 정도가 좋다. 그러면 음식과 영양보조제로 어린이에게 필요한 영양이 충분히 공급된다. 어린이에게 영양제를 공급할 때 비타민과 무기질의 함량이 1일 권장량을 초과하지 않도록 한다. 왜냐하면 대부분의 비타민과 무기질은 권장량 이상 섭취할 때 특히 소아에게 독성을 가지기 때문이다.

1) 비 만

소아 비만의 증가는 미국에서 큰 영양문제이다. 대부분의 전문가들은 소아 비만의 증가는 고열량 식품의 섭취 증가와 활동량의 감소가 주요인이라고 말한다. 요즘 아이들은 30년이나 50년 전의 아이들만큼 활동량이 많지 않다. 어린이의 활동량은 감소되는 반면 가공된 고지방, 고설탕, 고열량 식품의 섭취는 전에 비하여 훨씬 많아졌다. 소아 비만은 성인 비만에 비하여 치료하기가 더욱 어렵다. 과도한 지방에 대한 적응 외에도 나쁜 식습관과 앉아서 생활하는 습관들이 어린이에게 자리잡아 감에 따라 고치기가 매우 어려워진다. 고열량 음식 자체가 나쁜 것은 아니지만 적당히 섭취하도록 해야 하며, 간식으로 과자류나 가공식품보다 신선한 과일과 채소를 먹이도록 해야 한다.

2) 설탕 섭취

어린이들이 섭취하는 설탕량에 대하여 많은 염려를 하고 있다. 아이들의 설탕 과다 섭취가 과잉 행동이나 공격적인 행위를 유발한다고 생각하는 사람도 많다. 이것은 그럴듯한 가설이기는 하지만 입증된 바는 없다. 설탕은 다른 영양소 없이 열량(empty calories)만을 공급하는데, 대부분의 어린이들에게 이런 종류의 열량은 필요하지 않다. 어린이들에게서 설탕의 과잉 섭취에 의한 가장 큰 문제는 충치 발생이다.

캐러멜과 같이 끈끈한 식품에 함유되어 있는 설탕은 충치 발생을 증가시킨다. 빵이나 크래커에 들어 있는 전분도 충치를 생기게 할 수 있다. 이러한 탄수화물들은 이 사이에 들러붙어 세균 증식에 이용된다. 증식된 세균에서는 산이 많이 분비되는데, 이로 인해 치아를 보호하는 에나멜층이 손상을 입게 된다. 따라서 양치질을 잘해야 하는데, 잇몸에도 칫솔질을 하여 건강을 유지하도록 해야 한다. 식수에 불소를 첨가하는 불소화(fluoridation)에 의하여 아동들의 충치 발생이 급격히 감소되었다. 불소는 치아의 에나멜층과 치아 자체를 단단하게 만들어 세균이 분비하는 산으로부터 보호하는 역할을 한다. 따라서 충치를 예방하려면 양치질, 식수의 불소화, 간식으로 점성이 큰 설탕이나 전분의 섭취를 줄이도록 해야 한다.

4. 청소년의 영양

오늘날의 청소년들이 당면하는 영양문제는 아동들과 유사하다. 청소년기도 아동기와 같이 성장시기이므로 영양요구량이 증가하는 때다. 일반적으로 청소년들의 영양섭취를 보면 철분, 칼슘, 비타민 A, B_6가 필요량보다 부족하다. 그래서 청소년기에도 아동기와 마찬가지로 매일 기초식품군에 해당하는 식품들을 골고루 섭취하도록 하는 것이 중요하다.

아동기에 비해 청소년기에는 훨씬 더 많은 요인들이 영양섭취에 영향을 미친다.

청소년들은 신체 변화가 크고 식품 선택에 있어 주도권이 커지기 때문에 아동들 보다 영양에 대한 그릇된 정보를 접하기 쉽다. 사춘기로 인한 심리적 변화와 이성에 대한 관심, 자신의 외모에 대한 염려가 식품 선택에 영향을 미친다. 또는 아르바이트를 하는 경우 시간과 아울러 음식 선택이 제한을 받을 수도 있다. 청소년 운동선수들은 운동수행 능력과 관련된 혼돈된 식품정보들을 접할 수 있다. 친구들 간의 심리적 압박도 식품 선택에 영향을 준다. 따라서 이런 여러 가지 이유들로 인하여 청소년들이 좋은 식품을 선택한다는 것은 매우 중요하다. 만일 이들의 식품 섭취가 다양하지 못하다면 종합 비타민/무기질 영양제를 복용해도 된다. 그러나 하루에 1알 정도만 섭취하는 것이 좋다.

5. 성인 영양

이 책의 대부분은 건강한 성인의 영양을 다루고 있다. 그래서 이 장에서는 다시 요약하여 반복하도록 하겠다. 미국 농림성과 보건복지부에서 2000 미국인의 식사지

표 13-2. 미국인의 식사지침

- **운동을 위한 목적**

① 표준 체중을 유지하자.
② 매일 신체적인 활동을 하자.

- **건강한 기초를 쌓자**

① 식품구성표를 이용하여 식품을 선택하자.
② 다양한 곡류(전곡류)를 선택하자.
③ 매일 다양한 과일, 채소를 선택하자.
④ 음식을 섭취하기 위해 안전하게 보관하자.

- **센스 있게 선택하자**

① 총 지방, 포화지방, 콜레스테롤이 적은 음식을 선택하자.
② 설탕이 적게 든 음식과 음료를 선택하자.
③ 소금과 나트륨이 적은 음식을 선택하자.
④ 술을 마실 때는 적당하게 마시자.

Source : Dietary Guideline for Americans, 2000. U.S. Department of Agriculture ; U.S. Department of Health and Human Services, U.S. Government Printing Office #273-930, Washington, DC.

침(표 13-2)을 발행하였다. 이 식사지침에서는 적당량의 식사를 강조하고 있다. 또한 열량 및 다른 영양소의 과잉 섭취는 부족한 섭취만큼 건강에 위험하다고 밝히고 있다. 이 지침에서는 매일 기초식품군에서 다양한 음식을 선택하여 먹을 것을 권고하고 있다. 또한 이 지침서에서는 아직까지도 영양섭취가 특히 칼슘과 철분의 섭취가 불충분한 특정 그룹들이 있음을 지적하고 있다. 한국인을 위한 식사지침은 부록을 참조하라.

6. 노인 영양

미국 인구에서 노인층은 가장 빠르게 증가하는 그룹이다. 65세 이상인 사람의 수가 전체 인구의 13%(약 3천만 명)를 넘고 있다. 현재 65세인 여자의 경우, 앞으로 기대 수명은 18년이며, 남자의 경우는 12년이다. 현재 75세 여자인 경우는 앞으로 12년 정도를 더 살 것으로 예상하며, 남자는 9년을 더 살 것으로 예상하고 있다. 실제로 수명이 길어지다 보니 노인 계층에 대한 분류가 생기게 되었다. 즉, 젊은 노년층(young elderly)은 65세에서 74세까지로, 노인층(the aged)은 75세 이상이다.

노화에 생리적·심리적 변화가 많아 영양상태에 영향을 미친다. 이러한 변화들이 표 13-3에 열거되어 있다. 일반적으로 노인들은 젊었을 때에 비하여 흡수 능력이 저하되기 때문에 영양소 섭취 필요량이 증가된다. 대부분의 영양소 필요량은 증가되지만 노인들의 열량 필요량은 감소된다. 이는 젊은층에 비해 활동량이 적고, 근육조직도 감소하기 때문이다. 예를 들면, 75세 노인의 근육은 자신이 30세 때에 비하여 50～60%로 감소한다. 또 다른 체내 조직의 기능도 감소하기 때문에 노인의 열

표 13-3. 노화에 따른 생리적·사회심리적 변화

생리적 변화	사회심리적 변화
•치아 유실	•배우자와 사별 및 이별
•미각과 후각의 민감도 감소	•독거생활(1인분 식사)
•위산 분비 감소	•조리시설 부족
•소화효소 분비 감소	•저소득
•영양소 흡수능 감소	
•신장과 간기능 저하	

량 필요량은 감소하게 된다. 노인이 되면 간, 장, 신경계 및 신장의 기능이 젊었을 때에 비하여 50～70% 정도밖에 되지 않는다. 그래서 노인들을 위한 음식은 열량은 적고 다른 영양소는 충분한 즉, 영양밀도가 높은 것이 요구되어진다.

영양조사에 의하면 노인들은 비타민 B_{12}, 칼슘, 철분, 엽산 및 아연 섭취가 부족하다. 게다가 노인들은 8～10종의 약물을 복용하고 있는데, 이 약물들은 대개 영양소의 흡수와 이용을 저해하는 것들이다. 노인의 영양소 필요량 증가와 함께 식품 섭취 부족, 영양소 흡수를 저해하는 다양한 질환과 약물 복용, 사회적인 문제와 기대수명의 증가 등을 생각할 때 노인 영양문제는 의료계에서 앞으로 점점 더 큰 문제로 대두될 것이다.

제 10장에서 언급한 바와 같이 노인층에서 엽산의 섭취와 비타민 B_{12}의 흡수가 저하된다. 새로운 연구들은 엽산과 비타민 B_{12}가 정신 퇴화나 노망, 기억력 감퇴, 특히 단기 기억감퇴를 예방하므로 이 영양소들의 영양상태가 노화에 따른 정신건강을 유지하는 데 매우 중요하다고 제안하였다. 엽산은 최근 들어 시리얼과 곡류에 첨가되어 영양상태가 향상되었다. 하지만 노화 학자들은 노화에 의해 비타민 B_{12}의 흡수가 감소되므로 50세 이상의 사람들은 비타민 B_{12}의 보충제(100 μg/day)를 섭취하는 것을 권장한다.

노인에게 충분한 영양을 취하도록 할 수 있는 방법은 무엇인가? 현재 노인의 영양권장량에 새로운 지침을 개발하고 있다. 여기에 덧붙여 정부에서 노인급식 프로그램을 지원하고 있다. 집단급식 프로그램이 여러 도시 지역에서 운영중이며, 이를 통하여 하루에 한 끼 또는 두 끼를 영양적으로 충분한 식사로 노인에게 공급하고 있다. 농촌에 거주하거나 집에서 급식소를 갈 수 없을 경우 'Meals on Wheels' 프로그램이 있어 이들에게 식사를 전해 준다. 식사비용은 저렴하며, 지불 능력이 없는 노인에게는 무료로 공급된다.

요약하면, 영양은 생애주기 전반을 통하여 중요하다. 사람의 건강과 안녕을 유지하는 데 영양이 무관한 시기는 없다. 인생의 어느 시기에 있건 간에 매일 각각의 식품군에서 다양하게 선택하여 식사를 해야 한다. 이와 함께 적정량의 식사를 통해 필요한 만큼의 영양소 모두를 섭취할 수 있어야 한다.

13장

1. 먹는 것과 임신에 관한 허와 실

지금 당신은 두 사람 분을 먹고 있다 그만 마셔야 한다. 몸무게를 줄여라. 소금을 멀리 해라. 보충제를 먹어라 이와 같은 것들은 임신한 여성에게 친한 친구, 친척, 의사 심지어 동네 건강식품점에서 조차 조언하는 것들이다. 그러나 **임신기간 동안 필요한 영양**에 대한 충고는 종종 모순되는 경우가 있다. 풍문에 기인하거나 현행 과학적 지식에 위배되기도 한다. 그리고 아기가 잘 서기 위해 이떻게 먹어야 하는지 여러 미신들도 있다.

〈 **허** 〉 임신이 될 때까지는 모든 권장 영양소는 필요하지 않다.

〈 **실** 〉 임신되기 전 어떻게 먹는가는 그녀의 건강을 위해서 뿐 아니라 아기를 위해서도 중요하다. 예를 들어 철분 섭취가 최저 한계에 있다면 철분의 소비가 많고, 빈혈이 생기는 임신 기간 동안에는 위험하다. 그리고 일부 전문가들은 많은 여성들이 일생동안 거의 칼슘을 섭취하지 않기 때문에 임신기간 동안 칼슘 요구량의 증가는 몇 년 후에 골다공증을 일으킬 수 있다고 말한다. 태어나지 않은 아기에 대해 고려해 본다면 체중 미달인 여성은 임신 전에 건강한 체중을 만들도록 하는 것이 현명하다. 임신했을 때 체중이 너무 적으면 작은 아기를 갖기 쉽기 때문이다. 신생아의 크기는 건강을 가늠할 수 있는 중요한 '예견자'이다.

〈 **허** 〉 임신기간 동안 잘 먹지 않은 산모라도 몸에 저장해 놓았던 영양소로 태아가 필요로 하는 영양소를 공급해 줄 수 있다.

〈 **실** 〉 어머니가 먹는 것이 무엇이든 태아가 필요한 모든 영양소를 얻을 수 있다는 생각은 2차 대전 기간 동안에 임신했던 여성들이 작고 건강치 못한 아기를 낳았을 때 이미 사라졌다. 더 세밀한 영양결핍의 영향은 아직 알려져 있지 않다. 국립 어린이 건강연구소와 인간계발연구소는 임신 시 비타민 보충제를 복용하는 것이 출산 결손의 범위를 낮추는가에 대해 계속적인 연구를 하고 있다.

〈 **허** 〉 임신한 여성은 두 사람을 위해 먹고 있기 때문에 두 배를 먹을 수 있다.

〈 **실** 〉 그런 생각은 임신기간 동안 영양 권장량이 철분은 거의 3배, 엽산은 2배, 칼슘은 50% 늘릴 것을 요구하기 때문에 생길 수 있다. 하지만 임신여성은 칼로리가 15% 더 필요하다. 처음 세 달 동안은 하루에 150칼로리를 더하며, 나머지 임신기간 동안은 350칼로리가 더 필요하다. 그러나 참치 샌드위치는 쉽게 필요한 요구량을 충족시켜주므로 더 많은 영양을 얻기 위해 그렇게 많은 부가식품을 먹지 않아도 된다. 결국 임신여성은 필요한 비타민, 무기질, 단백질을 얻기 위해 조심스레 먹는 것을 선택해야 한다.

Reprinted with permission from *Tufts University Diet $ Nutrition Letter,* December 1985, (1-800-247-7581).

〈 **허** 〉 임신기간 동안 체중이 적게 늘수록 좋다.

〈 **실** 〉 수십년 전에 널리 퍼진 이런 잘못된 개념은 체중이 15～20파운드 이내로 느는 여성은 임신기간 중에 합병증이 덜 생기며, 작고 낳기 쉬운 아기를 낳는다는 생각에서 유래됐다. 하지만 이런 이론은 수년 이상도 가지 못했다. 현재 대부분 산부인과 의사들은 22～27파운드 체중 증가는 괜찮다고 한다. 하지만 어떤 연구에 의하면 가장 건강한 아기는 그 이상의 체중이 늘었던 여성에게서 태어났다고 한다. Tufts 대학 영양학과의 마리안 프랑크 지틀린 박사가 연구하는 것도 이 분야이다. 확실히 체중 미달인 여성은 최소한 아이를 가질 때까지 30파운드는 늘려야 한다.

〈 **허** 〉 당신이 임신기간 동안 권장 체중을 갖고 있다면 지나치게 뚱뚱해지지 않을 것이다.

〈 **실** 〉 이 말은 단순히 사실이 아니다. 종종 엉덩이와 허벅지 주변의 지방축적은 건강한 임신의 자연스런 현상이다. 한 여성이 27파운드가 늘었다고 하자. 아기는 단지 7½파운드이다. 3파운드는 가슴과 자궁이 커져서 생겨난다. 그리고 다른 9파운드는 태반, 양수, 기타 혈액, 그 외 분비액의 복합적인 것이다. 그리고 7½파운드가 남는데, 이것이 모유를 먹이는 어머니를 위해 비축된다고 생각되는 지방이다(※1파운드 = 453g).

〈 **허** 〉 임신기간 동안 알맞은 양의 체중 증가가 일어났다면 어느 시기에 체중 증가가 일어났는가는 중요치 않다.

〈 **실** 〉 전문가들은 임신기간 동안 체중 증가의 형태는 최소한 전체 양만큼이나 중요하다고 생각한다. 체중이 천천히 꾸준히 늘어야 함에도 불구하고 각 여성마다 형태가 다양하다. 예를 들어 어떤 사람은 한 달 동안에 체중이 많이 증가하는 것에 당황해서도 안 되며 다이어트를 시작해도 안 된다. 주의해야 할 것은 설명할 수 없는 갑작스런 체중 증가이다. 분비물의 정체(fluid retention) 때문일 수 있으며, 임신중독증의 신호이기도 하기 때문에 신속히 치료하지 않으면 심각한 문제가 될 것이다.

〈 **허** 〉 비만한 여성은 임신하기 전에 체중을 줄이기 위해 다이어트를 해서는 안 된다.

〈 **실** 〉 이것은 다이어트가 얼마나 균형있게 이루어지는지에 달려 있다. 다이어트 전문가의 도움으로 주의 깊게 계획되었다면 체중 줄이기는 나쁜 생각이 아니다. 특히 임신 전에 잘 할 수 있다면 나쁜 생각이 아니다. 그 이유는 비만인 여성은 임신했을 때 고혈압, 당뇨, 임신중독증, 방광염에 걸리기 쉽기 때문이다. 더구나 비만인 여성은 정상 체중인 여성보다 건강치 않은 아기를 낳을 위험이 더 높다. 다른 병이 없었을 때라도 임신기간 동안 비만인 여성들은 비만이 아닌 여성보다도 제왕절개로 분만하기 쉽다.

〈 **허** 〉 과체중이라면 아기가 당신의 것을 얻을 수 있기 때문에 임신기에 체중을 늘릴 필요가 없다.

〈 **실** 〉 한 연구에 따르면 임신한 과체중의 여성과 아주 적게 체중이 증가한 사람에게서 난 아기들 중 아주 적게 체중이 증가한 아기의 사망률이 과체중 여성의 아기의 두 배였다. 다시 말해서 임신한 여성은 다이어트를 절대로 해서는 안 된다. 왜냐하면 칼슘이나 단백질 같은 영양소를 알맞게 얻을 수 없기 때문이다. 일부 연구원들에 의하면 엄격한 다이어트도 역시 태아의 뇌에 영향을 끼칠 것이라고 추정하는 체지방의 대사산물을 생성시킨다.

수많은 산부인과 의사들은 비만환자에게 임신 시 정상적으로 체중을 늘릴 것을 강력히 주장한다. 비만인 임신여성에게 그것이 안전하다는 증거가 있다. 또 일부 산부인과 의사들은 16파운드보다 적지 않은 만큼을 얻는 것이 해가 되지 않는다고 한다. 이 정도의 목표는 임신 전의 기간 동안 하루 평균 200 정도로서 필수로 더해진 칼로리를 줄임으로써 성취될 수 있다. 그러나 그것은 등록된 다이어트 전문가의 도움으로 행해져야 한다.

〈 **허** 〉 여성들은 임신기동안 운동을 해서는 안 된다.

〈 **실** 〉 심장병 같은 병이 있는 임신여성은 과도하게 운동해서는 안 된다. 그러나 지난봄 미국의 산부인과에서는 걷기, 수영, 실내 자전거 타기, 변형된 형태의 댄싱, 맥박이 1분에 140을 초과하지 않는 격렬한 운동을 15분 이상 하지 않는 미용체조 등을 임신여성의 이상적인 운동으로 추천했다. 그들은 또한 의사들이 주어야 할 임신여성을 위한 상세한 안내책자를 소개했다. 지속적으로 건강프로그램을 하기 원한다면 우선 의사와 상담을 해야 한다.

〈 **허** 〉 당신이 쌍둥이를 임신하고 있으면 먹는 모든 것을 '두 배로' 해야 한다.

〈 **실** 〉 쌍둥이를 임신한 여성의 필요에 대해서는 연구된 것이 거의 없지만 아틀란티에 있는 그래디 기념병원에서 행한 연구에서는 137명의 쌍둥이 산모들의 아기 중 가장 건강한 아기들은 36주의 전형적인 쌍둥이 임신기간에 41파운드 가량의 체중이 늘었던 어머니에게서 태어났다고 했다. 이 연구팀을 이끄는 쉐리 칼튼 MMSc, RD가 말하기를 "쌍둥이를 임신한 키가 크거나 마른 여성은 그 이상을 더 늘려야 한다고 생각한다. 또한 엽산과 단백질에 대한 요구가 쌍둥이 임신자에게 더 크다"고 하였다. 그러나 정확한 이점은 알려져 있지 않다.

〈 **허** 〉 태아기의 종합비타민/무기실 보충제는 모든 임산부의 필수품이다.

〈 **실** 〉 임신여성이 먹어야 하는 보충제의 종류에 관해서는 태아영양 전문가들도 일치된 의견이 없다. 그러나 거의 모두가 동의하는 것은 매일 철분 보충제를 30~60mg씩 식사 중간에 먹는 것이 필수적이라는 것이다. 더불어 미국 산부인과에서는 대부분의 임신여성에게는 하루에 엽산 보충제 400μg 먹을 것을 조언한다. 태아기의 비타민/무기질 보충제는 두 영양소를 적절히 주지만 비싸다. 그리고 균형 있는 식사를 한다면 보충제들 안에 있는 다른 영양소들은 불필요하다.

〈 **허** 〉 태아기 때의 종합비타민/무기질 보충제를 먹고 있는 임신여성은 식사에 대해 지나치게 걱정할 필요는 없다.

〈 **실** 〉 이런 보충제는 여성들에게 안전하다는 생각을 주는데, 사실 임신 동안 필요한 매일 30g의 단백질만큼도 주지 못한다. 그리고 칼슘량은 영양권장량에서 권장한 양에 미치지 않는다. 더구나 태아기 보충제에 있는 영양소의 이용에 관해 의문이 생긴다. 예를 들어 그 안에 있는 마그네슘과 길슘은 철분의 흡수를 방해하는 것으로 나타난다. 그러므로 임신여성은 보충제를 먹던 안 먹든 간에 그들의 식사에 매우 조심해야 한다.

〈 **허** 〉 하나 또는 다른 단일 영양보조제를 먹는 것은 임신기 동안 해롭지 않다. 왜냐하면 어머니나 태아나 필요치 않은 것은 무엇이든 어머니가 배설할 것이기 때문이다.

〈 **실** 〉 실험을 해서는 안 되는 때가 임신기이다. 영양권장량에서 지정한 것을 초과해서 비타민을 복용하는 것, 즉 권장량의 10~90배 정도를 복용하는 것은 태어나지 않은 아기에게 큰 해를 준다. 예를 들어 비타민 A 같은 것은 뼈의 기형을 가져올 수 있다. 그리고 끊임없는 비타민 C 복용은 아기를 비타민 C '의존자' 즉 정상적인 유아가 먹는 것에 맞지 않는 높은 양을 요구하게 만든다. 간단히 말해서 건강한 임신여성은 영양권장량 초과 수치의 영양소를 취해서는 안 된다.

〈 **허** 〉 당신은 임신기 중에 우유를 마시는 대신 칼슘 보충제를 복용함으로써 지나친 체중 증가를 피할 수 있다.

〈 **실** 〉 이것은 그리 좋은 생각이 아니다. 매일 권장량 강화우유 4컵은 칼슘에 대한 영양권장량의 양을 주며, 비타민 D는 영양권장량에 맞는다. 그리고 필요 단백질 30g을 예비 어머니에게 준다. 우유가 탈지우유라면 모두 350칼로리이다. 임신한 여성이 우유를 마실 수 없다면 음식에서 얻을 수 없는 것을 보충하기 위해 칼슘 보충제를 먹어야 할지 의사에게 물어보아야 한다. 그러나 칼슘 보충제가 철분흡수를 저해할 수 있기 때문에 동시에 두 가지 무기질을 먹지 않는 것이 중요하다. 각 무기질을 1알 이상 먹을 때는 하루 동안 간격을 두어야 한다. 더구나 칼슘은 식사와 함께 하며 철분은 식사 사이에 먹는다.

〈 **허** 〉 임신여성은 그들 몸에 필요한 음식을 본능적으로 원하며, 건강에 해로운 것에는 자연적인 혐오감이 생긴다.

〈 **실** 〉 이와는 반대로 세련되고 지적인 여성들조차도 진흙, 재, 세탁 풀과 같은 기묘한 것들을 원할 수 있다. 그들은 이런 강박관념을 없애려고 노력해야 한다. 그러나 그렇게 하지 못한다면 의사와 이 문제를 상의하기를 주저하지 말아라. 이것은 철분결핍의 분명한 표시일 수 있다. 임신여성은 또한 공통적으로 영양에 보탬이 되지 않는 음식들을 먹고 싶어한다. 이것은 주 음식을 잘 먹으며, 체중도 잘 늘고 있다면 괜찮다. 그리고 먹고자 하는 것은 좋은 일일 수 있다. 예를 들어 한 여성이 짠 스낵을 먹고 싶어한다면 짠 현미 크래커나 빵을 먹을 수 있다. 먹고 싶은 것이 단것이라면 한 컵의 우유와 함께 강화 과자를 먹을 수 있다. 많은 임신여성은 커피와 알콜 음료에 대한 혐오감이 생긴다. 엽산이 풍부한 양배추군과 브로콜리를 포함한 야채를 싫어하는 것도 또한 매우 공통적이다.

〈 **허** 〉 짠 음식 섭취를 제한함으로써 분비액 정체(retention of fluids)를 최소화할 수 있다.

〈 **실** 〉 소금은 임신여성에게 금기로 되어왔다. 왜냐하면 소금섭취를 제한하면 임신중독증을 방지하는 데 도움이 될 것이라는 믿음 때문이다. 그러나 사실로 증명되지 않았거나 어머니가 고혈압 같은 병이 없다면 더 이상 권하지 않는다. 더구나 임신하면 보통 때보다 소금 손실이 더 많아서 식사요구량은 더 많아지는 것으로 알려져 있다. 소금을 구입할 때는 임신한 여성은 옥소처리된 것인지 확인해야 한다.

여기에 당신이 필요로 하는 것들이 있다.

(23～50세 여성의 영양권장량)

영양소	임신하지 않음	임신함
단백질(gms)	44	74
비타민 A(IU)	4,000	5,000
비타민 C(mg)	60	80
비타민 D(IU)	200	400
비타민 E(mg)	8	10
티아민(mg)	1	1.4
리보플라빈(mg)	1.2	1.5
나이아신(mg)	13	15
비타민 B_6(mg)	2	2.6
엽산(mcg)	400	800
비타민 B_{12}(mcg)	3	4
칼슘(mg)	800	1,200
인(mg)	800	1,200
마그네슘(mg)	300	450
철분(mg)	18	※
아연(mg)	15	20
옥소(mcg)	150	175

※ 30～50mg의 철분 보충제가 권장된다.

가장 중요한 영양소들을 얻는 방법

칼슘: 하루 네 번의 끼니로 유제품을 권장한다. 한 끼니로는 우유 224g(탈지, 저지방, 전지 또는 버터우유), 1컵의 요구르트, 미국치즈 42g 혹은 코테지 치즈 2컵, 아이스크림 또는 아이스밀크 1½컵, 8,224g의 칼슘 sulfate 같은 칼슘응고제로 만들어진 두부, 브로콜리 2컵 또는 연어(연한 뼈와 함께) 112g이다.

단백질: 임신 시 필요한 74g을 얻기 위해서는 하루에 3～4번 쇠고기, 가금류, 생선 또는 치즈 중 56～84g을 섭취하라. 대체할 수 있는 식품들은 중간크기 계란 2개, 땅콩버터 ¼컵, 요리한 콩, 완두콩 또는 렌즈콩 1컵 혹은 1½컵

엽산: 임신 동안 두 배가 되는 영양권장량을 얻기 위해서 시금치, 푸른잎 무, 꽃 상치, 로메인(romaine)같은 녹황색 채소, 아스파라가스, 오크라, 브로콜리, 방풍나물, 콜리플라워, 콩, 싹양배추, 양배추와 같은 엽산이 풍부한 야채 1컵 또는 2컵을 먹도록 하라. 그 외의 야채들도 다양하게 먹어라. 엽산은 열에 약하므로 너무 오래 요리하지 말것.

아연과 철: 당신이 철분 보충제를 먹고 있다는 사실이 철분이 든 좋은 식품을 먹지 말라는 것을 의미하는 것은 아니다. 부분적으로 아연이 많이 들어 있기 때문이다. 아연과 철분은 동물성 식품에서 대부분 얻을 수 있다. 붉은고기를 포함해서 간과 같은 기관의 부분, 특히 조개류의 해산 식품, 그리고 가금류, 땅콩과 콩, 통밀빵과 시리얼도 무기질이 있다. 우유는 아연의 좋은 원천이나 철분은 없다.

비타민 C: 1컵의 오렌지주스, 브로콜리, 빨강 또는 녹색 피망, 자몽주스, 딸기, 싹양배추, 콜리플라워, 녹황색 잎 또는 오렌지 1개가 임신기 영양권장량에 맞춘 것이다. 비타민 C는 공기뿐 아니라 열에도 파괴된다. 그래서 음식은 단시간에 요리하고, 덮어서 보관해라.

비타민 B_6: 비타민 B_6가 들어 있는 식품에 대한 연구가 없으나 간, 가벼운 고기(light meat), 닭, 네비콩(navy beans), 바나나, 호두에 있는 것으로 알려져 있다. 각각 84g을 먹으면 임신기간 영양권장량

의 거의 20%를 얻는다. 다른 좋은 것들로는 참치, 핼리벗, 아보카도, 땅콩, 쇠고기, 연어, 진한색 고기(dark-meat), 닭이 있다.

티아민, 나이아신, 리보플라빈: 하루에 4차례의 강화 또는 현미빵, 시리얼, 쌀, 크래커, 파스타 등이 비타민의 영양권장량에 해당될 것이다. 많은 가공식품과 스낵들은 풍부하지 않으므로 쇼핑할 때 표시를 주의해서 보아야 한다. 표시되어 있지 않다면 무표백 밀가루가 든 제품을 풍부하다고 추측하지 말아라.

〈 **허** 〉 건강한 임신은 불만족함이 없다.

〈 **실** 〉 아무리 건강한 임신이라도 종종 먹는 것과 관계된 많은 어려움이 생기는 것은 의심의 여지가 없다. 메스꺼움은 하루 중 아무 때나 생겨나는데 마른 크래커나 토스트로 경감시킬 수 있다. 다른 방법은 후에 국물을 마실 때까지 청량음료 없이 식사를 하는 것이다. 입덧을 할 때는 영양가 있는 음식을 먹고 싶은 때를 잘 이용해야 한다. 그리고 매일 세 끼를 먹기보다는 스낵과 함께 조금씩 여러 차례 식사를 한다면 입덧의 어려움은 아마 그리 힘들지 않을 것이다. 포식보다는 소식이 또한 가슴앓이, 그 외의 임신 중의 불편함을 줄이는 데 도움이 될 것이다. 덧붙여 가슴앓이가 문제라면 카페인뿐만 아니라 지방이 있고 기름기 있는 음식과 지나치게 자극적인 음식들은 멀리하는 것이 좋은 방법이다.

변비에 대해서는 현미빵 곡류를 늘리고 과일, 야채를 섭취하는 것을 추천한다. 서양자두와 자두주스도 도움이 될 것이다. 여기엔 천연 완화제가 들어 있다. 그리고 액체로 된 것을 많이 마시는 것과 규칙적인 운동은 장운동에 도움을 줄 수 있다.

〈 **허** 〉 알콜 음료는 많이 마시지만 않으면 임신기간 중에도 괜찮다.

〈 **실** 〉 임신여성에게 알콜은 '안전한' 수치라는 것이 없기 때문에 마시지 않는 것이 가장 좋다. 하지만 많은 산부인과 의사들은 때때로 낮은 농도의 술, 포도주 한 잔, 일주일에 한두 번 맥주 한 잔 정도는 해가 되지 않는다고 본다. 그러나 하버드 의과대학의 소아신경전문의이며 태아 알콜문제 전문가인 엘린 올렛이 말하기를 "많은 연구 결과 일주일에 한두 잔 정도 소량 마시는 것도 태아에게는 악 영향을 끼치며, 특히 신생아 체중의 저하와 미숙아의 위험을 높인다"고 하였다.

그녀는 알콜을 멀리 하는 것이 임신기 중 가장 중요하다는 공중위생국 장관에 동의한다. 알콜은 임신하려고 의식적으로 노력하고 있을 때에도 마셔서는 안 된다. 그렇다고 임신을 알기 전에 몇 잔을 마셨다고 해서 위험을 느껴야 한다는 것은 아니다. 남은 임신기간 동안 주의하는 것이 건강한 아이를 출산을 하는 데 도움이 될 것이다.

〈 **허** 〉 어머니가 되기 위해서는 카페인이 든 청량음료와 음식을 피해야 한다.

〈 **실** 〉 어미 쥐에게 하루 커피 18잔 이상을 먹인 생쥐의 경우 카페인이 출생 결손을 일으킨 것으로 보여지지만 임상연구에서는 이런 관계성을 입증하지 못했다. 카페인이 든 커피, 차, 콜라, 코코아제품 중독자에게 가장 잘 말해 줄 수 있는 것은 임신기

동안 줄이라는 것이다. 그러나 매일 한두 잔의 커피를 마시는 것이 해가 되는지는 아직 증거가 없다. 하지만 커피와 차가 철분의 흡수를 분명히 방해함을 기억하고 당신의 보충제를 그것들과 함께 씻어내지 말아라. 그리고 커피와 차의 대용으로 꿀차를 마신다면 탐닉하지 않도록 주의해라. 이것의 성분효과는 과학적으로 연구된 적이 없다.

〈 **허** 〉 아스파탐과 사카린이 든 단 음식과 청량음료는 임신여성에게 금기다.

〈 **실** 〉 감미료가 임신여성에게 유해한지에 대해서는 알려져 있지 않지만 대부분의 전문가들은 무차별한 사용에 대해서는 반대한다. 다시 한번 말하자면 가장 좋은 방법은 중용이다. 매일 뉴트라스위트(Nutrasweet)가 든 소다나 시리얼에 있는 이퀄(Equal)을 먹는다면 확실하게 적절히 사용해야 할 것이다. 그러나 이것이 아스파탐에 있는 아미노산인 페닐알라닌을 잘 신진대사 할 수 없음을 아는 소수의 여성들은 뉴트라스위트와 이퀄의 사용은 없어야 될 것이다.

13장

Issues and Opinions in Nutrition

2. 70세 이상의 노인들을 위한 수정된 식품 피라미드[1,2]

Robert M. Russell[3], Helen Rasmussen and Alice H. Lichtenstein
USDA *Human Nutrition Research Center on Aging, Tufts University, Boston, MA 02111*

미국인을 위한 식사 지침서(The Dietary Guidelines for Americans)가 1990년에 미국농무성과 미국보건복지부의 공동의 노력으로 출판되었다. 이 식사 지침에 따라 식품 피라미드(Food Guide Pyramid)가 교육적 목적으로 만들어졌다. 이 식사 지침과 식품 피라미드는 미국에서 2세 이상 거의 모든 연령대의 사람들에게 적용되는 것이다. 그러나 건강하고 활동적인 70세 이상된 노인들의 영양과 에너지의 변화에 따른 영양소 섭취의 경향을 최적화하기 위한 교육으로 사용될 식품 피라미드의 권장요소들에 대한 수정이 적절한 것 같다(그림 1).

노년 그룹은 나이가 듦에 따라 에너지 필요가 줄어들고, 따라서 에너지 섭취도 줄어들기 때문에 절충된 에너지 섭취에 특별히 취약할 수 있다. NHANES Ⅲ의 조사에 따르면 70세 이상의 노인 중에서 약 40%가 영양권장량의 ⅔ 이하를 소비하였다(1988～1993). 그러므로 노인들을 위한 식품 피라미드가 적절한 영양 섭취를 보장하기 위하여 영양밀도가 높은 식품을 중요시하여 각 식품군 내에서 이들에 대한 특별한 선택들이 강조되어야 하며, 낮아진 에너지 필요를 반영하여야만 한다.

이 논문은 70세 이상의 비교적 건강하고 활동적이며 또한 그러기를 원하는 사람들에게 적용될 수 있는 식품 피라미드의 조정된 제안을 제시한다. 70세 이상의 노인들은 독립적으로 생활하거나 음식의 접근과 섭취를 제한할 수 있는 주요 질병이 없으며 실외에서 여러 가지 활동 등에 참여하는 사람들이라 할 수 있다. 미국에서 변화하는 인구 통계학을 고려할 때 이 노년 인구들은 괄목적으로 성장하고 있는 인구 분포이지만, 다른 연령층에 비해서 역사적으로 이전의 권장에서 실제보다 과소하게 평가되어 온 인구분포이다. 이 연령그룹은 건강하지 않거나 그로 인하여 에너지 밀도 식품과 같은 다른 식이조건을 필요로 하는 매우 노령의 사람들과는 구분되어져야 한다.

70세 이상을 위한 수정된 식품 피라미드(그림 1)라고 불릴 이 수정된 식품 피라미드는 식사지침의 원리와 다른 건강 관련 단체들의 원리에 기초하여 지속되어질 것이다. 많은 다양성의 예가 그것인데 이들에는

Reprinted by permission of the American Society for Nutritional Sciences, *J. Nutr.* 1999, 753.

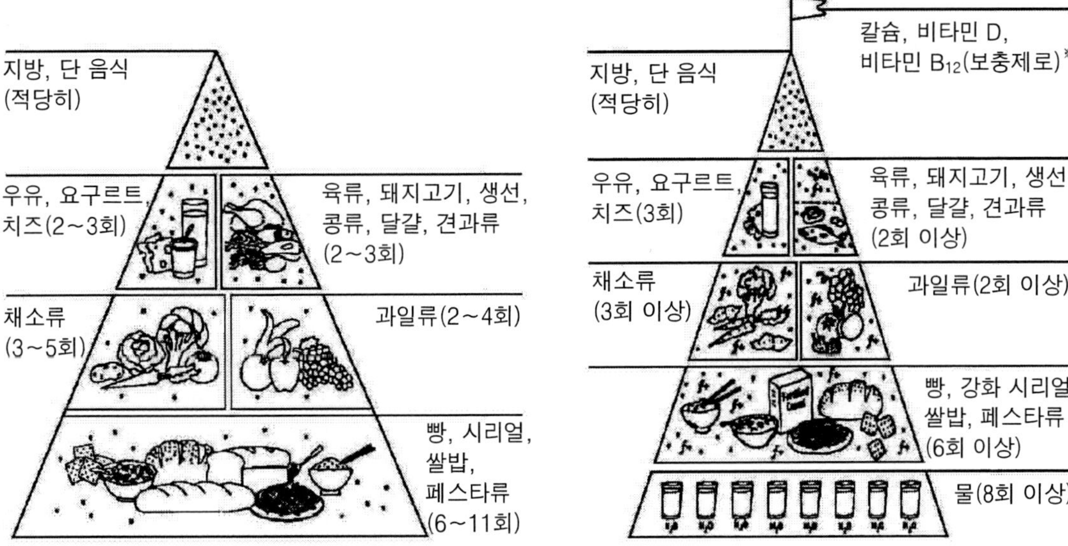

Original Food Guide Pyramid

●: 지방, ▼: 설탕 첨가,

※ These symbols show fat and added sugars in foods.

70세 이상 노인을 위한 식품 피라미드

●: 지방, ▼: 설탕 첨가,

f+: 식이섬유소가 존재해야 함

※ These symbols show fat, added sugars and fiber in foods.

그림 1. 노인들을 위한 수정된 식품 피라미드는 에너지 필요의 감소를 고려하여 바탕이 좁은 반면 영양밀도가 높은 음식과 섬유소 그리고 물을 강조하였다. 영양소 특이적인 보충제가 많은 노인들을 위하여 적절하게 필요할 것이다.

곡물, 채소, 과일이 풍부한 음식, 포화지방산과 콜레스테롤이 낮은 음식, 설탕과 소금과 알콜이 적은 적절한 사용과 열량섭취와 균형을 이루는 신체적 활동을 포함한다.

그러나 우리는 70세 이상을 위한 수정된 식품 피라미드에 한 가지를 더 첨가할 것을 제안한다. 이것은 피라미드의 맨 위에 작은 보충제 깃발과 물과 섬유소를 위한 표시들이다. 노인들은 식사량과 음식끼니 숫자가 줄고 유당불내증과 같은 의료적 상태로 인하여 음식 선택이 제한되어 특정한 영양소를 적절하게 섭취하는 것이 매우 어려울 것이다. 이러한 노인들에게 특별히 관심을 끄는 것은 칼슘과 비타민 D와 비타민 B_{12}와 같은 영양소들이다.

영양소 밀도가 높은 혹은 영양소가 보강된 식품들

지금의 식품 피라미드는 지방과 정제된 설탕이 높은 음식을 제하고는 각 식품군 내에서의 특정한 식품의 선택들에 관하여는 도움이 되지 않는다. 다양한 식품들을 선택하는 것이 중요함을 강조해야 한다. 그러나 대부분의 노인들은 에너지 섭취가 식품 피라미드에서 제안된 최소의 에너지 섭취량(1,600 kcal 혹은 6.72MJ) 혹은 그 이하를 섭취하기 때문에 영양밀도가 높은 음식들을 선택하도록 인도해 주는 것이 필요하다.

그러므로 빵, 곡물식, 쌀, 전분류 그룹은 특별히 노년기에 있는 성인들의 식사 대부분을 차지하고 있고, 이것 때문에 일부 노인들은 영양실조의 위험에 처하기도 하기 때문에 이 그룹 중에서 영양소가 보강된 전곡류를 골라야 한다(Tucker and Rush 1992). 영양소가 보강된 밀가루나 전곡류로 만들어진 제품뿐만 아니라 영양소가 증가된 아침식사 형태의 곡물식도 의식적으로 골라야 한다.

최근 곡물식 제품에 140μg/100g 엽산으로 영양소가 보강되어야 한다는 것을 FDA가 규정으로 발표하였다. 이것은 엽산결핍으로 인한 선천성 기형을 예방하기 위한 것이다. 엽산보강은 노인들에게 혈중 호모시스틴 농도를 낮춤으로써 호모시스틴 관련 심혈관질환을 낮추어 건강에 도움을 줄 수 있다. 높은 양의 엽산 섭취는 때로 준 임상의 비타민 B_{12} 결핍을 갖고 있는 사람들에게 문제가 될 수 있다. 이들은 비타민 B_{12} 연관 신경질환을 유발할 수 있다. 과다한 엽산 섭취를 피하기 위하여 FDA는 95% 이상의 사람들이 1mg/dl 이상의 엽산을 취하는 것을 방지하는 엽산강화 수준을 선택하였다. 이러한 정도의 엽산강화 수준으로는 전체 인구의 약 6%만이 하루에 1mg 이상의 엽산을 섭취하게 된다(Tucker et al. 1996).

채소군 내에서는 진한색의 채소들이 선택되어져야 한다. 진한 녹색과 오렌지 혹은 황색의 신선하거나 냉동된 그리고 통조림화된 채소들은 비타민 C, 엽산, 비타민 A (프로비타민 A 카로티노이드의 형태)와 많은 양의 식이섬유를 제공한다. 평짓과의 채소들인 비트, 케일, 양배추, 그리고 브로콜리들도 항산화제인 인돌, 플라본, 그리고 이소치오시안산(isothiocyanate)과 같은 파이토케미칼을 함유하고 있다. 유사하게 과일 그룹 내에서도 노란색이거나 녹색, 오렌지색, 황색, 혹은 붉은색의 신선하거나 통조림된 그리고 마른 제품들이 선택되어져야 한다. 적절한 섬유소를 공급하기 위하여 과일과 채소군에서는 주스와 같은 것에 의지하는 것보다는 가공하지 않은 전체 식품을 소비하는 것이 강조되어야 한다(아래를 참조하십시오).

노인들이 포화지방이나 콜레스테롤 섭취에 제한을 둘 필요가 없다는 것에 대한 확실한 증거가 없기 때문에 우유, 요구르트, 치즈군에서는 저지방 유제품이 강조되어야 한다. 유당 제거식품들, 생배양 발효유제품 그리고 저지방 치즈들은 칼슘, 비타민 D (우유만)와 리보플라빈의 농축된 공급원이다. 그리고 이들은 쉽게 많이 구할 수 있기 때문에 노인들이 대부분 이런 영양소가 풍부한 유제품들을 소비할 수 있다.

마지막으로 고기, 가금, 생선, 마른 콩, 계란, 그리고 견과류 군에서는 개개인의 선택과 관련된 다양성이 중요시 되어야 하는데, 여기에는 개개인의 성향과 이용성, 준비의 간편함, 씹을 수 있는 것, 그리고 가격의 적절함 같은 것들이 있다. 얇게 썰어진 고기가 선호되어야 한다. 생선은 좋은 선택이라 할 수 있다.

왜냐하면 생선은 높은 질의 단백질과 n-3 지방산을 제공해 주기 때문이다. 또한 역학조사에 의하면 일주일에 적어도 한번 이상씩 생선을 섭취했을 때 심혈관질환의 발생위험을 줄여 줄 수도 있다고 한다. 콩, 곡물, 그리고 채식의 주 요리들이 높은 질의 단백질을 제공하고 식사에 섬유소를 제공해 주는 것은 주목할 만하다. 생선이 고기

대신 대체되었을 때 포화지방과 콜레스테롤 섭취를 최소화하도록 도와준다.

지방과 설탕

노인들의 식단은 영양밀도가 높은 식품이어야 한다. 그러나 상대적으로 에너지 필요가 줄어들기 때문에 고지방 식품들은 적어야 한다. 더욱이 미국 사람들에게 일반적으로 권장되는 지방섭취의 30% 이하, 포화지방의 10% 이하, 그리고 콜레스테롤을 하루에 300mg까지만 섭취하도록 제한하는 권장이 70세 이상의 노인들에게 적용되지 않아야 한다는 증거는 없다(Krauss et al. 1996).

그러나 저체중이나 고중성지방혈증의 당뇨병 환자와 같은 특정한 경우에는 다소 더 많은 지방 섭취가 필요하기도 하다. 아직까지는 경화지방에서 주로 발견되는 트랜스 지방산에 대한 특정한 지침은 없다. 그럼에도 불구하고 트랜스 지방산의 생물학적 효과는 포화지방산의 것과 비슷하기 때문에 섭취하는 것이 제한되어야 한다는 일반적인 여론이 있다(Lichtenstein, 1997). 노인들이 섭취하는 음식의 지방들은 대부분 액체형 기름, 혹은 그것으로 준비된 음식들로 이루어져야 한다. 이러한 여러 가지 종류의 액체기름은 적절한 필수지방산의 섭취를 제공한다.

정제된 탄수화물이 첨가된 식품은 일반적으로 정제되지 않은 자연적인 식품들보다 영양밀도가 낮다. 예를 들면 고농도의 시럽에 통조림화된 복숭아와 향미가 첨가된 요구르트가 천연복숭아 혹은 일반 요구르트보다 영양밀도가 낮다. 이렇게 정제된 탄수화물이 첨가되거나 혹은 정제된 탄수화물이 주된 성분인 식품들은 선택되지 말아야 하거나 선택되더라도 가장 적게 하여야 한다.

섬유소

섬유소는 식품 피라미드의 네 개의 블록에 있는 음식들에 모두 포함되어 있다(곡물, 과일, 채소, 고기와 콩과 식품군). 또한 섬유소는 노인들에게 중요한 식품성분이다. 섬유소는 변비와 **비염증성 게실** 그리고 **게실염**의 예방에 좋다(Brodribb 1980). 고섬유식이가 콜레스테롤 수치를 낮추며, 심혈관질환과 암의 발생을 줄이는 것과 연관되어 있다는 임상적인 연구와 역학 연구의 데이터가 있다(Kromhout et al. 1982, Rimm et al. 1996).

70세 이상 노인 남성과 여성의 평균 식이섬유 섭취는 NHANES Ⅲ에 의하면 하루에 14～16g이었다(NHANES Ⅲ 1988-94). 그러나 일반적으로 건강에 이롭기 위해서는 하루에 20g 이상이 필요하다(미국인을 위한 식사지침, 1990). 노인들에게는 다음과 같은 음식 선택들이 중요하다. 정제된 밀가루보다는 전곡으로 만든 빵, 백미보다는 현미, 주스보다는 과일 그리고 적어도 일주일에 두 번 고기보다는 콩과식품을 섭취하는 것이 좋고, 조리된 채소와 신선한 샐러드, 그리고 가장 중요한 것은 아침식사로서 고섬유 곡물식을 선택하는 것이다.

대부분의 노인들은 음식들이 조리되고, 갈아지며, 잘게 썰어져서 잘 준비되었을 때 음식들을 잘 섭취할 수 있다. 70세 이상 노인들을 위한 식품 피라미드에는 설탕과 지방의 표시에 더하여 섬유소의 표시가 (+)로 되어 있다. 그렇지 않을 것 같지만 하루에 20g의 섬유소를 함유한 식사는 무기질 흡수에 심각하게 좋지 않은 효과를 가져 올 것이다.

수 액

노인이 필요로 하는 수액의 양은 개인의 육체적 활동의 정도, 복용하는 의약품과 신장기능, 그리고 실내의 온도에 영향을 받는다. 수액섭취는 젊은 사람들 보다 노인들에게 더 강조되어야 한다. 왜냐하면 노화는 절충된 항상성의 기작을 초래하기 때문이다.

예를 들면, 노인이 되면 갈증에 대한 감각이 줄게 된다(Philips 1984). 수액의 부족은 더욱이 변비의 주요 기여 인자가 될 수 있다. 노인들은 하루에 약 2L의 수분을 섭취해야 한다(Water & Electrolytes, 영양권장량, 1989). 알콜은 이뇨효과를 갖고 있기 때문에 섭취되는 수액으로 계산되어서는 안 된다. 비슷한 이유로 커피와 차도 수액의 주요 공급처로 계산되어서는 안 된다.

영양보조제

노인들이 건강한 생활을 유지하기 위하여 70세 이상 노인의 식품 피라미드를 따르는 것이 첫 번째로 중요하지만, 칼슘이나 비타민 D, 그리고 비타민 B_{12}와 같은 특정 영양소에 대한 영양보조제도 중히 여겨져야 한다. 비타민 D의 적절한 권장량은 200IU로부터 600IU로 최근에 증가되었으며, 칼슘에 대한 적절한 권장량도 800에서 1,200～1,400mg/d로 증가되었다(표준영양섭취량 1997).

이러한 정도의 칼슘량은 세 끼니에 해당하는 칼슘이 풍부한 유제품을 섭취함으로 달성될 수 있다. 예를 들면, 우유 240ml/d은 고형치즈 56g과 같고, 이는 요구르트 240ml와 같다. 적절한 칼슘 섭취를 위하여 240ml의 칼슘 보강된 오렌지 주스가 한 끼니의 우유의 양을 대체할 수 있다. 그러나 치즈와 요구르트 그리고 칼슘이 보강된 어떤 오렌지주스도 비타민 D를 함유하고 있지는 않다. 많은 노인들은 유당불내성 때문에 그리고 어떤 경우는 우유가 아이들의 음식이라고 생각하여 우유를 마시지 않는다. 햇빛이 없거나 아니면 북쪽지방의 기후와 같은 일광욕의 제한은 신체내의 비타민 D 생성을 적게 할 수 있다. 그러므로 70세 이상의 노인들이 적절한 양의 칼슘과 비타민 D를 얻기 위해서는 영양보조제가 필요할 수도 있다.

60세 이상 미국인의 약 10～30%에게 영향을 주는 것으로 추정되는 위축성 위염으로 인하여 음식에 결합된 비타민 B_{12}가 효과적으로 흡수되지 않는다(Hurwits et al. 1997, Krasinski et al. 1986). 그리고 위축성 위염의 위험을 가진 사람의 경우 산과 펩신에 의한 적절한 소화의 부족으로 비타민 B_{12}가 음식으로부터 분리될 수 없다(Camel 1994).

그래서 비타민 B_{12}가 궁극적으로 흡수되기 위해서는 내적인자에 결합되어야 하는데 내적인자에 결합할 수 없게 된다. 더욱이 위축성 위염은 위쪽의 위장관에 박테리아의 군집을 만들게 되며, 이러한 박테리아들이 음식으로부터 나온 작은 양의 비타민 B_{12}도 모두 소비시킬 수 있다(Suter et al. 1991).

그러므로 노인들은 생물적 유용이 가능한 보충제의 형태로든 아침 곡물식처럼 비타민 B_{12}가 보강된 식품을 통하여든 비타민 B_{12}를 섭취해야 할 필요가 있는 것이다. 이러한 영양소들을 제외하고는 70세 이상 노인을 위한 식품 피라미드를 잘 따르게 되면 영양보조제의 도움 없이 비타민이나 무기질을 적절하게 섭취할 수 있게 될 것이다.

결 론

위에서 언급한 기준에 근거하여 우리는 영양밀도 식품과 고섬유식품, 그리고 물을 더 많이 섭취할 것을 권장한다. 70세 이상 식품 피라미드 내의 각 식품군의 끼니 수를 영양밀도 음식을 사용한 컴퓨터 모델에 근거하여 다음과 같이 수정할 것을 제안한다 (그림 1).

빵, 곡물식, 쌀 그리고 전분 군은 6끼니 이상, 채소 군은 3끼니 이상, 과일은 2끼니 이상, 우유, 요구르트, 치즈 군은 3끼니, 고기, 가금, 생선, 마른 콩, 계란, 견과류 군은 2끼니 이상으로 수정되어야 한다. 이러한 식사 패턴을 갖게 되면 하루에 1,200~1,600 kcal(5~6.7M)의 에너지를 섭취하는 노인들은 단백질과 모든 필요 미세 영양소의 영양권장량을 100% 섭취하게 되는 것이다.

마지막으로, 70세 이상 식품 피라미드 맨 위에 위치한 깃발이 가리키는 칼슘, 비타민 D, 비타민 B_{12}의 보충제들은 최적의 건강을 증진하는 데 잘 맞는다. 물론, 이러한 권장들은 전체 식품들을 소비하거나 섭취하는 데 심각한 신체장애가 있는 사람들에게는 적용되지 않는다. 식품 섭취에 부정적인 효과를 주는 변화들을 발견하기 위하여 노인들에 대한 지속적인 관찰이 필요하다.

REFERENCES

1. Brodribb, J.M. (1980) Dietary fiber in diverticular disease of the colon. In: Medical Aspects of Dietary Fiber (Spiller, G.A. & Kay, R.M., eds.), pp. 43~66. Plenum Press, New York.
2. Carmel, R. (1994) In vitro studies of gastric juice in patients with food-cobalamin malabsorption. Dig. Dis. Sci. 39:2516~2522.
3. Daviglus, M.L, Stamler, J., Orencia, A.J., Dyer, A.R., Liu, K., Greenland, P., Walsh, M.K., Morris, D. & Shekelle, R.B. (1997) Fish consumption and the 30-year risk of fatal myocardial infarction. N. Engl. J. Med. 336: 1046~1053.
4. *Dietary Guidelines for Americans, 3rd Edition* (1990) U.S. Department of Agriculture and Department of Health and Human Services, Home and Garden Bulletin, No. 232. Superintendent of Documents, Washington, DC.
5. *Dietary Reference Intakes: Calcium, Phosphorus, Magnesium, Vitamin D, and Fluoride* (1997) Institute of Medicine. National Academy Press, Washington, DC.
6. *The Food Guide Pyramid* (1992) U.S. Department of Agriculture, Human Nutrition Information Service, Home and Garden Bulletin, No. 252, Washington, DC.
7. Hurwitz, A., Brady, D.A., Schaal, E. S., Samloff, I.M., Dedon, J. & Ruhl, C.E. (1997) Gastric acidity in older adults. JAMA 278: 659~662.
8. Krasinski, S.D., Russell, R.M., Samloff, I.M., Jacob, R.A., Dallal, G.E., McGandy, R.B. & Hartz, S.C. (1986) Fundic atrophic gastritis in an elderly population. J. Am. Geriatr. Soc. 34: 800~806.
9. Krauss, R.M., Deckelbaum, R.J., Ernst, N., Fisher, E., Howard, B.V., Knopp, R.H., Kotchen, T., Lichtenstein, A.H., McGill, H.C., Pearson, T.A., Prewitt, T.E., Stone, N.J., Horn, L.V & Weingerg, R. (1996) Dietary guidelines for healthy American adults. Circulation 9: 1975~1800.
10. Kromhout, D., Bosschieter, E.N. & de

Lezenne, C. (1982) Dietary fiber and 10-year mortality from coronary heart disease, cancer, and all causes: The Zutphen Study. Lancet 2: 518～521.

11. Lichtenstein, A.H. (1997) Trans fatty acids, plasma lipid levels, and the risk of developing cardiovascular disease. A statement for healthcare professionals from the American Heart Association. Circulation 9: 2588～2590.
12. National Health and Nutrition Examination Survey (NHANES), III 1988-94. (1997) CD-ROM Series 11, No. 1, 1A.
13. Phillips, P.A., Rolls, B.J., Ledingham, J.G., Forsling, M.L., Morton, J.M., Crowe, M.J. & Wollner, L. (1984) Reduced thirst after water deprivation in healthy elderly men. N. Engl. J. Med. 311: 753～759.
14. Rimm, E.B., Ascherio, A., Givanucci, E., Spiegelman, D., Stampfer, M.J. & Willett, W.C. (1996) Vegetable, fruit, and cereal fiber Intake and risk of coronary heart disease among men. JAMA 275: 447～451.
15. Suter, P.M., Golner, B.B., Goldin, B.R., Morrow, F.D. & Russell, R.M. (1991) Reversal of protein-bound vitamin B12 malabsorption with antibiotics in atrophic gastritis. Gastroenterology 101: 1039～1045.
16. Tucker, K.L., Mahnken, B. & Selhub, J. (1996) Folic acid fortification of the food supply. JAMA 276: 1879～1885.
17. Tucker, K. & Rush, D. (1992) Food Choices of the elderty. In: Nutrition in the Elderly: The Boston Nutritional Status Survey (Hartz, S., Rosenberg, I. & Russell, R., eds.), pp. 45～54. Smith-Gordon, Nishimura: London.
18. Water and Electrolytes (1989) Recommended Dietary Allowances, 10th ed. National Academy Press, Washington, DC.

13장 Questions for Review

이 름 ____________________

학 과 ____________________

날 짜 ____________________

학 번 ____________________

1. 여성의 영양상태는 임신에 영향을?

   ① 미친다 ② 미치지 않는다

2. 체중 미날 태아는 태어났을 때 체중이 ________g 이하를 말한다. 체중 미달 태아는 정상체중의 태아보다 의학적 문제가(더 많다 / 덜하다).

3. 임신기간 중의 과도한 음주는 __________________ __________________ __________________(FAS)을 야기시킨다.

   FAS는 ________________, ________________, ________________으로 특성 지어진다.

4. 임신기간은 다이어트를 하기에 좋은 시간 (① 이다 / ② 아니다). 왜냐하면 가임기간 중의 몸무게 증가는 (① 중요하기 / ② 중요하지 않기) 때문이다.

5. 임신기간 중의 몸무게 증가는 ________~________파운드 가량이어야 한다.

6. 신생아에게 모유를 먹여야 하는 이유 4가지를 쓰시오.

   ①

   ②

   ③

   ④

7. 생후 __________개월 이내에는 신생아에게 고형음식을 주어서는 안 된다.

8. 비만은 미국내 어린이들에게 증가하고 있다. 이러한 현상이 일어나는 이유 두 가지는 무엇인가?

①

②

9. 대부분의 연구 자료에서는 어린이들의 과잉 행동이 설탕에서 비롯(된다 / 되지 않는다)고 말한다.

10. 설탕은 충치를 (유도한다 / 유도하지 않는다).

11. 10대들에게 있어 균형 잡힌 식사가 이루어지지 않는 이유 4가지는 무엇인가?

①

②

③

④

12. 노인은 그들이 젊었을 때보다 영양소 필요량이 (늘었다 / 줄었다).

13. 노인들이 적당한 영양소 소비를 하지 못 하는 이유 4가지를 쓰시오.

①

②

③

④

14. 노화에 따른 정신 퇴화를 예방할 수 있는 영양소 두 가지를 쓰시오.

①

②

제 14 장

영양과 운동

영양학 분야에서 가장 논란이 많은 부분이 운동수행 능력에 대한 영양의 효과에 대한 것이다. 많은 사람의 생각과는 달리 영양보충에 의하여 운동선수의 기량은 정상 이상으로 증가되지 않는다. 영양상태가 좋은 운동선수는 그의 최대 기량을 발휘할 수 있지만, 영양상태가 나쁜 선수는 그렇지 못하다. 즉, 영양섭취 상태에 따라 운동수행 능력이 저하될 수는 있어도 증진되지는 못한다. 이 장에서는 영양과 운동수행 능력과의 관계에 대하여 알아보겠다.

운동수행 능력에 영양이 미치는 영향에 대한 그릇된 정보가 범람하여 여기서는 그런 잘못된 이야기들을 교정하도록 해보겠다. 운동선수가 아니더라도 운동을 일상생활에서 습관화하는 것은 매우 중요하다. 유산소운동을 하루에 30분씩 일주일에 적어도 3번 하는 것이 좋다. 또한 체중이 실리는 운동을 일주일에 2번 정도 해야 한다. 이러한 운동이 주는 이점은 다음과 같다.

① 열량을 소모한다.
② 몸에 활성조직을 유지시켜 준다.
③ 스트레스를 줄여 준다.
④ 혈압을 낮춰 준다.
⑤ 심폐기능을 증진시킨다.
⑥ 혈중 HDL 콜레스테롤 수준을 증가시킨다.
⑦ 혈중 중성지방 수준을 감소시킨다.
⑧ 혈당농도를 정상으로 유지시킨다.

운동의 종류에 따른 열량 소모를 알고 싶으면 Fitness Partners Connection: Calorie Counter 사이트(http://primusweb.com/fitnespartner/jumpsite/calculat.htm)

를 참조한다. The Shape Up America! Health and Fitness 웹사이트에는 건강과 몸매 관리에 대한 광범위한 정보뿐만 아니라 운동에 관한 지식을 테스트하는 퀴즈 프로그램도 있다.

1. 물

운동수행에 있어 매우 중요하면서도 간과하기 쉬운 것이 물(water)이다. 물은 특별한 것이 아니기 때문에 별로 중요시 하지 않는 경향이 있다. 운동 중에는 많은 땀을 흘린다. 땀을 흘림으로써 체열을 발산하여 체온을 유지하게 한다. 한 시간의 운동 중에 몸에서 반 gallon(약 2.3 ℓ)까지 수분이 손실될 수 있다. 손실된 수분을 보충하지 않으면 운동선수는 어려움을 겪게 된다. 수분 손실로 체중이 5%만 감소하여도 운동수행 능력이 크게 떨어진다. 수분을 보충하지 않으면 땀 생산이 멈추면서 체온이 올라간다. 이렇게 되면 몸은 열 충격을 받고, 심하면 사망할 수도 있다.

다행히 현재에는 과거보다 수분 보충에 대해 많이 강조하고 있다. 과거에는 물을 마시기 위하여 운동을 멈추면 선수가 경기를 포기하는 것으로 여겼었다. 지금은 대부분의 운동코치들이 수분을 취하는 시간을 경기시간 중에 포함시키고 있다. 물을 마시기 위하여 목이 마를 때까지 기다리지 말아야 한다. 왜냐하면 목이 마르면 이미 몸이 탈수상태에 도달했기 때문이다. 격렬한 운동 중에 수분 섭취에 대한 기본규칙은 경기 전에 물을 마시고, 경기 도중 매 15분마다 8온스(약 1컵) 정도를 마시고, 경기가 끝난 후 마시는 것이다.

대부분의 경우 손실된 만큼의 수분을 보충하면 된다. 운동선수는 경기 전·후에 체중을 측정한다. 체중 1파운드(453g) 감량에 물 두 컵을 마셔야 한다. 소금과 다른 영양소, 특히 칼륨이 땀으로 손실되지만 물을 보충하는 것이 더 중요하다. 대부분의 사람들의 식이에는 운동 중 손실한 소금을 충분히 함유하고 있다. 운동이 지속됨에 따라 땀으로 손실되는 무기질은 적어진다. 'Gatorade'와 같은 스포츠 음료를 마셔도 좋지만 반드시 마실 필요는 없다. 그리고 이러한 음료를 물로 희석하여 마시는 것이 체내 수분평형에 더 좋다. 어떤 경우라도 소금정제(salt tablet)를 복용해서는 안 된다. 소금정제는 체세포에서 물을 빼내어 장으로 이동시키므로 몸을 더 탈수시키는 결과를 초래한다.

2. 다량영양소와 운동

다량영양소 중에서 탄수화물이 장시간의 유산소운동에 영향을 미친다. 장시간 운동을 효율적으로 하기 위해서는 근육 글리코겐으로 저장된 탄수화물이 필요하다. 장시간의 유산소운동 중에 근육이 지방산을 열량원으로 사용하지만 글리코겐도 사용된다. 연구에 의하면 며칠 동안 저당질 식이를 한 선수는 보통이나, 고당질 식이를 한 선수만큼 운동을 하지 못 한다고 한다. 대부분의 선수들은 근육 글리코겐이 감소되면 운동을 지속하지 못한다.

근육 글리코겐을 'glycogen loading'이란 방법으로 운동 전에 축적시킬 수 있다(제 5장 참조). 경기 며칠 전에 고당질 식이를 함으로써 선수의 근육에 글리코겐을 증가시킬 수 있다. 저장된 글리코겐이 많으면 힘이 드는 운동과 장시간의 운동을 더 잘 할 수 있다. 이는 마라톤 전에 스파게티를 먹을 때도 같은 효과를 보인다. 사실 운동선수들의 근육 글리코겐이 운동 성적에 별로 중요한 요인은 되지 못한다.

식사 내 지방과 단백질은 당질보다 운동수행 능력에 영향을 덜 미친다. 유산소근육운동을 할 때 지방이 더 좋은 열량원이 되지만, 식이지방이 운동수행 능력에 제한요인으로 작용하지는 않는다. 단백질을 필요량 이상으로 섭취하는 미국인의 경우에 단백질도 운동능력에 제한요인이 되지 못한다.

운동수행에 영향을 미칠 수 있는 요인은 경기 바로 직전의 식사이다. 경기 4～5시간 전에 식사를 마쳐야만 한다. 경기에 임박하여 식사를 하면 혈류가 근육보다 장으로 몰리게 된다. 이것은 운동선수를 나른하게 할 뿐만 아니라 운동능력을 저하시킨다. 음식은 가벼운 것이어야 하며 지방이 적어야 한다. 지방은 소화과정을 지연시킨다. 식사는 단백질이 어느 정도 있어야 하며, 주로 전분과 같은 다당류가 좋다.

3. 비타민과 무기질

비타민과 무기질의 섭취가 부족하면 운동수행 능력을 저하시킨다. 체내에 비타민과 무기질이 부족하면 우리 몸이 최대로 운동을 수행할 수 있는 체제가 되어 있지 않다는 것이다. 예를 들어, 철분을 충분히 섭취하지 않으면 적혈구가 정상 수준으로 형성되지 않을 것이다. 적혈구가 부족하면 운동시 필요한 산소를 근육에 충분히 공급해 줄 수 없게 된다. 따라서 운동능력을 최대한으로 발휘할 수가 없다.

비타민이나 무기질이 하나만 부족하여도 운동수행 능력에 악영향을 끼치는 반면

과량을 섭취한다고 운동수행 능력이 증진되는 것은 아니다. 비타민과 무기질을 필요 이상으로 섭취해도 운동수행 능력이 정상보다 더 증가되지는 않는다. 철분을 여분으로 더 섭취해도 적혈구가 정상 이상으로 증가되지는 않는다. 이것은 다른 비타민과 무기질에도 해당된다. 즉, 여분의 미량영양소의 섭취는 운동수행 능력을 증진시키지 않는다.

강한 훈련은 비타민과 무기질의 필요량을 다소(약 10～20%) 증가시킬 수 있다. 이렇게 필요량이 약간 증가된다는 것을 상술에 이용한다. 비타민과 무기질 영양제의 판매자들은 운동을 하면 비타민 필요량이 정상보다 훨씬 많아진다고 말한다. 거듭 이야기하지만 이것은 사실이 아니다. 대개의 경우 약간 증가된 필요량은 식사에서 충족될 수 있는 양이다. 만약 여러분의 식사가 비타민과 무기질이 충분치 않다고 생각하면 비타민/무기질 영양제를 한 알씩 먹어도 좋다. 그러나 이보다 더 많이 먹을 필요는 없다.

4. 운동능 증진제

운동능 증진제(ergogenic acids)란 운동수행 능력을 증가시킬 수 있다고 주장되는 보충제들이다. 대부분 정제로 판매되는 상품들은 카페인, 비타민들, 벌꽃가루(bee pollen), 크레아틴(creatine), 카르니틴(carnitine) 등이다. 실험에 의하면 이들은 거의 운동 증진효과가 없다. 이 보충제들은 사실 심리적인 효과만 있을 뿐 효과도 없고 비싸기까지 하다. 만일 여러분도 잘 할 수 있다고 확신한다면 잘 할 것이다. 사람들, 특히 운동선수들은 무엇인가 특별한 도움을 주는 것을 찾곤 한다. 어떤 보충제들은 선수의 성적을 올릴 수 있을 수도 있는데, 이는 선수가 효능이 있다고 믿기 때문이다.

운동 증진제로 사용되는 벌꽃가루를 예로 들면 운동능력을 전혀 향상시키지 못하고 오히려 신체에 해가 된다. 그런데도 꽃가루는 지구력이 필요한 운동을 향상시킨다고 수년간 판매되어 왔다. 엄격히 관리된 실험에서 이 꽃가루는 운동능력 향상에 아무 효과가 없다고 밝혀졌다. 오히려 꽃가루에 의한 부작용이 수백 사례 보고되었는데, 알러지 반응이 가장 많아 심하면 사망하는 수도 있었다. 벌침에 알러지가 있는 사람은 벌꽃가루에도 알러지 반응을 보일 수 있으니 주의하여야 한다.

역도선수나 풋볼선수들 같이 근력운동을 하는 운동선수들이 주로 사용하는 운동능 증진제는 크레아틴이다. 크레아틴은 바디빌딩이나 단거리 같은 단기간 강렬한 운동을 하는 경우 근육에 에너지를 공급하는 물질이다. 지속적으로 과량의 크레아틴 공급 시 근력을 약간 증진시킬 수 있으나 효능에 비해 가격이 너무 비싸다. 또한 운동 시에 근육 경련을 일으킬 수 있다는 단점이 있다. 결론적으로 크레아틴을 보충해 주어야 할 이유가 없다는 것이다.

식사에서 영양소 보충이 근육량을 증가시키기에 좋다고 말하는 사람도 많다. 여기에 속하는 성분으로는 여분의 단백질, 비타민 B_6, 아미노산(특히 리신, 아르기닌, 오르니틴)이 있다. 여분의 단백질과 비타민 B_6가 역도선수들의 근육 발달을 촉진시

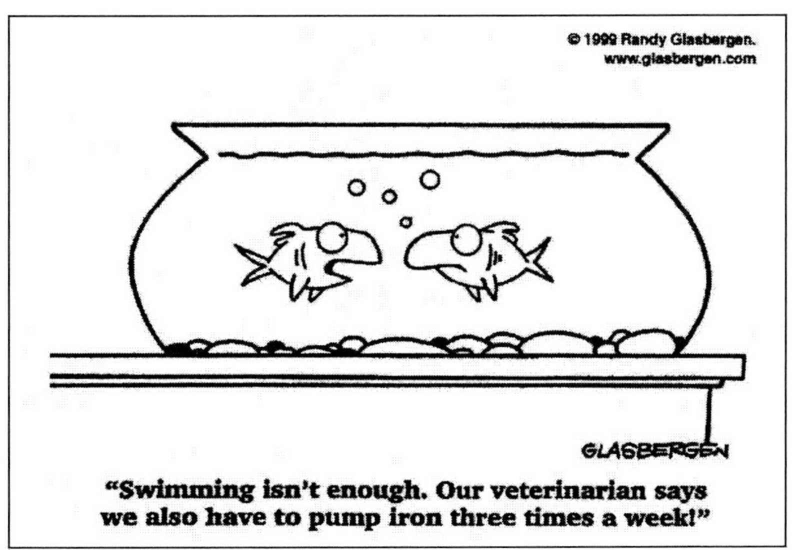

"Swimming isn't enough. Our veterinarian says we also have to pump iron three times a week!"

킨다고 생각하는 사람들이 있다. 그러나 과량의 비타민 B_6의 섭취는 근육 발달에 효과가 없을 뿐 아니라 신경을 손상시켜 마비증상을 일으키기도 한다. 또한 리신, 아르기닌, 오르니틴을 과량으로 섭취하면 성장호르몬 생성을 촉진한다는 설이 있다. 그러나 성장호르몬이 체조성을 변화시키는 기능이 있지만 식이에 의하여 성장호르몬의 생산이 변화된다는 증거는 거의 없다. 지구력을 요하는 경기에서도 훈련기간 동안 다른 방법으로 근육을 만드는 지름길은 없다. 단지 보충제 없이 열심히 근력운동에 임하는 것이 근육을 만드는 유일한 방법이다.

대부분의 연구에서 운동능 증진제들은 운동능력을 향상시키는 데 실패하였다. 다행이도 벌꽃가루를 제외하고는 주된 부작용이 없다는 것이다. 특히 엘리트 선수들을 위한 운동력 향상을 위한 지름길은 없다는 것을 명심해야 한다. 우선 운동선수들은 본인이 하는 운동에 천부적인 능력을 가지고 있어야 한다. 만일 장거리 운동을 하는데 이와 다른 근육 구조를 가졌다면 결코 장거리를 아주 빨리 달릴 수 없을 것이다. 그럴 경우 절대 유전적으로 축복받은 사람들과 경쟁할 수 없을 것이다. 다음으론 자신의 분야에서 성공하려면 훈련을 해야 한다는 것이다. 운동능 증진제는 결코 해결책이 되지 못하며, 훈련이 안된 선수가 잘 훈련된 운동선수를 이길 수 있게 해줄 수 없다.

요약하면, 영양불량은 운동능을 저하시킨다. 수분이나 다른 영양소가 결핍되면 선수는 운동능력을 최대로 발휘하지 못한다. 매일 기초식품군에서 골고루 선택하여 균형 잡힌 식사를 한다면 필요한 영양소를 모다 섭취하게 된다. 염려가 되면 종합비타민/무기질 보충제를 복용해도 된다(특히 여성의 경우). 그러나 과량의 비타민과 무기질을 섭취하는 것은 도움이 되지 못한다. 마지막으로 운동능 증진제는 일반적으로 효과가 없을 뿐더러 비싸고 독성이 있을 수 있다는 것을 유의해야 한다.

14장

1. 영양보조제는 운동능 향상에 도움이 되지 않는다

Dr. Stephen Barret

100개 이상의 회사들이 다양한 비타민, 무기질, 아미노산과는 다른 '식이보조제'의 복합으로 만들어진 엉터리 **'운동능 증진제'**를 선전하고 있다. 이들은 근육을 만들며 운동능을 도와준다고 한다. 1991년 미국질병조절과 방시센터의 연구원들은 12개의 인기 있는 건강 바디빌딩 잡지를 조사해 보았다. 조사를 통해 총 235개의 단일 성분을 가진 311개의 제품과 89개의 회사 광고가 있음을 발견했다. 건강식품사업이 1993년 평가한 바에 의하면 건강식품점을 통한 제품 총 판매는 1억 3000만 달러였다. 이들은 또한 약국과 슈퍼마켓에서도 판매된다.

'운동능력' 신화의 뿌리

훈련을 하는 동안 많은 단백질들이 필요하다고 생각된 것은 사자, 호랑이 등의 생고기를 먹으면 강력한 힘을 갖게 된다는 고대의 믿음에서 발전된 것이다. 오늘날 생고기를 먹는 운동선수들은 거의 없지만 "당신이 먹는 것으로 현재의 당신이 결정됩니다"라는 사고는 아직도 호식가들에게 전해지고 있다.

1900년대 초, 근육에 특정 단백질이 들어 있는 것으로 밝혀지자 운동선수들과 코치들은 단백질이 근육의 주 요소라고 잘못 결론을 내렸다(실상은 물이다). 이러한 단백질에 대한 믿음은 1930년대의 밥 호프만(Bob Hoffman, 1899～1985)과 그 후 죠 와이더(Joe Weider, 1923～)에 의해 더욱 커진다. 이들은 육체미 조형 선수들과 역도 선수를 위한 잡지를 간행했다. 이들은 선수들에게는 특별한 단백질이 필요하며, 단백질 보충제가 특별한 근육을 만들어 주고, 튼튼한 힘을 주며, 선수들이 단백질을 충분히 얻기 위해서는 영양보조제를 사용하는 것이 가장 효과적이라고 주장했다. 하지만 과학적 사실은 다르다. 근육은 단백질을 더 먹는다고 생기는 것이 아니다. 근육은 근육 운동을 함으로써 생겨난다. 한 번의 기본적인 단백질 필요량이 채워지면 훈련기간에 필요한 소량은 균형 잡힌 식사로 쉽게 얻을 수 있다.

미국인들은 대부분 단백질을 적당히 섭취하고 있다. 호프만은 펜실베니아 요크의 요크바벨(York Babell) 회사를 통해 보충제품과 바디빌딩 기구를 시장에 내놓았다. 그는 두 개의 잡지를 간행하고 체력 단련과 영양에 대한 30권 이상의 책을 썼다. 여러 해 동안 요크바벨의 영양제품은 기찌 시비로 소동을 일으켰다.

1960년 'Energol Germ Oil Concentrate'이라는 이름 때문에 문제가 제기되었다. 왜냐하면 오일에 관한 책이 간질담석증과 관절염 등 120개 이상의 질병을 치료하거나 방지한다고 허황되게 주장했기 때문이다. 1961년에 15개의 다른 요크바벨제품이 잘못된 것으로 판명되었다. 1968년 더 많은 제품이 비슷한 이유로 정부의 제재를 당했다. 1972년 FDA는 요크바벨 단백질 보충제의 3가지 타입을 가짜라고 못박았으며, 육체미 조형(body building)에 대해 잘못 인도한 책임을 물었다. 1974년 그 회사는 다시 가짜 상표 Energol과 단백질 보충제에 대한 책임 추궁을 당했다. 가짜 육체미 조형 시비는 단백질 보충제 때문에 생겼다.

법과의 많은 충돌에도 불구하고 호프만은 상당히 전문적인 명성을 얻었다. 처음에는 조정선수, 그 다음은 역도선수로서의 그의 운동경력을 통하여 600개 이상의 트로피와 자격증과 상패를 받았다. 그는 1936~1968까지 올림픽 역도부분 코치였고, 피지칼 휘트니스와 스포츠에 대한 대통령위원회의 창립 회원이었다.

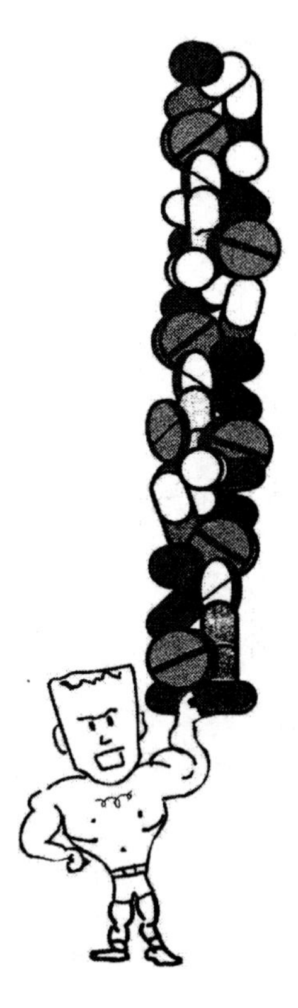

와이더는 청소년 시절부터 바디빌딩을 시작했으며, 16살 때 '당신의 몸(Your Physique)'이라는 신문기고를 시작했다. 몇 년 후 그는 육체미 조형기구를 팔며 우편을 통한 안내책자 판매회사를 열었다. 1946년 죠의 형 벤이 사업에 뛰어들었고, 육체미 조형 선수들의 국제연맹을 세웠다. 그것은 이 스포츠를 전세계에 나아가게 했으며, 후원자 경쟁을 촉진시켰다. 기사에 의하면, 사업계의 제국 '와이더 건강과 휘트니스(Weider Health & Fitness)'는 현재 매년 5억불의 수익을 올리고 있다고 한다.

그 회사는 스포츠 보충제 시장에서 유력한 위치에 있다. 이 회사에서는 4가지 잡지를 간행하며, 바디빌딩 기구를 팔고 '근육잡지(Muscle Megazine)'를 ESPN에 방영하며, 많은 운동과 에어로빅 이벤트를 후원한다. 보충제로는 Anabolic Mega-Pak, Dynamic Life Essence, Dynamic Super Stress End, Dynamic Power Source, Dynamic Driving Force, Dynamic Fat Burners, Dynamic Liver Concentrate Energizer, Dynamic Sustained Endurance, Dynamic Recupe, Dynamic Body Shaper, Dynamic Muscle Builder들이다. 이 제품 중 어느 것도 그 이름과 같은 효능을 갖고 있는 것은 없다. 일반적인 균형 잡힌 식사만 하더라도 이러한 영양소들은 다 얻을 수 있다.

1984년 FTC가 Anabolic Mega-Pak(아미노산, 무기질, 비타민과 약초를 넣음)과 Dynamic Life Essence(아미노산 제품)가 잘못된 광고라고 고소했다. FTC의 고소는 와이더와 그의 회사가 그들의 제품이 근육발달에 도움이 되고, 합성스테로이드에 효과적이라는 거짓 주장을 하지 않겠다는 각서를 씀으로써 일단락되었다. 또한 이들은 최소한 40만불의 환불에 동의했고, 영양과 근육발달과의 관계를 위한 연구비를 내겠다고 했다. 와이더의 광고들에는 이 금지된 조항은 이제 더 이상 사용하지 않지만 비슷한 메시지는 아직도 잡지의 기사에 나타나며, 상품의 이름이나 운동선수의 사진, 유명인의 동의 등을 통해 암시되고 있다. 거짓과 잘못된 주장은 또한 와이더 헬스와 휘트니스에서 1990년 간행된 일련의 18개의 책에 적혀 있었고, GNC 가게를 통해 판매되었다.

시장이 확장되다

1970년 단백질 보충제와 비타민과 더불어 선수들에게 선전된 주요 제품으로는 밀발아기름(wheat germ oil)과 벌꽃가루(bea pollen)였다. 이들은 에너지와 지구력을 강화시킨다고 거짓 광고되었다. 1980년대 초에 와이더 헬스와 휘트니스가 'Olympians'를 소개했다. 이것은 'Olympians 와 영양관련 연구자'들과 가까이 지내면서 계발시킨

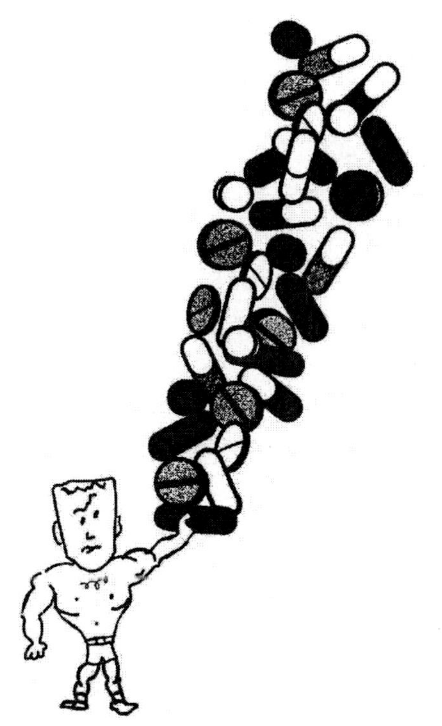

것이라고 말했다. 대부분은 이국적인 물질 한두 가지를 조합하여 넣은 지속성의 비타민이었다. 휘트니스에 대한 관심이 생기면서 여러 제약회사들이 복합비타민 또는 활동적인 사람들에게 필요한 '스트레스' 보충제라고 거짓 주장을 하기 시작했다.

덕크 피어슨(Durk Pearson)과 샌디 쇼(Sandy Shaw)는 Life Extension을 1982년에 발간한 후 수백 가지의 라디오와 텔레비젼 토크쇼에 출현했다. 이 책은 특정 아미노산 보충제가 성장호르몬을 낸다고 하였으며, 이것이 아무런 노력 없이도 근육을 발달시키며 지방을 감소시킨다고 주장했다.

이런 주장을 하게 된 것은 동물에게 다량의 아미노산을 주사했을 때의 경험 때문이다. 그러나 피어슨과 쇼가 대대적으로 선전을 하면서부터 건강식품사업은 박차를 가하여 운동선수들과 미래의 식이요법자들을 위한 수백 개의 제품들이 쏟아져 나왔다. 이 제품들 대부분은 '천연 스테로이드' 또는 '스테로이드 대용품'이라고 거짓으로 주장했다. 그때 이래로 별 쓸모없는 성분들이 '운동능 증진제'라는 이름으로 시장에 나와 있게 되었다.

어떤 제조업자들은 광고에는 나타내지 않지만 제품 이름으로 교묘히 알린다. 많은 사람들이 메시지 전달을 위해 선수들의 사진을 이용한다. 어떤 사람은 광고나 제품 안내서에 노골적으로 주장하기도 하고, 어떤 사람들은 단순히 과대광고를 한다. 여러 사람들이 자사제품이 특별하다고 선전문을 내기도 한다. 어떤 사람들은 특정한 운동경기에 자기 제품들로 후원한다.

단순한 진리들

균형 잡힌 식사를 하는 선수들은 추가의

단백질과 비타민은 필요치 않다. '여성을 위한 완전한 스포츠 의학책(The Complete Sports Medicine Book for Women)'에서 스포츠의학 전문가인 의사 가베 머킨(Gabe Mirkin, MD)과 부인과 의사 모나 상골드(Mona Shangold, MD)가 그 이유를 설명한다.

"근육 신장을 위해서도 더 많은 단백질은 필요치 않습니다. 예를 들어 1파운드의 근육은 단지 100g의 단백질만을 갖고 있으며, 72% 이상이 물로 구성되어 있지요. 매주 좋은 체력단련 프로그램에서 1파운드의 근육을 더하고 있다면 여러분은 단지 매주 100g의 단백질 또는 매일 15g의 단백질을 먹으면 됩니다. 두 컵의 옥수수와 콩은 이 필요량에 알맞은 것입니다. 여러분이 예상한 것보다 훨씬 적지요. 운동 시에는 단지 4가지 비타민만 더 필요합니다. 티아민, 나이아신, 리보플라빈, 판토텐산입니다. 이 비타민들은 탄수화물 분해 시에 소량이 없어지고 일부는 에너지를 위한 단백질 분해 시 없어집니다. 그러나 여러분은 이런 비타민들을 음식물에서 다 얻을 수 있습니다. 더구나 이런 비타민 결핍은 운동선수에게 생긴 적이 없지요."

다른 제품들은 어떤가? 가장 철저하게 진행된 조사는 '운동능 진증제의 건강사기 전담반에 대한 국가 위원회'를 감독하는 운동생리학자겸 영양학자인 데이빗 라이트세이(David Lightsey)가 주도했다. 지난 4년간 그는 '운동능 진증제'를 판매하는 80개 이상의 회사들에게 전화를 했다. 최근의 인터뷰에서 라이트세이가 나에게 다음과 같이 말했다.

"저는 회사 대표에게 제품정보와 공식보고서 건을 부탁했지요. 그들 제품의 장점들을 들은 후 이런 주장을 할 만한 정보를 어디서 얻었는지 물어보았습니다. 점점 자세히 묻자 그들의 대답은 점점 모호해졌습니다. 어떤 이는 제품의 비밀을 누설할 수 없어서 더 이상 구체적으로 말할 수 없다고 하더군요. 저는 그것을 문서로 보내 달라고 하고 인터뷰를 끝냈습니다. 하지만 그들 절반도 보내오지 않았어요. 받은 대부분의 연구들도 부실하고 아무것도 증명하지 못했습니다. 잘 만들어진 소수의 제품들은 제품이 말하는 것들을 잘 설명해 주지 못했고, 말도 안 되는 것들이었습니다. 어떤 회사들은 한두 개의 운동팀이 자사제품을 사용하고 있다고 말했어요. 그런 경우에 저는 운동팀 관리자와 만났는데, 그 때 알게 된 것은 한둘 또는 그 이상의 운동선수가 사용한다 할지라도 관리부에서 그 제품을 승인하거나 사용하도록 추천하지는 않았다는 것입니다."

라이트세이는 왜 많은 선수들이 이런 제품들에 대해 그렇게 신뢰하는지 두 가지 이유를 들었다. ① 종종 특정 제품을 사용할 때와 훈련 시 멋진 발전이 있을 때가 일치할 때가 있다. 그리고 ② 자신감이 생기고 위약의 효과가 있어서 경기가 잘 되게 한다. 하지만 이런 '심리적 유익'은 잘못된 정보와 소비되는 돈, 잘못된 미신 그리고 알고 혹은 모르고 하는 영양소 과대 복용으로 인하여 일어나는 신체적 부작용의 결과와 신중히 비교해 보아야 한다. 얼마나 많은 사람들이 휘트니스 프로그램과 레크레이션 운동를 위하여 신통력 있는 위약(가짜약)이 필요한 것일까?

더 강한 법적 집행이 필요하다

지금까지 '스포츠 영양제' 상품에 낭비하는 소비자를 돕기 위한 정부 차원의 노력은 거의 없었다. FTC가 위에서 언급한 시장의 선두주자인 '와이더 건강과 휘트니스' 회사에 제재를 가했다. 1986년에 FTC는 로빈스(A. H. Robins)와 그의 회사인 Viobin회사를 고소했다. 그들은 15년 이상 밀발아기름 제품에 대해 거짓주장을 해왔다. 소송은 다음과 같은 주장들을 금지하기로 의견일치를 보고 마무리되었다. 그 주장들은 밀발아기름이 소비자에게 지구력, 스테미나, 정력, 그밖의 체력단련을 향상시키는 데 도움이 된다거나 또는 그 주성분인 'octacosanol'이 신체의 반응시간, 산소 흡수, 산소 부채, 또는 운동 경기능과 관계가 있다는 것들이었다.

1992년에 뉴욕시청 소비자 상담실은 Magic Muscle Pill!! 영양보조제의 건강체력 관련 엉터리 치료에 대한 보고서를 냈다. DCA조사단은 선수들에게 유익하다는 그들의 주장을 입증할 만한 과학저널 하나라도 제대로 제공하지 못했음을 알게 되었다. 이 보고와 함께 DCA는 조사된 6개 회사의 위반사항을 발표했다. 이것은 소비자에게 fat burner, fat fighter, fat metabolizer, energy enhancer, performance booster, strength booster, 운동능 증진제, 근육 동화제와 같은 용어에 주의할 것을 경고했다. 육체미 조형 보충제 사업을 "좋지 않은 결과를 가져오는 속이는 것"으로 부르는데, DCA 관계자들은 FDA와 FTC가 이 소란스럽고 약장수 같은 선전 등의 거짓된 것을 금지시켜야 한다고 주장했다.

1994년 FTC는 제너럴 뉴트리션 회사(General Nutrition Inc)에게 41개 제품에 거짓 광고한 책임을 물어 240만 불의 벌금을 물게 했다. 이들 대부분은 다른 제조업자들에 의하여 포장된 것들이다. 이들은 '와이더의 초지방 인화기(Weider's Super Fat Burners)'와 11개의 다른 'muscle builder' 그리고 5개의 각각의 가짜 '운동능 증진제' 들이다. 타 제조업자에게는 어떤 제재도 가해지지 않았다. 그러나 FTC의 간부들은 스포츠 영양시장이 깨끗이 청소되어야 한다고 느끼고 있다.

Stephen Barett은 은퇴한 신경전문의이며, 36권이나 되는 책들의 공동 저자이거나 편집자이기도 하다. Victor Herbert, MD, JD와 함께 'The vitamine pushers : How the health-food industry is selling America a bill of goods'을 1994년에 공동 집필하였다. 1984년에 엉터리 영양치료제와 싸운 사회적 공로로 미국 FDA 국장이 주는 특별한 표창장을 받았다.

14장

2. 영양보조제: 과학적으로 효능이 있는가 아니면 과대광고인가?

Thomas D, Armsey Jr, MD; Gary A. Green, MD

요약: 영양보조제 회사들의 공격적인 영업방법은 비전문적인 혹은 전문적인 수백만의 운동가들로 하여금 그들의 운동능력을 향상시킨다는 희망 아래 영양보조제를 사용하도록 만들었다. 이러한 광고들은 희생을 치를 수 있거나 혹은 유해하기도 하다. 그리고 운동능 증진효과는 광고된 것과 같은 과학적인 근거가 전혀 없든지 아니면 조금 있을 뿐이다. L-카르니틴, L-트립토판, chromium picolinate와 같은 아미노산들은 운동능 증진에 아무 유익도 되지 않는다고 밝혀졌다. 크레아틴, beta-hydroxy-beta-methylbutyrate, DHEA와 같은 것들은 운동능 증진 혹은 동화작용의 효과를 줄 수도 있다. Chromium picolinate와 DHEA는 부작용이 있으며, 다른 제품들의 안정성에도 의문이 남아 있다.

미국에서의 영양보조제 산업은 매우 수지맞는 사업이다. 책임 있는 영양위원회(Council for Responsible Nutrition) (1)에 따르면, 식이보조제의 소매 판매액은 1990년에 33억불이었으며, 매년 수입이 증가하는 것으로 알려져 있다. 이러한 거대한 소비량은 영양보조제를 통하여 주로 근육증강의 효과를 열망하는 고등학생과 대학생 그리고 여가운동가들을 목표로 한 공격적인 광고효과로 인한 것이다. 최근 건강관리의 유행을 타고 영양보조제는 수백만의 소비자들의 관심을 끌며 믿기 어려울 정도로 엄청난 양의 수익을 만들도록 수십 억불의 재정을 지불하게 한다.

불행하게도 이러한 영양보조제들은 미국의 식약청(FDA)의 제한을 거의 받고 있지 않다. 광고의 내용과는 반대로 처방된 약품들에 요구되는 자세한 과학적인 조사도 많은 영양보조제들에 대하여 이루어지지 않았다. 더 심각한 것은 지속적으로 증가하는 영양보조제 산업의 크기를 고려해 볼 때 FDA는 아마도 그 제품들을 효과적으로 다 통제하지 못할 것이다. 이렇게 조사와 통제가 불가능하게 되면 이는 부도덕한 광고를 이끌게 될 것이며, 나중에는 제품의 불순함과 심지어 보충제 사용자들에게 심각한 위험을 가져올 것이다. 이러한 내재되어 있는 위험한 결과들을 볼 때 의사들은 최근의 영양보조제들에 대하여 더 많이 배워서 환자들로 하여금 이러한 영양보조제들을 사용함으로 얻는 효과와 또한 그 위험에 대해서 가르쳐야 하는 의무를 갖도록 해야 할 것이다. 특별히 운동선수 팀의 의사들은 운동선

Reprinted by permission from the authors, Gary A. Green, MD and Thomas D. Armsey Jr, MD Department of Family Practice & Sports Medicine, University of Kentucky. Adapted from *The Physician and SportsMedicine,* Vol. 25, No. 6 (June 1997).

수들과 코치, 또 관리자들에게 이러한 것들에 대하여 조언할 수 있다. 교활한 광고들과 과대 주장들과 경쟁하여 이기는 것은 매우 힘들다. 의사들은 그러나 일반적인 영양보조제들에 대한 최근의 과학적 연구와 이들의 작용 기작 그리고 일어날 수 있는 역효과들에 대한 정보를 이용함으로써 영양보조제 사용자들이나 이것을 사용하는 데 관심이 있는 사람들에게 올바른 추천을 할 수 있을 것이다.

크레아틴 모노하이드레이트(creatine monohydrate)

크레아틴 혹은 메틸구아니딘아세트산은 1835년에 Chevreul에 의해서 처음 발견된 아미노산이다. 이것은 간과 췌장, 그리고 신장에서 아르기닌과 글라이신으로부터 합성되며, 고기와 생선으로부터도 얻을 수 있다(2). 크레아틴은 1993년에 **크레아틴 모노하이드레이트**라는 이름으로 운동능 증진제로서 소개되었으며, 지금도 미국 전역에서 운동선수들에 의해서 매우 많이 사용되고 있다. 현재 심사 계류 중에 있는 미국대학운동협회(National Collegiate Athletic Association, NCAA)의 연구결과에 따르면 지난 12개월 동안 대학교 학생들 중 13%가 크레아틴 모노하이드레이트를 사용해온 것으로 나타나고 있다(Frank Uryasz, personal communication, February 1997).

최근의 이론에 따르면 크레아틴 보충제는 골격근 세포에서 인산화된 크레아틴(PCr)의 생물 유용성을 증가시킨다. 이러한 증가가 두 가지 방법으로 근육의 활동을 증강시킨다고 생각되어진다. 첫 번째, 더 많은 PCr은 더 빠른 ATP의 재생산을 허용하고, 이것은 단거리 달리기, 높이뛰기, 역도와 같이 짧고 고강도의 운동에 필요한 에너지를 제공한다. 두 번째, PCr은 운동을 통하여 일어나는 근육의 피로, 젖산 생산과 관련하여 만들어진 세포내 수소이온을 완충하는 역할을 한다. 그러므로 크레아틴 보충제는 근육수축과 무산소운동을 증진시키는 힘을 증가시키므로 운동능 증진 효과를 제공한다.

크레아틴 보충제가 운동능 증진 효과가 있는 것이 여러 가지 잘 계획된 연구에 의하여 보여졌다. Greengaff 등(4)은 하루에 20g씩 5일 연속 크레아틴 모노하이드레이트를 경구투여했을 때 근육의 크레아틴 수용성을 20% 증가시켰으며, 고강도 근육수축 후에 PCr의 재생산을 상당히 증가시켰다. Birch 등(5)과 Harris 등(6)은 하루 20~30g의 크레아틴 보충제를 사용함으로써 남자 운동선수들의 운동능력을 짧고 고강도의 일과 소진까지 이르는 데 걸리는 총 시간의 길이에서 모두 상당히 증진시킨다는 것을 실험실과 실제 연구에서 보여주었다.

최근의 자료에 의하면 사람의 골격근의 크레아틴 평균 농도는 125mmole/kg-dm (dry muscle)이며, 정상적인 크레아틴 농도의 범위는 90 mmole/kg-dm에서 160mmole/kg-dm이다(7). 이러한 크레아틴의 넓은 정상농도의 범위는 일부 발표된 연구의 결과에서 왜 크레아틴 보충제의 섭취가 유의성 있는 운동능 증진 효과를 보여주지 못했는지를 알려준다. Greenhaff(7)의 연구에 의하면 조사된 운동선수의 거의 절반에 이르는 사람이 125 mmole/kg-dm보다 낮은 크레아틴 농도를 보여주었다고 한다. 그리고 엄격한 채식주의자들은 크레아틴 농도가 더 낮았다. 이러한 사람들은 크레아틴 보충제의 섭취가 근육 크레아틴의 농도, PCr 재생산 그리고 운동능 증진의 가장 의미 있는 증가를 보여주었다. 반면 크레아틴 농도가 일반적으로 높은 운동선수들에게는 이러한 크레아틴 보충제의 효과가 없거나 아니면 약간의 효과만 있는 것으로 나타났다.

이렇게 크레아틴의 사용이 급속도로 증가한 반면, 크레아틴을 사용하는 사람들에게는 비교적 짧은 시간(4주 이내) 동안에는 어떤 특정한 부작용도 과학적으로 관찰되지 않았다. 그러나 크레아틴 모노하이드레이트 사용과 관련하여서 근육 경련의 일시적인 증가가 있었다는 보고가 있었다(J. Kinderknecht, MD, personal communication, June 1996). 더 많은 연구를 통하여 이러한 부작용이 크레아틴 보충제에 의한 것인지 아닌지를 규명하여 줄 수 있길 바란다.

크롬 피콜린산(chromium picolinate)

크롬은 버섯, 자두, 견과류, 전곡 빵, 그리고 곡물식(8)과 같은 여러 가지 음식에 포함되어 있는 미량의 필수무기질이다. 일반적으로 미국인의 식사에는 크롬 일일 권장량의 50～60%을 함유하고 있다. 이것은 위장관 흡수율이 매우 낮아서 영양소 보충제 제조자들은 크롬을 피콜린산에 결합(CrPic) 하여서 흡수력과 생물 유용성을 증가시킨다.

크롬 보충제는 처음에 운동에 의한 크롬의 손실로 인하여 운동선수들에게 크롬의 부족이 많이 있을 것이라는 염려와 관련하여서 잘 알려지게 되었다(9). 크롬은 탄수화물과 지방, 단백질 대사에서 인슐린의 작용을 증가시키는 보조인자로서 기능하는 것으로 보인다. CrPic 권장자들은 이것이 글리코겐 합성을 증가시키고, 당 내성과 지질분포를 개선시키며, 근육에 아미노산의 주입을 증가시킨다고 주장한다.

1980년대 초 연구에서 하루에 200μg의 CrPic를 복용함으로써 근육증강의 효과를 보여준다고 알려졌을 때부터 과학적인 신뢰를 얻었다. Evans(10,11)와 Hasten(12) 등은 CrPic 보충제를 섭취한 후 지구력 운동 후에 대학 운동선수와 학생들에게서 체지방의 비율이 줄어들었으며, 제지방의 증가를 가져왔다는 것을 보여주었다. 그러나 이러한 연구들을 비판적으로 조사해본 결과 CrPic 보충제 보다는 잘못된 부정확한 측정 방법이 이러한 운동능 증진 결과를 가져온 것으로 드러났다. 최근에 더 정확한 측정 방법으로 수행하였을 때 Clancy 등(13)과 Hallmark 등(14)의 연구에 의하면 CrPic 보충제의 복용은 어떠한 체지방과 제지방 그리고 운동능에도 의미 있는 개선을 보여주지 못했다.

CrPic를 사용한 대부분의 실험에서 한달 이내에 매일 50～200μg을 섭취하였을 때 위장관 과민성을 제외한 어떠한 부작용도 나타나지 않았다. 그러나 CrPic를 증가된 양으로 오랜 기간동안 사용하였을 때 빈혈(15), 인지 결손(16), 염색체 손상(17), 간질신염(18)과 같은 심각한 부작용이 나타났다. 그러므로 크롬 피코린산 보충제를 운동능 증진제로 사용하는 것은 매우 강력하게 제지되어야 하며, 매우 위험스럽다고 간주되어야 한다.

아미노산

아미노산은 단백질의 구조 구성성분이다. 그러므로 사람들은 더 많은 아미노산을 섭취함으로 인하여 골격근을 형성하는 데 더 많은 가능성이 있을 것이라고 생각할 것이다. 1989년의 영양권장량에 따르면 일반

성인은 신체의 단백질 필요량을 만족시키기 위하여 하루에 0.8g 아미노산/kg의 제지방을 섭취하여야만 한다. 그러나 운동선수들은 일반적으로 정상적인 사람들 보다 더 많은 단백질을 필요로 하는 것으로 생각하기 때문에 이들은 더 많은 단백질 보충제를 사용한다.

이론적으로는 아미노산은 생물 유용성을 증가시킴으로 인해서 단백질 생산을 증가시키고, 근력과 지구력 운동에서 일어나는 근육 손실을 낮춘다. 이러한 이론들은 단백질 대사에 관한 실험으로 지지를 얻었다. Fern 등(19)과 Lemon 등(20)은 4주의 지구력 훈련 동안 단백질 섭취를 통하여 단백질 합성이 실질적으로 증가하는 것을 근력운동가들이 보여주었다. 이러한 운동선수들의 질소 균형을 조사함으로 인해서 새로운 단백질 일일 필요량(1.4～1.8g/kg lean mass/day)이 만들어졌다.

아미노산 보충제들은 지구력 운동선수들에게도 중요한 역할을 한다. Lemon(21)과 Gontzen 등(22)은 지구력 운동선수들이 중증의 운동(VO_2 max의 55～65%)과 고강도 운동(VO_2 max의 80%)을 100분 이상 수행하였을 때 단백질 섭취를 1.4～1.8g/kg lean mass/day 정도로 섭취하지 않으면 심각한 단백질 손실을 가져온다는 것을 보여주었다.

여러 가지 요인들로 인하여 운동선수들이 필요로 하는 아미노산의 양에 대한 정보가 분명하지 않게 되었다. 비록 모든 인용된 연구들이 현재의 영양권장량보다 더 많은 단백질을 섭취할 것을 권하고 있지만, 어떤 잘 고안된 연구도 아미노산 보충제가 운동능력을 증가시킨다는 보고는 없다. 더 나아가서 어떠한 과학적 연구도 2g/kg lean mass/day의 용량보다 더 많은 양의 단백질 보충제 사용을 뒷받침해 주지 않는다. 마지막으로 4～8주 동안의 운동으로 인하여 일어나는 개선된 신체조건이 단백질 손실을 줄일 수 있다. 이것이 현재의 영양권장량에 훨씬 더 가까운 유지 단백질 필요량을 초래할 수도 있다.

L-카르니틴

카르니틴은 4개의 원소로 구성된 아민이며, 카르니틴의 생리적 활성은 beta-hydroxy-gamma-trimethyl-ammonium butyrayte이다. 카르니틴은 고기와 낙농제품에서 발견되며, 사람의 간과 신장에서 두 필수아미노산인 라이신과 메티오닌으로부터 생성된다. 카르니틴은 두 가지 면에서 운동능 증진 효과가 있다고 생각되어진다. 첫째, 미토콘드리아 막 사이의 유리지방산의 수송을 증가시킴으로써 카르니틴은 지방산의 산화를 통한 에너지의 사용, 그리고 근육 글리코겐을 아끼는 효과를 가지고 온다. 두 번째, 피루브산을 완충함으로써 피로함과 연관된 근육 젖산 축적을 감소시키므로 카르니틴은 운동시간을 오랜 동안 지속시킬 수 있다.

카르니틴이 운동능 증진 효과가 있음이 Gorostiaga 등(23)과 Wyss 등(24), 그리고 Natalie 등(25)에 의한 초기 연구에 의하여 간접적으로 알려졌다. 이러한 연구는 운동 중 L-카르니틴의 섭취가(2～6g/day) 호흡교환율(RER)을 감소시킨다는 것을 보여주었다. 이는 탄수화물 보다는 지방산이 에너지 급원으로 사용된다는 것을 보여준 것이다. 그러나 이러한 연구들은 방법론에 있어서 여러 가지 문제점들이 있었다. 호흡교환율만을 지방산 산화의 증가의 유일한 측정방법으로 사용했다는 것이다. 호흡교환율은 지방산 사용을 측정하는 간접적인 방법이고, 이것은 운동전 식사, 체형의 수준, 운동강도 그리고 시간과 같은 여러 가지 요인들에 의하여 영향을 받는다(26). 이러한 혼돈으로 인하여 실험이 잘 조절되지 않았을 것이고, 그러므로 인하여 아마도 결과에 영향을 주었을 것이다.

이러한 문제들을 피하여서 Vuchovich 등(27)에 의한 더 잘 준비한 실험에서 생체검사와 혈청 분석을 통하여 근육 글리코겐과 젖산을 직접 측정하였다. 이러한 연구결과는 L-카르니틴을 하루에 6g을 섭취했을 때 어떤 글리코겐 절약효과나 젖산 감소효과를 보여주는 데 실패하였다. 더욱이 지금까지 어떠한 연구도 카르니틴 섭취가 운동능을 증가시킨다는 것을 확증하지 못했다. 그리고 지금 사용되는 카르니틴 보충제들은 D-카르니틴을 함유하고 있다. 이것은 사람에게 활성이 없을 뿐만 아니라 오히려 조직에서 L-카르니틴을 없애는 기작을 통하여 근육의 약함을 초래할 수 있다. 그러므로 카르니틴은 운동능 증진 보충제로 사용되어서는 안 된다.

L-트립토판

L-트립토판은 필수아미노산이다. 보통 상업적으로는 순수한 트립토판의 형태로 얻을 수 없다. 이것은 여러 가지 복합 보충제와 함께 존재하며 불면증, 우울증, 걱정, 월경 전 긴장과 같은 증상들을 치료한다고 보고되었다(28). L-트립토판이 운동능 증진 효과가 있다는 광고를 보고 지난 10년 동안 운동선수들은 L-트립토판을 섭취하였다. 이러한 효과의 이론적인 기작은 다음과 같다. L-트립토판을 섭취로 인하여 뇌에 세로토닌의 양이 증가하며, 이러한 증가는 무통을 초래하고 지속된 근육운동으로 인한 불편함을 감소시켜서 피로감을 늦춰 주는 역할을 한다. 이러한 이론적인 모델은 1988년 Segura와 Ventura(29)가 1.2g의 L-트립토판(24시간 운동 이내에 300mg씩 4번)을 섭취한 사람이 대조군보다 총 운동시간이 49% 증가한다는 것을 보여 줌으로써 과학적인 신뢰를 얻게 되었다. 이러한 운동능의 증가는 상상조차 하기 어려울 정도로 좋은 것이지만, 이런 연구 결과들이 실험에 의하여 재현된 적은 없다. Seltzer 등(30)과 Stensrud 등(31)에 의한 두 개의 잘 고안된 실험에 의하면 1.2g의 L-트립토판을 섭취한 그룹이 대조군에 비하여 어떠한 주관적이고 객관적인 개선을 보여주는 데 실패하였다. 이러한 두 가지의 연구 결과는 현재 운동과 관련된 연구결과와도 잘 일치한다.

의사들은 L-트립토판 섭취에 대한 반대되는 다른 2가지의 주장에 대하여 매우 잘 알고 있어야만 한다. 전문적 운동선수들 사이에서는 트립토판의 사용이 이미 감소되고 있는데, 이들은 아마 L-트립토판이 운동능 증진 효과가 거의 없음을 알고 있는 듯하다. 더 중요한 것은 L-트립토판의 섭취는 호산구성 근육통의 여러 가지 사례와 연결되어 있으며, 32명의 사망을 초래하였다(28). 비록 이러한 사례들은 아미노산 그 자체에 의한 것이기 보다는 일본 제조회사가 만든 L-트립토판의 오염에 의한 것일 수도 있지만, 이것은 잘못 통제된 보충제에 대한 질과 순도의 의문점을 설명해주는 것이다.

HMB(beta-hydroxy-beta-methyl-butyrate)

최근 영양보조제 시장에 새로이 첨가된 것 중 하나가 HMB이다. 이것은 곁가지 아미노산인 루신의 대사산물이며, 신체 내에서도 소량 생산된다. HMB는 또한 메기,

감귤류, 모유에도 존재한다. 1980년대 초에 아이오와 주립대학의 연구원들은 HMB가 단백질 대사를 조절하는 루신 대사산물 중의 생리활성 성분이라고 가정하였다. 이 대사산물의 정확한 기작은 알려져 있지 않지만 HMB 권장자들은 HMB가 단백질 분해에 관여하는 효소를 조절한다고 주장한다. 이들은 HMB 수준이 높으면 단백질의 이화작용을 줄여서 궁극적으로 동화작용 효과를 창출한다고 제안한다.

HMB를 섭취하면 이것이 근육 양과 힘을 증가시키는 것처럼 보인다는 것이 가금류(32～36)와 사람의 연구에 의하여 잘 알려졌다. Nissen은 두 번의 잘 준비된 실험(37,38)에서 운동하는 사람에게 HMB가 운동능력을 증진시키는지에 대한 연구를 수행하였다. 첫 번째 연구에서 41명의 훈련되지 않은 사람들이 4주 동안에 지구력 훈련 프로그램에 참여하였다. 두 개의 그룹은 매일 1.5g 혹은 3g의 HMB 보충제 혹은 대조군으로 조절되었다. HMB 보충제를 섭취한 그룹은 대조군에 비하여 근육 분해산물(3-methylhistidine과 creatine phosphokinase)이 상당히 줄어들었을 뿐만 아니라 근육 양과 힘도 눈에 띄게 개선된 것을 보여주었다. 두 번째 연구에서는 비슷하게 조절된 근력 강화운동을 통하여 훈련된 그룹과 훈련되지 않은 남자 그룹을 조사하였다. 하루 3g의 보충제를 섭취한 그룹은 대조군에 비해서 근육량이 증가하였으며, 체지방률이 감소하였을 뿐만 아니라 벤치프레스를 드는 최대 횟수가 한 번 증가하였다.

HMB에 대한 더 많은 연구는 영양보조제의 동화작용 효과를 지지하게 될 것이며, 단백질 대사에서의 역할을 분명하게 할 것이다. HMB 보충제의 부작용은 아직 보고되지 않았지만 이 물질의 안전성에 대해서는 아직 알려져 있지 않다. 그러므로 HMB의 사용이 안전하며 효과적인 운동능 증진제라고 추천하기에는 아직 이르다.

DHEA(dehydroepiandrosterone)

1996년에 FDA에 의해서 DHEA가 그 안전성이 보장될 때까지 치료적 목적으로 판매되는 것을 제한함으로써 DHEA에 대한 사람들의 관심이 증대되었다. 대중 매체들에 의한 후속적인 관심은 이 영양보조제를 유명하게 만들었으며, 제조업자들은 DHEA를 치료 목적보다는 영양보조제로서 팔기 시작하였다. DHEA는 1934년에 아드레날린 선에서 생산되는 안드로젠으로 알려졌다. 영장류에서는 DHEA가 안드로젠과 에스트로겐의 체내 생산의 전구체이다. 또한 DHEA의 원료라고 알려진 야생 고구마는 많은 건강식품 상점에서로부터 구할 수 있다. 안드로젠 스테로이드의 전구체로서 DHEA는 테스토스테론 생산을 증가시키고 근육 증강작용을 제공한다. 권장자들은 DHEA가 노화과정을 늦춰 주기 때문에 이것을 "젊음의 샘"이라고 광고한다.

DHEA의 효과에 관해서는 무작위, 이중맹검, 그리고 대조군으로 비교되어 발표된 실험이 그리 많지 않다. 6개월 동안 매일 50mg(40) 혹은 12개월 동안 매일 100mg(41)을 섭취한 실험의 결과를 나타내는 두 개의 문헌이 DHEA가 육체적·정신적 행복뿐만 아니라 혈장 내의 안드로젠 스테로이드의 양을 상당히 증가시킴을 보여주었다. DHEA가 신체 조성 혹은 지방분포에 어떤 영향을 미치는지는 아직 분명하지 않다. 40세 이하 건장한 젊은 사람들에 대한 실험은 아직 수행되지 않았다.

DHEA 사용자들은 DHEA를 사용하였을 때 비가역적인 탈모, 더부룩함, 목소리의 깊어짐과 같은 한 가지의 여성의 남성화 증상을 제외하고는 부작용이 거의 없음을 보여주었다. 남성들은 에스트로겐의 증가에 따른 비가역적인 유방이상 비대증을 보고하였다. 이 보충제는 매우 새롭기 때문에 장기적인 부작용에 대해선 아직 모른다. 다른 영양보조제와는 다르게 DHEA는 통제되지 않는 에스트로겐과 테스토스테론 수준의 지속적인 증가로 유도하여 실질적으로 자궁과 전립선암의 발생을 증가시킬 수 있다. 그러므로 이 보충제의 안정성은 확신할 수 없다.

운동선수들이 특히 관심을 가져야 하는 것은 DHEA 보충제가 국제올림픽위원회(IOC)와 NCAA의 외부 테스토스테론 사용에 대한 스크리닝 결과에 영향을 줄 수 있다는 것이다. DHEA를 사용하게 되면 테스토스테론-에피테스토스테론의 비율을 변경시켜서 두 그룹에 정해진 6 : 1의 한계를 초과할 수 있다(Personal communication, Don Catlin, MD, 1997). 그래서 DHEA 사용자들은 국제 경기에서 자격을 상실당할 위험이 있다.

DHEA가 운동능을 증진시킨다는 보고도 빈약하고, 그것의 부작용도 심각한 것을 볼 때 DHEA 보충제는 영양보조제로서 추천할 만하지는 않다.

영양보조제의 순도, 비용, 그리고 마지막 의견들 및 기타 의견

비록 위에서 언급한 보충제 중의 일부는 신체에 이로운 것들이 있지만 의사들은 이 보충제들의 사용에 대하여 회의적이다. L-트립토판의 경우에서 본 것처럼 소비자들이 구할 수 있는 보충제의 순도에 대하여는 아직도 의심이 많다. 예를 들면, The Medical letter가 멜라토닌의 여러 가지 상업화된 표본들을 분석한 결과 여섯 개 중 네 개에서 알 수 없는 불순물들을 발견되었다(43). 이 연구에 사용된 보충제들은 순수한 것들이었다. 그러나 일반적으로 통제가 되지 않는 시장에서 소비자들이 구입하여 사용하는 보충제들은 우리가 얻는 그런 제품과 똑같은 정도의 순도를 보장할 수 없다.

또한 비용의 문제도 있다(표 1, 표 2). 최근의 가격으로 보았을 때 보충제의 가격

표 1. 운동선수들이 사용하는 여러 영양 보충제들의 일일 사용량 가격

크레아틴
- 20 ~ 30g/day(loading dose) : 일일 7.2불씩 일주일 도안
- 10 ~ 15g/day(maintenance dose) : 일일 3.6불

크롬
- 200mg/day : 일일 0.43뷸

L-카르니틴
- 2.0g/day : 일일 2.67뷸

Beta-Hydroxy-Beta-Methylbutrate(HMB)
- 13g/day : 일일 3.48불
- 11.5g/day : 일일 1.74불

DHEA
- 150mg/day : 일일 0.67불
- 1100mg/day : 일일 1.34불

L-트립토판
연방정부의 통제에 따라 최근에는 순도가 좋은 것을 구할 수 있음

출처 : National Supplement Association and General Nutrition Center

표 2. 단백질 보충제 가격비교: 70kg 성인의 kg당 2g 단백질에 대한 일일 가격

상표이름		
Protein Powder	일일 9.8불	(0.07불/g단백질)
Generic Protein Powder	일일 2.8불	(0.02불/g단백질)
Tuna:	일일 2.8불	(0.02불/g단백질)

출처 : National Supplement Association

은 하루에 7.2불만큼 비싸다. 이것은 크레아틴을 하루에서 20g에서 30g 사용할 때의 가격이다. 특히 최근의 줄어드는 체육관련 부서의 예산을 생각할 때 전혀 도움이 되지 않거나 있더라도 매우 적은 영양보조제에 예산을 투자하는 것은 의미가 없다.

영양보조제의 키 워드는 '영양'에 있다. NCAA 지침서는 "건전한 영양에는 지름길이 없다. 의심이 되거나 과대 광고된 운동능 증진제들은 신체에 유해할 수 있다. 그리고 대부분의 경우 더 나은 경쟁력 있는 이익을 제공하지 못한다(44)"라고 말하고 있다.

의사들은 운동선수들, 부모들, 코치들, 트레이너들, 그리고 운동행정가들이 건전한 섭식생활을 하도록 가르치거나 혹은 영양 전문가가 그렇게 하도록 교육할 필요가 있다. 그렇게 되면 사람들이 영양보조제들을 적절한 관점에서 볼 수 있게 되며, 적절한 과학적 연구에 근거하여 개개인에 유용하다고 증명된 것들을 근거로 사용할 수 있을 것이다.

Dr. Armsey는 Kentucky 대학의 가정의학과 운동의학과의 조교수이다. Dr. Green은 UCLA 의과대학의 가정의학과의 임상 부교수이다. ※ 교신 저자 주소 : Gary A. Green, MD, University of California, Los Angeles, Medical Center, Box 951683, Los Angeles, CA 90095-1683;

E-mail : ggreen@fammed.medsch.yucla.edu.

REFERENCES

1. Cowart VS: Dietary Supplements: alternatives to anabolic steroids? *Phys Sportsmed* 1992; 20(3):189～198.
2. Walker JB: Creatine: biosynthesis, regulation and function. *Adv Enzymol Relat Areas Mol Med* 1979; 50:177～242.
3. Maughan RJ: Creatine supplementation and exercise performance. *Int J Sport Nutr* 1995; 5(2):94～101.
4. Greenhaff PL, Bodin K, Soderlund K, et al: The effect of oral creatine supplementation on skeletal muscle phosphocreatine resynthesis. *Am J Physiol* 1994; 266(5 pt 1):E725～E730.
5. Birch R, Noble D, Greenhaff GL: The influence of dietary creatine supplementation on performance during repeated bouts of maximal isokinetic cycling in man. *Eur J Appl Phys* 1994; 69(3):268～276.
6. Harris RC, Soderlund K, Hultman E: Elevation of creatine in resting and exercised muscle of normal subjects by creatine supplementation. *Clin Sci* 1992; 83(3):367～374.
7. Greenhaff PL: Creatine and its application as an ergo genic aid. *Int J Sport Nutr* 1995; 5(suppl):S100～S110.

8. Clarkson PM: Do athletes require mineral supplements? *Sports Med Digest* 1994; 16(4):1～3.

9. Campbell WW, Anderson RA: Effects of aerobic exercise and training on trace minerals chromium, zinc, and copper. *Sports Med* 1987; 4(1):9～18.

10. Evans GW: The role of picolinic acid in metal metabolism. *Life Chem Reports* 1982; 1:57～67.

11. Evans GW: The effect of chromium picolinate on insulin controlled parameters in humans. *Int J Biosocial Med* 1989; 11:163～180.

12. Hasten DL, Rome EP, Franks ED, et al : Effects of chromium picolinate on beginning weight training students. *Int J Sport Nutr* 1994; 2(4):343～350.

13. Clancy SP, Clarkson PM, DeCheke ME, et al: Effects of chromium picolinate supplementation on body composition, strength, and urinary chromium loss in football players. *Int J Sport Nutr* 1994; 4(2):142～153.

14. Hallmark MA, Reynolds TH, DeSouza CA, et al: Effects of chromium and resistive training on muscle strength and body composition. *Med Sci Sports Exerc* 1996; 28(1):139～144.

15. Lefavi RG: Sizing up a few supplements. *Phys Sportsmed* 1992; 20(3):190～191.

16. Huszonek J: Over-the-counter chromium picolinate. [Letter] *Am J Psychiatry* 1993; 150(10):1560～1561.

17. Stearns DM, Wise JP, Patierno SR, et al: Chromium picolinate produces chromosome damage in Chinese hamster ovary cells. *FASEB* 1995; 9(15):1643～1648.

18. Wasser WG, Feldman NS: Chronic renal failure after ingestion of over-the-counter chromium picolinate. [Letter] *Ann Int Med* 1997; 126(5):410.

19. Fern EB, Bielinski RN, Schultz Y: Effects of exaggerated amino acid and protein supply in man. *Experimentia* 1991; 47(2):168～172.

20. Lemon PW, Tarnopolsky MA, MacDougall JD, et al: Protein requirements, muscle mass/strength changes during intensive training in novice bodybuilders. *J Appl Physiol* 1992; 73(2):767～775.

21. Lemon PW: Effect of exercise on protein requirements. *J Sports Sci* 1991; 9 (special):53～70.

22. Gontzen I, Sutzecu P, Dumitrache S: The influence of muscular activity on the nitrogen balance and on the need of man for proteins. *Nutr Rep Int* 1974; 10:35～43.

23. Gorostiaga EM, Maurer CA, Eclache JP : Decrease in respiratory quotient during exercise following L-carnitine supplementation. *Int J Sports Med* 1989; 10(3):169～174.

24. Wyss V, Ganzit GP, Rienzi A: Effects of L-carnitine administration on VO2 max and the aerobic-anaerobic threshold in normoxia and acute hypoxia. *Eur J Appl Physiol* 1990; 60(1):1～6.

25. Natalie A, Santoro D, Brandi LS, et al: Effects of acute hypercarnitinemia during increased fatty substrate oxidation in man. *Metabolism* 1993; 42(5):594～600.

26. Krogh A, Lindhard J: The relative value of fat and carbohydrate as sources of muscular energy. *Biochem J* 1920; 14(July):290～363.

27. Vuchovich MD, Costill DL, Fink WJ: Carnitine supplementation: effect on muscle carnitine and glycogen content during exercise. *Med Sci Sports Exerc* 1994; 26(9):1122～1129.

28. Teman AJ, Hainline B: Eosinophilia-

myalgia syndrome. *Phys Sports med* 1991; 19(2):81～86.

29. Segura R, Ventura JL: Effect of L-tryptophan supplementation on exercise performance. *Int J Sports Med* 1988; 9 (5):301～305.

30. Seltzer S, Stoch R, Marcus R, et al: Alterations of human pain thresholds by nutritional manipulation of L-tryptophan supplementation. *Pain* 1982; 13 (4):385～393.

31. Stensrud T, Ingjer F, Holm H, et al: L-tryptophan supplementation does not improve running performance. *Int J Sports Med* 1992; 13(6):481～485.

32. Gatnau R, Zimmerman DR, Nissen SL, et al: Effect of excess dietary leucine and leucine catabolites on growth and immune response in weanling pigs, *J Animal Sci* 1995; 73(1):159～165.

33. Nissen SL, Fuller JC, Sell J, et al: The effect of β-hydroxy β-methylbutyrate on growth, mortality, and carcass qualities of broiler chickens. *Poultry Sci* 1994; 73(1):137～155.

34. Nissen SL, Morrical D, Fuller JC: The effects of the leucine catabolite β-hydroxy β-methylbutyrate on the growth and health of growing lambs. *J Animal Sci* 1992; 77(suppl 1):243.

35. Ostaszewski P, Kostiuk S, Balasinska B, et al: The effect of the leucine metabolite β-hydroxy β-methylbutyrate (HMB) on muscle protein synthesis and protein breakdown in chick and rat muscle. *J Animal Sci* 1996; 74(suppl): 138.

36. Van Koevering MT, Dolezal HG, Gill DR, et al: Effects of β-hydroxy β-methylbutyrate on performance and carcass quality of feedlot steers. *J Animal Sci* 1994; 72(8):1927～1935.

37. Nissen SL, Sharp R, Ray M, et al: The effect of the leucine metabolite beta-hydroxy beta-methylbutyrate on muscle metabolism during resistance-exercise training. *J Appl Physiol* 1996; 81(5): 2095～2104.

38. Nissen SL, Panton J, Wilhelm R, et al: The effect of beta-hydroxy beta-methylbutyrate(HMB) supplementation on strength and body composition of trained and untrained males undergoing intense resistance training. *FASEB J* 1996; 10(3):A287.

39. Hardman JG, Limdird LE(eds): Goodman and Gillman's *The Pharmacologic Basis of Therapeutics,* ed 9. New York City, McGraw-Hill, 1996; p.1413.

40. Morales AJ, Nolan JJ, Nelson JC, et al: Effects of replacement does dehydroepiandrosterone in men and women of advancing age. *J Clin Endocrinol Metab* 1994; 78(6):1360～1367.

41. Yen SS, Morales AJ, Khorram 0: Replacement of DHEA in aging men and women: potential remedial effects. *Ann NY Acad Sci* 1995; 774(Dec 29):128～142.

42. Abramowicz M(ed): Dehydroepiandrosterone(DHEA). *The Medical Letter On Drugs and Therapeutics* 1996; 38 (985):91～92.

43. Abramowicz M(ed): Melatonin. *The Medical Letter On Drugs and Therapeutics* 1995; 37(962):111～112.

44. Benson MT(ed): NCAA Sports Medicine Handbook 1994～95, ed 7. Overland Park, Kansas, *National Collegiate Athletic Association,* 1994; p.30.

14장 Questions for Review

이 름 ____________

학 과 ____________

날 짜 ____________

학 번 ____________

1. 최소한 일주일에 몇 번 유산소운동을 해야 하는가?

2. 유산소운동의 5가지 장점은 무엇인가?

 ①

 ②

 ③

 ④

 ⑤

3. 영양보조제는 운동선수의 경기력을 평소보다 향상시킬 수 (있다/없다).

4. ____________은 격렬한 운동 시 가장 필요한 영양소이다.

5. 경기 전 식사는 적어도 경기 시작 ________시간 전에 먹어야 한다. 이 음식은 식이 ________는 낮아야 하며, 식이 ________는 높아야 한다.

6. 설탕은 장시간 운동 시 (좋은/나쁜) 에너지원이다.

7. 비타민이나 무기질 부족은 경기력을 _________시킬 것이나, 과도한 비타민과 무기질 섭취는 경기력을 _________시키지 않을 것이다.

8. 물리적인 운동능력 수행을 증가시킬 것이라 생각되는 보충제를 _________라 부른다.

부록 1. 한국인 영양섭취기준(Dietary Reference Intakes for Korean)

성 별		남 자			여 자		
연령(세)		15~19	20~29	30~49	15~19	20~29	30~49
체위 기준치	신장(cm)	172	173	170	160	160	157
	체중(kg)	63.8	65.8	63.6	53.0	56.3	54.2
에너지(kcal)	필요추정량	2,700	2,600	2,400	2,000	2,100	1,900
단백질(g)	권장섭취량	60	55	55	45	45	45
식이섬유(g)	충분섭취량	32	31	29	24	25	23
수분(ml)	충분섭취량	2,700	2,700	2,500	2,100	2,100	2,000
비타민 A(μg RE)	권장섭취량	850	750	750	700	650	650
비타민 D(μg)	충분섭취량	10	5	5	10	5	5
비타민 E(mg α-TE)	충분섭취량	10	10	10	10	10	10
비타민 K(μg)	충분섭취량	80	75	75	65	65	65
비타민 C(mg)	권장섭취량	110	100	100	100	100	100
티아민(mg)	권장섭취량	1.4	1.2	1.2	1.0	1.1	1.1
리보플라빈(mg)	권장섭취량	1.8	1.5	1.5	1.2	1.2	1.2
나이아신(mg NE)	권장섭취량	18	16	16	13	14	14
비타민 B_6(mg)	권장섭취량	1.8	1.5	1.5	1.4	1.4	1.4
엽산(μg DFE)	권장섭취량	400	400	400	400	400	400
비타민 B_{12}(μg)	권장섭취량	2.4	2.4	2.4	2.4	2.4	2.4
판토텐산(mg)	충분섭취량	6	5	5	6	5	5
비오틴(μg)	충분섭취량	25	30	30	25	30	30
칼슘(mg)	권장섭취량	1,000	700	700	900	700	700
인(mg)	권장섭취량	1,000	700	700	800	700	700
나트륨(g)	충분섭취량	1.5	1.5	1.5	1.5	1.5	1.5
염소(g)	충분섭취량	2.3	2.3	2.3	2.3	2.3	2.3
칼륨(g)	충분섭취량	4.7	4.7	4.7	4.7	4.7	4.7
마그네슘(mg)	권장섭취량	400	340	350	340	280	280
철(mg)	권장섭취량	16	10	10	16	14	14
아연(mg)	권장섭취량	10	10	9	9	8	8
구리(μg)	권장섭취량	870	800	800	870	800	800
불소(mg)	충분섭취량	3.0	3.5	3.5	2.5	3.0	2.5
망간(mg)	충분섭취량	3.5	3.5	3.5	3.0	3.0	3.0
요오드(μg)	권장섭취량	140	150	150	140	150	150
셀레늄(μg)	권장섭취량	60	50	50	60	50	50
셀레늄(μg)	상한섭취량	300	400	400	300	400	400
몰리브덴(μg)	상한섭취량	500	600	600	500	600	600

※ 한국인 영양섭취기준(일부, 2005) (사)한국영양학회.

영양섭취기준은 최적의 건강상태를 유지하기 위해서 필요한 영양소의 섭취량을 과학적인 근거에 준하여 제시한 것으로서,

- 평균필요량, 권장섭취량, 충분섭취량, 상한섭취량 등이 있다.
- 이들은 각각 용도에 맞게 이용되며, 개인의 섭취 수준이 충분한지를 평가할 때는 주로 권장섭취량이나 충분섭취량과 비교한다.
- 이들 수치는 개인차를 고려하여 충분히 늘려놓은 것이므로 내가 섭취한 분량이 이보다 적다고 해서 반드시 영양 부족을 의미하는 것은 아니다.
- 다만, 평균필요량 이하로 섭취하거나 권장섭취량의 75% 만큼도 못 먹고 있을 때는 결핍 가능성이 높으므로 식생활을 변화시켜야 한다.
- 특정 영양소를 과잉 섭취하면 이에 따른 독성이 나타날 수 있으므로 상한섭취량을 넘지 않도록 한다.
- 개인보다는 집단의 평가에 적합하다.
- 정책 수립 및 교육자료 등을 만들 때 기초 자료로 이용된다.

부록 2. 한국인 영양섭취기준 설정을 위한 체위 기준치

연 령		신장(cm)	체중(kg)
영아	0～5(개월)	61.9	6.5
	6～11	72.3	9.1
유아	1～2(세)	85.9	12.2
	3～5	102	16.3
남자	6～8(세)	122	23.8
	9～11	138	34.5
	12～14	159	49.6
	15～19	172	63.8
	20～29	173	65.8
	30～49	170	63.6
	50～64	166	60.6
	65～74	164	59.2
	75 이상	164	59.2
여자	6～8(세)	120	22.9
	9～11	138	32.6
	12～14	155	46.5
	15～19	160	53.0
	20～29	160	56.3
	30～49	157	54.2
	50～64	154	52.2
	65～74	151	50.2
	75 이상	151	50.2

자료출처 : 한국인 영양섭취기준(2005) (사)한국영양학회

〈참조〉 한국인을 위한 식사지침

① 다양한 식품을 골고루 먹자.
② 정상체중을 유지하자.
③ 단백질을 충분히 섭취하자.
④ 지방질을 총 에너지량의 20% 정도로 섭취하자.
⑤ 우유를 매일 마시자.
⑥ 짜게 먹지 말자.
⑦ 치아건강을 유지하자.
⑧ 술, 담배, 카페인 음료 등을 절제하자.
⑨ 식생활 및 일상생활의 밸런스를 유지하자.
⑩ 식사는 즐겁게 하자.

자료출처 : 한국인 영양섭취기준(2005) (사)한국영양학회

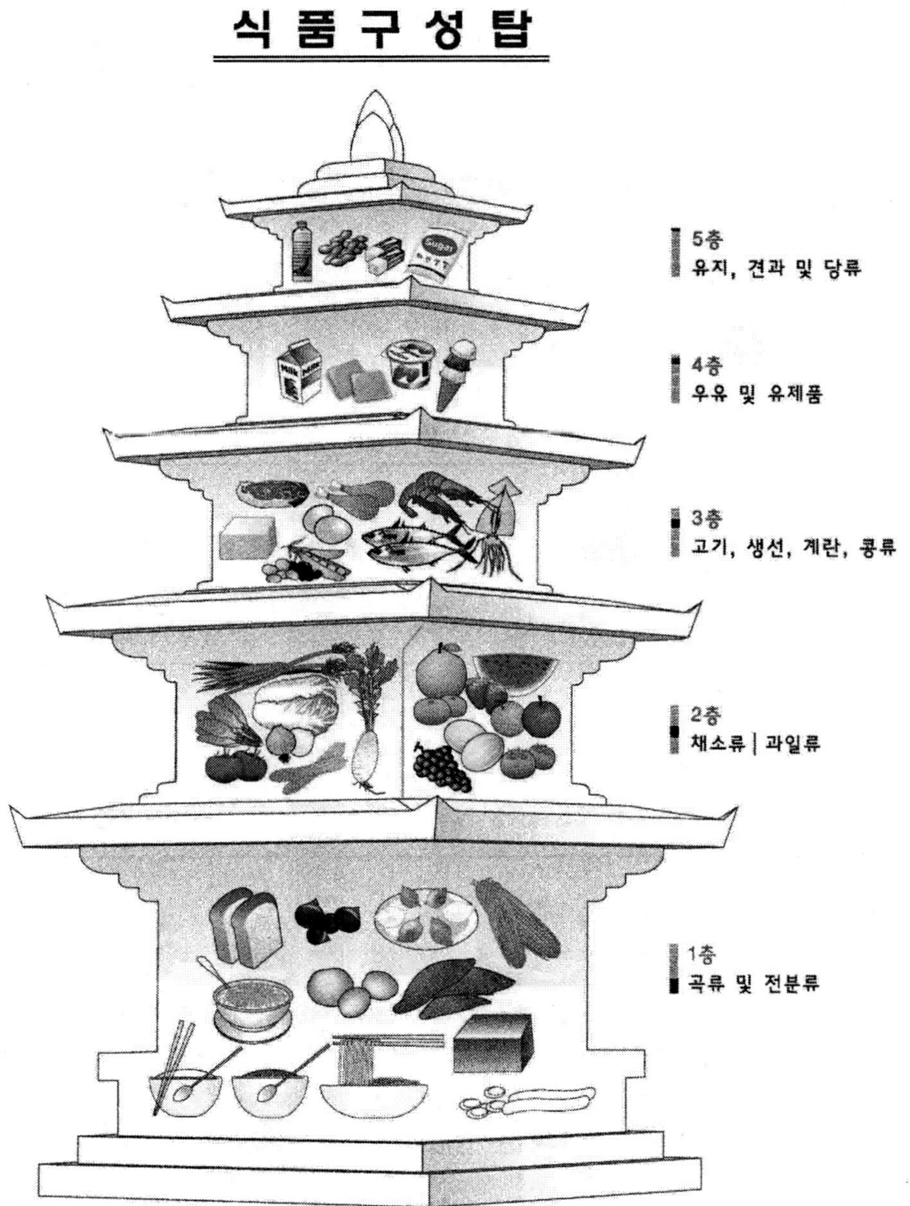

자료출처: 한국영양섭취기준 2005년
(사)한국영양학회 발행

찾아보기

ㄱ

ㄴ

ㄷ

ㄹ

ㅁ

ㅂ

ㅅ

ㅇ

ㅍ

ㅎ

Index

U

V

W

X

Y

Z

◈ 번 역 진 ◈

김 대 진 동아대학교 생활과학대학 식품과학전공 교수

김 현 숙 숙명여자대학교 생활과학대학 식품영양학전공 교수

도 명 술 한동대학교 생명식품과학부 교수

박 정 로 순천대학교 자연과학대학 식품과학부 교수

변 부 형 대구한의대학교 한의학과 교수

임 윤 숙 경희대학교 생활과학대학 식품영양학과 교수

정 동 관 고신대학교 자연과학부 식품영양학과 교수

정 차 권 한림대학교 자연과학대학 생명과학과 식품영양학과 교수

영양과 건강 (증보개정판)

2017년 2월 28일 재판 인쇄
2017년 3월 5일 재판 발행

역 자 : 김대진 · 김현숙 · 도명술 · 박정로
변부형 · 임윤숙 · 정동관 · 정차권
펴낸이 : 천승배
펴낸곳 : 도서출판 유한문화사

주소 : (157-801) 서울시 강서구 가양동 146-63
전화 : 2668-2055
팩스 : 2668-2565
http://www.yuhansa.com
E-mail : yuhansa@hanmail.net
등록 : 제 5-31호. 1979. 3. 6.

값 19,000 원

ISBN : 978-89-7722-554-1 93590